21世纪高等院校计算机网络工程专业系列教材

网络互联技术

鲁顶柱　编著

清华大学出版社

北　京

内容简介

本书详细介绍了组建中小型企业网所需的网络互联技术。全书分为6篇，共23个任务，提供33个单项实训和1个综合实训，主要内容包括计算机网络及设备基础、以太网交换技术、IP路由技术、网络安全基础、广域网技术以及网络规划与设计。

本书从网络互联的工作任务入手，内容由简入繁、通俗易懂。本书的最大特点是实践性和可操作性强，每章均设置了与理论内容相应的、具体的实训任务，并附有详细的配置命令及注释；所有实训操作均可在H3C的HCL模拟器上完成，便于读者脱离硬件设备进行学习、练习。

本书为网络技术领域的入门者编写，可用作高职高专、成人本科计算机及相关专业的教材，也可供网络工程技术与管理人员参考。

图书在版编目(CIP)数据

网络互联技术/鲁顶柱编著．—北京：清华大学出版社，2021.9
21世纪高等院校计算机网络工程专业系列教材
ISBN 978-7-302-58832-0

Ⅰ．①网… Ⅱ．①鲁… Ⅲ．①互联网络—高等学校—教材 Ⅳ．①TP393.4

中国版本图书馆CIP数据核字(2021)第158151号

责任编辑：刘向威　常晓敏
封面设计：何凤霞
责任校对：李建庄
责任印制：宋　林

出版发行：清华大学出版社
网　　址：http://www.tup.com.cn，http://www.wqbook.com
地　　址：北京清华大学学研大厦A座　**邮　　编**：100084
社 总 机：010-62770175　**邮　　购**：010-83470235
投稿与读者服务：010-62776969，c-service@tup.tsinghua.edu.cn
质量反馈：010-62772015，zhiliang@tup.tsinghua.edu.cn
课件下载：http://www.tup.com.cn，010-83470236
印 装 者：三河市铭诚印务有限公司
经　　销：全国新华书店
开　　本：185mm×260mm　**印　　张**：26.5　**字　　数**：645千字
版　　次：2021年11月第1版　**印　　次**：2021年11月第1次印刷
印　　数：1～1500
定　　价：79.00元

产品编号：091881-01

前　言

本书以高职高专"实用为主，够用为度"的思想为编写基础，理论内容适中，着重强化实践技能，重在实际操作。

教材的开发结合企业丰富的工程经验和一线教师多年的教学经验，依照网络互联工程的工作过程编排全书的各个任务，并配套相应的实训任务提高读者的实践操作能力；实训环节着重指出实际操作中的难点和重点，提炼总结操作中的常见错误。理论内容编写由浅入深、由简入繁，文字表述通俗易懂；实训任务提供具体的配置过程、详细的配置命令及功能注释。书中列出的实训操作均可在H3C的HCL模拟器上完成，便于读者脱离网络设备进行学习、练习。

全书共分为6篇：第1篇(任务1～任务7)介绍计算机网络及设备的基础知识，包括参考模型、IPv4子网划分、IPv6技术及网络互联设备的相关知识；第2篇(任务8～任务10)着重讲解以太网交换技术，包括VLAN、STP与链路聚合技术；第3篇(任务11～任务17)重点讲解IP路由技术，包括静态路由与动态路由及VRRP技术；第4篇(任务18～任务20)介绍网络安全的基础知识，包括ACL包过滤技术、ALG技术、NAT和VPN技术；第5篇(任务21和任务22)讲述广域网协议及接入技术；第6篇(任务23)为网络规划与设计综合篇，综合运用网络互联技术设计并组建典型的中型企业网。

本书为网络技术领域的入门者编写，可用作高职高专计算机及相关专业的教材、成人本科自学教材，也可供网络工程技术与管理人员参考。

本书为广东省高职教育精品开放课程"网络互联技术"的配套教材，提供全套教学视频、课程标准、电子教案及习题等所有教学资源。

本书由鲁顶柱编著。在编写本书的过程中，得到新华三大学的大力支持；编写时参考了大量的相关资料，汲取了许多同行的宝贵经验，在此表示深深的谢意。尤其感谢刘邦桂、焦冬艳、刘磊、邱炳城老师在课程资源建设中付出的辛勤劳动与无私帮助。感谢广东理工职业学院2018级、2019级计算机网络技术专业全体同学给予的宝贵建议。

由于编者水平有限，书中不当之处在所难免，欢迎广大同行和读者批评指正。

编　者

2021年5月

命令行中的符号及格式约定意义

<table>
<tr><th>符号或格式</th><th>意　义</th></tr>
<tr><td>粗体</td><td>命令行关键字,采用粗体表示,如果多次出现,则只在第一次出现时加粗</td></tr>
<tr><td>斜体</td><td>命令行参数,采用斜体表示</td></tr>
<tr><td>[ ]</td><td>“[ ]”括起来的参数在命令配置时为可选</td></tr>
<tr><td>{}</td><td>“{}”括起来参数在命令配置时为必选</td></tr>
<tr><td>|</td><td>“|”用来隔开多个供选择的参数</td></tr>
<tr><td>{ x | y | … }</td><td>表示从两个或多个选项中必须选取一个</td></tr>
<tr><td>[x | y | …]</td><td>表示从两个或多个选项中选取一个或者不选</td></tr>
<tr><td>/ *</td><td>“/ * ”后面的内容表示命令的注释</td></tr>
</table>

目 录

第1篇 计算机网络及设备基础

第2篇 以太网交换技术

第 3 篇 IP 路由技术

第4篇 网络安全基础

第 5 篇 广域网技术

第1篇

计算机网络及设备基础

任务 1　认识计算机网络

学习目标

- 掌握计算机网络的定义、功能和特点。
- 了解计算机网络的拓扑结构。
- 掌握 OSI 和 TCP/IP 参考模型各层的功能。
- 理解 OSI 和 TCP/IP 的区别和联系。

1.1　计算机网络的产生和发展

自 1946 年世界上第一台电子计算机问世后，随着计算机技术的迅猛发展，计算机的应用逐渐渗透到各个技术领域和社会的各个方面。社会的信息化、数据的分布处理和各种计算机资源共享等应用需求推动了计算机技术和通信技术的紧密结合，促进了计算机网络的快速发展。计算机网络的发展经历了从简单到复杂、从低级到高级、从单机到多机的过程，大致分为 4 个阶段：面向终端的通信互联阶段、计算机互联阶段、网络互联阶段、Internet 与高速网络阶段。

1. 面向终端的通信互联阶段

以单机为中心的通信系统称为第一代计算机网络，也称面向终端的计算机网络。这样的系统中除了一台中心计算机，其余终端均不具备自主处理功能。这里的单机指一个系统中只有一台主机。面向终端的计算机网络在结构上有 3 种形式。第 1 种是计算机通过通信线路与若干终端直接相连，如图 1.1(a)所示。当通信线路增加时，费用增大，于是出现了若干终端共享通信线路的第 2 种结构，如图 1.1(b)所示。当多个终端共享一条通信线路时，突出的矛盾是：当多个终端同时要求与主机通信时，主机选择哪个终端通信。为解决这一问题，主机需增加相应的设备和软件，完成相应的通信协议转换，使得主机工作负荷加重。为减轻主机负担，主机前端增加通信控制处理机（Communication Control Processor，CCP）或前端处理机（Front End Processor，FEP），在终端聚集的地方增加集中器（Concentrator）或多路器，这就是第 3 种结构，如图 1.1(c)所示。前端处理机专门负责通信控制，而主机专门进行数据处理。集中器实际上是设在远程终端的通信控制处理机，其作用是实现多个终端共享同一通信线路。对于远距离通信，为了降低费用，可借助公用电话网和调制解调器完成信息传输任务。20 世纪 60 年代初，美国航空公司与 IBM 公司联合研制的预订飞机票系统，由一台主机和 2000 多个终端组成，是一个典型的面向终端的计算机网络。

2. 计算机互联阶段

20 世纪 60 年代末，出现了多个计算机互联的计算机网络，这种网络将分散在不同地点

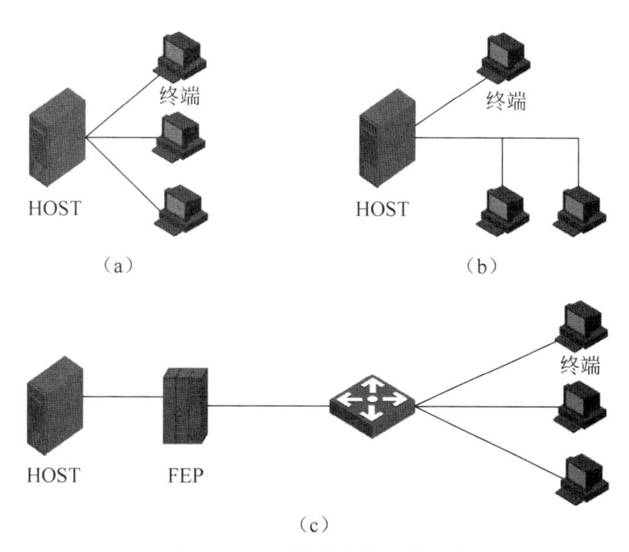

图 1.1　面向终端的第一代网络

的计算机经过通信线路互联。主机之间没有主从关系,网络中的多个用户可以共享计算机网络中的软硬件资源,故这种计算机网络也称共享系统资源的计算机网络。第二代计算机网络的典型代表是 20 世纪 60 年代美国国防部高级研究计划局的阿帕网(Advanced Research Project Agency Network,ARPANET)。以单机为中心的通信系统的特点是网络用户只能共享一台主机中的软件资源和硬件资源,而多个计算机互联的计算机网络上的用户可以共享整个资源子网所有的软件资源和硬件资源。这种以通信子网为中心的计算机网络被称为第二代计算机网络,它比面向终端的第一代计算机网络的功能扩大了很多。

ARPANET 对计算机网络技术的发展做出了突出的贡献,主要表现为如下 3 点。

(1) ARPANET 采用资源子网与通信子网组成的两级网络结构。

(2) ARPANET 采用报文分组交换方式。

(3) ARPANET 采用层次结构的网络协议。

3. 网络互联阶段

国际标准化的计算机网络属于第三代计算机网络,它具有统一的网络体系结构,遵循国际标准化协议。标准化的目的是使得不同类型的计算机及计算机网络能方便地互联起来。20 世纪 70 年代后期,人们认识到第二代计算机网络存在明显不足,主要表现有:各个厂商各自开发自己的产品,产品之间不能通用;各个厂商各自制定自己的标准,不同的标准之间转换非常困难。这些不足显然阻碍了计算机网络的普及和发展。1980 年,国际标准化组织(ISO)公布了开放系统互连参考模型(OSI/RM),成为全球网络体系的公共标准。ISO 规定遵从 OSI 协议的网络通信产品都是所谓的开放系统,而符合 OSI 标准的网络也被称为第三代计算机网络。

4. Internet 与高速网络阶段

目前,计算机网络的发展正处于第 4 个阶段,这一阶段计算机网络的发展特点是:互联、高速、智能与更为广泛的应用。Internet 是覆盖全球的信息基础设施之一,对于用户来说,Internet 是一个庞大的远程计算机网络,用户可以利用 Internet 实现全球范围的信息传输、信息查询、电子邮件、语音与图像通信服务等功能。实际上,Internet 是一个用网络互联设备实现多个远程网和局域网互联的国际网。

在 Internet 发展的同时，随着网络规模的增大与网络服务功能的增多，高速网络与智能网络(Intelligent Network，IN)的发展也引起了人们越来越多的关注和兴趣。高速网络技术发展表现在无线网、光网、高速局域网上。

1.2 计算机网络的定义与功能

1.2.1 计算机网络的定义

计算机网络技术的发展阶段不同，人们对计算机网络的理解也有所不同。早期主要是从通信的角度理解计算机网络，将面向终端的计算机系统称为计算机网络。

在 20 世纪 70 年代，人们将能够以共享资源(硬件资源和软件资源)的方式连接起来的，并且各自具备独立功能的计算机系统的集合称为计算机网络。

随着分布处理技术的发展，出现了用户透明的观点。计算机网络被重新定义：必须具备能为用户自动管理资源的操作系统，由它来调用完成用户任务所需资源，使整个网络像一个大的计算机系统一样对用户是透明的。符合这一定义的计算机网络就是分布式计算机网络。

本书对计算机网络定义如下：利用通信设备和通信介质，将分布在不同地理位置的、具有独立功能的多个计算机互联起来，在功能完善的网络软件的支持下，实现彼此之间的数据通信和资源共享的系统。

计算机网络主要包含连接对象、连接介质、连接机制和连接方式 4 方面。

(1) 连接对象：主要是指各种类型的计算机或者其他数据终端设备。

(2) 连接介质：指通信线路(如有线的双绞线、同轴电缆、光纤等，无线的微波、激光等)和通信设备(如网桥、网关、中继器、集线器、交换机、路由器等)。

(3) 控制机制：指网络协议和各种网络软件(TCP/IP 协议、操作系统等)。

(4) 连接方式：指网络中采用的拓扑结构(如星形、环形、总线型、树形和网形等)。

1.2.2 计算机网络的组成

计算机网络从逻辑上可分为资源子网与通信子网两大部分，如图 1.2 所示。

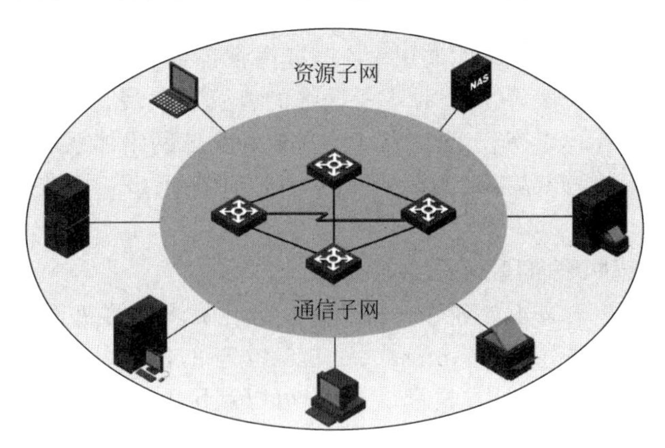

图 1.2　计算机网络的组成

1. 资源子网

资源子网由主机、终端、终端控制器、连网外设、各种软件资源与信息资源组成，负责全网的数据处理业务，向网络用户提供各种网络资源与网络服务。

1）主机

主机包括大型机、中型机、小型机、工作站、微机，以及智能手机和个人穿戴设备。主机是资源子网的主要组成单元，它通过高速通信线路与通信子网的通信控制处理机相连接。主机要为本地用户访问网络中的其他主机设备与资源提供服务，同时要为网络中的远程用户共享本地资源提供服务。

2）终端/终端控制器

终端控制器连接一组终端，负责这些终端和主机的通信，或直接作为网络节点。终端是直接面向用户的交互设备，可以是由键盘和显示器组成的简单终端，也可以是微型计算机系统。

3）连网外设

网络中的一些共享设备，如存储设备、高速打印机、大型绘图仪等。

2. 通信子网

通信子网由通信控制处理机、通信线路与其他通信设备组成，完成网络数据传输、转发等通信处理任务。

1）通信控制处理机

通信控制处理机又被称为网络节点。一方面作为与资源子网的主机、终端连接的接口，将主机和终端连入网内；另一方面又作为通信子网中的分组存储转发节点，完成分组的接收、校验、存储、转发等功能，实现将源主机报文准确发送到目的主机的作用。

2）通信线路

计算机网络采用了多种通信线路，如电话线、双绞线、同轴电缆、光纤、微波与卫星通信信道等。在大型网络中，相距较远的两个节点一般都利用现有的公共数据通信线路进行通信。

3）信号变换设备

在网络通信中需要对信号进行变换，以适应不同传输介质。例如，将计算机输出的数字信号变换为电话线上传送的模拟信号的调制解调器、无线通信接收和发送器、用于光纤通信的编码解码器等都是信号变换设备。

1.2.3 计算机网络的功能

1. 数据交换和通信

数据交换和通信是计算机网络的最基本功能。计算机网络中的计算机之间或计算机与终端之间，可以快速可靠地相互传递数据、程序或文件，如发电子邮件、远程登录、联机会议、网站访问等。

2. 资源共享

充分利用计算机网络中提供的资源是计算机网络的主要目标之一。硬件资源如打印机、存储设备以及高精度的图形设备等，软件资源包括各种系统软件和应用软件。

3. 提高系统的可靠性

提高系统的可靠性是计算机网络的一个重要功能。在一些用于计算机实时控制和要求高可靠性的场合，通过计算机网络实现的备份技术可以提高计算机系统的可靠性，一旦网络中的某台计算机发生了故障，另外一台计算机可以替代其完成所承担的任务，整个网络可以正常运转。例如，银行、证券公司、通信公司对系统的可靠性要求较高。

4. 分布式网络处理和负载均衡

在处理大型任务或某台计算机的负载过重时，可将任务分散到网络中的多台计算机上执行，或由网络中比较空闲的计算机分担负荷。这样既可以处理大型任务，使其中一台计算机不会负担过重，又提高了计算机的可用性，起到了均衡负载和分布式处理的作用。

1.3 计算机网络的分类和拓扑结构

1.3.1 计算机网络的分类

计算机网络类型的划分标准有很多，具体如下。

(1) 按网络覆盖的地理范围划分：局域网、城域网、广域网。

(2) 按网络拓扑结构划分：总线型、星形、树形、环形以及混合型拓扑结构。

(3) 按传输介质划分：有线网、光纤网、无线网。

(4) 按交换方式划分：线路交换、报文交换、分组交换。

(5) 按逻辑划分：通信子网、资源子网。

(6) 按通信方式划分：点到点、点到多点、广播式。

(7) 按服务方式划分：客户机/服务器模式、对等模式。

本章只介绍按网络覆盖的地理范围划分的方法。按网络覆盖的地理范围计算机网络可以划分为局域网(Local Area Network，LAN)、城域网(Metropolitan Area Network，MAN)和广域网(Wide Area Network，WAN)3 种。

1. 局域网

局域网指覆盖在较小的局部区域范围内，将内部的计算机、外部设备互联构成的计算机网络。局域网一般比较常见于一个房间、一幢大楼、一所学校或者一个企业园区，它所覆盖的范围较小，地理范围为 10m～1km，传输速率在 10Mb/s 以上。局域网主要有以太网(Ethernet)、光纤分布式接口网络等类型。目前最为常见的局域网是以太网。

2. 城域网

城域网的规模限制在一座城市的范围之内，一般是一个城市内部的计算机互联构成的城市地区网络。城域网比局域网覆盖的范围广，连接的计算机多，可以说是局域网在城市范围的延伸。城域网的连接距离大致为 10～100km。

3. 广域网

广域网覆盖的地理范围更广，它是由不同城市和不同国家的局域网、城域网互联构成的。广域网跨越国界、洲界，甚至遍及全球范围。局域网是组成其他两种类型网络的基础，城域网一般都加入了广域网。广域网的典型代表是因特网。

1.3.2 计算机网络的拓扑结构

拓扑学把实体抽象成与其大小、形状无关的点，将连接实体的线路抽象成线，进而研究点、线、面之间的关系。在计算机网络中，将主机和终端抽象为点，将通信介质抽象为线，形成点和线组成的图形，使人们对网络整体有明确的全貌印象。计算机网络的拓扑结构就是网络中通信线路和站点（计算机或设备）的几何排列形式。

1. 总线型

总线型网络在一条单线上连接着所有工作站和其他共享设备（如文件服务器、打印机等），如图 1.3(a)所示。总线型网络中的某一节点断开会导致整个网络瘫痪，目前已被淘汰。

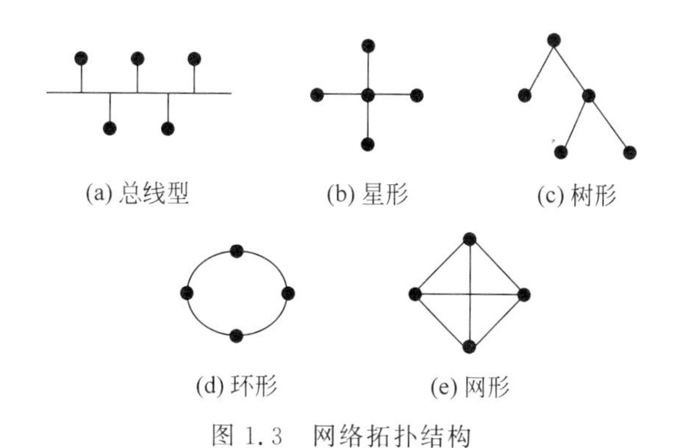

图 1.3 网络拓扑结构

2. 星形

星形网络以中央节点为中心与各节点相连，如图 1.3(b)所示。星形网络的特点是系统稳定性好，故障率低。由于任何两个节点间的通信都要经过中央节点，故中央节点出现故障会导致整个网络瘫痪。中央节点一般都由交换机来承担，目前大多数局域网均采用星形结构。

3. 树形

树形网络中的各计算机节点形成了一个层次化的树形结构，如图 1.3(c)所示。树中低层计算机的功能和应用有关，一般都具有明确的定义和专业化很强的任务，如数据的采集和变换等；而高层的计算机具备通用的功能，以便协调系统的工作，如数据处理、命令执行和综合处理等。一般来说，层次结构的层不宜过多，以免转接开销过大，使高层节点的负荷过重。

4. 环形

在环形网络中，工作站、共享设备（如服务器、打印机等）通过通信线路进行连接构成一个闭合的环，如图 1.3(d)所示。

环形网络的特点是信息在网络中沿固定方向流动，两个节点间有唯一的通路，可靠性高。由于整个网络构成闭合环，故扩充不便。局域网基本不再采用环形结构，但广域网中的骨干网多采用环形，并且采用多环结构。

5. 网形

在网形拓扑网络中，节点之间的连接是任意的，没有规律，如图 1.3(e)所示。主要优点是可靠性高，但结构复杂，必须采用路由选择算法和流量控制方法。广域网基本上采用网形拓扑结构。

1.4 标准化组织

1. 国际标准化组织

国际标准化组织（International Standardization Organization，ISO）是一个全球性的非政府组织，是国际标准化领域中一个十分重要的组织。ISO 于 1947 年 2 月 23 日正式成立，制定了网络通信的标准，即开放系统互连（Open System Interconnection，OSI）。

2. 国际电信联盟

国际电信联盟（International Telecommunication Union，ITU）是世界各国政府的电信主管部门之间协调电信事务的一个国际组织，成立于 1865 年 5 月 17 日。ITU 的宗旨是维持和扩大国际合作，合理地使用电信资源、提高电信业务的效率、扩大技术设施的用途、协调各国行动。

在通信领域，最著名的 ITU-T（Telecommunication Sector of the International Telecommunication Union，国际电信联盟电信标准局）标准有：V 系列标准，如 V.32、V.35、V.42 标准，对使用电话线传输数据做了明确的说明；X 系列标准，如 X.25、X.400、X.500 标准，为公用数字网上传输数据的标准；ITU-T 的标准还包括电子邮件、目录服务、综合业务数字网（ISDN）以及宽带 ISDN 等方面的内容。

3. 美国国家标准学会

美国国家标准学会（American National Standards Institute，ANSI）成立于 1918 年。当时，美国的许多企业和专业技术团体，已开始了标准化工作，但因彼此间没有协调，存在不少矛盾和问题。为了提高效率，制订统一的通用标准，1918 年美国材料试验协会（ASTM）与美国机械工程师协会（ASME）、美国矿业与冶金工程师协会（ASMME）、美国土木工程师协会（ASCE）、美国电气工程师协会（AIEE）等组织，共同成立了美国工程标准委员会（AESC）。1928 年，美国工程标准委员会改组为美国标准协会（ASA）。为致力于国际标准化事业和消费品方面的标准化，1966 年 8 月，ASA 又改组为美利坚合众国标准学会（USASI）。1969 年 10 月 6 日，改为美国国家标准学会（ANSI）。

4. 电气和电子工程师学会

电气和电子工程师学会（Institute of Electrical and Electronics Engineers，IEEE）在 1963 年由美国电气工程师学会（AIEE）和美国无线电工程师学会（IRE）合并而成，是美国规模最大的专业学会。IEEE 的标准制定内容有电气与电子设备、试验方法、元器件、符号、定义以及测试方法等。IEEE 最大的成果是定义了局域网和城域网的标准，这个标准被称为 802 项目或 IEEE 802 系列标准。

5. 美国电子工业协会

美国电子工业协会（Electronic Industry Association，EIA）创建于 1924 年，它代表设计生产电子元件、部件、通信系统和设备的制造商以及工业界、政府和用户的利益，在提高美国制造商的竞争力方面起到了重要的作用。在信息领域，EIA 在定义数据通信设备的物理接口和电气特性等方面做出了突出贡献，制定了 EIA RS-232、EIA RS-449 和 EIA RS-530 国际标准。

6. 国际电工委员会

国际电工委员会(International Electrotechnical Committee,IEC)成立于1906年,是世界上最早的国际性电工标准化机构,总部设在日内瓦。IEC的宗旨是促进电工、电子领域中标准化及有关方面问题的国际合作,增进相互了解。为实现这一目的,IEC出版包括国际标准在内的各种出版物,并希望各个国家委员会在条件许可的情况下,使用这些国际标准。IEC的工作领域包括电力、电子、电信和原子能方面的电工技术,现已制订国际电工标准3000多个。

1.5 OSI与TCP/IP参考模型

1.5.1 OSI参考模型

1. OSI参考模型的概念

1984年,国际标准化组织(ISO)发表了著名的ISO/IEC 7498标准,定义了网络互联的7层框架,这就是开放系统互连参考模型,即OSI参考模型,如图1.4所示。这里的"开放"是指只要遵循OSI标准,一个系统就可以与位于世界上任何地方、同样遵循OSI标准的其他任何系统进行通信。

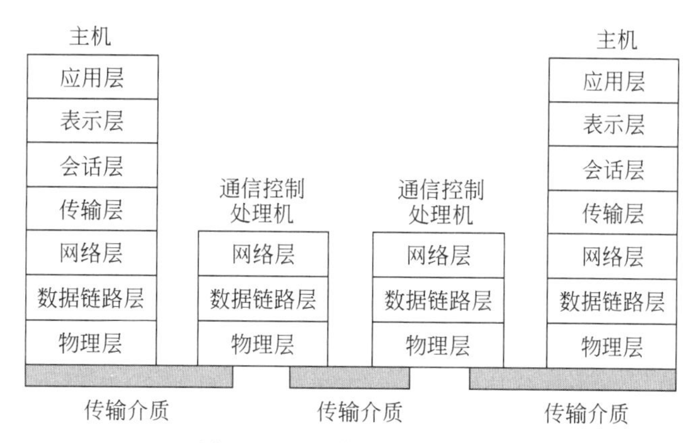

图1.4 OSI参考模型的结构

OSI参考模型只给出了一些原则性的说明,并未定义具体的网络。OSI参考模型的最上层是应用层,面向用户提供网络应用服务;最底层为物理层,与通信介质相连实现真正的数据通信。两个计算机用户通过网络进行通信时,除物理层外,其余各对等层之间均不存在直接的通信关系,而是通过各对等层的协议来进行通信。只有两个物理层之间的通信介质才会真正地进行数据通信。

2. OSI参考模型各层的功能

1) 物理层

物理层的主要任务就是透明地传输二进制比特流,但物理层并不关心比特流的实际意义和结构,只是负责接收和传送比特流。

物理层的另外一个主要任务就是定义网络硬件的特性,包括使用什么样的传输介质以及与传输介质连接的接头等物理特性，典型的规范代表有 EIA/TIA RS-232、V.35、RJ-45 等。

值得注意的是：传送信息所利用的物理传输介质（如双绞线、同轴电缆、光纤等）并不属于物理层，而是工作在物理层之下。

2）数据链路层

数据链路层的主要任务是在两个相邻节点间的线路上无差错地传送以帧（Frame）为单位的数据，并要产生和识别帧边界。数据链路层还提供了差错控制与流量控制的方法，保证在物理线路上传送的数据无差错。数据链路层的典型协议有 SDLC、HDLC、PPP、STP、帧中继等。

3）网络层

网络层的主要任务是进行路由选择，以确保数据分组从发送端到达接收端，并在数据分组发生阻塞时进行拥塞控制。网络层还要解决异构网络的互联问题，以实现数据分组在不同类型的网络中传输。网络层的典型协议有 IP、IPX、RIP、OSPF 等。

4）传输层

传输层的主要任务是为上一层进行通信的两个进程之间提供一个可靠的端到端服务，使传输层以上的各层不再关心信息传输的问题。端到端通信的两个节点并不一定是直接通过传输介质连接起来的，它们之间可能跨过很多设备（如路由器、交换机），利用传输介质进行连接。传输层从会话层接收数据，形成报文（Message），在必要时可将其分成若干分组，然后交给网络层进行传输。传输层的典型协议有 TCP、UDP、SPX 等。

5）会话层

会话层的主要任务是针对远程访问进行管理（如断点续传），包括会话管理、传输同步以及数据交换管理等。会话层的典型协议有 NetBIOS、ZIP（AppleTalk 区域信息协议）等。

6）表示层

表示层的主要任务是处理多个通信系统之间交换信息的表示方式，包括数据格式的转换、数据加密与解密、数据压缩与恢复等。表示层的典型协议有 ASCII、ASN. 1、JPEG、MPEG3（MP3）、MPEG4（MP4）等。

7）应用层

应用层的主要任务是为网络用户或应用程序提供各种服务，如文件传输、电子邮件、网络管理和远程登录等。应用层的典型协议有 HTTP、FTP、DNS、DHCP 等。

1.5.2 TCP/IP 参考模型

1. TCP/IP 的概述

说到 TCP 的历史，不得不谈到 Internet 的历史。20 世纪 60 年代初期，美国国防部委托高级研究计划局（ARPA）研制广域网互通课题，并建立了 ARPANET 实验网络，这就是 Internet 的起源。20 世纪 80 年代末，美国国家科学基金会（NSF）借鉴了 ARPANET 的 TCP/IP 技术建立了 NSFNET。NSFNET 使越来越多的网络互联在一起，最终形成了今天的 Internet。因此，TCP/IP 成了 Internet 上广泛使用的标准网络通信协议。

TCP/IP 标准由一系列的文档组成，这些文档定义并描述了 Internet 的内部实现机制，以及各种网络服务。TCP/IP 标准并不是由某个特定组织开发的，而是一些团体共同开发的。任何人都可以把自己的意见作为文档发布，但只有被认可的文档才能最终成为 Internet

标准。TCP/IP 实际上是一个协议簇，所有协议都包含在 TCP/IP 簇的 4 个层次中，形成了 TCP/IP 协议栈，如图 1.5 所示。

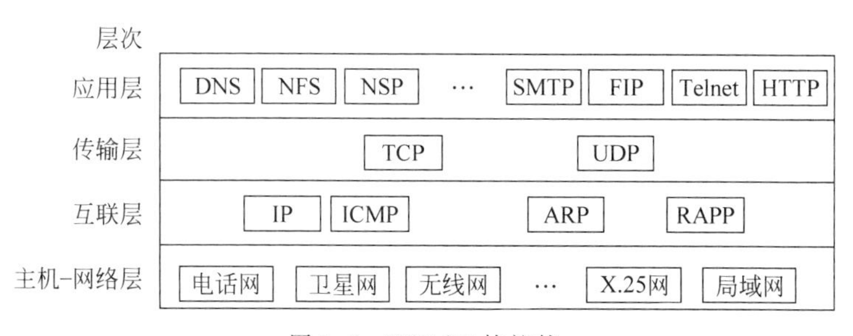

图 1.5　TCP/IP 协议栈

2. TCP/IP 各层的功能

与 OSI 参考模型不同的是，TCP/IP 参考模型是在 TCP 和 IP 出现之后提出来的，两者之间层次的对应关系如图 1.6 所示。

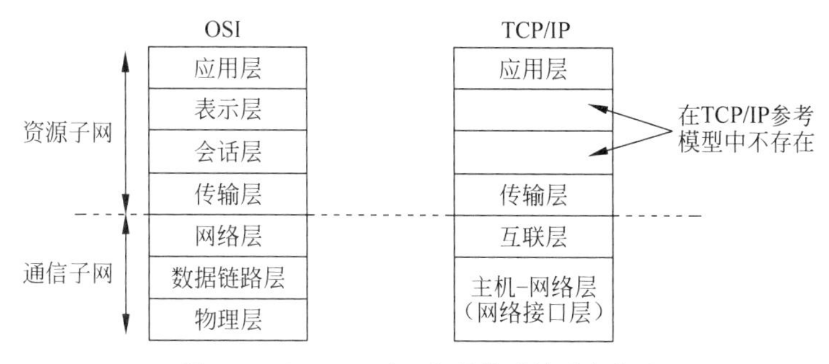

图 1.6　OSI、TCP/IP 参考模型的对应关系

1）主机-网络层

主机-网络层也被称为网络接口层。事实上，TCP/IP 参考模型并没有真正定义这一部分，只是指出在这一层上必须具有物理层和数据链路层的功能。网络接口层包含了多种网络层协议，如以太网协议（Ethernet）、令牌环网协议（Token Ring）、分组交换网协议（X.25）等。

2）互联层（网络层）

互联层对应 OSI 参考模型中的网络层。它是整个 TCP/IP 参考模型的关键部分，提供的是无连接的服务，主要负责将源主机的数据分组（Packet）发送到目的主机。互联层的主要功能包括处理来自传输层的分组发送请求、处理接收到的数据包、进行流量控制与拥塞控制等。

互联层上定义的主要协议包括网际协议（IP）、Internet 控制报文协议（ICMP）、地址解析协议（ARP）、反向地址解析协议（RARP）等。

3）传输层

与 OSI 参考模型的传输层类似，TCP/IP 参考模型的传输层的主要功能是：使发送方主机和接收方主机上的对等实体可以进行会话。在传输层上定义了以下两个端到端的协议：传输控制协议（TCP）和用户数据报协议（UDP）。TCP 是一个面向连接的可靠传输协议，UDP 是一个面向无连接的不可靠传输协议。

4）应用层

应用层负责向用户提供一组常用的应用程序，包含所有 TCP/IP 协议簇中的高层协议，如

FTP、SMTP、HTTP、SNMP、DNS 等。应用层协议一般可以分为 3 类：一类是依赖于面向连接的 TCP；一类是依赖于无连接的 UDP；还有一类则既依赖于 TCP 又依赖于 UDP，如 DNS。

1.5.3 两种模型的比较

OSI 参考模型和 TCP/IP 参考模型有很多相似之处，都基于独立的协议栈，而且对应层的功能也大体相似。除了这些基本相似之处外，两个模型也存在很多差别。

1. 共同点

(1) 采用了协议分层方法，将庞大且复杂的问题划分为若干较容易处理的、范围较小的问题。

(2) 对应层的协议功能相近，都存在网络层、传输层和应用层。

(3) 两者都可以解决异构网络的互联问题，实现不同厂商计算机之间的通信。

(4) 两者都是计算机通信的国际性标准。OSI 参考模型原则上是国际通用的，而 TCP/IP 参考模型是当前工业界使用最多的。

(5) 两者都能够提供面向连接和面向无连接的通信服务机制。

2. 不同点

两者的不同点可以概括为模型设计的差别、层数和层间调用关系的不同、对可靠性的强调、标准的效率和性能上的不同、市场应用和支持上的差别等。

3. OSI 参考模型的优缺点

(1) OSI 参考模型详细定义了服务、接口和协议 3 个概念，并将它们严格加以区分，实践证明这种做法是非常有必要的。

(2) OSI 参考模型产生在协议发明之前，模型没有偏向于任何特定协议，通用性好。

(3) OSI 参考模型的某些层次(如会话层和表示层)对于大多数应用程序来说都没有用，而且某些功能在各层重复出现(如寻址、流量控制和差错控制)，降低了系统的工作效率。

(4) OSI 参考模型的结构和协议大而全，显得过于复杂和臃肿，效率较低，实现起来较为困难。

4. TCP/IP 参考模型的优缺点

(1) TCP/IP 参考模型产生在协议出现以后，模型实际上是对已有协议的描述。因此，协议和模型匹配得相当好。

(2) TCP/IP 参考模型并不是作为国际标准开发的，它只是对一种已有标准的概念性描述。因此，它的设计目的单一，影响因素少，协议简单高效，可操作性强。

(3) TCP/IP 参考模型没有明显地区分服务、接口和协议的概念。因此，对于使用新技术来设计新网络而言，TCP/IP 参考模型不是一个很好的模板。

(4) 由于 TCP/IP 参考模型是对已有协议的描述，因此通用性较差，不适合描述除 TCP/IP 参考模型之外的其他任何协议。

(5) TCP/IP 参考模型的某些层次的划分不合理，如主机-网络层。

综合以上两种模型的优缺点，在学习计算机网络的体系结构时可以采用如图 1.7 所示的折中办法。

应用层
传输层
网络层
数据链路层
物理层

图 1.7 网络参考模型的一种建议

1.6 任务小结

1. 计算机网络的拓扑结构类型包括总线型、星形、树形、环形、网形。

2. OSI 参考模型从上到下分为 7 层：应用层、表示层、会话层、传输层、网络层、数据链路层、物理层。

3. TCP/IP 参考模型从上到下分为 4 层：应用层、传输层、互联层(网络层)、主机-网络层(网络接口层)。

4. OSI 和 TCP/IP 的区别和联系。

1.7 习题与思考

1. 简述计算机网络的发展过程，每个阶段各有什么特点。

2. 计算机网络分类方式有哪些？按照覆盖的地理范围可以分为哪几种？

3. 简述 OSI 和 TCP/IP 参考模型的基本原理，比较它们的异同之处，优缺点各有哪些。

任务2　IPv4 子网划分

学习目标

- 掌握 IP 地址的格式与分类。
- 理解子网掩码的概念。
- 掌握非标准子网划分的方法。
- 理解全 0、全 1 网段的规定和应用。
- 熟悉专用地址空间。
- 理解 VLSM 的概念和应用。
- 掌握 CIDR 地址汇总的方法。

2.1　IP 地址与子网掩码

在 TCP/IP 的四层模型中，每层的对等实体为了标识自己，需要拥有一个唯一的标识。模型的网络接口层使用 MAC 地址来唯一标识一台主机；网络互联层使用 IP 地址来标识整个网络中不同的主机；在传输层，使用端口号来标识运行在某台主机上的不同网络应用程序；在应用层，使用易于辨别、记忆的主机地址来标识整个因特网中的不同主机，如图 2.1 所示。

应用层	主机地址
传输层	端口号
网络互联层	IP地址
网络接口层	MAC地址

图 2.1　TCP/IP 参考模型

2.1.1　IP 地址的格式

目前，被广泛使用的 IPv4 地址由 32 位二进制数字组成。这 32 位二进制数字可以分为 4 个位域，每个位域包含 8 位二进制数，各位域之间被点号分开。为了便于识别、记忆，人们常将每个位域的 8 位二进制数转换为 0～255 范围内的十进制数，称为点分十进制，如图 2.2 所示。为了便于计数，图 2.2 中将每个位域中的 8 位二进制数用逗号分隔为两部分。实际上，IP 地址在计算机内部表示时并没有分隔符。

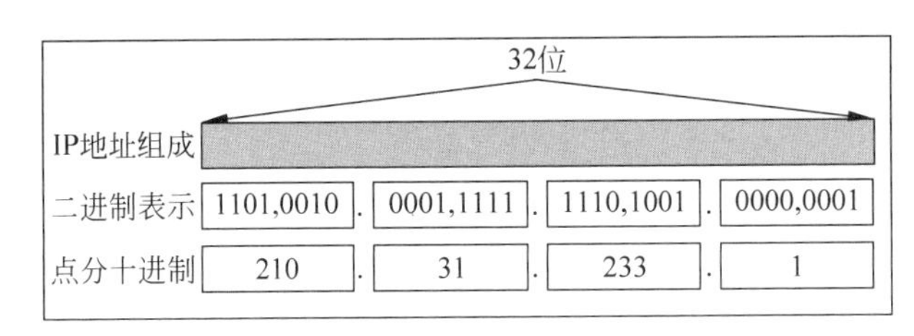

图 2.2　IP 地址的格式

2.1.2 IP地址的种类

为了实现层次化管理，32位的IP地址又被划分为两部分：一部分用来标识网络，称为网络号(Network ID,NID)；另一部分用来表示网络中的主机，称为主机号(Host ID,HID)。对于如图2.2中的IP地址210.31.233.1来说，210.31.233为网络号，1为主机号，这个IP地址表示210.31.233网络中编号为1的主机。

IPv4定义了5类IP地址，即A、B、C、D、E类地址。不同类别的IP地址对网络号及主机号范围的规定不同，用于匹配不同规模的网络。

1. A类IP地址

A类IP地址用第1个位域的8位二进制数来标识网络号，且第1个位域的最高位为0，它和第1个位域的其余7位共同组成了网络号。剩余的24位二进制数代表主机号，如图2.3所示。

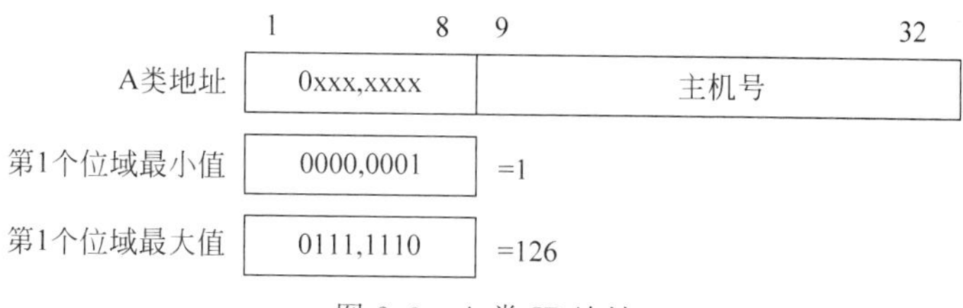

图2.3 A类IP地址

网络号全为0的地址不能使用。因此，最小的A类网络号为1，最大的A类网络号为127(01111111=2^7-1)。但网络号127被保留做循环测试使用，不能分配给任何一台主机。所以，A类地址中能被分配给主机的网络号范围为1～126。

A类网络使用24位二进制数标识主机号，所以每个A类网络可以容纳$2^{24}-2$=16 777 214台主机(IPv4规定主机号的各位不能全为0或全为1)。

可见，可以用于分配的A类IP地址的范围是1.x.y.z～126.x.y.z。其中，x、y、z的各个二进制位不能全为0或全为1。例如，10.255.255.255是不合法的主机地址，不能分配给主机使用，而10.255.255.254是可分配给主机使用的合法A类IP地址。

2. B类IP地址

B类IP地址用第1个和第2个位域的16位二进制数标识网络号。B类地址第1个位域的最高两位固定为10，它和其余的14位二进制数共同组成了网络号，剩余的16位二进制数代表主机号，如图2.4所示。

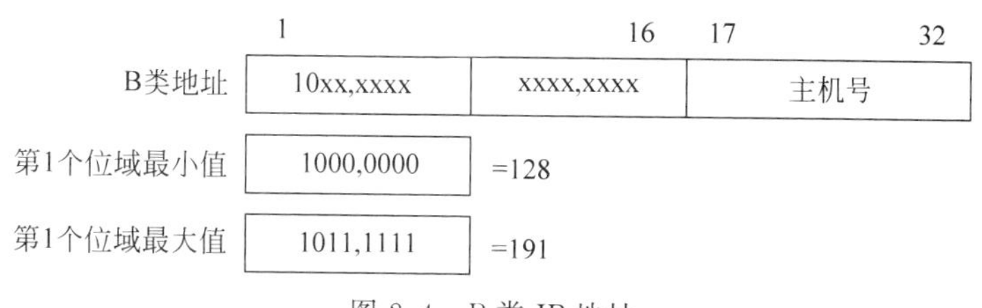

图2.4 B类IP地址

最小的B类网络号为128.0，最大的B类网络号为191.255。

对于B类网络来说，可以用14位(除去最高两位)二进制数来标识网络号，所以一共可

以有 2^{14} =16 384 个 B 类网络。因为 B 类地址用 16 位二进制数来标识主机号,所以每个 B 类网络可以容纳 $2^{16}-2$=65 534 台主机。

可见,可以用于分配的 B 类 IP 地址范围是 128.0.y.z~191.255.y.z,其中 y、z 的各个二进制位不能全为 0 或全为 1。

3. C 类 IP 地址

C 类 IP 地址用第 1~3 个位域的 24 位二进制数来标识网络号。C 类地址第 1 个位域的最高三位为 110,它和其余的 21 位二进制数共同组成了网络号,剩余的 8 位二进制数代表主机号,如图 2.5 所示。

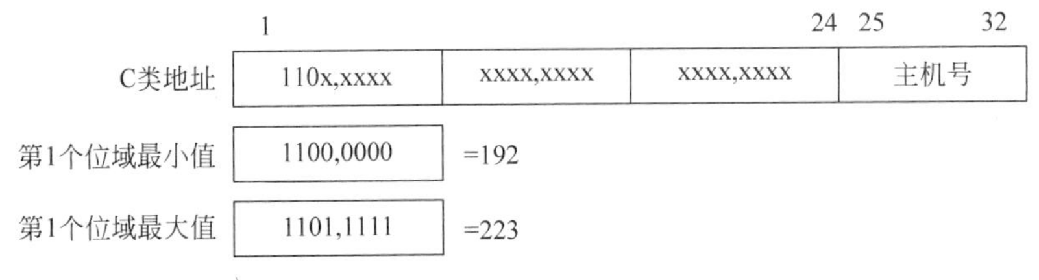

图 2.5 C 类 IP 地址

最小的 C 类网络号为 192.0.0,最大的 C 类网络号为 223.255.255。

对于 C 类网络来说,可以用 21 位(除去最高三位)二进制数标识网络号,所以一共可以有 2^{21} =2 097 152 个 C 类网络。因为 C 类地址用 8 位二进制数标识主机号,所以每个 C 类网络可以容纳 $2^{8}-2$=254 台主机。

可见,可以用于分配的 C 类 IP 地址范围是 192.0.0.z~223.255.255.z,其中 z 的各个二进制位不能全为 0 或全为 1。

4. D 类 IP 地址

D 类 IP 地址的第 1 个位域的最高 4 位固定为 1110。因此,第 1 个位域的取值范围是 224~239,如图 2.6 所示。

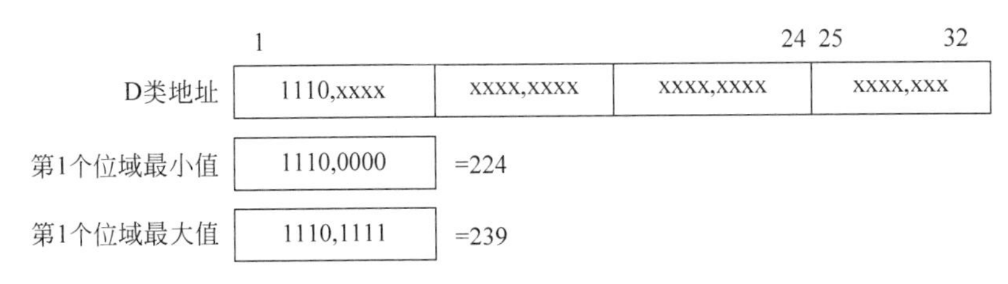

图 2.6 D 类 IP 地址

D 类地址是组播(Multicast)地址,也是一类特殊的 IP 地址,它不区分网络号和主机号,也不能分配给具体的主机。

组播地址用于向特定的一组(多台)主机发送广播消息。在 RIPv2 和 OSPF 动态路由协议中采用组播方式在一组路由器间传送与路由器相关的信息。

5. E 类 IP 地址

E 类 IP 地址第 1 个位域的最高 5 位固定为 11110。因此,第 1 个位域的取值范围是 240~247,E 类地址被保留作为实验用,如图 2.7 所示。

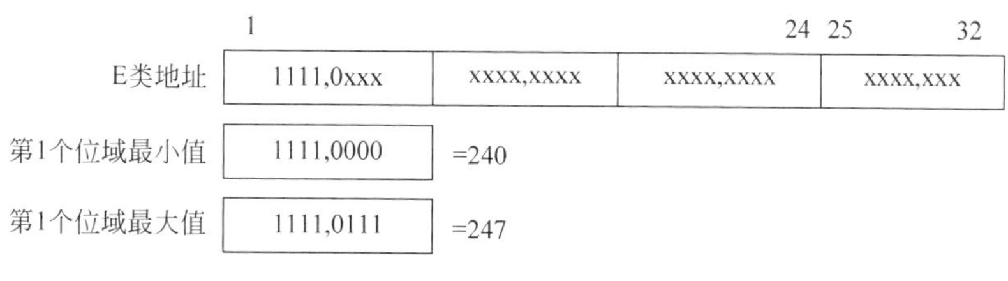

图 2.7 E 类 IP 地址

6. 其他 IP 地址

第 1 个位域取值范围为 248～254 的 IP 地址保留不用。

7. IP 地址的分配注意事项

在给主机分配 IP 地址时，必须注意以下问题。

1）网络号不能为 127

网络号 127 被保留作为本机循环测试使用，称为环回地址。例如，可以使用 ping 127.0.0.1 命令测试 TCP/IP 协议栈是否正确安装。在路由器中，同样支持循环测试地址的使用。

2）主机号不能全为 0 或 255

全 0 的主机号代表本网络，如 210.31.233.0 代表网络号为 210.31.233 的 C 类网络。全 1 的主机号代表对本网络的广播，如 210.31.233.255 代表对 C 类网络 210.31.233.0 的广播，称为直接广播。如果一个数据包中的目的地址是一个广播地址，它要求该网段中的所有主机必须接收此数据包。如果 IP 地址的 32 位全为 1，即 255.255.255.255，则代表有限广播，它的目标同样是网络中的所有主机。

3）0.0.0.0

IP 地址 0.0.0.0 通常代表未知的源主机。当主机采用 DHCP 动态获取 IP 地址而未获得合法的 IP 地址时，会用 IP 地址 0.0.0.0 来表示源主机 IP 地址未知。DHCP Discover 和 DHCP Request 报文的源地址均为 0.0.0.0。

8. 网段的表示

一个网段包含多个 IP 地址，可以用“IP 地址/掩码中 1 的位数”方法来表示一个网段。

例如，一个 C 类网段 192.168.1.0，其掩码为 255.255.255.0，可以表示为 192.168.1.0/24。其中，24 为 C 类地址掩码中 1 的位数；192.168.1.0 为该网段的网络号。

2.1.3 子网掩码

1. 子网

将网络划分为多个不同的部分，使每部分都成为一个独立的逻辑网络，这些独立的逻辑网络称为子网(Subnet)。处于同一子网中的各主机的网络号是相同的，它们可以直接互相通信而无须经过路由器中转。

将一个规模较大的网络划分为多个子网可以减小广播域的规模，减少广播对网络的不利影响，便于实现层次化的管理。另外，将网络划分为多个子网也便于每个子网使用不同类型的网络架构。

2. 子网掩码

子网掩码(Subnet Mask)用来与 IP 地址的各位进行“按位逻辑与”的运算，以分辨网络号和主机号。

IPv4 规定了 A 类、B 类、C 类的标准子网掩码，具体如下。

A 类：255.0.0.0。

B 类：255.255.0.0。

C 类：255.255.255.0。

例如，对于标准的 C 类 IP 地址 210.31.233.1 来说，其标准子网掩码是 255.255.255.0。将 IP 地址 210.31.233.1 和其对应的子网掩码 255.255.255.0 分别化为二进制形式。然后，按位进行逻辑与运算，得到的结果为 210.31.233.0，在这个结果中被子网掩码中的 0 屏蔽掉的部分就是主机号，而被子网掩码中的 1 保留下来的部分就是网络号，即 IP 地址 210.31.233.1 表示 C 类网络 210.31.233.0 中的编号为 1 的主机号。由此可见，子网掩码的主要作用是用来分辨网络号与主机号的边界。

2.2 VLSM 和 CIDR

2.2.1 非标准子网划分

当一个组织申请了一段 IP 地址后，可能需要对 IP 地址进行进一步的子网划分。例如，某个规模较大的公司申请了一个 B 类 IP 地址段 166.133.0.0/16，如果采用标准子网掩码 255.255.0.0 而不进一步划分子网，那么 166.133.0.0/16 网络中的所有主机（最多共 65 534 台）都将处于同一个广播域下，网络中可能会充斥大量广播数据包而导致网络传输效率低下，其解决方案是进行非标准子网划分。非标准子网划分借用主机号的一部分充当网络号，子网数增多；主机号所占的二进制位减少，子网的网络规模随之减小（主机数量减少）。

例如，B 类地址 166.133.0.0/16 不使用标准的子网掩码 255.255.0.0，而使用非标准的子网掩码 255.255.255.0 将网络划分为多个子网。在子网划分中借用了原来属于主机号范围的第 3 个位域充当子网号范围，即借用了 8 位主机号充当子网号，网络号就变成了 24 位。子网掩码 255.255.255.0 将这个 B 类的大网络 166.133.0.0 划分成为 256 个小的子网。对于这 256 个子网来说，每个子网可以容纳 254 台主机。

注意：*RFC 950 和 RFC 1009 规定划分子网时，子网号不能全为 0 或全为 1，将其称为全 0 网段与全 1 网段。但这个规定已被新的 RFC 1878 废止了。也就是说子网号可以全为 0，也可以全为 1。*

下面以 C 类 IP 地址为例详细讨论非标准子网划分。

对于标准的 C 类 IP 地址 210.31.233.0 来说，标准子网掩码为 255.255.255.0，即用 32 位 IP 地址的前 24 位标识网络号，后 8 位标识主机号。因此，每个 C 类网络下共可容纳 254 台主机（2^8-2）。

例 1：IP 地址 210.31.233.0/24 借用 1 位主机号来充当子网号。

计算过程如下。

步骤 1：确定子网掩码。

由于从主机号里面借了 1 位来做子网号，因此采用新的非标准子网掩码为 11111111.11111111.11111111.**1**0000000，即 255.255.255.128。

步骤 2：确定子网号。

采用新的子网掩码后，借用的 1 位子网号可以用来标识两个子网：0 子网和 1 子网。

（1）0 子网。

0 子网的网络号的二进制形式为 11010010.00011111.11101001.**0**0000000，即 210.31.233.0。

该子网的最小 IP 地址为 11010010.00011111.11101001.**0**0000001，即 210.31.233.1。

最大 IP 地址为 11010010.00011111.11101001.**0**1111110，即 210.31.233.126，可容纳 126 台主机。

该子网的直接广播地址为 11010010.00011111.11101001.**0**1111111，即 210.31.233.127。

（2）1 子网。

1 子网的网络号的二进制形式为 11010010.00011111.11101001.**1**0000000，即 210.31.233.128。

该子网的最小 IP 地址为 11010010.00011111.11101001.**1**0000001，即 210.31.233.129。

最大 IP 地址为 11010010.00011111.11101001.**1**1111110，即 210.31.233.254，可容纳 126 台主机。

该子网的直接广播地址为 11010010.00011111.11101001.**1**1111111，即 210.31.233.255。

例 2：IP 地址 210.31.233.0/24 借用两位主机号来充当子网号。

计算过程如下。

步骤 1：确定子网掩码。

由于从主机号里面借用两位出来做子网号，因此采用新的非标准子网掩码为 11111111.11111111.11111111.**11**000000，即 255.255.255.192。

步骤 2：确定子网号。

采用了新的子网掩码后，借用的两位子网号可以用来标识 4 个子网：00 子网、01 子网、10 子网和 11 子网。

（1）00 子网。

00 子网的网络号的二进制形式为 11010010.00011111.11101001.**00**000000，即 210.31.233.0。

该子网的最小 IP 地址为 11010010.00011111.11101001.**00**000001，即 210.31.233.1。

最大 IP 地址为 11010010.00011111.11101001.**00**111110，即 210.31.233.62，可容纳 62 台主机。

该子网的直接广播地址为 11010010.00011111.11101001.**00**111111，即 210.31.233.63。

（2）01 子网。

01 子网的网络号的二进制形式为 11010010.00011111.11101001.**01**000000，即 210.31.233.64。

该子网的最小 IP 地址为 11010010.00011111.11101001.**01**000001，即 210.31.233.65。

最大 IP 地址为 11010010.00011111.11101001.**01**111110，即 210.31.233.126，可容纳 62 台主机。

该子网的直接广播地址为 11010010.00011111.11101001.**01**111111，即 210.31.233.127。

（3）10 子网。

10 子网的网络号的二进制形式为 11010010.00011111.11101001.**10**000000，即

210.31.233.128。

该子网的最小 IP 地址为 11010010.00011111.11101001.**10**000001，即 210.31.233.129。

最大 IP 地址为 11010010.00011111.11101001.**10**111110，即 210.31.233.190，可容纳 62 台主机。

该子网的直接广播地址为 11010010.00011111.11101001.**10**111111，即 210.31.233.191。

(4) 11 子网。

11 子网的网络号的二进制形式为 11010010.00011111.11101001.**11**000000，即 210.31.233.192。

该子网的最小 IP 地址为 11010010.00011111.11101001.**11**000001，即 210.31.233.193。

最大 IP 地址为 11010010.00011111.11101001.**11**111110，即 210.31.233.254，可容纳 62 台主机。

该子网的直接广播地址为 11010010.00011111.11101001.**11**111111，即 210.31.233.255。

同理，还可以借用 3 位、4 位、5 位、6 位主机号充当子网号。

注意： 不可以借用 7 位主机号来充当子网号。

对 A 类和 B 类网络进行非标准子网划分和 C 类网络类似，读者可以自行学习。

2.2.2 专用地址空间

1. 私有地址空间

RFC 1918 中定义了在企业网络内部使用的专用(私有)地址空间，具体如下。

A 类：10.0.0.0～10.255.255.255。

B 类：172.16.0.0～172.31.255.255。

C 类：192.168.0.0～192.168.255.255。

这些网络地址在 Internet 中是无法路由的，只能在企业网络内部被使用。使用私有网络地址的主机如果想要访问 Internet，可以通过代理服务器进行访问，也可以通过具有网络地址转换功能的路由器或防火墙进行访问。

2. 链路本地地址

微软公司在自己的 TCP/IP 实现中规定了链路本地地址(Link Local Address，LLA)空间：169.254.0.0～169.254.255.255，也属于专用内部地址，同样无法在 Internet 中路由。当 DHCP 服务器故障或者 DHCP 超时时，设备可使用链路本地地址在本地网络中通信，不至于因为没有 IP 而无法进行本地的通信。使用链路本地地址的报文不通过路由器转发，其网关为 0.0.0.0，子网掩码为 255.255.0.0。

2.2.3 VLSM 和 CIDR

1. VLSM

RFC 1878 中定义了可变长子网掩码(Variable Length Subnet Mask，VLSM)。VLSM 规定了在子网划分时如何使用不同的子网掩码划分出大小不同的子网。

VLSM 实际上是一种多级子网划分技术。例如，某公司有两个主要部门，市场部和技术部，技术部又分为硬件项目组和软件项目组两个部门。该公司申请到了一个完整的 C 类 IP 地址段 210.31.233.0。为了便于分级管理，该公司采用了 VLSM 技术，将原主网络划分为两级子网，如图 2.8 所示。

市场部
210.31.233.0 255.255.255.128(子网掩码)
(210.31.233.0～210.31.233.127)

210.31.233.0
255.255.255.0(子网掩码)

技术部
210.31.233.128 255.255.255.128(子网掩码)
(210.31.233.128～210.31.233.255)

硬件项目组
210.31.233.128 255.255.255.192
(210.31.233.128～210.31.233.191)

软件项目组
210.31.233.192 255.255.255.192
(210.31.233.192～210.31.233.255)

图 2.8 VLSM 应用

市场部分得了一级子网中的第 1 个子网，即 210.31.233.0，子网掩码为 255.255.255.128，该一级子网共有 126 个 IP 地址可供分配（主机位为全 0 和全 1 的两个 IP 地址不可分配给主机）。

技术部将所分得的一级子网中的第 2 个子网 210.31.233.128 又进一步划分成了两个二级子网。其中，第 1 个二级子网 210.31.233.128 划分给技术部的下属部门——硬件项目组，该二级子网共有 62 个 IP 地址可供分配。技术部的下属部门——软件项目组分得了第 2 个二级子网 210.31.233.192，该二级子网共有 62 个 IP 地址可供分配（主机位为全 0 和全 1 的两个 IP 地址不可分配给主机）。

在实际工程实践中，可以进一步将网络划分为三级或者更多级子网。

2. CIDR

无类别域间路由选择（Classless Inter-Domain Routing，CIDR）在 RFC 1517～RFC 1520 中都有描述。提出 CIDR 的初衷是为了解决 IP 地址空间（特别是 B 类地址）即将耗尽的问题。CIDR 并不使用传统的有类网络地址的概念，即不再区分 A、B、C 类网络地址。在分配 IP 地址段时也不再按照有类网络地址的类别进行分配，而是将 IP 网络地址空间看成一个整体，并划分为连续的地址块，然后采用分块的方法进行分配。

在 CIDR 技术中，常使用子网掩码中表示网络号二进制位的长度来区分一个网络地址块的大小，称为 CIDR 前缀。例如，IP 地址 210.31.233.1，子网掩码 255.255.255.0 可表示为 210.31.233.1/24；IP 地址 166.133.67.98，子网掩码 255.255.0.0 可表示为 166.133.67.98/16；IP 地址 192.168.0.1，子网掩码 255.255.255.240 可表示为 192.168.0.1/28。

CIDR 可以用来做 IP 地址汇总（或称超网，Super Netting）。在未做地址汇总之前，路由器需要对外声明所有的内部网络 IP 地址空间段。这将导致 Internet 核心路由器中的路由条目非常庞大（几百万条）。采用 CIDR 地址汇总后，可以将多个地址空间连续网段的路由总结成一条路由条目。路由器不再需要对外声明内部网络的所有 IP 地址空间段。这样，大大减小了路由表中路由条目的数量。

例如，某公司申请了 1 个网络地址块（共 8 个 C 类网络地址）：210.31.224.0/24～210.31.231.0/24，为了对这 8 个 C 类网络地址块进行汇总，采用新的子网掩码 255.255.248.0，CIDR 前缀为 21，如图 2.9 所示。

可以看出，CIDR 实际上是借用部分网络号充当主机号。在图 2.9 中，8 个 C 类地址网

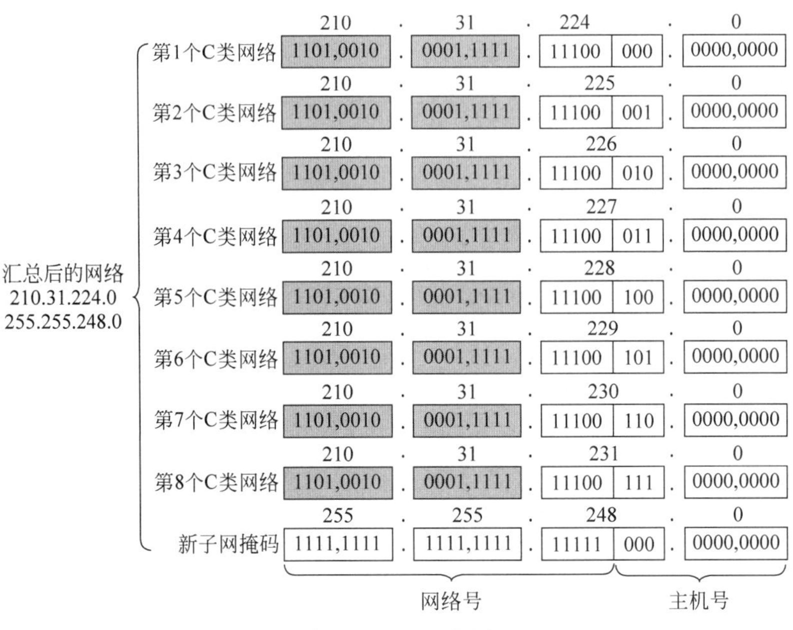

图 2.9　CIDR 应用

络号的前 21 位完全相同,变化的只是最后 3 位网络号。因此,可以将网络号的后 3 位看成主机号,选择新的子网掩码为 255.255.248.0,将这 8 个 C 类网络地址汇总为 210.31.224.0/21。

利用 CIDR 实现地址汇总有如下两个基本条件。

(1) 待汇总地址的网络号拥有相同的高位。如图 2.9 所示,8 个待汇总网络地址的第 3 个位域的前 5 位完全相等,均为 11100。

(2) 待汇总的网络地址数目必须是 2^n,如 2、4、8、16 等。否则,可能会导致路由黑洞(汇总后的网络可能包含实际上并不存在的子网)。

2.3　任务小结

1. IPv4 地址可分为 A、B、C、D、E 五类。A 类 IP 地址范围：1.0.0.0～126.255.255.255；B 类 IP 地址范围：128.0.0.0～191.255.255.255；C 类 IP 地址范围：192.0.0.0～223.255.255.255；D 类 IP 地址范围：224.0.0.0～239.255.255.255；E 类 IP 地址范围：240.0.0.0～255.255.255.255。

2. 特殊意义的 IP 地址：0.0.0.0 表示不清楚的主机和目的网络；网络号 127 为环回地址；255.255.255.255 为限制广播地址；169.254.0.0～169.254.255.255 为链路本地地址。

3. 保留私有地址有三类：A 类(10.0.0.0～10.255.255.255)、B 类(172.16.0.0～172.31.255.255)、C 类(192.168.0.0～192.168.255.255)。

4. 非标准子网划分方法。

5. VLSM 的概念和应用。

6. CIDR 地址汇总。

2.4 习题与思考

1. IPv4 地址分为哪几类？列出每类的起始地址与结束地址。

2. 什么是子网？写出 A、B、C 三类 IP 地址的标准子网掩码。

3. 私有地址有哪些？写出 A、B、C 三类私有地址。

4. A 类地址 10.0.0.0/8 如何划分成 8 个大小相等的子网？写出它们的起始地址、结束地址与子网掩码。

5. 描述可变长子网掩码(VLSM)的基本原理。如何利用 CIDR 实现超网？

6. 为什么 C 类地址不可以借 7 位主机号作为子网号？B 类地址可以借 15 位主机号作为子网号吗？A 类地址可以借 23 位主机号作为子网号吗？

提示：C 类地址借用 7 位主机号后，主机号就只剩下 1 位，1 位的主机号只有两个 IP 地址：0 和 1。这两个地址中的 0 需要用作网络号，而 1 被用作广播号，结果就再无地址分配给主机了。因此，C 类地址不可以借 7 位主机号作为子网号。A、B 类地址以此类推。

任务3 认识 IPv6

学习目标

- 掌握 IPv6 地址的表示方法。
- 了解 IPv6 地址的分类。
- 了解 IPv6 地址配置协议。
- 了解 IPv6 路由协议。
- 了解 IPv4 到 IPv6 的过渡技术。

3.1 IPv6 地址

在 IPv6(Internet Protocol Version 6)中，IP 地址由 16 个八位域，共 128 位二进制数组成，是 IPv4 地址长度的 4 倍。在目前看来，IPv6 可以提供足够数量的 IP 地址。

从理论上计算，IPv4 地址的全部 32 位都用上，可以表示 $2^{32} \approx 42.9$ 亿个 IP 地址，这几乎可以为地球三分之二的人每人提供一个地址。事实上，随着 Internet 的发展，由于种种原因(如分配的 IP 地址没有被充分利用，划分子网时浪费了一部分 IP 地址等)，IPv4 顶级地址在 2012 年就已经耗尽。随着移动设备的大量使用，IPv4 公有地址早已远远不够分配。

因此，世界各国都在部署 IPv6 地址。2016 年，互联网数字分配机构(IANA)已向国际互联网工程任务组(IETF)提出建议，要求新制定的国际互联网标准支持 IPv6，而不再兼容 IPv4。

3.2 IPv6 地址的表示方法

IPv6 地址采用十六进制表示，有 3 种表示方法。

1. 冒分十六进制表示法

冒分十六进制表示法的格式为 X:X:X:X:X:X:X:X，其中每个 X 表示地址中的 16 位，以十六进制表示。例如，ABCD:EF01:2345:6789:ABCD:EF01:2345:6789。

在这种表示法中，每个 X 的前导 0 是可以省略的。

例如，2001:0DB8:0000:0023:0008:0800:200C:417A 可简写为 2001:DB8:0:23:8:800:200C:417A。

2. 0 位压缩表示法

在某些情况下，一个 IPv6 地址中间可能包含很长的一段 0，可以把连续的一段 0 压缩为“::”。但为了保证地址解析的唯一性，地址中的“::”只能出现一次。

例如,FF01:0:0:0:0:0:0:1101 可简写为 FF01::1101; 0:0:0:0:0:0:0:1 可简写为::1; 0:0:0:0:0:0:0:0 可简写为::。

3. 内嵌 IPv4 地址表示法

为了实现 IPv4 与 IPv6 互通,IPv4 地址会嵌入 IPv6 地址中,此时地址常表示为 X:X:X:X:X:X:d.d.d.d,前 96 位采用冒分十六进制表示,而后 32 位则使用 IPv4 的点分十进制表示。例如,::192.168.0.1 与::FFFF:192.168.0.1 就是两个典型的例子。注意: 在前 96 位中,压缩 0 位的方法依旧适用。

3.3 IPv6 地址分类

IPv6 协议主要定义了 3 种地址类型: 单播地址(Unicast Address)、组播地址(Multicast Address)和任意播地址(Anycast Address)。与原来在 IPv4 地址相比,新增了任意播地址类型,取消了原来 IPv4 地址中的广播地址,因为在 IPv6 中的广播功能是通过组播来完成的。

IPv6 地址类型由地址前缀部分来确定,主要地址类型与地址前缀的对应关系如表 3.1 所示。

表 3.1 IPv6 地址类型与前缀

地址类型		地址前缀(二进制)	IPv6 前缀标识
单播地址	未指定地址	00…0(128 bits)	::/128
	环回地址	00…1(128 bits)	::1/128
	链路本地地址	1111 1110 10	FE80::/10
	唯一本地地址	1111 110	FC00::/7(包括 FD00::/8 和不常用的 FC00::/8)
	站点本地地址(已被唯一本地地址代替)	1111 1110 11	FEC0::/10
	全局单播地址	其他形式	—
组播地址		1111 1111	FF00::/8
任意播地址		从单播地址空间中进行分配,使用单播地址的格式	

3.3.1 单播地址

单播地址用来唯一标识一个接口,类似于 IPv4 中的单播地址。发送到单播地址的数据报文将被传送给此地址所标识的一个接口。为了适应负载均衡系统,RFC 3513 允许多个接口使用同一个地址,这些接口以单个 IPv6 接口的形式出现。单播地址包括 4 个类型: 全局单播地址、本地单播地址、兼容性地址、特殊地址。

1. 全局单播地址

全局单播地址等同于 IPv4 中的公有地址,可以在 IPv6 Internet 上进行全局路由和访问。全局单播地址可以进行路由前缀的聚合,从而限制全球路由表项的数量。

2. 本地单播地址

本地单播地址包括链路本地地址、唯一本地地址和站点本地地址。在 IPv6 中,本地单播地址指本地网络使用的单播地址。每个接口上至少有一个链路本地单播地址,另外还可分配任何类型(单播、组播和任意播)或范围的 IPv6 地址。

(1) 链路本地地址(FE80::/10):仅用于单个链路(不能跨 VLAN),不能在不同子网中路由。节点使用链路本地地址与同一个链路上的相邻节点进行通信。例如,在没有路由器的单链路 IPv6 网络上,主机使用链路本地地址与该链路上的其他主机进行通信。

(2) 唯一本地地址(FC00::/7):唯一本地地址是本地全局的,它应用于本地通信,但不在 Internet 中路由,其范围限制为组织的边界。IPv6 唯一本地地址相当于 IPv4 地址中的私有地址。

(3) 站点本地地址(FEC0::/10):新标准中已被唯一本地地址代替。

3. 兼容性地址

在 IPv6 中还规定了以下几类兼容 IPv4 的单播地址类型,主要用于 IPv4 向 IPv6 的迁移过渡。一般有 IPv4 兼容地址、IPv4 映射地址、6to4 地址、6over4 地址、ISATAP 地址等几类。

(1) IP4 兼容地址:可表示为 0:0:0:0:0:0:w. x. y. z 或::w. x. y. z,其中 w. x. y. z 是以点分十进制表示的 IPv4 地址,用于同时运行 IPv4 和 IPv6 两种协议的节点使用 IPv6 进行通信。

(2) IPv4 映射地址:是另一种内嵌 IPv4 地址的 IPv6 地址,可表示为 0:0:0:0:0:FFFF:w. x. y. z 或::FFFF:w. x. y. z。这种地址被 IPv6 网络中的节点用来标识 IPv4 网络中的节点。

(3) 6to4 地址:用于同时运行 IPv4 和 IPv6 两种协议的节点在 IPv4 网络中进行通信。6to4 是通过 IPv4 路由方式在主机和路由器之间传递 IPv6 报文的动态隧道技术。

(4) 6over4 地址:用于 6over4 隧道技术的地址,可表示为[64-bit Prefix]:0:0:wwxx:yyzz,其中 wwxx:yyzz 是十进制 IPv4 地址 w. x. y. z 的 IPv6 格式。

(5) ISATAP 地址:用于 ISATAP(Intra-Site Automatic Tunnel Addressing Protocol)隧道技术的地址,可表示为[64-bit Prefix]:0:5EFE:w. x. y. z,其中 w. x. y. z 是十进制 IPv4 地址。

4. 特殊地址

特殊地址包括未指定地址和环回地址。

未指定地址(0:0:0:0:0:0:0:0 或::)仅用于表示某个地址不存在,它相当于 IPv4 未指定地址 0.0.0.0。未指定地址通常被用作尝试验证暂定地址唯一性数据包的源地址,并且永远不会指派给某个接口或被用作目标地址。

环回地址(0:0:0:0:0:0:0:1 或::1)用于标识环回接口,允许节点将数据包发送给自己。它相当于 IPv4 环回地址 127.0.0.1。发送到环回地址的数据包永远不会发送给某个链接,也永远不会通过 IPv6 路由器转发。

3.3.2 组播地址

IPv6 组播地址用来标识一组接口(通常这组接口属于不同的节点),类似于 IPv4 中的组播地址。发送到组播地址的数据报文被传送给此地址所标识的所有接口。任意位置的 IPv6 节点可以侦听任意 IPv6 组播地址上的组播通信。IPv6 节点可以同时侦听多个组播地址,也可以随时加入或离开组播组。

IPv6 组播地址的最高的 8 位固定为 1111 1111，地址范围为 FF00::/8。IPv6 组播地址结构在不同 RFC 中的定义有所不同，总体结构如图 3.1 所示。

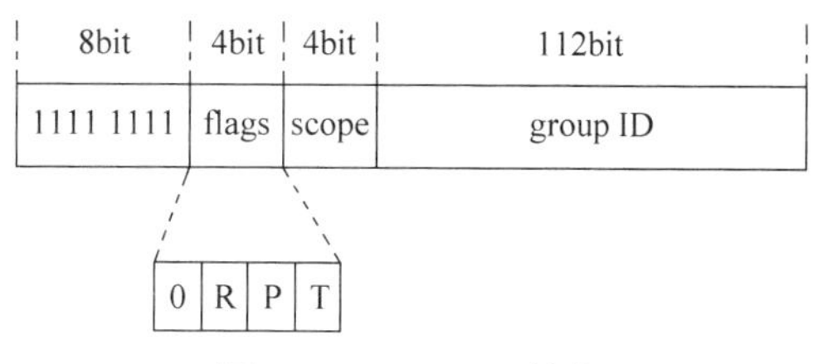

图 3.1　IPv6 地址结构

各字段含义如下。

flags = |0|R|P|T|

- 最高位为保留位，其值为 0。
- R：R 比特位为 1 表示这是一个内嵌 RP(Rendezvous Point，汇聚点)的组播地址。
- P：P 比特位为 1 表示这是一个基于单播前缀的 IPv6 组播地址。
- T：T 比特位为 0 表示这是一个永久分配组播地址。

scope：限制组播组的域范围。

group id：在给定的范围内标识组播组。

3.3.3　任意播地址

一个 IPv6 任意播地址与组播地址一样也可以识别多个接口，对应一组接口的地址。大多数情况下，这些接口属于不同的节点。但是，与组播地址不同的是，发送到任意播地址的数据包只被送到由该地址标识的其中一个接口(注意：只送到一个接口)。而组播地址用于一对多通信，发送到多个接口。一个任意播地址不能用作 IPv6 数据包的源地址，也不能分配给 IPv6 主机，仅可以分配给 IPv6 路由器。

3.4　IPv6 地址配置协议

IPv6 使用两种地址自动配置协议：无状态地址自动配置(Stateless Address Autoconfiguration，SLAAC)协议和 IPv6 动态主机配置协议(DHCPv6)。SLAAC 不需要服务器对地址进行管理，主机直接根据网络中的路由器通告信息与本机 MAC 地址结合计算出本机 IPv6 地址，实现地址自动配置。DHCPv6 由 DHCPv6 服务器管理地址池，用户主机从服务器请求并获取 IPv6 地址及其他信息，达到地址自动配置的目的。

1. 无状态地址自动配置

无状态地址自动配置(SLAAC)的核心是不需要额外的服务器管理地址状态，主机可自行计算地址进行地址自动配置，包括如下 4 个基本步骤。

(1) 链路本地地址配置，主机计算本地地址。

(2) 重复地址检测，确定当前地址是唯一的。

(3) 全局前缀获取，主机计算全局地址。

(4) 前缀重新编址，主机改变全局地址。

2. IPv6 动态主机配置协议

IPv6 动态主机配置协议(DHCPv6)由 IPv4 场景下的 DHCP 发展而来。在 IPv4 中，客户端通过向 DHCP 服务器发出申请来获取本机 IP 地址并进行自动配置，DHCP 服务器负责管理并维护地址池以及地址与客户端的映射信息。

DHCPv6 在 DHCP 的基础上，进行了一定的改进与扩充，其包含如下 3 种角色。

(1) DHCPv6 客户端：用于动态获取 IPv6 地址、IPv6 前缀或其他网络配置参数。

(2) DHCPv6 服务器：负责为 DHCPv6 客户端分配 IPv6 地址、IPv6 前缀和其他配置参数。

(3) DHCPv6 中继：它是一个转发设备。通常情况下，DHCPv6 客户端可以通过本地链路范围内组播地址与 DHCPv6 服务器进行通信。若服务器和客户端不在同一链路范围内，可通过 DHCPv6 中继进行转发，因而不需要在每条链路范围内都部署 DHCPv6 服务器，节省成本，并便于集中管理。

3.5 IPv6 路由协议

不同于 IPv4，IPv6 设计之初就把地址从用户拥有改成运营商拥有，因而路由策略发生了一些变化，加之 IPv6 地址长度也发生了变化，因此路由协议发生了相应的改变。

3.5.1 IPv6 单播路由协议

与 IPv4 相同，IPv6 单播路由协议同样分为内部网关协议(Interior Gateway Protocol, IGP)与外部网关协议(Exterior Gateway Protocol, EGP)。其中，IGP 包括由 RIP 变化而来的 RIPng，由 OSPF 变化而来的 OSPFv3，以及 IS-IS 协议变化而来的 IS-ISv6；EGP 则主要是由 BGP 变化而来的 BGP4+。

1. RIPng

下一代 RIP 协议简称 RIPng，是对原来的 IPv4 网络中 RIP-2 协议的扩展。大多数 RIP 的概念都可以用于 RIPng。为了在 IPv6 网络中应用，RIPng 对原有的 RIP 协议进行了如下修改。

(1) UDP 端口号：使用 UDP 的 521 端口发送和接收路由信息。

(2) 组播地址：使用 FF02::9 作为链路本地范围内的 RIPng 路由器组播地址。

(3) 路由前缀：使用 128 比特的 IPv6 地址作为路由前缀。

(4) 下一跳地址：使用 128 比特的 IPv6 地址。

2. OSPFv3

OSPFv3 是 OSPF 版本 3 的简称，主要提供对 IPv6 的支持，遵循的标准为 RFC 2740 (OSPF for IPv6)。与 OSPFv2 相比，OSPFv3 除了提供对 IPv6 的支持外，还充分考虑了协议的网络无关性以及可扩展性，进一步理顺了拓扑与路由的关系，使得 OSPF 的协议逻辑更加简单清晰，大大提高了 OSPF 的可扩展性。OSPFv3 和 OSPFv2 的不同主要如下。

(1) 修改了 LSA 的种类和格式，使其支持发布 IPv6 路由信息。

(2) 修改部分协议流程，使其独立于网络协议，提高了可扩展性。主要的修改包括用 Router-ID 来标识邻居，使用链路本地(Link-Local)地址来发现邻居等，使得拓扑本身独立于网络协议,便于未来扩展。

(3) 进一步理顺了拓扑与路由的关系。OSPFv3 在 LSA 中将拓扑与路由信息相分离,一、二类 LSA 中不再携带路由信息,而只是单纯的描述拓扑信息。另外,用新增的八、九类 LSA 结合原有的三、五、七类 LSA 来发布路由前缀信息。

(4) 提高了协议适应性。通过引入 LSA 扩散范围的概念,进一步明确了对未知 LSA 的处理,使得协议可以在不识别 LSA 的情况下根据需要做出恰当处理,大大提高了协议对未来扩展的适应性。

3. IS-ISv6

为了支持 IPv6,IETF 在 draft-ietf-isis-ipv6-05. txt 中对 IS-IS 进一步进行了扩展,主要是新添加了支持 IPv6 路由信息的两个 TLV(Type-Length-Values)和一个新的 NLPID(Network Layer Protocol Identifier)。TLV 是在 LSP(Link State PDU)中的一个可变长结构,新增的两个 TLV 分别如下。

(1) IPv6 Reachability(TLV type 236):类型值为 236(0xEC),通过定义路由信息前缀、度量值等信息来说明网络的可达性。

(2) IPv6 Interface Address(TLV type 232):类型值为 232(0xE8),它相当于 IPv4 中的 IP Interface Address TLV,只不过把原来的 32 比特的 IPv4 地址改为 128 比特的 IPv6 地址。

(3) NLPID 是标识 IS-IS 支持何种网络层协议的一个 8 比特字段,IPv6 对应的 NLPID 值为 142(0x8E)。如果 IS-IS 路由器支持 IPv6,那么它必须在 Hello 报文中携带该值向邻居通告它支持 IPv6。

4. BGP4+

目前的 BGP4+标准是 RFC 2858(Multiprotocol Extensions for BGP-4,BGP-4 多协议扩展)。为了实现对 IPv6 协议的支持,BGP-4+需要将 IPv6 网络层协议的信息反映到 NLRI(Network Layer Reachable Information)及 Next_Hop 属性中。BGP4+中引入的两个 NLRI 属性分别如下。

(1) MP_REACH_NLRI:Multiprotocol Reachable NLRI,多协议可达 NLRI,用于发布可达路由及下一跳信息。

(2) MP_UNREACH_NLRI:Multiprotocol Unreachable NLRI,多协议不可达 NLRI,用于撤销不可达路由。

BGP4+中的 Next_Hop 属性用 IPv6 地址来表示,可以是 IPv6 全球单播地址或者下一跳的链路本地地址。BGP4+利用 BGP 的多协议扩展属性来达到在 IPv6 网络中应用的目的,BGP 协议原有的消息机制和路由机制并没有改变。

3.5.2 IPv6 组播路由协议

IPv6 提供了丰富的组播协议支持,包括 MLD、MLD Snooping、PIM-SM、PIM-DM、PIM-SSM。

1. MLD

MLD(Multicast Listener Discovery for IPv6)为 IPv6 组播监听发现协议。组播侦听者(Multicast Listener)是那些希望接收组播数据的主机节点,可以是主机或路由器。MLD 是一个非对称的协议,组播侦听者和 IPv6 组播路由器的协议行为不同。IPv6 组播路由器通过 MLD 协议发现直连网段上的组播侦听者,并在数据库里做相应记录;同时还维护与这些 IPv6 组播地址相关的定时器信息。

IPv6 组播路由器使用 IPv6 单播链路本地地址作为源地址发送 MLD 报文。MLD 使用 ICMPv6(Internet Control Message Protocol for IPv6,针对 IPv6 的互联网控制报文协议)报文类型。所有的 MLD 报文被限制在本地链路上,跳数为 1。

MLD 有如下两个版本。

(1) MLDv1(由 RFC 2710 定义),源自 IGMPv2。

(2) MLDv2(由 RFC 3810 定义),源自 IGMPv3。

所有版本的 MLD 协议都支持 ASM(Any-Source Multicast,任意信源组播)模型;MLDv2 可以直接应用于 SSM(Source-Specific Multicast,指定信源组播)模型;而 MLDv1 则需要在 MLD SSM Mapping 技术的支持下才能应用于 SSM 模型。

2. MLD Snooping

MLD Snooping(Multicast Listener Discovery Snooping,组播侦听者发现协议窥探)是运行在二层设备上的 IPv6 组播约束机制,用于管理和控制 IPv6 组播组。

运行 MLD Snooping 的二层设备通过对收到的 MLD 报文进行分析,为端口和 MAC 组播地址建立映射关系,并根据映射关系转发 IPv6 组播数据。

当二层设备没有运行 MLD Snooping 时,IPv6 组播数据报文在二层被广播;当二层设备运行了 MLD Snooping 后,已知 IPv6 组播组的组播数据报文不会在二层被广播,而在二层被组播给指定的接收者。

3. PIM-SM

PIM-SM(Protocol Independent Multicast-Sparse Mode,基于稀疏模式的协议无关组播路由协议)运用潜在的单播路由为组播树的建立提供反向路径信息,并不依赖于特定的单播路由协议。IPv6 的 PIM-SM 与 IPv4 的基本相同,唯一的区别在于协议报文地址及组播数据报文地址均使用 IPv6 地址。

4. PIM-DM

IPv6 的 PIM-DM(Protocol Independent Multicast-Dense Mode,基于密集模式的协议无关组播路由协议)与 IPv4 的基本相同,唯一的区别在于协议报文地址及组播数据报文地址均使用 IPv6 地址。

5. PIM-SSM

PIM-SSM 采用 PIM-SM 中的一部分技术用来实现 SSM(Source-Specific Multicast,指定信源组播)模型。由于接收者已经通过其他渠道知道了组播源的具体位置,因此 SSM 模型中无须 RP(Rendezvous Point,汇聚点)节点,无须构建 RPT(Rendezvous Point Tree),无须源注册过程,同时也无须 MSDP(Multicast Source Discovery Protocol,组播源发现协议)来发现其他 PIM 域内的组播源。

3.6 过渡技术

IPv6 不可能立刻替代 IPv4,因此在相当一段时间内 IPv4 和 IPv6 会共同存在同一个环境中。IETF 推荐了双协议栈、隧道技术以及网络地址转换等转换机制作为从 IPv4 到 IPv6

的过渡技术。

1. IPv6/IPv4 双协议栈技术

双栈机制就是使 IPv6 网络节点具有一个 IPv4 栈和一个 IPv6 栈，同时支持 IPv4 协议和 IPv6 协议。IPv6 和 IPv4 是功能相近的网络层协议，两者都应用于相同的物理平台，并承载相同的传输层协议 TCP 或 UDP，如果一台主机同时支持 IPv6 协议和 IPv4 协议，那么该主机就可以和仅支持 IPv4 协议或 IPv6 协议的主机通信。

2. 隧道技术

隧道机制就是将 IPv6 数据包作为数据封装在 IPv4 数据包里，使 IPv6 数据包能在已有的 IPv4 基础设施(主要是指 IPv4 路由器)上传输的机制。随着 IPv6 的发展，出现了一些被 IPv4 骨干网络隔离开的局部 IPv6 网络，为了实现这些 IPv6 网络之间的通信，必须采用隧道技术。隧道对于源站点和目的站点是透明的，在隧道的入口处，路由器将 IPv6 的数据分组封装在 IPv4 分组中，该 IPv4 分组的源地址和目的地址分别是隧道入口和出口的 IPv4 地址；在隧道出口处，再将 IPv6 分组取出转发给目的站点，如图 3.2 所示。隧道技术的优点在于隧道的透明性，IPv6 主机之间的通信可以忽略隧道的存在，隧道只起到物理通道的作用。隧道技术在 IPv4 向 IPv6 演进的初期应用非常广泛。但是，隧道技术不能实现 IPv4 主机和 IPv6 主机之间的通信。

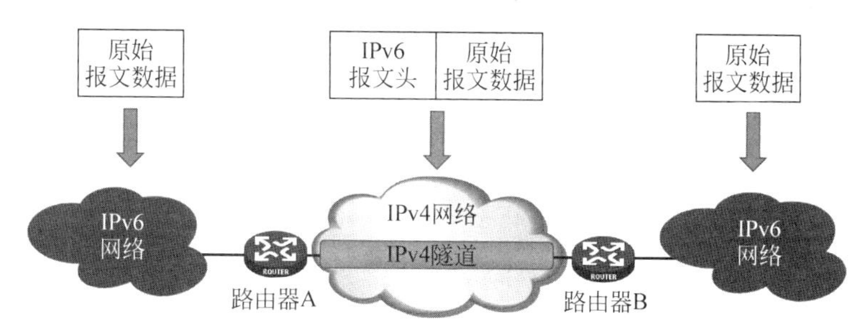

图 3.2　隧道技术

3. 网络地址转换技术

网络地址转换(Network Address Translation，NAT)技术是将 IPv4 地址和 IPv6 地址分别看作内部地址和全局地址，或者相反。例如，内部的 IPv4 主机要和外部的 IPv6 主机通信时，利用 NAT 设备将 IPv4 地址(相当于内部地址)变换成 IPv6 地址(相当于全局地址)，NAT 设备维护一个 IPv4 与 IPv6 地址的映射表；反之，当内部的 IPv6 主机和外部的 IPv4 主机进行通信时，则将 IPv6 地址(相当于内部地址)映射成 IPv4 地址(相当于全局地址)。NAT 技术可以解决 IPv4 主机和 IPv6 主机之间的互相通信的问题。

3.7　IPv6 的优势

与 IPv4 相比，IPv6 具有以下 8 个优势。

(1) IPv6 具有更大的地址空间。IPv4 规定 IP 地址长度为 32 位，最大地址个数为 2^{32}；而 IPv6 中 IP 地址的长度为 128 位，最大地址个数为 2^{128}。与 32 位地址空间相比，其地址空间增加了($2^{128}-2^{32}$)个。

(2) IPv6 使用更小的路由表。IPv6 的地址分配一开始就遵循聚类(Clustering)原则，这使得路由器能在路由表中用一条记录(Entry)表示一片子网，大大减小了路由器中路由表的长度，提高了路由器转发数据包的速度。

(3) IPv6 增加了增强的组播(Multicast)支持以及对流的控制(Flow Control)。这使得网络上的多媒体应用有了长足发展的机会，为服务质量(Quality of Service，QoS)控制提供了良好的网络平台。

(4) IPv6 加入了对自动配置(Auto Configuration)的支持。这是对 DHCP 协议的改进和扩展，使得网络(尤其是局域网)的管理更加方便和快捷。

(5) IPv6 具有更高的安全性。在 IPv6 网络中，用户可以对网络层的数据进行加密并对 IP 报文进行校验，IPv6 的加密与鉴别选项保证了分组的保密性与完整性，极大地增强了网络安全性。

(6) IPv6 允许扩充。当新的技术或应用需要时，IPv6 允许协议进行扩充。

(7) IPv6 有更好的头部格式。IPv6 使用新的头部格式，其选项与基本头部分开。如果需要，则可将选项插入基本头部与上层数据之间。这就简化和加速了路由选择过程，因为大多数的选项不需要通过路由选择。

(8) IPv6 增加了新的选项。IPv6 有一些新的选项来实现附加的功能。

IPv4 与 IPv6 具体的不同如表 3.2 所示的比对。

表 3.2 IPv4 与 IPv6 比对表

IPv4 地址	IPv6 地址
地址位数：IPv4 地址总长度为 32 位	地址位数：IPv6 地址总长度为 128 位，是 IPv4 的 4 倍
地址格式表示：点分十进制格式	地址格式表示：冒分十六进制格式，带零压缩
按 5 类 Internet 地址划分总的 IP 地址	IPv6 没有对应地址划分，而主要是按传输类型划分
网络表示：仅以前缀长度格式表示	网络表示：点分十进制子网掩码或以前缀长度格式表示
环路地址是 127.0.0.1	环路地址是::1
公有 IP 地址	IPv6 的公共地址为可聚集全球单点传送地址
自动配置的地址(169.254.0.0/16)	链路本地地址(FE80::/64)
多点传送地址(224.0.0.0/4)	IPv6 多点传送地址(FF00:/8)
包含广播地址	IPv6 未定义广播地址
未指明的地址为 0.0.0.0	未指明的地址为::(0:0:0:0:0:0:0:0)
私有地址(10.0.0.0/8、172.16.0.0/12、192.168.1.0/16)	站点本地址(FEC0::/48)
域名解析：IPv4 主机地址(A)资源记录	域名解析：IPv6 主机地址(AAA)资源记录
逆向域名解析：IN-ADDR.ARPA 域	逆向域名解析：IP6.INT 域

3.8 任务小结

1. IPv6 地址的表示方法：冒分十六进制表示法、0 位压缩表示法、内嵌 IPv4 地址表示法。

2. IPv6 地址的分类：单播地址、组播地址、任意播地址。

3. IPv6 有两种地址配置协议：无状态地址自动配置（SLAAC）协议和 IPv6 动态主机配置协议（DHCPv6）。

4. IPv6 单播路由协议包括 RIPng、OSPFv3、IS-ISv6、BGP4+。

5. IPv6 组播协议包括 MLD、MLD Snooping、PIM-SM、PIM-DM、PIM-SSM。

6. IPv4 到 IPv6 过渡技术包括双协议栈技术、隧道技术以及网络地址转换技术。

7. 相比 IPv4，IPv6 有很多优势：更大的地址空间、更小的路由表、更高的安全性、易于扩充。

3.9 习题与思考

1. IPv6 地址有多少位？有几种表示方式？
2. IPv6 地址分为哪几类？其中单播地址有几种类型？
3. IPv6 地址配置协议有哪几种？
4. IPv6 单播与组播协议分别有哪些？
5. 请列出几种常见的从 IPv4 至 IPv6 的过渡技术。
6. 与 IPv4 相比，IPv6 有哪些改变？有哪些优点？

任务 4　认识网络设备

学习目标

- 掌握交换机与路由器的作用与工作原理。
- 了解 Comware 操作系统。
- 了解不同的命令行视图。
- 掌握网络设备(路由器和交换机)的常用操作命令。

4.1　认识交换机与路由器

路由器(Router)和交换机(Switch)是构建企业网的主要设备。传统意义上,路由器是利用第三层 IP 地址信息来进行报文转发的互联设备。交换机是利用第二层 MAC 地址信息进行数据帧交换的互联设备。

交换机和路由器有多种分类方法。根据设备的性能,可分为高端、中端和低端路由器或交换机;根据设备所在的网络位置,可分为核心、汇聚、接入路由器或交换机。当然,还有其他的一些分类方法,如多业务路由器或交换机,这种分类方法从另一个角度展示了路由器和交换机的用途和发展趋势。

在本书中,如无特殊说明,路由器均指 IP 路由器,交换机均指以太网交换机。

4.1.1　交换机的作用与工作原理

1. 交换机的作用与功能

交换机的主要作用是连接多个以太网物理段,隔离冲突域,并对网络数据的流通进行管理。它不但能扩展网络的距离或范围,而且能提高网络的吞吐量、可靠性和安全性。

注意: *在以太网中,如果某个网络上的两台计算机同时通信时会发生冲突,那么这个网络就是一个冲突域。*

交换机主要有以下功能。

1) 地址学习

交换机会学习端口上连接的所有设备的 MAC 地址。地址学习的过程如下:交换机监听所有流入的数据帧,读取并记录数据帧中的源 MAC 地址,形成一个 MAC 地址到数据帧流入端口的映射,并将此映射存放在交换机缓存中的 MAC 地址表中。

2) 转发和过滤数据帧

当一个数据帧到达交换机后,交换机首先通过查找 MAC 地址表来决定如何处理该数据帧,处理方法包括转发、广播、丢弃。

3）消除二层环路

当交换机之间存在二层（数据链路层）环路时，交换机可以通过生成树协议（Spanning Tree Protocol，STP）在逻辑上阻断冗余链路（冗余链路会成为备用链路），消除环路，防止数据帧在环路中被永不停歇地循环转发。

4）互联不同类型网络

交换机除了能够连接同种类型的网络之外，还可以在不同类型的网络之间（如以太网和快速以太网之间、以太网和令牌环网之间）起到互联作用。如今，许多交换机都可以提供支持快速以太网、千兆以太网或 FDDI 的高速端口，用于连接网络中的其他交换机或有高带宽需求的服务器。

5）隔离流量和故障

使用交换机隔离数据流量可以减少每个网段的数据信息流量，提高整个网络的工作效率；交换机的故障隔离功能可以使网络更加健壮可靠。

6）流量控制

流量控制技术把流经端口的异常流量限制在一定范围内。交换机具有基于端口的流量控制功能，能够实现广播风暴抑制、端口保护和端口安全。流量控制功能用于交换机与交换机之间在发生拥塞时通知对方暂时停止发送数据帧，以避免数据帧丢失。广播风暴抑制可以限制广播流量的大小，对超过设定值的广播流量进行丢弃处理。

7）访问控制

访问控制列表（Access Control List，ACL）技术通过对网络资源进行访问输入和输出控制，确保网络设备不被非法访问或被用作攻击跳板。ACL 是一张规则表，交换机按照一定顺序执行这些规则，并且处理每个进入端口的数据帧。每条规则根据帧的属性允许或拒绝数据帧通过。

2. 交换机的工作原理

交换机工作在 OSI 模型的物理层和数据链路层，也称为二层设备，它的工作不依赖第 3 层 IP 地址和路由信息。交换机不同于中继器和集线器，中继器和集线器工作于物理层，处理的信息单元是比特流，而交换机处理的信息单元是数据链路层的数据帧。

1）MAC 地址学习及数据转发工作原理

（1）当交换机的一个端口接收到数据帧后，交换机检查帧的目的 MAC 地址，然后查找自己的 MAC 地址映射表，确定与该 MAC 地址的对应端口。

如果 MAC 地址映射表中存在目的地址的对应端口，则将接收到的数据帧从该端口转发。

注意：如果目的地址对应的端口恰好是数据帧进入交换机的端口，那么该数据帧会被丢弃。

如果 MAC 地址映射表中不存在该 MAC 地址的对应端口，则交换机会将接收到的数据帧从所有端口（该数据帧进入交换机的端口除外）广播出去。这使得交换机可以与未知的（即在地址映射表中不存在的）站点通信。例如，在交换机刚接入网络时，MAC 地址映射表为空，但交换机仍然可以通过广播方式转发数据帧。此外，如果一个站点向组播地址发送帧，交换机会向除该数据帧进入端口以外的所有端口转发组播帧。这是因为交换机不能确定哪些站点正在监听某个组播地址，所以它不应该把数据帧的转发限制到一个特定的输出端口上。

(2) 通过记录接收数据帧的源地址进入端口,交换机可以动态地建立地址表。

当交换机接收到一个数据帧后,会在MAC地址映射表中查找该数据帧源MAC地址的对应记录。如果存在对应记录,交换机会更新记录中地址映射端口,及时反映该MAC地址映射端口的变化。如果不存在对应记录,交换机会根据这个新的源MAC地址和接收它的端口号新建一个MAC地址映射记录。随着站点不断地发送帧,交换机就会获得所有活动站点MAC地址与端口的对应关系。因此,MAC地址映射表是交换机自学得到的,不需要人工配置。

注意:交换机通过数据帧中的源MAC地址建立MAC地址映射表。

2) 交换机工作原理示例

如图4.1所示,交换机SW1通过端口3与交换机SW2的端口1相连;PC1、PC2分别连接到SW1的1号端口和2号端口;PC3连接SW2的2号端口。SW1的MAC地址映射表初始状态为空;SW2的MAC地址映射表已有3条完整的记录项。数据帧1(源MAC:PC3M;目的MAC:PC2M)由PC3发往PC2,传递路径由虚线箭头指示;数据帧2(源MAC:PC1M;目的MAC:PC2M)是由PC1发往PC2,传递路径由实线箭头指示。

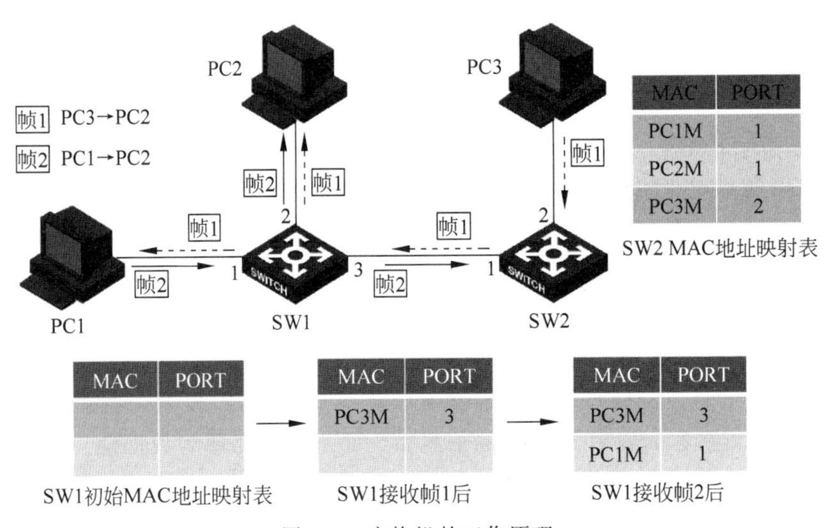

图4.1 交换机的工作原理

(1) 数据帧1转发过程。

SW2接收到PC3发出的数据帧1后,查看自己的MAC地址映射表发现数据帧1的目的MAC地址PC2M指向端口1,随即从端口1转发数据帧1。于是,SW1从端口3接收到来自SW2的数据帧1,查看自己的MAC地址映射表后发现无目的MAC地址的映射记录,随即向自己的所有端口广播(帧1进入的端口3除外)。同时,SW1从帧1的源MAC地址学习到PC3M对应端口3。因此,SW1在MAC地址映射表中添加该记录项,形成SW1接收帧1后的MAC地址映射表,如图4.1所示。

接下来PC1发送帧2给PC2。

(2) 数据帧2转发过程。

SW1从端口1收到来自PC1的数据帧2,查看MAC地址映射表后发现无目的MAC

地址的映射记录，随即向自己的所有端口广播(帧 2 进入的端口 1 除外)。同时，SW1 从帧 2 的源 MAC 地址学习到 PC1M 对应端口 1。因此，SW1 在 MAC 地址映射表中添加该记录项，形成 SW1 接收帧 2 后的 MAC 地址映射表，如图 4.1 所示。

SW2 从端口 1 接收到 SW1 广播的数据帧 2，发现表中的帧目的 MAC 地址映射的端口恰好是帧进入 SW2 的端口 1，便丢弃帧 2。

注意：假如 SW2 不丢弃帧 2，那么它将不得不再次从端口 1 送回帧 2。显然，这个回送的操作显得十分多余，所以丢弃帧 2 合情合理。

4.1.2 路由器的作用与工作原理

1. 路由器的作用

路由器的主要作用是连通不同的网络，交互路由等控制信息并进行最优路径计算，并根据最优路径转发 IP 数据，达到信息传递的目的。除此之外，路由器可能具备对数据的分组过滤、加解密、压缩及防火墙功能，具备网络管理和系统支持等功能。

2. 路由器的工作原理

路由器工作在 OSI 模型的物理层、数据链路层和网络层，一般称它为三层设备。它的工作依赖于第 3 层 IP 地址和路由信息。路由器首先要建立路由表，再根据路由表和 IP 报文中的目的 IP 地址来寻找最优转发路径，并沿最优转发路径进行转发。

1) 建立路由表

路由表一般至少包括以下字段：目的地址/子网掩码(Destination/Mask)、路由记录来源(Proto)、下一跳 IP 地址(NextHop)、输出接口(Interface)。路由表示例如图 4.2 所示，关于路由表更详细的解释参见本书 11.2 节。

```
<H3C>display ip routing-table

Destinations : 13       Routes : 13

Destination/Mask    Proto  Pre Cost        NextHop         Interface
0.0.0.0/32          Direct 0   0           127.0.0.1       InLoop0
1.1.1.0/30          Direct 0   0           1.1.1.1         GE0/1
1.1.1.0/32          Direct 0   0           1.1.1.1         GE0/1
1.1.1.1/32          Direct 0   0           127.0.0.1       InLoop0
1.1.1.3/32          Direct 0   0           1.1.1.1         GE0/1
2.2.2.0/30          RIP    100 1           1.1.1.2         GE0/1
127.0.0.0/8         Direct 0   0           127.0.0.1       InLoop0
127.0.0.0/32        Direct 0   0           127.0.0.1       InLoop0
127.0.0.1/32        Direct 0   0           127.0.0.1       InLoop0
127.255.255.255/32  Direct 0   0           127.0.0.1       InLoop0
224.0.0.0/4         Direct 0   0           0.0.0.0         NULL0
224.0.0.0/24        Direct 0   0           0.0.0.0         NULL0
255.255.255.255/32  Direct 0   0           127.0.0.1       InLoop0
```

图 4.2　路由表示例

(1) 目的地址：IP 报文的目的地址或目的网段。

(2) 子网掩码：子网掩码与 IP 报文中的目的地址进行“与运算”，得出目的主机或路由器所在的网段地址。

(3) 路由记录来源：路由记录来源记录了这个路由表项是何种方式(直连、静态、RIP、OSPF 等)获得的。

(4) 下一跳 IP 地址：说明 IP 报文经过的下一个路由器接口的 IP 地址。

(5) 输出接口：指明 IP 报文应该从该路由器的哪个接口转发到目的网络。

路由表中的路由记录形成来源主要有如下 3 种。

(1) 链路层协议发现的路由(Direct,直连路由)：路由器自身接口所属网段的路由信息。

(2) 静态路由(Static)：通过对路由器进行手工配置来指定路径而获得的路由信息。

(3) 动态路由(Dynamic)协议发现的路由：由动态路由协议进行信息交换而发现的路由。动态路由协议包括 RIP、OSPF、ISIS、BGP 等。

2) 根据路由表转发报文

如图 4.3 所示,IP 地址为 1.2 的主机向 IP 地址为 4.2 的主机发送一个 IP 报文,该报文转发过程如下所述。

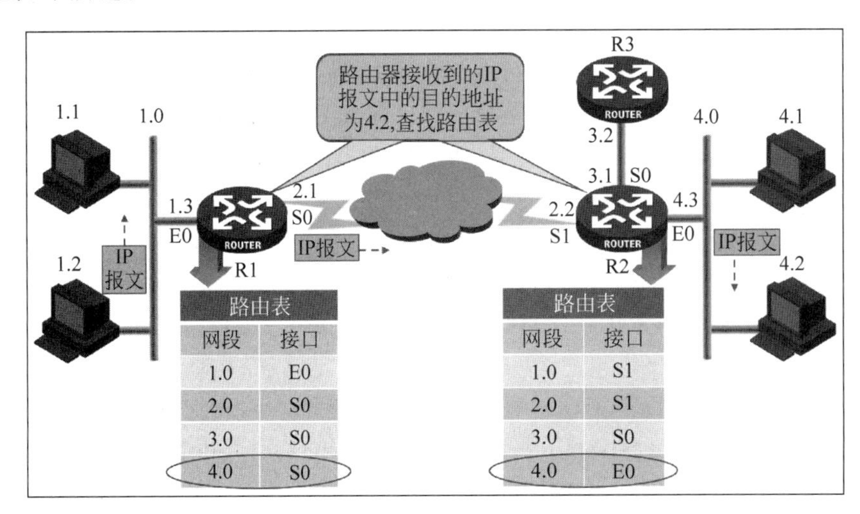

图 4.3　IP 报文转发

(1) 路由器 R1 从 E0 端口接收到一个 IP 报文(目的 IP 地址 4.2,源 IP 地址 1.2),查看路由表后将去往 4.0 网段 IP 报文从端口 S0 输出。

(2) 该 IP 报文由 S1 进入路由器 R2,R2 查看路由表后将它从端口 E0 输出至 IP 地址为 4.2 的主机。

4.1.3　交换机与路由器的区别及发展趋势

1. 交换机与路由器的区别

交换机与路由器的区别如下。

1) 交换机与路由器使用的地址不同

交换机使用 MAC 地址进行寻址并转发数据,它将数据帧中的目的 MAC 地址与 MAC 地址映射表表项进行比对,进而决定从哪个端口进行数据转发。而路由器根据 IP 地址进行寻址,它将 IP 报文的目的 IP 地址与路由表表项进行比对,进而决定从哪个端口进行报文转发。

2) 交换机与路由器功能不同

交换机主要是完成相同或相似的物理介质和链路协议的网络互联。路由器主要用于不同网络之间的互联,因此能连接物理介质、数据链路层协议和网络层协议不同的网络。

3）交换机与路由器适用的环境不一样

交换机适用环境较为简单，主要是简单的局域网。路由器既适用简单的局域网环境，也适用复杂的广域网环境。

4）交换机与路由器工作层次不一样

交换机主要是工作在OSI模型的数据链路层，也就是第2层，它的工作原理简单。路由器主要工作在OSI模型的网络层，也就是第3层，使用的协议复杂，具备的功能也更加齐全。

2. 交换机与路由器的发展趋势

路由器和交换机的发展趋势体现在两个融合上。

1）路由、交换功能的融合

路由主要体现在第3层(网络层)互联的功能，而交换特指以太网数据链路层的数据交换。现在，越来越多的路由器开始提供二层以太网交换模块与功能；交换机也不只提供二层交换的基本功能，同时还增加了路由等3层功能。如今，路由器和交换机依然是网络互联的主要和关键设备，交换和路由的融合扩展了这两种设备的应用范围，增加了设备使用的灵活性。

2）其他业务功能的融合

在网络应用的驱动下，安全、语音、无线等业务功能逐步被集成到路由器和交换机中，使得传统的路由交换设备不仅完成网络互联功能，还可以提供部分增值业务。同时，这方面的特征还体现在设备厂商开放部分接口，促成不同厂商的网络设备实现一定程度的集成。

4.2 认识H3C网络设备操作系统

H3C网络设备操作系统的名字是Comware，它经历了从多产品平台向统一平台发展和变革的过程。如今，Comware已成为H3C网络设备所共用的核心软件平台。

1. Comware的作用

如同计算机操作系统(Windows、Linux等系统)用来控制、管理计算机一样，Comware负责管理网络设备(路由、交换、安全、无线等设备)的软硬件，并为用户提供管理设备的接口和界面。

类似于OSI参考模型的分层思想，Comware也采用了分层、模块化的设计思想。一方面，Comware对硬件驱动和底层系统进行了封装，为上层各模块提供统一的编程接口；另一方面，上层被划分为链路层、IP转发、路由、安全等功能模块，以便于协议功能的实现和扩展。

Comware还制定了内部软硬件接口标准和规范，对第三方厂商提供了开放平台与接口。

2. Comware的特点

Comware的特点可以归纳如下。

(1) 支持IPv4和IPv6双栈。IPv6是下一代的IP标准及技术，可以解决IPv4地址短缺等相关重要问题。

(2) 支持多CPU，增强网络设备的处理能力。

(3) 同时提供路由和交换功能。作为网络设备的操作系统平台,可以同时被路由器和交换机所共用。

(4) Comware注重系统的高可靠性和弹性扩展功能,提供了IRF(Intelligent Resilient Framework,智能弹性架构)特性。

(5) Comware采用组件化设计并提供开放接口,便于软件的灵活裁剪和定制,因此具有良好的伸缩性和可移植性。

注意:本书基于Comware V7版本。不同版本的Comware软件的部分命令和操作可能略有差别,若读者采用的软件版本与本书不同,可参考所用版本的相关使用手册。本书列出的所有任务均可以使用HCL模拟器来完成,方便大家脱离硬件设备学习网络互联技术。

4.3 网络设备命令行使用

4.3.1 命令视图

命令视图是Comware命令行界面对用户的一种呈现方式。用户登录到命令行界面后总会处于某种视图之中。当用户处于某种视图中时,就只能执行该视图所允许的特定命令和操作,只能配置该视图限定范围内的特定参数,只能查看该视图限定范围内允许查看的数据。

命令行界面提供多种命令视图,常见的命令视图类型包括以下5种。

(1) 用户视图:用户视图是网络设备启动后的默认视图,在用户视图下可以查看设备启动后的基本运行状态和统计信息。用户视图的提示符为一对尖括号:<H3C>,其中H3C为默认的设备名。

(2) 系统视图:系统视图是配置系统全局通用参数的视图,可以在用户视图下使用system-view命令进入系统视图。系统视图的提示符为一对方括号:[H3C],其中方括号中只包括设备名。

(3) 路由协议视图:后续的内容会介绍路由和路由协议,路由协议的大部分参数是在路由协议视图下配置的。路由协议视图包括OSPF协议视图、RIP协议视图等。在系统视图下,使用路由协议启动命令可以进入相应的路由协议视图。

(4) 接口视图:配置接口参数的视图称为接口视图。在接口视图下可以配置接口相关的物理属性、链路层特性及IP地址等重要参数。使用interface命令附带接口类型及接口编号可以进入相应的接口视图。

(5) 用户线视图(Line View):用户线视图主要用来管理工作在流方式下的异步接口。通过在用户线视图下的各种操作,可以达到统一管理各种用户配置的目的。

与设备的配置方法相对应,用户线视图分为以下4种。

- Console用户线视图:此视图用于配置Console用户线相关参数。通过Console口登录的用户使用Console用户线。
- AUX用户线视图:此视图用于配置AUX用户线相关参数。通过AUX口登录的用户使用AUX用户线。

- VTY(Virtual Type Terminal,虚拟类型终端)用户线视图：此视图用于配置 VTY 用户线相关参数。通过 VTY 方式登录的用户使用此视图。VTY 是一种逻辑终端线,用于对设备进行 Telnet 或 SSH 访问。目前,每台设备最多支持 5 个 VTY 用户同时访问。
- TTY(True Type Terminal,实体类型终端)用户线视图：此视图用于配置 TTY 用户线相关参数。利用终端通过异步串口连接网络设备并登录的用户使用 TTY 用户线。这是一种不常用的登录方法,本书不做详细讲解。

每个用户线的特定参数配置,都在相应的用户线视图下执行。例如,配置 Console 用户线的验证方式,首先需要在系统视图下执行 line class console 命令进入用户线视图,然后在用户线视图下用 authentication-mode 命令进行配置。如果要配置 Telnet 用户线的验证方式,则可以通过 line vty 0 63 命令一次性配置 64 个用户的验证方式。

视图具备层次化结构,如图 4.4 所示。因此,要进入某个视图,可能必须首先进入另一个视图。例如,要从用户视图进入接口视图,必须首先进入系统视图。退出时则按照相反的次序,退回到上一层视图使用 quit 命令。从图 4.4 可以看出：用户视图是登录命令行的初始视图,而系统视图是处在层次中间的、最重要的视图,进入其他视图都需要先进入系统视图。

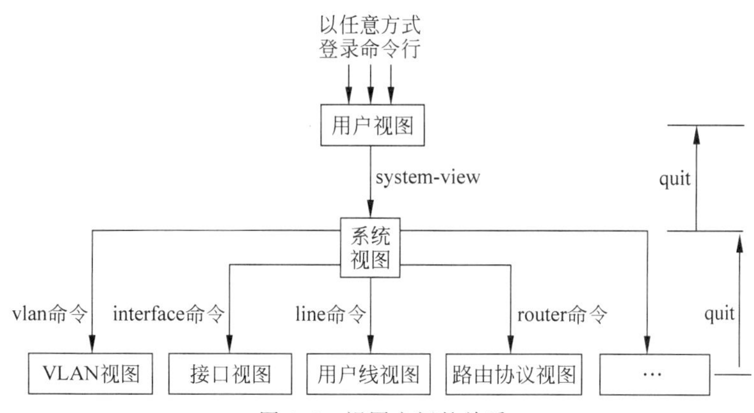

图 4.4 视图之间的关系

进入某个视图,需要使用相应命令；退回到上一层视图使用 quit 命令。如果要从任意非用户视图直接返回用户视图,可以执行 return 命令,也可直接按 Ctrl+Z 快捷键。

值得注意的是：VLAN 视图、接口视图、用户线视图、路由协议视图等同层次视图之间的切换可以直接使用相应命令,不需要退回到系统视图。例如,要从 VLAN 1 视图切换到以太网 GigabitEthernet 0/1 接口视图,命令如下：

```
[H3C-vlan1]                                    /* VLAN 1 视图
[H3C-vlan1]interface gigabitethernet 0/1       /* 输入以太网接口视图命令
[H3C-GigabitEthernet 0/1]                      /* 进入以太网 GigabitEthernet 0/1 接口视图
```

4.3.2 命令行类型

Comware 系统的命令行是控制用户权限的最小单元。根据命令作用的不同,将命令分为以下 3 类。

(1) 读类型命令：读类型命令用于显示系统配置信息和维护信息。例如，显示命令 display、显示文件信息的命令 dir。

(2) 写类型命令：写类型命令用于对系统进行配置。例如，开启信息中心功能的命令 info-center enable、配置调试信息开关的命令 debugging。

(3) 执行类型命令：执行类型命令用于执行特定的功能。例如，ping、telnet、ftp 等命令。

如表 4.1 所示，系统预定义了多种用户角色，部分角色拥有默认的用户权限。如果系统预定义的用户角色无法满足权限管理的需求，管理员还可以自定义已有用户角色或者创建新的角色来实现更精细化的权限控制。

表 4.1　用户级别表

用户角色	用户权限
network-admin	操作系统所有的功能和资源
network-operator	可执行系统所有的功能和资源相关的 display 命令(display history-command all 命令除外)
level-n(n=0～15)	level-0～level-14 可以由管理员为其配置权限；其中，level-0、level-1 和 level-9 有默认用户权限，具体权限请查看官网配置手册。 level-15 的用户权限和 network-admin 相同，管理员无法对其进行配置

4.3.3　命令行帮助特性

命令行界面提供方便易用的在线帮助手段，便于用户使用。HCL 模拟器工具栏的右上角有一个以 CMD 作为标识的命令行查询工具链接，可以在线查询命令。下面讲解网络设备自带的命令行帮助命令："?"和 Tab 键。

1. "?"查询

(1) 在任何视图下按"?"键获取该视图下所有的命令及其简单描述，如图 4.5 所示。

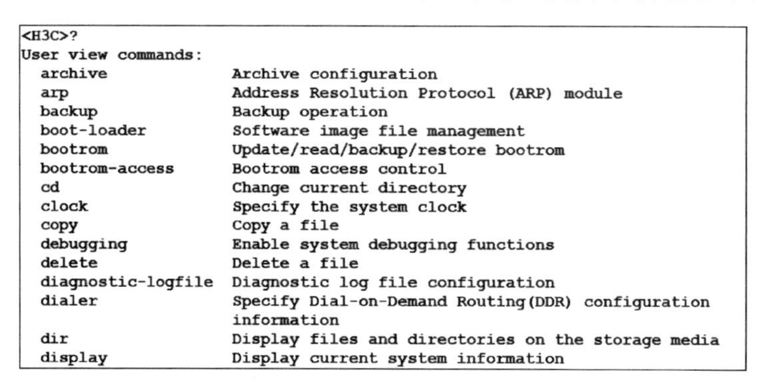

```
<H3C>?
User view commands:
  archive              Archive configuration
  arp                  Address Resolution Protocol (ARP) module
  backup               Backup operation
  boot-loader          Software image file management
  bootrom              Update/read/backup/restore bootrom
  bootrom-access       Bootrom access control
  cd                   Change current directory
  clock                Specify the system clock
  copy                 Copy a file
  debugging            Enable system debugging functions
  delete               Delete a file
  diagnostic-logfile   Diagnostic log file configuration
  dialer               Specify Dial-on-Demand Routing(DDR) configuration
                       information
  dir                  Display files and directories on the storage media
  display              Display current system information
```

图 4.5　"?"查询视图下所有的命令及简单描述

(2) 命令后接以空格分隔的"?"。如果"?"位置为关键字，则列出全部关键字及其简单描述；如果"?"位置为参数，则列出有关的参数描述，如图 4.6 所示。

(3) 字符串后紧接"?"，列出以该字符串开头的所有命令或关键字，如图 4.7 所示。

2. Tab 键补全查询

输入命令前几个字母，按 Tab 键，如果已输入字母开头的关键字唯一，则可以显示出完整的关键字；如果不唯一，反复按 Tab 键，则可以循环显示所有以输入字母开头的关键字。

```
[H3C]interface ?
  Bridge-Aggregation   Bridge-Aggregation interface
  Dialer               Dialer interface
  GigabitEthernet      GigabitEthernet interface
  HDLC-bundle          Hdlc bundle interface
  LoopBack             LoopBack interface
  MP-group             MP-group interface
  NULL                 NULL interface
  Reth                 Redundant Ethernet interface
  Route-Aggregation    Route-Aggregation interface
  Serial               Serial interface
  Tunnel               Tunnel interface
  Tunnel-Bundle        Tunnel-Bundle interface
  VE-L2VPN             VE-L2VPN interface
  VE-L3VPN             VE-L3VPN interface
  Virtual-Ethernet     Virtual-Ethernet interface
  Virtual-PPP          Virtual-PPP interface
  Virtual-Template     Virtual Template (VT) interface
  Vlan-interface       VLAN interface
  range                Configure an interface range
```

图 4.6 "?"查询命令后全部关键字及简单描述

```
<H3C>di?
  diagnostic-logfile  Diagnostic log file configuration
  dialer              Specify Dial-on-Demand Routing(DDR) configuration
                      information
  dir                 Display files and directories on the storage media
  display             Display current system information

<H3C>display v?
  vam                    VPN Address Management module
  version                System hardware and software version information
  version-update-record  Version update record management
  vlan                   Display VLAN information
  vlan-group             Display VLAN group information
  vrrp                   Virtual Router Redundancy Protocol (VRRP) module
  vxlan                  Virtual eXtensible LAN information

<H3C>display ver?
  version                System hardware and software version information
  version-update-record  Version update record management
```

图 4.7 "?"查询以某字符串开头的所有命令或关键字

4.3.4 错误提示信息

用户输入的命令如果通过语法检查则正确执行，否则向用户报告错误信息。常见错误提示信息如表 4.2 所示。

表 4.2 常见错误提示信息

英文错误提示信息	错误原因
Unrecognized command	没有查找到命令 没有查找到关键字 参数类型错误 参数值越界
Incomplete command	输入命令不完整
Ambiguous command found at '^' position	以输入的字母开头的命令不唯一，无法识别
Too many parameters	输入参数过多
Wrong parameter	输入参数错误

4.3.5 命令行历史记录功能

命令行界面将用户最近使用过的历史命令自动保存在历史命令缓冲区中，用户可以通过 display history-command 显示这些命令，也可以随时查看或调用保存的历史命令，还可以编辑或执行。默认情况下,每个用户的历史命令缓冲区会保存该用户的10条历史命令。如果需要修改历史命令缓存数量,可在用户线视图下使用 history-command max-size 命令进行设置。

用户可以调出历史命令重新执行或进行编辑。如果历史命令缓冲区中有比当前命令更早的历史命令,用上光标键"↑"或快捷键 Ctrl+P 可以调出这些历史命令;如果历史命令缓冲区中有比当前命令更晚的历史命令,用下光标键"↓"或快捷键 Ctrl+N 可以调出这些历史命令。

4.3.6 命令行编辑功能

命令行界面提供了基本的命令编辑功能,每条命令的最大长度为256个字符,主要的编辑键及其功能如表4.3所示。更多的编辑功能和快捷键定义,请读者参照相关操作手册和命令手册。

表4.3 命令行编辑功能键

按键	功能
普通字符键	若编辑缓冲区未满,则插入当前光标位置,并向右移动光标
Backspace	删除光标位置左侧的一个字符,光标左移
←或 Ctrl+B	光标向左移动一个字符位置
→或 Ctrl+F	光标向右移动一个字符位置
Ctrl+A	将光标移动到当前行的开头
Ctrl+E	将光标移动到当前行的末尾
Ctrl+D	删除当前光标所在位置的字符
Ctrl+W	删除光标左侧连续字符串内的所有字符
Esc+D	删除光标所在位置及其右侧连续字符串内的所有字符
Esc+B	将光标移动到左侧连续字符串的首字符处
Esc+F	将光标向右移动到下一个连续字符串之前
Ctrl+X	删除光标左侧所有的字符
Ctrl+Y	删除光标右侧所有的字符

4.3.7 分页显示

命令行界面提供分页显示特性。在一次显示信息超过一屏时,会暂时停止继续显示,这时用户可以有以下3种选择。

(1) 按 Space 键:继续显示下一屏信息。

(2) 按 Enter 键:继续显示下一行信息。

(3) 按 Ctrl+C 或 Ctrl+Z 快捷键:停止显示、停止执行命令。

4.4 熟悉网络设备常用命令

网络设备命令多,部分命令所带参数多、功能多,但读者只需要记住常用的命令、功能,而无须记住所有命令及参数。在后文的设备配置过程中会反复使用部分常用命令,这会让常用命令的学习过程变得轻松而顺利,学习效果也会更好。大部分不常用的命令可以参考命令手册进行使用。

注意：不同型号设备的命令略有差异，但潜在的基本理论仍然一致。因此，大家在学习命令的过程中需要学会利用设备的操作手册。

4.4.1 常用设备管理命令

注意：不同命令执行的视图有差异。

1. system-view

在用户视图下(尖括号)执行 system-view 命令，进入系统视图，过程如下：

```
<H3C> system-view                          /* 用户视图
[H3C]                                      /* 系统视图
```

2. reset saved-configuration

在用户视图下执行 reset saved-configuration 命令，清空设备配置至出厂状态。

```
<H3C> reset saved-configuration            /* 用户视图
```

3. dir

在用户视图下执行 dir 命令查看当前文件夹或文件信息。

```
<H3C> dir [ /all ] [ file-url | /all-filesystems ]   /* 用户视图
```

(1) **/all**：显示当前文件夹下所有的文件及文件夹信息，包括非隐藏文件、非隐藏文件夹、隐藏文件和隐藏文件夹。不指定该参数时，只显示非隐藏文件和非隐藏文件夹。

(2) *file-url*：显示指定的文件或文件夹的信息。*file-url* 参数支持通配符"*"，如 dir *.txt 可以显示当前文件夹下所有以.txt 为扩展名的文件。

(3) **/all-filesystems**：显示设备上所有存储介质根目录下的文件及文件夹信息。

4. delete

在用户视图下执行 delete 命令，删除 flash 中的文件。

```
<H3C> delete [ /unreserved ] file-url      /* 用户视图
```

(1) **/unreserved**：彻底删除该文件。

(2) *file-url*：要删除的文件名。*file-url* 参数支持通配符"*"进行匹配，如 delete *.txt 可以删除当前目录下所有以.txt 为扩展名的文件。

```
<H3C> delete  startup.cfg                  /* 删除 flash 中的配置文件 startup.cfg
```

5. reset recycle-bin

在用户视图下使用 reset recycle-bin 命令，彻底删除回收站中的文件。

```
<H3C> reset recycle-bin [ /force]          /* 用户视图
```

/force：表示直接清空回收站，不需要用户对清空操作进行确认。

6. reboot

在用户视图下执行 reboot 命令，重启网络设备。

```
<H3C> reboot              /* 用户视图
```

7. save

在任意视图下均可执行 save 命令，保存设备当前配置到指定文件。

```
<H3C> save cfgfile        /* 任意视图
```

cfgfile：当前配置文件保存的文件名，以.cfg 为扩展名。

```
<H3C> save h3c.cfg        /* 将设备当前配置保存到配置文件 h3c.cfg 中
```

8. boot-loader file

在用户视图下执行 boot-loader file 命令，指定设备下次启动使用的应用文件。

```
<H3C> boot-loader file appfile      /* 用户视图
```

app-file：设备下次启动时使用的应用程序文件名。

```
<H3C> boot-loader file main.bin   /* 下次启动以 main.bin 命名的应用程序文件
```

9. startup saved-configuration

在用户视图下执行 startup saved-configuration 命令，选择设备下次启动使用的配置文件。

```
<H3C> startup saved-configuration cfgfile    /* 用户视图
```

cfgfile：下次启动使用的配置文件名，以.cfg 为扩展名。

```
<H3C> startup saved-configuration test.cfg   /* 下次启动从 test.cfg 文件中导入配置
```

10. scheduler reboot

在用户视图下执行 scheduler reboot 命令，让设备定时重启或延迟指定时间后自动重启。

```
<H3C> scheduler reboot at hh:mm [ date ]              /* 在指定时间自动重启(用户视图)
<H3C> scheduler reboot delay { hh:mm | mm }           /* 延迟指定时间后自动重启(用户视图)
```

11. 快捷键 Ctrl+Z /return

快捷键 Ctrl+Z 可以在任意视图下中止当前执行的命令，或者从任意视图回到用户视图。执行 return 命令也可从任意视图回到用户视图。

12. quit

在任意视图下都可以执行 quit 命令，退回上一级视图。

```
[H3C]quit
<H3C>
```

13. undo/no

undo 与 no 命令功能相同，用来取消其后跟随命令已执行的操作。

例：取消以太网端口 GigabitEthernet0/1 的 IP 地址。

```
[H3C]interface gigabitethernet0/1                 /* 进入 GigabitEthernet0/1 接口视图
[H3C-GigabitEthernet0/1]ip address 1.1.1.1 24 /* 给 GigabitEthernet0/1 端口配置 IP 地址
[H3C-GigabitEthernet0/1]undo ip address          /* 取消 GigabitEthernet0/1 端口配置的 IP 地址
```

注意：undo 与 no 的取消操作需要在执行此操作的相同视图下进行。也就是说，在 GigabitEthernet0/1 接口视图下配置 IP 地址，那么就必须在 GigabitEthernet0/1 接口视图下执行 undo 命令取消其 IP 地址。

14. ping

ping 命令可在任意视图下用来检查指定目的端是否可达。它经常被用来进行网络连通性检查。常用的 ping 命令有两种，在后面的测试中经常用到。更详细的 ping 命令使用方法在本书 7.1.1 节讲解。

```
(1) ping destination-ip                      /* 向目的 IP 地址发送 ICMP 报文
(2) ping -a source-ip destination-ip         /* 从指定源 IP 向目的 IP 地址发送 ICMP 报文
```

15. sysname

在系统视图下使用 sysname 命令，修改设备的名称。

设备的名称和命令行界面的提示符相对应。默认设备名为 H3C，因此命令行默认提示符为 H3C，用户视图默认提示符为<H3C>，系统视图默认提示符为[H3C]。

例如，将设备名从 H3C 更改为 RTA。

```
[H3C]sysname RTA        /* 系统视图
[RTA]
```

16. clock datetime

在用户视图下用 clock datetime 命令，设置系统时间，命令如下：

```
<H3C> clock datetime time date        /* 用户视图
```

参数释义如下。

(1) *time*：设置的时间，格式为 HH:MM:SS(小时:分钟:秒)，HH 取值范围为 0～23，MM 和 SS 取值范围为 0～59。

(2) *date*：设置的日期，格式为 MM/DD/YYYY(月/日/年)或者 YYYY/MM/DD(年/月/日)。

注意：执行 clock datetime 命令之前需要在系统视图下关闭 clock 协议，其命令如下。

```
[H3C] clock protocol none        /* 系统视图
```

17. header

欢迎信息是用户在连接到设备、进行登录验证以及开始交互配置时系统显示的一段提示信息。管理员可以根据需要，在系统视图下使用 header 命令设置相应的提示信息。

```
[H3C] header { incoming | legal | login | motd | shell } text        /* 系统视图
```

参数释义如下。

(1) **incoming**：用户接口欢迎信息，也称 incoming 条幅，主要用于 TTY Modem 激活用户接口时显示。

(2) **legal**：授权欢迎信息，也称 legal 条幅。系统在用户登录前显示版权/授权信息，接着显示 legal 条幅，并等待用户确认是否继续进行验证或者登录。如果用户输入 Y 或者按 Enter 键，则进入验证或登录过程；如果输入 N，则退出验证或登录过程。Y 和 N 不区分大小写。

(3) **login**：登录欢迎信息，也称 login 条幅。主要用于配置密码验证和 scheme 验证时显示。

(4) **motd**：motd 欢迎信息在启动验证前显示，该特性的支持情况与设备的型号有关，以设备的实际情况为准。

(5) **shell**：shell 欢迎信息，也称 session 条幅，进入控制台会话时显示。

(6) *text*：输入欢迎信息的内容。内容的输入支持单行和多行两种方式，具体输入规则参见官方用户手册。

常用设备管理命令如表 4.4 所示。

表 4.4　常用设备管理命令

操　　作	命令(命令执行的视图)
进入系统视图	<H3C>system-view(用户视图)
清空设备配置至出厂状态	<H3C>reset saved-configuration(用户视图)
查看当前文件夹或文件信息	<H3C>dir [/all] [*file-url* | /all-filesystems](用户视图)
删除 flash 中的文件	<H3C>delete [/unreserved] *file-url*(用户视图)
彻底删除回收站中的文件	<H3C>reset recycle-bin [/force](用户视图)
重启网络设备	<H3C>reboot(用户视图)
保存当前配置到指定文件	<H3C>save *cfgfile.cfg*(任意视图)
指定设备下次启动使用的应用文件	<H3C>boot-loader file *appfile.bin*(用户视图)
选择设备下次启动使用的配置文件	<H3C>startup saved-configuration *cfgfile.cfg*(用户视图)
设备定时重启 设备延迟指定时间后自动重启	<H3C>scheduler reboot at *hh*:*mm* [*date*](用户视图) <H3C>scheduler reboot delay {*hh*:*mm* | *mm*}(用户视图)
从任意视图回到用户视图	<H3C>Ctrl+Z 或 return(任意视图)
退回上一级视图	[H3C]quit(任意视图)
取消其后跟随的命令已执行的操作	undo/no *command*(在执行此操作的相同视图)
网络连通性检查	<H3C>ping(任意视图)
设置设备的名称	[H3C]sysname *devicename*(系统视图)
设置系统时间	<H3C>clock datetime *time date*(用户视图)
设置提示信息	[H3C]header {incoming | legal | login | motd | shell} *text*(系统视图)

4.4.2 常用信息查看命令

系统提供了丰富的信息查看命令，以便用户查看系统运行状态和配置参数等信息。信息查看命令非常多，本节介绍部分常用的信息查看命令。后续任务使用到具体的信息查看命令时，再结合当时情景详细讲解。信息查看命令可在任意视图下执行。

1. display version

display version 命令可在任意视图下查看网络设备使用的操作系统版本号等信息。

2. display current-configuration

display current-configuration 命令可在任意视图下查看设备当前配置内容。

3. display saved-configuration

display saved-configuration 命令可在任意视图下查看设备起始配置内容。

4. display boot-loader

display boot-loader 命令可在任意视图下查看系统当前和下次启动使用的启动文件(应用文件)。

5. display interface

display interface 命令可在任意视图下查看设备所有接口的类型、编号、物理层状态、数据链路层协议、IP 地址、接口报文收发统计等详细信息。

6. display startup

display startup 命令可在任意视图下查看系统当前和下次启动时使用的配置文件。

7. display scheduler reboot

display scheduler reboot 命令可在任意视图下查看设备的重启时间。

8. display this

display this 命令用来显示当前视图下生效的配置。

注意:

(1) 有些已经生效的配置如果与默认情况相同,则不显示。

(2) 对于某些参数,虽然用户已经配置,但如果这些参数所在的功能没有生效,则不显示。例如,在 MSTP 域配置中,域配置未激活时,配置内容不显示。

(3) 在任意一个用户线视图下执行此命令,将会显示所有用户界面下生效的配置。

9. display ip interface brief

如果只查看接口 IP 状态等简要信息,可在任意视图下使用 display ip interface brief 命令。

10. display diagnostic-information

因为各个功能模块都有其对应的信息显示命令,所以一般情况下,要查看各个功能模块的运行信息,用户需要逐条运行相应的 display 命令。为便于一次性收集更多信息,方便日常维护或问题定位,用户可以在任意视图下执行 display diagnostic-information 命令,显示系统当前各个主要功能模块运行的统计信息。

11. display clock

为了保证与其他设备协调工作,可在任意视图下使用 display clock 命令查看当前系统时间。

常用信息查看命令如表 4.5 所示。

表 4.5 常用信息查看命令

操　　作	命令(命令执行的视图)
查看网络设备使用的操作系统版本号	<H3C>display version(任意视图)
查看设备当前配置	<H3C>display current-configuration(任意视图)
查看设备起始配置	<H3C>display saved-configuration(任意视图)
查看系统当前和下次启动使用的启动文件	<H3C>display boot-loader(任意视图)
查看设备所有接口信息	<H3C>display interface(任意视图)
指定设备下次启动使用的配置文件	<H3C>display startup(任意视图)
查看设备的重启时间	<H3C>display scheduler reboot(任意视图)
显示当前视图下生效的配置	<H3C>display this(任意视图)
查看接口 IP 状态等简要信息	<H3C>display ip interface brief(任意视图)
显示系统各个主要功能模块运行的统计信息	<H3C>display diagnostic-information(任意视图)
查看当前系统时间	<H3C>display clock(任意视图)

4.5 任务小结

1. 交换机与路由器的作用与工作原理。

2. 设备有多种命令视图,包括用户视图、系统视图、路由协议视图、接口视图、用户线视图。

3. 网络设备常用命令。

4.6 习题与思考

1. 思考交换机的工作原理,总结交换机、网桥、中继器、集线器的区别和联系。

2. 交换机的硬件构成和软件构成是什么?有哪些技术参数?

3. 交换机和路由器有几种接入方式?

4. 交换机和路由器的视图有哪些?分别有什么配置命令?

任务5 访问网络设备的命令行界面

学习目标

- 学会使用 Console 口本地访问设备。
- 了解通过 AUX 口远程访问设备。
- 掌握通过 Telnet 方式远程访问设备。
- 掌握通过 SSH 方式远程访问设备。

5.1 通过 Console 口本地连接访问命令行界面

5.1.1 Console 口连接基本知识

使用终端登录网络设备的 Console(控制台)口是一种最基本的设备连接方式。路由器和交换机都提供一个 Console 口,端口类型为 EIA/TIA-232DCE。如图 5.1 所示,用户需要把一台字符终端的串行接口通过专用的 Console 线缆连接到网络设备的 Console 口上,然后通过终端访问命令行界面(Command-Line Interface,CLI)。

图 5.1 使用 Console 口连接网络设备拓扑图

Console 线的一端为 RJ-45 接头,用于连接路由器或交换机的 Console 口,另一端为 DB9 接头,用于与终端的串口相连。由于 Console 线缆的长度和传输距离是有限的,这种方法只适用于本地操作。

Console 口连接是最基本的连接方式,也是对设备进行初始配置时最常用的方式。路由器和交换机的 Console 口用户默认拥有最大权限,可以执行一切操作和配置。

在实际应用时,通常会用运行终端仿真程序的计算机代替终端。下面以安装了 Windows 10 操作系统的个人计算机为例讲解连接方法。

注意:Windows Vista 版本以后的 Windows 操作系统都无系统自带的超级终端软件,需要读者自行安装终端仿真软件,如 PuTTY、SecureCRT。

基于 PuTTY 的终端仿真软件是完全免费的开放源代码软件,本书使用 PuTTY 0.74 版本作为终端仿真软件,不同版本的界面略有不同。关于 SecureCRT 的安装使用问题读者可在本书的课程网站上找到相应介绍文档。

5.1.2 Console 口接入网络设备实训

1. 实训内容与实训目的

1）实训内容

通过 Console 口接入网络设备(交换机/路由器)。

2）实训目的

学会通过 Console 口登录网络设备(交换机/路由器)。

2. 实训设备

实训设备如表 5.1 所示。

表 5.1 Console 口接入网络设备实训设备

实训设备及线缆	数量	备　注
S5820 交换机(或 MSR26-20 路由器)	1 台	支持 Comware V7 命令网络设备即可
计算机	1 台	OS：安装了超级终端的 Windows 10
Console 线	1 根	—

3. 实训拓扑与实训要求

实训拓扑如图 5.1 所示。

要求正确使用 Console 线连接计算机与交换机，正确配置终端仿真软件 PuTTY 的连接参数，通过 PuTTY 登录交换机 CLI(命令行界面)。

4. 实训过程

具体实训过程如下。

步骤 1：物理连线。

用 Console 线的 DB9 端连接计算机 COM 口，RJ45 端口端连接交换机的 Console 口。

步骤 2：PuTTY 选择连接方式(Connection Type)。

在计算机上安装好终端仿真软件 PuTTY，运行该软件后会出现如图 5.2 所示的初始操作界面。

界面中 Connection type 默认值为 SSH，如图 5.2 中虚线区域内的标记所示。将 Connection type 的值改为 Serial(串口)，如图 5.3 所示。

步骤 3：配置波特率(Baud Rate)和串口线(Serial Line)。

如图 5.3 所示，Speed(波特率)参数使用默认值 9600；Serial line(串口线)参数需根据 Console 线实际连接的计算机串口号来选择，本例中选用 COM1。其中，Speed 参数指的是网络设备与终端之间的通信速率；Serial line 参数指的是终端上用来连接网络设备所使用的 COM 口。

注：在实际工程应用中，一般使用便携的笔记本电脑来配置网络设备。如果使用无 COM 口的笔记本电脑通过 Console 线来配置网络设备，需额外使用一条 COM-USB 转接线连接 Console 线的 COM 口，转接线的另一端是 USB 口，用来连接笔记本电脑。

注意：大部分 H3C 网络设备的 Console 口默认波特率为 9600，但某些设备可能采用其他波特率。操作时可参考具体网络设备的操作手册。

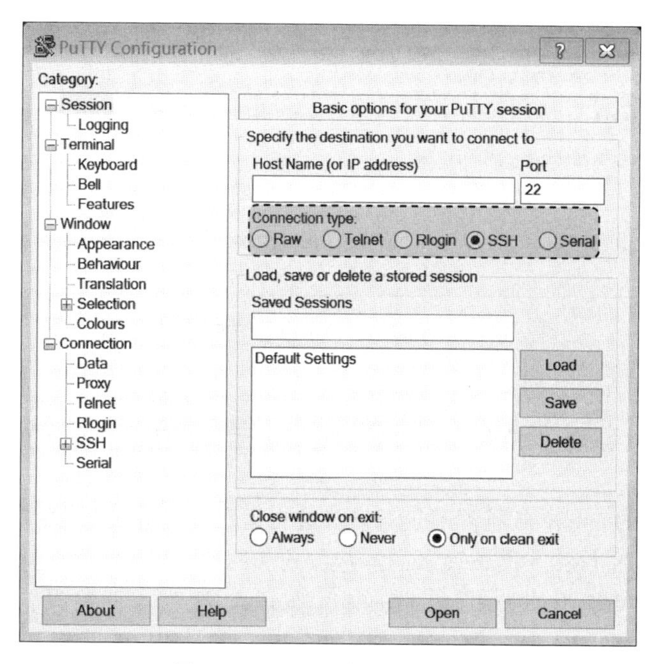

图 5.2 PuTTY 初始操作界面

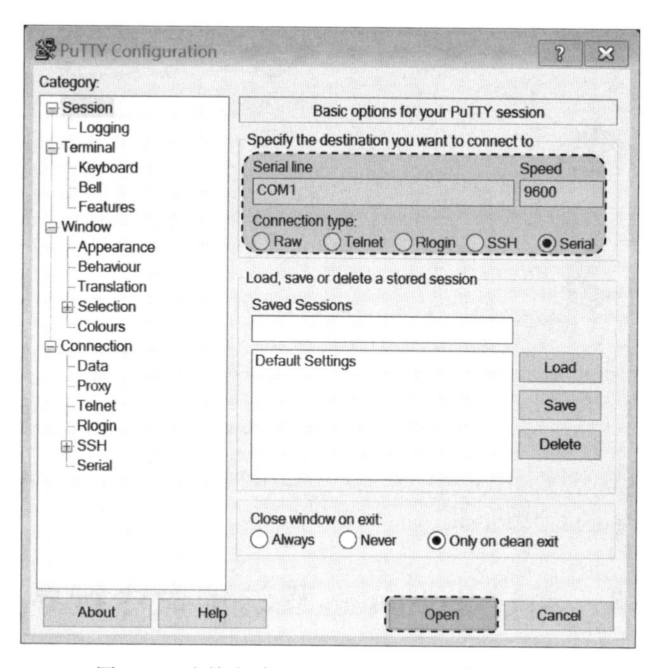

图 5.3 连接方式(Connection type)选择 Serial

步骤 4：进入设备命令行界面。

设置好通信参数后，单击 Open(见图 5.3 底部)按钮，即可进入设备命令行界面，如图 5.4 所示。

建议：学习完任务 5 的 5.1 节后，可先学习任务 6，之后再学习 5.2～5.4 节会更容易一些。当前内容的编排顺序只是为了保持教材逻辑的完整性。

```
******************************************************************************
* Copyright (c) 2004-2017 New H3C Technologies Co., Ltd. All rights reserved.*
* Without the owner's prior written consent,                                  *
* no decompiling or reverse-engineering shall be allowed.                     *
******************************************************************************

Line con0 is available.


Press ENTER to get started.
<H3C>%Nov 15 01:35:28:295 2020 H3C SHELL/5/SHELL_LOGIN: Console logged in from con0.

<H3C>
```

图 5.4　设备命令行界面

5.2　通过 AUX 口连接远程访问命令行界面

网络设备提供的 AUX 口通常用于对设备进行远程操作和配置，端口类型为 EIA/TIA-232DTE。通过 AUX 口接入网络设备的连接方式如图 5.5 所示。在这种配置环境中，用户字符终端通过 PSTN(公共交换电话网络)建立拨号连接，接入网络设备的 AUX 口。为了建立连接，用户终端和网络设备双方都需要一台 Modem。其中，网络设备的 AUX 口通过 AUX 电缆连接到 Modem，终端则使用串口通过 Modem 线缆连接到 Modem。

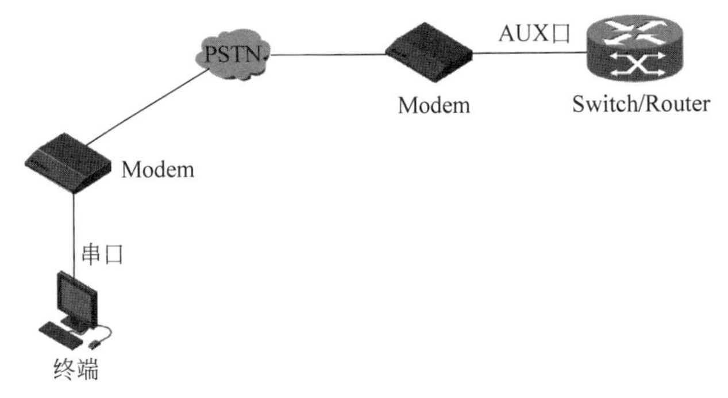

图 5.5　使用 AUX 口连接网络设备

在实际应用时，同样经常用运行终端仿真程序的计算机替代字符终端。

AUX 口配置虽然不是一种常用的方法，但在 IP 网络中断时，可以满足远程操作设备的需求。本书对此不再进行详细介绍。

5.3　通过 Telnet 远程访问命令行界面

5.3.1　Telnet 基本知识

Telnet 基于 TCP 协议，是用于主机或终端之间远程连接并进行数据交互的协议。它遵循 C/S 模型，使用户的本地计算机能够与远程计算机连接，成为远程主机的一个终端，从而允许用户登录远程主机系统进行操作。

网络设备可以作为 Telnet 服务器，为用户提供远程登录服务。通过 Telnet 接入网络设备的连接方式如图 5.6 所示。在这种连接方式下，用户通过一台作为 Telnet 客户端的计算机直接对网络设备发起 Telnet 登录请求，登录成功后即可对设备进行操作。网络设备也可以作为 Telnet 客户端登录其他设备。

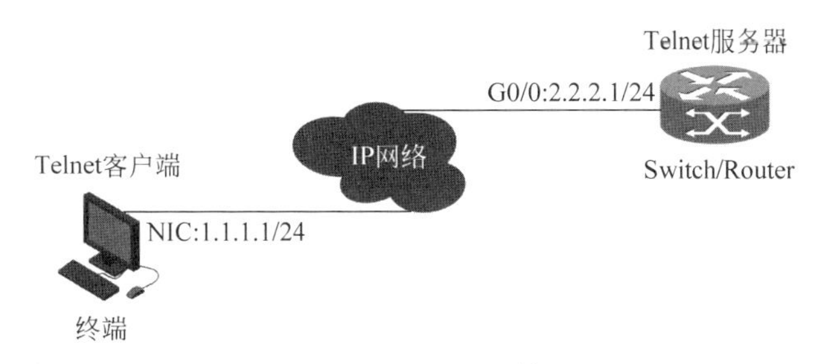

图 5.6　Telnet 连接

使用 Telnet 方式登录有两个必要条件：①客户端与作为服务器的网络设备之间必须具备 IP 可达性，这意味着网络设备和客户端必须配置 IP 地址，并且其中间网络必须具备正确的路由；②中间网络必须允许 TCP 和 Telnet 协议报文通过。满足以上两个条件的情况下，客户端和服务器之间的距离就不再是问题。这就如同在家可以访问世界上任何角落的开放性网站一样，不同的是此时客户端是浏览器，而服务器是远端的网站。

出于对设备与网络安全的考虑，网络设备必须配置 Telnet 验证信息，包括用户名、口令等。但在安全有保障或无安全要求的情况下，Telnet 连接可以不配置验证信息，免验证登录。例如，在网络设备上架配置、调试阶段，为方便操作，网络设备可以不配置验证信息运行 Telnet 服务。但在设备投入运营时，为了安全必须关闭无验证的 Telnet 服务，或者配置验证信息。

5.3.2　Telnet 远程登录配置

Telnet 远程登录前，必须对被登录的网络设备进行配置。第一次对设备做配置时，必须通过 Console 口进行本地配置。本节利用路由器来讲解 Telnet 远程登录的基本配置。交换机的 Telnet 配置与路由器基本相同，仅 IP 地址配置方式有差异。在网络设备上配置 Telnet 服务器的具体步骤如下。

步骤 1：配置网络设备接口的 IP 地址，并保证该 IP 可达。

```
[H3C-interfaceX]ip address ip-address { mask | mask-length }     /* 接口视图
```

注：给交换机配置 Telnet 时，一般给交换机的 VLAN 接口配置 IP 地址，因为工作在交换模式的以太网口不能直接配置 IP 地址。这是交换机与路由器的 Telnet 配置不同的地方。

步骤 2：启动 Telnet 服务器。

```
[H3C]telnet server enable                    /* 系统视图
```

步骤 3：进入 VTY 用户线视图。

```
[H3C]line vty first-num [ last-num ]         /* 系统视图
```

一般情况下，VTY 的编号为 0～63，第 1 个登录的远程用户为 VTY 0，第 2 个为 VTY 1，以此类推。此处 *first-num* 和 *last-num* 是要配置的 VTY 起始编号和结束编号。目前，每台设备最多支持 5 个 VTY 用户同时访问。

步骤 4：配置 VTY 用户角色。

注意：Telnet 用户和 SSH 用户都属于 VTY 用户。

```
[H3C-line-vtyX]user-role role-name      /* 用户线视图
```

用户角色(*role-name*)有很多种，其中 network-operator 和 network-admin 最常用，各角色具体权限如下。

(1) network-operator：新建的用户默认角色为 network-operator，可执行系统所有的功能和资源相关的 display(查看)命令，但 display history-command all 除外。

(2) network-admin：可操作系统所有的功能和资源，但安全日志文件管理相关命令除外。

(3) Level-n(0～15)：数值越大，权限越大。level-15 相当于 network-admin 权限。

(4) security-audit：安全日志管理员权限，仅具有安全日志的读、写、执行权限。

(5) guest-manager：来宾用户管理员，只能查看和配置与来宾有关的 Web 页面，没有控制命令行的权限。

步骤 5：为 VTY 用户配置验证方式。

```
[H3C-line-vtyX]authentication-mode {none | password | scheme}    /* 用户线视图
```

这里有 3 种验证方式可供选择：①关键字 **none** 表示不验证；②**password** 表示使用单纯的密码验证方法，登录时只需要输入密码；③**scheme** 表示使用用户名和密码的验证方法，登录时需输入用户名及其密码。

步骤 6：为 Telnet 用户配置验证信息。

(1) 如果步骤 5 选择了 **none** 验证方式，则无须配置验证信息。

(2) 如果步骤 5 选择了 **password** 验证方式，则需配置验证密码。

```
[H3C-line-vtyX]set authentication password { hash | simple } password    /* 用户线视图
```

命令参数说明如下。

hash：验证密码为密文；**simple**：验证密码为明文；*password*：设置的密码。

hash 和 **simple** 参数的具体内容较复杂，详细解释见本书 5.3.2 节附件 1，供大家了解。

(3) 如果步骤 5 选择了 **scheme** 验证方法，则系统默认采用本地用户数据库中的用户信息进行验证。因此，需配置本地用户名、密码、用户服务类型、用户级别。用户服务类型需配置为 telnet。

```
[H3C]local-user username [ class { manage | network} ]
  /* 建立本地管理用户,用户类别必须选 manage,默认值即为 manage(系统视图)
[H3C-luser-manage-username]password { hash | simple } password
  /* 为本地管理用户设置密码(本地管理用户视图)
[H3C-luser-manage-username]service-type telnet
  /* 将本地管理用户的服务类型设置为 telnet(本地管理用户视图)
[H3C-luser-manage-username]authorization-attribute user-role role-name
  /* 设置本地管理用户级别(本地管理用户视图)
```

参数说明如下。

(1) **class**：指定本地用户的类别。若不指定本参数，则新建用户为设备管理类用户。

(2) **manage**：默认用户类别，设备管理类用户。用于登录设备，对设备进行配置和监控。此类用户可以提供 ftp、http、https、telnet、ssh、terminal 和 pad 服务。

(3) **network**：网络接入类用户，用于通过设备接入网络，访问网络资源。此类用户可以提供 advpn、ike、ipoe、lan-access、portal、ppp 和 sslvpn 服务。

注意：telnet 用户必须为 **manage** 类型。由于默认用户类别即为 **manage**，因而此处可以不指定用户类别，直接使用命令[H3C] **local-user** *user-name* 即可。

(4) **hash** 和 **simple** 参数内容详细解释见本节附件 1。

(5) *role-name*(用户角色)参数值与步骤 4 中用户角色一样，不同的用户角色对应不同的用户级别，其权限不同。

注意：

(1) 当本地用户(local-user)的用户级别与 VTY 用户线用户级别不同时，系统优先采用本地用户的用户级别作为登录后的实际用户级别。

(2) 更改当前用户的级别后，需要退出并重新登录，修改后的级别才会生效。

Telnet 远程访问操作的相关命令如表 5.2 所示。

表 5.2　Telnet 远程访问操作的相关命令

操　　作	命令(命令执行的视图)
启动 Telnet 服务	[H3C]telnet server enable(系统视图)
进入 VTY 用户线视图	[H3C]line vty *first-num* [*last-num*](系统视图)
配置 VTY 用户角色	[H3C-line-vty*X*]user-role *role-name*(VTY 用户线视图)
配置 VTY 用户验证方式	[H3C-line-vty*X*]authentication-mode {none | password | scheme}(VTY 用户线视图)
创建本地用户、指定用户类型	[H3C]local-user *username* [class {manage | network}](系统视图)
设置本地用户密码	[H3C-luser-manage-*username*]password {hash | simple} *password*(本地管理用户视图)
设置本地用户服务类型为 telnet	[H3C-luser-manage-*username*]service-type telnet(本地管理用户视图)
设置本地用户角色	[H3C-luser-manage-*username*]authorization-attribute user-role *role-name*(本地管理用户视图)

附件 1：password { hash | simple }中的 hash 和 simple 参数

密码设置有两种方式：一种是 hash；另一种是 simple。

1. simple

simple 方式下输入的是明文密码。

如果要将 test1 用户的密码设置为 123，可用以下命令：

```
[RTA]local-user test1
[RTA-luser-manage-test1]password simple 123
```

用以下命令在本地用户视图下查看刚才的密码设置：

```
[RTA-luser-manage-test1]display this
```

以上操作及查看结果如图 5.7 所示，查看结果显示加密后密码：

```
$h$6$993JrUQzNcKW3k5c $eL6WPwtrcyf + uaOsPRQ4hbCugKe3fu9AktUEub3UiLWEq5uxcnRZd + /
yFJgFG0kfQ3trqaAAUx/KCC9VCXUrpA ==
```

```
[H3C]local-user test1
New local user added.
[H3C-luser-manage-test1]password simple 123
[H3C-luser-manage-test1]display this
#
local-user test1 class manage
 password hash $h$6$993JrUQzNcKW3k5c$eL6WPwtrcyf+ua0sPRQ4hbCugKe3fu9AktUEub3UiLWEq5u
xcnRZd+/yFJgFG0kfQ3trqaAAUx/KCC9VCXUrpA==
 authorization-attribute user-role network-operator
#
return
```

图 5.7　查看本地用户信息

那么,即使有其他人登录设备,也无法查看设置的密码。但如果能查看历史记录,则设置时的明文密码还是可见的。

2. hash

hash 方式下输入的是密文密码。

如果要将 test1 用户的密码设置为 123,可用以下命令:

```
[RTA]local-user test1
[RTA-luser-manage-test1]password hash 123
```

结果出现错误提示:Invalid ciphertext password.,提示输入的密文密码无效。这是因为 hash 后面需要跟加密后的字符串。

123 被加密后的字符如下:

```
$h$6$993JrUQzNcKW3k5c$eL6WPwtrcyf+ua0sPRQ4hbCugKe3fu9AktUEub3UiLWEq5uxcnRZd+/
yFJgFG0kfQ3trqaAAUx/KCC9VCXUrpA==
```

复制上述密码作为 **hash** 参数后面的字符串值,命令会顺利执行,而不会报错。命令如下:

```
[RTA-luser-manage-test1]password hash $h$6$993JrUQzNcKW3k5c$eL6WPwtrcyf+
ua0sPRQ4hbCugKe3fu9AktUEub3UiLWEq5uxcnRZd+/yFJgFG0kfQ3trqaAAUx/KCC9VCXUrpA==
```

从而可得,使用 **hash** 这个参数更安全。因为历史命令可能被别人获取,使用 **simple** 参数时,获取了历史命令也就获取到了 **simple** 参数之后的明文密码。最安全的方法就是用程序算出一个 hash 的字符串,然后用这个字符串去设置密码。

还有一个有趣的现象:**相同的密码,hash 字符串还不一样**。大家可以尝试再创建一个新用户 test2,将其密码设为 123,再查看加密后的密码与 test1 的加密密码是否一样。

5.3.3　Telnet 远程登录网络设备实训

1. 实训内容与实训目的

1) 实训内容

利用 Telnet 方式远程登录网络设备(交换机/路由器)。

2) 实训目的

掌握 Telnet 方式远程登录网络设备(交换机/路由器)。

2. 实训设备

实训设备如表 5.3 所示。

表 5.3 Telnet 方式远程登录网络设备实训设备

实训设备及线缆	数　量	备　　注
MSR36-20 路由器	1 台	支持 Comware V7 命令的路由器即可
计算机	1 台	OS：安装了超级终端的 Windows 10
Console 线	1 根	—
以太网线	1 根	—

3. 实训拓扑与实训要求

实训拓扑图如图 5.8 所示。

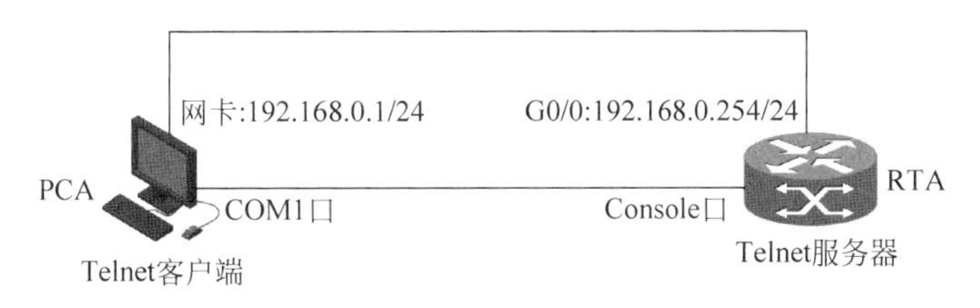

图 5.8　Telnet 方式远程登录路由器拓扑图

实训要求：

(1) 正确使用 Console 线连接计算机与路由器，通过 PuTTY 登录路由器 CLI(命令行界面)。利用以太网线按拓扑图连接计算机与路由器，配置 IP 地址。

(2) 在路由器上启动 Telnet 服务；在 VTY 0 界面配置 scheme 认证模式；建立两个不同的本地用户 test1 和 test2，并分别赋予 network-operator 和 network-admin 角色。

(3) 在计算机上分别使用 test1、test2，以 Telnet 方式远程登录路由器，并测试其权限。

(4) 在 VTY 0-4 界面配置 none 认证模式，并在计算机上进行无认证登录测试。

(5) 在 VTY 0-63 界面配置 password 认证模式，并在计算机上进行密码认证登录测试。

注意：这里将终端(计算机)与网络设备(路由器)直接相连只是为了便于实训的开展，但这并不是必须的。在 Telnet 配置完成后，通过 Telnet 方式访问远程网络设备就不再需要 Console 线了，只要配置终端与被访问的远程设备间 IP 可达即可。

在后面更复杂的任务里，本书将会尝试跨网段以 Telnet 方式远程控制网络设备。在实际工作中，工程师常常跨地区远程控制网络设备，这样的操作可以节约一大笔交通费用与差旅费，同时也让网络设备的排障与管理更加及时，真正体现了使用 Telnet 或 SSH 方式进行远程登录带来的好处。

注意：在开始配置网络设备前要清空设备中的原有配置。在下面所有实训中，设备配置默认已被清空。

5.3.3.1　VTY 0 界面 scheme 模式认证配置实训

Console 线的 DB9 端连接计算机 COM 口，RJ45 端口端连接路由器的 Console 口。使用以太网线连接计算机网卡与路由器 G0/0 端口。

1. scheme 认证配置

步骤 1：通过 Console 口登录路由器。

连接方式(Connection type)选择 Serial，串口线(Serial line)选择 COM1 口(实训时需

根据实际情况设置串口号),Speed(即波特率(baud rate))配置为 9600,如图 5.9 所示。

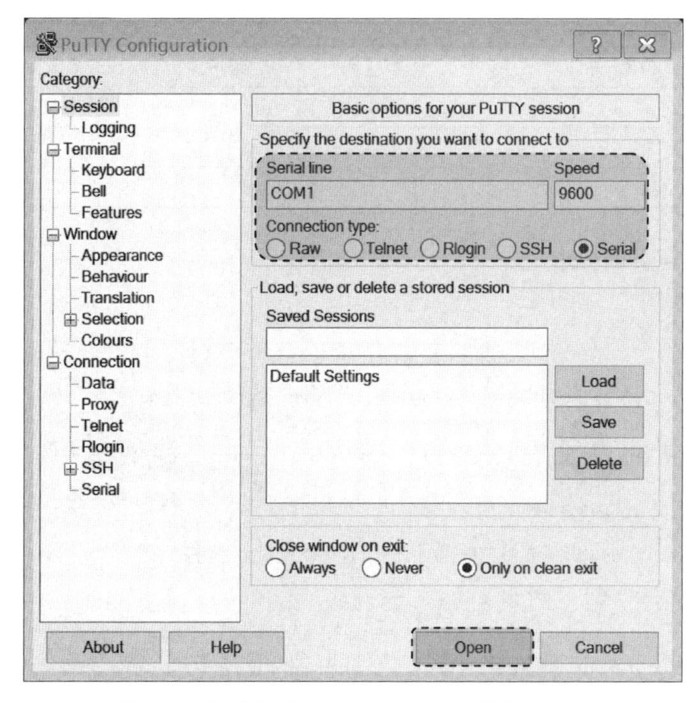

图 5.9　连接方式(Connection type)选择 Serial

设置好通信参数后,单击 Open 按钮(见图 5.9 底部),进入路由器命令行界面,如图 5.10 所示。

```
Line con0 is available.


Press ENTER to get started.


<H3C>
<H3C>%Nov 16 00:03:38:928 2020 H3C SHELL/5/SHELL_LOGIN: Console logged in from con0.

<H3C>
```

图 5.10　路由器命令行界面

步骤 2:配置路由器 GigabitEthernet0/0(G0/0)端口和计算机的 IP 地址。

```
<H3C> system-view            /* 进入系统视图
[H3C]sysname RTA             /* 修改路由器的设备名为 RTA
[RTA]interface g0/0          /* 进入 G0/0 接口视图
[RTA-GigabitEthernet0/0]ip address 192.168.0.254 24   /* 给 G0/0 端口配置 IP
```

给计算机的网卡(连接路由器 G0/0 端口的网卡)配置 IP 地址及子网掩码为 192.168.0.1/24。

注意: 计算机网卡与路由器 G0/0 端口直接相连,因此它们的 IP 地址必须在同一网段。此实训中计算机网卡可不配网关,因为同一网段通信不需要网关转发。如果路由器接口支持自动翻转,那么计算机网卡与路由器直接相连时可用直通线或交叉线,否则只能使用交叉线。

步骤 3：启动 Telnet 服务，VTY 0 界面配置 scheme 认证模式。

```
[RTA-GigabitEthernet0/0]telnet server enable        /* 启动 Telnet 服务
[RTA]line vty 0                                     /* 进入 VTY 0 界面
[RTA-line-vty0]authentication-mode scheme           /* VTY 0 界面配置为 scheme 认证模式
[RTA-line-vty0]user-role network-admin              /* 配置 VTY 0 用户角色为 network-admin
```

步骤 4：创建本地 Telnet 用户 test1、test2，赋予不同用户角色。

```
[RTA-line-vty0]quit                                 /* 退回系统视图
[RTA]local-user test1                               /* 创建本地用户 test1
[RTA-luser-manage-test1]password simple 123         /* 设置 test1 的明文密码为 123
[RTA-luser-manage-test1]service-type telnet         /* 将 test1 设置为 telnet 用户
[RTA-luser-manage-test1]authorization-attribute user-role network-admin
  /* 设置 test1 为 network-admin 权限用户
[RTA-luser-manage-test1]local-user test2            /* 创建本地用户 test2
[RTA-luser-manage-test2]password simple 456         /* 设置 test2 的明文密码为 456
[RTA-luser-manage-test2]service-type telnet         /* 将 test2 设置为 telnet 用户
[RTA-luser-manage-test2]authorization-attribute user-role network-operator
  /* 设置 test2 为 network-operator 权限用户
```

2. scheme 认证测试

1）测试远程登录

(1) 通过 Windows+R 快捷键快速打开运行窗口，如图 5.11 所示。

图 5.11 Windows+R 快捷键

(2) 输入 cmd 命令按 Enter 键打开命令行界面，如图 5.12 所示。

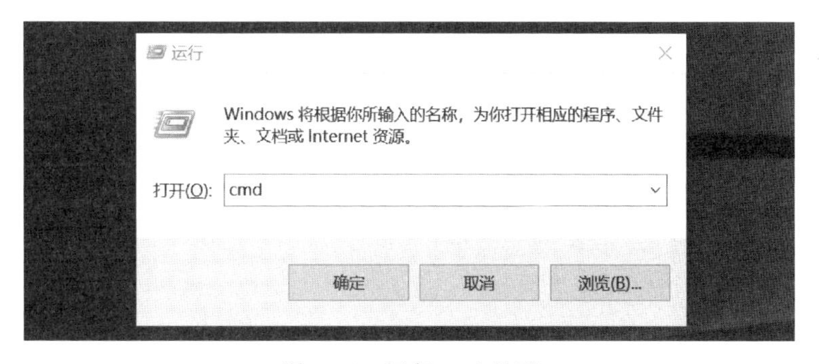

图 5.12 运行 cmd 界面

(3) 运行 telnet 命令登录路由器。

在命令行界面下输入 telnet 192.168.0.254 后按 Enter 键，其中 192.168.0.254 是路由器 G0/0 端口的 IP 地址，如图 5.13 所示。按提示正确输入用户名(test1)和对应的密码(123)

后成功登录路由器 RTA，如图 5.14 所示。

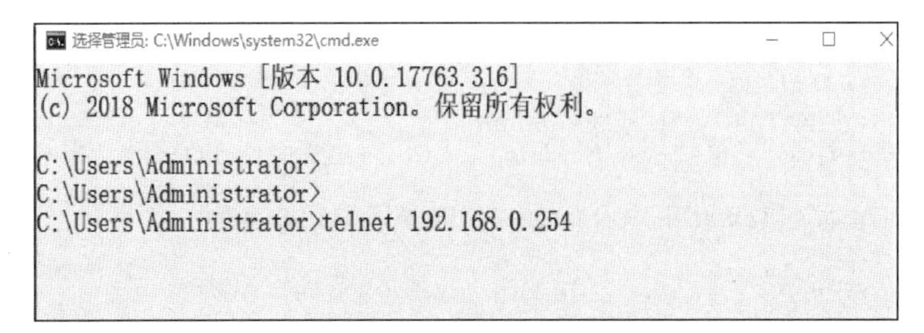

图 5.13　命令行界面

```
Telnet 192.168.0.254

******************************************************************************
* Copyright (c) 2004-2017 New H3C Technologies Co., Ltd. All rights reserved.*
* Without the owner's prior written consent,                                 *
* no decompiling or reverse-engineering shall be allowed.                    *
******************************************************************************

login: test1
Password:
<RTA>
```

图 5.14　输入用户名及密码登录路由器 RTA

注意：①输入的密码并不会在输入界面显示；②Windows 10 默认未安装 Telnet 客户端，需要在计算机的"控制面板"→"程序和功能"→"启用或关闭 Windows 功能"下勾选 Telnet Client。

2）测试 test1 用户权限

如图 5.15 所示，在 Telnet 登录的命令行界面输入 system-view 命令进入系统视图，然后进入 G0/2 接口视图下成功配置 IP 地址。这说明 test1 用户能控制路由器，拥有 network-admin 权限。

```
Telnet 192.168.0.254

******************************************************************************
* Copyright (c) 2004-2017 New H3C Technologies Co., Ltd. All rights reserved.*
* Without the owner's prior written consent,                                 *
* no decompiling or reverse-engineering shall be allowed.                    *
******************************************************************************

login: test1
Password:
<RTA>sys
System View: return to User View with Ctrl+Z.
[RTA]interface g0/2
[RTA-GigabitEthernet0/2]ip address 3.3.3.1 30
[RTA-GigabitEthernet0/2]
```

图 5.15　配置路由器 G0/2 端口的 IP 地址

关闭 test1 用户登录的命令行界面。

3）测试 test2 用户权限

在计算机中打开一个新的命令行界面，以 test2 用户名和对应的密码 456 登录路由器 RTA。

注意：同一台计算机上的 test1 用户如果未退出登录，则会提示 test2 的 Telnet 登录失败。

输入 display current-configuration 命令可以查看路由器配置，如图 5.16 所示。

```
* no decompiling or reverse-engineering shall be allowed.                    *
******************************************************************************

login: test2
Password:
<RTA>display current-configuration
#
 version 7.1.075, Alpha 7571
#
 sysname RTA
#
 telnet server enable
#
rip 1
 undo summary
 version 2
 network 1.1.1.0 0.0.0.3
 network 2.2.2.0 0.0.0.3
#
```

图 5.16　成功运行查看命令

如图 5.17 所示，在命令行界面输入 system-view 命令进入系统视图，但在输入 interface g0/2 命令进入 G0/2 接口视图时提示“命令被拒绝”(Permission denied)。这说明 test2(network-operator 用户)只有查看权限，其权限要低于 test1(network-admin 用户)。

```
<RTA>system-view
System View: return to User View with Ctrl+Z.
[RTA]interface g0/2
Permission denied.
[RTA]
```

图 5.17　运行进入以太网接口命令被拒绝

5.3.3.2　VTY 0-4 界面 none 模式认证配置实训

1. none 认证配置

配置 none 认证具体步骤如下。

步骤 1 至步骤 2：与 5.3.3.1 节“VTY 0 界面 scheme 模式认证配置实训”相同。

步骤 3：启动 Telnet 服务，VTY 0-4 界面配置 none 认证模式。

```
[RTA]telnet server enable                        /* 启动 Telnet 服务
[RTA]line vty 0 4                                /* 进入 VTY 0-4 界面
[RTA-line-vty0-4]authentication-mode none        /* VTY 0-4 界面配置 none 认证模式
[RTA-line-vty0-4]user-role network-admin         /* 配置 VTY 0-4 用户角色为 network-admin
```

设备上的 none 认证模式配置操作如图 5.18 所示。

```
[RTA]telnet server enable
[RTA]line vty 0 4
[RTA-line-vty0-4]authentication-mode none
[RTA-line-vty0-4]user-role network-admin
[RTA-line-vty0-4]
```

图 5.18　配置 none 认证模式

2. none 认证测试

(1) 输入 cmd 命令进行计算机的命令行界面。

(2) 运行 telnet 命令登录路由器。

在命令行界面输入 telnet 192.168.0.254,如图 5.19 所示(注意:此处只输入命令,未按 Enter 键)。按下 Enter 键,会直接进入图 5.20 所示的路由器 RTA 的命令行视图,在此过程中并不提示输入任何验证信息。

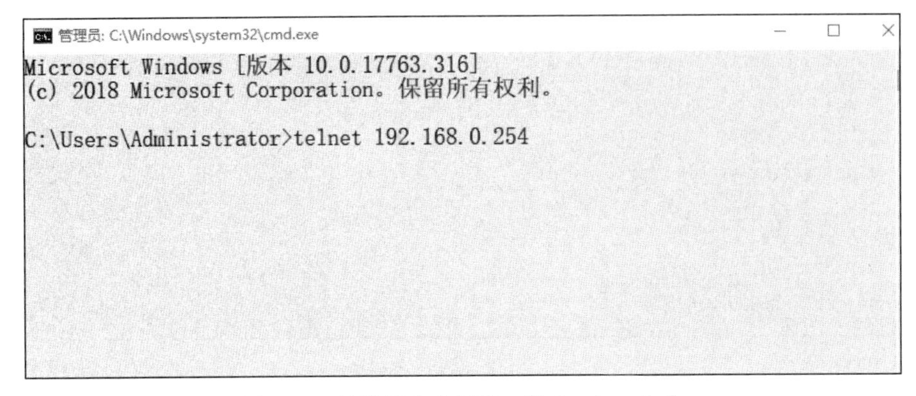

图 5.19 计算机命令行窗口输入 telnet 命令

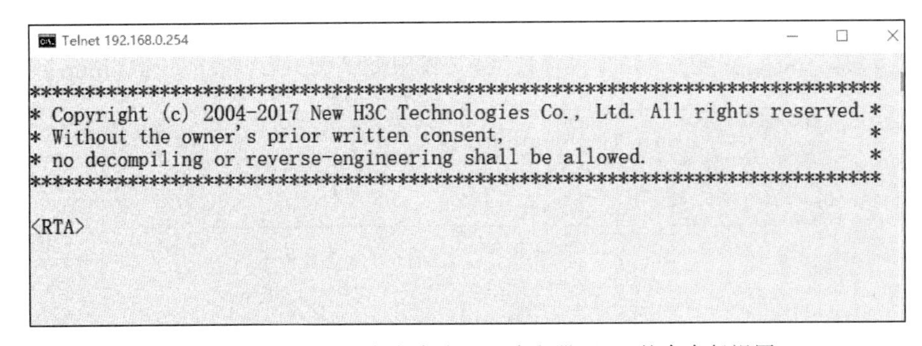

图 5.20 执行 telnet 命令直接进入路由器 RTA 的命令行视图

5.3.3.3 VTY 0-63 界面 password 模式认证配置实训

1. password 认证配置

配置 password 认证模式具体步骤如下。

步骤 1 至步骤 2 与 5.3.3.1 节"VTY 0 界面 scheme 模式认证配置"相同。

步骤 3:启动 Telnet 服务,VTY 0-63 界面配置 password 认证模式。

```
[RTA]telnet server enable                                /* 启动 Telnet 服务
[RTA]line vty 0 63                                       /* 进入 VTY 0-63 界面
[RTA-line-vty0-63]authentication-mode password           /* VTY 0-63 界面配置 password 认证
[RTA-line-vty0-63]user-role network-admin                /* 配置 VTY 0-63 用户角色
[RTA-line-vty0-63]set authentication password simple 123
  /* 配置 VTY 0-63 用户验证密码为 123
```

设备上的 password 认证模式配置操作如图 5.21 所示。

```
<H3C>%Nov 15 08:14:29:115 2020 H3C SHELL/5/SHELL_LOGIN: Console logged in from con0.

<H3C>system-view
System View: return to User View with Ctrl+Z.
[H3C]sysname RTA
[RTA]telnet server enable
[RTA]line vty 0 63
[RTA-line-vty0-63]authentication-mode password
[RTA-line-vty0-63]set authentication password simple 123
[RTA-line-vty0-63]
```

图 5.21　配置 password 认证模式

2. password 认证测试

(1) 输入 cmd 命令进行计算机的命令行界面。

(2) 运行 telnet 命令登录路由器。

在命令行界面下输入 telnet 192.168.0.254 后按下 Enter 键，按提示输入密码 123，进入图 5.22 所示的路由器 RTA 的命令行视图。

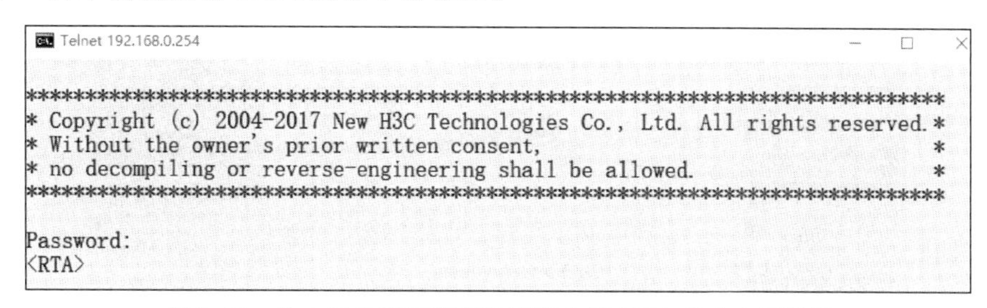

```
Telnet 192.168.0.254

******************************************************************************
* Copyright (c) 2004-2017 New H3C Technologies Co., Ltd. All rights reserved.*
* Without the owner's prior written consent,                                 *
* no decompiling or reverse-engineering shall be allowed.                    *
******************************************************************************

Password:
<RTA>
```

图 5.22　输入用户验证密码登录路由器 RTA 的命令行视图

5.4　通过 SSH 远程访问命令行界面

5.4.1　SSH 基本知识

使用 Telnet 远程配置网络设备时，所有的信息都是以明文的方式在网络上传输的。不同于 Telnet，SSH(Secure SHell)远程访问可以提供信息传输安全保障和身份验证功能，以保护设备不受诸如 IP 地址欺诈、明文密码截取、中间人等攻击。SSH 是建立在应用层基础上的安全协议。用户通过一个不能保证安全的网络环境远程登录设备时，可以使用 SSH 终端进行配置，以提高交互数据的安全性。

SSH 技术标准由传输协议、验证协议和连接协议 3 部分组成，基于 TCP，端口号为 22。同 Telnet 一样，SSH 遵循 C/S 模型架构，一台网络设备作为 SSH 服务器可以支持多个 SSH 客户端的连接。SSH 客户端与服务器之间的连接方式与 Telnet 一样，如图 5.23 所示。

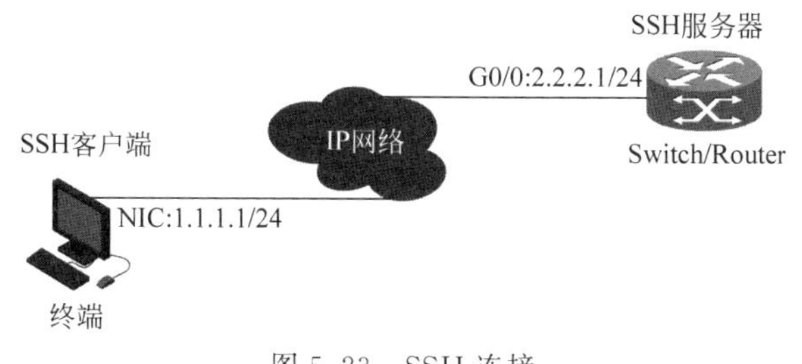

图 5.23　SSH 连接

网络设备既可以作为 SSH 服务器，也可以作为 SSH 客户端。用户可利用客户端与 SSH 服务器设备建立 SSH 连接，从而从本地设备以 SSH 方式登录远程设备。

SSH 提供以下两种验证方法。

1. Password 验证

Password 验证过程如图 5.24 所示，具体步骤如下。

(1) Server 收到 Client 的 SSH 登录请求，Server 把自己的公钥发给 Client。

(2) Client 使用接收到的公钥对用户名和密码进行加密。

(3) Client 将加密后的密文发送给 Server。

(4) Server 用自己的私钥解密用户名和密码。

(5) Server 将解密结果与服务器保存的用户名和密码进行对比验证，结果一致说明用户合法并通过验证，否则说明用户非法并进行拒绝。

(6) Server 根据验证结果，返回相应的响应给 Client。

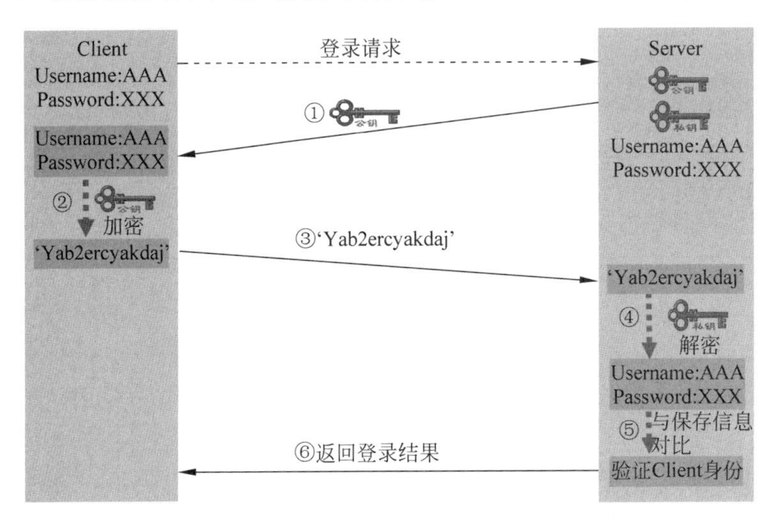

图 5.24 SSH Password 验证过程

数据在传输过程中被加密，保证了保密性。但是，客户端无法了解要连接的服务器是否为真正的服务器，可能会遭受中间人攻击。

2. Publickey 验证

Publickey 验证过程如图 5.25 所示，具体步骤如下。

(1) Client 将自己的公钥存放在 Server 上，追加在文件 authorized_keys 中。

(2) Client 发送 SSH 登录请求给 Server。

(3) Server 端接收登录请求后，在 authorized_keys 中寻找匹配 Client 的公钥 pubKey，并生成随机数 R，用 Client 的公钥对该随机数进行加密得到 pubKey(R)。

(4) Server 将加密后信息 pubKey(R)发送给 Client。

(5) Client 用私钥解密 pubKey(R)得到随机数 R，然后对随机数 R 和本次会话的 SessionKey 利用 MD5 生成摘要 Digest1。

(6) Client 将 Digest1 发送给 Server。

(7) Server 端对 R 和 SessionKey 利用同样摘要算法生成 Digest2，并比较 Digest1 和

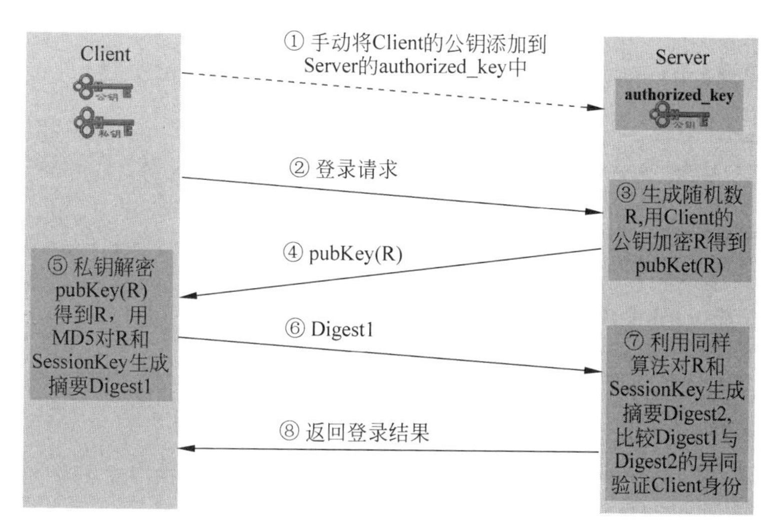

图 5.25 SSH Publickey 验证过程

Digest2 是否相同。如果相同,则验证成功；否则验证失败。

(8) Server 将登录结果返回给 Client。

在 Publickey 验证过程中,密码和用户名、私钥信息没有以任何形式在网络上传递,避免了中间人攻击。相比 Password 验证方式,它更安全。客户端在登录网络设备时只需输入用户名,无须密码。

5.4.2 SSH 远程登录配置

SSH 远程登录前,必须对被登录的网络设备进行配置。第 1 次必须通过 Console 口进行本地配置。本节利用路由器来讲解 SSH 远程登录的基本配置。交换机的 Telnet 配置与路由器基本相同,仅 IP 地址配置方式有差异。

1. Password 验证配置

下面讲解以交换机/路由器作为 SSH 服务器端的 Password 验证配置。以下命令均在服务器端进行配置,客户端只在进行 SSH 连接时输入相应参数即可。

步骤 1：给设备接口配置 IP 地址,并保证该 IP 可达。

```
[H3C-interfaceX]ip address ip-address { mask | mask-length }   /* 接口视图
```

注：一般给交换机的 VLAN 接口配置 IP 地址,因为工作在交换模式的以太网口不能直接配置 IP 地址；而路由器可以给以太网口、串口配置 IP 地址。

步骤 2：生成 RSA、DSA 密钥对。

```
[H3C]public-key local create rsa                    /* 系统视图
[H3C]public-key local create dsa                    /* 系统视图
```

注意：

(1) 虽然一个客户端只会采用 DSA 和 RSA 公钥算法中的一种来认证服务器,但是由于不同客户端支持的公钥算法不同,为了确保客户端能够成功登录服务器,建议在服务器上生成 DSA 和 RSA 两种密钥对。

(2) 创建密钥对,设备重启后密钥对依然存在。

步骤 3: 启动 SSH 服务器,设置用户认证超时时间和认证尝试次数。

```
[H3C]ssh server enable                                        /* 系统视图
[H3C]ssh server authentication-timeout time-out-value         /* 系统视图
  /* 此命令可选,默认情况下认证超时时间为 60s
[H3C]ssh server authentication-retries times                  /* 系统视图
  /* 此命令可选,默认情况下认证尝试次数为 3
```

步骤 4: 配置 VTY 使用 scheme 验证方法,支持 SSH 协议。

```
[H3C]line vty first-num [ last-num ]                          /* 系统视图
```

VTY 的编号为 0~63,第 1 个登录的远程用户为 VTY 0,第 2 个为 VTY 1,以此类推。此处 *first-num* 和 *last-num* 是要配置的 VTY 起始编号和结束编号。目前,每台设备最多支持 5 个 VTY 用户同时访问。

```
[H3C-line-vtyX]authentication-mode scheme   /* 配置 scheme 验证方法(用户线视图)
[H3C-line-vtyX]protocol inbound ssh         /* 默认支持 SSH,可省略此命令(用户线视图)
```

步骤 5: 为 SSH 服务器配置本地用户,供 SSH 远程登录验证使用。

```
[H3C]local-user username [ class { manage | network} ]
  /* 建立本地用户,用户类别为 manage(系统视图)
[H3C-luser-manage-username]password { hash | simple } password
  /* 为本地管理用户设置密码(本地管理用户视图)
[H3C-luser-manage-username]service-type SSH
  /* 将本地管理用户的服务类型设置为 SSH(本地管理用户视图)
[H3C-luser-manage-username]authorization-attribute user-role role-name
  /* 为本地管理用户设置用户级别(本地管理用户视图)
```

参数说明:

(1) **class**: 指定本地用户的类别。若不指定本参数,则新建用户为设备管理类用户。

(2) **manage**: 默认用户类别,设备管理类用户,用于登录设备,对设备进行配置和监控。此类用户可以提供 ftp、http、https、telnet、**ssh**、terminal 和 pad 服务。

(3) **network**: 网络接入类用户,用于通过设备接入网络,访问网络资源。此类用户可以提供 advpn、ike、ipoe、lan-access、portal、ppp 和 sslvpn 服务。

注意: SSH 用户必须为 manage 类型。由于默认用户类别即为 manage,因而此处可以不指定用户类别,直接使用[H3C] **local-user** *user-name* 命令即可。

hash 和 simple 参数详细见 5.3.2 节附件 1。

用户角色(*role-name*)有很多种,network-operator 和 network-admin 最常用,各角色具体权限如下。

(1) network-operator: 该角色为默认角色(不进行用户角色配置时,用户为 network-operator)。可执行系统所有的功能和资源相关的 display(查看)命令(display history-command all 除外)。

(2) network-admin: 可操作系统所有的功能和资源(安全日志文件管理相关命令除外)。

(3) Level-n(0～15)：数值越大，权限越大。level-15 相当于 network-admin 权限。

(4) security-audit：安全日志管理员权限，仅具有安全日志的读、写、执行权限。

(5) guest-manager：来宾用户管理员，只能查看和配置与来宾有关的 Web 页面，没有控制命令行的权限。

注意：

(1) 当本地用户(local-user)的用户级别与 VTY 用户线用户级别不同时，系统优先采用本地用户的用户级别作为登录后的实际用户级别。也正是由于这个原因，人们常常只配置本地用户级别。

(2) 更改当前用户的级别后，需要退出并重新登录，修改后的级别才会生效。

2. Publickey 验证配置

下面讲解以交换机/路由器作为 SSH 服务器端的 Publickey 验证配置。

1) 客户端生成密钥对操作

在客户端生成密钥对(不同客户端生成密钥对的操作不一样)，并将私钥、公钥分别独立保存。假如私钥、公钥文件名分别为 private. key、public. key。

2) 服务器端操作与配置

步骤 1：将客户端所保存的公钥文件上传到服务器端(网络设备)。

步骤 2：给网络设备接口配置 IP 地址，并保证该 IP 可达。

```
[H3C-interfaceX]ip address ip-address { mask | mask-length }    /* 接口视图
```

注意：一般给交换机的 VLAN 接口配置 IP 地址，因为工作在交换模式的以太网接口不能直接配置 IP；而路由器可以给以太网接口、串口配置 IP 地址。

步骤 3：生成 RSA、DSA 密钥对。

```
[H3C]public-key local create rsa            /* 系统视图
[H3C]public-key local create dsa            /* 系统视图
```

步骤 4：启动 SSH 服务器。

```
[H3C]ssh server enable                      /* 系统视图
```

步骤 5：配置 VTY 使用 scheme 验证方法，支持 SSH 协议。

```
[H3C]line vty first-num [ last-num ]        /* 系统视图
```

VTY 的编号为 0～63，第 1 个登录的远程用户为 VTY 0，第 2 个为 VTY 1，以此类推。此处 *first-num* 和 *last-num* 是要配置的 VTY 起始编号和结束编号。目前，每台设备最多支持 5 个 VTY 用户同时访问。

```
[H3C-line-vtyX]authentication-mode scheme   /* VTY 用户线视图
[H3C-line-vtyX]protocol inbound ssh         /* 默认支持 SSH，此命令可省(VTY 用户线视图)
```

步骤 6：为 SSH 服务器配置本地用户，供 SSH 远程登录验证使用。

```
[H3C]local-user username [ class { manage | network} ]
  /* 建立本地用户，用户类别为 manage(系统视图)
[H3C-luser-manage-username]service-type SSH
```

```
  /* 将本地用户的服务类型设置为 SSH(本地管理用户视图)
[H3C-luser-manage-username]authorization-attribute user-role role-name
  /* 为本地用户设置用户级别(本地管理用户视图)
```

步骤 7：从公钥文件 public. key 中导入客户端的公钥，并命名为 devicekey。

```
[H3C]public-key peer devicekey import sshkey public.key   /* 系统视图
```

注意：公钥文件需要上传到 SSH 服务器。5.4.3 节的实训中将会举例讲解如何产生并上传 public. key 文件。

步骤 8：设置本地 SSH 用户认证方式为 publickey，并指定公钥为 devicekey。

```
[H3C]ssh user username service-type stelnet authentication-type publickey assign publickey
devicekey   /* 系统视图
```

SSH 远程访问操作命令如表 5.4 所示。

表 5.4　SSH 远程访问操作命令

操　　作	命令(命令执行的视图)
生成 RSA 密钥对 生成 DSA 密钥对	[H3C]public-key local create rsa(系统视图) [H3C]public-key local create dsa(系统视图)
启动 SSH 服务器 设置 SSH 用户认证超时时间 设置 SSH 用户认证尝试次数	[H3C]ssh server enable(系统视图) [H3C]ssh server authentication-timeout *time-out-value*(系统视图) [H3C]ssh server authentication-retries *times*(系统视图)
进入 VTY 用户线视图 配置 VTY 用户角色 配置 VTY 用户验证方式 配置 VTY 用户线支持 SSH	[H3C]line vty *first-num* [*last-num*](系统视图) [H3C-line-vty0]user-role *role-name*(VTY 用户线视图) [H3C-line-vty0] authentication-mode { none | password | scheme } (VTY 用户线视图) [H3C-line-vty0-63]protocol inbound ssh(VTY 用户线视图)(可选)
创建本地用户为管理型 设置本地用户密码 设置本地用户服务类型为 SSH 设置本地用户角色	[H3C]local-user *username* {*class* manage}(系统视图) [H3C-luser-manage-*username*]password { hash | simple } *password* (本地管理用户视图) [H3C-luser-manage-*username*]service-type SSH(本地管理用户视图) [H3C-luser-manage-*username*] authorization-attribute user-role *role-name* (本地管理用户视图)
导入客户端的公钥并命名 设置本地 SSH 用户认证方式为 publickey 并为用户指定公钥	[H3C]public-key peer *devicekey* import sshkey *public.key*(系统视图) [H3C] ssh user *username* service-type stelnet authentication-type publickey assign publickey *devicekey*(系统视图)

5.4.3　SSH 远程登录网络设备实训

1. 实训内容与实训目的

1) 实训内容

配置 SSH 方式远程登录网络设备(交换机/路由器)。

2) 实训目的

掌握 SSH 方式远程登录网络设备(交换机/路由器)。

2. 实训设备

实训设备如表 5.5 所示。

表 5.5 SSH 远程登录网络设备实训的设备

实训设备及线缆	数量	备 注
MSR36-20 路由器	1 台	支持 Comware V7 命令的路由器即可
计算机	1 台	OS：安装了超级终端的 Windows 10
Console 线	1 根	—
以太网线	1 根	—

3. 实训拓扑与实训要求

实训拓扑图如图 5.26 所示。

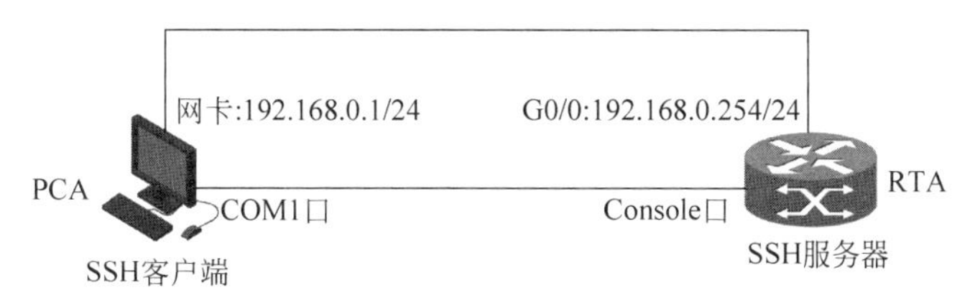

图 5.26 SSH 方式远程登录路由器拓扑图

实训要求：

(1) 正确使用 Console 线连接计算机与路由器，通过 PuTTY 登录路由器 CLI(命令行界面)。用以太网线按拓扑图连接计算机与路由器，配置 IP 地址。

(2) 在路由器上配置 SSH 服务器；建立本地用户 test1 并赋予 network-admin 角色，采用 Password 验证方式，使其能通过 SSH 客户端 PuTTY 远程登录、配置路由器。

(3) 在路由器上配置 SSH 服务器；建立本地用户 test2 并赋予 network-admin 角色，采用 Publickey 验证方式，使其能通过 SSH 客户端 PuTTY 远程登录、配置路由器。

注意： 这里将终端(计算机)与网络设备(路由器)直接相连，只是为了便于实训的开展，但这并不是必须的。

5.4.3.1 SSH Password 验证方式配置实训

Console 线的 DB9 端连接计算机 COM 口，RJ45 端口端连接路由器的 Console 口。使用以太网线连接计算机网卡与路由器 G0/0 端口。

1. SSH Password 验证配置

配置 SSH Password 验证方式具体步骤如下。

步骤 1：通过 Console 口登录路由器。

打开 PuTTY，选择连接方式(Connection type)为 Serial，配置串口线(Serial line)为 COM1(实训时需根据实际情况设置串口号)，Speed(即波特率(baud rate))配置为 9600。

步骤 2：配置路由器 GigabitEthernet0/0(G0/0)端口和计算机的 IP 地址。

```
<H3C>system-view                              /* 进入系统视图
[H3C]sysname RTA                              /* 设置路由器设备名为 RTA
[RTA]interface G0/0                           /* 进入 G0/0 接口视图
```

```
[RTA-GigabitEthernet0/0]ip address 192.168.0.254 24    /* 配置 G0/0 端口 IP 地址
```

给计算机网卡(连接路由器 G0/0 端口的网卡)配置 IP 地址及子网掩码为 192.168.0.1/24。

注意:计算机网卡与路由器 G0/0 端口直接相连,因此它们的 IP 地址必须在同一网段。此实训中计算机网卡可不配网关,因为同一网段的设备通信不需要经网关转发。

步骤 3:启动 SSH 服务,生成密钥对,VTY 0-63 界面配置 scheme 认证模式。

```
[RTA]SSH server enable                          /* 启动 SSH 服务
[RTA]public-key local create rsa                /* 生成 RSA 密钥对
[RTA]line vty 0 63                              /* 进入 VTY 0-63 界面
[RTA-line-vty0-63]authentication-mode scheme    /* VTY0-63 界面配置 scheme 认证模式
```

步骤 4:创建本地 SSH 用户 test1,赋予 network-admin 角色。

```
[RTA-line-vty0-63]quit                          /* 退回到系统视图
[RTA]local-user test1                           /* 创建本地管理用户 test1
[RTA-luser-manage-test1]password simple 123     /* 设置 test1 的明文密码为 123
[RTA-luser-manage-test1]service-type ssh        /* 设置 test1 为 SSH 用户
[RTA-luser-manage-test1]authorization-attribute user-role network-admin
  /* 设置 test1 为 network-admin 权限用户
```

2. SSH Password 验证测试

1) 测试远程登录

(1) 设置 PuTTY 界面中连接参数。

运行 PuTTY 程序,界面如图 5.27 上部虚线框中所示。将要访问的路由器 RTA 的以太网接口 G0/0 的 IP 地址填写到 Host Name(or IP address)中,端口号参数 port 选择默认值 22,连接方式(Connection type)选择 SSH。

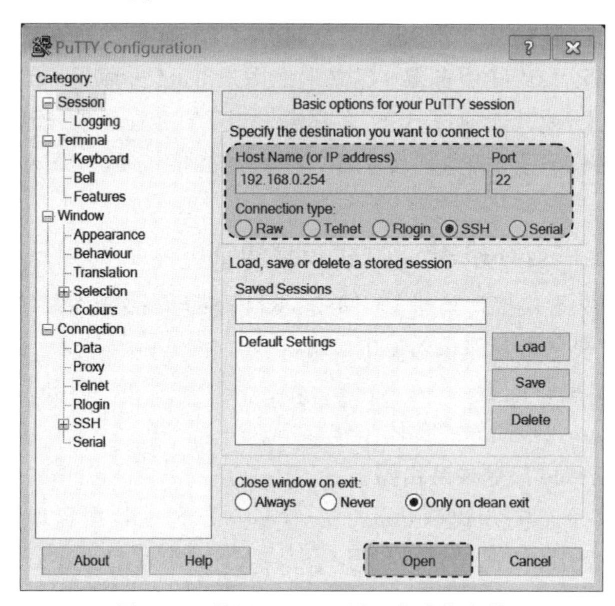

图 5.27 设置 PuTTY 界面中连接参数

注意:SSH 方式与 Console 方式登录路由器的 PuTTY 界面参数设置完全不同,大家可以对比一下。

(2) 输入合法用户名和密码进入路由器命令行界面。

单击图 5.27 底部的 Open 按钮，进行界面连接，输入用户名 test1 及相应的密码 123(在路由器 RTA 中创建的本地管理用户及相应密码)，如图 5.28 所示。

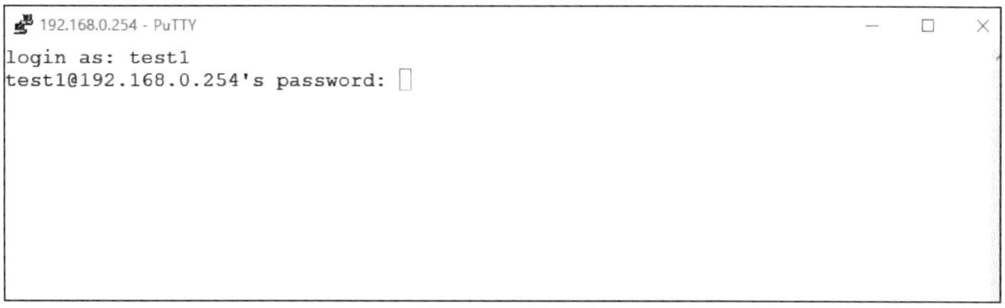

192.168.0.254 - PuTTY
login as: test1
test1@192.168.0.254's password:

图 5.28　用户名、密码输入界面

输入密码后按 Enter 键，进入路由器 RTA 的命令行界面，如图 5.29 所示。

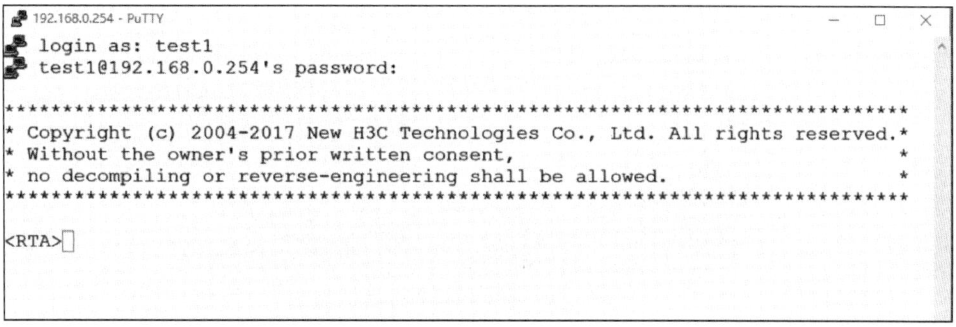

192.168.0.254 - PuTTY
login as: test1
test1@192.168.0.254's password:
****
* Copyright (c) 2004-2017 New H3C Technologies Co., Ltd. All rights reserved.*
* Without the owner's prior written consent, *
* no decompiling or reverse-engineering shall be allowed. *
****
<RTA>

图 5.29　路由器 RTA 命令行界面

注意：输入的密码在界面中不显示。

2) 测试 test1 用户权限

在 VTY 命令行界面输入 system-view 命令进入系统视图，然后进入 G0/1 接口视图下成功配置了 IP 地址，如图 5.30 所示。说明 test1 用户能控制路由器，拥有 network-admin 权限。

192.168.0.254 - PuTTY
login as: test1
test1@192.168.0.254's password:
****
* Copyright (c) 2004-2017 New H3C Technologies Co., Ltd. All rights reserved.*
* Without the owner's prior written consent, *
* no decompiling or reverse-engineering shall be allowed. *
****
<RTA>system-view
System View: return to User View with Ctrl+Z.
[RTA]interface g0/1
[RTA-GigabitEthernet0/1]ip address 1.1.1.1 24
[RTA-GigabitEthernet0/1]

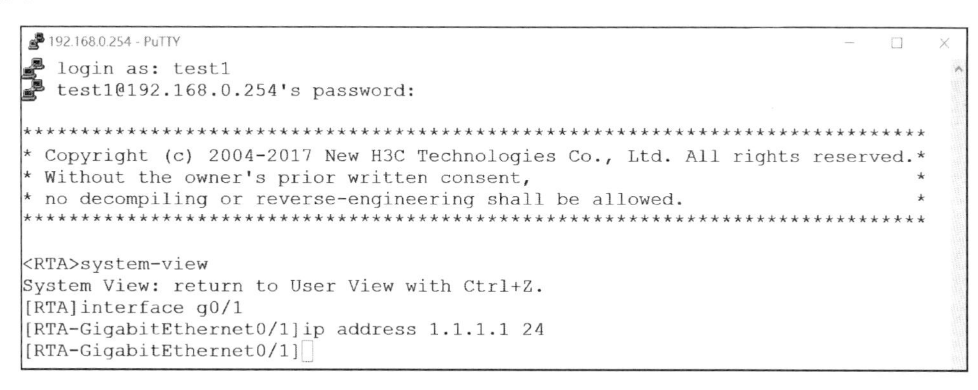

图 5.30　配置路由器 G0/1 口的 IP 地址

关闭 test1 用户登录的命令行界面。

5.4.3.2 SSH Publickey 验证方式配置实训

1. SSH Publickey 验证配置

步骤 1：生成客户端密钥对。

在计算机(客户端)上运行程序 PuTTYGen.exe(位于 PuTTY 软件的安装目录中)，参数栏(Parameters)选择 RSA，如图 5.31 所示。单击 Generate 按钮，生成客户端密钥对。

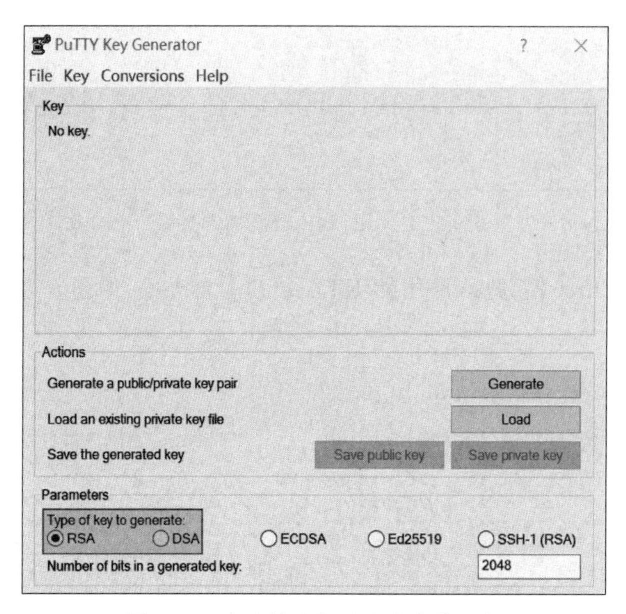

图 5.31　客户端密钥对生成参数选择

注意：在生成密钥对的过程中需不停地移动鼠标，鼠标移动仅限于图 5.32 中除进度条以外的地方(进度条上方有英文提示)，否则进度条会停止显示，密钥对将停止生成。

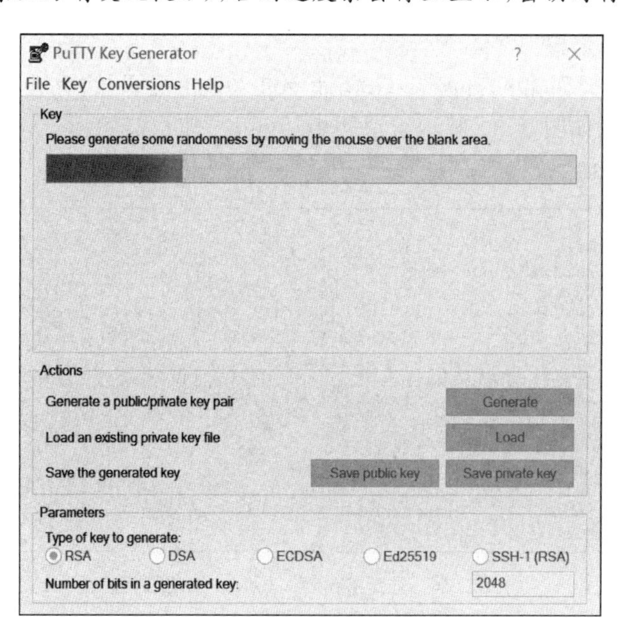

图 5.32　生成客户端密钥对

密钥对生成后，单击 Save public key 按钮，输入存储公钥的文件名 key. pub，单击“保存”按钮将公钥文件保存在 D 盘(可以是其他位置)。

单击 Save private key 按钮存储私钥，选择保存的路径(如 D:\)，并输入私钥文件名为 private. ppk，单击“保存”按钮。

注意：*以上公私钥文件命名方式不是必须的，可自由命名，方便辨识即可。*

步骤 2：上传客户端公钥至 SSH 服务器(RTA)。

这里采用 FTP 方式上传公钥文件到 SSH 服务器 RTA。首先将 RTA 配置成 FTP 服务器，计算机 PCA 作为 FTP 客户端。

1) 通过 Console 口登录路由器

打开 PuTTY，选择连接方式(Connection type)为 Serial，配置串口线(Serial line)为 COM1(实训时需根据实际情况设置串口号)，Speed(即波特率(baud rate))配置为 9600。

2) 配置路由器 GigabitEthernet0/0(G0/0)端口和计算机的 IP 地址

```
<H3C>system-view                                    /* 进入系统视图
[H3C]sysname RTA                                    /* 设置路由器设备名为 RTA
[RTA]interface gigabitEthernet0/0                   /* 进入 G0/0 接口视图
[RTA-GigabitEthernet0/0]ip address 192.168.0.254 24 /* 配置 G0/0 端口 IP 地址
```

给计算机的网卡(连接路由器 G0/0 端口的网卡)配置 IP 地址及子网掩码为 192.168.0.1/24。

注意：*计算机网卡与路由器 G0/0 端口直接相连，因此它们的 IP 地址必须在同一网段。*

3) 启动 FTP 服务，配置 FTP 用户

```
[RTA]ftp server enable                              /* 启动 FTP 服务
[RTA]local-user ftpuser class manage
[RTA-luser-manage-ftpuser]password simple ftp
[RTA-luser-manage-ftpuser]authorization-attribute user-role network-admin
[RTA-luser-manage-ftpuser]service-type ftp
```

4) 上传公钥文件 key. pub 到 RTA

运行 cmd 命令进入 PCA 的命令行界面，切换至 key. pub 文件所在目录，使用 ftp 192.168.0.254 访问路由器 RTA 的 G0/0 端口 IP，输入 FTP 用户名和密码即可登录路由器 RTA；使用 put 命令将 pub. key 文件上传至 RTA，如图 5.33 所示。

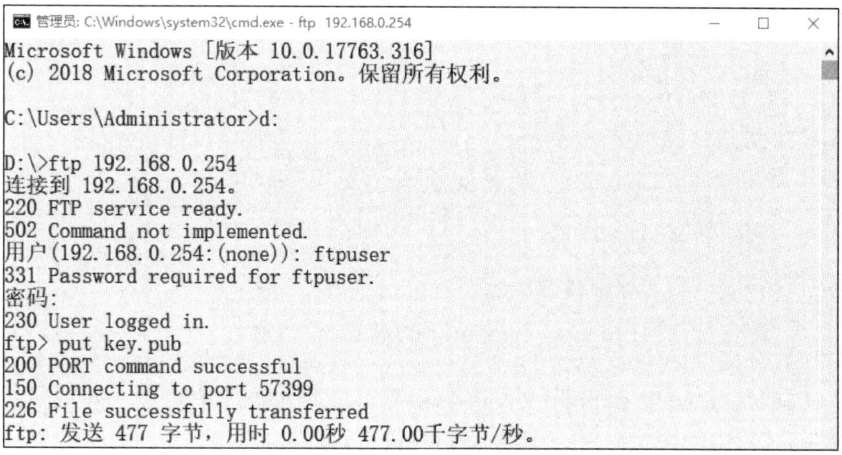

```
管理员: C:\Windows\system32\cmd.exe - ftp  192.168.0.254
Microsoft Windows [版本 10.0.17763.316]
(c) 2018 Microsoft Corporation。保留所有权利。

C:\Users\Administrator>d:

D:\>ftp 192.168.0.254
连接到 192.168.0.254。
220 FTP service ready.
502 Command not implemented.
用户(192.168.0.254:(none)): ftpuser
331 Password required for ftpuser.
密码:
230 User logged in.
ftp> put key.pub
200 PORT command successful
150 Connecting to port 57399
226 File successfully transferred
ftp: 发送 477 字节，用时 0.00秒 477.00千字节/秒。
```

图 5.33　使用 FTP 方式将 pub. key 上传至 RTA

步骤 3：启动 SSH 服务，生成密钥对，VTY 0-63 界面配置 scheme 认证模式。

```
[RTA]SSH server enable                                /* 启动 SSH 服务
[RTA]public-key local create rsa                      /* 生成 RSA 密钥对
[RTA]line vty 0 63                                    /* 进入 VTY 0-63 界面
[RTA-line-vty0-63]authentication-mode scheme          /* VTY 0-63 界面配置 scheme 认证模式
```

步骤 4：创建本地 SSH 用户 test2，赋予 network-admin 角色。

```
[RTA]local-user test2                                 /* 创建本地管理用户 test2
[RTA-luser-manage-test2]service-type ssh              /* 设置 test2 为 SSH 用户
[RTA-luser-manage-test2]authorization-attribute user-role network-admin
  /* 设置 test2 为 network-admin 权限用户
```

步骤 5：导入客户端的公钥，设置 SSH 用户 test2 认证方式为 publickey。

```
[RTA]public-key peer devicekey import sshkey key.pub
  /* 从 key.pub 文件中导入客户端的公钥，并命名为 devicekey
[RTA] ssh user test2 service-type stelnet authentication-type publickey assign publickey
devicekey   /* 设置 SSH 用户 test2 的认证方式为 publickey，并指定公钥为 devicekey
```

2. SSH Publickey 验证测试

1）测试远程登录

（1）设置 PuTTY 界面中连接参数。

客户端打开 PuTTY.exe 程序，单击左侧导航栏 Session 选项，出现如图 5.34 所示的客户端配置界面。

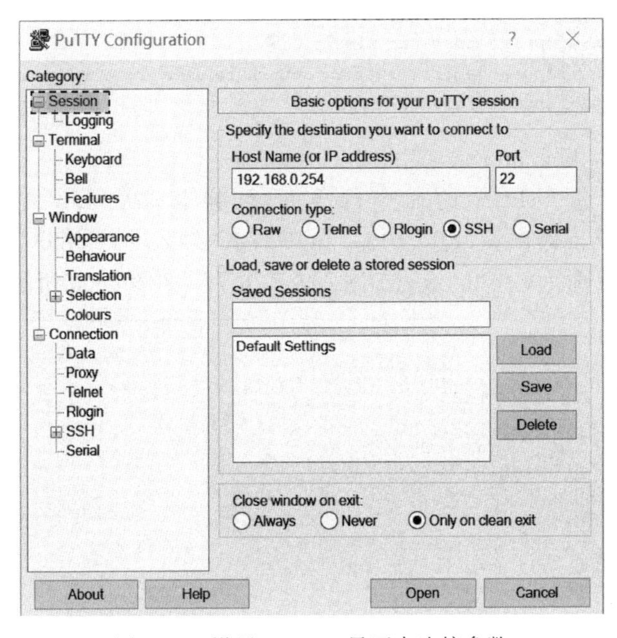

图 5.34　设置 PuTTY 界面中连接参数

① 在 Host Name(or IP address)文本框中输入 SSH 服务器的 IP 地址——192.168.0.254。

② 在 Port 文本框中输入 SSH 协议端口号 22。

③ 在 Connection type 区域选择 SSH 协议。

(2) 导入客户端私钥。

单击左侧导航栏 Connection→SSH 选项，出现如图 5.35 所示的界面。选择 SSH protocol version 为 2。

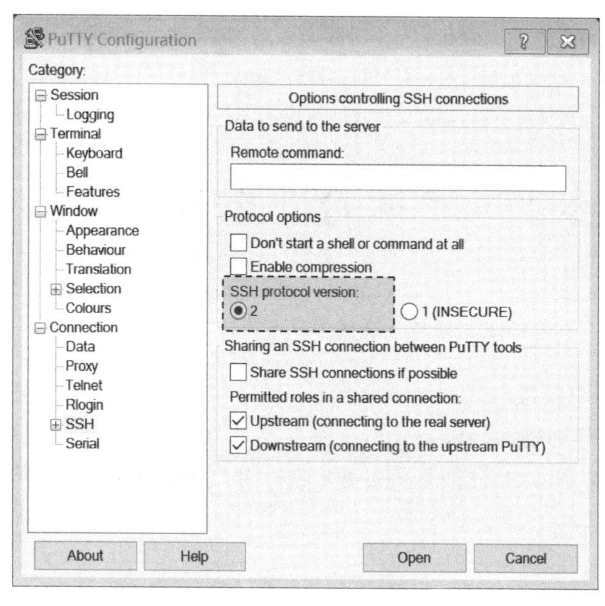

图 5.35　选择 SSH 协议版本

单击左侧导航栏 Connection→SSH 选项下面的 Auth(认证)，出现如图 5.36 所示的界面。单击 Browse...按钮，弹出文件选择窗口。选择与服务器端的公钥相对应的私钥文件 private. ppk. ppk。

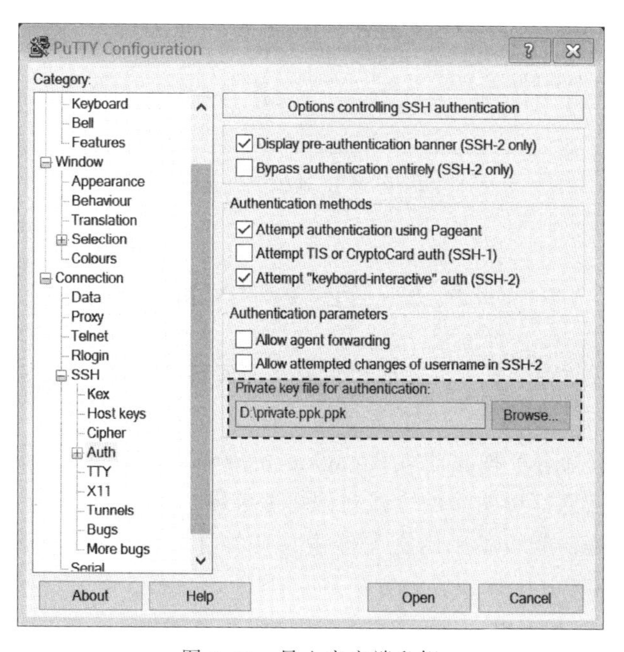

图 5.36　导入客户端私钥

(3) 输入合法用户名进入路由器命令行界面。

单击 Open 按钮,可能弹出 PuTTY Security Alert 对话框,警告无法保证 SSH 服务器可信,询问是否要继续连接。请单击 Yes 按钮继续连接。按提示输入用户名 test2,即可进入 RTA 的配置界面,如图 5.37 所示。

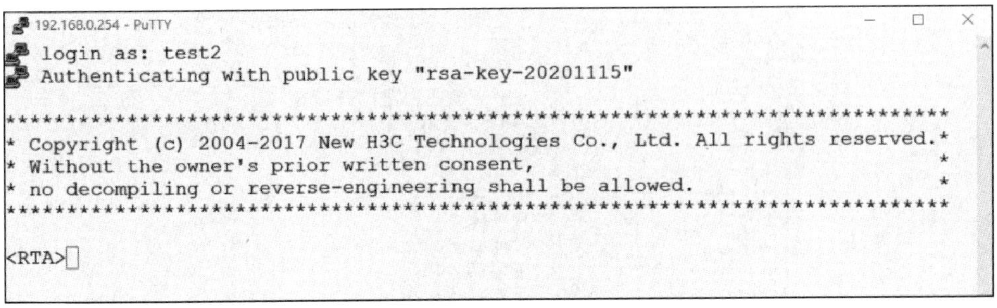

```
192.168.0.254 - PuTTY
login as: test2
Authenticating with public key "rsa-key-20201115"

******************************************************************************
* Copyright (c) 2004-2017 New H3C Technologies Co., Ltd. All rights reserved.*
* Without the owner's prior written consent,                                 *
* no decompiling or reverse-engineering shall be allowed.                    *
******************************************************************************

<RTA>
```

图 5.37 输入合法用户名登录 RTA 路由器

2) 测试 test2 用户权限

在 VTY 命令行界面输入 system-view 命令进入系统视图,然后进入 G0/1 接口视图下成功配置 IP 地址,如图 5.38 所示。说明 test2 用户能控制路由器,拥有 network-admin 权限。

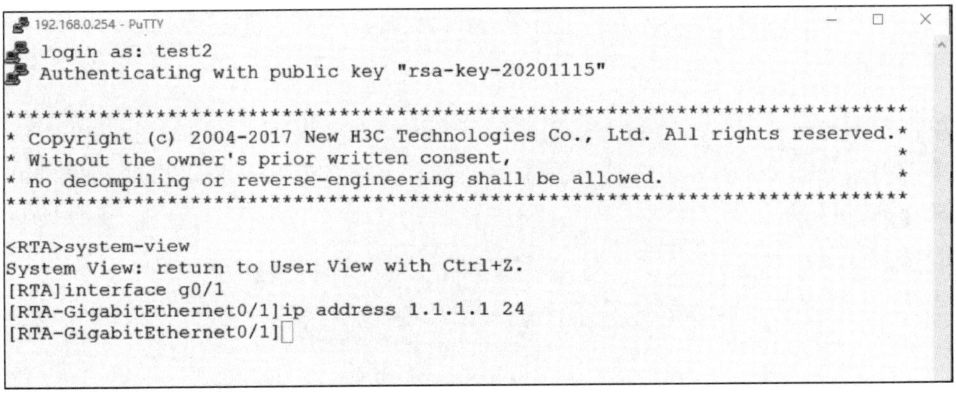

```
192.168.0.254 - PuTTY
login as: test2
Authenticating with public key "rsa-key-20201115"

******************************************************************************
* Copyright (c) 2004-2017 New H3C Technologies Co., Ltd. All rights reserved.*
* Without the owner's prior written consent,                                 *
* no decompiling or reverse-engineering shall be allowed.                    *
******************************************************************************

<RTA>system-view
System View: return to User View with Ctrl+Z.
[RTA]interface g0/1
[RTA-GigabitEthernet0/1]ip address 1.1.1.1 24
[RTA-GigabitEthernet0/1]
```

图 5.38 配置 IP 地址测试用户权限

5.5 任务小结

1. 访问网络设备的方法有 Console 口本地访问设备、AUX 口远程访问设备、Telnet 方式远程访问设备、SSH 方式远程访问设备。

2. Telnet 远程登录有 3 种验证方式：none、password、scheme。使用 Telnet 远程配置网络设备时,所有的信息都以明文的方式在网络上传输,不安全。

3. SSH 方式远程访问设备采用密文传输并具备身份验证功能,安全可靠。SSH 提供 Password 验证方法和 PublicKey 验证方法。

4. Console 本地登录配置,Telnet 和 SSH 远程登录配置。

5.6 习题与思考

1. 什么场景合适使用 Console 口本地访问设备?

2. Telnet 方式远程访问设备的 3 种方式(none、password、scheme)在什么场景下使用较为合适?各有什么优缺点?

注意:设备的安全非常重要,所以在设备入网后无认证的方式慎用。一般远程访问方式在使用完后都会关闭,下次需要使用时再临时开启。

3. SSH 方式远程访问设备与 Telnet 方式哪个更安全?

任务6　管理网络设备文件

学习目标

- 了解 H3C 网络设备文件系统的作用与操作方法。
- 掌握文件保存、擦除、备份与恢复的操作方法。
- 掌握网络设备软件的升级等操作方法。
- 掌握用 FTP 和 TFTP 传输系统文件的方法。

6.1　了解网络设备文件系统

6.1.1　网络设备文件系统

网络设备的文件主要有以下 3 类。

(1) 应用程序文件：Comware 操作系统用于引导设备启动所必需的程序文件，包括 Boot 包和 System 包，以 BIN 文件或 IPE 文件形式发布。

(2) 配置文件：系统将用户对设备的配置以命令的方式保存成文本文件形式，形成配置文件，扩展名为.cfg。

(3) 日志文件：系统在运行中产生的日志以文本格式保存形成日志文件。

6.1.2　网络设备文件存储

网络设备有 3 种存储介质：ROM(Read-Only Memory，只读存储器)、Flash 存储器(快闪存储器)、RAM(Random-Access Memory，随机访问存储器)，如图 6.1 所示。

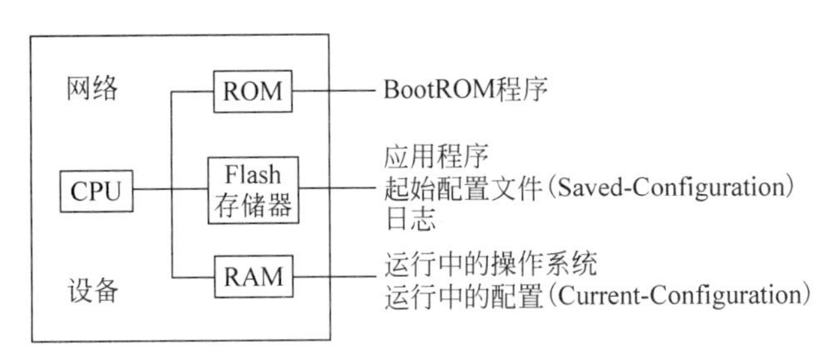

图 6.1　网络设备的文件存储

(1) ROM：用于存储 BootROM 程序。BootROM 程序是一个微缩的引导程序，主要任务是查找应用程序文件并引导到操作系统，在应用程序文件或配置文件出现故障时提供一种恢复手段。

(2) Flash 存储器(快闪存储器)：用于存储应用程序文件、保存的配置文件和运行中产生的日志文件等。默认情况下，网络设备从 Flash 存储器读取应用程序文件和配置文件进行引导。Flash 存储器的形式是多样的，根据设备型号的不同，可能是 CF(Compact Flash)卡、内置 Flash 存储器等。

(3) RAM：设备的内存，用于系统运行中的随机存储。例如，存储当前运行的 Comware 系统程序和运行中的当前配置等。系统关闭或重启后，RAM 中存储的信息会丢失。

6.1.3 文件系统的操作

文件系统的功能主要包括目录的创建和删除、文件的复制和显示、设备的挂载与卸载等。

默认情况下，执行的命令(如删除文件、覆盖文件等)如果有可能导致数据丢失，文件系统将提示用户对执行的命令进行确认。用户可以通过命令修改当前文件系统的提示方式。文件系统支持 alert 和 quiet 两种提示方式。在 alert 方式下，当用户对文件进行有危险性的操作时，系统提醒用户进行确认；在 quiet 方式下，用户对文件进行任何操作，系统均不作提示。quiet 方式可能会因粗心而导致一些不可恢复的、对系统造成破坏的操作发生。文件系统操作的提示方式设置命令可在用户视图以外的任何视图下执行，命令如下：

```
[H3C]file prompt {alert |quiet}    /* 文件系统的默认提示方式为 alert
```

根据操作对象的不同，可以把文件系统操作分为以下 3 种。

1. 目录操作

目录操作包括创建/删除目录、显示当前工作目录以及显示指定目录下的文件或目录信息等。可在用户视图下使用表 6.1 中的命令执行相应的目录操作。

表 6.1 目录操作命令

操　作	命令(用户视图)
创建目录	<H3C>mkdir *directory*
删除目录	<H3C>rmdir *directory*
显示当前的工作路径	<H3C>pwd
显示文件或目录信息	<H3C>dir [/all] [*file-url*]
改变当前目录	<H3C>cd *directory*

2. 文件操作

文件操作包括删除文件、恢复删除的文件、彻底删除文件、显示文件的内容、重命名文件、复制文件、移动文件、显示指定的文件的信息等。可在用户视图下使用表 6.2 所示的命令进行相应的文件操作。

表 6.2 文件操作命令

操　作	命令(用户视图)
删除文件	<H3C>delete [/unreserved] *file-url*
恢复删除文件	<H3C>undelete *file-url*
彻底删除回收站中的文件	<H3C>reset recycle-bin [*file-url*] [/force]
显示文件(文本文件)的内容	<H3C>more *file-url*
重命名文件	<H3C>rename *fileurl-source fileurl-dest*

续表

操　　作	命令(用户视图)
复制文件	<H3C>copy *fileurl-source fileurl-dest*
移动文件	<H3C>move *fileurl-source fileurl-dest*
显示文件或目录信息	<H3C>dir [/all] [*file-url*]

3. 存储设备操作

由于异常操作等原因,存储设备的某些空间无法使用。可通过 fixdisk 命令来恢复存储设备的空间,也可以通过 format 命令来格式化指定的存储设备。存储设备操作命令需在用户视图下使用,命令如表 6.3 所示。

表 6.3　存储设备操作命令

操　　作	命令(用户视图)
恢复存储设备的空间	<H3C>fixdisk *device*
格式化存储设备	<H3C>format *device*
挂载存储设备(默认情况下,设备插入时已经处于连接状态,无须挂载)	<H3C>mount *device-name*
卸载存储设备	<H3C>umount *device-name*

注意：格式化操作将导致存储设备上的所有文件丢失,并且不可恢复；尤其需要注意的是,格式化 Flash 将丢失全部应用程序文件和配置文件。

对于可支持热插拔的存储设备(如 CF 卡、USB 存储器等),可在用户视图下用 mount 和 umount 命令挂载和卸载。卸载存储设备是逻辑上让存储设备处于非连接状态,卸载后用户可以安全地拔出存储设备；挂载存储设备是让卸载的存储设备重新处于连接状态。

注意：在拔出处于挂载状态的存储设备前,先执行卸载操作,以免损坏存储设备。

在执行挂载或卸载操作过程中,禁止对单板或存储设备进行插拔或倒换操作；在进行文件操作过程中也禁止对存储设备进行插拔或倒换操作；否则,可能会引起文件系统的损坏。

6.1.4　文件操作实训

1. 实训内容与实训目的

1）实训内容

使用命令对网络设备(交换机/路由器)的文件或目录进行处理。

2）实训目的

掌握网络设备(交换机/路由器)的基本文件操作命令。

2. 实训设备

实训设备如表 6.4 所示。

表 6.4　文件操作实训的设备

实训设备及线缆	数量	备　　注
MSR36-20 路由器	1 台	支持 Comware V7 命令的路由器即可
计算机	1 台	OS：安装了超级终端的 Windows 10
Console 线	1 根	—

3. 实训拓扑与实训要求

实训拓扑如图 6.2 所示。

图 6.2 使用 Console 口连接网络设备拓扑图

实训要求：

(1) 正确使用 Console 线连接计算机与路由器，通过 PuTTY 登录路由器 CLI(命令行界面)。

(2) 用命令完成以下操作：①查看 flash 目录中的文件，然后新建目录 test，并进入 test 目录，显示当前工作路径；②将 flash 主目录下的一个 bin 文件复制到 test 目录中以 main. bin 命名，然后将 main. bin 重命名为 test. bin，接下来删除(非彻底删除)test. bin 文件后再恢复该文件；③彻底删除 test. bin 文件，退出当前目录，删除 test 目录。

4. 实训过程

步骤 1：连接并登录路由器。

Console 线的 DB9 端连接计算机 COM 口，RJ45 接口端连接路由器的 Console 口。使用以太网线连接计算机网卡与路由器 G0/0 端口。

打开 PuTTY，选择连接方式(Connection type)为 Serial，配置串口线(Serial line)为 COM1(实训时需根据实际情况设置串口号)，Speed(波特率(baud rate))配置为 9600。

步骤 2：使用 dir 命令显示 flash 中的文件。

```
<H3C>dir /all        /* 显示 flash 中的所有文件和目录，如图 6.3 所示
```

```
<H3C>dir /all
Directory of flash:
   0 drw-           - Aug 15 2020 23:47:10   diagfile
   1 -rw-       43136 Aug 15 2020 23:47:10   licbackup
   2 drw-           - Aug 15 2020 23:47:10   license
   3 -rw-       43136 Aug 15 2020 23:47:10   licnormal
   4 drw-           - Aug 15 2020 23:47:10   logfile
   5 -rw-           0 Aug 15 2020 23:47:10   msr36-cmw710-boot-a7514.bin
   6 -rw-           0 Aug 15 2020 23:47:10   msr36-cmw710-system-a7514.bin
   7 drw-           - Aug 15 2020 23:47:16   pki
   8 drw-           - Aug 15 2020 23:47:10   seclog
   9 drwh           - Aug 15 2020 23:47:11   .rollbackinfo
  10 drwh           - Aug 16 2020 00:48:11   .trash

1046512 KB total (1046380 KB free)

<H3C>mkdir test
Creating directory flash:/test... Done.
<H3C>dir /all
Directory of flash:
   0 drw-           - Aug 15 2020 23:47:10   diagfile
   1 -rw-       43136 Aug 15 2020 23:47:10   licbackup
   2 drw-           - Aug 15 2020 23:47:10   license
   3 -rw-       43136 Aug 15 2020 23:47:10   licnormal
   4 drw-           - Aug 15 2020 23:47:10   logfile
   5 -rw-           0 Aug 15 2020 23:47:10   msr36-cmw710-boot-a7514.bin
   6 -rw-           0 Aug 15 2020 23:47:10   msr36-cmw710-system-a7514.bin
   7 drw-           - Aug 15 2020 23:47:16   pki
   8 drw-           - Aug 15 2020 23:47:10   seclog
   9 drw-           - Aug 16 2020 00:50:48   test
  10 drwh           - Aug 15 2020 23:47:11   .rollbackinfo
  11 drwh           - Aug 16 2020 00:48:11   .trash
```

图 6.3 查看文件与新建目录

步骤 3：使用 mkdir 命令新建目录。

<H3C>**mkdir** test　/* 新建 test 目录

接下来再使用 dir 命令，发现 flash 主目录中已多了刚刚新建的 test 目录，如图 6.3 所示。

<H3C>**dir /all**

步骤 4：使用 cd 命令进入新建目录。

<H3C>**cd** test　/* 进入 test 目录

步骤 5：使用 pwd 命令显示当前路径。

<H3C>**pwd**

使用 pwd 命令显示当前路径为 flash:/test，如图 6.4 所示。

<H3C>**dir** /all

再使用 dir 命令查看 test 目录，发现目录为空。

```
<H3C>cd test
<H3C>pwd
flash:/test
<H3C>dir /all
Directory of flash:/test
The directory is empty.

1046512 KB total (1046376 KB free)

<H3C>copy  flash:/msr36-cmw710-boot-a7514.bin  msr36.bin
Copy flash:/msr36-cmw710-boot-a7514.bin to flash:/test/msr36.bin? [Y/N]:y
Copying file flash:/msr36-cmw710-boot-a7514.bin to flash:/test/msr36.bin... Done.
<H3C>dir /all
Directory of flash:/test
   0 -rw-           0 Aug 16 2020 00:52:19   msr36.bin

1046512 KB total (1046376 KB free)

<H3C>rename msr36.bin test.bin
Rename flash:/test/msr36.bin as flash:/test/test.bin? [Y/N]:y
Renaming flash:/test/msr36.bin as flash:/test/test.bin... Done.
<H3C>dir /all
Directory of flash:/test
   0 -rw-           0 Aug 16 2020 00:52:19   test.bin

1046512 KB total (1046376 KB free)
```

图 6.4　进入目录、查看当前路径、复制、重命名文件

步骤 6：使用 copy 命令对文件进行复制。

使用 copy 命令将 flash 目录下的. bin 文件（前面通过 dir 命令已经查看到. bin 文件名）复制到当前目录（test 目录），并以 msr36. bin 进行命名。

<H3C>**copy** flash:/msr36-cmw710-boot-a7514.bin　msr36.bin

再使用 dir 命令查看 test 目录，发现目录中已存在 msr36. bin 文件，如图 6.4 所示。

<H3C>**dir** /all

步骤 7：使用 rename 命令重命名 bin 文件。

使用 rename 命令将 msr36. bin 文件重命名为 test. bin。

<H3C>**rename** msr36.bin test.bin

再使用 dir 命令查看 test 目录,发现目录中只有 test. bin 文件,说明重命名成功,如图 6.4 所示。

```
<H3C>dir /all
```

步骤 8:使用 delete 命令(未带 unreserved 参数)删除 test. bin 文件。

```
<H3C>delete test.bin
```

再使用 dir 命令查看 test 目录,发现目录为空,说明删除成功,如图 6.5 所示。

```
<H3C>dir /all
```

```
<H3C>delete test.bin
Delete flash:/test/test.bin? [Y/N]:y
Deleting file flash:/test/test.bin... Done.
<H3C>dir /all
Directory of flash:/test
The directory is empty.

1046512 KB total (1046372 KB free)

<H3C>undelete test.bin
Undelete flash:/test/test.bin? [Y/N]:y
Undeleting file flash:/test/test.bin... Done.
<H3C>dir /all
Directory of flash:/test
   0 -rw-          0 Aug 16 2020 00:52:19    test.bin

1046512 KB total (1046376 KB free)

<H3C>delete /unreserved test.bin
The file cannot be restored. Delete flash:/test/test.bin? [Y/N]:y
Deleting the file permanently will take a long time. Please wait...
Deleting file flash:/test/test.bin... Done.
<H3C>dir all
The file or directory doesn't exist.
<H3C>cd ..
<H3C>pwd
flash:
```

图 6.5　删除文件、恢复文件、返回上一级目录

步骤 9:使用 undelete 命令恢复 test. bin 文件。

```
<H3C>undelete test.bin
```

再使用 dir 命令查看 test 目录,发现 test. bin 文件已被恢复,如图 6.5 所示。

```
<H3C>dir /all
```

步骤 10:使用带 unreserved 参数的 delete 命令彻底删除 test. bin 文件。

```
<H3C>delete /unreserved test.bin
```

再使用 dir 命令查看 test 目录,发现目录已为空,如图 6.5 所示。

```
<H3C>dir /all
```

重新使用 undelete 命令,提示出错,说明文件已被彻底删除,无法恢复。

注意: 使用 delete 命令(未带 unreserved 参数)删除的文件,dir 命令查看不到被删文件,但文件仍然保存在回收站中,所以能被恢复。

步骤 11：使用 cd .. 命令退出 test 目录。

```
<H3C> cd ..      /* cd 与后面的两点之间要加空格
```

使用 pwd 命令查看当前路径可知已退到 flash 目录中，如图 6.5 所示。

```
<H3C> pwd
```

步骤 12：使用 rmdir 命令删除 test 目录。

```
<H3C> rmdir test
```

再使用 dir 命令查看 flash 目录，未见 test 目录，说明删除成功，如图 6.6 所示。

```
<H3C> dir /all
```

```
<H3C>rmdir test
Remove directory flash:/test and the files in the recycle-bin under this directory
Removing directory flash:/test... Done.
<H3C>dir /all
Directory of flash:
   0 drw-           - Aug 15 2020 23:47:10   diagfile
   1 -rw-       43136 Aug 15 2020 23:47:10   licbackup
   2 drw-           - Aug 15 2020 23:47:10   license
   3 -rw-       43136 Aug 15 2020 23:47:10   licnormal
   4 drw-           - Aug 15 2020 23:47:10   logfile
   5 -rw-           0 Aug 15 2020 23:47:10   msr36-cmw710-boot-a7514.bin
   6 -rw-           0 Aug 15 2020 23:47:10   msr36-cmw710-system-a7514.bin
   7 drw-           - Aug 15 2020 23:47:16   pki
   8 drw-           - Aug 15 2020 23:47:10   seclog
   9 drwh           - Aug 15 2020 23:47:11   .rollbackinfo
  10 drwh           - Aug 16 2020 00:53:38   .trash

1046512 KB total (1046380 KB free)
```

图 6.6　删除目录

注意：rmdir 命令不能删除非空目录。可以使用 delete * 命令删除当前目录下所有文件，再使用 rmdir 命令删除目录。

6.2　配置文件与启动文件管理

6.2.1　管理配置文件

1. 配置文件

配置文件以文本格式保存了非默认的配置命令，记录用户的配置信息。文件中的配置命令以命令视图为基本框架进行组织，同一命令视图的命令放在一起形成一节，节与节之间通常用空行或注释行隔开（以 # 开始的行为注释行，空行或注释行可以是一行或多行）。整个文件以 return 作为结束标志。

设备启动时根据读取的起始配置（Saved-configuration）文件进行初始化工作。如设备中无配置文件，系统则在启动过程中使用默认参数进行初始化。与起始配置相对应，系统运行时采用的配置称为当前配置（Current-configuration）。当前配置是设备启动后用户对起始配置进行改动之后的配置。启动后，用户对设备配置进行的修改存放在设备的 RAM 存储器中，如果不进行保存，那么在设备重启之后会丢失。因此在实际操作中，如果修改了设备的配置，则需要及时使用 save 命令保存。

网络设备可以保存多个配置文件。系统启动时，如果用户指定了已存在的启动配置文件，则系统使用指定启动配置文件进行初始化；如果用户没有指定任何启动配置文件，或用户指定的启动配置文件不存在，则以空配置进行初始化。

注意：大部分 H3C 网络设备支持配置文件的 main/backup 属性，使得设备上可以同时存在主用、备用两种属性的配置文件。当主用配置文件损坏或丢失时，可以用备用配置文件来启动或配置设备。该特性的细节超出本书范围，读者可参考相关手册。

2. 配置文件相关操作

1）用户配置的保存与擦除

用户通过命令行可以修改设备的当前配置，当前配置暂存于 RAM 中，设备一旦重启或断电就立即丢失。如果要使当前配置在系统下次重启时继续生效，需在设备重启前，在任意视图下使用 save 命令将当前配置保存到配置文件中，配置文件以.cfg 为扩展名。

```
<H3C> save cfgfile.cfg      /* 任意视图
```

参数说明：

cfgfile.cfg：保存的配置文件名。

在用户视图下使用 reset saved-configuration 命令可删除设备中保存的下次启动配置文件。配置文件被删除后，设备下次启动时，系统将采用默认的配置参数进行初始化。

```
<H3C> reset saved-configuration [ backup | main ]     /* 用户视图
```

参数说明：

backup：删除备用下次启动配置文件；**main**：删除主用下次启动配置文件。

注意：使用 reset saved-configuration 命令后，再使用 reboot 命令重启设备后才会真正删除设备中保存的下次启动配置文件。

2）配置文件的查看

在任意视图下执行 display saved-configuration 命令可显示起始配置的内容；执行 display current-configuration 命令可显示当前配置信息；执行 display startup 命令可显示系统当前和下次启动时使用的配置文件；执行 display this 命令可显示当前视图下生效的配置信息。

3）下次启动配置文件的选择、备份与恢复

要设置下次启动采用的配置文件，在用户视图下使用如下命令。

```
<H3C> startup saved-configuration cfgfile.cfg  /* 用户视图
```

参数说明：

cfgfile.cfg：下次启动采用的配置文件名。

Backup/Restore 特性主要实现通过命令行对设备下次启动配置文件进行备份和恢复，使用 TFTP 协议进行配置文件的传输。其中，Backup 特性用于将设备下次启动配置文件备份至 TFTP 服务器上；而 Restore 特性用于将 TFTP 服务器上保存的配置文件下载到设备并设置为下次启动的配置文件。在 6.3.2 节中将进一步学习使用 TFTP 服务。可在用户视图下使用下列命令备份/恢复下次启动的配置文件。

```
<H3C> backup startup-configuration to tftp-server [ dest-cfgfile.cfg] /* 用户视图
<H3C> restore startup-configuration from tftp-server src-cfgfile.cfg  /* 用户视图
```

参数说明：

(1) *tftp-server*：TFTP 服务器的 IPv4 地址或主机名。

(2) *dest-filecfg.cfg*：目的文件名，扩展名必须为.cfg。在服务器上将以该文件名保存设备的启动配置文件。不指定该参数时，使用原文件名备份。

(3) *src-cfgfile.cfg*：TFTP 服务器上要被下载进行恢复的配置文件的文件名。

6.2.2 指定启动文件

启动文件是设备启动时选用的应用程序文件。当存储介质中有多个应用程序文件时，用户可在用户视图下使用 boot-loader 命令来指定设备下次启动时所采用的启动文件。

```
<H3C> boot-loader file appfile   /* 用户视图
```

参数说明：

app-file：设备下次启动时要使用的应用程序文件名。

例如：

```
<H3C> boot-loader file main.bin   /* 下次启动以 main.bin 作为应用程序文件
```

boot-loader 命令为设备进行操作系统软件升级提供了便利的途径。当设备的操作系统需要升级时，只要将新的应用程序文件上传到设备中，使用 boot-loader 命令将其指定为启动文件，重新启动设备，即可由系统自行完成操作系统的升级。旧的应用程序文件仍可保存在设备上，因而也能很容易地恢复到此前的系统版本。

在任意视图下通过 display boot-loader 命令可以查看系统当前和下次启动使用的启动文件，以及备用的启动文件。

注意：当指定了新的启动文件、操作系统软件或者执行了 BootROM 升级之后，需要重启设备完成系统软件的升级。

用户可在用户视图下执行 reboot 命令使设备立即重启，执行 scheduler reboot 命令让设备定时自动重启或延迟指定时间后自动重启。

```
<H3C> scheduler reboot at hh:mm [ date ]    /* 在指定时间自动重启(用户视图)
<H3C> scheduler reboot delay { hh:mm | mm }/* 延迟指定时间后自动重启(用户视图)
```

配置与启动文件操作命令如表 6.5 所示。

表 6.5 配置与启动文件操作命令

操　　作	命令(命令执行的视图)
保存当前配置文件	<H3C>save *cfgfile*(任意视图)
删除设备中保存的下次启动配置文件	<H3C>reset saved-configuration *cfgfile*(用户视图)
设置下次启动采用的配置文件	<H3C>startup saved-configuration *cfgfile*(用户视图)
备份下次启动配置文件	<H3C>backup startup-configuration to *tftp-server* [*dest-cfgfile*] (用户视图)
恢复下次启动配置文件	<H3C>restore startup-configuration from *tftp-server src-cfgfile*(用户视图)

续表

操　　作	命令(命令执行的视图)
显示起始配置的信息	<H3C>display saved-configuration(任意视图)
显示当前配置信息	<H3C>display current-configuration(任意视图)
显示当前视图下生效的配置信息	<H3C>display this(任意视图)
指定设备下次启动采用的启动文件	<H3C>boot-loader file *appfile*(用户视图)
查看系统的启动文件	<H3C>display boot-loader(任意视图)
让设备在指定时间自动重启	<H3C>scheduler reboot at *hh*:*mm* [*date*](用户视图)
让设备延迟指定时间后自动重启	<H3C>scheduler reboot delay { *hh*:*mm* | *mm* }(用户视图)

6.3　网络设备文件上传与下载

因操作与管理的需要,有时需要从其他终端将应用文件、配置文件、日志文件上传到网络设备中,或者需要从网络设备下载这些文件到其他终端上,这时可使用 TFTP 或 FTP 来进行文件传输。

6.3.1　使用 FTP 进行文件传输

FTP(File Transfer Protocol,文件传输协议)是基于 TCP 的协议,是可靠的传输协议。FTP 的传输有两种方式：ASCII 和二进制。FTP 协议基于 C/S 架构,用户通过客户端程序来连接远程计算机上运行的服务器程序。FTP 服务器用来存储文件,用户可以使用 FTP 客户端访问 FTP 服务器上的资源。Windows 操作系统通常自带命令行的 FTP 客户端程序和 FTP 服务器程序。常用的 FTP 客户端程序有 FileZilla、CuteFTP 等。

路由器和交换机等网络设备一般都同时具备 FTP 客户端和服务器的功能。下面讲解网络设备作为 FTP 服务器的基本配置与操作。

1. 配置网络设备作为 FTP 服务器

步骤 1：打开 FTP 服务器功能。

```
[H3C]ftp server enable   /* 系统视图
```

步骤 2：创建 FTP 用户。

```
[H3C]local-user username {class manage | network} /* 创建本地用户(系统视图)
```

参数说明：

(1) **class**：指定本地用户的类别。若不指定本参数,新建用户为设备管理类用户。

(2) **manage**：默认用户类别,设备管理类用户。用于登录设备,对设备进行配置和监控。此类用户可以提供 ftp、http、https、telnet、ssh、terminal 和 pad 服务。

(3) **network**：网络接入类用户,用于通过设备接入网络,访问网络资源。此类用户可以提供 advpn、ike、ipoe、lan-access、portal、ppp 和 sslvpn 服务。

注意：FTP 用户必须为 manage 类型。由于创建的新用户默认类别即为 manage，因而此处可以不指定用户类别，直接使用命令[H3C] local-user *username* 即可。

```
[H3C-luser-manage-username]service-type ftp
  /* 将本地管理用户设为 FTP 用户(本地管理用户视图)
[H3C-luser-manage-username]password { hash | simple } password
  /* 为创建的本地管理用户设置密码.如果不设密码,此步可省(本地管理用户视图)
```

参数说明：

hash：验证密码为密文；**simple**：验证密码为明文。

password：设置的密码。

```
[H3C-luser-manage-username]authorization-attribute user-role role-name
  /* 为本地管理用户设置用户级别(本地管理用户视图)
```

参数说明：

role-name(用户角色)：最常用的有 network-operator 和 network-admin 两种。

2. FTP 客户端基本操作命令

客户端可以是网络设备也可以是计算机终端。

1）登录服务器操作

步骤 1：发送连接请求。

```
ftp {hostname| ip-address}   /* ftp 命令后参数为服务器的主机名或 IP 地址
```

例如：

```
ftp 192.168.0.254      /* 192.168.0.254 为 FTP 服务器 IP 地址
```

步骤 2：按提示输入用户名和相应密码。

登录服务器还可以使用其他命令：先输入 ftp，进入 ftp 服务后再输入 open 加上服务器的 ip 地址(如 open 192.168.10.1)，然后输入相应的用户名和密码。

2）查看 FTP 服务器上的文件

dir：显示服务器目录和文件列表。

ls：显示服务器简易的文件列表。

3）上传或下载文件

mget：下载多个文件或文件夹。

get：下载单个指定文件。

mput：上传多个文件或文件夹。

put：上传指定文件。

4）结束并退出 FTP

close：结束与服务器的 FTP 会话。

quit/bye：结束与服务器的 FTP 会话并退出 FTP 环境。

5）其他 FTP 命令

pwd：查看 FTP 服务器上的当前工作目录。

rename：重命名 FTP 服务器上的文件。

delete：删除 FTP 服务器上的文件。

help [cmd]：显示 FTP 命令的帮助信息，cmd 是命令名，如果不带参数，则显示所有 FTP 命令。

注意：FTP 客户端上最常用的命令有 get、put、delete、dir 和 quit/bye。

6.3.2 使用 TFTP 进行文件传输

不同于 FTP，TFTP（Trivial File Transfer Protocol，简单文件传输协议）基于不可靠的 UDP 协议，仅能够从远端服务器读取数据或者向远端服务器写入数据，而不能列出远端服务器上的文件，不能提供用户身份验证。由于安全隐患和缺乏高级功能，TFTP 通常仅用于可靠性高的局域网（Local Area Network，LAN）。TFTP 传输文件有两种模式：一种是二进制模式，用于传输程序文件；另一种是 ASCII 模式，用于传输文本文件。

TFTP 协议传输是由客户端发起的。当需要下载文件时，客户端向 TFTP 服务器发送读请求包，然后从服务器接收数据，并向服务器发送确认；当需要上传文件时，由客户端向 TFTP 服务器发送写请求包，然后向服务器发送数据，并接收服务器的确认。

网络设备一般只可以作为 TFTP 客户端，从 TFTP 服务器上传或下载文件。网络设备作为 TFTP 客户端，其功能的配置都通过 tftp 命令（用户视图下）实现。

```
<H3C> tftp tftp-server {get | put | sget} sourfile [destfile] [source {interface interface-type
interface-number | ip source-ip-address}]/ * 用户视图
```

参数说明：

(1) *tftp-server*：TFTP 服务器的 IP 地址或主机名。

(2) **get**：执行下载文件操作。执行该操作时，设备直接将文件保存到存储介质中。如果下载前存储介质中已有同名文件，则先删除存储介质中的已有文件，再下载。如果下载失败，将导致已有文件被删除，不可恢复。因而，这种操作方式不安全。

(3) **put**：执行上传文件操作。

(4) **sget**：执行安全下载文件操作。执行该操作时，设备会先将文件保存到内存，保存成功后，再复制到存储介质中，并删除内存中的文件。比 **get** 命令更加安全。

(5) *sourfile*：源文件名，不区分大小写。

(6) *destfile*：目标文件名，不区分大小写。如果不指定该参数，则使用源文件名作为目标文件名。

(7) **source**：发送的 TFTP 报文的源接口或 IP 地址。不指定该参数时，则使用路由出接口的主 IP 地址作为发送的 TFTP 报文的源 IP 地址。

(8) **interface** *interface-type interface-number*：源接口的类型和编号。此接口下配置的主 IP 地址将作为设备发送的 TFTP 报文的源 IP 地址。必须使用配置了主 IP 地址且状态为 UP 的接口作为源接口，否则文件传输失败。

(9) **ip** *source-ip-address*：源 IP 地址。该地址将作为设备发送的 TFTP 报文的源 IP 地址。该地址必须是设备上已经配置的 IP 地址，并且地址所在接口状态为 UP，否则文件传输失败。

当网络设备作为 TFTP 客户端时，使用 put 命令把设备上的文件上传到 TFTP 服务器，使用 get/sget 命令从 TFTP 服务器下载文件到本地设备。由于使用 TFTP 比 FTP 更便捷，经常被网络设备用来在局域网中上传或下载应用程序文件、配置文件。

FTP 与 TFTP 的操作命令如表 6.6 所示。

表 6.6 FTP 与 TFTP 的操作命令

操　　作	命令（命令执行的视图）
打开 FTP 服务器功能	[H3C]ftp server enable（系统视图）
创建 FTP 用户	[H3C]local-user *username* {class manage}（系统视图）
	[H3C-luser-manage-*username*]password { hash | simple } *password*（本地管理用户视图）
	[H3C-luser-manage-*username*]service-type ftp（本地管理用户视图）
（FTP 服务器端操作）	[H3C-luser-manage-*username*] authorization-attribute user-role *role-name*（本地管理用户视图）
发送连接请求	ftp {hostname| ip-address}
查看 FTP 服务器上的文件	dir：显示服务器目录和文件列表
	ls：显示服务器简易的文件列表
上传或下载文件	mget：下载多个文件或文件夹
	get：下载单个指定文件
	mput：上传多个文件或文件夹
	put：上传指定文件
结束并退出 FTP	close：结束与服务器的 FTP 会话
	quit/bye：结束与服务器的 FTP 会话并退出 FTP 环境
其他 FTP 命令	pwd：查看 FTP 服务器上的当前工作目录
	rename：重命名 FTP 服务器上的文件
	delete：删除 FTP 服务器上的文件
（FTP 客户端操作）	help [cmd]：显示 FTP 命令的帮助信息，cmd 是命令名，如果不带参数，则显示所有 FTP 命令
TFTP 服务上传或下载文件 （TFTP 客户端操作）	<H3C>tftp tftp-server {get| put | sget} sourfile [destfile] [source {interface interface-type interface-number | ip source-ip-address}]（用户视图）

6.3.3 网络设备系统文件上传与下载实训

1. 实训内容与实训目的

1）实训内容

采用 FTP 和 TFTP 方式传输（上传/下载）网络设备（交换机/路由器）文件。

2）实训目的

掌握 FTP 和 TFTP 方式传输（上传/下载）网络设备（交换机/路由器）文件，学会使用 TFTP 命令及常用的 FTP 命令。

2. 实训设备

实训设备如表 6.7 所示。

表 6.7　网络设备系统文件上传与下载实训设备

实训设备及线缆	数量	备　　注
MSR36-20 路由器	1 台	支持 Comware V7 命令的路由器即可
计算机	1 台	OS：安装了超级终端的 Windows 10
Console 线	1 根	—
以太网线	1 根	—

3. 实训拓扑与实训要求

实训拓扑如图 6.7 所示。

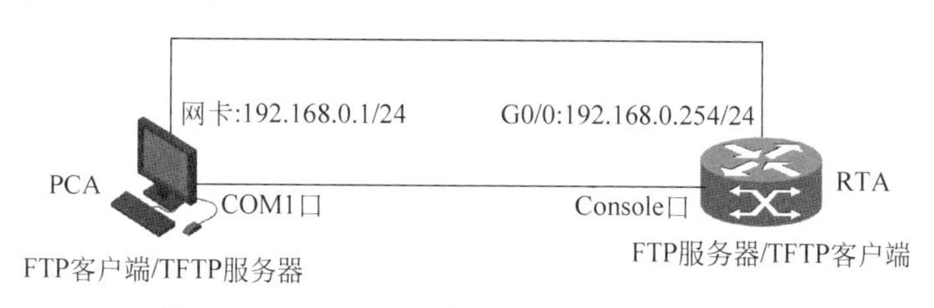

图 6.7　FTP/TFTP 传输系统文件实训拓扑图

实训要求：

(1) 在路由器上配置 FTP 服务器，建立本地用户 test1 并赋予 network-admin 角色；在计算机上使用 FTP 客户端登录 FTP 服务器上传、下载文件。

(2) 在计算机上配置 TFTP 服务器，在路由器上使用 TFTP 客户端命令登录 TFTP 服务器，并上传、下载文件。

6.3.3.1　FTP 文件上传与下载实训

Console 线的 DB9 端连接计算机 COM1 口，RJ45 端口端连接路由器的 Console 口。使用以太网线连接计算机网卡与路由器 G0/0 端口，并给计算机的网卡配置 IP 地址及子网掩码(192.168.0.1/24)。

注意： 如果路由器支持接口的自动翻转，那么直通线和交叉线都可以用来连接计算机网卡和路由器；如果路由器不支持接口的自动翻转，只能使用交叉线连接计算机网卡和路由器。

1. 路由器上配置 FTP 服务器

在路由器上配置 FTP 服务器具体步骤如下。

步骤 1：通过 Console 口登录路由器。

打开 PuTTY，选择连接方式(Connection type)为 Serial，配置串口线(Serial line)为 COM1(实训时需根据实际情况设置串口号)，Speed(波特率(baud rate))配置为 9600。

步骤 2：配置路由器 GigabitEthernet0/0(G0/0)端口和计算机的 IP 地址。

```
<H3C>system-view                                      /* 进入系统视图
[H3C]sysname RTA                                      /* 设置路由器设备名为 RTA
[RTA]interface gigabitEthernet 0/0                    /* 进入 G0/0 接口视图
[RTA-GigabitEthernet0/0]ip address 192.168.0.254 24   /* 配置 G0/0 端口 IP 地址
```

步骤 3：启动 FTP 服务。

```
[RTA]ftp server enable   /＊启动 FTP 服务
```

步骤 4：创建本地 FTP 用户 test1，赋予 network-admin 角色。

```
[RTA]local-user test1                             /＊创建本地管理用户 test1
[RTA-luser-manage-test1]password simple 123       /＊设置 test1 的明文密码为 123
[RTA-luser-manage-test1]service-type ftp          /＊设置 test1 为 FTP 用户
[RTA-luser-manage-test1]authorization-attribute user-role network-admin
/＊设置 test1 为 network-admin 权限用户
```

在路由器上配置 FTP 服务器的操作命令如图 6.8 所示。

```
<H3C>system-view
System View: return to User View with Ctrl+Z.
[H3C]sysname RTA
[RTA]interface g0/0
[RTA-GigabitEthernet0/0]ip address 192.168.0.254 24
[RTA-GigabitEthernet0/0]quit
[RTA]ftp server enable
[RTA]local-user test1
New local user added.
[RTA-luser-manage-test1]password simple 123
[RTA-luser-manage-test1]service-type ftp
[RTA-luser-manage-test1]authorization-attribute user-role network-admin
[RTA-luser-manage-test1]
```

图 6.8　路由器上配置 FTP 服务器命令

2. 计算机上使用 FTP 客户端传输文件

1）在计算机上使用 FTP 客户端登录服务器下载文件

在计算机上运行 cmd 命令进行命令行模式，输入 ftp 192.168.0.254 命令连接 FTP 服务器（路由器），输入 FTP 用户名 test1 及密码 123 登录服务器；使用 dir 命令查看服务器文件，使用 get 命令从服务器上下载 msr.bin 文件到计算机。具体操作过程如图 6.9 所示。

```
管理员: C:\Windows\system32\cmd.exe - ftp 192.168.0.254
C:\Users\Administrator>
C:\Users\Administrator>
C:\Users\Administrator>ftp 192.168.0.254
连接到 192.168.0.254。
220 FTP service ready.
502 Command not implemented.
用户(192.168.0.254:(none)): test1
331 Password required for test1.
密码:
230 User logged in.
ftp> dir
200 PORT command successful
150 Connecting to port 50544
drwxrwxrwx   2 0        0            4096 Nov 16 15:47 diagfile
-rwxrwxrwx   1 0        0           43136 Nov 16 15:47 licbackup
drwxrwxrwx   3 0        0            4096 Nov 16 15:47 license
-rwxrwxrwx   1 0        0           43136 Nov 16 15:47 licnormal
drwxrwxrwx   2 0        0            4096 Nov 16 15:47 logfile
-rwxrwxrwx   1 0        0               0 Nov 16 15:55 msr.bin
-rwxrwxrwx   1 0        0               0 Nov 16 15:47 msr36-cmw710-boot-a7514.bin
-rwxrwxrwx   1 0        0               0 Nov 16 15:47 msr36-cmw710-system-a7514.bin
drwxrwxrwx   2 0        0            4096 Nov 16 15:48 pki
drwxrwxrwx   2 0        0            4096 Nov 16 15:47 seclog
226 10 matches total
ftp: 收到 755 字节，用时 0.30秒 2.53千字节/秒。
ftp> get msr.bin
200 PORT command successful
150 Connecting to port 50550
226 File successfully transferred
```

图 6.9　使用 FTP 客户端登录服务器下载文件

2）在计算机上使用 FTP 客户端向服务器上传文件

使用 del 命令将服务器上的 msr. bin 文件删除，然后使用 dir 命令查看，确认文件已被删除，操作过程如图 6.10 所示。

```
管理员: C:\Windows\system32\cmd.exe - ftp 192.168.0.254
230 User logged in.
ftp> del msr.bin
250 Deleted msr.bin
ftp> dir
200 PORT command successful
150 Connecting to port 51359
drwxrwxrwx    2 0        0              4096 Nov 16 15:47 diagfile
-rwxrwxrwx    1 0        0             43136 Nov 16 15:47 licbackup
drwxrwxrwx    3 0        0              4096 Nov 16 15:47 license
-rwxrwxrwx    1 0        0             43136 Nov 16 15:47 licnormal
drwxrwxrwx    2 0        0              4096 Nov 16 15:47 logfile
-rwxrwxrwx    1 0        0                 0 Nov 16 15:47 msr36-cmw710-boot-a7514.bin
-rwxrwxrwx    1 0        0                 0 Nov 16 15:47 msr36-cmw710-system-a7514.bin
drwxrwxrwx    2 0        0              4096 Nov 16 15:48 pki
drwxrwxrwx    2 0        0              4096 Nov 16 15:47 seclog
226 9 matches total
ftp: 收到 684 字节，用时 0.17秒 4.15千字节/秒。
```

图 6.10　使用 FTP 客户端删除服务器上的文件

使用 put 命令将计算机本地的 msr. bin 文件上传到服务器（路由器），再使用 dir 命令查看，确认上传成功，操作过程如图 6.11 所示。

```
管理员: C:\Windows\system32\cmd.exe - ftp 192.168.0.254
ftp> put msr.bin
200 PORT command successful
150 Connecting to port 51673
226 File successfully transferred
ftp> dir
200 PORT command successful
150 Connecting to port 51678
drwxrwxrwx    2 0        0              4096 Nov 16 15:47 diagfile
-rwxrwxrwx    1 0        0             43136 Nov 16 15:47 licbackup
drwxrwxrwx    3 0        0              4096 Nov 16 15:47 license
-rwxrwxrwx    1 0        0             43136 Nov 16 15:47 licnormal
drwxrwxrwx    2 0        0              4096 Nov 16 15:47 logfile
-rwxrwxrwx    1 0        0                 0 Nov 16 16:20 msr.bin
-rwxrwxrwx    1 0        0                 0 Nov 16 15:47 msr36-cmw710-boot-a7514.bin
-rwxrwxrwx    1 0        0                 0 Nov 16 15:47 msr36-cmw710-system-a7514.bin
drwxrwxrwx    2 0        0              4096 Nov 16 15:48 pki
drwxrwxrwx    2 0        0              4096 Nov 16 15:47 seclog
226 10 matches total
ftp: 收到 755 字节，用时 0.29秒 2.58千字节/秒。
```

图 6.11　使用 FTP 客户端向服务器上传文件

网络设备同样可作为 FTP 客户端来使用。当网络设备作为 FTP 客户端时，可直接在网络设备上使用 put/get 命令来上传/下载文件，不需要对网络设备进行 FTP 服务器配置。

6.3.3.2　TFTP 文件上传与下载实训

Console 线的 DB9 端连接计算机的 COM 口，RJ45 端口端连接路由器的 Console 口。使用以太网线连接计算机网卡与路由器 G0/0 端口。

本节以免费的 TFTP 服务器 3cdaemon 为例完成文件传输任务。

1. 计算机上配置 TFTP 服务器

首先给计算机的网卡（连接路由器 G0/0 端口的网卡）配置 IP 地址及子网掩码（192.168.0.1/24）。

TFTP 协议无须验证身份，所以 TFTP 服务器只需要配置服务器根目录即可。

如图 6.12 所示，单击左上角菜单栏中的选项按钮，弹出选项设置对话框，对 TFTP 服务器根目录进行设置。TFTP 根目录用来存放要传输的文件。

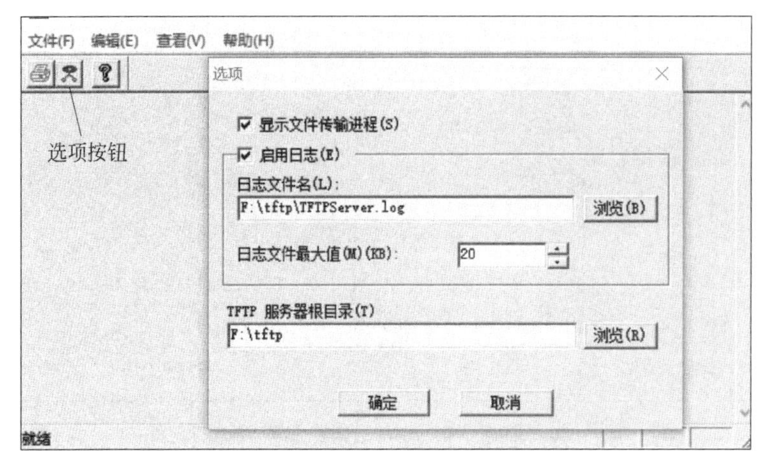

图 6.12　设置 TFTP 服务器根目录

在无特别安全要求的情况下，日志文件也可以存放在 TFTP 根目录下。

2. 在路由器上使用 TFTP 命令传输文件

步骤 1：通过 Console 口登录路由器。

打开 PuTTY，选择连接方式（Connection type）为 Serial，配置串口线（Serial line）为 COM1（实训时需根据实际情况设置串口号），Speed（波特率（baud rate））配置为 9600。

步骤 2：配置路由器 GigabitEthernet0/0（G0/0）端口 IP 地址。

```
<H3C> system-view                                    /* 进入系统视图
[H3C]sysname RTA                                     /* 设置路由器设备名为 RTA
[RTA]interface gigabitethernet 0/0                   /* 进入 G0/0 接口视图
[RTA-GigabitEthernet0/0]ip address 192.168.0.254 24  /* 配置 G0/0 端口 IP 地址
```

步骤 3：在路由器上使用 TFTP 命令登录服务器，并上传文件。

首先使用 dir 命令查看 flash 目录中的设备文件，然后使用 tftp 命令将 flash 目录中的 licbackup 文件上传到 TFTP 服务器上，文件名不变，上传操作如图 6.13 所示，上传命令如下：

```
<RTA> dir
<RTA> tftp 192.168.0.1 put licbackup
```

客户端操作成功后，TFTP 服务器提示 licbackup 文件以二进制模式接收成功。

步骤 4：在路由器上使用 TFTP 命令下载文件。

使用 tftp 命令将 TFTP 服务器中的 licbackup 文件下载到路由器，并将文件重命名为 licbackupdown，再使用 dir 命令查看下载文件，下载与查看操作如图 6.14 所示，下载命令如下：

```
<RTA> tftp 192.168.0.1 get licbackup licbackupdown
```

客户端操作成功后，TFTP 服务器提示 licbackup 文件以二进制模式发送成功。

```
<RTA>dir
Directory of flash:
   0 drw-           - Aug 20 2020 10:04:43   diagfile
   1 -rw-       43136 Aug 20 2020 10:04:44   licbackup
   2 drw-           - Aug 20 2020 10:04:44   license
   3 -rw-       43136 Aug 20 2020 10:04:44   licnormal
   4 drw-           - Aug 20 2020 10:04:43   logfile
   5 -rw-           0 Aug 20 2020 10:04:44   msr36-cmw710-boot-a7514.bin
   6 -rw-           0 Aug 20 2020 10:04:44   msr36-cmw710-system-a7514.bin
   7 drw-           - Aug 20 2020 10:04:50   pki
   8 drw-           - Aug 20 2020 10:04:44   seclog

1046512 KB total (1046384 KB free)

<RTA>tftp 192.168.0.1 put licbackup
Press CTRL+C to abort.
  % Total    % Received % Xferd  Average Speed   Time     Time     Time  Current
                                 Dload  Upload   Total    Spent    Left  Speed
  0 43136    0     0    0     0      0      0 --:--:-- --:--:-- --:--:--   100 4
3136    0     0  100 43136      0   192k --:--:-- --:--:-- --:--:--  212k
```

图 6.13　使用 TFTP 命令登录服务器上传文件

```
<RTA>tftp 192.168.0.1 get licbackup  licbackupdown
Press CTRL+C to abort.
  % Total    % Received % Xferd  Average Speed   Time    Time     Time  Current
                                 Dload  Upload   Total   Spent    Left  Speed
100 43136    0 43136    0     0   140k      0 --:--:-- --:--:-- --:--:--  146k
Writing file...Done.

<RTA>dir
Directory of flash:
   0 drw-           - Aug 20 2020 10:04:43   diagfile
   1 -rw-       43136 Aug 20 2020 10:04:44   licbackup
   2 -rw-       43136 Aug 20 2020 12:42:33   licbackupdown
   3 drw-           - Aug 20 2020 10:04:44   license
   4 -rw-       43136 Aug 20 2020 10:04:44   licnormal
   5 drw-           - Aug 20 2020 10:04:43   logfile
   6 -rw-           0 Aug 20 2020 10:04:44   msr36-cmw710-boot-a7514.bin
   7 -rw-           0 Aug 20 2020 10:04:44   msr36-cmw710-system-a7514.bin
   8 drw-           - Aug 20 2020 10:04:50   pki
   9 drw-           - Aug 20 2020 10:04:44   seclog

1046512 KB total (1046288 KB free)
```

图 6.14　使用 TFTP 命令登录服务器下载文件

注意：

(1) 使用 FTP/TFTP 上传、下载的文件类型并不受限制，但在一般情况下它们被用来上传、下载设备文件，包括应用程序文件、配置文件、日志文件。

(2) 任何 FTP 客户端(不只限于 cmd 命令行)都可以访问路由器上的 FTP 服务器。

(3) 客户端与服务器之间的路由可达是保证 FTP/TFTP 访问的前提。

6.4　网络设备软件维护基础

6.4.1　网络设备的一般引导过程

网络设备的启动过程因设备型号、软件版本的差异而有所不同，但基本上都要经历硬件自检、BootROM 软件引导、Comware 系统初始化 3 个阶段。之后，操作系统将接管设备的控制，完成大部分业务功能。

如图 6.15 所示，路由器加电后，首先进行硬件的自检，紧接着是 BootROM 的启动过程。BootROM 是存放在主板 ROM 中的一段程序，可以将它类比为个人计算机 CMOS 中的基本输入输出系统(BIOS)。BootROM 在设备的操作系统真正运行前负责系统的引导，并维护系统的一些底层参数。接下来，在 BootROM 程序的引导下，设备开始查找 Comware 应用程序文件，找到后即将其解压缩并加载运行。随后，Comware 将读取并复原设备的配置文件。整个系统启动后，用户就可以进入命令行界面进行相关操作了。

如果 BootROM 程序无法找到 Comware 应用程序文件，或 Comware 应用程序文件发生损坏，则系统进入 BootROM 模式，管理员可根据 BootROM 菜单提供的功能进行修复操作。管理员也可以强制中断启动过程，进入 BootROM 模式。

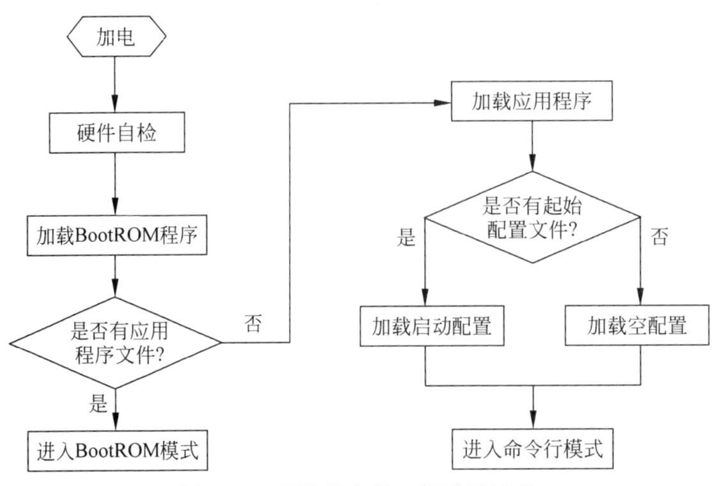

图 6.15　网络设备的一般引导过程

网络设备可以保存多个配置文件。系统启动时优先选择用户指定的启动配置文件，如果没有指定任何启动配置文件，则以空配置启动。

注意：正如支持多配置文件一样，出于安全考虑，网络设备也支持多映像功能。系统可以同时保存多个应用程序文件，应用程序文件可以分为主程序文件、备份程序文件和安全程序文件，系统按此顺序选择这 3 个文件来启动路由器。此功能的细节超出本书范围，读者可自行参考官方操作手册。

图 6.16 所示为路由器的典型启动信息输出。在本例中，BootROM 的版本为 1.43。在 BootROM 启动末段，根据提示按 Ctrl＋B 快捷键，系统将中断引导，进入 BootROM 模式；否则，系统将进入程序解压过程。

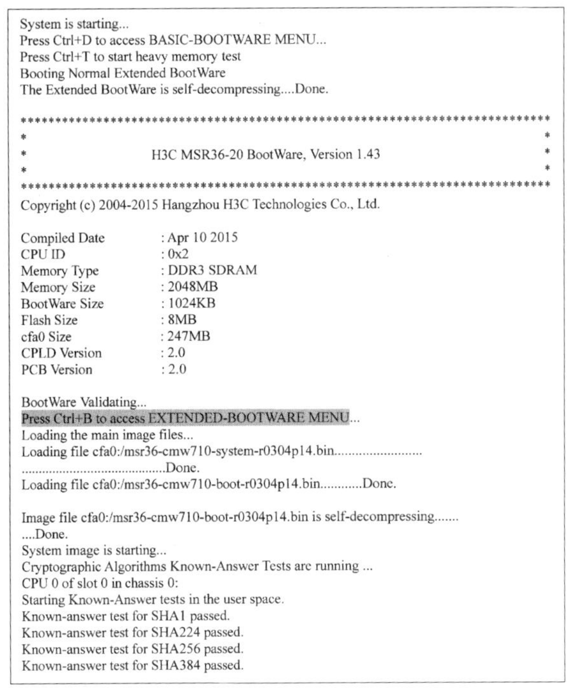

```
System is starting...
Press Ctrl+D to access BASIC-BOOTWARE MENU...
Press Ctrl+T to start heavy memory test
Booting Normal Extended BootWare
The Extended BootWare is self-decompressing....Done.

****************************************************************************
*                                                                          *
*                  H3C MSR36-20 BootWare, Version 1.43                     *
*                                                                          *
****************************************************************************
Copyright (c) 2004-2015 Hangzhou H3C Technologies Co., Ltd.

Compiled Date        : Apr 10 2015
CPU ID               : 0x2
Memory Type          : DDR3 SDRAM
Memory Size          : 2048MB
BootWare Size        : 1024KB
Flash Size           : 8MB
cfa0 Size            : 247MB
CPLD Version         : 2.0
PCB Version          : 2.0

BootWare Validating...
Press Ctrl+B to access EXTENDED-BOOTWARE MENU...
Loading the main image files...
Loading file cfa0:/msr36-cmw710-system-r0304p14.bin.........................
...........................................Done.
Loading file cfa0:/msr36-cmw710-boot-r0304p14.bin............Done.

Image file cfa0:/msr36-cmw710-boot-r0304p14.bin is self-decompressing.......
....Done.
System image is starting...
Cryptographic Algorithms Known-Answer Tests are running ...
CPU 0 of slot 0 in chassis 0:
Starting Known-Answer tests in the user space.
Known-answer test for SHA1 passed.
Known-answer test for SHA224 passed.
Known-answer test for SHA256 passed.
Known-answer test for SHA384 passed.
```

图 6.16　路由器引导过程示例

注意：必须在出现 Press Ctrl+B to access EXTENDED-BOOTWARE MENU 提示的6 秒之内按 Ctrl+B 快捷键，系统方能进入 Boot 扩展菜单，否则系统将进入程序解压过程。若程序进入解压过程后再希望进入 Boot 扩展菜单，则需要重新启动路由器。

交换机的启动过程与路由器启动过程大体一致。

6.4.2 网络设备的一般性软件维护方法

H3C 网络设备提供了丰富而灵活的软件维护方法，主要包含以下 3 种。

(1) 在命令行模式中采用 TFTP/FTP 来上传/下载应用程序或配置文件，实现应用程序升级或配置管理。这是首选的、最方便、快捷的一种方式。

(2) 在 BootROM 模式中通过以太网接口采用 TFTP/FTP 完成应用程序软件升级。这种方法利用以太网升级，速度快，但操作略显复杂。在设备无法引导到命令行模式的情况下，采用这种方法。

(3) 在 BootROM 模式中通过 Console 口采用 XModem 协议完成 BootROM 及应用程序的升级。XModem 协议传输速度慢，升级时间长。在无法实现 TFTP/FTP 服务器与设备的网络连接时(如端口损坏或无服务器软件)，则可以采用 XModem 协议完成 BootROM 及应用程序的升级，使设备能够正常启动并引导到命令行模式。

注意：错误的 BootROM、配置文件或应用程序文件管理操作可能导致设备无法启动。只有理解了 BootROM 相关选项或参数的作用，并且在确有必要的情况下才可进行相关操作。设备文件操作有一定的风险性，请慎重操作。

6.5 任务小结

1. 网络设备文件包括应用程序文件、配置文件(扩展名为.cfg)、日志文件。
2. 网络设备文件系统操作包括目录操作、文件操作、存储设备操作。
3. save 命令保存当前配置，reset saved-configuration 命令删除设备中保存的下次启动配置文件。
4. 可使用 FTP 或 TFTP 上传或下载设备文件，后者配置更简单便捷。

6.6 习题与思考

1. 设备的应用程序文件、配置文件(扩展名为.cfg)、日志文件的作用分别是什么？
2. 如何清空设备的当前配置？
3. FTP 和 TFTP 方式传输文件哪个更安全？哪个更适合在局域网中使用？
4. 简述 FTP 和 TFTP 方式传输文件配置。

任务 7　学习网络的基本调试

学习目标

- 掌握使用 ping 命令检查网络连通性。
- 掌握使用 tracert 命令探查网络路径。
- 熟悉 debugging 等调试命令的基本使用方法。

7.1　测试网络连通性

网络按照初始目标组建配置完成后，首要的任务是检查网络的连通性。网络的连通性是指一台主机或设备上的一个 IP 地址到另一台主机或设备上的一个 IP 地址的可达性。本章将介绍检测网络连通性的两个常用命令：ping 和 tracert。

为了保证网络连通性，单个网络设备及网络设备之间需要运行各种协议或交互相关控制信息。有时，为了定位这些协议或模块是否正常运行，需要使用调试工具。本章还对如何使用调试工具以及如何控制调试信息的输出和显示进行介绍。

7.1.1　使用 ping 命令测试网络连通性

ping 基于 ICMP 协议，在各种操作系统的计算机和网络设备中被广泛用于检测网络连通性。ping 命令可以检查指定地址的主机或设备是否可达，测试网络连接是否出现故障。

ICMP 定义了多种类型的协议报文，ping 主要使用了其中的 Echo Request（回显请求）和 Echo Reply（回显应答）两种报文。源主机向目的主机发送 Echo Request 报文探测其可达性，收到此报文的目的主机则向源主机回应 Echo Reply 报文，声明自己可达。源主机收到目的主机回应的 Echo Reply 报文后即可判断目的主机可达，反之则可判断其不可达。

ping 命令提供了丰富的可选参数，命令具体如下（可在任意视图下执行）：

ping [**ip**] [**-a** *source-ip* | **-c** *count* | **-f** | **-h** *ttl* | **-i** *interface-type interface-number* | **-m** *interval* | **-n** | **-p** *pad* | **-q** | **-r** | **-s** *packet-size* | **-t** *timeout* | **-tos** *tos* | **-v** | { **-topology** *topo-name* | **-vpn-instance** *vpn-instance-name* }] *host*

参数说明：

（1）**ip**：支持 IPv4 协议。不指定该参数时，也表示支持 IPv4 协议。如果 ping 的目的主机名为 i、ip、ipv、ipv6、l、ls、lsp 时，需要先指定该关键字再指定主机名。

（2）**-a** *source-ip*：指定 Echo Request 报文的源 IP 地址。该地址必须是设备上已配置的 IP 地址。不指定该参数时，Echo Request 报文的源 IP 地址是该报文出接口的主 IP 地址。

(3) **-c** *count*：指定发送 Echo Request 报文的数目，取值范围为 $1\sim2^{32}-1$，默认值为 5。

(4) **-f**：将长度大于接口 MTU(最大传输单元)的报文直接丢弃，即不允许对发送的 ICMP Echo Request 报文进行分片。

(5) **-h** *ttl*：指定 Echo Request 报文中的生存时间(TTL)值，取值范围为 1～255，默认值为 255。

(6) **-i** *interface-type interface-number*：指定发送 Echo Request 报文的接口的类型和编号。

(7) **-m** *interval*：指定发送 Echo Request 报文的时间间隔，取值范围为 1～65 535，单位为毫秒(ms)，默认值为 200ms。如果在 *timeout*(Echo Reply 报文的超时时间，详细解释见第(13)条参数说明)时间内收到目的主机的响应报文，则下次 Echo Request 报文的发送时间间隔为报文的实际响应时间与 *interval* 之和；如果在 *timeout* 时间内没有收到目的主机的响应报文，则下次 Echo Request 报文的发送时间间隔为 *timeout* 与 *interval* 之和。

(8) **-n**：对 *host* 参数不进行域名解析。不指定该参数时，如果 *host* 参数表示的是目的端的主机名，则设备会对 *host* 进行域名解析。

(9) **-p** *pad*：指定 Echo Request 报文 PAD 字段的填充值，为 1～8 位的十六进制数，取值范围为 0～FFFFFFFF。如果指定的参数不够 8 位，则会在首部补 0，使填充值达到 8 位。例如，将 *pad* 设置为 0x2f，则会重复使用 0x0000002f 去填充报文，以使发送报文的总长度达到设备要求值。填充值从 0x01 开始，逐渐递增，直到 0xff，然后又从 0x01 开始循环，形如 0x010203…feff01…，直至发送报文的总长度达到设备要求值。

(10) **-q**：除统计数字外，不显示其他详细信息。默认情况下，系统将显示包括统计信息在内的全部信息。

(11) **-r**：记录路由。默认情况下，系统不记录路由。

(12) **-s** *packet-size*：指定发送的 Echo Request 报文的长度(不包括 IP 和 ICMP 报文头)，取值范围为 20～8100，单位为字节，默认值为 56。

(13) **-t** *timeout*：指定 Echo Reply 报文的超时时间，发送 Echo Request 报文 *timeout* 时长后还没有收到 Echo Reply 报文，源端则认为 Echo Reply 报文超时。取值范围为 1～65 535，单位为毫秒(ms)，默认值为 2000ms。

(14) **-tos** *tos*：指定 Echo Request 报文中的 ToS(Type of Service，服务类型)域的值，取值范围为 0～255，默认值为 0。

(15) **-v**：显示接收到的非 Echo Reply 的 ICMP 报文。默认情况下，系统不显示非 Echo Reply 的 ICMP 报文。

(16) **-topology** *topo-name*：指定目的端所属的拓扑。*topo-name* 表示拓扑名，为 1～31 个字符的字符串，区分大小写；取值为 base 时表示公网拓扑。如果未指定该参数，则表示目的端位于公网中。该参数的支持情况与设备的型号有关，请以设备的实际情况为准。

(17) **-vpn-instance** *vpn-instance-name*：指定目的端所属的 VPN。*vpn-instance-name* 表示 MPLS L3VPN 的 VPN 实例名称，为 1～31 个字符的字符串，区分大小写。如果未指定该参数，则表示目的端位于公网中。该参数的支持情况与设备的型号有关，请以设备的实际情况为准。

(18) *host*：目的端的 IP 地址或主机名。其中，主机名为 1～253 个字符的字符串，不区分大小写,字符串仅可包含字母、数字、“-”、“_”或“.”。

如选用目的端的主机名执行 ping 操作,事先必须在设备上配置 DNS(Domain Name System,域名系统)功能,否则会 ping 失败。在执行命令过程中,通过 Ctrl+C 快捷键可终止 ping 操作。

图 7.1 显示了一个 ping 命令的实际输出结果。在本例中,用户在 RTA 上 ping 地址为 2.2.2.2 的目的主机。RTA 在超时时间内收到了目的设备对每个 Echo Request 报文的响应,因此 RTA 上输出了响应报文的字节数、报文序号、TTL(Time To Live,生存时间)、响应时间。在最后的几行中输出了 ping 过程报文的统计信息,主要包括发送报文个数,接收到的响应报文个数,丢失报文百分比,响应时间的最小值、平均值和最大值。通过这些信息不但可以确定本机到目的主机 2.2.2.2 是可达的,而且可以粗略评估两台设备之间的网络性能状况。

```
<RTA>ping 2.2.2.2
Ping 2.2.2.2 (2.2.2.2): 56 data bytes, press CTRL_C to break
56 bytes from 2.2.2.2: icmp_seq=0 ttl=255 time=9.000 ms
56 bytes from 2.2.2.2: icmp_seq=1 ttl=255 time=2.000 ms
56 bytes from 2.2.2.2: icmp_seq=2 ttl=255 time=4.000 ms
56 bytes from 2.2.2.2: icmp_seq=3 ttl=255 time=3.000 ms
56 bytes from 2.2.2.2: icmp_seq=4 ttl=255 time=2.000 ms

--- Ping statistics for 2.2.2.2 ---
5 packet(s) transmitted, 5 packet(s) received, 0.0% packet loss
round-trip min/avg/max/std-dev = 2.000/4.000/9.000/2.608 ms
```

图 7.1　ping 命令输出结果示例

7.1.2　使用 tracert 命令测试网络连通性

通过使用 tracert 命令,用户可以查看报文从源设备到目的设备所经过的路径。当网络出现故障时,用户可以使用 tracert 命令定位出现故障的网络节点。

注意:使用 tracert 命令前要保证检测路径上的设备开启 ICMP 超时报文和目的不可达报文的发送功能。设备此功能默认未开启。

1. ip ttl-expires enable/ip unreachables enable

在系统视图下开启 ICMP 超时报文和目的不可达报文的发送功能,命令如下:

```
[H3C]ip ttl-expires enable    /* 开启 ICMP 超时报文发送功能(系统视图)
[H3C]ip unreachables enable   /* 开启 ICMP 目的不可达报文发送功能(系统视图)
```

2. tracert

tracert 命令提供了丰富的可选参数,可在任意视图下执行,命令如下:

```
tracert [ -a source-ip | -f first-ttl | -m max-ttl | -p port | -q packet-number | -t
tos | { -topology topo-name | -vpn-instance vpn-instance-name } | -w timeout ] host
/* 任意视图
```

参数说明:

(1) **-a** *source-ip*:指定 tracert 报文的源 IP 地址。该地址必须是设备上已配置的合法

IP 地址。不指定该参数时，tracert 报文的源 IP 地址是该报文出接口的主 IP 地址。

（2）**-f** *first-ttl*：指定一个初始 TTL，即第 1 个 tracert 报文所允许的最大跳数。取值范围为 1～255，且小于或等于最大 TTL，默认值为 1。

（3）**-m** *max-ttl*：指定一个最大 TTL，即一个 tracert 报文所允许的最大跳数。取值范围为 1～255，且大于或等于初始 TTL，默认值为 30。

（4）**-p** *port*：指定目的端的 UDP 端口号，取值范围为 1～65 535，默认值为 33 434。用户一般不需要更改该选项。

（5）**-q** *packet-number*：指定每次发送的探测报文个数，取值范围为 1～65 535，默认值为 3。

（6）**-t** *tos*：tracert 报文中 ToS 域的值。取值范围为 0～255，默认值为 0。

（7）**-topology** *topo-name*：指定目的端所属的拓扑。*topo-name* 表示拓扑名，为 1～31 个字符的字符串，区分大小写；取值为 **base** 时表示公网拓扑。如果未指定该参数，则表示目的端位于公网中。该参数的支持情况与设备的型号有关，请以设备的实际情况为准。

（8）**-vpn-instance** *vpn-instance-name*：指定目的端所属的 VPN。*vpn-instance-name* 表示 MPLS L3VPN 的 VPN 实例名称，为 1～31 个字符的字符串，区分大小写。如果未指定该参数，则表示目的端位于公网中。该参数的支持情况与设备的型号有关，请以设备的实际情况为准。

（9）**-w** *timeout*：指定探测报文的响应报文的超时时间，取值范围是 1～65 535，单位为毫秒(ms)，默认值为 5000ms。

（10）*host*：目的端的 IP 地址或主机名。其中，主机名为 1～253 个字符的字符串，不区分大小写，字符串仅可包含字母、数字、“-”、“_”或“.”。

当用户使用 ping 命令测试连通性发现网络出现故障后，可以用 tracert 命令定位出现故障的网络节点。tracert 命令的输出信息包括到达目的端经过的所有三层设备的 IP 地址，如果某设备不能回应 ICMP 错误消息(可能因为路由不可达或者没有开启 ICMP 错误报文处理功能)，则输出 *** 。

在执行命令过程中，通过 Ctrl+C 快捷键可终止此次 tracert 操作。

7.2 系统调试

7.2.1 系统调试概述

对于设备支持的各种协议和特性，系统基本上都提供了相应的调试功能，帮助用户对出现的错误进行诊断和定位。

调试信息的输出由协议调试开关和屏幕输出开关共同控制。

（1）协议调试开关：也称为模块调试开关，控制是否输出某协议模块的调试信息。

（2）屏幕输出开关：控制是否在用户屏幕上显示调试信息。

只有将两个开关同时打开，调试信息才会在终端显示出来，它们共同控制调试信息的输出过程，如图 7.2 所示。

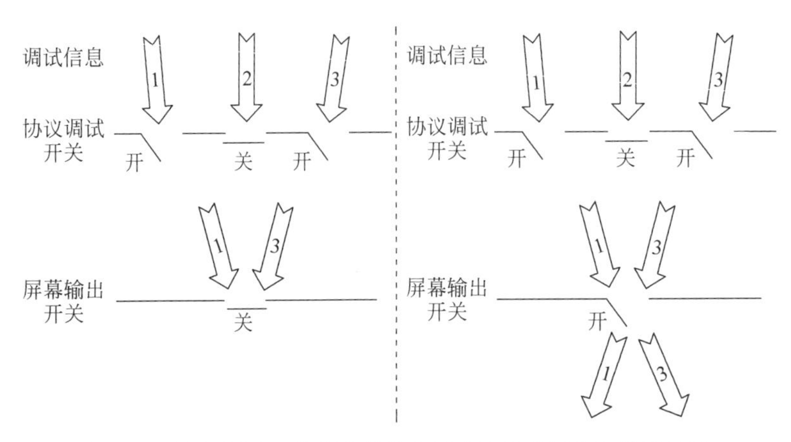

图 7.2　协议调试开关和屏幕输出开关控制调试信息输出过程

7.2.2　系统调试操作

1. terminal debugging

在用户视图下使用 terminal debugging 命令打开调试信息的屏幕输出开关。屏幕输出开关控制是否在用户的命令行终端界面上显示调试信息。

```
<H3C>terminal debugging   /* 用户视图
```

2. debugging

在用户视图下使用 debugging 命令打开协议调试开关。该命令后面要指定相关的协议模块名称，如 OSPF、PPP 等。模块名称后还可能有多个参数，例如，要跟踪 IP 层报文处理过程，可使用 debugging ip packet 命令。

```
<H3C>debugging { all [timeout time] | module-name [option]}   /* 用户视图
```

参数说明：

(1) **all**：所有模块的调试开关。

(2) **timeout** *time*：指定 **debugging all** 命令的生效时间。使用 **all** 参数开启所有的调试开关，经过 *time* 时间后，系统会自动执行 **undo debugging all** 命令来关闭所有的调试开关。取值范围为 1～1440，单位为分钟(min)。

(3) *module-name*：模块名称，如 OSPF、ACL 等。可以使用 **debugging** ？命令查询设备当前支持的模块名。

(4) *option*：模块的调试选项。对于不同的模块，调试选项的数量和内容都不相同。可以使用 **debugging** *module-name* ？命令查询设备当前支持的指定模块的调试选项。

3. terminal monitor

terminal monitor 命令用于开启控制台对系统信息的监视功能。调试信息是系统信息的一种，因此，这是一个更高一级的开关命令。只不过该命令在需要观察调试信息时是可选的，因为默认情况下，控制台的监视功能就处于开启状态。

```
<H3C>terminal monitor   /* 用户视图
```

4. display debugging

在任意视图下都可使用 display debugging 命令查看系统当前哪些协议调试信息开关是打开的。

```
<H3C>display debugging   /* 任意视图
```

网络调试命令如表 7.1 所示。

表 7.1　网络调试命令

操　　作	命令(命令执行的视图)
检测网络连通性 查看报文经过路径/查找故障点(网络连通性检测)	<H3C> ping [ip] [-a *source-ip* | -c *count* | -f | -h *ttl* | -i *interface-type interface-number* | -m *interval* | -n | -p *pad* | -q | -r | -s *packet-size* | -t *timeout* | -tos *tos* | -v |{ -topology *topo-name* | -vpn-instance *vpn-instance-name* }] *host*(任意视图) <H3C>tracert [-a *source-ip* | -f *first-ttl* | -m *max-ttl* | -p *port* | -q *packet-number* | -t *tos* | { -topology *topo-name* | -vpn-instance *vpn-instance-name* } | -w *timeout*] *host*(任意视图)
开启 ICMP 超时报文发送功能 开启 ICMP 目的不可达报文发送功能	[H3C]ip ttl-expires enable(系统视图) [H3C]ip unreachables enable(系统视图)
打开调试信息屏幕输出开关 打开协议调试开关 开启控制台监视系统信息功能 查看当前调试开关打开的协议(系统调试)	<H3C>terminal debugging(用户视图) <H3C>debugging {all [timeout *time*] | *module-name*[*option*]}(用户视图) <H3C>terminal monitor(用户视图) <H3C>display debugging(任意视图)

7.3　网络调试实训

1. 实训内容与实训目的

1) 实训内容

使用 ping、tracert、terminal monitor、terminal debugging、debugging 对网络进行连通性测试。

2) 实训目的

(1) 掌握 ping、tracert 命令检测网络连通性,定位故障点。

(2) 熟悉 terminal monitor、terminal debugging、debugging 命令的使用方法。

2. 实训设备

网络调试实训设备如表 7.2 所示。

表 7.2　网络调试实训设备

实训设备及线缆	数量	备　　注
MSR36-20 路由器	4 台	支持 Comware V7 命令的路由器即可
计算机	1 台	OS: 安装了超级终端的 Windows 10
Console 线	1 根	—
以太网线	3 根	—

3. 实训拓扑与要求

网络调试实训拓扑如图 7.3 所示。

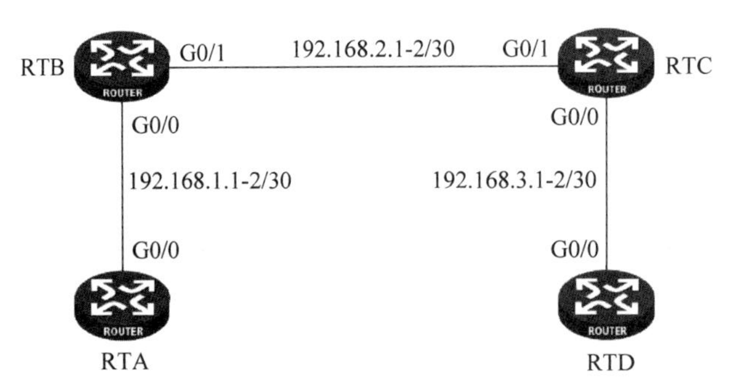

图 7.3 网络调试实训拓扑图

各设备接口的 IP 地址及子网掩码分配如表 7.3 所示。

表 7.3 设备 IP 地址分配

设备名称	接口	IP 地址
RTA	G0/0	192.168.1.1/30
RTB	G0/0	192.168.1.2/30
	G0/1	192.168.2.1/30
RTC	G0/0	192.168.2.2/30
	G0/1	192.168.3.1/30
RTD	G0/0	192.168.3.2/30

实训要求：

（1）按拓扑要求连接设备，配置 IP 地址。

（2）配置 RIP 路由协议。

（3）使用 tracert 命令找出从 RTA 去往 RTD 的故障点，排障后再次查看从 RTA 去往 RTD 所经过的路径。

（4）在 RTB 上 ping 路由器 RTD 的 G0/0 端口，并使用系统调试命令查看 ICMP 报文交换情况。

7.3.1 测试网络连通性、定位故障点

按拓扑要求使用以太网线连接所有路由器的相应端口。

1. 通过 Console 口登录路由器

登录方式与前面一致，这里不再赘述。

2. 配置路由器 IP 地址

1）RTA 设备命名、配置 IP 地址

```
<H3C>system-view        /* 进入系统视图
[H3C]sysname RTA        /* 将路由器命名为 RTA
```

注意：此处只展示了 RTA 设备命名过程，其他设备命名过程与 RTA 相似。

```
[RTA]interface gigabitethernet 0/0                          /* 进入 G0/0 接口视图
[RTA-GigabitEthernet0/0]ip address 192.168.1.1 30           /* 配置 G0/0 端口 IP 地址
```

2）RTB 配置 IP 地址

```
[RTB]interface gigabitethernet 0/0                          /* 进入 G0/0 接口视图
[RTB-GigabitEthernet0/0]ip address 192.168.1.2 30           /* 配置 G0/0 端口 IP 地址
[RTB-GigabitEthernet0/0]interface gigabitethernet 0/1       /* 进入 G0/0 接口视图
[RTB-GigabitEthernet0/1]ip address 192.168.2.1 30           /* 配置 G0/1 端口 IP 地址
```

3）RTC 配置 IP 地址

```
[RTC]interface gigabitEthernet 0/0
[RTC-GigabitEthernet0/0]ip address 192.168.3.1 30
[RTC-GigabitEthernet0/0]interface gigabitethernet 0/1
[RTC-GigabitEthernet0/1]ip address 192.168.2.2 30
```

4）RTD 配置 IP 地址

```
[RTD]interface gigabitethernet 0/0
[RTD-GigabitEthernet0/0]ip address 192.168.3.2 30
```

3. 配置 RIP 路由协议

关于 RIP 路由协议的配置将在任务 15 中详细阐述，此处稍作了解。

1）RTA 配置 RIP 协议

```
[RTA]rip                                  /* 启动 RIP 协议
[RTA-rip-1]network 192.168.1.0  0.0.0.3   /* 声明 RIP 协议工作网段 192.168.1.0/30
```

2）RTB 配置 RIP 协议

```
[RTB]rip                                  /* 启动 RIP 协议
[RTB-rip-1]network 192.168.1.0  0.0.0.3   /* 声明 RIP 协议工作网段 192.168.1.0/30
[RTB-rip-1]network 192.168.2.0  0.0.0.3   /* 声明 RIP 协议工作网段 192.168.2.0/30
```

3）RTC 配置 RIP 协议

```
[RTC]rip
[RTC-rip-1]network 192.168.2.0  0.0.0.3   /* 声明 RIP 协议工作网段 192.168.2.0/30
[RTC-rip-1]network 192.168.3.0  0.0.0.3   /* 声明 RIP 协议工作网段 192.168.3.0/30
```

4）RTD 配置 RIP 协议

```
[RTD]rip                                  /* 启动 RIP 协议
```

注意：RTD 上 RIP 协议未声明 192.168.3.0/30 网段，最终导致网络连通性故障。产生故障的原理将在 RIP 协议部分讲解。

4. 使用 ping 命令检测网络连通性，使用 tracert 命令查找故障点

1）使用 ping 命令检测 RTA 与 RTD 之间的连通性

```
<RTA>ping 192.168.3.2    /* 检测从 RTA 到 192.168.3.2(RTD)的连通性
```

使用 ping 命令发现所有报文均超时，如图 7.4 所示。

```
[RTA]ping 192.168.3.2
Ping 192.168.3.2 (192.168.3.2): 56 data bytes, press CTRL_C to break
Request time out
Request time out
Request time out
Request time out
Request time out
--- Ping statistics for 192.168.3.2 ---
5 packet(s) transmitted, 0 packet(s) received, 100.0% packet loss
[RTA]tracert 192.168.3.2
traceroute to 192.168.3.2 (192.168.3.2), 30 hops at most, 40 bytes each packet, press CTRL_C to break
 1  * * *
 2  * * *
 3  * * *
```

图 7.4　ping、tracert 测试连通性

2）使用 tracert 命令查看何处故障导致网络失去连通性

```
<RTA>tracert 192.168.3.2
```

使用 tracert 命令发现第 1 跳已不可达，如图 7.4 所示。重新使用 ping 命令测试从 RTA 到 RTB 的连通状况(RTA 与 RTB 直接相连，它们之间的连通性由直连路由保障)。如果直连路由不可达，要么是连线问题，要么是端口问题(物理损坏或端口 IP 地址配置问题)。

3）使用 ping 命令检测 RTA 与 RTB 之间的连通性

```
<RTA>ping 192.168.1.2
```

ping 192.168.1.2 的结果显示去往 RTB 的直连路由可达，可以推断 tracert 命令显示第 1 跳不可达是由于未开启设备的 ICMP 超时报文的发送功能和 ICMP 目的不可达报文的发送功能。

4）开启所有设备上的 ICMP 超时报文、目的不可达报文发送功能

```
[RTB]ip ttl-expires enable     /* 开启 RTB 的 ICMP 超时报文的发送功能
[RTB]ip unreachables enable    /* 开启 RTB 的 ICMP 目的不可达报文的发送功能
[RTC]ip ttl-expires enable
[RTC]ip unreachables enable
[RTD]ip ttl-expires enable
[RTD]ip unreachables enable
```

5）重新使用 tracert 命令定位故障点

```
<RTA>tracert 192.168.3.2
```

图 7.5 中第 1 个 tracert 结果显示：192.168.1.2 和 192.168.2.2 可达，此后的报文均不可达，说明问题出现在 192.168.3.0/30 网段上。这样就缩小了网络故障的查找范围。当网络规模稍大时，故障定位显得尤为重要。

5. 排障、验证排障结果

在 RTD 上声明 RIP 工作网段 192.168.3.0/30 后，重新在 RTA 上使用 tracert 命令检查网络连通性，结果显示全网连通，如图 7.5 中第 2 个 tracert 结果所示。

```
[RTD]rip
[RTD-rip-1]network 192.168.3.0 0.0.0.3 /* RTD 上 RIP 协议声明 192.168.3.0/20 网段
```

```
<RTA>tracert 192.168.3.2
traceroute to 192.168.3.2 (192.168.3.2), 30 hops at most, 40 bytes each packet,
 press CTRL_C to break
 1  192.168.1.2 (192.168.1.2)  2.000 ms  2.000 ms  1.000 ms
 2  192.168.2.2 (192.168.2.2)  2.000 ms  2.000 ms  3.000 ms
 3  * * *
 4  * * *
 5  * * *
 6  * * *
 7  * * *
 8  *
<RTA>tracert 192.168.3.2
traceroute to 192.168.3.2 (192.168.3.2), 30 hops at most, 40 bytes each packet,
 press CTRL_C to break
 1  192.168.1.2 (192.168.1.2)  1.000 ms  1.000 ms  1.000 ms
 2  192.168.2.2 (192.168.2.2)  2.000 ms  1.000 ms  1.000 ms
 3  192.168.3.2 (192.168.3.2)  2.000 ms  2.000 ms  2.000 ms
```

图 7.5　使用 tracert 命令定位故障点、测试连通性

7.3.2　调试 ICMP 协议

前面 7.3.1 节实训保证了网络连通性，在此基础上使用 terminal monitor、terminal debugging、debugging 命令查看 ping 命令发送、接收 ICMP 协议报文情况。

RTB 上使用不带参数的 ping 命令向 RTC 发送 ICMP 报文：

```
<RTB>ping 192.168.3.1
```

RTC 上打开 ICMP 协议调试与屏幕输出开关，命令如下：

```
<RTC>terminal monitor       /* 开启控制台对系统信息的监视功能
<RTC>terminal debugging     /* 打开调试信息屏幕输出开关
<RTC>debugging ip icmp      /* 打开 ICMP 协议调试开关
```

RTB 与 RTC 显示结果如图 7.6 所示。

```
<RTB>ping 192.168.3.1
Ping 192.168.3.1 (192.168.3.1): 56 data bytes, press CTRL_C to break
56 bytes from 192.168.3.1: icmp_seq=0 ttl=255 time=1.000 ms
56 bytes from 192.168.3.1: icmp_seq=1 ttl=255 time=1.000 ms
56 bytes from 192.168.3.1: icmp_seq=2 ttl=255 time=1.000 ms
56 bytes from 192.168.3.1: icmp_seq=3 ttl=255 time=2.000 ms
56 bytes from 192.168.3.1: icmp_seq=4 ttl=255 time=1.000 ms

--- Ping statistics for 192.168.3.1 ---
5 packet(s) transmitted, 5 packet(s) received, 0.0% packet loss
round-trip min/avg/max/std-dev = 1.000/1.200/2.000/0.400 ms
```

```
<RTC>terminal monitor
The current terminal is enabled to display logs.
<RTC>terminal debugging
The current terminal is enabled to display debugging logs.
<RTC>debugging ip icmp
<RTC>*Aug 22 00:56:31:372 2020 RTC SOCKET/7/ICMP:
ICMP Input:
 ICMP Packet: vpn = PUBLIC(0), src = 192.168.2.1, dst = 192.168.3.1
              type = 8, code = 0 (echo)

*Aug 22 00:56:31:372 2020 RTC SOCKET/7/ICMP:
ICMP Output:
 ICMP Packet: vpn = PUBLIC(0), src = 192.168.3.1, dst = 192.168.2.1
              type = 0, code = 0 (echo-reply)

*Aug 22 00:56:31:561 2020 RTC SOCKET/7/ICMP:
ICMP Input:
 ICMP Packet: vpn = PUBLIC(0), src = 192.168.2.1, dst = 192.168.3.1
              type = 8, code = 0 (echo)

*Aug 22 00:56:31:561 2020 RTC SOCKET/7/ICMP:
ICMP Output:
 ICMP Packet: vpn = PUBLIC(0), src = 192.168.3.1, dst = 192.168.2.1
              type = 0, code = 0 (echo-reply)

*Aug 22 00:56:31:751 2020 RTC SOCKET/7/ICMP:
ICMP Input:
 ICMP Packet: vpn = PUBLIC(0), src = 192.168.2.1, dst = 192.168.3.1
```

图 7.6　使用调试命令查看 ICMP 报文传输情况

（1）RTB 发送了 5 个报文，收到来自 RTC 的 192.168.3.1 的 5 个报文，丢包率为 0。

（2）RTC 接收到每个来自 RTB 的 192.168.2.1 的 Echo Request 报文，同时回复一个 Echo Reply 报文。

7.4 任务小结

1. 使用 ip ttl-expires enable 和 ip unreachables enable 命令开启 ICMP 超时报文和目的不可达报文的发送功能。

2. 使用 ping 命令测试网络连通性；使用 tracert 命令查看报文从源设备到目的设备所经过的路径。

3. 使用 terminal debugging 命令打开调试信息的屏幕输出开关；使用 terminal monitor 命令开启控制台对系统信息的监视功能。

4. 使用 debugging 命令打开协议调试开关；使用 display debugging 命令查看系统当前哪些协议调试信息开关是打开的。

7.5 习题与思考

1. 使用 ping 命令检测网络连通性时，提示“超时”和“目标不可达”所表达的信息有何不同？

2. 如果网络连通性存在问题，如何结合 ping 与 tracert 命令快速查找故障点？

3. 调试信息的输出由协议开关和屏幕开关两个开关共同控制，使用时需同时打开。

第2篇

以太网交换技术

任务 8　利用 VLAN 技术划分局域网

学习目标

- 利用 VLAN 技术解决局域网划分的问题，掌握其工作原理。
- 了解 VLAN 的类型。
- 掌握基于端口的 VLAN 划分方法。
- 了解 IEEE 802.1Q 的帧格式。
- 掌握交换机端口的链路类型及其相关配置。

8.1　广播域与 VLAN 产生背景

广播域指的是广播帧（目标 MAC 地址全部为 1 的帧）所能传递到的范围，也就是主机间能够直接通信的范围。严格地说，不只有广播帧才能传播到整个广播域，组播帧（Multicast Frame）和目标不明的单播帧（Unknown Unicast Frame）也能在同一个广播域中畅行无阻。当一个局域网中的计算机数量较多，并且所有的计算机都属于同一个广播域时，大量的广播帧、组播帧与目标不明的单播帧会阻塞网络链路，使网络的整体传输性能大幅下降。

1. 单一广播域

在未使用 VLAN 技术之前，二层交换机只能构建单一的广播域。而单一广播域可能会严重影响网络整体的传输性能，下面举例说明。

图 8.1 中，5 台二层交换机（SW1～SW5）连接了大量计算机构成了一个广播域单一的局域网。在以太网中，源主机必须在数据帧中指定目标主机的 MAC 地址才能正常通信。假设计算机 PC1 需要与 PC3 通信时不知道 PC3 的 MAC 地址，PC1 必须先广播“ARP 请求”（ARP Request）来获取 PC3 的 MAC 地址。

交换机 SW1 收到广播帧（ARP Request）后，会将它转发给除接收端口外的其他所有端口。接着，交换机 SW2、SW3 收到广播帧后也会继续广播。收到广播帧（ARP Request）的交换机 SW4、SW5 同样会广播。最终，ARP Request 会被转发到同一网络中的所有交换机和计算机上，如图 8.1 中虚线箭头所示。

注意：这个 ARP 请求原本是为了获得 PC3 的 MAC 地址而发出的。也就是说，只要 PC3 收到 ARP 请求就可以了。可事实上，数据帧却传遍整个网络。如此一来，广播信息不但消耗了网络整体的带宽，还顺便让收到广播信息的交换机、计算机消耗了一部分 CPU 时间对它进行处理，造成了网络带宽和 CPU 运算能力的浪费。

遗憾的是：广播帧会非常频繁地出现。利用 TCP/IP 协议栈通信时，除 ARP 外，还有可能需要发出 DHCP、RIP 等很多其他类型的广播信息。除此之外，组播帧、目标不明的单播帧都会以广播方式发送。当网络规模较大时，大量广播报文造成的结果可想而知。

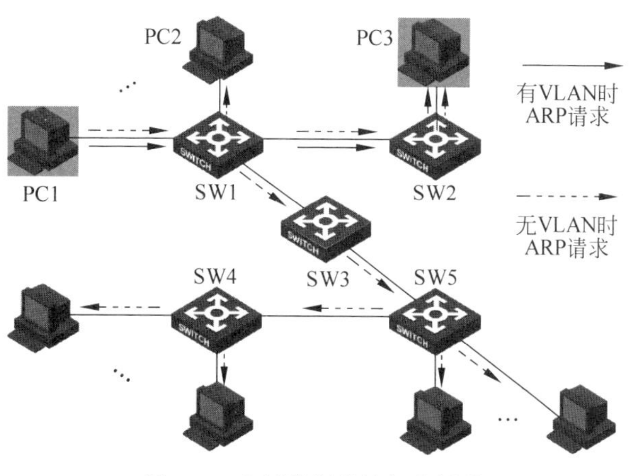

图 8.1　广播数据传输与广播域

2. 划分 VLAN 的广播域

VLAN(Virtual Local Area Network,虚拟局域网)技术可以将一个规模较大的物理网络分割成多个独立的、小规模的虚拟局域网,从而将广播报文限制在分割后的虚拟局域网内。这就如同一个班的同学在集体讨论问题,如果大家一起发言(广播)就很吵,谁也听不清谁的发言;如果一个一个轮着发言,效率又不高。那么将大家分成若干小组,小组内部独立讨论,组长代表小组进行组间交流,这样所有人都有足够机会发言,还不相互干扰。在这个例子中,整个班级相当于一个企业级的局域网,每个小组就相当于一个虚拟局域网(VLAN),而组长就相当于 VLAN 的网关。

如图 8.1 所示,如果 PC1 和 PC3 被划分在同一个 VLAN 中,那么 PC1 广播的 ARP 请求就只会发送给 PC3,即便是和 PC1 连接在相同的交换机 SW1 上的 PC2,也无法收到来自 PC1 的 ARP 请求,如图 8.1 中实线箭头所示。

3. 广播域间通信

当 PC1 和 PC2 位于不同的 VLAN(不同的广播域),即便它们连接在相同的交换机 SW1 上,也无法在二层(数据链路层)通过 MAC 地址直接通信。它们之间的通信需要通过三层路由功能来实现。这一部分,大家可以直接参看任务 12 的 VLAN 间路由部分,通信原理很简单。

4. VLAN 技术的优点

由上面的例子可以看出 VLAN 技术的优点如下。

(1) 限制广播域:广播域被限制在一个 VLAN 内,节省了带宽,提高了网络处理能力。

(2) 增强局域网的安全性:不同 VLAN 内的报文在传输时,二层上是相互隔离的,即一个 VLAN 内的用户不能和其他 VLAN 内的用户直接通信。

(3) 提高网络的健壮性:故障被限制在一个 VLAN 内,本 VLAN 内的故障不会影响其他 VLAN 的正常工作。

(4) 灵活构建虚拟工作组:用 VLAN 可以划分不同的用户到不同的工作组,同一工作组的用户也不必局限于某一固定的物理范围,即便是位于不同建筑里的计算机也可以划分到同一 VLAN,这使得网络构建和维护更加方便灵活。

8.2 VLAN划分方法

根据交换机端口连接的属性来划分，VLAN分为静态VLAN和动态VLAN。静态VLAN指的是交换机中某个端口所属VLAN是相对固定的，又被称为基于端口的VLAN划分。而动态VLAN则是根据接入交换机的计算机来决定这个端口是工作在哪个VLAN中的，它又可分为基于MAC地址的VLAN划分、基于子网的VLAN划分和基于协议的VLAN划分。

8.2.1 基于端口的VLAN划分

基于端口的VLAN划分是最常用、简单、有效的一种VLAN划分方法。它根据交换机端口来定义VLAN成员，将端口加入指定VLAN后，该端口就可以转发指定VLAN的数据。目前，绝大多数支持VLAN协议的交换机都提供这种VLAN划分方法。

在图8.2中交换机端口GE0/1和GE0/2被划分到VLAN 10中，端口GE0/3和GE0/4被划分到VLAN20中。那么，分别连接GE0/1、GE0/2的PC1和PC2同处于VLAN10中，在数据链路层可以互通；分别连接GE0/3、GE0/4的PC3和PC4同处于VLAN20中，在数据链路层可以互通。但处于不同VLAN中的计算机在数据链路层不能互通，如PC1和PC3不能互通。

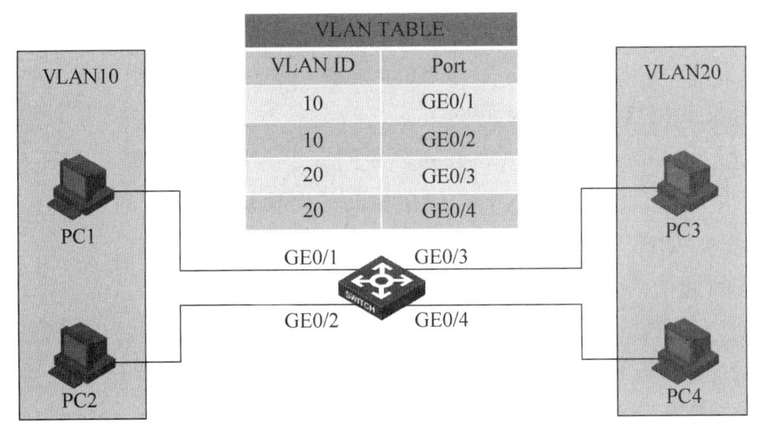

图8.2 基于端口的VLAN划分

这种划分方法的优点是定义VLAN成员时非常简单，只要将所有的端口都划分到相应的VLAN即可，适合任何大小的网络；它的缺点是灵活性不好，如果某用户离开了原来的端口，到了一个新的交换机的某个端口，必须重新定义。

在绝大多数时候，以太网交换机都采用基于端口的方法来划分VLAN，因而它是大家必须掌握的一种最重要的VLAN划分方法。本书后续内容如无特别说明，所涉及的VLAN均以基于端口的方法进行划分。

8.2.2 基于MAC地址的VLAN划分

在基于MAC地址的VLAN中，交换机对站点的MAC地址和交换机端口进行跟踪。在新站点接入网络时根据需要将其划分到某个指定的VLAN，之后无论该站点在网络中怎样移动，它都属于这个指定的VLAN，由于其MAC地址保持不变，因此都不再需要对设备重新进行配置。基于MAC地址的VLAN是一种动态的VLAN划分方法，它对于站点移动频繁的网络非常适合，便于网络管理。无线局域网(WLAN)经常采用这种方法，利用数据库对用户的MAC地址进行集中管理，站点接入网络时直接到数据库进行MAC地址认证，之后接入相应的VLAN即可，接入交换机的配置与管理都非常简单。

8.2.3 基于协议的VLAN划分

VLAN按协议来划分，可分为IP、IPX、DECnet、AppleTalk等VLAN网络，运行协议不同的计算机属于不同的VLAN。交换机从端口接收到以太网数据帧后，会根据数据帧中所封装的协议类型来确定报文所属的VLAN，然后将数据帧自动划分到所属的VLAN中进行传输。这种基于协议来划分VLAN的方法，可使广播域跨越多个交换机。用户可以在网络内部自由移动，VLAN成员身份仍然保留不变。如图8.3所示，网络按运行的协议(IP、IPX)不同被划分成VLAN10和VLAN20。

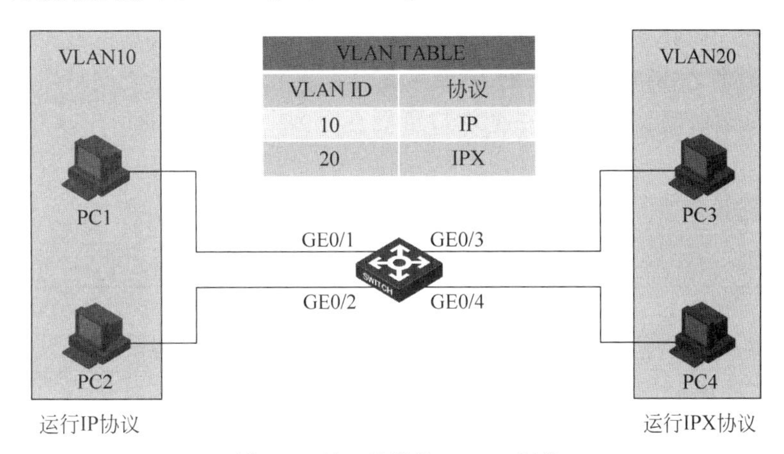

图8.3 基于协议的VLAN划分

基于协议划分VLAN的优点有：①用户的物理位置改变了，不需要重新配置所属的VLAN，根据协议类型来划分VLAN，对于希望针对具体应用和服务来组织用户的网络管理员来说非常实用；②基于协议来划分VLAN的方法不需要附加的帧标签来识别VLAN，减少了网络的通信量。

相对于基于端口的VLAN划分和基于MAC地址的VLAN划分方法，基于协议的VLAN划分方法的缺点是效率低，因为检查每个数据包的网络层地址需要消耗更多的处理时间。普通交换机芯片都可以自动检查数据包的以太网帧头，但要让芯片能检查更高层次的报文头部，需要更复杂的技术和更多的时间。各厂商的实现方法并不相同。

因为目前网络中绝大多数主机都运行IP协议，所以基于协议VLAN划分方法未被广泛应用。

8.2.4 基于子网的VLAN划分

在基于子网的VLAN划分方法中，交换机根据各站点网络地址所属子网来自动将其划分到不同的VLAN中。如图8.4所示，交换机从端口接收到报文后，根据报文中的源IP地址将报文归属到定义好的对应的VLAN中,然后进行转发。图8.4中,192.168.1.0/24网段的站点属于VLAN10,而192.168.2.0/24网段的站点属于VLAN20。

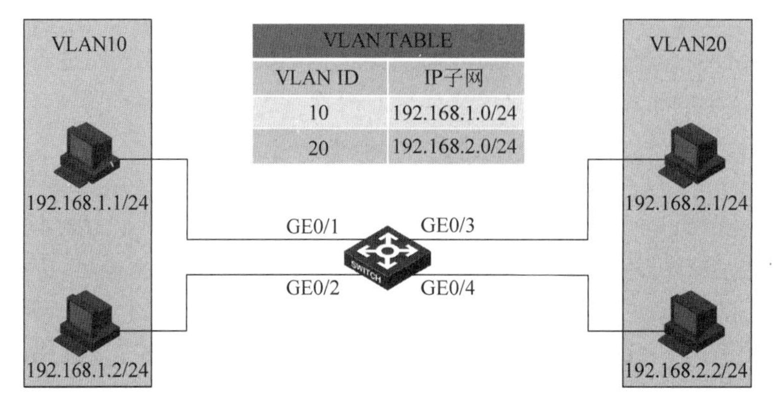

图8.4　基于子网的VLAN划分

基于子网的VLAN划分方法管理配置灵活,各站点可以自由移动位置而无须重新配置交换机。但其不足之处和基于协议的VLAN划分方法一样,需要检查网络层IP地址,消耗更多的资源与处理时间。另外,同一个端口可能存在多个VLAN的用户,对广播的抑制效果下降。

表8.1对以上4种VLAN划分方法进行了总结。

表8.1　VLAN划分方法对比

种　　类		VLAN划分方法	优　　点
静态VLAN(基于端口的VLAN)		将各端口固定指派给某VLAN	简单
动态VLAN	基于MAC的VLAN	根据端口连接站点MAC划分VLAN	站点位置移动,无须更改交换机配置
	基于协议的VLAN	根据端口连接站点使用协议划分VLAN	
	基于子网的VLAN	根据端口连接站点的IP地址划分VLAN	

8.3　IEEE 802.1Q VLAN与以太网帧格式

IEEE 802.1Q标准规定了VLAN技术。在VLAN技术中,通过给以太网帧添加一个VLAN标签(Tag)来标记数据帧所属的VLAN,标签中有一个"VLAN ID"字段具体指明数据帧属于哪个VLAN,交换机根据VLAN ID决定这个帧可以在哪个VLAN中传播。因此,交换机在转发VLAN数据帧时,不仅要查看目的MAC地址(根据MAC地址表)来决定转发到哪个端口,还要检查数据帧中的VLAN标签与端口定义的VLAN是否匹配。如果标签不匹配,则这个帧不会被转发,而会被丢弃。

为了保证不同厂家生产的设备能够顺利互通,IEEE 802.1Q标准帧在原有标准以太网帧格式基础上修订而成,严格规定了统一的VLAN帧格式以及其他重要参数,它在以太网数据帧的源MAC地址后面增加了4字节的标签(Tag)域,如图8.5所示。

IEEE 802.1Q标签(Tag)包含了2字节的标签协议标识(TPID)和2字节的标签控制信息(Tag Control Information,TCI)。

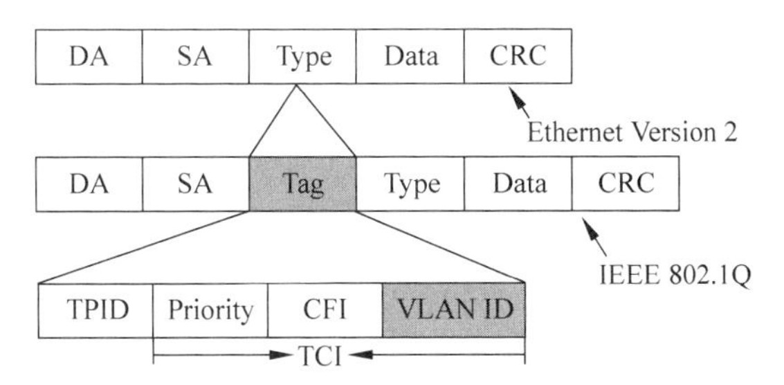

图 8.5 以太网帧格式与带有 IEEE 802.1Q 标签的以太网帧格式

协议标识 TPID(Tag Protocol Identifier)字段固定的值为十六进制 0x8100,表示这是一个添加了 IEEE 802.1Q 标签的帧。

控制信息 TCI 字段包含帧的控制信息,它包含以下三部分。

(1) Priority：3 比特的 Priority 指明帧的优先级。优先级分为 0～7,共 8 种。

(2) CFI(Canonical Format Indicator)：规范格式指示器 CFI 占 1 比特,其值为 0 时表明是规范格式,值为 1 时为非规范格式。它被用在令牌环/源路由 FDDI 介质访问方法中指示封装帧中所带地址的比特次序信息。

(3) VLAN ID(VLAN IDentifier)：VLAN ID 占 12 比特,是 VLAN 的编号。VLAN 的编号共 4096(2^{12})个。IEEE 802.1Q 标准帧中的 VLAN 编号指明了这个帧属于哪个 VLAN,交换机就是根据 VLAN ID 来决定这个帧可以在哪个 VLAN 中传输。

标准的以太网帧(Ethernet Version 2)包含以下 5 个字段,如图 8.5 所示。

(1) 目的地址(Destination Address,DA)字段：占 6 字节,用于标识接收站点的地址。它分为单播地址、组播地址和广播地址。表示单播地址时,DA 字段最高位为 0；表示组播地址时,DA 字段最高位为 1,其余位不全为 1,组播地址代表帧的接收者为指定网络上的一组(多个)站点；表示广播地址时,DA 字段全为 1,广播地址代表帧的接收者为指定网络上所有的站点。

(2) 源地址(Source Address,SA)字段：占 6 字节,其长度与目的地址字段的长度相同,它用于标识发送站点的地址。

(3) 类型/长度(Type/Length)字段：占 2 字节,其值表示数据字段的字节数长度。如果是采用可选格式组成帧结构时,该字段既表示包含在帧数据字段中的数据长度,也表示帧类型 ID。

(4) 数据(Data)字段：其内容即为 LLC 子层递交的 LLC 帧序列,其长度为 46～1500 字节。

(5) 循环冗余校验(Cyclic Redundancy Check,CRC)字段：占 4 字节,该序列包含 32 位的循环冗余校验值,由发送方生成,接收方根据此值重新计算可判断并校验被破坏的帧。

8.4 不同 VLAN 端口对数据帧的处理

首先要注意：计算机或其他终端(如手机)无法识别添加了 VLAN 标签的以太网帧。也即,终端既不会发出添加了 VLAN 标签的以太网帧,也不会接收、处理添加了 VLAN 标签的以太网帧。

VLAN 标签由交换机端口在数据帧进入交换机时添加；当数据帧离开交换机去往终端时，交换机还要负责剥离数据帧中的 VLAN 标签。这样做的好处是：VLAN 对终端主机是透明的，终端主机不需要知道网络中 VLAN 是如何划分的，也不需要识别带有 IEEE 802.1Q 标签的以太网帧，所有的相关事宜由交换机负责。

交换机连接终端的端口所归属的 VLAN 称为该端口的默认 VLAN，其编号称为 PVID(Port VLAN ID)。交换机之间互联的端口也需定义 PVID。当终端主机发出的以太网帧到达交换机端口时，交换机根据端口所属 VLAN 给进入端口的帧添加相应的 IEEE 802.1Q 标签，标签中的 VLAN ID 为端口所属 VLAN 的 ID(PVID)。

注意：每个交换机端口只有一个 PVID。

根据交换机对 VLAN 数据帧的处理过程不同，交换机的端口分成三类。

(1) Access 端口：只能传送标准以太网帧的端口。每个 Access 端口只能属于唯一一个 VLAN，一般用于连接计算机和路由器。

(2) Trunk 端口：既可以传送有 VLAN 标签的数据帧也能够传送标准以太网帧的端口。Trunk 端口可以属于多个 VLAN，也可以接收和发送多个 VLAN 的报文，一般只用于交换机之间的连接(单臂路由时除外，单臂路由技术参看本书 12.2 节内容，现在基本不再使用单臂路由技术)。Trunk 端口只允许唯一一个 VLAN(默认 VLAN)的报文发送时不打标签。

(3) Hybrid 端口：既可以传送有 VLAN 标签的数据帧，也能够传送标准以太网帧的端口。它与 Trunk 端口唯一不同的是：Hybrid 端口允许多个 VLAN 的报文发送时不打标签。Hybrid 端口既可用于交换机之间的连接，也可用于终端与交换机之间的连接。

8.4.1 Access 端口对数据帧的处理

1. Access 端口处理接收的数据帧(从外部设备流入交换机的数据帧)

当交换机的 Access 端口从外部设备接收到一个数据帧时，交换机会先判断这个数据帧是否带标签(Tag)。

(1) 如果不带标签，则使用端口上配置的 PVID 作为标签的 VLAN ID，打上标签，再送入交换机的转发进程，查找 MAC 地址表转发到相应端口。

(2) 如果带标签，并且标签中的 VLAN ID 与端口的 PVID 相同，则直接送入交换机的转发进程；如果标签中的 VLAN ID 与 PVID 不同，则直接丢弃数据帧。

2. Access 端口处理要发送的数据帧(从交换机流出到外部设备的数据帧)

交换机的 Access 端口要向外部设备发送一个数据帧时，会先将数据帧的标签剥离，然后再将剥离标签后的以太网帧从端口发送出去。

注意：交换机内部流动的数据帧始终是带有标签的。Access 端口只发送与端口 PVID 相同的 VLAN 数据帧，即使意外收到其他 VLAN 的数据帧也不理会。

Access 端口处理数据帧的流程如图 8.6 所示。

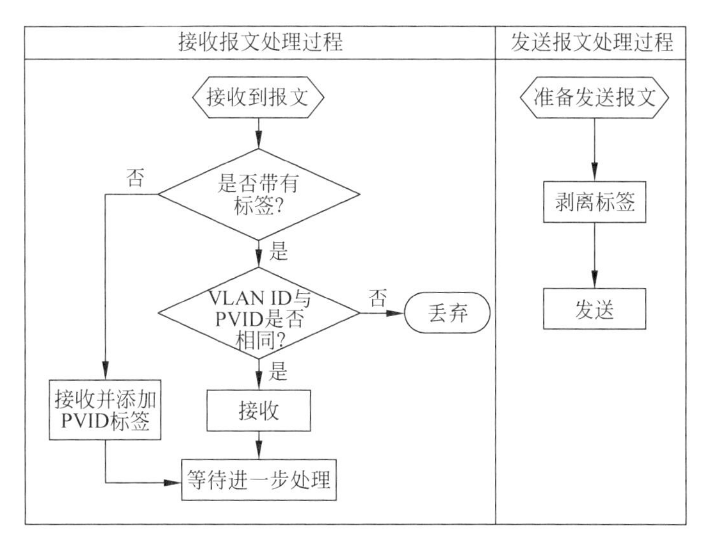

图 8.6 Access 端口数据帧处理流程图

8.4.2 Trunk 端口对数据帧的处理

1. Trunk 端口处理接收的数据帧(从外部设备流入交换机的数据帧)

当交换机的 Trunk 端口从外部设备接收到一个数据帧时,交换机会先判断这个数据帧是否带标签。

(1) 如果不带标签,则使用端口上配置的 PVID 作为标签的 VLAN ID,打上标签。如果 PVID 被 Trunk 端口允许通过,则将数据帧送入交换机的转发进程,查找 MAC 地址表转发到相应端口;否则,数据帧被丢弃。

(2) 如果带标签,则查看标签中的 VLAN ID 是否被 Trunk 端口允许通过。如被允许通过则将数据帧送入交换机的转发进程,查找 MAC 地址表转发到相应端口;否则,数据帧被丢弃。

注意:可以配置 Trunk 端口拒绝 PVID 通过。但这种操作有点反常,工程中一般不会如此配置。后面的实训中,大家可以看到具体的配置。

2. Trunk 端口处理要发送的数据帧(从交换机流出到外部设备的数据帧)

Trunk 端口要向外部设备发送一个数据帧时,查看数据帧 Tag 中的 VLAN ID 与该 Trunk 端口的 PVID 是否相同。如果相同则将标签剥离后再转发到对端交换机;如果不相同,则直接发送到对端交换机(前提是标签中的 VLAN ID 被 Trunk 端口允许通过)。

注意:交换机内部流动的数据帧始终是带有标签的。Trunk 端口只发送与端口 PVID 相同或 VLAN ID 被允许通过的 VLAN 数据帧,即使意外收到其他 VLAN 的数据帧也不理会。

Trunk 端口处理数据帧的流程如图 8.7 所示。

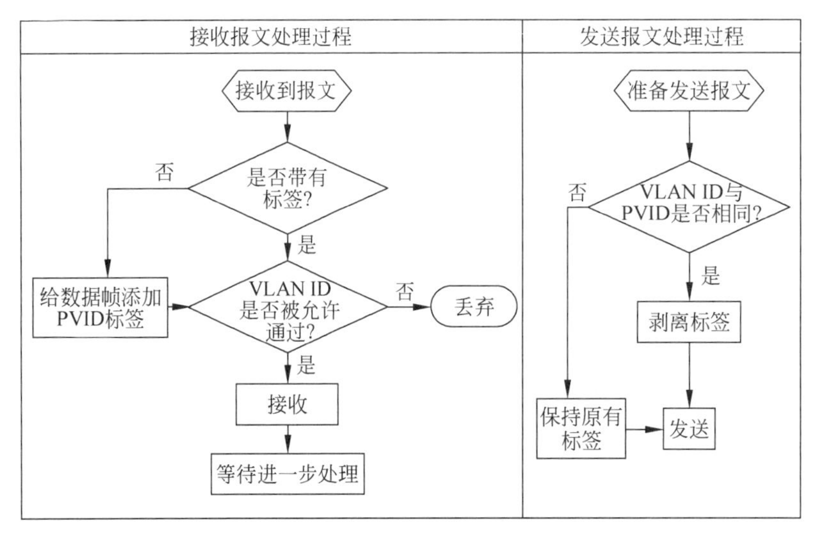

图 8.7　Trunk 端口数据帧处理流程图

8.4.3 Hybrid 端口对数据帧的处理

1. Hybrid 端口处理接收的数据帧(从外部设备流入交换机的数据帧)

当交换机的 Hybrid 端口从外部设备接收到一个数据帧时,交换机会先判断这个数据帧是否带标签。

(1) 如果不带标签,则使用端口上配置的 PVID 作为标签的 VLAN ID,打上标签。如果 PVID 被 Hybrid 端口允许通过,则将数据帧送入交换机的转发进程,查找 MAC 地址表转发到相应端口;否则,数据帧被丢弃。

(2) 如果带标签,则查看标签中的 VLAN ID 是否被 Hybrid 端口允许通过。如被允许通过则将数据帧送入交换机的转发进程,查找 MAC 地址表转发到相应端口;否则,数据帧被丢弃。

2. Hybrid 端口处理要发送的数据帧(从交换机流出到外部设备的数据帧)

注意:Trunk 端口只允许 PVID 帧不带标签,但 Hybrid 端口允许多个 VLAN 帧不带标签。

Hybrid 端口要向外部设备发送一个数据帧时,如果数据帧标签中的 VLAN ID 属于端口的剥离标签 VLAN(不带标签发送的 VLAN),则标签被剥离后再转发到对端交换机;否则,直接发送到对端交换机(前提是标签中的 VLAN ID 被 Hybrid 端口允许通过)。

Hybrid 端口处理数据帧的流程如图 8.8 所示。

注意:Hybrid 端口对接收的数据帧的处理同 Trunk 端口完全一样。只有在发送时不同,Hybrid 端口允许发送多个不带 VLAN 标签的数据帧,而 Trunk 端口只允许发送一个不带 VLAN 标签(默认 VLAN,即 PVID)的数据帧。

Hybrid 端口主要用于客户机/服务器通信网络(8.7 节实训中有介绍),其他应用场景并不常见。

表 8.2 对 3 种端口的报文的处理方式进行了对比。

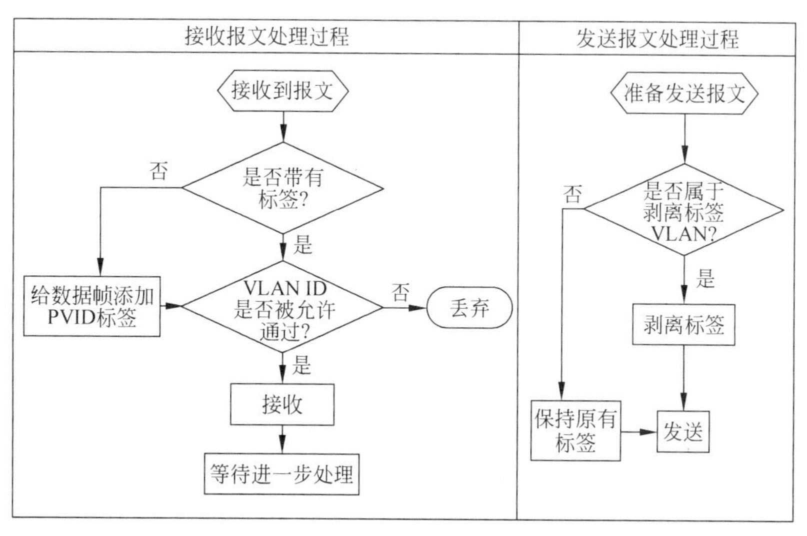

图 8.8　Hybrid 端口数据帧处理流程图

表 8.2　3 种端口对报文处理方式的对比

<table>
<tr><th>端口类型</th><th>接收不带标签的报文</th><th>接收带标签的报文</th><th>发送帧处理过程</th></tr>
<tr><td>Access 端口</td><td>接收报文,并添加带有默认 VLAN ID 的标签</td><td>对比标签中的 VLAN ID 与端口默认 VLAN ID,
相同时,接收报文;
不同时,丢弃报文</td><td>先剥离帧的标签,然后再发送</td></tr>
<tr><td>Trunk 端口</td><td rowspan="2">添加默认 VLAN ID,默认 VLAN ID 在端口允许通过的 VLAN ID 列表里时,接收报文;
默认 VLAN ID 不在端口允许通过的 VLAN ID 列表里时,丢弃该报文</td><td rowspan="2">VLAN ID 在端口允许通过的 VLAN ID 列表里,接收报文;
VLAN ID 不在端口允许通过的 VLAN ID 列表里,丢弃报文</td><td>VLAN ID 与默认 VLAN ID 相同,且在端口允许通过的 VLAN ID 列表里,去掉标签,发送报文;
VLAN ID 与默认 VLAN ID 不同,且在端口允许通过的 VLAN ID 列表里,保持原有标签,发送该报文</td></tr>
<tr><td>Hybrid 端口</td><td>VLAN ID 在端口允许通过的 VLAN ID 列表里,发送该报文。可通过命令设置发送时是否携带标签</td></tr>
</table>

8.5　VLAN 配置

8.5.1　VLAN 基本配置

1. 创建 VLAN,添加端口

默认情况下,交换机只有 VLAN1(默认 VLAN,用户既不能创建 VLAN1,也不能删除它),所有的端口都属于 VLAN1,并且都是 Access 类型端口。

在交换机上创建新的 VLAN,并指定属于这个 VLAN 的端口,其配置指令如下。

1）创建 VLAN

命令在系统视图下执行。

```
[H3C]vlan {vlan-id | vlan-id1 to vlan-id2 | all}   /* 系统视图
```

参数说明：

（1）*vlan-id*：创建指定编号的 VLAN，进入 VLAN 视图。*vlan-id* 指定创建 VLAN 的编号，取值范围为 1～4094。

（2）*vlan-id*1 **to** *vlan-id*2：批量创建 *vlan-id*1～*vlan-id*2 之间的所有 VLAN。*vlan-id*1 和 *vlan-id*2 指定创建 VLAN 的编号，取值范围为 1～4094。*vlan-id*2 要大于或等于 *vlan-id*1 值。

（3）**all**：批量创建 VLAN1～VLAN4094。除保留 VLAN 外的其他 VLAN，当设备允许创建的最大 VLAN 数小于 4094 时，不支持该参数。本参数的支持情况与设备型号有关，请以设备的实际情况为准。

2）将端口添加到 VLAN 中

命令在 VLAN 视图下执行。

```
[H3C-vlanX]port interface-list   /* 向当前 VLAN 中添加一个或一组 Access 端口
```

参数说明：

interface-list：以太网接口列表。

【举例】创建 VLAN2，并添加端口 GigabitEthernet1/0/1～GigabitEthernet1/0/3。

```
<H3C>system-view
[H3C]vlan 2
[H3C-vlan2]port gigabitethernet 1/0/1 to gigabitethernet 1/0/3
```

2. 显示 VLAN 相关信息

命令在任意视图下执行。

```
<H3C>display vlan [vlan-id1 [ to vlan-id2] | all | dynamic | reserved | static]
```

参数说明：

（1）*vlan-id*1 **to** *vlan-id*2：显示 ID 在指定范围内的 VLAN 的信息。*vlan-id*1 和 *vlan-id*2 为指定 VLAN 的编号，取值范围为 1～4094。*vlan-id*2 的值要大于或等于 *vlan-id*1 的值。

（2）**all**：显示除保留 VLAN 外的其他 VLAN 的信息。

（3）**dynamic**：显示系统动态创建的 VLAN 的数量和编号。动态 VLAN 是指通过 MVRP 协议生成或通过 RADIUS 服务器下发的 VLAN。

（4）**reserved**：显示系统保留 VLAN 的信息。保留 VLAN 是设备根据功能实现的需要预留的 VLAN。保留 VLAN 由协议模块来指定，为协议模块服务，用户不能对保留 VLAN 进行任何操作。

（5）**static**：显示系统静态创建的 VLAN 的数量和 VLAN 编号。静态 VLAN 是指通过命令行手工创建的 VLAN。

3. 指定 VLAN 名称与描述

命令在 VLAN 视图下执行。

```
[H3C-vlanX]name text                    /* 此命令用来指定当前 VLAN 的名称
[H3C-vlanX]description text             /* 此命令用来对当前 VLAN 进行描述
```

参数说明：

text：名称或描述字符串。

8.5.2 VLAN 端口配置

交换机有 3 种 VLAN 端口：Access 端口、Trunk 端口、Hybrid 端口。Access 端口一般用来连接计算机与交换机；Trunk 端口一般用于交换机之间的连接；Hybrid 端口既可用于连接计算机与交换机，也可用于交换机之间的连接。

1. Access 端口配置

以下命令是将指定端口设置为 Access 类型，并将其加入指定的 VLAN 中，命令在二层以太网接口视图/二层聚合接口视图下执行。

```
[H3C-interfaceX]port access vlan vlan-id   /* 二层以太网接口视图/聚合接口视图
```

参数说明：

vlan-id：指定的 VLAN 编号，取值范围为 1～4094。该 VLAN 必须是设备上已创建的 VLAN；否则，该命令执行失败。

【举例】将 GigabitEthernet1/0/1 端口加入 VLAN 3 中。

```
[H3C]interface gigabitethernet 1/0/1
[H3C-GigabitEthernet1/0/1]port access vlan 3
```

上述命令与[H3C-vlan3] port gigabitethernet 1/0/1 命令执行的结果完全相同。

2. Trunk 端口配置

Trunk 端口的配置主要包括两部分：①将端口配置为 Trunk 类型；②给端口配置允许通过的 VLAN。Trunk 端口的配置命令如下。

步骤 1：配置指定端口为 Trunk 类型。

```
[H3C-interfaceX]port link-type trunk   /* 二层以太网接口视图/聚合接口视图
```

步骤 2：配置允许通过 Trunk 端口的 VLAN。

```
[H3C-interfaceX]port permit vlan {vlan-id-list | all}/* 二层以太网接口视图/聚合接口视图
```

参数说明：

(1) *vlan-id-list*：VLAN 列表，Trunk 端口允许通过的 VLAN 范围。

(2) **all**：表示允许所有 VLAN 通过该 Trunk 端口。建议用户谨慎使用 **port trunk permit vlan all** 命令，以防止未授权 VLAN 的用户通过该端口访问受限资源。

默认情况下，Trunk 端口只允许默认 VLAN(VLAN 1)不带标签通过。

步骤 3(可选)：配置 Trunk 端口的默认 VLAN。

```
[H3C-interfaceX]port trunk pvid vlan vlan-id      /* 二层以太网接口视图/聚合接口视图
```

参数说明：

vlan-id：指定端口的默认 VLAN ID，取值范围为 1～4094。

注意：默认情况下，端口的默认 VLAN 是 VLAN1。可以根据实际情况进行修改默认 VLAN，但要保证线路两端交换机的默认 VLAN 相同，否则会发生同一 VLAN 内的主机跨交换机不能通信的情况。

【举例】配置端口 GigabitEthernet1/0/1 为 Trunk 类型，将端口默认 VLAN(PVID)配置为 VLAN10，并允许 VLAN10 和 VLAN20 通过端口。

```
[H3C]interface gigabitethernet 1/0/1
[H3C-GigabitEthernet1/0/1]port link-type trunk
[H3C-GigabitEthernet1/0/1]port trunk pvid vlan 10
[H3C-GigabitEthernet1/0/1]port trunk permit vlan 10 20
```

3. Hybrid 端口配置

和 Trunk 端口一样，Hybrid 端口允许多个 VLAN 帧通过，不同的地方在于 Hybrid 端口允许多个 VLAN 帧从 Hybrid 端口发送时不带标签(Tag)，而 Trunk 端口只允许一个 VLAN(PVID)在发送时不带标签。

Hybrid 端口的配置主要包括两部分：①将端口配置为 Hybrid 类型；②配置端口允许通过的 VLAN，并指明是否剥离标签。

步骤 1：配置指定端口为 Hybrid 类型。

```
[H3C-interfaceX]port link-type hybrid    /* 二层以太网接口视图/聚合接口视图
```

步骤 2：配置允许通过当前 Hybrid 端口的 VLAN 是否需要剥离标签。

```
[H3C-interfaceX]port hybrid vlan vlan-id-list {tagged | untagged}
/* 二层以太网接口视图/聚合接口视图
```

参数说明：

(1) *vlan-id-list*：VLAN 列表，Hybrid 端口允许通过的 VLAN 范围。

(2) **tagged**：该端口在转发指定的 VLAN 报文时将携带 VLAN Tag。

(3) **untagged**：该端口在转发指定的 VLAN 报文时将剥离 VLAN Tag。

Hybrid 端口允许多个 VLAN 通过。如果多次使用 **port hybrid vlan** 命令，则 Hybrid 端口上允许通过的 VLAN 是 *vlan-id-list* 的合集。

默认情况下，Hybrid 端口只允许默认 VLAN(VLAN 1)不带标签通过。

步骤 3(可选)：配置 Hybrid 端口的默认 VLAN。

```
[H3C-interfaceX]port hybrid pvid vlan vlan-id    /* 二层以太网接口视图/聚合接口视图
```

参数说明：

vlan-id：指定端口的默认 VLAN ID，取值范围为 1～4094。

注意：Trunk 端口不能直接被设置为 Hybrid 端口，只能先将 Trunk 端口设置为 Access 端口，再将其设置为 Hybrid 端口。

【举例】配置端口 GigabitEthernet1/0/1 为 Hybrid 端口，允许 VLAN2、VLAN4 不带标签通过，VLAN5～VLAN10 带标签通过。

```
[H3C]interface gigabitethernet 1/0/1
[H3C-GigabitEthernet1/0/1]port link-type hybrid
```

```
[H3C-GigabitEthernet1/0/1]port hybrid vlan 2 4 untagged
[H3C-GigabitEthernet1/0/1]port hybrid vlan 5 to 10 tagged
```

VLAN 的相关配置命令如表 8.3 所示。

表 8.3　VLAN 配置命令

操　　作	命令（命令执行的视图）
创建 VLAN	[H3C]**vlan** {*vlan-id* | vlan-id1 **to** vlan-id2 | all}（系统视图）
将端口添加到 VLAN 中	[H3C-vlan*X*]port *interface-list*（VLAN 视图）
显示 VLAN 相关信息	<H3C>display vlan [*vlan-id1* [to *vlan-id2*] | all | dynamic | reserved | static]（任意视图）
指定 VLAN 名称 指定 VLAN 与描述	[H3C-vlan*X*]name *text*（VLAN 视图） [H3C-vlan*X*]description *text*（VLAN 视图）
Access 端口配置： 将端口加入指定 VLAN	[H3C-interface*X*]port access vlan *vlan-id*（二层以太网接口视图/聚合接口视图）
Trunk 端口配置： 配置指定端口为 Trunk 类型 配置允许通过 Trunk 端口的 VLAN 配置 Trunk 端口的默认 VLAN	以下三条命令在二层以太网接口视图/二层聚合接口视图下执行： [H3C-interface*X*]port link-type trunk [H3C-interface*X*]port permit vlan {*vlan-id-list* | all} [H3C-interface*X*]port trunk pvid vlan *vlan-id*
Hybrid 端口配置： 配置指定端口为 Hybrid 类型 配置允许通过 Hybrid 端口的 VLAN 是否要剥离标签 配置 Hybrid 端口的默认 VLAN	以下三条命令在二层以太网接口视图/二层聚合接口视图下执行： [H3C-interface*X*]port link-type hybrid [H3C-interface*X*]port hybrid vlan *vlan-id-list* {tagged | untagged} [H3C-interface*X*]port hybrid pvid vlan *vlan-id*

8.6　VLAN 划分与配置实训

1. 实训内容与实训目的

1）实训内容

使用 VLAN 技术对网络进行划分，保证不同 VLAN 间的计算机不能在二层（数据链路层）直接互通，而相同 VLAN 内的计算机可在二层直接互通，并完成测试。

2）实训目的

（1）掌握 VLAN 配置命令。

（2）学会使用 ping 命令进行连通性测试。

2. 实训设备

实训设备如表 8.4 所示。

表 8.4　VLAN 划分与配置实训设备

实训设备及线缆	数量	备　　注
S5820 交换机	2 台	支持 Comware V7 命令交换机即可
计算机	4 台	OS：Windows 10
Console 线	1 根	—
以太网线	5 根	—

3. 实训拓扑与要求

某企业有两个部门,办公室分布在同一栋楼的两层,每层办公室都同时有两个部门的人员办公,两部门计算机共 60 台,交换机两台。请以部门为单位进行网络规划,保证同部门间计算机二层互通,而不同部门之间的计算机进行二层隔离。企业网络结构如图 8.9 所示。

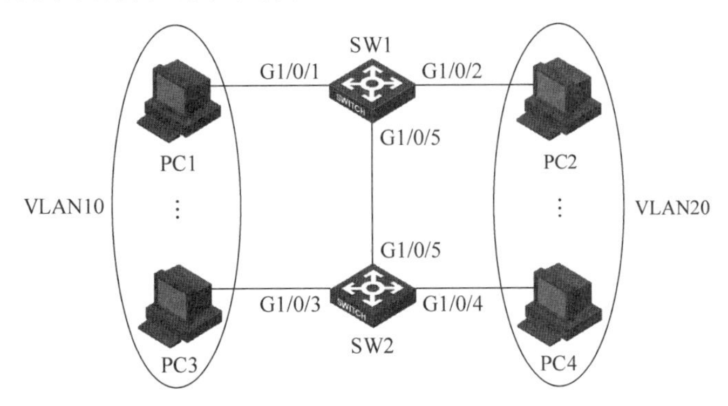

图 8.9 VLAN 划分与配置实训拓扑图

实训要求:

(1) 对网络进行 VLAN 规划,给计算机设备合理分配置 IP 地址。

(2) 按网络规划要求连接设备,并进行 VLAN 配置。

(3) 对配置后的网络进行连通性测试。

4. 网络规划

企业共有两个部门,需要在二层隔离。那么,可以使用 VLAN 技术将两个部门的计算机分别划分到 VLAN10 和 VLAN20 中进行二层隔离。

企业有 60 台计算机分别处于两层楼中的办公场所,且部门人员之间混合办公。那么,每层楼使用一台交换机,使用基于端口的方法划分 VLAN,这样位于同一个办公室但部门不同的计算机也可以被划分到不同的 VLAN 中;交换机之间的连接端口设置为 Trunk 类型,并允许 VLAN10 和 VLAN20 的数据通过;同一个 VLAN 的计算机使用相同 C 类的私有网段地址。具体的 VLAN 规划与 IP 地址分配置如表 8.5 所示,网络拓扑图如图 8.9 所示。同一部门计算机所连接的交换机端口被划分到同一 VLAN 中,图 8.9 中的 4 台计算机仅作为两个不同 VLAN 设备的代表进行示意。

表 8.5 设备 IP 地址及 VLAN 规划

设备名称	接口	IP 地址	所属部门与 VLAN
PC1	网卡	192.168.10.1/24	部门 A(VLAN10)
PC2	网卡	192.168.20.2/24	部门 B(VLAN20)
PC3	网卡	192.168.10.3/24	部门 A(VLAN10)
PC4	网卡	192.168.20.4/24	部门 B(VLAN20)
SW1	G1/0/1	—	VLAN10
	G1/0/2	—	VLAN20
	G1/0/5	—	VLAN10、VLAN20(Trunk)
SW2	G1/0/3	—	VLAN10
	G1/0/4	—	VLAN20
	G1/0/5	—	VLAN10、VLAN20(Trunk)

5. 实训过程

按拓扑要求使用以太网线连接所有设备的相应端口。

配置计算机 IP 地址，部门 A 的计算机 PC1 和 PC3 的 IP 及掩码分别配置为 192.168.10.1/24 和 192.168.10.3/24；部门 B 的计算机 PC2 和 PC4 的 IP 及掩码分别配置为 192.168.20.2/24 和 192.168.20.4/24。

注意：实训只要求进行二层隔离，因此所有计算机均未配置网关。同一个 VLAN 的设备间通信是通过 MAC 寻址的，无须网关转发。

1) VLAN 划分与配置

步骤 1：通过 Console 口登录交换机。

步骤 2：创建 VLAN 并配置各计算机的 VLAN 归属。

(1) SW1 的配置。

```
<H3C>system-view                /*进入系统视图
[H3C]sysname SW1                /*设备命名为 SW1
[SW1]vlan 10                    /*创建 VLAN10 并进入 VLAN10 视图
[SW1-vlan10]port g1/0/1         /*将连接 PC1 的 G1/0/1 端口划分到 VLAN10 中
[SW1-vlan10]vlan 20             /*创建 VLAN20 并进入 VLAN20 视图
[SW1-vlan20]port g1/0/2         /*将连接 PC2 的 G1/0/2 端口划分到 VLAN20 中
```

(2) SW2 的配置。

```
<H3C>system-view                /*进入系统视图
[H3C]sysname SW2                /*设备命名为 SW2
[SW2]vlan 10                    /*创建 VLAN10 并进入 VLAN10 视图
[SW2-vlan10]port g1/0/3         /*将连接 PC3 的 G1/0/3 端口划分到 VLAN10 中
[SW2-vlan10]vlan 20             /*创建 VLAN20 并进入 VLAN20 视图
[SW2-vlan20]port g1/0/4         /*将连接 PC4 的 G1/0/4 端口划分到 VLAN20 中
```

步骤 3：配置交换机间的连接端口为 Trunk 类型，允许 VLAN10 和 VLAN20 通过。

(1) SW1 的配置。

```
[SW1-vlan20]interface g1/0/5                           /*进入 G1/0/5 接口视图
[SW1-GigabitEthernet1/0/5]port link-type trunk         /*配置 G1/0/5 为 Trunk 类型
[SW1-GigabitEthernet1/0/5]port trunk permit vlan 10 20
  /*配置 G1/0/5,允许 VLAN10 和 VLAN20 的数据帧通过
[SW1-GigabitEthernet1/0/5]port trunk pvid vlan 10
  /*配置 G1/0/5 的默认 VLAN 为 VLAN10
[SW1-GigabitEthernet1/0/5]undo port trunk permit vlan 1
  /*配置 G1/0/5,拒绝 VLAN1 数据帧通过
```

注意：默认情况下，交换机的所有端口都允许 VLAN1 的数据帧通过，为避免 VLAN1 数据帧不知不觉通过带来的危险，这里使用命令来拒绝 VLAN1 数据帧通过。

在修改完 SW1 的 PVID 后，SW1 和 SW2 会因为两端的 PVID 不一致而出现报错信息。一种解决方法是继续修改 SW2 的 PVID 而不理会报错信息，等修改完成后报错会自动停止；另一种解决方法是临时断开 SW1、SW2 之间的链路，报错会立即停止(因为无报文交换)，等将另一台 SW2 的 PVID 修改完成之后再重新连接 SW1、SW2 之间的链路。

(2) SW2 的配置。

```
[SW2-vlan20]interface g1/0/5                           /*进入 G1/0/5 接口视图
```

```
[SW2-GigabitEthernet1/0/5]port link-type trunk          /*配置 G1/0/5 为 Trunk 类型
[SW2-GigabitEthernet1/0/5]port trunk permit vlan 10 20
  /*配置 G1/0/5,允许 VLAN10 和 VLAN20 的数据帧通过
[SW2-GigabitEthernet1/0/5]port trunk pvid vlan 10
  /*配置 G1/0/5 的默认 VLAN 为 VLAN10
[SW2-GigabitEthernet1/0/5]undo port trunk permit vlan 1
  /*配置 G1/0/5,拒绝 VLAN1 数据帧通过
```

注意：同一条线路两端的 Trunk 端口允许通过的 VLAN 要一致，PVID 也要一致，否则无法通信。

2）连通性测试

(1) 用 PC1 去 ping 计算机 PC3，用 PC2 去 ping 计算机 PC4，结果显示 Echo reply 报文回复正常，说明 PC1 与 PC3 之间，PC2 与 PC4 之间可互通，因为 PC1 与 PC3 同属于 VLAN10，PC2 与 PC4 同属于 VLAN20。

(2) 用 PC1 去 ping 计算机 PC2，用 PC3 去 ping 计算机 PC4，结果显示超时，说明 PC1 与 PC2 之间，PC3 与 PC4 之间不可互通，因为它们分属不同的 VLAN。

PC1 上进行的连通性测试结果如图 8.10 所示。ping 192.168.10.3(PC3)结果显示回复正常(可互通)；ping 192.168.20.2(PC2)结果请求显示超时(不可互通)。

```
C:\Users\ldz>ping 192.168.10.3
Ping 192.168.10.3 (192.168.10.3): 56 data bytes, press CTRL_C to break
56 bytes from 192.168.10.3: icmp_seq=0 ttl=255 time=2.000 ms
56 bytes from 192.168.10.3: icmp_seq=1 ttl=255 time=2.000 ms
56 bytes from 192.168.10.3: icmp_seq=2 ttl=255 time=2.000 ms
56 bytes from 192.168.10.3: icmp_seq=3 ttl=255 time=2.000 ms
56 bytes from 192.168.10.3: icmp_seq=4 ttl=255 time=1.000 ms

--- Ping statistics for 192.168.10.3 ---
5 packet(s) transmitted, 5 packet(s) received, 0.0% packet loss
round-trip min/avg/max/std-dev = 1.000/1.800/2.000/0.400 ms
<H3C>%Aug 29 00:49:49:217 2020 H3C PING/6/PING_STATISTICS: Ping statistics for 192.168.10.3:
5 packet(s) transmitted, 5 packet(s) received, 0.0% packet loss, round-trip min/avg/max/std-dev =
1.000/1.800/2.000/0.400 ms.

C:\Users\ldz>ping 192.168.20.2
Ping 192.168.20.2 (192.168.20.2): 56 data bytes, press CTRL_C to break
Request time out
Request time out
Request time out
Request time out
Request time out

--- Ping statistics for 192.168.20.2 ---
5 packet(s) transmitted, 0 packet(s) received, 100.0% packet loss
```

图 8.10　连通性测试结果图

注意：如果交换机配置不变，将 4 台计算机的 IP 地址设置在同一网段(例如，4 台计算机的 IP 地址和掩码配置为 192.168.10.1/24～192.168.10.4/24)，这不会改变二层互通的结果：同属 VLAN10 的 PC1 和 PC3 可互通，同属 VLAN20 的 PC2 和 PC4 可互通，不同 VLAN 之间二层仍然不能互通。

3）配置 PVID 拒绝通过，测试连通性

配置 SW1、SW2 的 G1/0/5 端口的 PVID 被拒绝通过。配置命令如下：

```
[SW1-GigabitEthernet1/0/5]undo port trunk permit vlan 10
  /* 配置 G1/0/5,取消 VLAN 10 数据帧的通过许可
[SW2-GigabitEthernet1/0/5]undo port trunk permit vlan 10
```

结果发现 PC1 与 PC3 不能互通，但 PC2 与 PC4 仍然可以互通，因为 VLAN10 的数据帧被 G1/0/5 端口拒绝通过导致。

注意：在工程应用中一般不会拒绝 PVID 通过，但配置命令的确可以实现这一功能。

8.7 服务器网络的 Hybrid 配置实训

1. 实训内容与实训目的

1）实训内容

在服务器访问网络中使用 VLAN 技术保证属于两个不同 VLAN 的客户机不可二层互通，但它们都可以访问第 3 个 VLAN 中的服务器。

2）实训目的

（1）掌握 Hybrid 端口配置命令。

（2）重点掌握何种情况下需要配置 Hybrid 端口，何种情况下通过 Hybrid 端口的 VLAN 不带标签。

2. 实训设备

实训设备如表 8.6 所示。

表 8.6 服务器网络的 Hybrid 配置实训设备

实训设备及线缆	数量	备　　注
S5820 交换机	1 台	支持 Comware V7 命令的交换机即可
计算机	3 台	OS：Windows 10
Console 线	1 根	—
以太网线	3 根	—

3. 实训拓扑与要求

Server A、Client 1、Client 2 处于同一网段，但属于不同 VLAN。要求 Client 1、Client 2 能在二层访问 Server A，而 Client 1、Client 2 间不可二层互访。网络拓扑如图 8.11 所示。

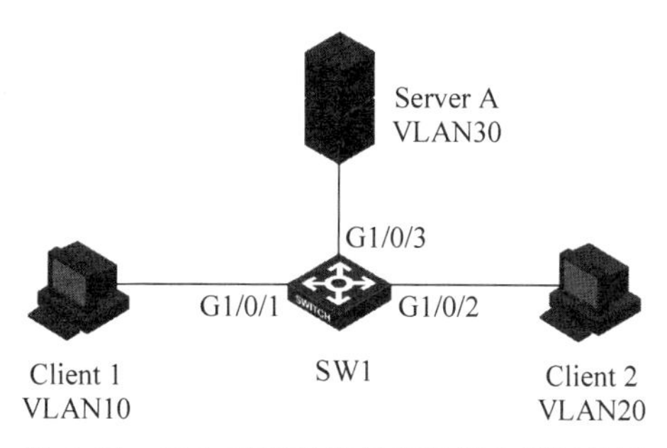

图 8.11 Hybrid 配置服务器访问实训拓扑图

网络设备 IP 地址分配及 VLAN 划分如表 8.7 所示。

表 8.7　网络设备 IP 地址分配及 VLAN 划分

设备名称	接　　口	IP 地址	所属 VLAN
Client 1	网卡	192.168.10.1/24	VLAN10
Client 2	网卡	192.168.10.2/24	VLAN20
Server A	网卡	192.168.10.3/24	VLAN30
SW1	G1/0/1	—	Hybrid(Pvid VLAN 10,untagged VLAN 30)
	G1/0/2	—	Hybrid(Pvid VLAN 20,untagged VLAN 30)
	G1/0/3	—	Hybrid(Pvid VLAN 30,untagged VLAN 10 20)

4. VLAN 端口设计

(1) Server A、Client 1、Client 2 分别属于 VLAN10、VLAN20、VLAN30。

(2) 为了让 Client 1、Client 2 都能访问 Server A,需要将交换机连接 Server A 的端口设置成 Hybrid 类型,PVID 为 VLAN30,但允许 VLAN10,20 帧不带标签通过;交换机连接 Client 1 的端口设置成 Hybrid 类型,PVID 为 VLAN10,但允许 VLAN30 帧不带标签通过;交换机连接 Client 2 的端口设置成 Hybrid 类型,PVID 为 VLAN20,但允许 VLAN30 帧不带标签通过。

注意: 计算机无法识别带标签的帧,所以连接计算机的交换机端口发送的帧都不允许带标签。

(3) 为了让 Client 1、Client 2 不能互访,交换机连接 Client 1 的端口不允许 VLAN20 帧通过;交换机连接 Client 2 的端口不允许 VLAN10 帧通过。

5. 实训过程

按拓扑要求使用以太网线连接所有设备的相应端口。

配置计算机的 IP 地址,Client 1、Client 2 和 Server A 的 IP 及掩码分别配置为 192.168.10.1/24、192.168.10.2/24、192.168.10.3/24。

注意: 实训只要求进行二层隔离,因此所有计算机均未配置网关。同一个 VLAN 的设备间通信是通过 MAC 寻址的,不需网关转发。

1) Hybrid 配置

步骤 1: 通过 Console 口登录交换机。

步骤 2: 创建 VLAN 并配置连接 3 台终端的交换机端口为 Hybrid 类型。

```
<H3C>system-view       /* 进入系统视图
[H3C]sysname SW1       /* 设备命名为 SW1
```

(1) 创建 VLAN。

```
[SW1]vlan 10            /* 创建 VLAN10
[SW1-vlan10]vlan 20     /* 创建 VLAN20
[SW1-vlan20]vlan 30     /* 创建 VLAN30
```

(2) 配置 G1/0/1 端口。

```
[SW1-vlan30]interface g1/0/1                       /* 进入 G1/0/1 接口视图
[SW1-GigabitEthernet1/0/1]port link-type hybrid    /* 配置 G1/0/1 为 Hybrid 类型
```

```
[SW1-GigabitEthernet1/0/1]port hybrid pvid vlan 10    /* 配置 G1/0/1 的 PVID 为 VLAN10
[SW1-GigabitEthernet1/0/1]port hybrid vlan 10 30 untagged
  /* 配置 G1/0/1 端口允许 VLAN10、VLAN30 的帧不带标签通过
```

(3) 配置 G1/0/2 端口。

```
[SW1-GigabitEthernet1/0/1]interface g1/0/2            /* 进入 G1/0/2 接口视图
[SW1-GigabitEthernet1/0/2]port link-type hybrid       /* 配置 G1/0/2 为 Hybrid 类型
[SW1-GigabitEthernet1/0/2]port hybrid pvid vlan 20    /* 配置 G1/0/2 的 PVID 为 VLAN 20
[SW1-GigabitEthernet1/0/2]port hybrid vlan 20 30 untagged
  /* 配置 G1/0/2 端口允许 VLAN 20、VLAN 30 的帧不带标签通过
```

(4) 配置 G1/0/3 端口。

```
[SW1-GigabitEthernet1/0/2]interface g1/0/3            /* 进入 G1/0/3 接口视图
[SW1-GigabitEthernet1/0/3]port link-type hybrid       /* 配置 G1/0/3 为 Hybrid 类型
[SW1-GigabitEthernet1/0/3]port hybrid pvid vlan 30    /* 配置 G1/0/3 的 PVID 为 VLAN 30
[SW1-GigabitEthernet1/0/3]port hybrid vlan 10 20 30 untagged
  /* 配置 G1/0/3 端口允许 VLAN10、VLAN20、VLAN30 的帧不带标签通过
```

2) 连通性测试

(1) 用 Client 1 和 Client 2 分别去 ping 服务器 Server A,结果显示 Echo reply 报文回复正常,说明 Client 1 与 Server A 之间、Client 2 与 Server A 之间可以互通。

(2) 用 Client 1 去 ping 计算机 Client 2,结果显示超时,说明 Client 1 与 Client 2 之间不可互通。

测试结果说明实训配置满足了实训要求。

8.8 任务小结

1. VLAN 的作用是限制局域网中广播报文的传送范围。
2. 通过对以太网帧进行打标签操作,交换机可以区分不同 VLAN 的数据帧。
3. 交换机的端口链路可分为 Access、Trunk 和 Hybrid 这 3 种类型。
4. VLAN 的划分与交换机的端口类型配置。

8.9 习题与思考

1. 简述 VLAN 的作用。
2. VLAN 的划分有几种方式,优点和缺点分别是什么,最常用的是哪些?
3. VLAN 的帧格式和标准以太网的帧格式有什么异同?
4. 交换机的端口类型有几种,在接收和发送数据包时,不同类型端口对数据分别是怎么处理的?

任务9 利用生成树协议解决二层网络环路并实现负载分担

学习目标

- 了解生成树协议的产生背景。
- 理解生成树协议的工作原理。
- 理解生成树的拓扑变化以及快速生成树的改进。
- 了解多生成树协议(MSTP)的工作原理。
- 掌握生成树协议的配置。

本任务要利用生成树协议解决二层网络中的环路问题,并通过配置多生成树协议实现网络流量的负载分担。

注意:在STP协议中称交换机为网桥,故本章内容将沿袭传统,将交换机称作网桥,两者不作区分。

9.1 生成树解决二层环路问题

交换机的工作过程有如下两个特性。

(1) 当MAC地址表中无单播帧目的地址记录项时,交换机会将单播帧以广播方式转发至除帧来源端口外的其他所有端口。

(2) 交换机从不保留被转发数据帧的有关记录。所以,当交换机再次收到相同数据帧(已被转发过的数据帧)时,仍然会按MAC地址表转发。

如果二层交换机网络存在环路,则这种特性会导致广播帧、无MAC地址记录的单播帧在环路中不断地循环转发。

注意:IP报文结构中有TTL(Time to Live)字段,如果三层网络中存在路由环路,则IP报文也可能会在路由环路中被循环转发。但IP报文被路由器转发一次,报文TTL会自动减1,当TTL变为0时,路由器就不会再转发这个IP报文。因此,三层网络中的IP报文是有寿命的。不同于IP报文,二层网络的帧结构中没有类似TTL的字段,因此广播帧或无MAC地址记录的单播帧会在环路中获得"永生",并且可能被交换机不停复制,从而产生广播风暴、地址表不稳定等问题,消耗网络带宽,使网络性能下降,甚至使交换机瘫痪。

如图9.1所示,PC1发送了一个单播帧,但该帧的目的地址目前在所有交换机MAC地址表里都没有记录,SW1则以广播形式转发该帧(注意,被转发帧的源和目的MAC地址不会改变),帧编号为1,共3份;SW2从SW1收到该帧同样以广播形式转发,编号为12,共1份;SW3从SW1收到该帧同样以广播形式转发,编号为13,共2份;SW4从SW1收到该帧同样以广播形式转发，编号为14，共1份。此时，单播帧只被每个交换机转发了一次，形成了7份相同的帧，接下来还有第二轮、第三轮……，这就形成**广播风暴**。另外请注意：这个单播帧三次从不同的端口进入SW3，但帧的源MAC地址却是相同的。源MAC地址对应的端口每次都不相同，所以SW3每次都要更新MAC地址表，这造成SW3的**MAC地址表不稳定**。

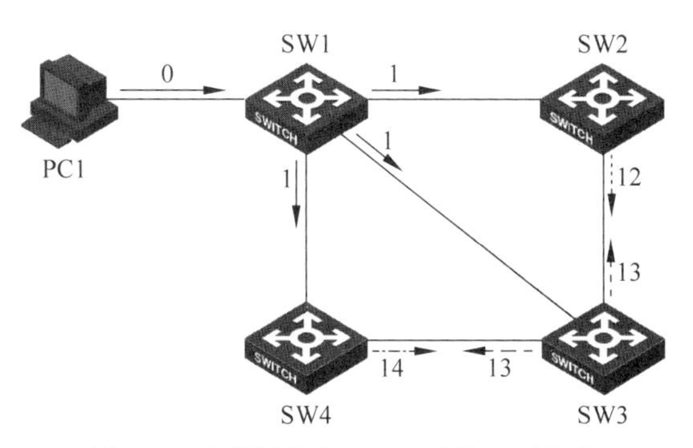

图9.1　广播风暴与MAC地址表不稳定

为解决环路造成的广播风暴与MAC地址表不稳定的问题，IEEE 802.1d定义了生成树协议(Spanning Tree Protocol，STP)。众所周知，树结构上没有环路，并且树上每个节点之间都是连通的。

9.2　STP生成树原理

生成树协议(STP)是在具有物理环路的交换机网络上构造出无环路的逻辑网络的方法。生成树协议使用生成树算法，在一个具有冗余路径(环路)的容错网络中计算出一个无环路的路径，使一部分端口处于转发状态，而另一部分端口处于阻塞状态，从而形成一个稳定的、无环路的树状网络拓扑结构。如图9.2所示，虚线是被阻断的链路，所有实线箭头连接的交换机形成了一棵树，所有的数据帧只能沿实线在这棵树上转发，从而避免了环路。而且，一旦发现当前路径的故障，生成树协议能立即激活相应的端口，打开备用链路(被阻断的链路)，重新生成树状的网络拓扑，从而保持网络的连通性。生成树协议保证网络上任何两点间有一条且仅有一条不重复路径。生成树协议使得存在冗余路径的网络既具备容错的能力，又避免了环路所带来的负面影响。

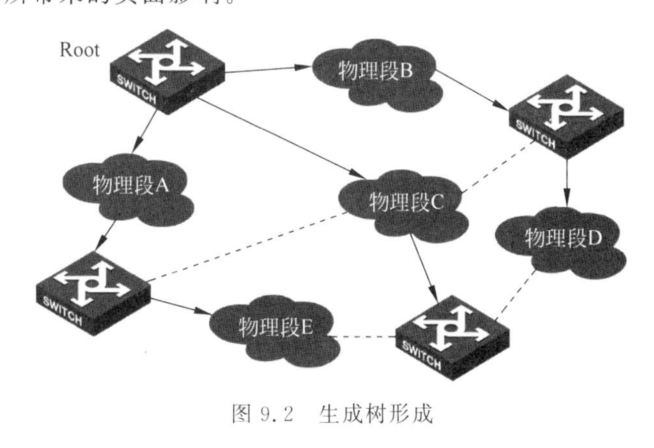

图9.2　生成树形成

9.2.1 STP端口状态迁移

为了避免环路，运行 STP 协议的交换机端口在 5 种状态之间进行迁移，如表 9.1 和图 9.3 所示。

表 9.1 STP 端口的 5 种状态

端口状态	端口能力
Disabled	不收发任何报文
Blocking	不接收或转发数据，接收但不发送 BPDUs，不进行地址学习
Listening	不接收或转发数据，接收并发送 BPDUs，不进行地址学习
Learning	不接收或转发数据，接收并发送 BPDUs，开始地址学习
Forwarding	接收并转发数据，接收并发送 BPDUs，进行地址学习

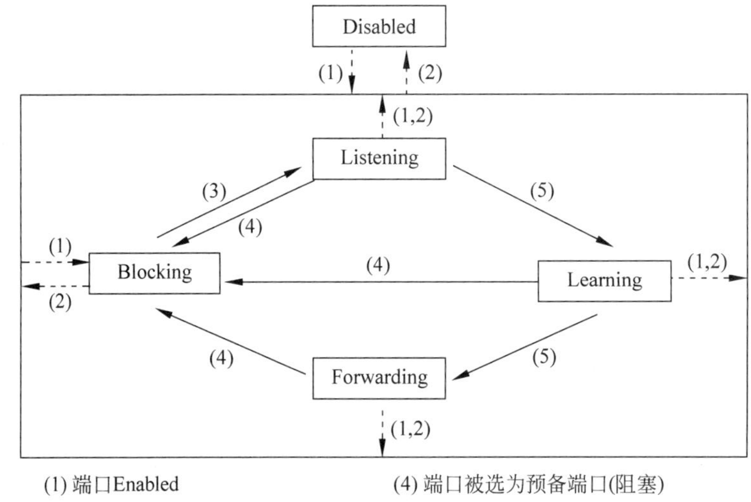

图 9.3 端口状态迁移图

默认情况下，交换机开机时所有的端口处于阻塞状态，经过 Max Age 时间(BPDU 最大存活时间，默认值为 20s)后，交换机端口进入监听状态，经过 Forward Delay 时间(转发时延，即监听和学习状态的持续时间，默认值为 15s)后进入学习状态，再经过 Forward Delay 时间后一部分端口进入转发状态，而另一部分端口(冗余的端口)被置于阻塞状态。当所有运行 STP 协议的端口状态稳定时，就形成了一棵生成树，这个过程称为收敛，默认收敛时间为 50s(Max Age＋2×Forward Delay)。

当网络拓扑因故障或新设备的加入而发生变化时，生成树算法将自动重启，端口的状态也会发生相应的变化。一旦所有非根交换机完成到根交换机的最优路径计算，所有冗余端口都将进入阻塞状态；而如果原来的阻塞端口转变为指定端口，则这些端口将进入监听状态。

完整的端口状态迁移过程如图 9.3 所示。

9.2.2 网桥协议数据单元

生成树协议使用网桥协议数据单元(Bridge Protocol Data Unit,BPDU)的特殊数据帧传送设备的有关信息。BPDU报文根据用途不同分为配置BPDU报文和拓扑变更通知BPDU报文两类。两类报文都包含目的MAC地址、源MAC地址、帧长、逻辑链路头；但两者的载荷部分不同,具体如图9.4和图9.5所示。

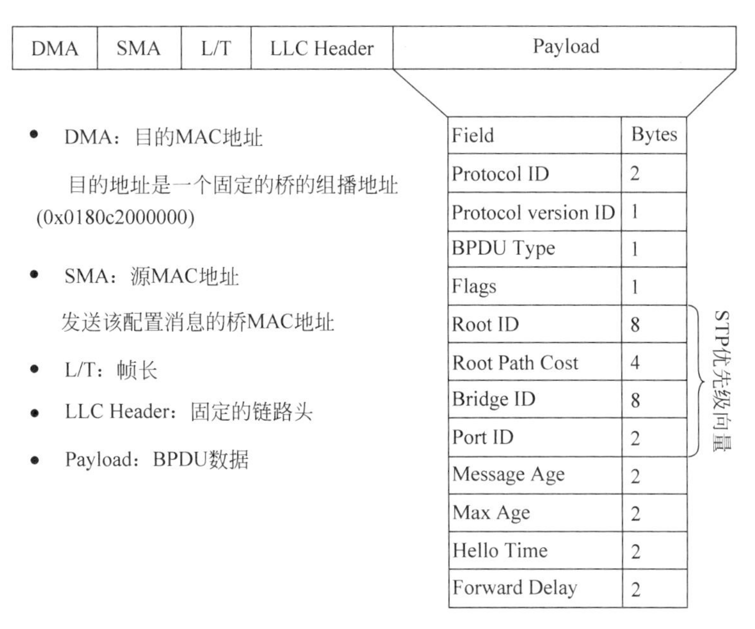

图9.4 配置BPDU报文结构

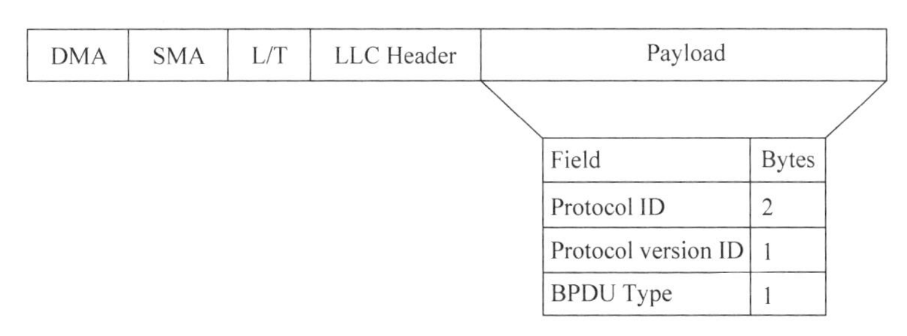

图9.5 TCN BPDU报文结构

1. 配置BPDU

配置BPDU(Configuration BPDU)被用来计算和维护生成树,其格式如图9.4所示,载荷部分共35字节。

载荷中包含了STP计算所需的信息,主要包括如下内容。

(1) Root ID：根桥的桥ID(Root Bridge ID),根桥ID是网络中最小的桥ID,用于标识网络中的根桥。由根桥的优先级(2字节)和MAC地址(6字节)组合而成,前面是优先级,后面是MAC地址。

注意：桥优先级的值必须是4096的倍数,默认值为32 768。

(2) Root Path Cost(RPC)：根路径开销，指从发送该配置 BPDU 的网桥到根桥的最小路径开销，即最短路径上所有链路开销的代数和。

(3) Bridge ID：发送该配置 BPDU 的网桥 ID，即为该物理段的指定桥 ID(Designate Bridge ID)，由网桥的优先级(2 字节)和 MAC 地址(6 字节)组合而成，前面是优先级，后面是 MAC 地址。

(4) Port ID：指定端口 ID(Designate Port ID)，即发送该配置 BPDU 的网桥的发送端口 ID，该发送端口即为其所在物理段的指定端口。Port ID 值由端口优先级和端口索引值(端口序号)组合而成。

STP 计算时需要比较以上 4 个字段中的信息，它们和接收端口 ID(BridgePortID)共同构成 STP 计算的优先级向量：

```
{RootBridgeID,RootPathCost,DesignateBridgeID,DesignatePortID,BridgePortID}
```

其中，BridgePortID(接收端口 ID)为本地信息，不包含在配置 BPDU 中。

负载中的其他字段含义如下：

(1) Protocol ID：固定为 0x0000，表示是生成树协议。

(2) Protocol Version ID：协议版本号，目前生成树协议有 3 个版本，STP 版本号为 0x00。

(3) BPDU Type：配置 BPDU 类型为 0x00，TCN BPDU 类型为 0x80。

(4) Flags：8 位，最低位(0 位)为 TC(Topology Change，拓扑改变)标志位，最高位(7 位)为 TCA(Topology Change Acknowledge，拓扑改变应答)标志位；其他 6 位保留。

(5) Message Age：配置 BPDU 的已存活时间，这个时间是从根桥生成配置 BPDU 开始，到当前时间为止。

(6) Max Age：配置 BPDU 的最大存活时间。

(7) Hello Time：根桥生成配置 BPDU 的周期，默认为 2s。

(8) Forward Delay：配置 BPDU 传播到全网的最大时延，默认为 15s。

2. 拓扑变更通知 BPDU

当网络拓扑结构发生变化时，拓扑变更通知 BPDU(Topology Change Notification BPDU，TCN BPDU)被用来发送拓扑结构变化通知给根桥，以便根桥通知所有网桥加速 MAC 地址老化时间(默认值为 300s)，加快生成树重新计算，减少收敛时间，其格式如图 9.5 所示，其载荷部分共 4 字节。

TCN BPDU 有如下两个产生条件。

(1) 网桥上有端口转变为 Forwarding 状态，且该网桥至少包含一个指定端口。

(2) 网桥上有端口从 Forwarding 状态或 Learning 状态转变为 Blocking 状态。

当上述两个条件满足一条时，说明网络拓扑发生了变化，网桥需要使用 TCN BPDU 通知根桥。根桥在收到 TCN BPDU 后会在接下来的(Max Age＋2×Forward Delay)时间内发送 TC 位被置位的配置 BPDU 给所有网桥，通知它们网络拓扑发生了变化，需要使用较短的 MAC 地址老化时间，以加快生成树的重新收敛。TCN BPDU 在向根桥转发的过程中，转发路径上的所有网桥在接收到 TCN BPDU 后都需要回送 TCA 位被置位的配置 BPDU 告知对方自己已接收到 TCN BPDU。

如图 9.6 所示，SW4 的 G0/1 端口连接的链路断开。

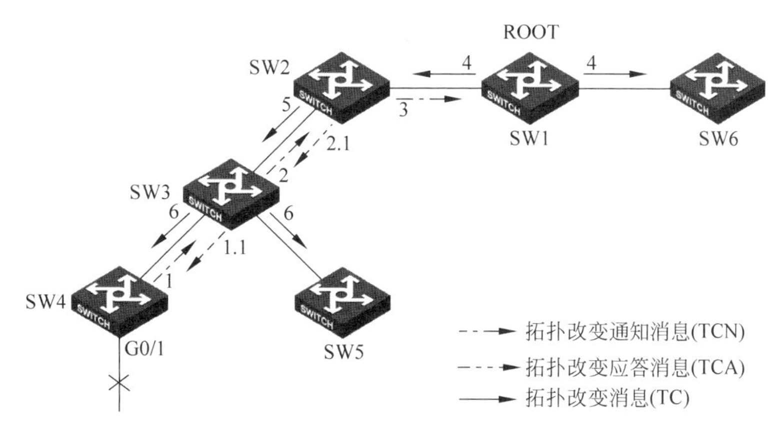

图 9.6 拓扑改变消息的传递

(1) SW4 从自己的根端口发送 TCN BPDU(编号 1)给 SW3。

(2) SW3 收到 TCN BPDU 后，将下一个配置 BPDU(编号 1.1)中的 TCA 置位回送给 SW4，并告知对方自己已接收到 TCN BPDU。SW3 同时从自己的根端口发送 TCN BPDU(编号 2)给 SW2。

(3) SW2 收到 TCN BPDU 后，将下一个配置 BPDU(编号 2.1)中的 TCA 置位回送给 SW3，并告知对方自己已接收到 TCN BPDU。SW2 同时从自己的根端口发送 TCN BPDU(编号 3)给根桥 SW1。

(4) SW1 为根桥，将下一个配置 BPDU(编号 4)中的 TCA 和 TC 置位从指定端口发送给 SW2 和 SW6。SW2 会将这个 BPDU(编号 5)转发给它的下游网桥 SW3，SW3 同样将这个 BPDU(编号 6)转发 SW4 和 SW5。

(5) 此后的 Max Age+Forward Delay 时间内，根桥 SW1 将配置 BPDU 中的 TC 置位下发至全网(每隔 Hello Time 时间发送一次)，各网桥收到 TC 置位的配置 BPDU 后，将 MAC 地址老化时间(默认值 300s)缩短为 Forward Delay 时间(默认值 15s)。

TCN BPDU 和 TC 置位的配置 BPDU 相配合，使得 MAC 地址老化时间大大减少，加快了拓扑收敛的速度。

9.2.3 构造生成树

生成树协议(STP)要依次完成下面 3 个动作来构造一棵完整的生成树。

(1) 确定根桥(生成树的根)。

(2) 确定每个网桥的根端口。每个网桥的根端口到根桥的路径开销最小。

(3) 比较每个端口发出的 BPDU 报文和接收到的 BPDU 报文中的根路径开销，以确定根端口以外的其他端口的角色：指定端口或预备端口(也称可选端口)。

根端口和指定端口都会转发数据；而预备端口被阻塞，不会转发数据。

最初，所有交换机都认为自己是根桥，将自己的桥 ID 写入配置 BPDU 报文中的根桥 ID 字段，并发送该配置 BPDU 报文，因而每个交换机发送配置 BPDU 报文中的根桥 ID 都不相同。交换机通过比较这些配置 BPDU 中根桥 ID 选出根桥。在选出根桥后，只有根桥会发送 BPDU 报文,其他交换机只会比较各端口接收的 BPDU 报文中的配置消息,保留最优配置消息,并依据该配置消息更新 BPDU 报文中的根路径开销(RootPathCost)、指定桥 ID(DesignatedBridgeID)、指定端口 ID(DesignatedPortID)值,并再次转发,同时确定各端口类型,直至所有交换机的端口状态稳定,完成生成树的计算。

交换机是按照以下步骤来确定最优配置消息的。

(1) 首先,比较配置消息的根桥 ID,根桥 ID 小的优先级高。

(2) 如果配置消息中的根桥 ID 相同,则比较它们的最短路径开销,配置消息中的根路径开销与接收端口开销之和小的优先级高。

(3) 如果前面的两个参数都相同,则比较它们的指定桥 ID,指定桥 ID 小的优先级高。

(4) 如果前面 3 个参数都相同,则比较它们的指定端口 ID,指定端口 ID 小的优先级高。

优先级高的配置消息就是最优配置消息,选出最优的配置消息后,就可以相应地更新自己的配置消息。

网络中所有的交换机每隔 Hello Time 时间(发送配置 BPDU 报文的时间间隔,默认值为 2s)就发送和接收 BPDU 报文,并且用它来检测生成树拓扑结构的状态,通过生成树算法构造出生成树。生成树具体的构造过程如下。

1. 确定根桥

根桥是生成树的树根,桥 ID 值最小的交换机为根桥。桥 ID 由桥优先级和桥 MAC 地址组成。先比较桥优先级(优先级值小,则优先级高),如果存在唯一一台优先级最高的交换机,则这台交换机被选为根桥(Root);如果优先级最高的交换机不唯一,则比较这些高优先级交换机的 MAC 地址,MAC 地址最小的交换机成为根桥。

注意:优先级可以相同,但 MAC 地址具有唯一性,一定各不相同,所以最终通过比较 MAC 地址大小一定可以选出根桥。

在工程应用中,一般都通过设置桥优先级的方法来人为选择根桥,而不是任由生成树协议盲目自动选择根桥。

2. 为每台交换机确定根端口

确定根端口需根据情况依次比较接收到的 BPDU 报文中的根路径开销、指定桥 ID 和指定端口 ID。交换机的每个端口都有一个路径开销,根路径开销是该端口到根桥所经过的各物理网段的路径开销的总和。根桥的根路径开销为零。

确定根端口的步骤如下。

(1) 如果交换机中根路径开销值最小的端口唯一,那么这个开销最小的端口被选为根端口(Root Port)。

(2) 如果交换机的多个端口具有同样低的根路径开销,则比较这些端口接收到的 BPDU 报文中的指定桥 ID,指定桥 ID 小的端口为根端口。

(3) 如果这些端口接收到的 BPDU 报文中的指定桥 ID 也相同,则比较接收到的 BPDU 报文中的指定端口 ID,指定端口 ID 小的端口为根端口。

注意:根桥没有根端口,而其他交换机有且只有一个根端口。

端口的路径开销由链路速度决定,其值由 IEEE 的两个标准来指定,如表 9.2 所示。

表 9.2　端口路径开销与端口链路速度对照

链路速度	链路类型	IEEE 802.1D cost	IEEE 802.1t cost
10Mb/s	Half Duplex	100	2 000 000
	Full Duplex	95	1 999 999
	Aggregated link 2 port	90	1 000 000
100Mb/s	Half Duplex	19	200 000
	Full Duplex	18	199 999
	Aggregated link 2 port	15	100 000
1000Mb/s	Full Duplex	4	20 000
	Aggregated link 2 port	3	10 000
10Gb/s	Full Duplex	2	2000
	Aggregated link 2 port	1	1000

3. 选举指定端口,确定预备端口

(1) 根桥上的端口都是指定端口。根桥要向外发送 BPDU 和数据,所以根桥上的端口一定都是指定端口。

(2) 根端口相连的都是指定端口。

(3) 对于除了上面两条所规定的指定端口和所有的根端口外的其他端口：如果端口发送的 BPDU 比接收的 BPDU 配置消息优,则该端口为指定端口；否则为预备端口。预备端口处于阻塞状态,预备端口连接的链路成为冗余链路。

9.3　BPDU 报文接收与处理、生成树形成过程示例

9.3.1　BPDU 报文接收与处理示例

下面是一个接收并处理 BPDU 报文中的配置消息的例子。注意：为方便对配置信息进行比较,配置消息各字段值只采用了简单的数值来表示,与实际值并不相符。

如图 9.7 所示,网桥 Bridge81(桥 ID 为 81)共有 6 个端口连接到网络中,分别收到 6 个配置消息(根桥 ID、根路径开销、指定桥 ID、指定端口 ID),分别是端口 1(Port1)(32,0,32,8),端口 2(Port2)(25,18,123,7),端口 3(Port3)(23,14,321,9),端口 4(Port4)(23,14,100,8),端口 5(Port5)(23,15,80,3),端口 6(Port6)(23,14,100,2)。

按照以下步骤对配置消息进行比较。

1. 确定根桥

比较配置消息中的根桥 ID。桥 ID 最小值为 23,为根桥 ID。

端口 1 和端口 2 配置消息的根桥 ID 都大于 23,因而这两个端口的配置消息并不最优,被排除；但其他端口的桥 ID 均为 23,需进一步比较,如图 9.7 中的①图所示。

2. 确定根端口

1) 比较根路径开销

假设这是 10Gb/s 的全双工链路,按照表 9.2 中 IEEE 802.1D 路径开销值为 2,则端口 3、端口 4 和端口 6 具有最小的最短路径开销为 16,比端口 5 的 17 小,故根端口从端口 3、端口 4、端口 6 中选出,如图 9.7 中的②图所示。

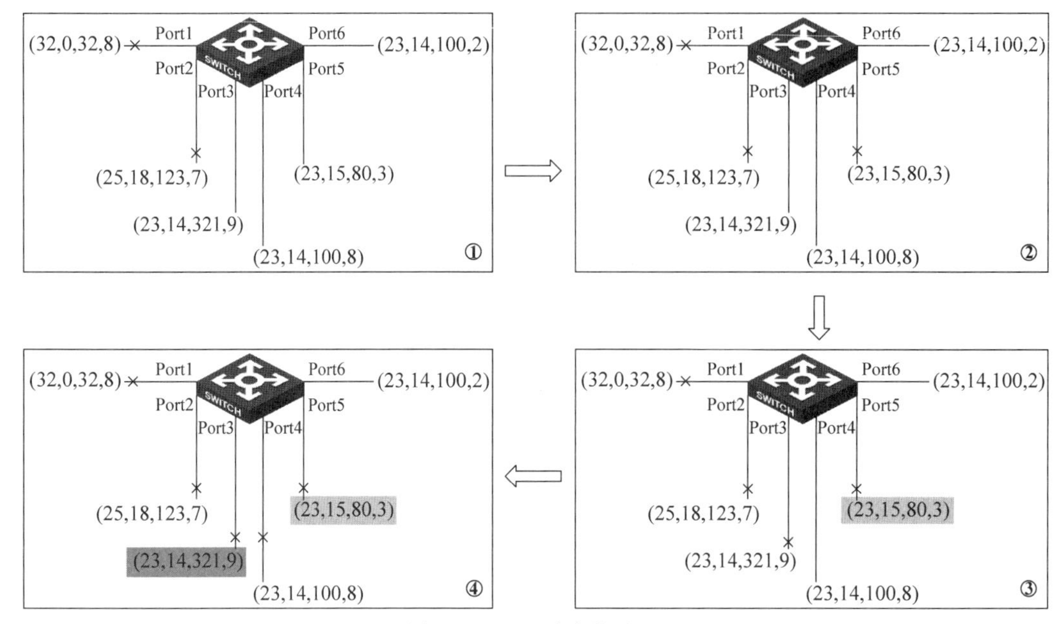

图 9.7　配置消息的处理

注意：端口的根路径开销 = 端口接收配置消息中的根路径开销＋端口的路径开销。

2）比较指定桥 ID

接下来比较端口 3、端口 4、端口 6 的指定桥 ID，端口 4 和端口 6 的指定桥 ID 为 100，比端口 3 的 321 小，所以根端口将从端口 4 和端口 6 中选出，如图 9.7 中的③图所示。

3）比较指定端口 ID

端口 4 和端口 6 接收配置消息中的根桥 ID，根路径开销和指定桥 ID 均相同。但端口 6 接收配置消息中的指定端口 ID 值为 2，小于端口 4 接收配置消息中的指定端口 ID 值 8，因此端口 6 为根端口，如图 9.7 中的④图所示。

因此，端口 6 接收 BPDU 报文中的配置消息为最优配置消息。

3. 确定网桥的最短路径开销

最短路径开销为最优配置消息中的最短路径开销与根端口开销之和，因此网桥 Bridge81 的最短路径开销为 16。

4. 确定指定桥

这里的指定桥就是自己，桥标识 BridgeID 为 81。

至此，网桥 Bridge81 形成了新的配置消息(23,16,81,6)。

5. 确定指定端口和预备端口

将新的配置消息与各端口接收的配置消息进行比较：新的配置消息优于端口 1 和端口 2 接收的配置消息，所以端口 1 和端口 2 为指定端口；新的配置消息劣于端口 3、端口 4、端口 5 接收的配置消息，所以端口 3、端口 4、端口 5 为预备端口，被阻塞。端口 6 为根端口。新的配置消息(23,16,81,6)从指定端口 1、端口 2 发送出去。

9.3.2　生成树形成过程示例

假设所有交换机的 STP 优先级默认都为 32768，所有端口是 100MHz 全双工，路径开销按 IEEE 802.1D 标准来计算，拓扑结构如图 9.8 所示。

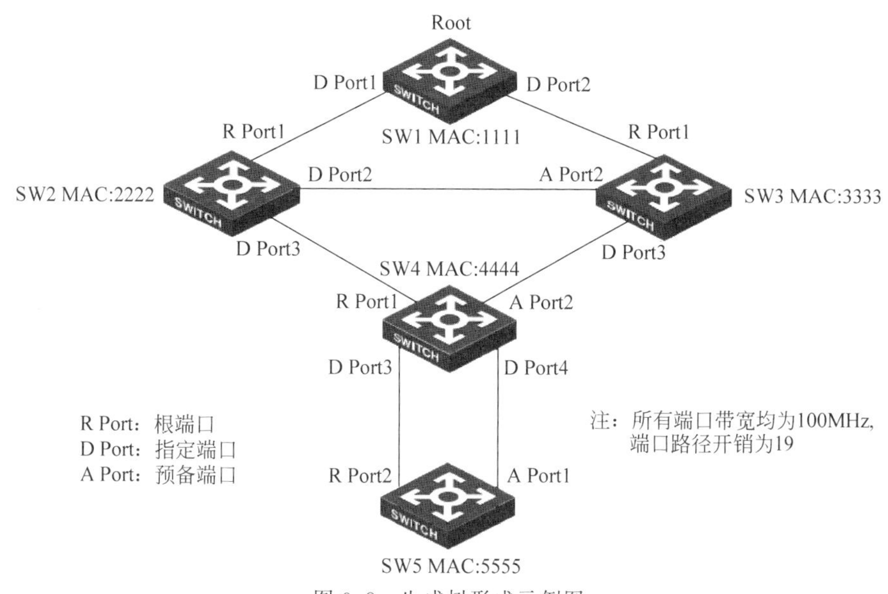

图 9.8 生成树形成示例图

1. 根桥的选举

每台交换机在启动 STP 协议后，一开始都认为自己是根桥，将自己的桥 ID 填入配置 BPDU 报文中的根桥 ID 字段，并向所有邻居交换机发送配置 BPDU 报文。每台交换机都将自己的桥 ID 与接收到的配置 BPDU 报文中的根桥 ID 进行对比，将优先级高的桥 ID 写入新的配置 BPDU 报文根桥 ID 字段中，再发送给邻居交换机。如此迭代，直到根桥选出为止。在图 9.8 所示的拓扑结构中，所有交换机的 STP 优先级默认都一样，而 SW1 的 MAC 地址值最小，因此配置 BPDU 报文最终会协商出根桥为 SW1。

2. 根端口的选举

(1) 比较根路径开销。如果交换机中根路径开销值最小的端口唯一，那么这个开销最小的端口被选为根端口。注意：端口的根路径开销＝端口的路径开销＋端口接收配置消息中的根路径开销(接收到的 BPDU 报文中的 RootPathCost 字段值)。

选出根桥后，只有根桥会发送配置 BPDU，其他交换机只会转发根桥的配置 BPDU。非根桥交换机首先从接收到的 BPDU 中查看 RootPathCost(根路径开销)字段，将自己的端口路径开销与 RootPathCost 值相加，形成新的 RootPathCost 值填到 BPDU 中再转发出去。例如，交换机 SW2 的端口 1 连接根桥 SW1，接收的 BPDU 中 RootPathCost 值为 0。假如端口 1 带宽 100MHz，那么端口的路径开销为 19，加上 BPDU 中 RootPathCost 值 0，结果等于 19，再将 19 重新填入 RootPathCost 字段，将新的 BPDU 发送给邻居交换机 SW3 和 SW4。SW3 的端口 1 同样也接收到来自 SW1 的 BPDU，使用同样方法计算出新的 RootPathCost 值为 19，并将新的 BPDU 报文发送给邻居交换机 SW2 和 SW4。

下面分析 SW2 的端口 2 接收的 BPDU 报文。端口 2 接收的 BPDU 报文来自 SW3，报文中的 RootPathCost 值为 19，SW2 的端口 2 路径开销为 19，故 SW2 端口 2 到根桥的路径开销值(RootPathCost)为两者之和，且为 38。同理，计算出 SW2 和 SW3 的其他端口的 RootPathCost 值都比端口 1 的值大，所以 SW2 和 SW3 选择端口 1 作为根端口。

(2) 如果交换机的多个端口具有同样低的根路径开销，则比较这些端口接收的 BPDU

报文中的指定桥ID(转发BPDU报文的交换机桥ID),指定桥ID小的端口为根端口。

例如SW4中的端口1和端口2,由于两个端口到根网桥的路径开销一样,因此现在需要比较它们接收BPDU报文中的指定桥ID。SW4端口1连接着SW2,接收的BPDU报文来自SW2,报文中的指定桥ID为32768：2222；端口2连接SW3,接收的BPDU报文来自SW3,报文中的指定桥ID为32768：3333。因为SW3桥ID优先级低于SW2桥ID,所以SW4选择端口1为根端口。

(3) 如果这些端口的根路径开销和接收的BPDU报文中的指定桥ID都相同,则比较接收的BPDU报文中的指定端口ID(由端口优先级和端口索引值组成),指定端口ID小的端口为根端口。

例如SW5中的端口1和端口2,由于两个端口接收的BPDU都是SW4转发的,在端口优先级相同的情况下只能比较SW4发送BPDU的端口索引值(端口序号),SW5的端口1和端口2分别连接SW4的端口4和端口3,端口索引值3小于端口索引值4,所以SW5端口2是根端口。

注意：*比较是发送BPDU的端口索引(端口序号),而不是接收BPDU的端口索引。*

3. 指定端口的选举

(1) 根桥上的端口都是指定端口。根桥要向外发送BPDU和数据,所以根桥上的端口一定都是指定端口。SW1的端口1和端口2都是指定端口。

(2) 根端口相连的都是指定端口。SW3的端口2和SW4的端口3均为指定端口。

(3) 对于除上面两条规定的指定端口和所有的根端口外的其他端口,如果该端口接收到的BPDU报文比它发送的BPDU报文中的配置消息优,则该端口为指定端口；否则为预备端口。预备端口处于阻塞状态,预备端口连接的链路成为冗余链路。例如,SW2和SW3的端口2直接相连,两者的端口2发送的配置BPDU报文中根桥ID及开销都一样,这时需要比较指定桥ID(转发该BPDU报文的交换机桥ID),显然SW2的桥ID优先级高于SW3的桥ID,所以SW2的端口2成为指定端口,而另一端SW3的端口2成为预备端口。同理,SW3的端口3为指定端口,SW4的端口2为预备端口；SW4的端口4为指定端口,SW5的端口1为预备端口。

注意：*在被阻塞的物理段上有一个指定端口和一个预备端口。*

除指定端口、根端口外的其他端口都是预备端口。

9.4 快速生成树协议

快速生成树协议(Rapid Spanning Tree Protocol,RSTP)是STP协议的优化版,其基本思想一致,但改进后的RSTP收敛速度比STP快。

9.4.1 RSTP的改进

RSTP能够完成STP协议的所有功能,不同之处在于：在某些情况下,当一个端口被选为根端口或指定端口后,RSTP减少了端口从阻塞状态到转发状态的时延,加快了网络连通性的恢复,缩短了收敛时间。

在IEEE 802.1w中,RSTP从以下三方面加快端口从阻塞状态到转发状态的转变。

1. 端口被选为根端口

如果一个阻塞端口被选为根端口,那么该阻塞端口可以立即切换到转发状态,无延时,无须传递BPDU,其状态转换只需一个CPU处理时间。

如图 9.9 所示，交换机 SW2 上有两个端口连接根桥 SW1，其中 Cost 值为 10 的端口 G0/1 被选为根端口，另外一个为预备的端口（处于阻塞状态）。假如 G0/1 端口的 Cost 值被修改为 30，则 STP 重新计算，选择原来处于阻塞状态的端口 G0/2 为根端口。G0/2 会立即从阻塞状态切换到转发状态，无延时，无须传递 BPDU 报文进行交互确认。

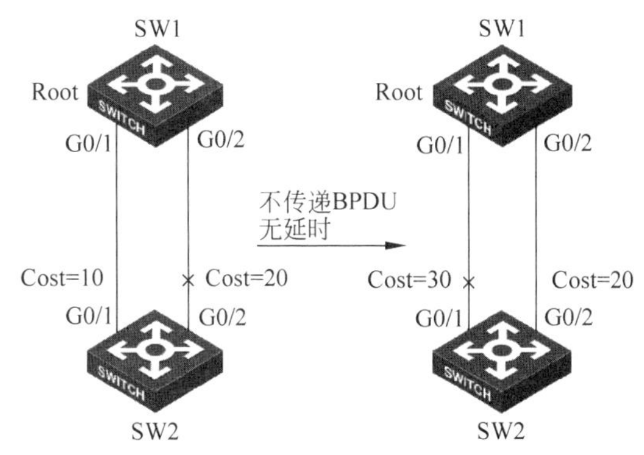

图 9.9　RSTP 改进一：端口无延时转化为根端口

2. 端口是边缘端口

边缘端口是指那些直接和终端设备相连，而未连接任何交换机的端口。这些端口无须参与生成树计算。

RSTP 对边缘端口的状态转换做了改进，边缘端口可以无时延地快速进入转发状态，因为边缘端口的状态改变永远不会造成环路。

在图 9.10 中，SW1 的端口 G0/1 连接着终端，因而它是边缘端口。当 PC1 加电并通过 G0/1 端口接入网络时，G0/1 端口可立即进入转发状态。但网桥无法自行判定端口是边缘端口还是非边缘端口，需要管理员判断并通过配置命令进行指定。

3. 端口是非边缘端口

非边缘端口连接着其他的交换机，如图 9.11 中的 G0/1 端口所示。

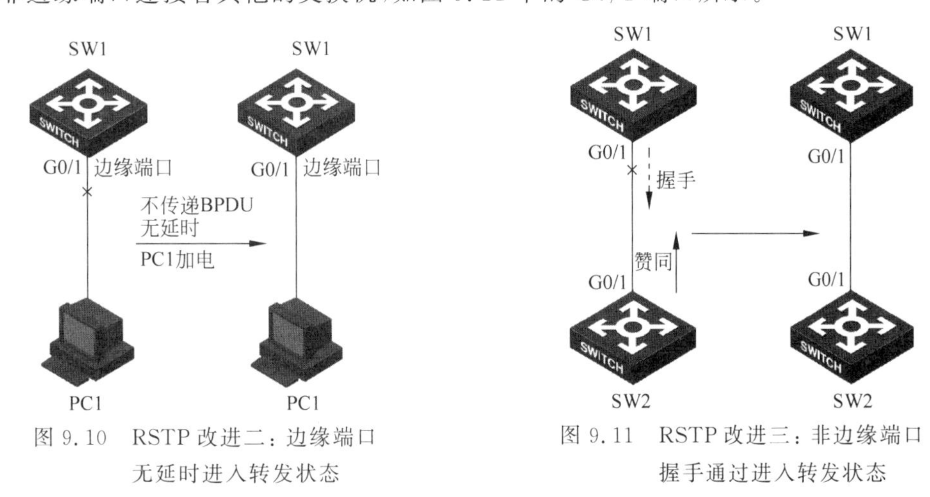

图 9.10　RSTP 改进二：边缘端口无延时进入转发状态

图 9.11　RSTP 改进三：非边缘端口握手通过进入转发状态

当网络中增加新的链路或故障链路恢复时，链路两端一定有一个端口的角色是指定端口，在 STP 中，该指定端口需要等待 2 个 Forward Delay 时间（默认为 30s）才会进入转发状态。RSTP 协议对此有所改进，分为以下两种情况。

1) 交换机之间是点对点链路

如果交换机之间是点对点链路，则交换机需要发送握手报文到链路对端的交换机进行协商，只要对端返回一个赞同报文，端口就能进入转发状态。

在图 9.11 中，SW1 的端口 G0/1 原来处于阻塞状态，STP 重新选择 G0/1 作为指定端口。SW1 的 G0/1 端口并不知道下游是否有环路，所以发一个握手报文给下游网桥 SW2，询问 SW2 是否同意自己进入转发状态。SW2 收到握手报文后，发现自己是边缘网桥，没有端口连接到其他网桥，不会产生环路，则回应一个赞同报文，同意 SW1 的端口 G0/1 进入转发状态。G0/1 在接收到这个赞同报文后，可立即进入转发状态，而无须等待。

注意：RSTP 规定只有在点对点链路上，网桥才可以发起握手请求。如果 SW1 连接的是非点对点链路，就意味着它可能连接着多个下游网桥。在只有部分下游网桥回应赞同报文的情况下，上游网桥就将端口切换至转发状态，可能会导致环路。

在 RSTP 握手协商时，总体收敛时间取决于网络直径，也就是网络中任意两点间的最大网桥数量。最坏的情况是握手从网络的一边开始扩散到网络的另一边。例如，网络的直径为 7，最多可能要经过 6 次握手，网络的连通性才能被恢复。

2) 交换机之间是非点对点链路

对于非点对点链路，端口的状态转变时间与 STP 相同，为两倍 Forward Delay 时间，默认情况下是 30s。

由以上所述可知，RSTP 的改进有如下 3 点。

(1) 对于根端口，发现网络拓扑结构改变到恢复连通性时间可以缩短到一个 CPU 时间(毫秒级)，并且不需要传递配置信息。

(2) 对于边缘端口可立即进入转发状态，因为端口的状态变化根本不会造成环路，并且不需要传递配置消息。

(3) 对于非边缘的、点到点链路上的端口，通过握手可立即进入转发状态。

可见，RSTP 协议相对于 STP 协议的确改进了很多。为了支持这些改进，BPDU 的格式做了一些修改，但 RSTP 协议仍然向下兼容 STP 协议，二者可以混合组网。

9.4.2 RSTP 的缺陷

RSTP 和 STP 一样都只能构造单生成树(Single Spanning Tree，SST)，单生成树的缺陷主要表现在以下 3 方面。

(1) 由于整个交换网络只有一棵生成树，网络规模越大收敛时间也越长，拓扑结构改变的影响范围越大。

(2) 在网络结构不对称时，单生成树会影响网络的连通性。

(3) 当链路被阻塞后将不承载任何流量，造成了带宽的极大浪费。

这些缺陷都是单生成树无法克服的，因而产生了多生成树协议。

9.5 多生成树协议

多生成树协议(Multiple Spanning Tree Protocol，MSTP)由 IEEE 802.1s 定义，既能快速收敛，又弥补了 STP/RSTP 的缺陷。

9.5.1 MSTP 的特点

MSTP 的特点如下。

(1) MSTP 引入了"域"的概念，把一个交换网络划分为多个域。每个域内形成多棵生成树，生成树之间彼此独立；在域间，MSTP 利用 CIST(Common and Internal Spanning Tree，公共和内部生成树)保证全网二层无环路存在。

(2) MSTP 引入"实例"(Instance)的概念，每个实例就是一棵独立的生成树。将多个 VLAN 映射到一个实例中(一棵生成树传递多个 VLAN 的数据)，以节省通信开销和资源占用率。MSTP 各个实例的拓扑结构计算是独立的，多个实例可以实现 VLAN 数据的负载分担。

(3) MSTP 最多可支持 65 个实例。MSTP BPDU 中包含所有实例的信息，降低了报文数量。

(4) MSTP 可以实现类似 RSTP 的端口状态快速迁移机制。

(5) MSTP 兼容 STP/RSTP。

9.5.2 MSTP 相关术语

图 9.12 中的每台交换机都运行 MSTP。下面结合图 9.12 所示网络解释 MSTP 所涉及的基本概念。MST、MSTI、VLAN 映射表、IST、CST、CIST 这 6 个概念是理解 MSTP 工作原理的关键。

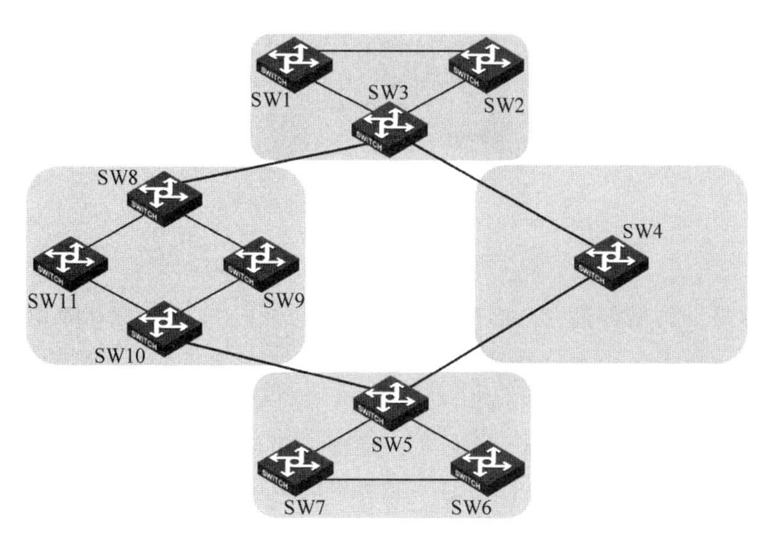

图 9.12 交换机网络拓扑图

1. MST 域

MST 域(Multiple Spanning Tree Region)由交换网络中的多台设备以及它们之间的网段构成。同一个 MST 域的交换机具有以下特点：都启动了 MSTP；具有相同的域名；具有相同的 VLAN 到生成树实例映射配置；具有相同的 MSTP 修订级别配置；这些设备之间在物理上有链路连通。

一个局域网中可以存在多个 MST 域，各 MST 域之间在物理上直接或间接相连。用户可以通过 MSTP 配置命令把多台交换机划分在同一个 MST 域内。

将图 9.12 所示的网络划分成 4 个 MST 域,划分结果如图 9.13 所示：MST 域 A0、MST 域 A1、MST 域 A2、MST 域 A3。

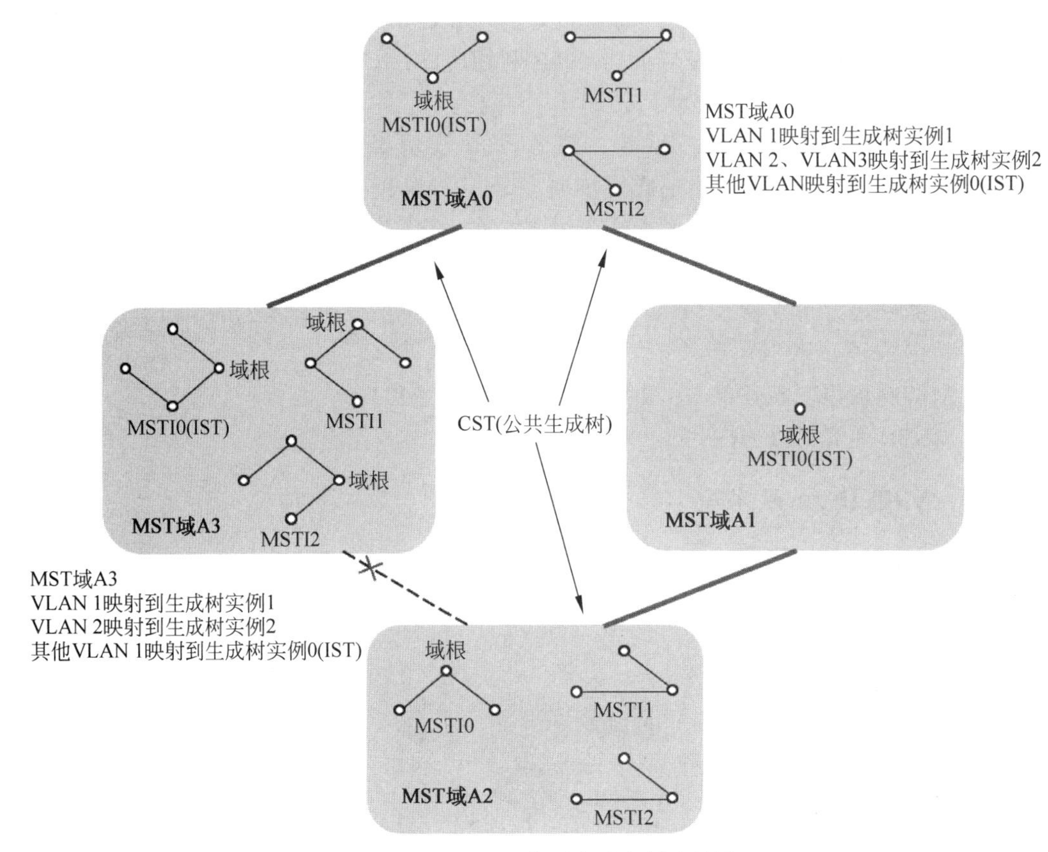

图 9.13　MSTP 网络层次及实例映射图

2. MSTI

MST 域内每个实例都通过 MSTP 形成一棵生成树,每棵生成树都称为一个 MSTI (Multiple Spanning Tree Instance,多生成树实例),各生成树之间彼此独立。一个 MSTI 可以与一个或者多个 VLAN 相对应,但一个 VLAN 只能对应一个 MSTI。例如,图 9.13 MST 域 A3 中有 3 个 MSTI,实例 0 形成了以 SW9 为域根的 MSTI0；实例 1 形成了以 SW8 为域根的 MSTI1；而实例 2 形成了以 SW9 为域根的 MSTI2。3 个 MSTI 之间是彼此独立的。注意：这些 MSTI 结构并不一样,但都有一条逻辑链路被断开了,避免形成环路。

MSTP、MST 与 MSTI 三者之间是包含关系。如图 9.13 所示,在一个 MSTP 网络中可以有多个 MST 域,一个 MST 域中又可以有多个 MSTI。

3. VLAN 映射表

VLAN 映射表是 MST 域的一个属性,用来描述 VLAN 和生成树实例的映射关系。例如,图 9.13 中 MST 域 A0 的 VLAN 映射表就是：VLAN1 映射到生成树实例 1；VLAN2 和 VLAN3 映射到生成树实例 2；其余 VLAN 映射到生成树实例 0。

注意：一个生成树实例就是一棵独立的树。VLAN2 和 VLAN3 映射到生成树实例 2

就意味着这两个 VLAN 的数据会沿着实例 2 的生成树进行传递。

4. IST

IST(Internal Spanning Tree,内部生成树)是域内实例 0 的生成树,它是一个特殊的 MSTI,其 MSTI ID 为 0,所以 IST 通常也称为 MSTI0。IST 和 CST 共同构成整个交换网络的 CIST(Common and Internal Spanning Tree,公共和内部生成树)。IST 是 CIST 在 MST 域内的片段。图 9.13 中,CIST 在每个 MST 域内都有一个片段,这个片段就是各个域内的 IST。例如,在图 9.13 的域 A3 中,实例 0 形成了以 9 为域根的 IST,SW8 和 SW10 之间的逻辑链路被断开。

5. CST

CST(Common Spanning Tree,公共生成树)是连接交换网络中所有 MST 域的单生成树。如果把每个 MST 域看作一个"设备",则 CST 就是这些"设备"通过 STP、RSTP 计算生成的一棵生成树。图 9.13 中粗线条描绘的就是 CST,其中 MST 域 A3 与域 A2 之间的逻辑链路被阻断,如图 9.13 中虚线所示。

6. CIST

CIST(公共和内部生成树)是连接一个交换网络内所有设备的单生成树,由 IST 和 CST 共同构成。

注意:CST 是连接交换网络中所有 MST 域的单生成树,而 CIST 则是连接交换网络内的所有交换机的单生成树。

在图 9.14 所示的 MSTP 网络中,域 A0、域 A1、域 A2、域 A3 这 4 个 MST 域中的 IST,加上 MST 域间的 CST 就构成了整个交换网络的 CIST。

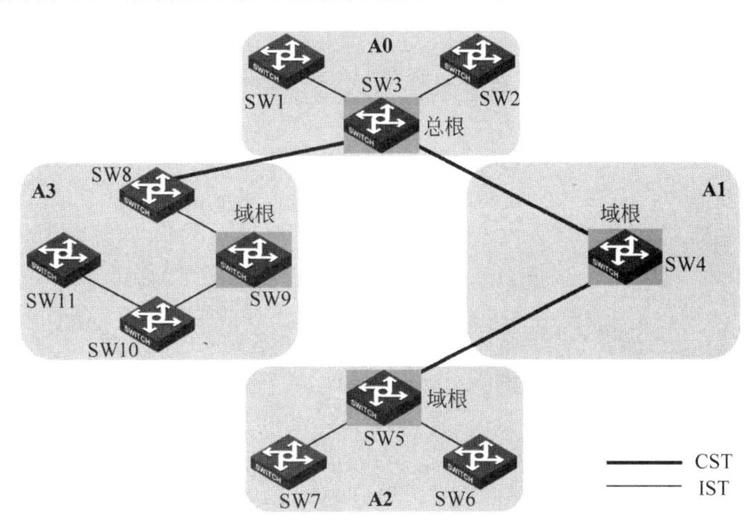

图 9.14　多 MST 域的 MSTP 网络示例图

7. SST

构成 SST(单生成树)有以下两种情况。

(1) STP/RSTP 是单生成树协议,所以只运行 STP 或 RSTP 的交换机会形成单生成树。

(2) MST 域中只有一个交换机,这个交换机构成单生成树。

在如图 9.14 所示的例图中，A1 域中的交换机就是一棵单生成树，因为在这个 MST 域中只有一台交换机。

8. 桥 ID

桥 ID 由桥的优先级和 MAC 地址组成。

9. 总根

总根是 CIST(公共和内部生成树)的根，是一个交换网络中桥 ID 最优的桥。总根只有一个。

10. 外部根路径开销

外部根路径开销指的是端口到总根的最短路径开销。

11. 域根

MST 域内 IST 的根桥和每个 MSTI 的根桥都是域根，域内每个 MSTI 都有一个域根。MST 域内各生成树的拓扑结构可能不同，域根也可能不同。例如，在图 9.13 MST 域 A3 中，实例 0 形成了以 SW9 为域根的 MSTI0；实例 1 形成了以 SW8 为域根的 MSTI1；实例 2 形成了以 SW9 为域根的 MSTI2。

12. 内部根路径开销

内部根路径开销是 MST 域内网桥到这个域的域根的最短路径开销。

13. 指定桥 ID

指定桥 ID 由指定桥的优先级和 MAC 地址组成。

14. 指定端口 ID

指定端口 ID 由指定端口的优先级和端口号组成。

15. 端口角色

在 MSTP 的计算过程中，端口角色有根端口、指定端口、Master 端口、Alternate 端口和 Backup 端口。

如图 9.15 所示，交换机 SW1、交换机 SW2、交换机 SW3 和它们之间的链路构成一个 MST 域。交换机 SW1 是 IST 的域根，其 G1、G2 端口连接到总根。

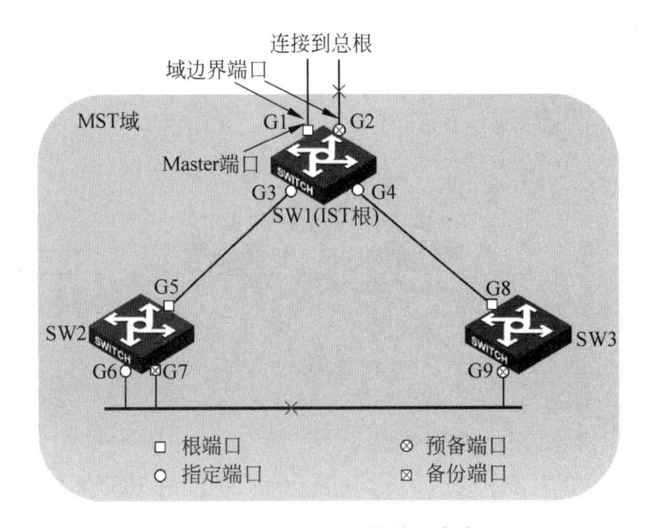

图 9.15　MSTP 网络端口角色

注意：端口在不同的生成树实例中承担的角色可能不同。下面以图 9.15 中的 IST 为例阐述端口角色。

(1) Master 端口：连接 MST 域到总根的端口，位于整个域到总根的最短路径上。Master 端口在 IST/CIST 上的角色是根端口，而在其他 MSTI 上的角色则是 Master 端口。交换机 SW1 的 G1 端口为 Master 端口。

(2) 根端口(Root Port)：非根交换机上到根桥开销最小的端口为该交换机的根端口。根端口负责向根桥方向转发数据。交换机 SW1 的 G1 端口连接总根，在 CIST 中，它是 SW1 的根端口；交换机 SW2 的 G5 端口指向 IST 的根 SW1，它是 SW2 的根端口；G8 端口是 SW3 的根端口。

(3) 指定端口(Designated Port)：指定端口是负责向下游网段或设备转发数据的端口。交换机 SW1 的 G3 端口、G4 端口，交换机 SW2 的 G6 端口都是指定端口。

(4) 预备端口(Alternate Port)：预备端口是根端口和 Master 端口的备份端口。其端口状态为阻塞状态时，不转发数据流量。当根端口或 Master 端口被阻塞后，预备端口将成为新的根端口或 Master 端口。交换机 SW1 的 G2 端口和交换机 SW3 的 G9 端口都是预备端口。

(5) 备份端口(Backup Port)：当一台开启了 MSTP 的交换机的两个端口同时连接另一台交换机时就存在一个环路，此时设备会阻塞端口 ID 较小的端口，此阻塞端口称为 Backup 端口；而另外一个端口则处于转发状态，成为指定端口。从发送 BPDU 来看，备份端口就是由于学习到本设备上的其他端口发送的 BPDU 而被阻塞的端口。备份端口是指定端口的备份端口，如果指定端口被阻塞且无法发送协议报文，备份端口的报文超时后就会快速转换为新的指定端口，并无时延的转发数据。交换机 SW2 的 G7 端口为备份端口。

注意：预备端口和备份端口的区别可以从如下两点来阐述。①从配置 BPDU 报文发送角度来看：预备端口是由于学习到其他网桥发送的配置 BPDU 报文而阻塞的端口；备份端口是由于学习到自己发送的配置 BPDU 报文而阻塞的端口。②从用户流量角度来看：预备端口作为根端口的备份端口，提供了从指定桥到根的另一条可切换路径；备份端口作为指定端口的备份，提供了另外一条从根节点到叶节点的备份通路。

16. 域边界端口

域边界端口是指位于 MST 域的边缘并连接其他 MST 域或 SST(单生成树)的端口。进行 MSTP 计算时，域边界端口在 MSTI 上的角色和 CIST 实例的角色保持一致。即，如果边缘端口在 CIST 实例上的角色是 Master 端口(连接域到总根的端口)，则它在域内所有 MSTI 上的角色也是 Master 端口。

在如图 9.15 所示中，MST 域内的 G1 端口和 G2 端口都和其他域直接相连，它们都是本 MST 域的域边界端口。而 G1 端口既是域边界端口，又是 CIST 上 Master 端口，所以 G1 端口在 MST 域内所有生成树实例上的角色都是 Master 端口。

9.5.3 MSTP 端口状态与 BPDU 报文

1. MSTP 端口状态

MSTP 定义的端口状态与 RSTP 协议中定义相同。

根据端口是否学习 MAC 地址和是否转发用户流量，可将端口状态划分为以下 3 种。

(1) Forwarding 状态：学习 MAC 地址，转发用户流量。

(2) Learning 状态：学习 MAC 地址，不转发用户流量。

(3) Discarding 状态：不学习 MAC 地址，不转发用户流量。

端口状态和端口角色是没有必然联系的，表 9.3 给出了各种端口角色能够具有的端口状态。其中，"√"表示此端口角色能够具有此端口状态；"—"表示此端口角色不能具有此端口状态。

表 9.3　各种端口角色具有的端口状态

端口状态	端口角色			
	根端口/Master 端口	指定端口	预备端口	备份端口
Forwarding	√	√	—	—
Learning	√	√	—	—
Discarding	√	√	√	√

注意：MSTP 中，同一端口在不同的 MSTI 中的端口状态可以不同。

2. MSTP 的 BPDU 报文

MSTP 使用多生成树桥协议数据单元(Multiple Spanning Tree Bridge Protocol Data Unit，MST BPDU)作为生成树计算的依据。MST BPDU 报文用来计算生成树的拓扑、维护网络拓扑以及传达拓扑变化记录。

1) STP、RSTP、MSTP 的 BPDU 差异对比

STP 中定义的配置 BPDU、RSTP 中定义的 RST BPDU、MSTP 中定义的 MST BPDU 及 TCN BPDU 差异对比如表 9.4 所示。

表 9.4　STP、RSTP、MSTP 的 BPDU 差异对比

版本	类型	名称
0	0x00	配置 BPDU
0	0x80	TCN BPDU
2	0x02	RST BPDU
3	0x02	MST BPDU

2) MSTP BPDU 帧格式

MST BPDU 共有 19 个字段，前 13 个字段(35 字节)和 RST BPDU 相同，各字段说明及长度如表 9.5 所示。从第 36 字节开始是 MSTP 专有字段，共有 6 个专有字段，各字段说明及长度如表 9.6 所示。最后的 MSTI 配置信息字段由若干 MSTI 配置信息组连缀而成。

表 9.5　RST BPDU 字段

字段	说明	Octet
Protocol ID	协议标识符	2
Protocol Version ID	协议版本标识符。STP 为 0，RSTP 为 2，MSTP 为 3	1
BPDU Type	BPDU 类型。MSTP/RSTP：0x02；STP 配置 BPDU：0x00；STP TCN BPDU：0x80	1
CIST Flags	CIST 标志字段	1

续表

字　段	说　明	Octet
CIST Root ID	CIST 的总根交换机 ID	8
CIST External Path Cost	CIST 外部路径开销指从本交换机所属的 MST 域到 CIST 根交换机的累计路径开销	4
CIST Regional Root ID	CIST 的域根交换机 ID，即 IST Master 的 ID。如果总根在这个域内，那么域根交换机 ID 就是总根交换机 ID	8
CIST Port ID	本端口在 IST 中的指定端口 ID	2
Message Age	BPDU 报文生存期	2
Max Age	BPDU 报文最大生存期，超时则认为到根交换机的链路故障	2
Hello Time	Hello 定时器，默认为 2s	2
Forward Delay	Forward Delay 定时器，默认为 15s	2
Version 1 Length	Version1 BPDU 的长度，值固定为 0	1

表 9.6　MST BPDU 特有字段

字　段	说　明	Octet
Version 3 Length	Version3 BPDU 的长度	2
MST Configuration ID	MST 配置标识（域的标签信息），包含 4 个字段： Configuration ID Format Selector：固定为 0。 Configuration Name："域名"，32 字节长度的字符串。 Revision Level：2 字节非负整数。 Configuration Digest：利用 HMAC-MD5 算法将域中 VLAN 和实例的映射关系加密成 16 字节的摘要。 同一个域交换机 4 个字段必须完全相同	51
CIST Internal Root Path Cost	CIST 内部路径开销指从本端口到 IST Master 交换机的累计路径开销。CIST 内部路径开销根据链路带宽计算	4
CIST Bridge ID	CIST 的指定交换机 ID	8
CIST Remaining Hops	BPDU 报文在 CIST 中的剩余跳数	1
MSTI Configuration Messages（可选）	MSTI 配置信息。每个 MSTI 的配置信息占 16 字节，如果有 n 个 MSTI 就占用 $n\times16$ 字节。 单个 MSTI Configuration Messages 的字段说明如下： MSTI Flags：MSTI 标志。 MSTI Regional Root Identifier：MSTI 域根交换机 ID。 MSTI Internal Root Path Cost：MSTI 内部路径开销指从本端口到 MSTI 域根交换机的累计路径开销。 MSTI Bridge Priority：本交换机在 MSTI 中的指定交换机的优先级。 MSTI Port Priority：本交换机在 MSTI 中的指定端口的优先级。 MSTI Remaining Hops：BPDU 报文在 MSTI 中的剩余跳数	$n\times16$（n 值可变）

9.5.4　MSTP 拓扑计算

MSTP 可以将整个二层网络划分为多个 MST 域，各个域之间通过计算生成 CST。域内则通过计算生成多棵生成树，每棵生成树都被称为一个多生成树实例。其中，实例 0 被称为 IST，其他的多生成树实例为 MSTI。MSTP 同 STP 一样，根据配置消息所携带的优先级向量进行生成树的计算，但它们的优先级向量所包含的参数有所不同。

1. MSTP 优先级向量

1）优先级向量

（1）参与 CIST 计算的优先级向量。

{总根 ID，外部路径开销，域根 ID，内部路径开销，指定桥 ID，指定端口 ID，接收端口 ID}

（2）参与 MSTI 计算的优先级向量。

{域根 ID，内部路径开销，指定桥 ID，指定端口 ID，接收端口 ID}

括号中的向量的优先级从左到右依次递减，具体参数说明如表 9.7 所示。

表 9.7 优先级向量说明

向 量 名	说 明
总根 ID	总根 ID 用于选择 CIST 的总根。总根 ID ＝ Priority（16 位）＋ MAC（48 位）。其中，Priority 为 MSTI0 的优先级
外部路径开销（ERPC）	从 CIST 的域根到达总根的路径开销。MST 域内所有交换设备上保存的外部路径开销相同。CIST 总根所在域内的所有交换机上保存的外部路径开销为 0
域根 ID	域根 ID 用于选择 MSTI 中的域根。域根 ID＝Priority（16 位）＋MAC（48 位）。其中，Priority 为 MSTI0 的优先级
内部路径开销（IRPC）	本桥到达域根的路径开销。域边缘端口保存的内部路径开销大于非域边缘端口保存的内部路径开销
指定交换设备 ID	CIST 或 MSTI 实例的指定桥是本桥通往域根的最邻近的上游桥。如果本桥就是总根或域根，则指定桥为自己
指定端口 ID	指定桥上同本设备上根端口相连的端口。Port ID＝Priority（4 位）＋端口号（12 位）。端口优先级必须是 16 的整数倍
接收端口 ID	接收到 BPDU 报文的端口。Port ID＝Priority（4 位）＋端口号（12 位）。端口优先级必须是 16 的整数倍

2）优先级向量比较原则

同一向量比较，值最小的向量具有最高优先级。

优先级向量比较原则：依次比较优先级向量{总根 ID，外部路径开销，域根 ID，内部路径开销，指定桥 ID，指定端口 ID，接收端口 ID}中的各项。第 1 项比较出优劣后就不再比较第 2 项，第 2 项比较出优劣后就不再比较第 3 项。以此类推，前一项比较出优劣就不再比较后一项。

如果端口接收到的 BPDU 内包含的配置消息优于端口上保存的配置消息，则端口上原来保存的配置消息被新收到的配置消息替代，端口同时更新交换机保存的全局配置消息；反之，新收到的 BPDU 被丢弃。

2. CIST 与 MSTI 的计算

MSTI 和 CIST 都是根据优先级向量来计算的，这些优先级向量信息都包含在 MST BPDU 中。各交换设备互相交换 MST BPDU 来生成 MSTI 和 CIST。

1）CIST 的计算

经过比较配置消息后，在整个网络中选择一个优先级最高的交换机作为 CIST 的树根

（总根）。在每个 MST 域内 MSTP 通过计算生成 IST。同时，MSTP 将每个 MST 域作为单台交换机对待，通过计算在 MST 域间生成 CST。

CST 和 IST 构成了整个交换设备网络的 CIST。

2）MSTI 的计算

在 MST 域内，MSTP 根据 VLAN 和生成树实例的映射关系生成相应的生成树，一个实例对应一棵生成树。每棵生成树独立进行计算，计算过程与 STP 计算生成树的过程类似。

在 MSTP 中，VLAN 报文将沿着如下路径进行转发。

（1）在 MST 域内，沿着其对应的 MSTI 转发。

（2）在 MST 域间，沿着 CST 转发。

9.6 STP/RSTP/MSTP 的配置

MSTP、RSTP、STP 依次向下兼容。STP 的命令同时适用于 RSTP 和 MSTP，RSTP 的命令适用于 MSTP，反之则不成立。交换机默认工作在 MSTP 模式下，可以使用以下命令在系统视图下切换工作模式。

```
[H3C]stp mode {stp | rstp | mstp}
```

下面介绍 3 种协议的配置指令。

STP/RSTP/MSTP 配置可以分为：①协议的启动与关闭；②协议优化；③协议维护调试；④MSTP 协议域与域根配置。其中，域与域根的配置是 MSTP 协议独有的。

9.6.1 协议的启动与关闭

如果组网中需要通过冗余备份链路设计来提供网络的容错能力，并避免环路的形成，在系统视图下启动生成树协议即可。

1. 启动/关闭生成树协议

启动生成树协议的命令如下：

```
[H3C]stp global enable          /*(系统视图)
```

注意：Comware V7 设备上生成树协议默认已开启；但 Comware V3/V5 设备上生成树协议默认是关闭的，Comware V3/V5 设备启动生成树协议的命令为[H3C] stp enable。

关闭生成树协议的命令如下：

```
[H3C]undo stp global enable      /*(系统视图)
```

注意：Comware V3/V5 关闭生成树协议的命令为[H3C] stp disable。

2. 启动/关闭端口上的生成树功能

在系统视图下执行生成树启动命令后，交换机的所有端口都将参与生成树计算。为了降低交换机的运算负荷，如果可以确定某些端口连接的部分不存在环路，则可以在其接口视图下将生成树功能禁止，命令如下：

```
[H3C-interfaceX]undo stp enable  /*关闭端口 X 的 STP 功能(接口视图)
```

注意：Comware V3/V5 命令为[H3C-interface*X*] stp disable。

启动端口上的生成树功能的命令如下：

```
[H3C-interfaceX]stp enable  /* 开启端口 X 的 STP 功能(接口视图)
```

9.6.2 协议优化

协议的优化可以从桥优先级、端口优先级、端口开销、边缘端口与 BPDU 保护、协议定时器配置及网络直径配置方面着手。

1. 桥优先级、端口优先级与端口开销配置

在仅启动生成树协议而不进行其他配置的情况下，生成树协议参数会使用默认值，那么网络中根桥、根端口的选择是不受控制的。而在实际的网络中，一般要指定核心设备作为生成树的根，此时可通过设置桥优先级来实现。如果要控制某些端口为根端口，可以通过设置端口开销、桥优先级及端口优先级来实现。

1）配置桥优先级

```
[H3C]stp priority bridge-priority   /* 系统视图
```

参数说明：

bridge-priority：设备的优先级，该数值越小表示优先级越高。取值范围为 0～61 440，步长为 4096，默认值为 32 768。

2）配置端口优先级

```
[H3C-interfaceX]stp port priority port-priority /* 二层以太网接口视图/二层聚合接口视图
```

参数说明：

port-priority：表示端口的优先级，取值范围为 0～240，步长为 16，默认值为 128。

3）配置端口开销

```
[H3C-interfaceX]stp cost cost   /* 二层以太网接口视图/二层聚合接口视图
```

参数说明：

cost：表示端口的路径开销值。取值范围由计算端口默认路径开销所采用的计算方法来决定：①当采用 IEEE 802.1D—1998 标准来计算时，取值范围为 1～65 535；②当采用 IEEE 802.1t 标准来计算时，取值范围为 1～200 000 000。

例如，配置 G1/0/1 端口的 STP 开销为 20。

```
[H3C-GigabitEthernet1/0/1]stp cost 20   /* G1/0/1 接口视图
```

2. 边缘端口与 BPDU 保护配置

与用户终端直接相连的端口为边缘端口。当网络拓扑结构变化时，边缘端口不会产生环路，因而不必参与生成树的计算。由于设备无法知道端口是否直接与终端相连，因此需要管理员手动将端口配置为边缘端口。设置边缘端口能加快生成树的收敛速度。

正常情况下，边缘端口不会收到 BPDU。但是，如果有人伪造 BPDU 发送给交换机的边缘端口或意外将边缘端口连接到运行了 STP 的交换机时，系统会自动将边缘端口设置为非边缘端口，重新进行生成树的计算，这将引起网络拓扑结构的振荡。通过配置 BPDU 保护功能可以防止边缘端口被自动重置为非边缘端口，避免网络拓扑结构的振荡。在交换机启动 BPDU 保护功能后，如果边缘端口收到 BPDU，则系统将关闭这些端口。被关闭端口只能由网络管理人员恢复。建议用户在配置边缘端口的同时也配置 BPDU 保护功能。

边缘端口配置命令如下：

```
[H3C-interfaceX]stp edged-port    /* 二层以太网接口视图/二层聚合接口视图
```

注意：RSTP/MSTP 协议可以配置边缘端口，STP 协议无此配置。Comware V3/V5 设备边缘端口配置命令为[H3C] stp edged-port enable。

BPDU 保护配置命令如下：

```
[H3C]stp bpdu-protection    /* 系统视图
```

3. 协议定时器与网络直径配置

选用合适的 Hello Time、Forward Delay 与 Max Age 时间参数，可以加快生成树收敛速度。这 3 个时间参数值与网络的规模有关。通常情况下不建议使用命令直接调整 Hello Time、Forward Delay 与 Max Age 时间参数，建议通过使用 **stp bridge-diameter** 命令调整网络直径，使生成树协议自动调整这 3 个时间参数的值。当网络直径取默认值时，时间参数也取默认值。

1）Hello Time 配置

在 STP 中，Hello Time 被根桥用作发送配置 BPDU 的周期，非根桥的 Hello Time 只在发送 TCN BPDU 时使用。在 RSTP\MSTP 中，Hello Time 被每个网桥作为发送 BPDU 的周期。

Hello Time 值在根桥上进行配置，其余网桥使用根桥所设置的 Hello Time 值。在配置 Hello Time 时需要注意如下两点。

（1）配置较长的 Hello Time 值可以降低生成树的计算开销，但是过长的 Hello Time 会导致协议对链路故障反应迟缓。

（2）配置较短的 Hello Time 可以增强生成树的健壮性，但是过短的 Hello Time 会导致频繁发送配置消息，加重 CPU 和链路负担。

Hello Time 配置命令如下：

```
[H3C]stp timer hello time    /* 系统视图
```

参数说明：

time：表示 Hello Time 的时间值，取值范围为 100～1000，步长为 100，单位为厘秒（1 厘秒(cs)＝0.01 秒(s)）。

2）Max Age 配置

Max Age 是配置 BPDU 的生存期，配置 Max Age 时需要注意以下两点。

（1）配置过长的 Max Age 会导致链路故障不能被及时发现。

（2）配置过短的 Max Age 会让交换机误把网络拥塞当成链路故障，造成生成树重新计算。

Max Age 配置命令如下：

```
[H3C]stp timer max-age time    /* 系统视图
```

参数说明：

time：表示 Max Age 的时间值，取值范围为 600～4000，步长为 100，单位为厘秒(cs)。

3）Forward Delay 配置

STP为了防止产生临时环路，在端口由阻塞状态转向转发状态时设置了中间状态，并且状态切换需要等待一定的时间，以保持与远端设备的状态切换同步。根桥的 Forward Delay 时间确定了状态迁移的时间间隔值。

如果当前设备是根桥，则按照设备上设置的 Forward Delay 值确定状态迁移时间间隔；非根桥采用根桥设置的 Forward Delay 参数。

配置 Forward Delay 时需要注意以下两点。

（1）配置过长的 Forward Delay 会导致生成树的收敛速度慢。

（2）配置过短的 Forward Delay 可能会在拓扑结构改变时导致暂时的环路。

Forward Delay 配置命令如下：

```
[H3C]stp timer forward-delay time    /* 系统视图
```

参数说明：

time：表示 Forward Delay 的时间值，取值范围为 400～3000，步长为 100，单位为厘秒(cs)。

4. 网络直径配置

网络直径是任意两台终端之间连接时通过的交换机数目的最大值。当用户配置设备的网络直径后，STP会自动根据配置的网络直径将 Hello Time、MaxAge 与 Forward Delay 设置为一个较优的值。

设定交换网络的网络直径的命令如下：

```
[H3C]stp bridge-diameter diameter    /* 系统视图
```

参数说明：

diameter：表示交换网络的网络直径，取值范围为 2～7。

表 9.8 总结了生成树协议相关配置命令。

表 9.8　生成树协议相关配置命令

操　　作	命令(命令执行的视图)
配置 STP 工作模式	[H3C]stp mode {stp | rstp | mstp}(系统视图)
启动生成树协议 关闭生成树协议	[H3C]stp global enable(系统视图) [H3C]undo stp global enable(系统视图)
启动端口上的生成树功能 关闭端口上的生成树功能	[H3C-interface*X*]stp enable(接口视图) [H3C-interface*X*]undo stp enable(接口视图)
配置桥优先级	[H3C]stp priority *bridge-priority*(系统视图)
配置端口优先级	[H3C-interface*X*]stp port priority *port-priority*(二层以太网接口视图/二层聚合接口视图)
配置端口开销	[H3C-interface*X*]stp cost *cost*(二层以太网接口视图/二层聚合接口视图)
配置边缘端口	[H3C-interface*X*]stp edged-port(二层以太网接口视图/二层聚合接口视图)
配置 BPDU 保护	[H3C]stp bpdu-protection(系统视图)
配置 Hello Time	[H3C]stp timer hello *time*(系统视图)
配置 BPDU 生存期	[H3C]stp timer max-age *time*(系统视图)
配置 Forward Delay	[H3C]stp timer forward-delay *time*(系统视图)
配置网络直径	[H3C]stp bridge-diameter *diameter*(系统视图)

9.6.3 协议维护调试

1. 显示/清除生成树状态与统计信息

使用 display stp 命令可显示生成树的状态信息与统计信息。STP 的状态与统计信息被用来对网络拓扑结构进行分析与维护，也可以用于查看 STP 协议是否正常工作。

display stp 显示信息包含如下两方面。

(1) 全局参数：桥 ID、Hello Time、Max Age、Forward Delay、根桥、根路径开销、根端口。

(2) 端口参数：端口上 STP 协议是否开启、端口角色、端口优先级、端口开销、端口所属网段的指定桥 ID 和指定端口 ID、端口是否为边缘端口、链路是否为点到点链路、端口收发 BPDU 的统计。

显示/清除生成树状态与统计信息命令如下：

```
<H3C>display stp                                     /* 任意视图
<H3C>reset stp [ interface interface-list ]          /* 用户视图
```

参数说明：

interface-list：清除指定端口上的生成树统计信息。*interface-list* 为端口列表，表示多个端口。

2. 查看生成树摘要信息

使用 display stp brief 命令可以查看 STP 的端口状态和端口角色等摘要信息。

```
<H3C>display stp brief                               /* 任意视图
```

3. 对生成树进行调试

下面介绍部分常用的生成树调试命令，为了使调试结果能在屏幕上显示，首先要使用 terminal debug 命令和 terminal monitor 命令开启终端显示调试与显示开关。

1) 开启终端显示调试与显示开关

```
<H3C>terminal debugging   /* 开启当前终端对调试信息的显示功能(用户视图)
<H3C>terminal monitor     /* 允许调试信息输出到当前终端(用户视图)
```

2) 打开生成树的调试信息开关

```
<H3C>debugging stp [all | packet | error | event ]     /* 用户视图
```

参数说明：

(1) **all**：打开生成树的所有调试信息开关。

(2) **packet**：打开生成树报文调试信息开关。

(3) **error**：打开生成树错误调试信息开关。

(4) **event**：打开生成树事件调试信息开关。

表 9.9 总结了生成树协议(STP)的信息查看与调试命令。

表 9.9 STP 信息查看与调试命令

操　　作	命令(命令执行的视图)
显示生成树状态与统计信息 清除生成树状态与统计信息	<H3C>display stp(任意视图) <H3C>reset stp [interface *interface-list*] (用户视图)
查看生成树摘要信息	<H3C>display stp brief(任意视图)
开启当前终端对调试信息的显示功能 允许调试信息输出到当前终端	<H3C>terminal debugging(用户视图) <H3C>terminal monitor(用户视图)
打开生成树调试信息开关	<H3C>debugging stp [all | packet | error | event](用户视图)

9.6.4 MSTP 协议域与域根配置

1. MST 域配置

默认情况下,MST 域的 3 个参数均取默认值:设备的 MST 域名为设备的桥 MAC 地址,所有 VLAN 均映射到 CIST(MSTI0)上,MSTP 修订级别取值为 0。

用户通过 stp region-configuration 命令进入 MST 域视图后,可以对域的相关参数(域名、VLAN 映射表以及修订级别)进行配置。

注意:域名、VLAN 映射表以及修订级别这 3 个参数都相同的交换机才属于同一个域。

1) 进入域配置视图命令

```
[H3C]stp region-configuration          /* 系统视图
```

2) 配置域名

```
[H3C-mst-region]region-name name       /* MST 域视图
```

参数说明:

name:表示 MST 域的域名,为 1～32 个字符的字符串。

3) 配置修订级别

```
[H3C-mst-region]revision-level level    /* MST 域视图
```

修订级别一般使用默认值 0,不需要修改。

4) 配置 VLAN 映射到 MST 实例

```
[H3C-mst-region]instance instance-id vlan vlan-id-list    /* MST 域视图
```

参数说明:

(1) *instance-id*:表示 MSTI 的编号,取值范围为 0～4094,0 表示 IST。在执行 undo instance 命令时,*instance-id* 的取值范围为 1～4094。

(2) **vlan** *vlan-id-list*:指定实例映射的 VLAN。*vlan-id-list* 为 VLAN 列表,表示多个 VLAN,也可以是一个 VLAN。

5) 激活/查看 MST 域配置

配置完域名、修订级别和 VLAN 映射关系后,必须使用 active region-configuration 命令激活,配置才会生效。此后,MSTP 才会重新计算生成树。在执行激活命令前,建议先使用 check region-configuration 命令查看 MST 域的预配置是否正确。

如果修改了域参数,则需重新激活。

```
[H3C-mst-region]active region-configuration   /* 激活 MST 域参数(MST 域视图)
[H3C-mst-region]check region-configuration    /* 显示 MST 域参数(MST 域视图)
```

2. MST 域主、备根桥配置

当需要将某网桥设定为 MST 实例中的根桥时,可以通过修改网桥在该实例中的优先级实现,也可以通过命令直接将网桥设置为实例中的首选根桥。配置网桥为 MST 实例中的首选根桥,配置命令如下:

```
[H3C]stp [instance instance-list | vlan vlan-id-list ] root primary   /* 系统视图
```

参数说明:

(1) **instance** *instance-list*:表示配置当前设备为 MSTP 指定 MSTI 的根桥。*instance-list* 为 MSTI 列表,表示多个 MSTI。

(2) **vlan** *vlan-id-list*:表示配置当前设备为指定 VLAN 的根桥。*vlan-id-list* 为 VLAN 列表,表示多个 VLAN,也可以是单个 VLAN。

如果配置时不输入 instance *instance-id* 参数,则所做的配置只在 IST 实例上有效。在一棵生成树实例中,生效的根桥只有一个。当两台或两台以上的网桥被指定为同一棵生成树实例的根桥时,MSTP 将选择 MAC 地址最小的网桥作为根桥。设置网桥为根桥之后,用户不能再修改网桥的优先级。

可以使用 stp root secondary 命令来指定网桥作为 MST 实例的备份根桥,配置命令如下:

```
[H3C]stp [instance instance-list | vlan vlan-id-list] root secondary   /* 系统视图
```

用户可以在每个 MST 实例中指定一个或多个备份根桥。当根桥出现故障或被关机时,备份根桥可以取代根桥而成为指定 MST 实例的根。如果设置了多个备份根桥,则 MAC 地址最小的备份根桥将成为指定 MST 实例的根。

多生成树协议(MSTP)的域与主根、备根的配置命令如表 9.10 所示。

表 9.10 MSTP 域与主根、备根配置

操　　作	命令(命令执行的视图)
进入域配置视图	[H3C]stp region-configuration(系统视图)
配置域名	[H3C-mst-region]region-name *name*(MST 域视图)
配置修订级别	[H3C-mst-region]revision-level *level*(MST 域视图)
配置 VLAN 映射到 MST 实例	[H3C-mst-region] instance *instance-id* vlan *vlan-id-list*(MST 域视图)
激活 MST 域参数	[H3C-mst-region]active region-configuration(MST 域视图)
显示 MST 域参数	[H3C-mst-region]check region-configuration(MST 域视图)
配置网桥为 MST 实例中的首选根桥	[H3C]stp [instance *instance-list* | vlan *vlan-id-list*] root primary(系统视图)
指定网桥作为 MST 实例的备份根桥	[H3C]stp [instance *instance-list* | vlan *vlan-id-list*] root secondary(系统视图)

9.7 生成树配置实训

生成树实训任务包括两部分：实训任务一，即配置简单的 STP 生成树，以消除二层网络环路，实现链路备份；实训任务二，即配置 MSTP，在消除二层网络环路的同时还利用多生成树实现负载分担。

9.7.1 简单的生成树配置实训

1. 实训内容与实训目的

1）实训内容

在交换机上配置生成树协议，消除二层网络环路，实现链路备份。

2）实训目的

掌握生成树协议配置，消除二层网络环路，实现链路备份。

2. 实训设备

生成树配置实训设备如表 9.11 所示。

表 9.11 生成树配置实训设备

实训设备及线缆	数量	备　　注
S5820 交换机	3 台	支持 Comware V7 命令的交换机即可
计算机	2 台	OS：Windows 10
Console 线	1 根	—
以太网线	5 根	—

3. 实训拓扑与实训要求

如图 9.16 所示，SW1 为某企业的核心交换机，SW2、SW3 为接入层交换机，它们共同组成一个交换机网络，所有设备属于同一个 VLAN。

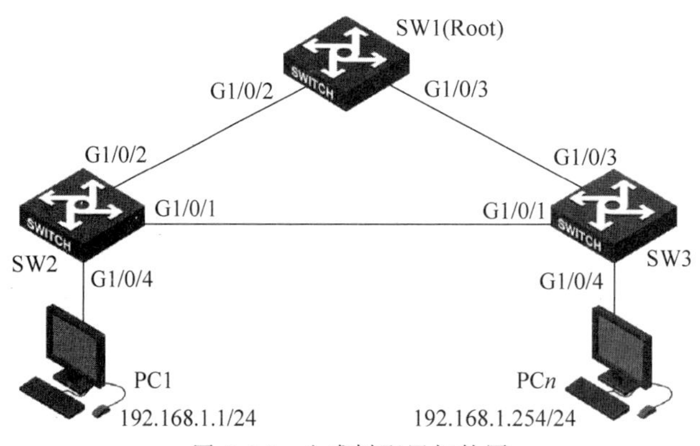

图 9.16 生成树配置拓扑图

实训要求：

（1）配置生成树协议，避免二层网络环路。

（2）配置桥优先级，使 SW1 作为生成树的根。

（3）配置边缘端口和 BPDU 保护，进行网络优化。

注意：在开始配置网络设备前要清空设备中原有配置。

4. 实训过程

按拓扑图使用以太网线连接所有设备的相应端口。

配置计算机 IP 地址，将 PC1 和 PC*n* 的 IP 地址及掩码分别配置为 192.168.1.1/24 和 192.168.1.254/24。

1）生成树的配置

步骤 1：SW1 启动 STP 协议，设置桥优先级。

通过 Console 口登录交换机 SW1。

（1）更改设备名。

```
<H3C> system-view     /* 进入系统视图
[H3C]sysname SW1      /* 设备命名为 SW1
```

（2）启动生成树协议。

```
[SW1]stp global enable  /* 启动生成树协议
```

注意：交换机默认启动的是 MSTP 协议。如要修改，则需使用 stp mode 命令。

（3）配置根桥优先级。

SW1 需要被设置为根桥，最直接的方法就是提高桥优级，而其他交换机使用默认的桥优先级(32768)。

```
[SW1]stp priority 0
```

注意：桥优先级值小者优先级高。优先级最小值为 0。

步骤 2：SW2 启动 STP 协议，配置边缘端口与 BPDU 保护。

通过 Console 口登录交换机 SW2。

（1）更改设备名。

```
<H3C> system-view     /* 进入系统视图
[H3C]sysname SW2      /* 设备命名为 SW2
```

（2）启动生成树协议。

```
[SW2]stp global enable
```

（3）配置边缘端口与 BPDU 保护。

SW2 的 G1/0/4 端口连接计算机 PC1，可配置边缘端口与 BPDU 保护对生成树进行优化。

```
[SW2]stp bpdu-protection                     /* 配置 BPDU 保护
[SW2]interface g1/0/4                        /* 进入 G1/0/4 接口视图
[SW2-GigabitEthernet1/0/4]stp edged-port     /* 配置 G1/0/4 端口为边缘端口
```

步骤 3：SW3 启动 STP 协议，配置边缘端口与 BPDU 保护。

通过 Console 口登录交换机 SW3。

（1）更改设备名。

```
<H3C> system-view                            /* 进入系统视图
[H3C]sysname SW3                             /* 设备命名为 SW3
```

（2）启动生成树协议。

```
[SW3]stp global enable
```

（3）配置边缘端口与 BPDU 保护。

SW3 的 G1/0/4 端口连接计算机 PCn，可配置边缘端口与 BPDU 保护对生成树协议进行优化。

```
[SW3]stp bpdu-protection                        /* 配置 BPDU 保护
[SW3]interface g1/0/4                           /* 进入 G1/0/4 接口视图
[SW3-GigabitEthernet1/0/4]stp edged-port        /* 配置 G1/0/4 端口为边缘端口
```

2）生成树的测试与状态查看

（1）连通性测试。

用计算机 PC1 去 ping 计算机 PCn，图 9.17 结果显示 Echo reply 报文回复正常，说明两计算机之间可正常互通。

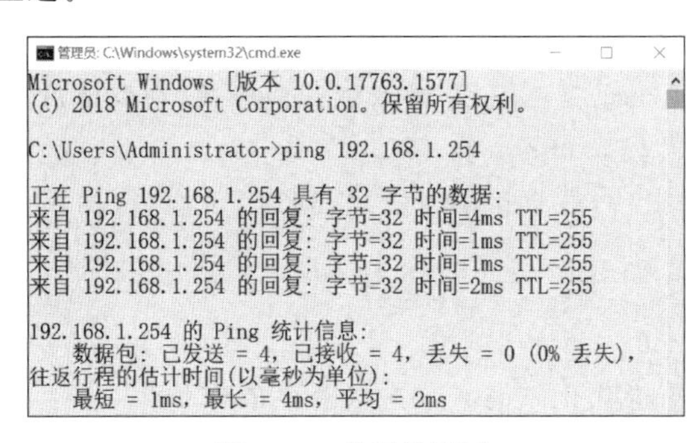

图 9.17　连通性测试

（2）查看设备 STP 状态。

① 查看 SW1 的生成树状态信息。

如图 9.18 所示，使用 display stp brief 命令查看 SW1 端口的 STP 状态与角色信息结果显示：端口 G1/0/2 和端口 G1/0/3 均为指定端口，并处于转发状态。

```
[SW1]display stp brief
 MST ID   Port                            Role   STP State    Protection
 0        GigabitEthernet1/0/2            DESI   FORWARDING   NONE
 0        GigabitEthernet1/0/3            DESI   FORWARDING   NONE
[SW1]
[SW1]display stp
-------[CIST Global Info][Mode MSTP]-------
 Bridge ID            : 0.2c22-2a3a-0100
 Bridge times         : Hello 2s MaxAge 20s FwdDelay 15s MaxHops 20
 Root ID/ERPC         : 0.2c22-2a3a-0100, 0
 RegRoot ID/IRPC      : 0.2c22-2a3a-0100, 0
 RootPort ID          : 0.0
 BPDU-Protection      : Disabled
 Bridge Config-
 Digest-Snooping      : Disabled
 TC or TCN received   : 6
 Time since last TC   : 0 days 0h:7m:53s
```

图 9.18　查看 SW1 的生成树状态信息

图 9.18 还显示了 display stp 命令查看到的部分生成树状态与统计信息（信息内容较多，未一一展示），部分重要信息解释如下。

- **Bridge ID：0.2c22-2a3a-0100**：SW1 的桥 ID 为 0.2c22-2a3a-0100（点号前的 0 为桥优先级，后面为 SW1 的 MAC 地址）。

- **Bridge times：Hello 2s MaxAge 20s FwdDelay 15s MaxHops 20**：配置 BPDU 发送周期为 2s，最大生存周期为 20s，转发时延为 15s，MST 域最大跳数为 20。
- **Root ID/ERPC：0.2c22-2a3a-0100，0**：根桥 ID 为 0.2c22-2a3a-0100，外部路径开销为 0。此处可以看出根桥 ID 就是 SW1 的桥 ID，因此 SW1 为 CIST 根桥。
- **RegRoot ID/IRPC：0.2c22-2a3a-0100，0**：域根 ID 为 0.2c22-2a3a-0100，内部路径开销为 0。说明 SW1 同时还是域根。

由查看结果表明交换机 SW1 为 CIST 的根桥。

② 查看 SW2 与 SW3 端口的 STP 状态与角色信息。

如图 9.19 所示，由 SW2 的端口信息可以看出 G1/0/2 为根端口，G1/0/1 和 G1/0/4 为指定端口；由 SW3 的端口信息可以看出 G1/0/3 为根端口，G1/0/4 为指定端口，而 G1/0/1 为预备端口。SW3 的 G1/0/1 端口被用来连接交换机 SW2，SW2 和 SW3 之间的链路成为了备用链路，在逻辑上被阻断了。

```
<SW2>display stp brief
 MST ID   Port                          Role  STP State   Protection
 0        GigabitEthernet1/0/1          DESI  FORWARDING  NONE
 0        GigabitEthernet1/0/2          ROOT  FORWARDING  NONE
 0        GigabitEthernet1/0/4          DESI  FORWARDING  NONE
```

```
<SW3>display stp brief
 MST ID   Port                          Role  STP State   Protection
 0        GigabitEthernet1/0/1          ALTE  DISCARDING  NONE
 0        GigabitEthernet1/0/3          ROOT  FORWARDING  NONE
 0        GigabitEthernet1/0/4          DESI  FORWARDING  NONE
```

图 9.19　查看 SW2 和 SW3 的生成树状态信息

总结：通过查看生成树的状态信息，可以知道生成树的根和交换机各端口的状态，以及交换机间的链路状态，最终勾画出完整的生成树及备份链路。

(3) 测试生成树工作效果。

根据生成树状态信息可知，SW2 和 SW3 之间的链路为生成树的备用链路，在逻辑上被阻断了。如果将 SW2 和 SW1 间的链路断开，生成树会重新计算，并启动 SW2 和 SW3 之间的备用链路，形成新的生成树，如图 9.20 所示。

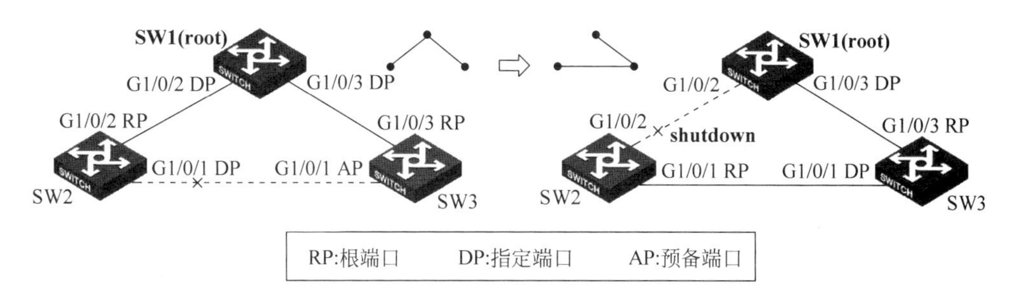

图 9.20　生成树拓扑重构图

测试过程：

(1) 用计算机 PC1 去不间断 ping 计算机 PC*n*(带参数“-t”)，如图 9.21 所示。

(2) 同时在 SW2 的 G1/0/2 端口上使用 shutdown 命令将端口关闭，断开 SW2 和 SW1 间的链路。关闭 SW2 的 G1/0/2 命令如下：

```
管理员: C:\Windows\system32\cmd.exe
Microsoft Windows [版本 10.0.17763.1577]
(c) 2018 Microsoft Corporation。保留所有权利。

C:\Users\Administrator>ping 192.168.1.254 -t

正在 Ping 192.168.1.254 具有 32 字节的数据:
来自 192.168.1.254 的回复: 字节=32 时间=1ms TTL=255
来自 192.168.1.254 的回复: 字节=32 时间=1ms TTL=255
来自 192.168.1.254 的回复: 字节=32 时间=1ms TTL=255
来自 192.168.1.254 的回复: 字节=32 时间=1ms TTL=255
来自 192.168.1.254 的回复: 字节=32 时间=1ms TTL=255
来自 192.168.1.254 的回复: 字节=32 时间=1ms TTL=255
来自 192.168.1.254 的回复: 字节=32 时间=1ms TTL=255
来自 192.168.1.254 的回复: 字节=32 时间=1ms TTL=255
来自 192.168.1.254 的回复: 字节=32 时间=1ms TTL=255
来自 192.168.1.254 的回复: 字节=32 时间=1ms TTL=255
来自 192.168.1.254 的回复: 字节=32 时间=1ms TTL=255
```

图 9.21　生成树重构连通性测试

```
[SW2]interface g1/0/2
[SW2-GigabitEthernet1/0/2]shutdown
```

由图 9.21 可以看出，G1/0/2 端口在关闭后并未出现 ping 包超时，说明生成树被快速修复了。使用 **display stp brief** 命令查看 SW2 的生成树状态也印证了这一点：G1/0/1 变为了根端口，如图 9.22 所示。

```
[SW2-GigabitEthernet1/0/2]shutdown
[SW2-GigabitEthernet1/0/2]%Oct  8 01:01:44:595 2020 SW2 IFNET/3/PHY_UPDOWN: Ph
ysical state on the interface GigabitEthernet1/0/2 changed to down.
%Oct  8 01:01:44:595 2020 SW2 IFNET/5/LINK_UPDOWN: Line protocol state on the
interface GigabitEthernet1/0/2 changed to down.
%Oct  8 01:01:44:597 2020 SW2 STP/6/STP_NOTIFIED_TC: Instance 0's port Gigabit
Ethernet1/0/1 was notified a topology change.
%Oct  8 01:01:46:717 2020 SW2 STP/6/STP_NOTIFIED_TC: Instance 0's port Gigabit
Ethernet1/0/1 was notified a topology change.

[SW2-GigabitEthernet1/0/2]display stp brief
 MST ID   Port                              Role  STP State   Protection
 0        GigabitEthernet1/0/1              ROOT  FORWARDING  NONE
 0        GigabitEthernet1/0/4              DESI  FORWARDING  NONE
```

图 9.22　生成树重构 SW2 端口状态变化图

注意：生成树重构时，也可能会出现短暂丢包现象，但连通性会很快恢复。丢包时间长短与生成树时间参数设置、网络规模以及交换机性能有关。

9.7.2　负载分担的 MSTP 配置实训

1. 实训内容与实训目的

1）实训内容

在交换机上配置多生成树协议，避免二层网络环路，并实现链路备份与负载分担。

2）实训目的

掌握多生成树协议基本配置、主根与备根配置及优化，实现二层网络的链路备份与负载分担。

2. 实训设备

实训设备如表 9.12 所示。

表 9.12　负载分担的 MSTP 配置实训设备

实训设备及线缆	数量	备　　注
S5820 交换机	4 台	支持 Comware V7 命令的交换机即可
计算机	1 台	OS：Windows 10
Console 线	1 根	—
以太网线	5 根	—

3. 实训拓扑与实训要求

如图 9.23 所示，SW1、SW2 为某企业的核心交换机，上行端口连接着边界路由器，下行端口连接汇聚层交换机 SW3、SWn，它们共同组成一个交换机网络。交换机 SW3、SWn 均连接着 VLAN10、VLAN20、VLAN30、VLAN40 这 4 个网段。

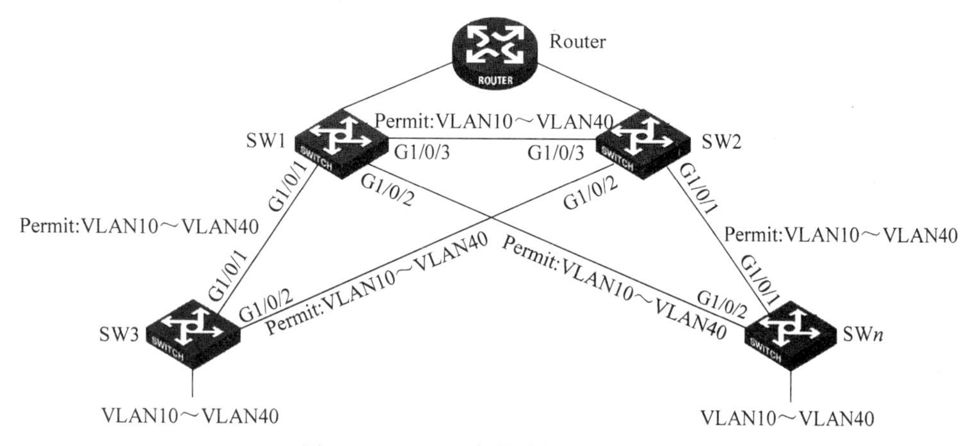

图 9.23　MSTP 负载分担设计拓扑图

实训要求：避免二层网络环路，并实现链路备份与负载分担。

4. 网络规划与设计

(1) 为避免二层网络环路，在所有交换机上配置 MSTP。

(2) 为实现链路备份与负载分担，配置两个实例分别承担 4 个 VLAN 的流量，并利用汇聚层交换机连接核心交换机的两条链路来实现负载分担。

将 VLAN10 和 VLAN20 映射到实例 1，SW1 作为实例 1 的首选根桥，SW2 作为实例 1 的备根。对于实例 1，SW2 连接 SW3 和 SWn 的两条链路会被阻断，成为备份链路。

将 VLAN30 和 VLAN40 映射到实例 2，SW2 作为实例 2 的首选根桥，SW1 作为实例 2 的备根。对于实例 2，SW1 直接连接 SW3 和 SWn 的两条链路会被阻断，成为备份链路。

实例 0、实例 1 和实例 2 的生成树结构如图 9.24 所示。在此方案中，交换机 SW1 作为实例 1 的主根，SW1 及其生成树链路承担了 VLAN10 和 VLAN20 的流量；交换机 SW2 作为实例 2 的主根，SW2 及其生成树链路承担了 VLAN30 和 VLAN 40 的流量。并且，SW1 和 SW2 互为对方的备根，各自的链路互为对方的备份链路。方案保证了：在正常情况下，两台核心交换机及其链路分别承担 4 个 VLAN 的网络流量，达到负载分担的目的；而在其中一台核心交换机或其链路出现故障的情况下，另一台核心交换机及其链路能起到备份作用，承担起所有的网络流量，达到设备和链路备份的目的。

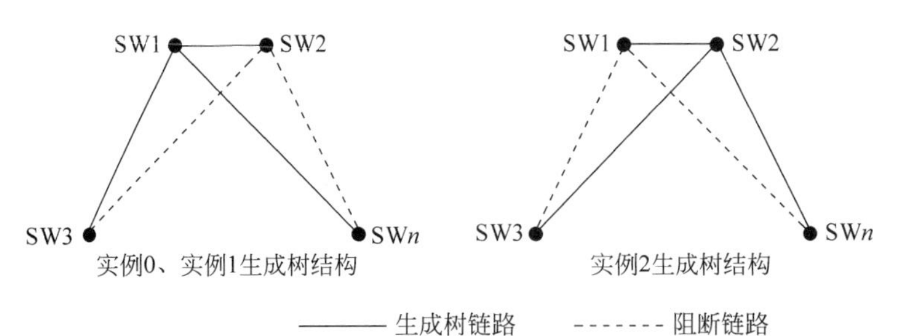

图 9.24　MSTP 多实例生成树拓扑图

注意：在开始配置网络设备前要清空设备中原有配置。

5. 实训过程

按拓扑图使用以太网线连接所有设备的相应端口。

1）负载分担的多生成树协议配置

步骤 1：通过 Console 口登录交换机。

步骤 2：交换机更名，创建 VLAN，配置链路为 Trunk 类型。

4 台交换机按拓扑结构所示分别命名，同时创建 VLAN10、VLAN20、VLAN30、VLAN40。将交换机之间的链路配置为 Trunk 类型，并允许 VLAN10、VLAN20、VLAN30、VLAN40 通过。

（1）SW1 设备更名，创建 VLAN10、VLAN20、VLAN30、VLAN40。

```
<H3C>system-view                /* 进入系统视图
[H3C]sysname SW1                /* 设备命名为 SW1
[SW1]vlan 10                    /* 创建 VLAN10
[SW1-vlan10]vlan 20             /* 创建 VLAN20
[SW1-vlan20]vlan 30             /* 创建 VLAN30
[SW1-vlan30]vlan 40             /* 创建 VLAN40
```

（2）SW2/SW3/SWn 设备更名，创建 VLAN10、VLAN20、VLAN30、VLAN40。

命令与 SW1 的操作命令相同。

（3）配置交换机之间的链路为 Trunk 类型，允许 VLAN10、VLAN20、VLAN30、VLAN40 通过。

```
[SW1]interface g1/0/1                                   /* 进入 G1/0/1 接口视图
[SW1-GigabitEthernet1/0/1]port link-type trunk          /* 配置 G1/0/1 为 trunk 类型
[SW1-GigabitEthernet1/0/1]port trunk permit vlan 10 20 30 40
  /* 允许 VLAN10、VLAN20、VLAN30、VLAN40 通过 G1/0/1 端口
```

SW1 的 G1/0/2、G1/0/3，SW2 的 G1/0/1、G1/0/2 和 G1/0/3，SW3 和 SWn 的 G1/0/1、G1/0/2 的端口类型与允许通过的 VLAN 也进行同样配置。

步骤 3：启动 MSTP 协议，配置 MST 域。

在 4 台交换机上分别启动 MSTP 协议，配置相同的 MST 域，域名为 TEST。

（1）SW1 启动 MSTP 协议，配置 MST 域。

```
[SW1]stp global enable                                  /* 启动生成树协议
  /* 注意：交换机默认启动的是 MSTP 协议.如要修改,需使用 stp mode 命令
```

```
[SW1]stp region-configuration                    /* 进入域配置视图
[SW1-mst-region]region-name TEST                 /* 配置域名为 TEST
[SW1-mst-region]instance 1 vlan 10 20            /* 将 VLAN10、VLAN20 映射到实例 1
[SW1-mst-region]instance 2 vlan 30 40            /* 将 VLAN30、VLAN40 映射到实例 2
[SW1-mst-region]active region-configuration      /* 激活域配置
```

注意：域参数被修改后，需要重新激活域配置后才会生效。

(2) SW2 启动 STP 协议，配置 MST 域。

```
[SW2]stp global enable                           /* 启动生成树协议
[SW2]stp region-configuration                    /* 进入域配置视图
[SW2-mst-region]region-name TEST                 /* 配置域名为 TEST
[SW2-mst-region]instance 1 vlan 10 20            /* 将 VLAN10、VLAN20 映射到实例 1
[SW2-mst-region]instance 2 vlan 30 40            /* 将 VLAN30、VLAN40 映射到实例 2
[SW2-mst-region]active region-configuration      /* 激活域配置
```

(3) SW3/SWn 启动 MSTP 协议，配置 MST 域。

SW3、SWn 的操作命令与 SW1、SW2 的操作命令相同。

注意：只有域参数完全一致的交换机才属于同一个域。以上 revision-level 参数使用默认值，而未进行配置。

注：前面的命令将 VLAN10、VLAN20 映射到实例 1，将 VLAN30、VLAN40 映射到实例 2；其他 VLAN 会自动映射到实例 0。

步骤 4：配置各实例的首选根桥与备选根桥。

配置 SW1 作为实例 1 的首选根桥，作为实例 2 的备根；配置 SW2 作为实例 2 的首选根桥，作为实例 1 的备根。

(1) 配置 SW1 为实例 1 的首先根桥，实例 2 的备根。

```
[SW1]stp instance 1 root primary                 /* 配置 SW1 为实例 1 的首先根桥
[SW1]stp instance 2 root secondary               /* 配置 SW1 为实例 2 的备根
```

(2) 配置 SW2 为实例 2 的首先根桥，实例 1 的备根。

```
[SW2]stp instance 2 root primary                 /* 配置 SW2 为实例 2 的首先根桥
[SW2]stp instance 1 root secondary               /* 配置 SW2 为实例 1 的备根
```

注意：非根桥 SW3 和 SWn 不需要进行步骤 4 中的配置。

2) 多生成树状态查看与测试

(1) 查看 SW1 的生成树状态信息。

用 display stp brief 命令查看 SW1 端口的 STP 状态与角色信息，结果如图 9.25 所示。

① 在实例 0 和实例 1 中，所有端口均为指定端口。这说明 SW1 为实例 0 和实例 1 的根桥。

② 在实例 2 中，G1/0/3 为根端口(指向实例 2 的根桥 SW2)，G1/0/2 为指定端口。

如图 9.25 所示，display stp 命令显示了查看到的部分生成树状态与统计信息(信息内容较多，未一一展示)，部分重要信息解释如下。

- **Bridge ID：32768.0add-a7cd-0100**：桥 ID 为 32768.0add-a7cd-0100(点号前的 32768 为默认的桥优先级，后面的为 SW1 的 MAC 地址)。

```
<SW1>display stp brief
 MST ID    Port                              Role  STP State   Protection
 0         GigabitEthernet1/0/1              DESI  FORWARDING  NONE
 0         GigabitEthernet1/0/2              DESI  FORWARDING  NONE
 0         GigabitEthernet1/0/3              DESI  FORWARDING  NONE
 1         GigabitEthernet1/0/1              DESI  FORWARDING  NONE
 1         GigabitEthernet1/0/2              DESI  FORWARDING  NONE
 1         GigabitEthernet1/0/3              DESI  FORWARDING  NONE
 2         GigabitEthernet1/0/1              DESI  FORWARDING  NONE
 2         GigabitEthernet1/0/2              DESI  FORWARDING  NONE
 2         GigabitEthernet1/0/3              ROOT  FORWARDING  NONE
<SW1>
<SW1>display stp
-------[CIST Global Info][Mode MSTP]-------
 Bridge ID              : 32768.0add-a7cd-0100
 Bridge times           : Hello 2s MaxAge 20s FwdDelay 15s MaxHops 20
 Root ID/ERPC           : 32768.0add-a7cd-0100, 0
 RegRoot ID/IRPC        : 32768.0add-a7cd-0100, 0
 RootPort ID            : 0.0
 BPDU-Protection        : Disabled
 Bridge Config-
 Digest-Snooping        : Disabled
 TC or TCN received     : 7
 Time since last TC     : 0 days 0h:15m:53s
```

图 9.25　查看 SW1 的生成树状态信息

- **Root ID/ERPC：32768.0add-a7cd-0100，0：**根桥 ID 为 32768.0add-a7cd-0100，外部路径开销为 0。此处可以看出根桥 ID 就是 SW1 的桥 ID，因此 SW1 为 CIST 的根桥。
- **RegRoot ID/IRPC：32768.0add-a7cd-0100，0：**域根 ID 为 32768.0add-a7cd-0100，内部路径开销为 0。说明 SW1 还是域根。

查看结果表明交换机 SW1 为 CIST 的根桥。

(2) 查看 SW2 的生成树状态信息。

用 display stp brief 命令查看 SW2 端口的 STP 状态与角色信息，结果如图 9.26 所示。

```
<SW2>display stp brief
 MST ID    Port                              Role  STP State   Protection
 0         GigabitEthernet1/0/1              DESI  FORWARDING  NONE
 0         GigabitEthernet1/0/2              DESI  FORWARDING  NONE
 0         GigabitEthernet1/0/3              ROOT  FORWARDING  NONE
 1         GigabitEthernet1/0/1              DESI  FORWARDING  NONE
 1         GigabitEthernet1/0/2              DESI  FORWARDING  NONE
 1         GigabitEthernet1/0/3              ROOT  FORWARDING  NONE
 2         GigabitEthernet1/0/1              DESI  FORWARDING  NONE
 2         GigabitEthernet1/0/2              DESI  FORWARDING  NONE
 2         GigabitEthernet1/0/3              DESI  FORWARDING  NONE
<SW2>
<SW2>display stp
-------[CIST Global Info][Mode MSTP]-------
 Bridge ID              : 32768.0add-ad92-0200
 Bridge times           : Hello 2s MaxAge 20s FwdDelay 15s MaxHops 20
 Root ID/ERPC           : 32768.0add-a7cd-0100, 0
 RegRoot ID/IRPC        : 32768.0add-a7cd-0100, 20
 RootPort ID            : 128.4
 BPDU-Protection        : Disabled
 Bridge Config-
 Digest-Snooping        : Disabled
 TC or TCN received     : 6
 Time since last TC     : 0 days 0h:55m:15s
```

图 9.26　查看 SW2 的生成树状态信息

① 在实例 2 中，所有端口均为指定端口。这说明 SW2 为实例 2 的根桥。

② 在实例 0 和实例 1 中，G1/0/3 为根端口，指向实例 0 和实例的根桥 SW1。

如图 9.26 所示，display stp 命令显示了如下查看到的部分生成树状态与统计信息。

- **Bridge ID：32768.0add-ad92-0200：**SW2 的桥 ID 为 32768.0add-ad92-0200（点号前的 32768 为默认的桥优先级，后面的为 SW1 的 MAC 地址）。
- **Root ID/ERPC：32768.0add-a7cd-0100，0：**根桥 ID 为 32768.0add-a7cd-0100（SW1 的桥 ID），外部路径开销为 0。
- **RegRoot ID/IRPC：32768.0add-a7cd-0100，20：**域根 ID 为 32768.0add-a7cd-0100（SW1 的桥 ID），内部路径开销为 20。

查看结果表明：交换机 SW1 为 CIST 的根桥，SW2 为实例 2 的根桥。

(3) 查看 SW3 与 SWn 端口的 STP 状态与角色信息。

图 9.27 显示了 SW3 的 STP 状态信息。对于实例 0 和实例 1 的生成树，G1/0/1 为根端口(指向实例 0 和实例 1 生成树的根 SW1)，而 G1/0/2 为预备端口(指向实例 0 和实例 1 生成树的备根 SW2)；对于实例 2 的生成树，G1/0/2 为根端口(指向实例 2 生成树的根 SW2)，而 G1/0/1 为预备端口(指向实例 2 生成树的备根 SW1)。

```
<SW3>display stp brief
 MST ID    Port                                  Role  STP State   Protection
 0         GigabitEthernet1/0/1                  ROOT  FORWARDING  NONE
 0         GigabitEthernet1/0/2                  ALTE  DISCARDING  NONE
 1         GigabitEthernet1/0/1                  ROOT  FORWARDING  NONE
 1         GigabitEthernet1/0/2                  ALTE  DISCARDING  NONE
 2         GigabitEthernet1/0/1                  ALTE  DISCARDING  NONE
 2         GigabitEthernet1/0/2                  ROOT  FORWARDING  NONE
<SW3>
<SW3>display stp
-------[CIST Global Info][Mode MSTP]-------
 Bridge ID            : 32768.0add-b3a5-0300
 Bridge times         : Hello 2s MaxAge 20s FwdDelay 15s MaxHops 20
 Root ID/ERPC         : 32768.0add-a7cd-0100, 0
 RegRoot ID/IRPC      : 32768.0add-a7cd-0100, 20
 RootPort ID          : 128.2
 BPDU-Protection      : Disabled
 Bridge Config-
 Digest-Snooping      : Disabled
 TC or TCN received   : 24
 Time since last TC   : 0 days 0h:1m:21s
```

图 9.27　查看 SW3 的生成树状态信息

图 9.28 显示了 SWn 的 STP 状态信息。对于实例 0 和实例 1 的生成树，G1/0/2 为根端口(指向实例 0 和实例 1 生成树的根 SW1)，而 G1/0/1 为预备端口(指向实例 0 和实例 1 生成树的备根 SW2)；对于实例 2 的生成树，G1/0/1 为根端口(指向实例 2 生成树的根 SW2)，而 G1/0/2 为预备端口(指向实例 2 生成树的备根 SW1)。

```
<SWn>display stp brief
 MST ID    Port                                  Role  STP State   Protection
 0         GigabitEthernet1/0/1                  ALTE  DISCARDING  NONE
 0         GigabitEthernet1/0/2                  ROOT  FORWARDING  NONE
 1         GigabitEthernet1/0/1                  ALTE  DISCARDING  NONE
 1         GigabitEthernet1/0/2                  ROOT  FORWARDING  NONE
 2         GigabitEthernet1/0/1                  ROOT  FORWARDING  NONE
 2         GigabitEthernet1/0/2                  ALTE  DISCARDING  NONE
<SWn>
<SWn>display stp
-------[CIST Global Info][Mode MSTP]-------
 Bridge ID            : 32768.0add-bb9e-0400
 Bridge times         : Hello 2s MaxAge 20s FwdDelay 15s MaxHops 20
 Root ID/ERPC         : 32768.0add-a7cd-0100, 0
 RegRoot ID/IRPC      : 32768.0add-a7cd-0100, 20
 RootPort ID          : 128.3
 BPDU-Protection      : Disabled
 Bridge Config-
 Digest-Snooping      : Disabled
 TC or TCN received   : 6
 Time since last TC   : 0 days 0h:1m:59s
```

图 9.28　查看 SWn 的生成树状态信息

总结：通过查看生成树的状态信息，可以知道生成树的根和交换机各端口的状态以及交换机间的链路状态，最终勾画出完整的生成树及备份链路。

(4) 生成树工作效果测试。

① 测试链路备份效果。

如图 9.29(a)所示，链路 L1 和链路 L2 互为对方的备份；链路 L3 和链路 L4 互为对方的备份。

使用 shutdown 命令将 SW3 的 G1/0/1 端口关闭，那么链路 L1 断开，生成树重新计算后会将 SW3 的 G1/0/2 端口变为指定端口，置于转发状态，备份链路 L2 打开，SW3 上的实例 1 流量会自动切换到链路 L2 上，如图 9.29(b)所示。

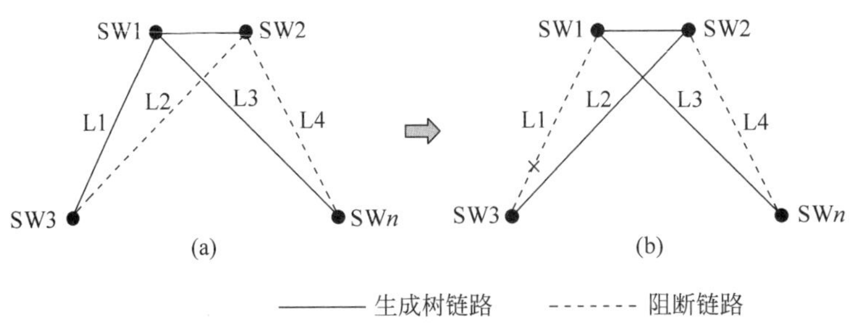

图 9.29　实例 1 生成树拓扑重构图

关闭 SW3 的 G1/0/1 命令如下：

```
[SW3]interface g1/0/1
[SW3-GigabitEthernet1/0/1]shutdown
```

使用 **display stp brief** 命令查看 SW3 的端口状态也印证了实例 1 的 G1/0/2 从预备端口变为了根端口，如图 9.30 所示。

```
[SW3]display stp brief
 MST ID     Port                          Role   STP State    Protection
 0          GigabitEthernet1/0/1          ROOT   FORWARDING   NONE
 0          GigabitEthernet1/0/2          ALTE   DISCARDING   NONE
 1          GigabitEthernet1/0/1          ROOT   FORWARDING   NONE
 1          GigabitEthernet1/0/2          ALTE   DISCARDING   NONE
 2          GigabitEthernet1/0/1          ALTE   DISCARDING   NONE
 2          GigabitEthernet1/0/2          ROOT   FORWARDING   NONE
[SW3]interface G1/0/1
[SW3-GigabitEthernet1/0/1]shutdown
[SW3-GigabitEthernet1/0/1]display stp brief
 MST ID     Port                          Role   STP State    Protection
 0          GigabitEthernet1/0/2          ROOT   FORWARDING   NONE
 1          GigabitEthernet1/0/2          ROOT   FORWARDING   NONE
 2          GigabitEthernet1/0/2          ROOT   FORWARDING   NONE
```

图 9.30　实例 1 生成树 G1/0/2 端口状态改变

其他链路的备份测试可依照以上方法执行。

② 测试设备备份效果。

在 MSTP 协议的作用下，核心交换机 SW1 和 SW2 互为对方的备份。两台核心交换机之中的任何一台因宕机而离线后，另外一台核心交换机都会承担起离线核心交换机的工作，离线交换机所承担的业务不会永久中断(可能会短暂中断)。汇聚层设备(SW3/SWn)相应的阻塞端口会在 MSTP 的作用下切换到转发状态，承担起相应的工作。

图 9.31 显示了两台核心交换机 SW1 和 SW2 都正常工作时 SW3、SWn 的端口状态。

```
[SW3]display stp brief
 MST ID     Port                          Role   STP State    Protection
 0          GigabitEthernet1/0/1          ROOT   FORWARDING   NONE
 0          GigabitEthernet1/0/2          ALTE   DISCARDING   NONE
 1          GigabitEthernet1/0/1          ROOT   FORWARDING   NONE
 1          GigabitEthernet1/0/2          ALTE   DISCARDING   NONE
 2          GigabitEthernet1/0/1          ALTE   DISCARDING   NONE
 2          GigabitEthernet1/0/2          ROOT   FORWARDING   NONE

[SWn]display stp brief
 MST ID     Port                          Role   STP State    Protection
 0          GigabitEthernet1/0/1          ALTE   DISCARDING   NONE
 0          GigabitEthernet1/0/2          ROOT   FORWARDING   NONE
 1          GigabitEthernet1/0/1          ALTE   DISCARDING   NONE
 1          GigabitEthernet1/0/2          ROOT   FORWARDING   NONE
 2          GigabitEthernet1/0/1          ROOT   FORWARDING   NONE
 2          GigabitEthernet1/0/2          ALTE   DISCARDING   NONE
```

图 9.31　核心交换机正常工作时 SW3、SWn 的端口状态

为测试 SW2 的备份功能，将核心交换机 SW1 关闭。

图 9.32 显示了核心交换机 SW1 离线后 SW3、SWn 的端口状态。在 SW1 离线后，对于实例 1，SW3 的 G1/0/2 端口、SWn 的 G1/0/1 端口都由预备端口转变成了根端口，进入了转发状态，承担了实例 1 的流量。SW2 也由实例 1 的备根转变成了实例 1 的根桥。

```
<SW3>display stp brief
 MST ID     Port                                  Role   STP State     Protection
 0          GigabitEthernet1/0/2                  ROOT   FORWARDING    NONE
 1          GigabitEthernet1/0/2                  ROOT   FORWARDING    NONE
 2          GigabitEthernet1/0/2                  ROOT   FORWARDING    NONE

<SWn>display stp brief
 MST ID     Port                                  Role   STP State     Protection
 0          GigabitEthernet1/0/1                  ROOT   FORWARDING    NONE
 1          GigabitEthernet1/0/1                  ROOT   FORWARDING    NONE
 2          GigabitEthernet1/0/1                  ROOT   FORWARDING    NONE
```

图 9.32　核心交换机 SW1 离线后 SW3、SWn 的端口状态

如图 9.33 所示，在 SW1 离线后，SW2 变为了 CIST 的根。

```
<SW2>display stp
-------[CIST Global Info][Mode MSTP]-------
 Bridge ID              : 32768.0add-ad92-0200
 Bridge times           : Hello 2s MaxAge 20s FwdDelay 15s MaxHops 20
 Root ID/ERPC           : 32768.0add-ad92-0200, 0
 RegRoot ID/IRPC        : 32768.0add-ad92-0200, 0
 RootPort ID            : 0.0
 BPDU-Protection        : Disabled
 Bridge Config-
 Digest-Snooping        : Disabled
 TC or TCN received     : 4
 Time since last TC     : 0 days 0h:10m:34s
```

图 9.33　SW1 离线后核心交换机 SW2 的 STP 状态

由此可见，MSTP 协议既保证了二层链路的备份及负载的分担，又保证了三层交换设备的备份。

9.8　任务小结

1. STP 的作用是：消除环路的负面影响，提供链路的冗余备份。
2. STP 通过选举根桥和阻塞冗余端口来消除环路。
3. 相比 STP，RSTP 和 MSTP 具有更快的收敛速度。相比 STP 和 RSTP，MSTP 支持多生成树实例，实现了基于 VLAN 的负载分担。
4. STP 与 MSTP 的配置与调试。

9.9　习题与思考

1. 生成树的作用什么？
2. 简述生成树的工作原理，BPDU 包含哪些参数？
3. 简述生成树的工作过程，每个过程完成了哪些工作？
4. 生成树的种类有哪些，其区别和联系是什么？

任务10 利用链路聚合技术实现带宽扩展、链路备份与负载分担

学习目标

- 掌握链路聚合的作用。
- 掌握链路聚合对聚合端口的要求。
- 掌握链路聚合的配置。

10.1 链路聚合技术应用场景

链路聚合是把两台设备之间的多条链路并联在一起,当作一条逻辑链路使用。

1. 链路聚合应用场景

1) 应用于企业网核心层链路

企业网的核心层承担着网络中绝大多数数据的转发任务,因而核心层链路容易成为网络的瓶颈,引发链路拥塞;而且核心层链路失效会引发全体断网。在核心层链路上部署链路聚合可以扩展带宽,整体提升网络的数据吞吐量,避免链路拥塞;提供备份链路,保证网络可靠性。

2) 应用于服务器网络链路

连接服务器网络的链路也具备流量大、转发任务繁重、链路重要性高的特征,这也是链路聚合的典型应用场景。

2. 链路聚合的优点

1) 链路聚合可以扩展链路的带宽

理论上,通过链路聚合可使一个聚合端口的带宽最大为所有成员端口的带宽总和。

2) 链路聚合可以提高网络的可靠性

配置了链路聚合的端口,若其中一个端口出现故障,则该成员端口的流量就会切换到成员链路中,保障了网络传输的可靠性。

3) 链路聚合可以实现流量的负载分担

流量可以被平均分给所有进行聚合的成员链路,以实现负载分担,避免流量在部分链路上聚集造成网络拥塞。

10.2 链路聚合的分类

按照聚合方式的不同,链路聚合分为两类:静态聚合(手动负载均衡)模式与动态聚合(链路聚合控制协议,LACP)模式。两种聚合模式都要求成员端口的所有参数必须一致,参

数包括物理口数量、传输速率、双工模式、流量控制模式。

1. 静态聚合模式

在静态聚合方式下，双方设备不需要启动聚合协议，双方不进行聚合组成员端口状态的信息交互。成员端口加入聚合组需手工配置。该模式下的所有活动链路都参与数据的转发，平均分担流量。如果某条活动链路出现故障，则自动在剩余的活动链路中平均分担流量。

静态聚合模式适用于交换设备不支持链路聚合协议或支持的聚合协议不兼容的场景。静态聚合不需信息交互，因而不占用带宽。在小型局域网中，常使用静态聚合模式。

2. 动态聚合模式

在动态聚合模式下，聚合双方使用 LACP(Link Aggregation Control Protocol，链路聚合协议)来进行信息交互，协商链路信息，交换聚合组成员端口状态信息。成员端口加入聚合组需要手工配置。

静态聚合与动态聚合的区别在于：在静态聚合模式下，所有端口都处于数据转发状态；在动态聚合模式下，可能会有部分链路充当备份链路，不参与转发。

聚合组实现负载分担的依据有多种：基于源端/目的端 IP 地址、基于源端/目的端 MAC 地址、基于源端/目的端口或它们的组合等。通过哈希算法计算报文的地址、端口等信息来对报文进行分流，哈希算法计算结果不同的数据帧通过不同的成员端口发送，计算结果相同的数据帧从同一成员端口发送，这也保证了数据包顺序的准确性。但是，这样不能保证所有聚合链路具备相同的带宽利用率。

10.3 链路聚合的配置与信息查看

静态聚合与动态聚合的配置命令略有不同。

1. 静态聚合配置

步骤 1：创建二层聚合组(聚合端口)。

```
[H3C]interface bridge-aggregation interface-number    /* 系统视图
```

参数说明：

interface-number：二层聚合端口的编号。不同型号的设备支持的取值范围不同，请以设备的实际情况为准。

该命令用来创建二层聚合端口，并进入二层聚合接口视图。

注意：Comware v3 版本创建二层聚合组的命令有所不同，其命令如下：

```
[H3C]port link-aggregation group interface-number mode [manual | static]
```

步骤 2：将以太网接口加入指定静态聚合组(端口)。

下面以 G1/0/1 端口为例，将它加入聚合组。

```
[H3C]interface g1/0/1    /* 进入 G1/0/1 接口视图
[H3C-GigabitEthernet1/0/1]port link-aggregation group interface-number
  /* 将 G1/0/1 端口加入聚合组(以太网接口视图)
```

参数说明：

interface-number：指定二层聚合组的编号。这个二层聚合组是使用 **interface bridge-aggregation** 命令创建的。

该命令用来将以太网口 GigabitEthernet1/0/1 加入编号为 *interface-number* 的聚合组。

步骤 3：聚合组(端口)的 VLAN 属性配置。

由多条链路组成的聚合组(端口)在逻辑上是一条链路，聚合组(端口)在逻辑上也相当于是一个大带宽的以太网接口，对聚合组(端口)的操作与以太网接口操作相同。

聚合组(端口)默认属于 VLAN 1。如果聚合组(端口)只传递 VLAN1 的数据，则无须步骤 3。

如果聚合组(端口)需要传递多个 VLAN 的数据，则需要对聚合组(端口)进行 VLAN 属性的配置，配置方法与普通以太网接口的配置方法相同：先配置聚合组(端口)为 Trunk 类型端口，再配置聚合组(端口)允许通过的 VLAN。其操作命令如下：

```
[H3C-Bridge-AggregationX]port link-type trunk
/* 将聚合组(端口)X 配置为 Trunk 类型(二层聚合接口视图)
[H3C-Bridge-AggregationX]port trunk permit vlan vlan-id
/* 配置聚合组(端口)X 允许 vlan-id 所列的 VLAN 数据通过(二层聚合接口视图)
```

以上命令会改变已加入聚合组(端口)的所有以太网接口的链路类型以及允许通过的 VLAN。

例如，两个以太网口 G1/0/1 和 G1/0/2 已加入二层聚合组 1，配置二层聚合组 1 允许 VLAN10、VLAN20 的数据通过，具体命令如下：

```
[H3C]interface bridge-aggregation 1                /* 进入聚合组(端口)1 视图
[H3C-Bridge-Aggregation1]port link-type trunk      /* 将聚合组(端口)1 配置为 Trunk 类型
[H3C-Bridge-Aggregation1]port trunk permit vlan 10 20
  /* 配置聚合组(端口)1 允许 VLAN10 和 VLAN20 的数据通过
```

注：①已加入聚合组(端口)的以太网接口会随聚合组(端口)的 VLAN 属性配置而同步改变；②在聚合组(端口)的 VLAN 属性配置之后加入聚合组(端口)的以太网接口，不会因加入聚合组而自动改变 VLAN 属性，需要对后加入的以太网接口逐一进行 VLAN 属性配置。

注意：Comware v3 版本的聚合组(端口)VLAN 属性的配置方法与 Comware v5/v7 有所不同。运行 Comware v3 版本的交换机需要对聚合组(端口)中的以太网成员接口(以太网接口视图下)逐个进行 VLAN 属性配置，而不需要(也不可以)在聚合组(端口)视图下进行 VLAN 属性的配置。

2. 动态聚合配置

动态聚合配置步骤与静态聚合配置步骤略有不同。

步骤 1：创建二层聚合组(端口)。

```
[H3C]interface bridge-aggregation interface-number   /* 系统视图
```

参数说明：

interface-number：二层聚合组(端口)的编号。不同型号的设备支持的取值范围不同，请以设备的实际情况为准。

该命令用来创建二层聚合组(端口),并进入二层聚合接口视图。

步骤 2:配置聚合组(端口)以动态聚合模式工作。

```
[H3C-Bridge-AggregationX]link-aggregation mode dynamic   /* 二层聚合接口视图
```

此命令中的 X 为聚合组(端口)的编号。

步骤 3:将以太网接口加入指定动态聚合组。

下面以 G1/0/1 端口为例,将它加入动态聚合组。

```
[H3C-GigabitEthernet1/0/1]port link-aggregation group interface-number
  /* 将以太网口 G1/0/1 加入聚合组(以太网接口视图)
```

参数说明:

interface-number:指定二层聚合组(端口)的编号。这个二层聚合组(端口)是使用 **interface bridge-aggregation** 命令创建的。

该命令用来将以太网口 GigabitEthernet1/0/1 加入编号为 *interface-number* 的动态聚合组(端口)。

步骤 4:聚合组(端口)的 VLAN 属性配置。

此步骤与静态聚合配置的步骤 3 完全相同,此处不再赘述。

3. 聚合链路负载分担类型配置

聚合组实现负载分担的依据有多种:基于报文目的端 IP 地址/端口、基于报文目的端 MAC 地址、基于报文源端 IP 地址/端口、基于报文源端 MAC 地址、基于报文所属 VLAN 等。

注意:设备支持负载分担的类型会因设备型号不同而有所差异。基于源端或目的端 IP 地址、MAC 地址的负载分担较为普遍。

聚合链路负载分担类型配置命令如下:

```
[H3C-Bridge-AggregationX]link-aggregation load-sharing mode { { destination-ip | destination-mac | destination-port | ingress-port | ip-protocol | mpls-label1 | mpls-label2 | mpls-label3 | source-ip | source-mac | source-port | vlan-id } | flexible | per-packet }
  /* 二层聚合接口视图
```

参数说明:

(1) destination-ip:表示按报文的目的端 IP 地址进行聚合负载分担。

(2) destination-mac:表示按报文的目的端 MAC 地址进行聚合负载分担。

(3) destination-port:表示按报文的目的服务端口进行聚合负载分担。

(4) ingress-port:表示按报文的入端口进行聚合负载分担。

(5) ip-protocol:表示按报文的 IP 协议类型进行聚合负载分担。

(6) mpls-label1:表示按 MPLS 报文第一层标签进行聚合负载分担。

(7) mpls-label2:表示按 MPLS 报文第二层标签进行聚合负载分担。

(8) mpls-label3:表示按 MPLS 报文第三层标签进行聚合负载分担。

(9) source-ip:表示按报文的源端 IP 地址进行聚合负载分担。

(10) source-mac:表示按报文的源端 MAC 地址进行聚合负载分担。

(11) source-port:表示按报文的源服务端口进行聚合负载分担。

(12) vlan-id：表示按报文所属的 VLAN 进行聚合负载分担。

(13) flexible：表示按报文类型（如二层协议报文、IPv4 报文、IPv6 报文、MPLS 报文等）自动选择聚合负载分担的类型。

(14) per-packet：表示对每个报文逐包进行聚合负载分担。

4. 链路聚合信息查看

1) 显示二层聚合组详细信息

```
<H3C> display interface bridge-aggregation interface-number    /* 任意视图
```

参数说明：

interface-number：二层聚合组编号。

2) 显示所有聚合组的详细信息

```
<H3C> display link-aggregation verbose    /* 任意视图
```

3) 显示所有聚合组的摘要信息

```
<H3C> display link-aggregation summary    /* 任意视图
```

表 10.1 总结了链路聚合配置与信息查看命令。

表 10.1 链路聚合配置与信息查看命令

操　　作	命令（命令执行的视图）
创建二层聚合组（端口）	[H3C]interface bridge-aggregation *interface-number*（系统视图）
将以太网接口加入聚合组	[H3C-GigabitEthernet*X*] port link-aggregation group *interface-number*（以太网接口视图）
配置聚合组为动态聚合模式	[H3C-Bridge-Aggregation*X*]link-aggregation mode dynamic（二层聚合接口视图）
配置聚合链路负载分担类型	[H3C-Bridge-Aggregation*X*] link-aggregation load-sharing mode {{ destination-ip | destination-mac | destination-port | ingress-port | ip-protocol | mpls-label1 | mpls-label2 | mpls-label3 | source-ip | source-mac | source-port | vlan-id } | flexible | per-packet }（二层聚合接口视图）
配置聚合端口为 trunk 类型 配置聚合端口允许通过的 VLAN	[H3C-Bridge-Aggregation*X*]port link-type trunk（二层聚合接口视图） [H3C-Bridge-Aggregation*X*]port trunk permit vlan *vlan-id*（二层聚合接口视图）
显示二层聚合组详细信息	<H3C>display interface bridge-aggregation *interface-number*（任意视图）
显示所有聚合组的详细信息	<H3C>display link-aggregation verbose（任意视图）
显示所有聚合组的摘要信息	<H3C>display link-aggregation summary（任意视图）

10.4 链路聚合配置实训

下面介绍两个实训任务。实训一（基本链路聚合配置实训）中的网络只有一个 VLAN，无须对聚合端口进行 VLAN 属性配置，因而配置简单；实训二（承担多个 VLAN 流量的链路聚合配置实训)中的网络包含多个 VLAN,需要对聚合端口进行 VLAN 属性配置。实训二的网络环境接近于真实的网络工程,但两个实训的配置内容差别不大。

10.4.1 基本链路聚合配置实训

1. 实训内容与实训目的

1) 实训内容

在交换机上配置链路聚合,扩展链路带宽,实现链路的备份与流量的负载分担。

2) 实训目的

掌握以太网交换机的链路聚合基本配置。

2. 实训设备

实训设备如表 10.2 所示。

表 10.2 基本链路聚合配置实训设备

实训设备及线缆	数量	备　　注
S5820 交换机	2 台	支持 Comware V7 命令的交换机即可
计算机	2 台	OS: Windows 10
Console 线	1 根	—
以太网线	4 根	—

3. 实训拓扑与实训要求

如图 10.1 所示,SW1、SW2 为某企业的核心交换机,所有计算机均属于 VLAN 1(注意,为简化实训过程,省略了汇聚层/接入层交换机)。

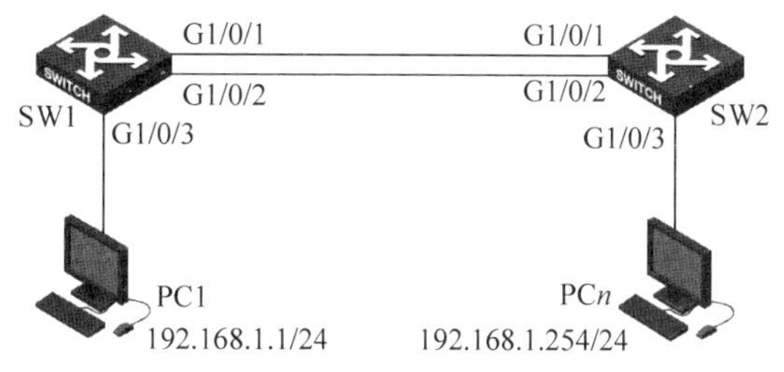

图 10.1 链路聚合基本配置拓扑图

实训要求:

对 SW1、SW2 之间的链路进行聚合,提高两者之间的链路带宽,实现链路的备份与流量的负载分担。

注意: *在开始配置网络设备前要清空设备中的原有配置。*

4. 实训过程

按拓扑图使用以太网线连接所有设备的相应端口。

将 PC1 和 PC*n* 的 IP 地及掩码分别配置为 192.168.1.1/24 和 192.168.1.254/24。

1) 链路聚合配置

步骤 1: 通过 Console 口登录交换机。

步骤 2: SW1 配置链路聚合。

（1）更改设备名。

```
<H3C>system-view                     /*进入系统视图
[H3C]sysname SW1                     /*设备命名为SW1
```

（2）创建聚合组（端口）。

```
[SW1]interface bridge-aggregation 1    /*创建聚合组(端口)1,默认为静态聚合模式
  /*配置动态聚合模式命令为[SW1-Bridge-Aggregation1]link-aggregation mode dynamic
```

（3）配置以太网接口加入聚合组（端口）。

```
[SW1-Bridge-Aggregation1]interface g1/0/1    /*进入G1/0/1接口视图
[SW1-GigabitEthernet1/0/1]port link-aggregation group 1
  /*配置G1/0/1端口加入聚合组(端口)1
[SW1-GigabitEthernet1/0/1]interface g1/0/2   /*进入G1/0/2接口视图
[SW1-GigabitEthernet1/0/2]port link-aggregation group 1
  /*配置G1/0/2端口加入聚合组(端口)1
```

步骤3：SW2配置链路聚合。

（1）更改设备名。

```
<H3C>system-view                              /*进入系统视图
[H3C]sysname SW2                              /*设备命名为SW2
```

（2）创建聚合组（端口）。

```
[SW2]interface bridge-aggregation 1 /*创建聚合组(端口)1,默认为静态聚合模式
  /*配置动态聚合模式命令为[SW2-Bridge-Aggregation1] link-aggregation mode dynamic
```

注意：聚合链路两端交换机上链路聚合组（端口）编号不一样。

（3）配置以太网接口加入聚合组（端口）。

```
[SW2-Bridge-Aggregation1]interface g1/0/1                /*进入G1/0/1接口视图
[SW2-GigabitEthernet1/0/1]port link-aggregation group 1  /*将G1/0/1端口加入聚合组1
[SW2-GigabitEthernet1/0/1]interface g1/0/2               /*进入G1/0/1接口视图
[SW2-GigabitEthernet1/0/2]port link-aggregation group 1  /*将G1/0/2端口加入聚合组1
```

2）测试与状态查看

（1）连通性测试。

用计算机PC1去ping计算机PCn，图10.2所示结果显示Echo reply报文回复正常，说明两计算机之间正常互通。

（2）链路聚合组状态查看。

① 查看SW1、SW2的链路聚合组摘要信息。

如图10.3所示，两台交换机的聚合组编号均为1（AGG Interface BAGG1），为静态聚合模式（AGG Mode S），有两个以太网接口加入了聚合组（Selected Ports 2）。

② 查看SW1的链路聚合组详细信息。

如图10.4所示，SW1的聚合组1为静态聚合模式（Aggregation Mode：Static），聚合链路对流量进行负载分担（Loadsharing Type：Shar），G1/0/1端口和G1/0/2端口成功加入聚合组。

```
管理员: C:\Windows\system32\cmd.exe
Microsoft Windows [版本 10.0.17763.316]
(c) 2018 Microsoft Corporation。保留所有权利。

C:\Users\Administrator>ping 192.168.1.254

正在 Ping 192.168.1.254 具有 32 字节的数据:
来自 192.168.1.254 的回复: 字节=32 时间=3ms TTL=255
来自 192.168.1.254 的回复: 字节=32 时间=1ms TTL=255
来自 192.168.1.254 的回复: 字节=32 时间=1ms TTL=255
来自 192.168.1.254 的回复: 字节=32 时间=1ms TTL=255

192.168.1.254 的 Ping 统计信息:
    数据包: 已发送 = 4，已接收 = 4，丢失 = 0 (0% 丢失)，
往返行程的估计时间(以毫秒为单位):
    最短 = 1ms，最长 = 3ms，平均 = 1ms

C:\Users\Administrator>
```

图 10.2　连通性测试

```
<SW1>display link-aggregation summary
Aggregation Interface Type:
BAGG -- Bridge-Aggregation, BLAGG -- Blade-Aggregation, RAGG -- Route-Aggregation
, SCH-B -- Schannel-Bundle
Aggregation Mode: S -- Static, D -- Dynamic
Loadsharing Type: Shar -- Loadsharing, NonS -- Non-Loadsharing
Actor System ID: 0x8000, 2a08-2f12-0100

AGG        AGG   Partner ID              Selected  Unselected  Individual  Share
Interface  Mode                          Ports     Ports       Ports       Type
--------------------------------------------------------------------------------
BAGG1      S     None                    2         0           0           Shar
```

```
<SW2>display link-aggregation summary
Aggregation Interface Type:
BAGG -- Bridge-Aggregation, BLAGG -- Blade-Aggregation, RAGG -- Route-Aggregation
, SCH-B -- Schannel-Bundle
Aggregation Mode: S -- Static, D -- Dynamic
Loadsharing Type: Shar -- Loadsharing, NonS -- Non-Loadsharing
Actor System ID: 0x8000, 2a08-3601-0200

AGG        AGG   Partner ID              Selected  Unselected  Individual  Share
Interface  Mode                          Ports     Ports       Ports       Type
--------------------------------------------------------------------------------
BAGG1      S     None                    2         0           0           Shar
```

图 10.3　SW1、SW2 的链路聚合组摘要信息

```
<SW1>display link-aggregation verbose
Loadsharing Type: Shar -- Loadsharing, NonS -- Non-Loadsharing
Port: A -- Auto
Port Status: S -- Selected, U -- Unselected, I -- Individual
Flags:  A -- LACP_Activity, B -- LACP_Timeout, C -- Aggregation,
        D -- Synchronization, E -- Collecting, F -- Distributing,
        G -- Defaulted, H -- Expired

Aggregate Interface: Bridge-Aggregation1
Aggregation Mode: Static
Loadsharing Type: Shar
  Port             Status  Priority Oper-Key
--------------------------------------------------------------------------------
  GE1/0/1          S       32768    1
  GE1/0/2          S       32768    1
```

图 10.4　SW1 的链路聚合组详细信息

SW2 的链路聚合组详细信息与 SW1 情况相似。

注意：在静态聚合模式中，查看到的聚合信息只代表本端链路聚合组的状态，不受对端影响。例如，SW1 的链路聚合正常配置，但 SW2 交换机上没有端口加入聚合组，在此情况下 SW1 显示的聚合组信息仍然正常。

③ 测试链路聚合效果。

SW1 和 SW2 之间的两条物理链路构成一条逻辑链路(聚合链路)，如果其中一条物理链路被阻断了，则另一条物理链路仍然继续工作，保证聚合链路不会断开。

测试过程：

- 用 PC1 不间断地 ping 计算机 PCn（带参数“-t”），如图 10.5 所示。

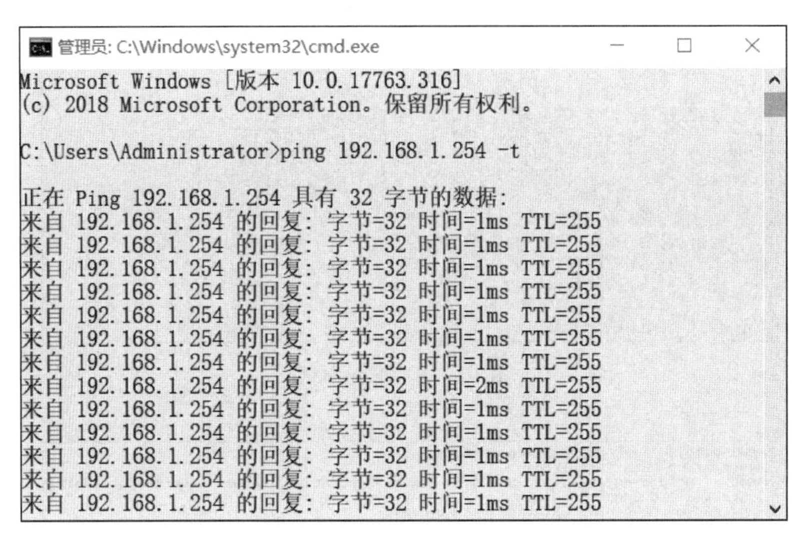

图 10.5　链路切换连通性测试图

- 首先使用 shutdown 命令关闭 SW1 的 G1/0/1 端口，断开 SW2 和 SW1 的 G1/0/1 端口间的链路；然后重新打开 G1/0/1 端口，再关闭 G1/0/2 端口。这个过程中 ping 命令的 ICMP 报文一直不停发送，但并未出现超时，这说明聚合组中的任一条链路断开后，另一条链路会承担起所有报文转发任务。链路聚合达到了预期效果。

关闭/打开 SW1 的 G1/0/1 命令如下：

```
[SW1]interface g1/0/1
[SW1-GigabitEthernet1/0/1]shutdown                    /* 关闭 G1/0/1 端口
[SW1-GigabitEthernet1/0/1]undo shutdown               /* 重新打开 G1/0/1 端口
```

注意：关闭聚合链路中的一条后，可能会出现短暂丢包后恢复现象。丢包时长就是链路切换的时长，这与交换机的性能有关。

10.4.2　承担多个 VLAN 流量的链路聚合配置实训

1. 实训内容与实训目的

1）实训内容

在交换机上配置链路聚合，并对聚合端口进行 VLAN 属性配置，扩展链路带宽，实现链路的备份与流量的负载分担。

2）实训目的

掌握以太网交换机的链路聚合基本配置与聚合端口的 VLAN 属性配置。

2. 实训设备

实训设备如表 10.3 所示。

表 10.3 承担多个 VLAN 流量的链路聚合配置实训设备

实训设备及线缆	数量	备　　注
S5820 交换机	2 台	支持 Comware V7 命令的交换机即可
计算机	4 台	OS：Windows 10
Console 线	1 根	—
以太网线	6 根	—

3. 实训拓扑与实训要求

如图 10.6 所示，SW1、SW2 为某企业的核心交换机，企业网络被划分成 VLAN10 和 VLAN20(注意，为简化实训过程，省略了汇聚层/接入层交换机)。

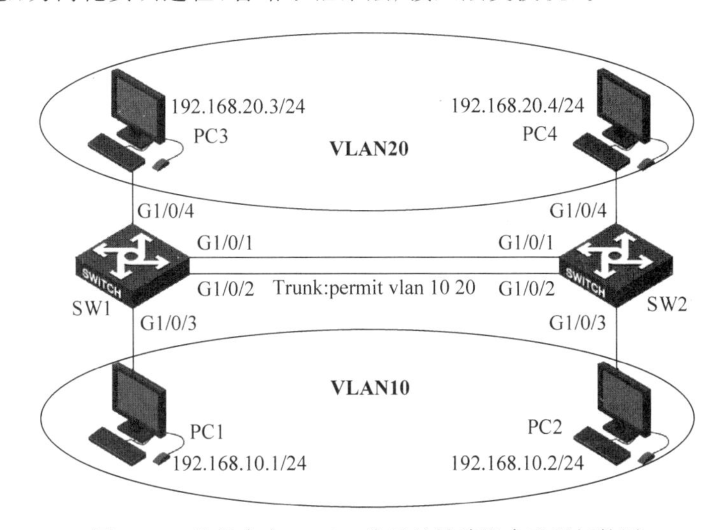

图 10.6 承担多个 VLAN 流量的链路聚合配置拓扑图

实训要求：

对 SW1、SW2 之间的链路进行聚合，并配置聚合链路允许 VLAN10 和 VLAN20 通过，提高交换机之间的链路带宽，实现链路的备份与流量的负载分担。

注意：*在开始配置网络设备前要清空设备中的原有配置。*

4. 实训过程

按拓扑图使用以太网线连接所有设备的相应端口。

按图 10.6 所示配置 PC1、PC2、PC3、PC4 的 IP 地址及掩码。

1) 承担多个 VLAN 流量的链路聚合配置

步骤 1：通过 Console 口登录交换机。

步骤 2：SW1 更改设备名，配置 VLAN。

(1) 更改设备名。

```
<H3C>system-view                                   /* 进入系统视图
[H3C]sysname SW1                                   /* 设备命名为 SW1
```

(2) 创建 VLAN，将连接 PC 的端口划分至相应的 VLAN。

```
[SW1]vlan 10
```

```
[SW1-vlan10]port g1/0/3
[SW1-vlan10]vlan 20
[SW1-vlan20]port g1/0/4
```

步骤 3：SW1 配置链路聚合。

（1）创建聚合组（端口）。

```
[SW1]interface bridge-aggregation 1 /* 创建聚合组(端口)1,默认为静态聚合模式
  /* 配置动态聚合模式的命令为[SW1-Bridge-Aggregation1] link-aggregation mode dynamic
```

（2）配置以太网接口加入聚合组（端口）。

```
[SW1-Bridge-Aggregation1]interface g1/0/1                 /* 进入 G1/0/1 接口视图
[SW1-GigabitEthernet1/0/1]port link-aggregation group 1
  /* 将 G1/0/1 端口添加到聚合组(端口)1 中
[SW1-GigabitEthernet1/0/1]interface g1/0/2                /* 进入 G1/0/2 接口视图
[SW1-GigabitEthernet1/0/2]port link-aggregation group 1
  /* 将 G1/0/2 端口添加到聚合组(端口)1 中
```

（3）配置聚合端口为 Trunk 类型，并允许 VLAN10、VLAN20 通过。

注意：此步骤与 10.4.1 节实训不同。

```
[SW1-GigabitEthernet1/0/2]interface bridge-aggregation 1 /* 进入聚合组(端口)视图
[SW1-Bridge-Aggregation1]port link-type trunk /* 将聚合组(端口)配置为 Trunk 类型
[SW1-Bridge-Aggregation1]port trunk permit vlan 10 20
  /* 配置聚合组(端口)允许 VLAN10 和 VLAN20 的数据通过
```

注意：①已加入聚合组（端口）的以太网接口会随聚合组（端口）的 VLAN 属性配置而同步改变；②在聚合组（端口）的 VLAN 属性配置之后加入聚合组（端口）的以太网接口，不会因加入聚合组而自动改变 VLAN 属性，需要对后加入的以太网接口逐一进行 VLAN 属性配置。

步骤 4：SW2 更改设备名，配置 VLAN。

（1）更改设备名。

```
<H3C>system-view                                          /* 进入系统视图
[H3C]sysname SW2                                          /* 设备命名为 SW2
```

（2）创建 VLAN，将连接 PC 的端口划分至相应的 VLAN。

```
[SW2]vlan 10
[SW2-vlan10]port g1/0/3
[SW2-vlan10]vlan 20
[SW2-vlan20]port g1/0/4
```

步骤 5：SW2 配置链路聚合。

（1）创建聚合组（端口）。

```
[SW2] interface bridge-aggregation 1   /* 创建聚合组(端口)1,默认为静态聚合模式
  /* 配置动态聚合模式命令为[SW1-Bridge-Aggregation1] link-aggregation mode dynamic
```

注意：聚合链路两端交换机上链路聚合组（端口）编号可不一样。

(2) 配置以太网接口加入聚合组(端口)。

```
[SW2-Bridge-Aggregation1]interface g1/0/1                    /* 进入 G1/0/1 接口视图
[SW2-GigabitEthernet1/0/1]port link-aggregation group 1
  /* 将 G1/0/1 端口添加到聚合组(端口)1 中
[SW2-GigabitEthernet1/0/1]interface g1/0/2                   /* 进入 G1/0/2 接口视图
[SW2-GigabitEthernet1/0/2]port link-aggregation group 1
  /* 将 G1/0/2 端口添加到聚合组(端口)1 中
```

(3) 配置聚合端口为 Trunk 类型,并允许 VLAN10、VLAN20 通过。

```
[SW2-GigabitEthernet1/0/2]interface bridge-aggregation 1 /* 进入聚合端口 1 视图
[SW2-Bridge-Aggregation1]port link-type trunk/* 将聚合端口配置为 Trunk 类型
[SW2-Bridge-Aggregation1]port trunk permit vlan 10 20
  /* 配置聚合端口允许 VLAN10 和 VLAN20 的数据通过
```

2) 测试与状态查看

(1) 连通性测试。

用计算机 PC1 去 ping 计算机 PC2,PC3 去 ping 计算机 PC4,Echo reply 报文回复正常,说明计算机之间正常互通。

(2) 查看链路聚合组状态。

查看 SW1、SW2 的链路聚合组摘要信息:使用 **display link-aggregation summary** 命令查看链路聚合组摘要信息。

查看 SW1 的链路聚合组详细信息:使用 **display link-aggregation verbose** 命令查看链路聚合组详细信息。

(3) 测试链路聚合效果。

测试方法与过程参看 10.4.1 节链路聚合效果测试部分。

10.5 任务小结

1. 链路聚合可扩展带宽,能进行负载分担,并能备份链路。
2. 聚合端口类型、带宽、工作模式等需完全一致。
3. 链路聚合分为静态聚合和动态聚合。
4. 链路聚合先创建聚合组(端口),再将物理端口加入聚合组(端口),最后配置聚合组(端口)的 VLAN 属性(VLAN 端口类型、允许通过的 VLAN 等)。
5. 链路聚合的配置与信息查看。

10.6 习题与思考

1. 聚合链路两端设备上的聚合组编号是否可以不同?
2. 如果参加聚合的部分端口聚合不成功,聚合组(端口)的其他端口有没有可能正常工作?
3. 静态聚合组(端口)一端的设备提示聚合成功,这是否意味着两端都聚合成功?如果动态聚合组(端口)一端的设备提示聚合成功,这是否意味着两端都聚合成功?

第3篇

IP路由技术

任务 11 认识 IP 路由与路由表

学习目标

- 理解路由表各字段的意义，学会阅读路由表。
- 理解路由表的工作原理。
- 熟悉路由的来源与路由选择的标准。
- 掌握路由表查看命令。

11.1 认识路由

路由是根据数据包中的目的地址将信息从源节点传递到目的节点的行为。

在基于 TCP/IP 的网络中，所有数据的流向都是由 IP 地址来指定的，网络协议根据数据包的目的 IP 地址将报文从适当的接口发送出去。跟现实生活的道路一样，在网络中也可能有很多路径到达同一目的地，路由器根据自己的路由表内容来选择哪条路径。

尤其需要注意的是，每个路由器只是根据接收的数据包头部的目的地址选择一个合适的路径，把数据包传递到与它直接相连的下一个路由器接口（即每个路由器只负责传递一跳），数据包的传递过程和接力相似，路径上的最后一个路由器负责将数据包送达目的主机。

根据掩码长度不同，路由可分为如下 3 种。

(1) 主机路由：目的地为主机，掩码长度是 32 位的路由。

(2) 子网路由：目的地为子网，掩码长度小于 32 大于 0 的路由。

(3) 默认路由：默认路由匹配全部 IP 地址，掩码长度为 0。

根据目的地与转发路由器是否直接相连，路由可分为如下两种。

(1) 直连路由：目的地所在网络与路由器直接相连。

(2) 间接路由：目的地所在网络与路由器不直接相连。

11.2 路由表

路由表内容是路由器选择路径发送数据包的依据，每个路由器中都保存着一张路由表，并且当路径发生变化时路由表需要进行更新。

路由表中的每条记录都指明了到某个特定子网或主机的一条路径，指明数据包应该通过路由器的哪个物理端口发送至路径上的下一个路由器或目的主机。

11.2.1 路由表字段

1. 路由表关键字段

路由表包含了下列关键字段，如图 11.1 所示。

```
<H3C>display ip routing-table

Destinations : 13       Routes : 13

Destination/Mask     Proto   Pre Cost        NextHop         Interface
0.0.0.0/32           Direct  0   0           127.0.0.1       InLoop0
1.1.1.0/30           Direct  0   0           1.1.1.1         GE0/1
1.1.1.0/32           Direct  0   0           1.1.1.1         GE0/1
1.1.1.1/32           Direct  0   0           127.0.0.1       InLoop0
1.1.1.3/32           Direct  0   0           1.1.1.1         GE0/1
2.2.2.0/30           RIP     100 1           1.1.1.2         GE0/1
127.0.0.0/8          Direct  0   0           127.0.0.1       InLoop0
127.0.0.0/32         Direct  0   0           127.0.0.1       InLoop0
127.0.0.1/32         Direct  0   0           127.0.0.1       InLoop0
127.255.255.255/32   Direct  0   0           127.0.0.1       InLoop0
224.0.0.0/4          Direct  0   0           0.0.0.0         NULL0
224.0.0.0/24         Direct  0   0           0.0.0.0         NULL0
255.255.255.255/32   Direct  0   0           127.0.0.1       InLoop0
```

图 11.1　路由表截图

(1) 目的地址(Destination)：目的地址字段记录的是目的主机地址或目的网络号。

(2) 子网掩码(Mask)：路由表中的子网掩码与 IP 报文中的目的地址进行“与运算”得出目的主机或路由器所在的网段地址。图 11.1 中掩码是用连续二进制数 1 的个数来表示的。

(3) 输出接口(Interface)：该字段指明去往目的地址(Destination)的 IP 报文应该从路由器的哪个接口转发出去。

(4) 下一跳 IP 地址(NextHop)：该字段指明去往目的地址(Destination)的 IP 报文要经过的下一个路由器接口的 IP 地址。

2. 路由记录来源

除上述 4 个关键字段外，路由表字段还包括路由记录来源(Proto：Protocol)。路由记录来源是用来指明这条路由记录是如何获得的。

路由记录来源主要有如下 3 种。

1) 直连路由

直连路由(Direct)是指路由器接口直接相连的网段的路由。路由表中的直接路由是由链路层协议发现的，无须人工维护，开销小。直连路由既不需要手工配置，也不需要通过动态路由协议来获取，只要给路由器接口配置 IP 地址，并且接口处于 UP 状态，该接口所属网段的地址信息就以直连路由形式出现在路由表中。如果接口处于 DOWN 状态，路由器认为接口工作不正常，不能通过该接口到达其地址所在网段，该网段也就不会以直连路由形式出现在路由表中。

直连路由的优先级为 0(0 为最高优先级)；开销(Cost)也为 0。其优先级和开销不能更改。

2) 静态路由

静态路由(Static)是手工配置产生的路由。它需要对路由器进行手工配置来指定报文传递路径，所以当网络拓扑发生变化时静态路由无法自动修正，而是需要重新进行手工更新。静态路由在运行中无额外开销,配置简单,但只适合拓扑结构简单、稳定的网络。

3) 动态路由协议发现的路由

路由记录来源字段值为 RIP 表示该路由记录是通过动态路由(Dynamic)协议 RIP 获得的;路由记录来源字段值为 OSPF 表示该路由记录是通过动态路由协议 OSPF 获得的。

还有其他动态路由协议,如 BGP、ISIS、OSPF-ASE 等。

3. 路由优先级

路由表字段还包括路由优先级(Pre: Preference),路由优先级有时也被称为管理距离。用它来衡量路由可信度。路由优先级值越小,路由越可靠,优先级越高。

当到同一目的地址存在多条不同路径时,路由器会选择路由优先级最高的路径作为报文的转发路径,并把它写入路由表。如果到同一目的地址的多条路由的优先级一样,并且优先级是最高的,这些路由就称为等值路由,都会被写入路由表。可以利用等值路由来进行负载分担。

不同厂家的路由器对路由协议的默认优先级的规定不同。表 11.1 中列出了 H3C 和思科路由器的协议默认优先级,其中 255 表示任何来自不可信源端的路由。

表 11.1 路由优先级默认值对照

路由来源	H3C 路由优先级	思科路由器优先级
Direct	0	0
OSPF	10	110
Static	60	1
RIP	100	120
OSPF ASE	150	没有该项路由来源
IBGP	256	200
EBGP	256	20
UNKNOWN	255	255

4. 路由权

路由表中的路由权(Cost,也称路由开销)是指该路由到目的地址的开销,路由权值的衡量因素通常可包括线路延迟、带宽、跳数、线路占用率、线路可信度、最大传输单元等。不同类型的路由协议计算开销时会采用不同的衡量因素,RIP 协议只使用跳数来衡量开销值。静态路由的路由权值为 0,路由权用来衡量路径的好坏。如果一台路由器存在两条到同一目的地的路由,并且这两条路由是由同一种路由协议产生的(例如都是由 RIP 协议产生的),那么路由权越小,路由的优先级越高。

注意: 路由权只在同一种路由协议内有比较意义,不同路由协议所产生路由记录的路由权无可比性。

下面以图 11.1 中的第一项记录为例说明路由表字段。

(1) 目的地址(Destination)和掩码(Mask)为 1.1.1.0/24。

(2) 路由来源(Proto)指明该记录来自直连路由(Direct)。

(3) 路由优先级(Pre)为 0。

(4) 路由权(Cost)为 0。

(5) 下一跳 IP 地址(NextHop)为 1.1.1.1。

(6) 输出接口(Interface)为 GE0/1。

11.2.2 路由选择原则

路由选择原则有掩码最长匹配、路由优先级值最小优先和开销值最小优先。

1. 掩码最长匹配

掩码长度是首选原则。如果路由表中有多个记录与目的地址相匹配,则选择掩码最长的路由记录作为路由,不再依据其他原则。

例如,报文的目的地址为2.2.2.2,而路由表中有两条记录:①Destination/Mask为2.0.0.0/8,NextHop(下一跳)为3.3.3.1;②Destination/Mask为2.2.2.0/24,NextHop(下一跳)为4.4.4.1。

两条路由记录都匹配该报文的目的地址,但第2条记录的掩码长度为24,大于第1条记录的掩码长度8。根据路由选择原则,路由器会选择第2条记录对应的下一跳(4.4.4.1)作为该报文的转发路径。

注意:默认路由的掩码长度为0,所以默认路由只会在没有其他任何路径匹配时才会被选中。默认路由是最后被选择的路由。

2. 路由优先级值最小优先

路由来源决定路由优先级(Preference)值。当到同一目的地址存在多条路由时,在掩码长度相同的情况下,路由器会优先选择优先级值最小的路由条目。例如,到达12.1.1.0/24的路由有两条,一条路由的优先级值为110,另一条路由的优先级值为60,那么路由器优先选择优先级值是60的路由条目放进自己的路由表中。

注意:目的地址完全相同,但路由来源不同(优先级不同)的路由不会同时出现在路由表中,因为路由器的路由表中只保存最优路径。在路由优先级最高的那个条目消失后,次优先级的路由条目才会出现在路由表中。

3. 开销值最小优先

当到同一目的地址存在多条路由时,这些路由的子网掩码长度相等,路由优先级也相同,那么开销(Cost)最小的路由将进入路由表。例如,路由器通过RIP学习到了10.0.0.0/24的两个条目,一个条目的跳数(hop)是2,另一个的跳数是3,那么路由器选择跳数是2的那个条目写入路由表。

11.3 查看路由表命令

查看设备路由表的目的是查找所需的路由信息,查验路由配置。

1. 查看IP路由表摘要信息

display ip routing-table命令用来查看IP路由表摘要信息,是最常用的路由表查看命令。

```
<H3C>display ip routing-table    /* 任意视图
```

查看结果如图11.1所示。

2. 查看指定目的地址的路由信息

1) 查看指定目的地址的路由信息命令

```
<H3C>display ip routing-table ip-address [ mask | mask-length ]    /* 任意视图
```

参数说明：

ip-address：目的 IP 地址，点分十进制格式。

mask/*mask-length*：IP 地址掩码，点分十进制格式或以整数形式表示的长度，当用整数时，取值范围为 0～32。

2）查看指定目的地址范围内的路由信息命令

```
<H3C>display ip routing-table ip-address1 to ip-address2    /* 任意视图
```

参数说明：

ip-address1 **to** *ip-address2*：IP 地址范围。*ip-address1* 和 *ip-address2* 共同决定一个地址范围，只有地址在此范围内的路由才会被显示。

3. 查看路由表中的综合路由统计信息

display ip routing-table statistics 命令用来显示路由表中的综合路由统计信息。综合路由统计信息包括路由总数目、路由协议添加/删除路由数目、激活路由数目。

```
<H3C>display ip routing-table statistics    /* 任意视图
```

4. 查看指定路由来源的路由信息

1）查看 RIP 路由信息

display rip route 命令用来显示 RIP 的路由信息。

```
<H3C>display rip process-id route [ip-address {mask-length | mask} [verbose] | peer ip-address | statistics]    /* 任意视图
```

参数说明：

(1) *process-id*：RIP 进程号，取值范围为 1～65 535。

(2) *ip-address* { *mask-length* | *mask* }：显示指定目的地址和掩码的路由信息。

(3) **verbose**：显示当前 RIP 路由表中指定目的地址和掩码的所有路由信息。如果未指定本参数，则只显示指定目的地址和掩码的最优 RIP 路由。

(4) **peer** *ip-address*：显示从指定邻居学到的所有路由信息。

(5) **statistics**：显示路由的统计信息。路由的统计信息包括路由总数目，各个邻居的路由数目。

2）查看 OSPF 路由信息

display ospf routing 命令用来显示 OSPF 路由表的信息。

```
<H3C>display ospf [ process-id ] routing [ ip-address { mask-length | mask } ] [ interface interface-type interface-number ] [ nexthop nexthop-address ] [ verbose ]    /* 任意视图
```

参数说明：

(1) *process-id*：OSPF 进程号，取值范围为 1～65 535。如果未指定本参数，将显示所有 OSPF 进程的路由表信息。

(2) *ip-address*：路由的目的 IP 地址。

(3) *mask-length*：网络掩码长度，取值范围为 0～32。

(4) *mask*：网络掩码，点分十进制格式。

(5) **interface** *interface-type interface-number*：显示指定出接口的 OSPF 路由信息。

interface-type interface-number 为接口类型和编号。如果未指定本参数，则将显示所有接口的 OSPF 路由信息。

(6) **nexthop** *nexthop-address*：显示指定下一跳 IP 地址的路由信息。如果未指定本参数，则将显示所有的 OSPF 路由表信息。

(7) **verbose**：显示路由表详细信息。如果未指定本参数，则将显示 OSPF 路由表的摘要信息。

路由表的查看命令如表 11.2 所示。

表 11.2 路由表的查看命令

操　　作	命令(命令执行的视图)
查看 IP 路由表摘要信息	<H3C>display ip routing-table(任意视图)
查看指定目的地址的路由信息	<H3C>display ip routing-table *ip-address* [*mask* | *mask-length*] (任意视图) <H3C>display ip routing-table *ip-address1* to *ip-address2*(任意视图)
查看综合路由统计信息	<H3C>display ip routing-table statistics(任意视图)
查看 RIP 路由信息	<H3C>display rip *process-id* route [*ip-address* {*mask-length* | *mask*} [verbose] | peer *ip-address* | statistics](任意视图)
查看 OSPF 路由信息	<H3C>display ospf [*process-id*] routing [*ip-address* { *mask-length* | *mask* }] [interface *interface-type interface-number*] [nexthop *nexthop-address*] [verbose](任意视图)

11.4 任务小结

1. 路由的作用是指示 IP 报文的转发路径。
2. 路由表主要字段有目的地址/掩码、下一跳、出接口等。
3. 路由来源包括直连路由、静态路由、动态路由。
4. 路由优先级和路由开销。
5. 在设备上使用命令查看路由信息。

11.5 习题与思考

1. 什么叫等值路由？多条等值路由会同时存在于路由表中吗？
2. 假如路由器接收到去往同一目标网段的多条路由信息，它是如何取舍的？

任务12　实现 VLAN 间通信

学习目标

- 理解多臂路由实现 VLAN 间通信的方法。
- 掌握单臂路由的原理与配置方法。
- 理解三层交换机 VLAN 接口的概念。
- 学会配置 VLAN 接口作为网关。

一个 VLAN 即是一个广播域，相同 VLAN 内的设备可以进行二层通信(指直接通过 MAC 地址进行通信)，而不同 VLAN 的设备无法进行二层通信。要实现 VLAN 之间的通信，需借助三层设备(具备路由功能的设备：路由器或三层交换机)实现 VLAN 间 IP 报文转发，进行三层通信(通过 IP 地址进行通信)。

实现 VLAN 间通信常见方法有如下 3 种。

(1) 多臂路由实现 VLAN 间通信。

(2) 单臂路由实现 VLAN 间通信。

(3) 三层交换机实现 VLAN 间通信。

12.1　多臂路由实现 VLAN 间通信

多臂路由方式需要在路由器上为每个 VLAN 都配置一个物理接口作为网关，不同 VLAN 的数据帧流入路由器的不同的端口，再通过路由器进行路由转发，以实现 VLAN 之间的通信。

12.1.1　多臂路由实现 VLAN 间通信原理

如图 12.1 所示，路由器分别使用两个以太网接口连接着交换机的 VLAN10 和 VLAN20。两台主机分别属于 VLAN10 和 VLAN20，路由器连接这两个 VLAN 的两个端口分别作为它们各自的网关。即，G0/1 是 VLAN10 的网关；G0/2 是 VLAN20 的网关。这种利用路由器的 n 个端口来承当 n 个 VLAN 的网关来进行 VLAN 间通信的方法就是 VLAN 间的多臂路由。路由器的一个端口与交换机的端口之间的链路就是一条臂，每个 VLAN 都单独需要一条链路来进行通信，因而称为 VLAN 间的多臂路由。

PC1 与 PC2 的通信过程如下：PC1 和其网关处于同一个虚拟局域网中，因此 PC1 发出的 VLAN10 数据帧能够到达网关 1.1.1.1，即路由器端口 G0/1。路由器端口 G0/1 将 VLAN10 数据帧解封装，得到其中的 IP 报文，查找路由表后转发到 VLAN20 的网关 G0/2 端口；网关 G0/2 端口将 IP 报文封装成 VLAN20 的数据帧发送给 PC2。

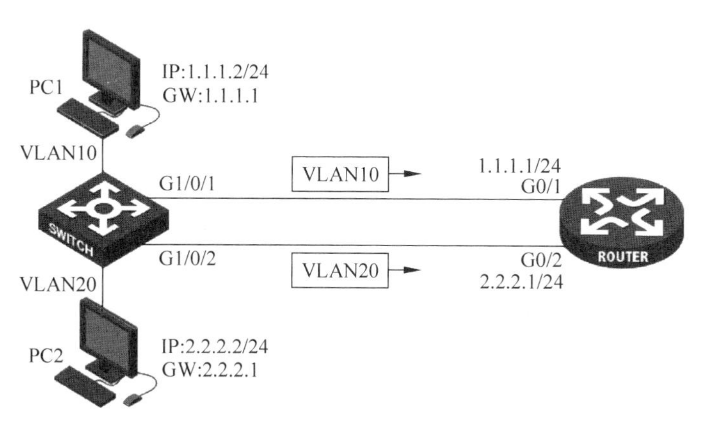

图 12.1　VLAN 间多臂路由

由多臂路由通信原理可知：每个 VLAN 网关都需要一个路由器端口来承担。当 VLAN 较多时，路由器的端口数量难以满足要求。多臂路由对路由器端口数量要求高，花费大。这种 VLAN 间的通信方案已不再使用。

12.1.2　多臂路由实现 VLAN 间通信实训

1. 实训内容与实训目的

1）实训内容

利用路由器配置多臂路由，实现不同 VLAN 间的通信。

2）实训目的

掌握多臂路由配置方法与命令，实现 VLAN 间通信。

2. 实训设备

实训设备如表 12.1 所示。

表 12.1　多臂路由实现 VLAN 间通信实训设备

实训设备及线缆	数量	备　注
S5820 交换机	1 台	支持 Comware V7 命令的交换机即可
MSR36-20 路由器	1 台	支持 Comware V7 命令的路由器即可
计算机	2 台	OS：Windows 10
Console 线	1 根	—
以太网线	4 根	—

3. 实训拓扑与实训要求

如图 12.2 所示，交换机 SW1 的 G1/0/10 端口和 G1/0/20 端口分别连接着 PC1（属于 VLAN10）和 PC2（属于 VLAN20），G1/0/1 端口和 G1/0/2 端口连接路由器 R1。路由器 R1 的 G0/1 和 G0/2 分别为 VLAN10、VLAN20 的网关。VLAN 划分与 IP 分配如表 12.2 所示。

实训要求：

（1）配置 VLAN，使 PC1、PC2 分属于 VLAN10 和 VLAN20。

(2) 配置路由器R1,使G0/1和G0/2分别为VLAN10、VLAN20的网关,实现PC1和PC2互通。

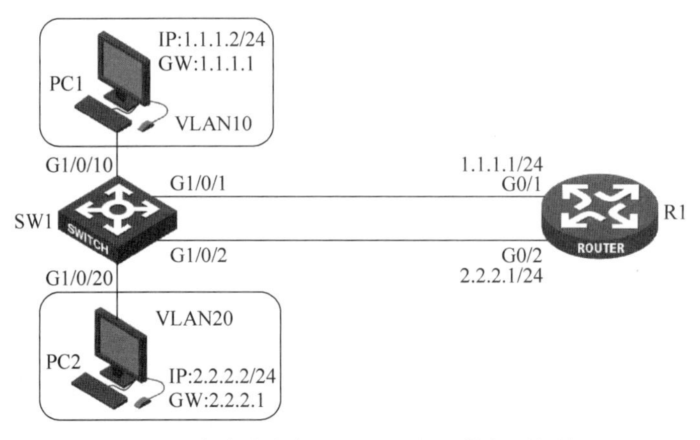

图12.2 多臂路由实现VLAN间通信实训拓扑图

表12.2 设备IP地址及VLAN规划表

设备名称	接口	IP地址	所属VLAN/网关
PC1	网卡	1.1.1.2/24	VLAN10/1.1.1.1
PC2	网卡	2.2.2.2/24	VLAN20/2.2.2.1
SW1	G1/0/1、G1/0/10	—	VLAN10
	G1/0/2、G1/0/20	—	VLAN20
R1	G0/1	1.1.1.1/24	VLAN10
	G0/2	2.2.2.1/24	VLAN20

4. 实训过程

按拓扑图使用以太网线连接所有设备的相应端口。

配置计算机IP地址。PC1的IP地址、掩码及网关分别配置为1.1.1.2/24、1.1.1.1;PC2的IP地址、掩码及网关分别配置为2.2.2.2/24、2.2.2.1。

1) 多臂路由配置

步骤1: SW1上创建VLAN,划分VLAN端口。

通过Console口登录交换机SW1。

(1) 更改设备名。

```
<H3C>system-view     /*进入系统视图
[H3C]sysname SW1     /*设备命名为SW1
```

(2) 创建VLAN10,划分端口。

```
[SW1]vlan 10                          /*创建VLAN10并进入VLAN10视图
[SW1-vlan10]port g1/0/1  g1/0/10      /*将G1/0/1端口和G1/0/10端口划分到VLAN10
```

(3) 创建VLAN20,划分端口。

```
[SW1-vlan10]vlan 20                   /*创建VLAN20并进入VLAN20视图
[SW1-vlan20]port g1/0/2  g1/0/20      /*将G1/0/2端口和G1/0/20端口划分到VLAN20
```

步骤 2：配置 R1 接口 IP 地址。

通过 Console 口登录路由器 R1。

（1）更改设备名。

```
<H3C>system-view                          /* 进入系统视图
[H3C]sysname R1                           /* 设备命名为 R1
```

（2）配置接口 IP 地址。

```
[R1]interface g0/1                              /* 进入 G0/1 接口视图
[R1-GigabitEthernet0/1]ip address 1.1.1.1 24    /* 配置 G0/1 的 IP 地址为 1.1.1.1,掩码长度为 24
[R1-GigabitEthernet0/1]interface g0/2           /* 进入 G0/2 接口视图
[R1-GigabitEthernet0/2]ip address 2.2.2.1 24    /* 配置 G0/2 的 IP 地址为 2.2.2.1,掩码长度为 24
```

2）连通性测试与路由表查看

（1）连通性测试。

用计算机 PC1 去 ping 网关 1.1.1.1 及 PC2，图 12.3 结果显示 Echo Reply 报文回复正常，说明 PC1 与网关、PC2 正常互通。

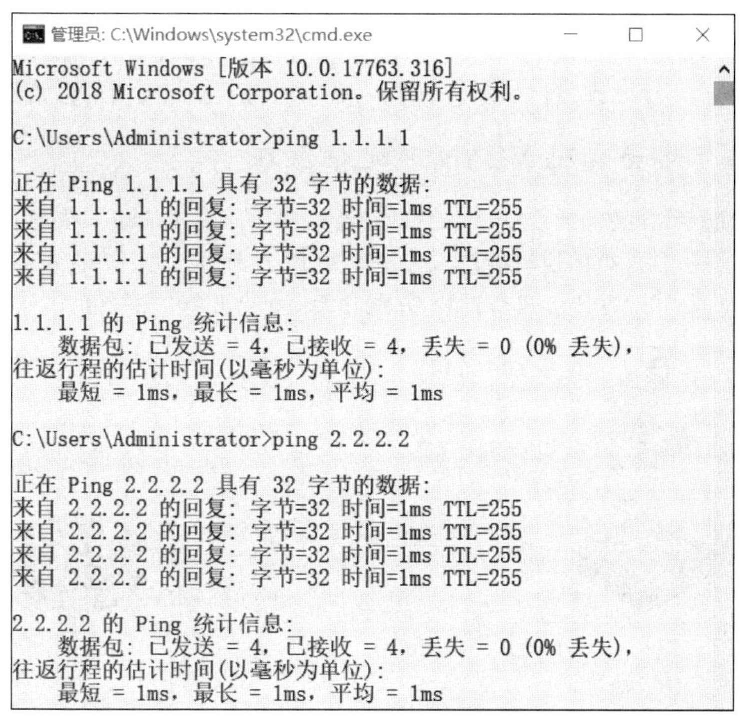

图 12.3　多臂路由连通性测试

（2）查看 R1 路由表。

使用 display ip routing-table 命令查看 R1 的路由表。

查看结果如图 12.4 所示，R1 的路由表中存在去往 1.1.1.0/24 网段的直连路由，出接口为 G0/1；存在去往 2.2.2.0/24 网段的直连路由，出接口为 G0/2。

```
<R1>display ip routing-table

Destinations : 16        Routes : 16

Destination/Mask    Proto   Pre  Cost        NextHop         Interface
0.0.0.0/32          Direct  0    0           127.0.0.1       InLoop0
1.1.1.0/24          Direct  0    0           1.1.1.1         GE0/1
1.1.1.0/32          Direct  0    0           1.1.1.1         GE0/1
1.1.1.1/32          Direct  0    0           127.0.0.1       InLoop0
1.1.1.255/32        Direct  0    0           1.1.1.1         GE0/1
2.2.2.0/24          Direct  0    0           2.2.2.1         GE0/2
2.2.2.0/32          Direct  0    0           2.2.2.1         GE0/2
2.2.2.1/32          Direct  0    0           127.0.0.1       InLoop0
2.2.2.255/32        Direct  0    0           2.2.2.1         GE0/2
127.0.0.0/8         Direct  0    0           127.0.0.1       InLoop0
127.0.0.0/32        Direct  0    0           127.0.0.1       InLoop0
127.0.0.1/32        Direct  0    0           127.0.0.1       InLoop0
127.255.255.255/32  Direct  0    0           127.0.0.1       InLoop0
224.0.0.0/4         Direct  0    0           0.0.0.0         NULL0
224.0.0.0/24        Direct  0    0           0.0.0.0         NULL0
255.255.255.255/32  Direct  0    0           127.0.0.1       InLoop0
<R1>
```

图 12.4　多臂路由 R1 路由表信息

12.2　单臂路由实现 VLAN 间通信

不同于多臂路由，在单臂路由方式中路由器与交换机之间只需要使用一条物理链路连接。在连接交换机的路由器物理接口上配置多个子接口（虚拟的逻辑接口），每个子接口都使用 IEEE 802.1Q 协议封装，并配置 IP 地址作为不同 VLAN 的网关，以连接不同的 VLAN。这种利用一个物理接口的多个子接口来实现 VLAN 间通信的方式称为单臂路由。

12.2.1　单臂路由实现 VLAN 间通信原理

如图 12.5 所示，交换机的 G1/0/1 端口连接路由器的 G0/1 端口。在路由器的 G0/1 端口上新建两个子接口（虚拟的逻辑接口），分别配置 IP 地址作为两个 VLAN 的网关。子接口需要配置 IEEE 802.1Q 协议进行封装，并配置相应的 VLAN 标签值。

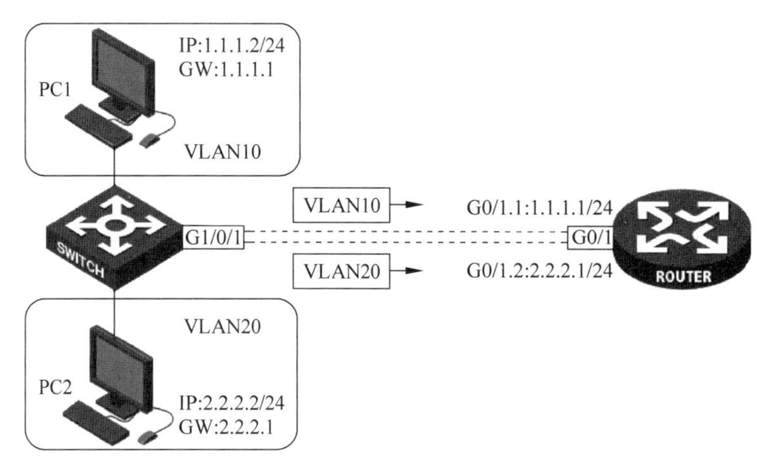

图 12.5　VLAN 间单臂路由

注意：交换机和路由器之间这条链路要设置为 Trunk 链路，并允许所有网关所在的 VLAN 通过。

单臂路由与多臂路由原理相同，不同的地方在于多臂路由使用多个物理接口作为不同

VLAN 的网关,而单臂路由使用一个物理接口上多个虚拟的子接口作为不同 VLAN 的网关。

在单臂路由与多臂路由中,数据帧都需要在交换机和路由器之间的链路上往返传递,增加了时延。与交换机的电路级转发不同,路由器通过软件转发 IP 报文,这需要消耗 CPU 与内存资源,易形成瓶颈。这两种方案的缺点使得它们已基本不再被使用。目前普遍使用三层交换机来实现 VLAN 间通信。

12.2.2 单臂路由实现 VLAN 间通信实训

1. 实训内容与实训目的

1) 实训内容

利用路由器配置单臂路由实现不同 VLAN 间的通信。

2) 实训目的

掌握单臂路由配置方法与命令,实现 VLAN 间通信。

2. 实训设备

实训设备如表 12.3 所示。

表 12.3 单臂路由实现 VLAN 间通信实训设备

实训设备及线缆	数量	备　注
S5820 交换机	1 台	支持 Comware V7 命令的交换机即可
MSR36-20 路由器	1 台	支持 Comware V7 命令的路由器即可
计算机	2 台	OS: Windows 10
Console 线	1 根	—
以太网线	3 根	—

3. 实训拓扑与实训要求

如图 12.6 所示,交换机 SW1 的 G1/0/10 端口和 G1/0/20 端口分别连接 PC1(属于 VLAN10)和 PC2(属于 VLAN20),G1/0/1 端口连接路由 R1 的 G0/1 端口。路由器 R1 的 G0/1 端口的子接口 G0/1.1 和 G0/1.2 分别为 VLAN10、VLAN20 的网关。

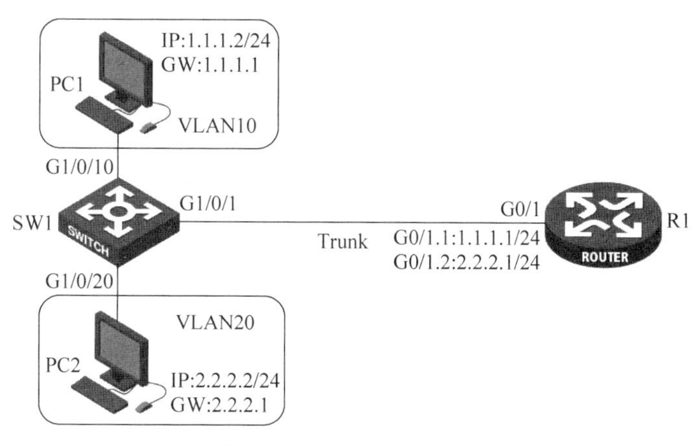

图 12.6 单臂路由实现 VLAN 间通信实训拓扑图

实训要求：

（1）配置 VLAN，使 PC1、PC2 分属于 VLAN10 和 VLAN20。

（2）配置路由器 R1，使 G0/1 的子接口 G0/1.1 和 G0/1.2 分别为 VLAN10、VLAN20 的网关，实现 PC1 和 PC2 互通。

设备 IP 地址及 VLAN 规划如表 12.4 所示。

表 12.4 设备 IP 地址及 VLAN 规划

设备名称	接口		IP 地址	所属 VLAN/网关
PC1	网卡		1.1.1.2/24	VLAN10/1.1.1.1
PC2	网卡		2.2.2.2/24	VLAN20/2.2.2.1
SW1	G1/0/1		—	Trunk VLAN10 20
	G1/0/10		—	VLAN10
	G1/0/20		—	VLAN20
R1	G0/1	G0/1.1	1.1.1.1/24	VLAN10
		G0/1.2	2.2.2.1/24	VLAN20

注意：_在开始配置网络设备前要清空设备中原有配置。_

4. 实训过程

按拓扑图使用以太网线连接所有设备的相应端口。

步骤 1：配置计算机 IP 地址。

PC1 的 IP 地址、掩码及网关分别配置为 1.1.1.2/24、1.1.1.1；PC2 的 IP 地址、掩码及网关分别配置为 2.2.2.2/24、2.2.2.1。

步骤 2：SW1 上创建 VLAN，划分 VLAN 端口。

通过 Console 口登录交换机 SW1。

1）更改设备名

```
<H3C>system-view                    /* 进入系统视图
[H3C]sysname SW1                    /* 设备命名为 SW1
```

2）创建 VLAN10，划分端口

```
[SW1]vlan 10                        /* 创建 VLAN10 并进入 VLAN10 视图
[SW1-vlan10]port g1/0/10            /* 将 G1/0/10 端口划分到 VLAN10
```

3）创建 VLAN20，划分端口

```
[SW1-vlan10]vlan 20                 /* 创建 VLAN20 并进入 VLAN20 视图
[SW1-vlan20]port g1/0/20            /* 将 G1/0/20 端口划分到 VLAN20
```

4）配置 G1/0/1 端口为 Trunk 类型，允许 VLAN10、VLAN20 通过

```
[SW1-vlan20]interface g1/0/1                             /* 进入 G1/0/1 接口视图
[SW1-GigabitEthernet0/1]port link-type trunk             /* 将 G1/0/1 设置为 trunk 类型
[SW1-GigabitEthernet0/1]port trunk permit vlan 10 20     /* G1/0/1 允许 VLAN10、20 通过
```

步骤 3：R1 上创建子接口、配置子接口 IP 地址。

通过 Console 口登录路由器 R1。

1）更改设备名

```
<H3C>system-view                /* 进入系统视图
[H3C]sysname R1                 /* 设备命名为R1
```

2）配置接口 IP 地址

```
[R1]interface g0/1.1            /* 创建G0/1.1子接口,并进入G0/1.1子接口视图
[R1-GigabitEthernet0/1.1]ip address 1.1.1.1 24
  /* 配置G0/1.1子接口的IP地址为1.1.1.1,掩码长度为24
[R1-GigabitEthernet0/1.1]vlan-type dot1q vid 10
  /* 用802.1Q协议封装G0/1.1子接口,子接口属于VLAN10
[R1-GigabitEthernet0/1.1]interface g0/1.2
  /* 创建G0/1.2子接口,并进入G0/1.2子接口视图
[R1-GigabitEthernet0/1.2]ip address 2.2.2.1 24
  /* 配置G0/1.2子接口的IP地址为2.2.2.1,掩码长度为24
[R1-GigabitEthernet0/1.2]vlan-type dot1q vid 20
  /* 用802.1Q协议封装G0/1.2子接口,子接口属于VLAN20
```

步骤4：连通性测试。

用计算机 PC1 去 ping 网关 1.1.1.1 及 PC2，图 12.7 结果显示 Echo Reply 报文回复正常，说明 PC1 与网关、PC2 正常互通。

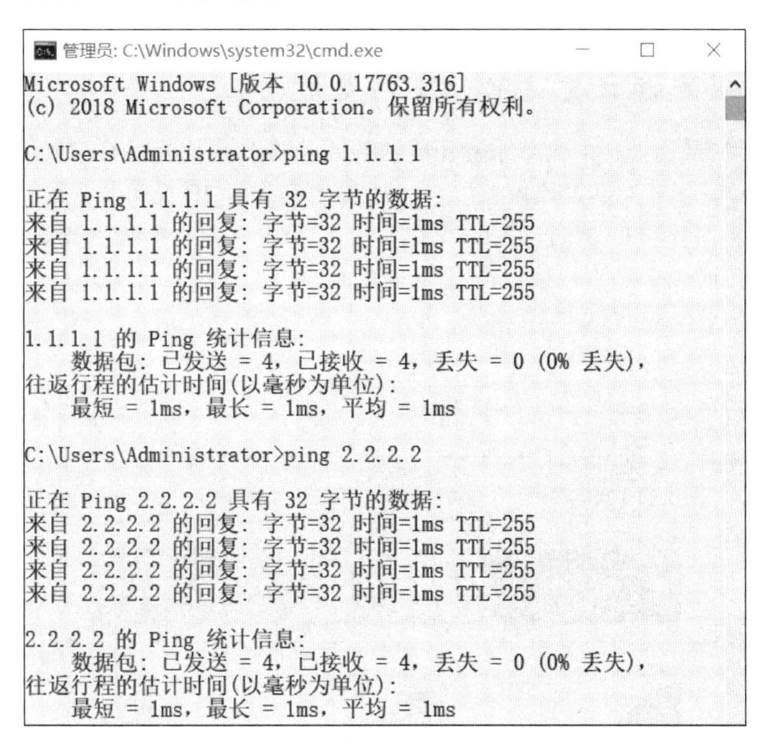

图 12.7　单臂路由连通性测试

步骤5：查看 R1 路由表。

如图 12.8 所示，R1 的路由表中存在去往 1.1.1.0/24 网段的直连路由，出接口为 G0/1.1；存在去往 2.2.2.0/24 网段的直连路由，出接口为 G0/1.2。

```
<R1>display ip routing-table

Destinations : 16        Routes : 16

Destination/Mask    Proto  Pre Cost         NextHop         Interface
0.0.0.0/32          Direct 0   0            127.0.0.1       InLoop0
1.1.1.0/24          Direct 0   0            1.1.1.1         GE0/1.1
1.1.1.0/32          Direct 0   0            1.1.1.1         GE0/1.1
1.1.1.1/32          Direct 0   0            127.0.0.1       InLoop0
1.1.1.255/32        Direct 0   0            1.1.1.1         GE0/1.1
2.2.2.0/24          Direct 0   0            2.2.2.1         GE0/1.2
2.2.2.0/32          Direct 0   0            2.2.2.1         GE0/1.2
2.2.2.1/32          Direct 0   0            127.0.0.1       InLoop0
2.2.2.255/32        Direct 0   0            2.2.2.1         GE0/1.2
127.0.0.0/8         Direct 0   0            127.0.0.1       InLoop0
127.0.0.0/32        Direct 0   0            127.0.0.1       InLoop0
127.0.0.1/32        Direct 0   0            127.0.0.1       InLoop0
127.255.255.255/32  Direct 0   0            127.0.0.1       InLoop0
224.0.0.0/4         Direct 0   0            0.0.0.0         NULL0
224.0.0.0/24        Direct 0   0            0.0.0.0         NULL0
255.255.255.255/32  Direct 0   0            127.0.0.1       InLoop0
<R1>
```

图 12.8　单臂路由 R1 路由表信息

12.3　三层交换机实现 VLAN 间通信

三层交换机通过内置的三层路由转发引擎在 VLAN 之间进行数据转发。三层路由转发引擎是通过硬件实现的，其转发速度快、吞吐量大，而且避免了外部物理连接带来的延迟和不稳定性。因此，三层交换机实现 VLAN 间路由性能高于路由器实现的 VLAN 间路由。

12.3.1　三层交换机实现 VLAN 间通信原理

图 12.9 为三层交换机的内部示意图。三层交换机的系统为每个 VLAN 创建一个虚拟的三层 VLAN 接口，它们像路由器接口一样接收和转发 IP 报文。三层 VLAN 接口连接到三层路由转发引擎上，通过转发引擎在三层 VLAN 接口间转发数据。对于网络工程师来说，只需要为三层 VLAN 接口配置相应的网关 IP 地址即可实现 VLAN 间的路由功能。

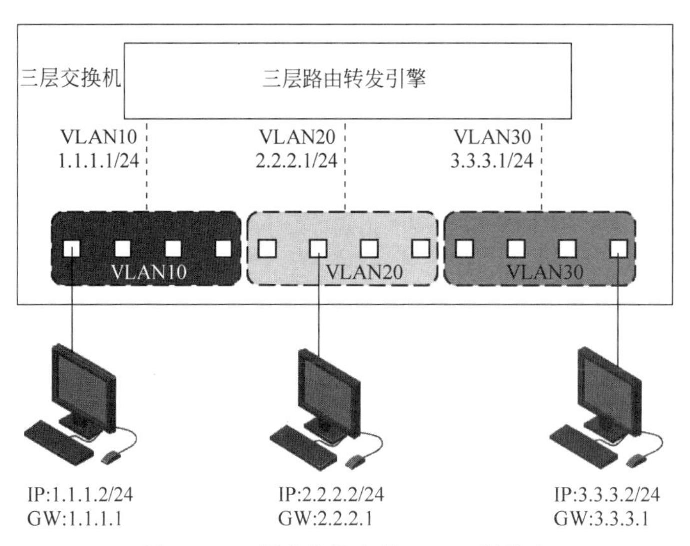

图 12.9　三层交换机实现 VLAN 间路由

12.3.2 三层交换机实现 VLAN 间通信实训

1. 实训内容与实训目的

1）实训内容

给三层交换机的 VLAN 接口配置网关 IP 地址，通过三层 VLAN 接口实现不同 VLAN 间的通信。

2）实训目的

掌握三层交换机 VLAN 接口配置方法与命令，实现 VLAN 间通信。

2. 实训设备

实训设备如表 12.5 所示。

表 12.5 三层交换机实现 VLAN 间通信实训设备

实训设备及线缆	数量	备 注
S5820 交换机	1 台	支持 Comware V7 命令的交换机即可
计算机	2 台	OS：Windows 10
Console 线	1 根	—
以太网线	2 根	—

3. 实训拓扑与实训要求

如图 12.10 所示，交换机 SW1 的 G1/0/10 端口和 G1/0/20 端口分别连接着 PC1 和 PC2。设备的 IP 地址及 VLAN 规划如表 12.6 所示。

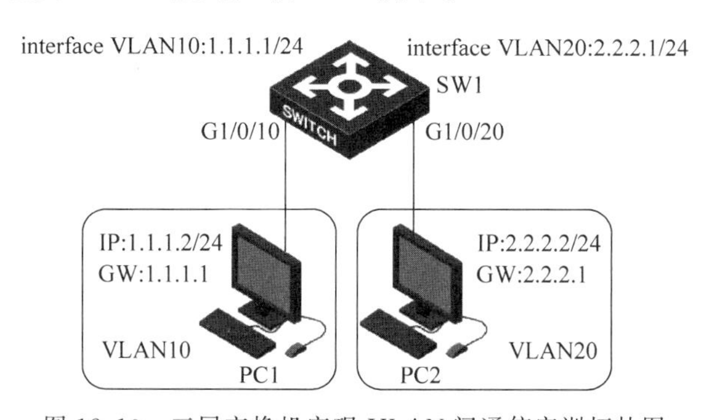

图 12.10 三层交换机实现 VLAN 间通信实训拓扑图

表 12.6 设备 IP 地址及 VLAN 规划

设备名称	接 口	IP 地址	所属 VLAN / 网关
PC1	网卡	1.1.1.2/24	VLAN10/1.1.1.1
PC2	网卡	2.2.2.2/24	VLAN20/2.2.2.1
SW1	G1/0/10	—	VLAN10
	G1/0/20	—	VLAN20
	interface vlan10	1.1.1.1/24	—
	interface vlan20	2.2.2.1/24	—

实训要求：

（1）配置 VLAN，使 PC1、PC2 分别属于 VLAN10 和 VLAN20。

（2）配置 VLAN10 接口和 VLAN20 接口，使它们分别为 VLAN10、VLAN20 的网关，实现 PC1 和 PC2 互通。

4. 实训过程

按拓扑图使用以太网线连接所有设备的相应端口。

步骤 1：配置计算机 IP 地址。

PC1 的 IP 地址、掩码及网关分别配置为 1.1.1.2/24，1.1.1.1；PC2 的 IP 地址、掩码及网关分别配置为 2.2.2.2/24，2.2.2.1。

步骤 2：SW1 上创建 VLAN，划分 VLAN 端口。

通过 Console 口登录交换机 SW1。

1）更改设备名

```
<H3C>system-view              /* 进入系统视图
[H3C]sysname SW1              /* 设备命名为 SW1
```

2）创建 VLAN10，划分端口

```
[SW1]vlan 10                  /* 创建 VLAN10 并进入 VLAN10 视图
[SW1-vlan10]port g1/0/10      /* 将 G1/0/10 端口划分到 VLAN10
```

3）创建 VLAN20，划分端口

```
[SW1-vlan10]vlan 20           /* 创建 VLAN20 并进入 VLAN20 视图
[SW1-vlan20]port g1/0/20      /* 将 G1/0/20 端口划分到 VLAN20
```

步骤 3：SW1 上创建 VLAN 接口，配置 IP 地址。

```
[SW1-vlan20]interface vlan10    /* 创建 VLAN10 接口,进入 VLAN10 接口视图
[SW1-Vlan-interface10]ip address 1.1.1.1 24
  /* 配置 VLAN10 接口的 IP 地址为 1.1.1.1,掩码长度为 24
[SW1-Vlan-interface10]interface vlan 20 /* 创建 VLAN20 接口,进入 VLAN20 接口视图
[SW1-Vlan-interface20]ip address 2.2.2.1 24
  /* 配置 VLAN20 口的 IP 地址为 2.2.2.1,掩码长度为 24
```

注意：当交换机的某个 VLAN 有活动的终端时，该交换机上对应的 VLAN 接口才会处于 UP 状态。例如，在本实训中，只有当 VLAN10 中的 PC1 接入了网络，配置了 IP 地址，并处于活动状态时，三层交换机上的 VLAN10 接口才会处于 UP 状态。

步骤 4：连通性测试。

用计算机 PC1 去 ping 网关 1.1.1.1 及 PC2，图 12.11 结果显示 Echo Reply 报文回复正常，说明 PC1 与网关、PC2 正常互通。

步骤 5：查看 SW1 路由表。

如图 12.12 所示，SW1 的路由表中存在去往 1.1.1.0/24 网段的直连路由，出接口为 VLAN10 接口；存在去往 2.2.2.0/24 网段的直连路由，出接口为 VLAN20 接口。

```
管理员: C:\Windows\system32\cmd.exe
Microsoft Windows [版本 10.0.17763.316]
(c) 2018 Microsoft Corporation。保留所有权利。

C:\Users\Administrator>ping 1.1.1.1

正在 Ping 1.1.1.1 具有 32 字节的数据:
来自 1.1.1.1 的回复: 字节=32 时间=1ms TTL=255
来自 1.1.1.1 的回复: 字节=32 时间=1ms TTL=255
来自 1.1.1.1 的回复: 字节=32 时间=1ms TTL=255
来自 1.1.1.1 的回复: 字节=32 时间=1ms TTL=255

1.1.1.1 的 Ping 统计信息:
    数据包: 已发送 = 4，已接收 = 4，丢失 = 0 (0% 丢失)，
往返行程的估计时间(以毫秒为单位):
    最短 = 1ms，最长 = 1ms，平均 = 1ms

C:\Users\Administrator>ping 2.2.2.2

正在 Ping 2.2.2.2 具有 32 字节的数据:
来自 2.2.2.2 的回复: 字节=32 时间=1ms TTL=255
来自 2.2.2.2 的回复: 字节=32 时间=1ms TTL=255
来自 2.2.2.2 的回复: 字节=32 时间=1ms TTL=255
来自 2.2.2.2 的回复: 字节=32 时间=1ms TTL=255

2.2.2.2 的 Ping 统计信息:
    数据包: 已发送 = 4，已接收 = 4，丢失 = 0 (0% 丢失)，
往返行程的估计时间(以毫秒为单位):
    最短 = 1ms，最长 = 1ms，平均 = 1ms
```

图 12.11　三层交换机路由连通性测试

```
<SW1>display ip routing-table

Destinations : 16       Routes : 16

Destination/Mask    Proto   Pre  Cost      NextHop         Interface
0.0.0.0/32          Direct  0    0         127.0.0.1       InLoop0
1.1.1.0/24          Direct  0    0         1.1.1.1         Vlan10
1.1.1.0/32          Direct  0    0         1.1.1.1         Vlan10
1.1.1.1/32          Direct  0    0         127.0.0.1       InLoop0
1.1.1.255/32        Direct  0    0         1.1.1.1         Vlan10
2.2.2.0/24          Direct  0    0         2.2.2.1         Vlan20
2.2.2.0/32          Direct  0    0         2.2.2.1         Vlan20
2.2.2.1/32          Direct  0    0         127.0.0.1       InLoop0
2.2.2.255/32        Direct  0    0         2.2.2.1         Vlan20
127.0.0.0/8         Direct  0    0         127.0.0.1       InLoop0
127.0.0.0/32        Direct  0    0         127.0.0.1       InLoop0
127.0.0.1/32        Direct  0    0         127.0.0.1       InLoop0
127.255.255.255/32  Direct  0    0         127.0.0.1       InLoop0
224.0.0.0/4         Direct  0    0         0.0.0.0         NULL0
224.0.0.0/24        Direct  0    0         0.0.0.0         NULL0
255.255.255.255/32  Direct  0    0         127.0.0.1       InLoop0
<SW1>
```

图 12.12　三层交换机 SW1 路由表信息

12.4　任务小结

1. VLAN 间通信需要通过三层路由转发。

2. 多臂路由：每个 VLAN 都使用一个路由器接口作为自己的网关，实现 VLAN 间通信。

3. 单臂路由：所有 VLAN 使用同一个路由器接口的不同子接口作为自己的网关，实现 VLAN 间通信。

4. 三层交换机实现 VLAN 间通信：每个 VLAN 都使用三层交换机上虚拟出来的不同 VLAN 接口作为自己的网关，利用网关来转发 VLAN 间的数据。

5. 利用三层交换机实现 VLAN 间通信是最常用、实用的方法。

6. 多臂路由、单臂路由、三层交换机实现 VLAN 间通信的配置。

12.5　习题与思考

1. 属于两个不同 VLAN 的设备连接着同一个二层交换机，它们可以直接通过二层交换机进行通信吗？

2. 大家想一想：属于两个不同 VLAN 的计算机进行通信时，数据帧上的标签是如何变化的，它们的报文如何通过网关进行转发的？搞清楚这个问题就能很好地理解二层与三层通信的原理。

任务 13 配置静态路由与静态默认路由

学习目标

- 理解静态路由的优缺点,了解其应用场景。
- 掌握静态路由的配置。
- 了解路由环的产生原因。
- 重点掌握静态默认路由的应用场景和配置方法。

13.1 静 态 路 由

静态路由是由网络管理人员手工配置的路由信息,指定报文的传输路径。当网络的拓扑结构或链路的状态发生变化时(包括发生故障),需要手动修改路由表中相关的静态路由信息。静态路由信息在默认情况下是私有的,不会传递给其他的路由器,但可以通过“路由引入”(也称“路由重分布”)技术发布给其他路由器。路由引入技术将在动态路由协议配置任务中讲述。

13.1.1 静态路由的特点

在网络结构比较简单,并且到达某网络采用固定路径时,可采用静态路由。静态路由的效率最高,系统性能占用最少,其优点如下。

(1) 手工配置的静态路由可以精确控制转发路径,能改进网络的性能。

(2) 静态路由无须交换报文,节约了带宽,减少了开销。

静态路由的缺点是它不能自动适应网络拓扑结构的改变,而且当网络规模较大时其配置繁杂。

13.1.2 静态路由配置

静态路由的配置命令如下:

```
[H3C]ip route - static dest -address {mask | masklength}{interface -type interface -name | nexthop -address}[preference preference -value] / * 系统视图
```

参数说明:

(1) *dest-address*:目的 IP 地址,可以是目的主机的 IP 地址,也可以是其所在网络的网络地址(网络号)。

(2) *mask*|*masklength*:子网掩码或子网掩码长度。子网掩码可以用点分十进制表示,也可以用子网掩码长度来表示,如子网掩码 255.255.255.0 的子网掩码长度为 24。

(3) *interface-type interface-name*|*nexthop-address*：发送接口类型及名称或下一跳IP地址。

注意：只有下一跳的接口是支持网络地址到链路层地址解析的接口或点对点(PPP、HDLC)接口时，才可以使用 *interface-type interface-name* 参数，否则使用 *nexthop-address* 参数。

(4) *preference-value*：静态路由的优先级值，取值范围为1～255，默认值为60。

13.2 静态默认路由

默认路由是一种特殊的路由，在没有找到其他匹配的路由条目时才被使用。即，只有当没有其他任何合适的路由时，默认路由才被使用，默认路由可以匹配任何目的IP地址。

在路由表中，默认路由以到网络0.0.0.0(掩码为0.0.0.0)的路由形式出现。如果报文的目的地址不匹配路由表的任何条目，那么该报文将选取默认路由；如果没有默认路由且报文的目的地不在路由表中，那么该报文，被丢弃的同时，将向源端返回一个ICMP报文，报告该目的地址或网络不可达。

手工配置的默认路由称为静态默认路由。

注意：默认路由可以是手工配置的静态路由，也可由动态路由协议生成，如OSPF协议配置了Stub区域的路由器会自动产生一条默认路由。

1. 静态默认路由配置命令

静态默认路由配置命令如下：

```
[H3C]ip route - static 0.0.0.0 0 { interface - type interface - name | nexthop - address }
[ preference preference -value ]   /* 系统视图
```

参数说明：

(1) *interface-type interface-name*|*nexthop-address*：发送接口类型及名称或下一跳IP地址。

注意：只有下一跳的接口是支持网络地址到链路层地址解析的接口或点对点(PPP、HDLC)接口时，才可以使用 *interface-type interface-name* 参数，否则使用 *nexthop-address* 参数。

(2) *preference-value*：静态默认路由的优先级值，取值范围为1～255，默认值为60。

2. 静态默认路由应用场景

静态默认路由作用很重要，可以节省路由报文交换、存储和计算。其典型应用场景如图13.1所示，路由器RA连接Internet，三层交换机SWB(本地业务网络的网关)的上行链路连接RA。SWB去往Internet只需配置一条静态默认路由指向路由器RA即可。对于所有到达SWB的报文，如果其目的地址不在210.1.1.0/24网段，SWB会根据路由表中的默认路由直接将该报文转发至路由器RA的G0/1端口。

SWB的静态默认路由配置命令如下：

```
[SWB]ip router-static 0.0.0.0  0.0.0.0  179.1.1.2
```

或

```
[SWB]ip router-static 0.0.0.0  0  179.1.1.2
```

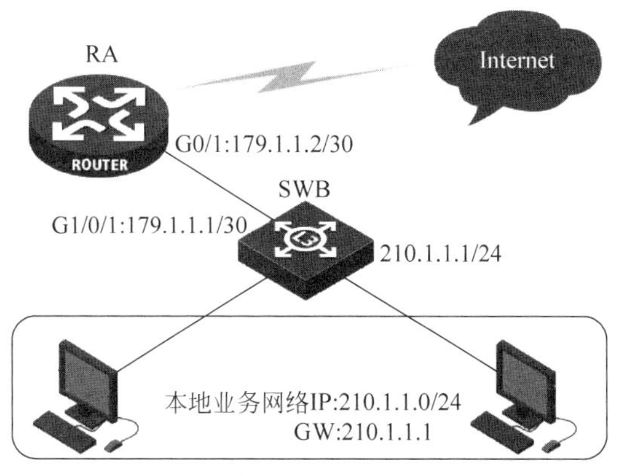

图 13.1　静态默认路由应用场景

13.3　路由自环

路由自环是指报文从一台路由器发出，经过几次转发之后又回到该路由器。产生的原因有可能是动态路由协议路由计算错误(概率很小)，最主要的原因是配置静态路由有误，导致其中部分路由器的路由表出现错误。当产生路由自环时，报文会在几个路由器之间循环转发，直到报文的 TTL=0 时才被丢弃，浪费了网络资源，因此应该避免路由自环的产生。

在图 13.1 中，路由器 RA 和三层交换机 SWB 上配置如下的静态路由就会产生路由自环。

1）路由器 RA 配置静态路由

```
[RA]ip router-static 198.1.1.0  24  179.1.1.1
```

2）交换机 SWB 配置静态默认路由

```
[SWB]ip router-static 0.0.0.0  0  179.1.1.2
```

注：198.1.1.0/24 是一个没有与路由器 RA 和交换机 SWB 直连的网段。

RA 配置的静态路由指明去往 198.1.1.0/24 网段的下一跳为“179.1.1.1”(SWB 的 G1/0/1 端口 IP 地址)，而 SWB 的静态默认路由的下一跳又指向了 179.1.1.2(RA 的 G0/1 端口 IP 地址)。显而易见，在这两条静态路由的作用下，当目的地址为 198.1.1.0/24 网段的数据包到达路由器 RA 和交换机 SWB 之后会在这两个路由器之间不停地相互传递，直到该数据包的 TTL=0。

13.4　静态路由和静态默认路由配置实训

本实训包括两个任务：静态路由配置与静态默认路由配置。

1. 实训内容与实训目的

1）实训内容

(1) 配置静态路由，保证网络连通性。

(2) 配置静态默认路由,形成路由环,并进行观察。

2) 实训目的

(1) 掌握路由表查看命令,学会阅读路由表信息。

(2) 学会利用静态路由、静态默认路由保证网络连通性,掌握配置命令。

(3) 掌握什么是单向路由,学会使用 tracert 命令查看报文转发路径。

(4) 了解路由环产生的原因,掌握路由环的防范方法。

2. 实训设备

实训设备如表 13.1 所示。

表 13.1　静态路由和静态默认路由配置实训设备

实训设备及线缆	数量	备　　注
MSR30-20 路由器	2 台	支持 Comware V7 命令的路由器即可
计算机	2 台	OS：Windows 10
V.35 DTE、DCE 串口线对	1 对	1 对 V.35 线
Console 线	1 根	—
以太网线	2 根	路由器支持自动翻转功能时直通线、交叉线都可以,否则使用交叉线

3. 实训拓扑图与 IP 地址规划

实训拓扑如图 13.2 所示。

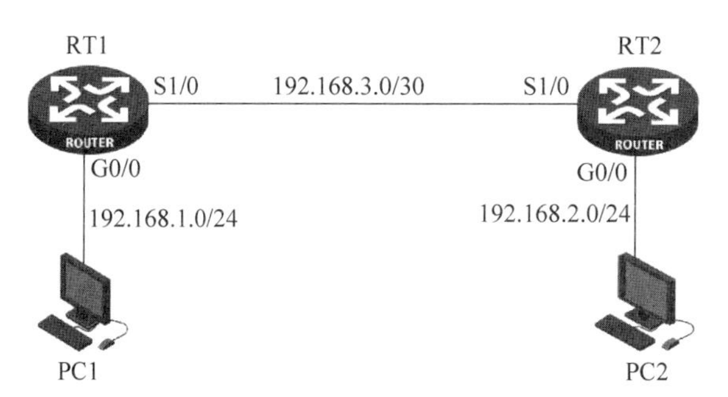

图 13.2　静态路由和静态默认路由配置实训拓扑图

设备 IP 地址分配如表 13.2 所示。使用 V.35 线缆连接路由器 RT1 与 RT2 的串口。

表 13.2　设备 IP 地址分配

设 备 名 称	接　　口	IP 地址	网　　关
RT1	S1/0	192.168.3.1/30	—
	G0/0	192.168.1.1/24	—
RT2	S1/0	192.168.3.2/30	—
	G0/0	192.168.2.1/24	—
PC1	网卡	192.168.1.2/24	192.168.1.1/24
PC2	网卡	192.168.2.2/24	192.168.2.1/24

13.4.1 静态路由配置实训

1. 实训要求

按图 13.2 连接设备并正确配置 IP 地址。在两台路由器上分别配置静态路由，实现 PC1 和 PC2 之间的路由可达。

注意：在开始配置网络设备前要清空设备中原有配置。

2. 实训过程

按拓扑图连接所有设备的相应端口。

1）路由器 IP 地址配置与直连路由查看

(1) 查看环回与组播地址路由表项。

```
[RT2]display ip routing-table
```

① 如图 13.3 所示，RT2 的路由表中目的网段 0.0.0.0/32 指向了 RT2 自身的 LoopBack0 接口(环回接口 0)，也就是指向 RT2 自己。网段 0.0.0.0/32 中仅含有一个 IP 地址 0.0.0.0，0.0.0.0 作为目标地址使用时与 127.0.0.1 含义一样，指向设备自身。

```
[RT2-Serial1/0]display ip routing-table

Destinations : 8        Routes : 8

Destination/Mask      Proto   Pre Cost       NextHop         Interface
0.0.0.0/32            Direct  0   0          127.0.0.1       InLoop0
127.0.0.0/8           Direct  0   0          127.0.0.1       InLoop0
127.0.0.0/32          Direct  0   0          127.0.0.1       InLoop0
127.0.0.1/32          Direct  0   0          127.0.0.1       InLoop0
127.255.255.255/32    Direct  0   0          127.0.0.1       InLoop0
224.0.0.0/4           Direct  0   0          0.0.0.0         NULL0
224.0.0.0/24          Direct  0   0          0.0.0.0         NULL0
255.255.255.255/32    Direct  0   0          127.0.0.1       InLoop0
```

图 13.3 指向路由器自身的主机地址、环回地址、组播与广播地址路由表记录

注：0.0.0.0 还被保留用作本机的源地址。主机在不知道自己的 IP 地址时，发送报文可使用 0.0.0.0 作为源地址。没有 IP 地址的主机在向 DHCP 服务器发送 DHCP DISCOVER 时以 0.0.0.0 作为源地址，以受限广播地址 255.255.255.255 作为目的地址。

② 如图 13.3 所示，在 RT2 的路由表中，目的地址以 127 开头的路由记录均指向 RT2 自身的环回接口，也就是指向 RT2 自己。

注：以 127 开头的 IP 地址是环回地址，指向设备本身，主要用于测试。目的地址以 127 开头的 IP 报文都是发给自己的，不能将它发到网络接口上。除非出错，否则在传输介质上永远不应该出现目的地址为 127.0.0.1 的数据包。

③ 在图 13.3 所示 RT2 的路由表中，以 224 开头的组播路由记录均指向 RT2 的 Null0 接口。Null0 接口相当于天体物理学的黑洞，所有送到 Null0 接口的数据包都将被丢弃，并且不会返回反馈消息。

注：以 224 开头的 IP 地址为组播地址。其中，224.0.0.0/24 为预留的组播地址(永久地址)；地址 224.0.0.0 保留，不做分配。其他地址供路由协议使用，如 224.0.0.5 和 224.0.0.6 被 OSPF 协议发送组播报文使用；224.0.0.9 被 RIP-2 协议发送组播报文使用；224.0.0.18 被 VRRP 发送组播报文使用。

Null0 接口是个非常有用的接口，在路由优化时常被使用，具体内容不在本书讨论范

围，有兴趣的读者可查看网的资料，本课程网站中也有详细介绍。

(2) 配置路由器 IP 地址，查看直连路由表项。

① 配置 RT1。

```
[RT1]interface g0/0                                    /* 进入 G0/0 接口视图
[RT1-GigabitEthernet0/0]ip address 192.168.1.1 24      /* 给 G0/0 配置 IP 地址
[RT1-GigabitEthernet0/0]interface serial1/0            /* 进入串口 Serial1/0
[RT1-Serial1/0]ip address 192.168.3.1 30      /* 给 Serial1/0 配置 IP 地址。注意掩码长度
```

② 配置 RT2。

```
[RT2]interface g0/0
[RT2-GigabitEthernet0/0]ip address 192.168.2.1 24
[RT2-GigabitEthernet0/0]interface serial1/0
[RT2-Serial1/0]ip address 192.168.3.2 30                /* 注意子网掩码长度
```

配置完成后，再次查看 RT2 路由表，结果如图 13.4 所示。

```
[RT2-GigabitEthernet0/0]display ip routing-table

Destinations : 17       Routes : 17

Destination/Mask    Proto  Pre  Cost        NextHop         Interface
0.0.0.0/32          Direct 0    0           127.0.0.1       InLoop0
127.0.0.0/8         Direct 0    0           127.0.0.1       InLoop0
127.0.0.0/32        Direct 0    0           127.0.0.1       InLoop0
127.0.0.1/32        Direct 0    0           127.0.0.1       InLoop0
127.255.255.255/32  Direct 0    0           127.0.0.1       InLoop0
192.168.2.0/24      Direct 0    0           192.168.2.1     GE0/0
192.168.2.0/32      Direct 0    0           192.168.2.1     GE0/0
192.168.2.1/32      Direct 0    0           127.0.0.1       InLoop0
192.168.2.255/32    Direct 0    0           192.168.2.1     GE0/0
192.168.3.0/30      Direct 0    0           192.168.3.2     Ser1/0
192.168.3.0/32      Direct 0    0           192.168.3.2     Ser1/0
192.168.3.1/32      Direct 0    0           192.168.3.1     Ser1/0
192.168.3.2/32      Direct 0    0           127.0.0.1       InLoop0
192.168.3.3/32      Direct 0    0           192.168.3.2     Ser1/0
224.0.0.0/4         Direct 0    0           0.0.0.0         NULL0
224.0.0.0/24        Direct 0    0           0.0.0.0         NULL0
255.255.255.255/32  Direct 0    0           127.0.0.1       InLoop0
```

图 13.4　直连路由表项

RT2 在配置了 IP 地址后，除环回、组播路由外，路由表中多了 9 条 192.168.2.0 和 192.168.3.0 网段的直连路由(注意：直连路由的优先级值为 0，为最高优先级)。其中，子网掩码是 32 位的为主机路由，192.168.2.0/24 和 192.168.3.0/30 为子网路由。

直连路由是由链路层协议发现的路由，链路层协议处于 UP 状态后，路由器会将直连路由加入路由表。如果关闭链路层协议，则相关直连路由也将消失。

使用 shutdown 命令关闭 RT2 的 Serial1/0 端口后，RT2 路由表中的 192.168.3.0 网段的路由将会消失。

2) 配置静态路由

(1) 配置静态路由前的终端连通性测试。

配置计算机 IP 地址。PC1 和 PC2 的 IP 地址及掩码分别配置为 192.168.1.2/24 和 192.168.2.2/24。

注意：需要开启路由器 RT1 和 RT2 上的 ICMP 目的不可达报文与超时报文的发送功能。

```
[H3C]ip ttl-expires enable    /* 开启 ICMP 超时报文发送功能(系统视图)
[H3C]ip unreachables enable   /* 开启 ICMP 目的不可达报文发送功能(系统视图)
```

① 测试网关可达性。

在 PC1 上用 ping 命令来测试网关的可达性，图 13.5 的结果表明网关可达，PC2 的网关也同样可达。

```
C:\Users\ldz>ping 192.168.1.1

正在 Ping 192.168.1.1 具有 32 字节的数据:
来自 192.168.1.1 的回复: 字节=32 时间<1ms TTL=255
来自 192.168.1.1 的回复: 字节=32 时间<1ms TTL=255
来自 192.168.1.1 的回复: 字节=32 时间<1ms TTL=255
来自 192.168.1.1 的回复: 字节=32 时间<1ms TTL=255

192.168.1.1 的 Ping 统计信息:
    数据包: 已发送 = 4，已接收 = 4，丢失 = 0 (0% 丢失)，
往返行程的估计时间(以毫秒为单位):
    最短 = 0ms，最长 = 0ms，平均 = 0ms
```

图 13.5　ping 命令测试网关可达截图

② 测试终端之间的连通性。

使用 ping 命令测试 PC1 和 PC2 之间的连通性发现返回"无法访问目标网"（目标不可达）的信息，如图 13.6 所示。

```
C:\Users\ldz>ping 192.168.2.2

正在 Ping 192.168.2.2 具有 32 字节的数据:
来自 192.168.1.1 的回复: 无法访问目标网。
来自 192.168.1.1 的回复: 无法访问目标网。
来自 192.168.1.1 的回复: 无法访问目标网。
来自 192.168.1.1 的回复: 无法访问目标网。

192.168.2.2 的 Ping 统计信息:
    数据包: 已发送 = 4，已接收 = 4，丢失 = 0 (0% 丢失)，
```

图 13.6　PC1 与 PC2 互 ping 目标不可达截图

PC1 和 PC2 之间不能互通是由于 RT1 上没有到达 PC2 的路由。执行路由表查看命令 display ip routing-table，可以发现 RT1 中没有到达 192.168.2.0/24 网段（PC2 所在网段）的路由信息；同样地，RT2 中也没有到达 PC1 的路由。

(2) 配置 PC1 到 PC2 的单向静态路由，测试终端连通性。

① 配置单向静态路由。

在 RT1 上配置一条去往 PC2 所在网段的静态路由，命令如下：

```
[RT1]ip route-static 192.168.2.0 24 Serial1/0
```

注意：RT2 上此时尚未配置去往 PC1 的路由。

② 测试终端之间连通性。

用 PC1 去 ping 计算机 PC2 会出现如图 13.7 所示的结果。

```
C:\Users\ldz>ping 192.168.2.2

正在 Ping 192.168.2.2 具有 32 字节的数据:
请求超时。
请求超时。
请求超时。
来自 192.168.2.2 的回复: 字节=32 时间=3ms TTL=253

192.168.2.2 的 Ping 统计信息:
    数据包: 已发送 = 4，已接收 = 1，丢失 = 3 (75% 丢失)，

往返行程的估计时间(以毫秒为单位):
    最短 = 3ms，最长 = 3ms，平均 = 3ms
```

图 13.7　PC1 与 PC2 互 ping 请求超时截图

提示结果为“请求超时”，而不再提示“无法访问目标网”(目标不可达)的信息。这是因为 RT1 上配置了去往 PC2 的路由，ICMP 请求报文可以到达 PC2，但 RT2 上没有去往 PC1 的路由，PC2 回复的 ICMP 应答报文无法送到 PC1，所以提示“请求超时”。此时，形成了从 PC1 到 PC2 的单向路由。

(3) 配置 PC2 至 PC1 的静态路由，测试终端连通性。

① 在 RT2 上配置去往 PC1 所在网段的静态路由。

```
[RT2]ip route-static 192.168.1.0 24 Serial1/0
```

至此，已配置完 RT1 去往 PC2 的路由以及 RT2 去往 PC1 的路由。查看 RT2 的路由表，如图 13.8 所示，路由表中新增加了一条去往 192.168.1.0/24 网段的静态路由。

```
<RT2>display ip routing-table

Destinations : 18       Routes : 18

Destination/Mask    Proto  Pre Cost        NextHop         Interface
0.0.0.0/32          Direct 0   0           127.0.0.1       InLoop0
127.0.0.0/8         Direct 0   0           127.0.0.1       InLoop0
127.0.0.0/32        Direct 0   0           127.0.0.1       InLoop0
127.0.0.1/32        Direct 0   0           127.0.0.1       InLoop0
127.255.255.255/32  Direct 0   0           127.0.0.1       InLoop0
192.168.1.0/24      Static 60  0           0.0.0.0         Ser1/0
192.168.2.0/24      Direct 0   0           192.168.2.1     GE0/0
192.168.2.0/32      Direct 0   0           192.168.2.1     GE0/0
192.168.2.1/32      Direct 0   0           127.0.0.1       InLoop0
192.168.2.255/32    Direct 0   0           192.168.2.1     GE0/0
192.168.3.0/30      Direct 0   0           192.168.3.2     Ser1/0
192.168.3.0/32      Direct 0   0           192.168.3.2     Ser1/0
192.168.3.1/32      Direct 0   0           192.168.3.1     Ser1/0
192.168.3.2/32      Direct 0   0           127.0.0.1       InLoop0
192.168.3.3/32      Direct 0   0           192.168.3.2     Ser1/0
224.0.0.0/4         Direct 0   0           0.0.0.0         NULL0
224.0.0.0/24        Direct 0   0           0.0.0.0         NULL0
255.255.255.255/32  Direct 0   0           127.0.0.1       InLoop0
```

图 13.8　查看 RT2 的路由表中静态路由

② 查看报文转发路径、测试终端之间的连通性。

用 PC1 去 ping PC2，此时它们之间已可以互通了。

在 PC1 上使用 tracert 命令查看报文去往 PC2 所经过的路径，结果如图 13.9 所示，发现报文经过了 PC1 的网关 192.168.1.1，再经过 RT2 的串口 S1/0(192.168.3.2)，最后到达 PC2(注意：路径上的每个网段都经过一次且只经过一次)。

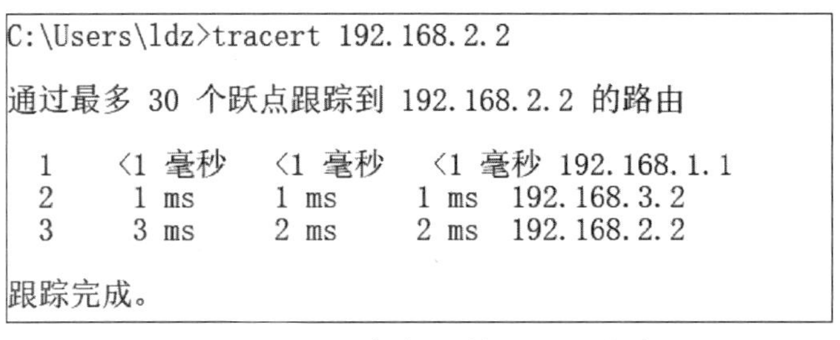

```
C:\Users\ldz>tracert 192.168.2.2

通过最多 30 个跃点跟踪到 192.168.2.2 的路由

  1     <1 毫秒   <1 毫秒   <1 毫秒  192.168.1.1
  2      1 ms      1 ms      1 ms   192.168.3.2
  3      3 ms      2 ms      2 ms   192.168.2.2

跟踪完成。
```

图 13.9　tracert 命令查看报文经过的路径

13.4.2　静态默认路由配置实训

1. 实训要求

按图 13.2 接线并正确配置 IP 地址。在 RT1 上配置一条静态默认路由，RT2 上配置一条静态路由，保证 PC1 和 PC2 之间路由可达。

注意：在开始配置网络设备前要清空设备中原有配置。

2. 实训过程

按拓扑图连接所有设备的相应端口。

1）配置 PC 及路由器接口的 IP 地址

按表 13.1 所示，给 PC1 和 PC2 配置相应的 IP 地址、掩码与网关；给路由器 RT1 和路由器 RT2 的接口配置相应的 IP 地址及掩码。

2）配置静态路由与静态默认路由

（1）在 RT1 上配置指向 RT2 的静态默认路由。

在 RT1 上配置一条静态默认路由指向 RT2，下一跳为 RT1 的 Serial1/0 端口或 RT2 的 Serial1/0 端口 IP 地址 192.168.3.2。

```
[RT1]ip route-static 0.0.0.0  0  Serial1/0
```

或

```
[RT1]ip route-static 0.0.0.0  0  192.168.3.2
```

这条静态默认路由指明：对于不匹配其他路由记录的所有报文将被转发给 192.168.3.2 地址所在的设备。

如图 13.10 所示，RT1 路由表的第一条记录为静态默认路由，其优先级默认值为 60。

```
[RT1]display ip routing-table

Destinations : 18       Routes : 18

Destination/Mask    Proto   Pre Cost      NextHop         Interface
0.0.0.0/0           Static  60  0         192.168.3.2     Ser1/0
0.0.0.0/32          Direct  0   0         127.0.0.1       InLoop0
127.0.0.0/8         Direct  0   0         127.0.0.1       InLoop0
127.0.0.0/32        Direct  0   0         127.0.0.1       InLoop0
127.0.0.1/32        Direct  0   0         127.0.0.1       InLoop0
127.255.255.255/32  Direct  0   0         127.0.0.1       InLoop0
192.168.1.0/24      Direct  0   0         192.168.1.1     GE0/0
192.168.1.0/32      Direct  0   0         192.168.1.1     GE0/0
192.168.1.1/32      Direct  0   0         127.0.0.1       InLoop0
192.168.1.255/32    Direct  0   0         192.168.1.1     GE0/0
192.168.3.0/30      Direct  0   0         192.168.3.1     Ser1/0
192.168.3.0/32      Direct  0   0         192.168.3.1     Ser1/0
192.168.3.1/32      Direct  0   0         127.0.0.1       InLoop0
192.168.3.2/32      Direct  0   0         192.168.3.2     Ser1/0
192.168.3.3/32      Direct  0   0         192.168.3.1     Ser1/0
224.0.0.0/4         Direct  0   0         0.0.0.0         NULL0
224.0.0.0/24        Direct  0   0         0.0.0.0         NULL0
255.255.255.255/32  Direct  0   0         127.0.0.1       InLoop0
```

图 13.10 查看路由器 RT1 上的静态默认路由

注意：默认路由除手工配置外，还可由动态路由协议（如 OSPF）产生。

（2）在 RT2 上配置去往 PC1 的静态路由。

在 RT2 上配置一条去往 PC1 所在网段的静态路由，RT2 路由表如图 13.11 所示。

```
[RT2]ip route-static 192.168.1.0 24 Serial1/0
```

3）终端间的连通性测试

用 PC1 去 ping PC2，如图 13.12 所示，结果表明目标可达。

报文传递过程如下所述。

（1）PC1 发出目的地址为 192.168.2.2 的 ICMP 请求报文被送到网关 192.168.1.1，到达 RT1。

（2）RT1 查看路由表发现目的地址 192.168.2.2 不匹配默认路由以外的其他所有路由条目，故 RT1 将按默认路由指示将报文送往下一跳 192.168.3.2，到达 RT2。

```
<RT2>display ip routing-table

Destinations : 18       Routes : 18

Destination/Mask    Proto   Pre  Cost        NextHop         Interface
0.0.0.0/32          Direct  0    0           127.0.0.1       InLoop0
127.0.0.0/8         Direct  0    0           127.0.0.1       InLoop0
127.0.0.0/32        Direct  0    0           127.0.0.1       InLoop0
127.0.0.1/32        Direct  0    0           127.0.0.1       InLoop0
127.255.255.255/32  Direct  0    0           127.0.0.1       InLoop0
192.168.1.0/24      Static  60   0           0.0.0.0         Ser1/0
192.168.2.0/24      Direct  0    0           192.168.2.1     GE0/0
192.168.2.0/32      Direct  0    0           192.168.2.1     GE0/0
192.168.2.1/32      Direct  0    0           127.0.0.1       InLoop0
192.168.2.255/32    Direct  0    0           192.168.2.1     GE0/0
192.168.3.0/30      Direct  0    0           192.168.3.2     Ser1/0
192.168.3.0/32      Direct  0    0           192.168.3.2     Ser1/0
192.168.3.1/32      Direct  0    0           192.168.3.1     Ser1/0
192.168.3.2/32      Direct  0    0           127.0.0.1       InLoop0
192.168.3.3/32      Direct  0    0           192.168.3.2     Ser1/0
224.0.0.0/4         Direct  0    0           0.0.0.0         NULL0
224.0.0.0/24        Direct  0    0           0.0.0.0         NULL0
255.255.255.255/32  Direct  0    0           127.0.0.1       InLoop0
```

图 13.11　查看 RT2 路由表中的静态路由

```
C:\Users\ldz>ping 192.168.2.2

正在 Ping 192.168.2.2 具有 32 字节的数据:
来自 192.168.2.2 的回复: 字节=32 时间=1ms TTL=253
来自 192.168.2.2 的回复: 字节=32 时间=1ms TTL=253
来自 192.168.2.2 的回复: 字节=32 时间=2ms TTL=253
来自 192.168.2.2 的回复: 字节=32 时间=1ms TTL=253

192.168.2.2 的 Ping 统计信息:
    数据包: 已发送 = 4，已接收 = 4，丢失 = 0 (0% 丢失)，
往返行程的估计时间(以毫秒为单位):
    最短 = 1ms，最长 = 2ms，平均 = 1ms
```

图 13.12　PC1 与 PC2 间的连通性测试

(3) RT2 发现路由表中存在去往 192.168.2.2 的直连路由，便将报文直接发送至 PC2。

(4) 之后，PC2 回复 PC1 的 ICMP 请求，发送回复报文，首先送到网关 192.168.2.1，到达 RT2。

(5) RT2 查看路由表，发现与目的地址 192.168.1.2 匹配的静态路由条目(见图 13.11)，RT2 按静态路由指示将报文从串口 Serial1/0 送出，至 RT1。

(6) RT1 接收到 ICMP 回复报文后按直连路由指示送至 PC1。

至此，ping 命令的 ICMP 请求及应答过程完成。

13.4.3　路由环分析实训

1. 实训要求

按图 13.2 接线并正确配置 IP 地址。在 RT1、RT2 上分别配置一条静态默认路由，形成路由环，并使用 tracert 命令测试路由环。

注意：在开始配置网络设备前要清空设备中原有配置。

2. 实训过程

按拓扑图连接所有设备的相应端口。

1) 配置 PC 及路由器接口的 IP 地址

按表 13.1 所示，给 PC1 和 PC2 配置相应的 IP 地址、掩码与网关；给路由器 RT1 和路由器 RT2 的接口配置相应的 IP 地址及掩码。

2) 在 RT1、RT2 上配置静态默认路由形成路由环

在 RT1 和 RT2 上分别配置一条默认路由，下一跳指向对方，形成一个路由环。

```
[RT1]ip route-static 0.0.0.0 0 192.168.3.2        /* 指向 RT2 的 S1/0 端口的 IP 地址
[RT2]ip route-static 0.0.0.0 0 192.168.3.1        /* 指向 RT1 的 S1/0 端口的 IP 地址
```

3）路由环路观察

在 PC1 上使用 tracert 1.1.1.1 命令来观察环路情况，查看结果如图 13.13 所示。报文到达 RT1 后就在 RT1 与 RT2 的两个串口之间来回地往返转发，直到 TTL 耗尽为止。

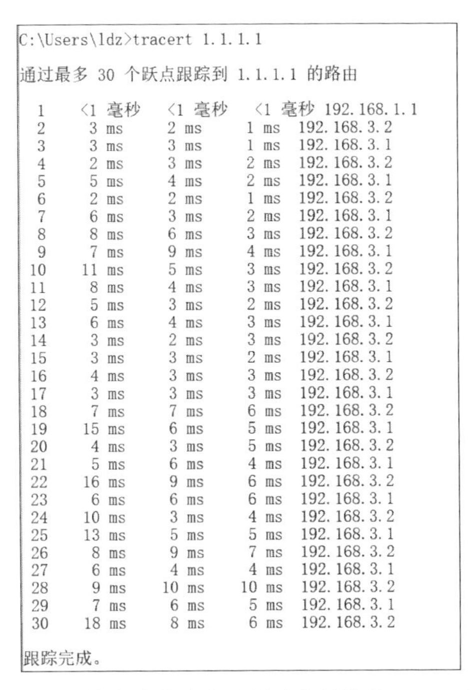

```
C:\Users\ldz>tracert 1.1.1.1

通过最多 30 个跃点跟踪到 1.1.1.1 的路由

  1    <1 毫秒   <1 毫秒   <1 毫秒 192.168.1.1
  2     3 ms     2 ms     1 ms  192.168.3.2
  3     3 ms     3 ms     1 ms  192.168.3.1
  4     2 ms     3 ms     2 ms  192.168.3.2
  5     5 ms     4 ms     2 ms  192.168.3.1
  6     2 ms     2 ms     1 ms  192.168.3.2
  7     6 ms     3 ms     2 ms  192.168.3.1
  8     8 ms     6 ms     3 ms  192.168.3.2
  9     7 ms     9 ms     4 ms  192.168.3.1
 10    11 ms     5 ms     3 ms  192.168.3.2
 11     8 ms     4 ms     3 ms  192.168.3.1
 12     5 ms     3 ms     2 ms  192.168.3.2
 13     6 ms     4 ms     3 ms  192.168.3.1
 14     3 ms     2 ms     3 ms  192.168.3.2
 15     3 ms     3 ms     2 ms  192.168.3.1
 16     4 ms     3 ms     3 ms  192.168.3.2
 17     3 ms     3 ms     3 ms  192.168.3.1
 18     7 ms     7 ms     6 ms  192.168.3.2
 19    15 ms     6 ms     5 ms  192.168.3.1
 20     4 ms     3 ms     5 ms  192.168.3.2
 21     5 ms     6 ms     4 ms  192.168.3.1
 22    16 ms     9 ms     6 ms  192.168.3.2
 23     6 ms     6 ms     6 ms  192.168.3.1
 24    10 ms     3 ms     4 ms  192.168.3.2
 25    13 ms     5 ms     5 ms  192.168.3.1
 26     8 ms     9 ms     7 ms  192.168.3.2
 27     6 ms     4 ms     4 ms  192.168.3.1
 28     9 ms    10 ms    10 ms  192.168.3.2
 29     7 ms     6 ms     5 ms  192.168.3.1
 30    18 ms     8 ms     6 ms  192.168.3.2

跟踪完成。
```

图 13.13　静态默认路由配置形成环路的 tracert 结果

PC1 发往 1.1.1.1 的报文的转发过程如下：报文在到达 RT1 后只与 RT1 上的默认路由匹配，因而被送到 192.168.3.2(RT2 的 S1/0 端口)；报文到达 RT2 后，RT2 发现报文的目的地址只匹配默认路由，因此报文又被重新送回给 RT1 路由器，形成了一个转发环路，这个相互转发过程一直持续到 TTL 被耗尽为止。

4）路由环路防范

在配置静态路由时要注意路由环的防范。

不同路由器上配置到相同网段的静态路由时，不要将路由的下一跳互相指向与对端设备互联的端口或对方互联端口的 IP 地址，否则就形成环路。

13.5　任务小结

1. 静态路由的优点是：不进行报文交换，对处理器的消耗非常低，不占用带宽。

2. 静态路由的缺点：手工配置，操作量大，不适合大规模的复杂网络环境；路由不能自动更新，不适合拓扑变化的网络环境。

3. 默认路由匹配任何报文的目的 IP 地址，它是最后被使用的路由，既可手工配置(静态默认路由)，也可以由动态路由协议产生。

4. 静态默认路由常被配置于局域网的边界路由器上，下一跳指向公网。

5. 在配置静态路由时要注意防范路由环。

6. 普通静态路由与静态默认路由的配置。

13.6 习题与思考

1. 采用图 13.2 所示的拓扑结构，配置好各设备的 IP 地址后，在 RT1 上配置一条静态路由到达 PC2，RT2 不配置静态路由，这样形成一条从 PC1 到 PC2 的单向路径，尝试在 PC1 上用 tracert 命令跟踪发往 PC2 的报文(tracert 192.168.2.2)，查看其结果，并与图 13.9 结果进行比较，加深理解单向路由。

2. 静态路由与直连路由的优先级哪个更高？直连路由的优先级可以手工调整吗？

3. 三层路由环路形成后，报文在路由环中循环转发，最终会因 TTL 耗尽而中止。请问二层如果形成环路，广播数据帧的二层转发最后会中止吗？

提示：大家可以通过分析二层数据帧的格式与三层 IP 报文的区别来寻找答案。

任务 14　认识动态路由协议

学习目标

- 了解动态路由的优缺点、应用场景，以及动态路由与静态路由的不同之处。
- 掌握动态路由协议的基本工作原理。
- 了解网络中的自治系统。
- 了解动态路由协议的分类。
- 了解动态路由协议中路由环路解决方法。
- 掌握路由引入的概念及其用途。

14.1　动态路由协议概述

静态路由是手工添加的，在大规模的复杂网络环境中，静态路由的配置操作繁杂；而且静态路由无法根据拓扑变化而自动更新，不适应拓扑变化网络环境。

动态路由正好弥补了静态路由的缺陷。动态路由协议使得路由器能自动地相互学习，不需要人工干预，能根据拓扑变化自动更新路由，因而适用于网络规模大、拓扑有变化的复杂网络环境。动态路由的维护量小，自适应性强。动态路由的缺点是：需要交换协议报文并进行路由计算，因而会消耗网络带宽与路由器的运算能力。

14.1.1　动态路由协议基本工作原理

运行动态路由协议的路由器会与相邻的路由器交换路由信息，然后利用路由算法对获得的路由信息进行处理、优化，从而计算出动态路由表项。为了适应网络的变化，路由信息需要在一定时间间隙里周期性地更新，以计算出实时的、优化的路径。各种动态路由协议一般用以下参数中的一种或几种来衡量多条路径的优劣。

(1) 跳数(Hop Count)：数据包从源地址到目的地址所经过的路由器数量。

(2) 带宽(Bandwidth)：数据链路传递数据的最大容量，单位一般用 b/s。

(3) 延迟(Delay)：数据包到达目的地需要的时间。

(4) 负载(Load)：网络资源的繁忙程度，如信道、路由器 CPU 占用程度。

(5) 可靠性(Reliability)：路径无故障，不中断数据传输服务的能力。

(6) 最大传输单元(MTU)：路径传递有效载荷的大小。

14.1.2　自治系统

自治系统(Autonomous System，AS)是一个具有统一管理机构和路由策略的路由器集合。它可以是一些运行单个内部网关协议(Interior Gateway Protocol，IGP)的路由器集合，也可以是一些运行不同路由协议但都属于同一个组织机构的路由器集合，整个自治系统被外界看作一个实体。

每个自治系统都有一个唯一的自治系统编号，这个编号是由互联网授权的管理机构IANA分配的。自治系统编号不仅可以用来区分不同的自治系统，还可以用来实现某些路由策略。例如，某自治系统是由竞争对手管理或者缺乏足够的安全机制，因此报文需要避开它，可以将这个需要回避的自治系统编号加入路由策略中来实现这一需求。通过采用路由协议和自治系统编号，路由器就可以确定彼此间的路径和路由信息的交换方法。

自治系统的编号范围是1～65 535。其中1～64 511是注册的互联网编号，64 512～65 535是专用网络编号。

14.1.3 动态路由协议分类

1. 根据协议使用区域分类

根据协议的使用区域不同可以将动态路由协议分为内部网关协议和外部网关协议，如表14.1所示。

表14.1 内部网关协议与外部网关协议

内部网关协议IGP	外部网关协议EGP
RIP-1、RIP-2、EIGRP、IS-IS、OSPF	BGP

(1) 内部网关协议(IGP)：在自治系统内部使用的动态路由协议。目前，常用的内部网关路由协议有RIP-1、RIP-2、IGRP、EIGRP、IS-IS和OSPF。

(2) 外部网关协议(Exterior Gateway Protocol，EGP)：在自治系统之间使用的动态路由协议，也被称为域间路由协议。目前，常用的外部网关路由协议主要是BGP协议。

2. 根据路由的寻径算法和交换路由信息的方式来分

根据路由的寻径算法和交换路由信息的方式不同，可以将动态路由协议分为距离矢量路由协议和链路状态路由协议，其异同之处如表14.2所示。

1) 距离矢量路由协议

距离矢量(Distance Vector)路由协议计算网络中所有链路的矢量距离，并以此为依据确认最佳路径。

距离矢量路由协议基于Bellman-Ford算法。使用距离矢量算法的路由器通常在固定的时间间隔内向相邻的路由器发送自己的完整路由表。接收到路由表的邻居路由器将收到的路由表与自己的路由表进行比较，添加以下两种路由到自己的路由表中。

(1) 接收到的路由是“新路由”：接收路由的目的地址是路由表中原来没有的。

(2) 新收到的路由“开销”(Metric)更小：接收路由的目的地址在路由表中已经存在，但其开销比路由表中的路由开销要小。

距离矢量路由协议关心的是到目的网段的开销和矢量方向(从哪个接口转发数据)。在发送数据前，路由协议计算到目的网段的开销，在收到邻居路由器通告的路由时，将学到的网段信息和收到此网段信息的接口关联起来，以后有数据要转发到这个网段就使用关联接口发送。

距离矢量路由协议的优点：配置简单，占用较少的内存和CPU处理时间。

距离矢量路由协议的缺点：路由信息交换开销大（这一般是由于距离矢量路由协议需要周期性地交换各自完整的路由表引起的）；可能会产生路由环路；收敛速度慢，扩展性较差（例如，RIP 最大跳数不能超过 16 跳）。

2）链路状态路由协议

链路状态（Link State）路由协议中每个路由器通过交换链路状态信息创建拓扑数据库，并通过此数据库建立一个全网的拓扑图；在拓扑图的基础上通过相应的路由算法计算出通往各目标网段的最佳路径，并最终形成路由表。

链路状态路由协议基于 Dijkstra 算法，也被称为最短路径优先算法。最短路径优先算法要比距离矢量算法扩展性好，收敛速度快；但是它耗费的内存和 CPU 处理能力也更多。链路状态算法关心网络中链路或接口的状态（UP 或是 DOWN、带宽、时延等）。每个路由器将自己已知的链路状态向本区域的其他路由器通告，这些通告称为链路状态通告（Link State Advertisement，LSA）。区域内的每台路由器通过收集链路状态信息建立本区域的完整链路状态数据库，然后根据链路状态信息创建区域的网络拓扑图，形成一个到区域各目的网段的带权有向图。

注意：请授课教师讲解“带权有向图”，具体内容可参考“数据结构”课程中“图”章节。

链路状态算法使用触发更新的机制。只有链路的状态发生变化才会触发路由更新，而且路由更新信息只包含改变的链路状态，而不是整个路由表，这种方式减少了链路中的路由信息量，节省了链路带宽。

距离矢量和链路状态路由协议的比较如表 14.2 所示。

表 14.2　距离矢量和链路状态路由协议的比较

比较内容	协议类型	
	距离矢量路由协议	链路状态路由协议
包含协议	RIP-1、RIP-2、IGRP、EIGRP、BGP	OSPF、IS-IS
协议算法	基于 Bellman-Ford 算法	基于 Dijkstra 算法
路由更新方式	周期更新，发送完整路由表	触发更新，发送链路状态
适用网络规模	小型网络（RIP 协议适用网络直径小于 16 跳）	中型网络
优点	配置简单，占用较少的内存和 CPU 处理时间	收敛速度快，扩展性好，路由信息交换费用少，无环路
缺点	路由信息交换费用大，可能会产生路由环路，收敛速度慢，扩展性较差	占用较多路由器内存和 CPU 处理时间

14.2　动态路由协议中的路由环路

1. 动态路由协议中路由环路的产生

距离矢量路由协议产生的路由可能会形成环路。在距离矢量路由协议中，由于存在网络的路由汇聚时间，新路由或更改的路由不能够很快在全网稳定收敛，使得不同路由器上的路由可能不一致，于是产生路由环。

下面举例说明动态路由协议中的路由环路的产生。

如图 14.1 所示，有两个路由器 A 和 B，它们之间的距离为一跳，路由器 B 连接着 210.1.1.0/24 网段。路由器 A 从路由器 B 获得路由信息：B 距离 210.1.1.0/24 网段 0 跳；A 通过计算得出：A 距离 210.1.1.0/24 网段 1 跳。

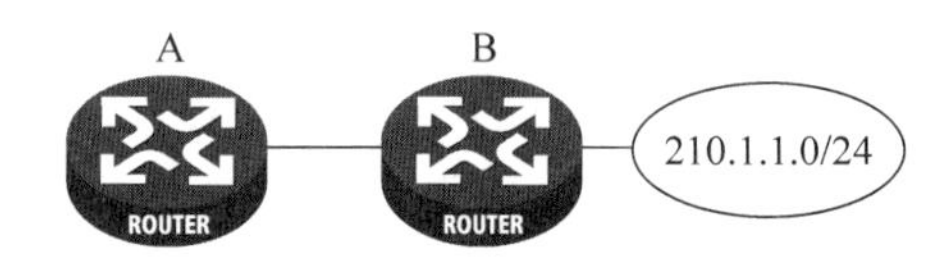

图 14.1　动态路由协议中路由环路产生示意图

假如路由器 B 与 210.1.1.0/24 网段之间的链路断了，于是路由器 B 失去了到 210.1.1.0/24 网段的路由。在路由器 B 向路由器 A 发送路由更新消息(路由器 B 告诉路由器 A，自己到 210.1.1.0/24 网段的路径已经失效)之前，它恰好收到了从路由器 A 发来的路由信息：路由器 A 到 210.1.1.0/24 网段的距离为 1 跳(路由器 A 通过计算得出这条信息)。路由器 B 这个时候会根据路由器 A 发来的消息计算出它到 210.1.1.0/24 网段的距离为 1＋1＝2 跳。路由器 B 会再把这个消息“路由器 B 距离 210.1.1.0/24 网段为 2 跳”发送给路由器 A，路由器 A 接着计算并更新：路由器 A 距离 210.1.1.0/24 网段为 3 跳；再把计算结果发给路由器 B。这样无穷无尽地循环下去，形成了路由环路。

2. 路由环路解决方法

距离矢量路由协议中路由环路问题的解决方法主要有以下 6 种。

1）定义度量最大值

为了避免跳数无限增长，距离矢量协议定义了一个度量最大值(如在 RIP 协议中最大跳数为 16)。当去往某一网段的跳数达到最大值时，就视为该网段不可到达。

2）水平分割

水平分割(Split Horizon)方法的核心思想是：在路由信息传送过程中，不把路由信息原路送回给此路由信息所来自的路由器。

如图 14.1 所示，路由器 A 从路由器 B 学习到网段 210.1.1.0/24 的路由后，不再通告自己可以通过路由器 B 访问 210.1.1.0/24 的路径信息。当网段 210.1.1.0/24 发生故障无法访问时，路由器 B 会向路由器 A 发送该网段不可达到的路由更新信息，但再也不会收到从路由器 A 发来的能够到达 210.1.1.0/24 的错误信息。

3）路由中毒

定义最大值在一定程度上解决了路由环路问题，但解决得并不彻底。因为在跳数达到最大值之前，路由环路还是存在的。路由中毒(Route Poisoning)可以彻底解决这个问题，其原理是：当路由器发现某条路由失效时，会将该路由的开销值设置为无穷大后广播给自己的所有邻居路由器。例如，图 14.1 中的 210.1.1.0/24 网段无法访问时，路由器 B 便向路由器 A 发送路由更新信息，并将 210.1.1.0/24 网段的开销值设为无穷大(毒化消息)，路由器 A 收到毒化消息后将该链路路由表项中的开销值设为无穷大，表示该路径已经失效，并通告自己的其他邻居，从而避免了路由环路。

4）毒性逆转

毒性逆转(Poison Reverse)是指路由协议从某个接口学到路由后，将该路由的开销值设置为无穷大，并从原接口发回邻居路由器(注意：它与路由中毒的不同之处)。

5）抑制更新时间

抑制更新时间（Hold-down）是在路由器中启动一个抑制计时器来阻止周期更新的消息在不恰当的时间内重置一个已经坏掉的路由。抑制计时器告诉路由器把可能影响路由的任何改变暂时保持一段时间，抑制时间通常比更新信息发送到整个网络的时间要长。

当路由器从邻居接收到以前能访问的网络现在不能访问的路由更新后，就将该路由标记为不可访问，并启动一个抑制计时器，如果再次收到从邻居发送来的更新信息，包含一个比原来路径具有更好度量值的路由，就标记为可以访问，并取消抑制计时器。如果在抑制计时器超时之前从不同邻居收到的更新信息包含的度量值比以前的更差，则更新将被忽略，这样可以有更多的时间让更新信息传遍整个网络。

6）触发更新

正常情况下，运行距离矢量路由协议的路由器会定期将路由表发送给邻居路由器。而触发更新（Triggered Update）就是立刻发送路由更新信息，以响应某些变化。检测到拓扑变化的路由器会立即发送更新信息给邻居路由器，并触发邻居路由器发送更新通知，更新通知会递进性地向全网扩散，使整个网络中的路由器在最短的时间内收到更新信息，从而快速传递网络的拓扑变化。即便是这样做也还是存在问题：更新信息报文有可能在链路传输中丢失或损坏，以致部分路由器未能及时收到更新信息。结合更新时间抑制的触发更新可以解决这个问题：抑制规则要求一旦至某网段的路由无效，在抑制时间内，到达该网段的有同样或更差度量值的路由将会被忽略。这样，触发更新将有足够时间传遍整个网络，从而避免了已经损坏的路由重新插入已经收到触发更新的邻居中，也就解决了路由环路的问题。

14.3 路由引入

路由引入（路由重分布）是在某种动态路由协议中引入其他动态路由协议的路由信息或直连、静态路由信息。例如，在路由器 RA 上运行了 RIP 和 OSPF 路由协议，并配置了静态路由，可以在 RIP 路由协议中引入 OSPF 路由协议获得的路由信息，也可以引入路由器 RA 上配置的静态路由或直连路由。

在某种动态路由协议中进行路由引入的目的是：将引入的路由发布给运行该动态路由协议的其他对等体。如图 14.2 所示，路由器 A 和路由器 B 直接相连，只在它们之间的网段 210.0.0.0/30 运行 RIP 路由协议；211.0.0.0/24 是路由器 A 的 G0/0 口 IP 地址和子网掩码。为了让路由器 B 通过 RIP 协议学习到路由器 A 的 G0/0 口信息，可以在路由器 A 的 RIP 协议中引入 A 的直连路由。更详细、具体的配置过程会在任务 16 中进行讲解。

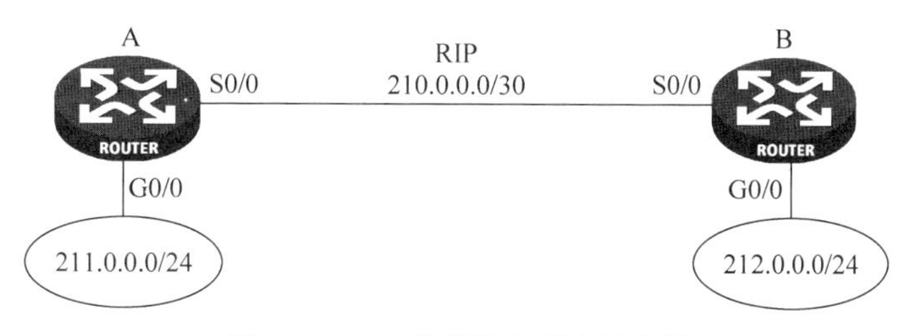

图 14.2　RIP 协议路由引入示意图

注意：同一路由器上不同路由协议之间的路由信息是不会自动进行交换的，同一路由器上同一路由协议的不同进程之间的路由信息也不会自动进行交换，但可以通过路由引入来相互交换路由信息。

14.4 任务小结

1. 动态路由的维护量小，自适应性强。缺点是：动态路由协议会消耗网络带宽与路由器的运算能力。

2. 动态路由协议在相邻路由器之间进行路由信息交换，然后通过路由算法对获得的路由信息进行处理、优化计算出路由表。

3. 自治系统是一个具有统一管理机构和路由策略的路由器集合。

4. 根据协议的使用区域不同可以将动态路由协议分为内部网关协议和外部网关协议。

5. 动态路由协议中的路由环的去除方法包括定义度量最大值、水平分割、路由中毒、毒性逆转、抑制更新时间、触发更新。

6. 路由引入(路由重分布)是在某种动态路由协议中引入其他动态路由协议的路由信息或直连、静态路由信息，并发布给其他对等体。

14.5 习题与思考

1. 链路状态路由协议与距离矢量路由协议各自的优缺点是什么？它们分别应用于什么场景？

2. 路由中毒与毒性逆转方法有何不同？

3. 路由引入(路由重分布)的作用是什么？

任务 15　利用 RIP 路由协议搭建小型局域网

学习目标

- 熟悉 RIP 路由协议的优缺点及其应用场景。
- 掌握 RIP 路由协议的基本工作原理。
- 重点掌握 RIP 协议的基本配置,学会利用 RIP 协议搭建小型局域网。
- 掌握 RIP 路由协议的基本调试命令及调试方法。

15.1　认识 RIP 协议的特点与版本

RIP(Routing Information Protocol,路由信息协议)是一种应用较早、使用较普遍的内部网关协议(IGP),用于自治系统(AS)内部的路由信息传递,适用于小型同类网络。它是典型的距离矢量协议,使用"跳数"作为参数来衡量到达目标地址的路由距离。文档 RFC 1058、RFC 2453 对 RIP 进行了描述。

RIP 目前有两个版本在使用之中,分别是 RIP Version1(RFC 1058)和 RIP Version2(RFC 2453),后者可以兼容前者。

1. RIP 路由协议的特点

RIP 路由协议有以下主要特点。

(1) RIP Version1 的报文通过广播地址 255.255.255.255 进行发送;RIP Version2 的报文可以通过广播方式发送,也可以通过组播地址 224.0.0.9 发送(减少了资源消耗)。它们都使用 UDP 协议的 520 端口。

(2) RIP Version1 是一种有类路由协议,不支持变长子网掩码,因而协议报文不携带掩码信息;而 RIP Version2 是一种无类路由协议,支持变长子网掩码和无类域间路由,因而协议报文携带掩码信息。

(3) RIP 路由协议以到目的网络的最小跳数(Hop Count)作为路径选择度量标准。

(4) RIP 路由协议是为小型网络设计的。它的跳数计数限制为 15 跳,16 跳不可到达。

(5) RIP 路由协议允许引入其他路由协议的路由信息。

2. RIP 协议两个版本的区别

RIP Version1(RIP V1)和 RIP Version2(RIP V2)除了特点中的(1)、(2)两点不同之外,还有以下不同点。

(1) RIP Version1 没有认证的功能,RIP Version2 可以支持认证,并且有明文和 MD5 两种认证方式。

(2) RIP Version1 由于不支持变长掩码,无法关闭路由聚合功能,因此没有手工聚合的功能；RIP Version2 可以在关闭自动聚合的前提下进行手工聚合。RIP Version1 对路由没有标记的功能，RIP Version2 可以对路由打标记(tag)，用于过滤和路由策略。

(3) RIP Version1 发送的路由更新最多可以携带 25 条路由条目，RIP Version2 在有认证的情况下最多只能携带 24 条路由条目。

(4) RIP Version1 发送的路由更新包里面没有下一跳(next-hop)属性，RIP Version2 有下一跳(next-hop)属性，可以用于路由更新的重定向。

15.2 RIP 路由协议工作原理

1. 路由信息更新与路由失效

(1) RIP 协议启动时，路由器初始路由表只包含了其直连网络的路由信息，并且到其直连网络的跳数值为 0。

(2) 路由器向它的邻居路由器发出完整路由表的 RIP 请求。

(3) 邻居路由器收到 RIP 请求后，回送应答消息，应答消息中包含了自己的完整路由表。

注意： *启动了 RIP 协议的路由器即使在没有收到请求的情况下，也会周期性(默认时间为 30s)地向邻居发送包含完整路由表的应答消息。*

(4) 启动了 RIP 协议的路由器根据接收到的 RIP 应答来更新其路由表，分为以下两种情况。

① 若应答中的路由条目包含了路由表未记录的网段信息，则在路由表中添加新的路由条目，并将接收到的路由条目中的距离(跳数)值加 1。

② 如果接收到与已有路由条目的目的地址相同的路由信息，则分下面 3 种情况进行处理：第一种情况，如果已有路由条目的来源端口与新条目的来源端口相同，那么根据最新的路由信息更新其路由表；第二种情况，如果已有路由条目与新条目来源于不同的端口，那么比较它们的距离(跳数)，保留距离较小的路由条目；第三种情况，新旧路由条目的距离相等，普遍的处理方法是保留旧的路由条目。

RIP 的路由信息有一定的生存时间。对于路由表中某一条路由信息，如果 Timeout timer 时间(默认为 180s)以后都没有接收到新的关于它的路由信息，那么将其标记为失效，即距离(跳数)值标记为 16。在路由失效 Garbage timer(默认为 120s)时间后，如果仍然没有更新信息，该条失效信息将被彻底删除。这样做的好处是为了防止路由黑洞。

2. RIP 协议中的 5 个定时器

RIP 中一共使用了 5 个定时器：Update timer、Timeout timer、Garbage timer、Holddown timer 和 Triggered update timer。

(1) Update timer(更新定时器)用于周期性(默认值为 30s)发送路由更新报文。但为了防止路由表产生同步(在共享广播网络中由于路由消息的同步更新会产生冲突)，RIP 协议利用一个随机变量设置更新定时器，使其值为 25.5～30s。

(2) Timeout timer(超时定时器)用于路由信息失效前的计时(默认值为 180s)，每次收到同一条路由信息的更新信息就将该计数器复位。

(3) Garbage timer(垃圾收集定时器)和 Holddown timer(抑制定时器)同时用于将失效的路由信息删除前的计时。在 Holddown timer 的时间内，失效的路由信息不能被接收到的新信息所更新；在 Garbage timer 计时器超时后，失效的路由信息被删除。

(4) Triggered update timer(触发更新定时器)在触发更新时使用，只要路由的度量值发生改变就会引起触发更新。而且，触发更新不会引起接收路由器重置它们的 Update timer 计时器，如果这么做，网络拓扑的改变会造成触发更新"风暴"，此时需要使用触发更新计时器。当一个触发更新传播时，触发更新计时器被随机地设置为 1～5s 的数值；在这个计时器超时前不能发送并发的触发更新。

3. RIP 协议中路由环路解决方法

在 RIP 协议中，为了防止路由环路，它采用了水平分割、路由中毒、毒性逆转、定义度量最大值、抑制时间的方法，并在路由中毒中辅助使用了触发更新。

15.3 RIP 协议的配置与调试

15.3.1 RIP 协议的配置

1. RIP 协议的基本配置

1) 启动 RIP 进程

```
[H3C]rip [ process-id ]    /* 系统视图
```

参数说明：

process-id：RIP 进程号，取值范围为 1～65 535，默认值为 1。

2) 关闭 RIP 进程

```
[H3C]undo rip [ process-id ]    /* 系统视图
```

3) 声明 RIP 协议工作网段

```
[H3C-rip-X]network network-address [wildcard-mask]    /* V7 版本命令(RIP 视图)
[H3C-rip-X]network network-address                    /* V3、V5 版本命令(RIP 视图)
```

参数说明：

(1) *network-address*：被声明网段的地址，其取值可以是各个接口的 IP 网络地址。**如果 *network-address* 的值为 0.0.0.0，则表示 RIP 协议在路由器的所有接口工作。**

(2) *wildcard-mask*(V7 版本命令使用参数)：IP 地址掩码的反码，相当于将 IP 地址的掩码取反(0 变 1，1 变 0)。其中，1 表示忽略 IP 地址中对应的位，0 表示必须保留此位(如果子网掩码为 255.0.0.0，则该掩码的反码为 0.255.255.255)。如果未指定本参数，则按照自然网段进行。

4) 取消声明的网段

```
[H3C-rip-X]undo network network-address    /* RIP 视图
```

参数说明：

network-address：RIP 协议工作的网段，RIP 协议只在声明网段的接口上工作；对于那些未声明网段的接口，RIP 既不在它上面接收和发送路由，也不将它的接口路由转发出去。

注意：路由器上没有进行声明的网段的接口对于 RIP 协议来说就好像它们根本不存在一样，其他动态路由协议(如 OSPF)在这一点上是相似的。

表 15.1 总结了 RIP 协议的基本配置命令。

表 15.1　RIP 协议的基本配置命令

操　　作	命令(命令执行的视图)
启动 RIP 进程，进入 RIP 视图	[H3C]rip [*process-id*](系统视图)
停止 RIP 进程的运行	[H3C]undo rip [*process-id*](系统视图)
在指定的网段上声明使用 RIP	[H3C-rip-*X*]network network-address [wildcard-mask](RIP 视图)
取消在指定的网段上声明使用 RIP	[H3C-rip-*X*]undo network *network-address*(RIP 视图)

2. 端口静默及环路避免配置

1) 端口静默配置

```
[H3C-rip-1]silent-interface { interface-type interface-number | all }
/* RIP 视图
```

参数说明：

(1) *interface-type interface-number*：接口类型和编号。

(2) **all**：抑制所有端口。

silent-interface 命令用来配置端口工作在抑制(静默)状态，只接收 RIP 报文而不发送 RIP 报文。例如，路由器的以太网接口连接计算机时，路由器就没有必要给计算机发送 RIP 协议报文，此时可使用这条命令。

2) 开启水平分割

```
[H3C-interfaceX]rip split-horizon        /* 接口视图
```

端口水平分割功能默认处于使能状态。可使用 undo rip split-horizon 命令关闭水平分割功能。

3) 开启毒性逆转

```
[H3C-interfaceX]rip poison-reverse       /* 接口视图
```

端口毒性逆转功能默认处于关闭状态。

4) 协议版本及消息更新方式配置

(1) 配置全局协议版本。

```
[H3C-rip-X]version {1|2}                 /* RIP 视图
```

(2) 配置接口协议版本。

可以在接口视图下指定该接口运行 RIP 协议的哪个版本(RIP V1 或 RIP V2)，并可指定 RIP 报文是用广播还是用组播方式。其命令如下：

```
[H3C-interfaceX]rip version 1            /* 接口视图
```

或

```
[H3C-interfaceX]rip version 2 [multicast | broadcast]   /* 接口视图
```

将接口运行的 RIP 版本恢复为默认值的命令如下：

```
[H3C-interfaceX]undo rip version      /* 接口视图
```

注意：只有 RIP V2 才同时支持组播和广播方式发送报文，RIP V1 只支持广播方式发送报文。默认情况下，RIP V2 使用组播方式，组播地址为 224.0.0.9。

RIP 协议端口静默、环路、版本及消息更新方式的配置命令如表 15.2 所示。

表 15.2　RIP 协议端口静默、环路、版本及消息更新方式的配置命令

操　　作	命令(命令执行的视图)
端口静默配置	[H3C-rip-*X*] silent-interface { *interface-type interface-number* | all }(RIP 视图)
开启水平分割	[H3C-interface*X*]rip split-horizon(接口视图)
开启毒性逆转	[H3C-interface*X*]rip poison-reverse(接口视图)
配置全局协议版本	[H3C-rip-*X*]version {1|2}(RIP 视图)
指定接口的 RIP 版本为 RIP V1	[H3C-interface*X*]rip version 1(接口视图)
指定接口的 RIP 版本为 RIP V2	[H3C-interface*X*]rip version 2 [multicast | broadcast](接口视图)
接口运行的 RIP 版本恢复为默认值	[H3C-interface*X*]undo rip version(接口视图)

3. 其他配置命令

1）配置 RIP 报文定点传送

```
[H3C-rip-X]peer ip-address            /* RIP 视图
```

2）取消 RIP 报文的定点传送

```
[H3C-rip-X]undo peer ip-address       /* RIP 视图
```

peer 命令用来指定 NBMA(Non-Broadcast Multi-Access，非广播多路访问)网络中 RIP 邻居的 IP 地址，并使更新报文以单播形式发送到对端，而不采用正常的组播或广播的形式；*ip-address* 指的是与路由器相连的 NBMA 网络接口的 IP 地址。

3）路由聚合

```
[H3C-rip-X]summary                    /* RIP 视图
```

4）关闭 RIP V2 的路由聚合功能

```
[H3C-rip-X]undo summary    /* RIP 视图
```

路由聚合可以将同一自然网段(也就是有类的 A、B、C 三个网段)内的不同子网的路由在向外(其他网段)发送时聚合成一条自然掩码的路由发送，以减少路由交换的信息量，以及路由表中的路由表项。只有 RIP V2 可以使用，因为它支持无类子网掩码，而 RIP V1 只支持有类子网掩码。默认情况下，RIP V2 已开启路由聚合功能。

5）配置 RIP V2 报文认证

```
[H3C-interfaceX]rip authentication-mode { md5 { rfc2082 { cipher cipher-string | plain plain-string } key-id | rfc2453 { cipher cipher-string | plain plain-string } } | simple { cipher cipher-string | plain plain-string } }   /* 接口视图
```

参数说明：

(1) md5：MD5 验证方式。

(2) rfc2082：指定 MD5 验证报文使用 RFC 2082 规定的报文格式。

(3) cipher：表示输入的密码为密文。

(4) *cipher-string*：表示设置的密文密码为 33～53 个字符的字符串，区分大小写。

(5) plain：表示输入的密码为明文。

(6) *plain-string*：表示设置的明文密码为 1～16 个字符的字符串，区分大小写。

(7) *key-id*：MD5 rfc2082 验证标识符，取值范围为 1～255。

(8) rfc2453：指定 MD5 验证报文使用 RFC 2453 规定的报文格式(IETF 标准)。

(9) simple：简单验证方式。

注意：①每次验证只支持一个验证字，新输入的验证字将覆盖旧验证字；②当 RIP 的版本为 RIP V1 时，虽然在接口视图下仍然可以配置验证方式，但由于 RIP V1 不支持认证，因此该配置不会生效；③以明文或密文方式设置的验证密码，均以密文的方式保存在配置文件中。

6) 配置路由引入(路由重分布)

```
[H3C-rip-X]import-route  protocol [process-id]   /* RIP 视图
```

7) 取消路由引入命令

```
[H3C-rip-X]undo import-route protocol [process-id]   /* RIP 视图
```

参数说明：

protocol：路由来源，包括 direct、static、OSPF、is-is、BGP，也可以引入其他进程的 RIP 路由。

命令示例如下：

```
[H3C-rip-1]import-route direct  /* 将直连路由引入 RIP 进程 1 的路由表(RIP 视图)
```

8) 发布默认路由

(1) 在接口下发布默认路由。

```
[H3C-interfaceX]rip default-route { only | originate | no-originate } [cost cost]/* 接口视图
```

参数说明：

① **only**：只发送默认路由，不发送普通路由。

② **originate**：既发送普通路由，又发送默认路由。

③ **no-originate**：只发送普通路由，不发布默认路由。

④ *cost*：默认路由的度量值，取值范围为 1～15，默认值为 1。

rip default-route 命令用来配置 RIP 接口以指定度量值向 RIP 邻居发布默认路由。

(2) 在 RIP 进程下发布默认路由。

```
[H3C-rip-X]default-route { only | originate } [ cost cost ]   /* RIP 视图
```

注意：配置了发布默认路由的 RIP 路由器不接收来自 RIP 邻居的默认路由。

9）配置 RIP 路由优先级

```
[H3C-rip-X]preference preference    /* RIP 视图
```

参数说明：

preference：RIP 路由优先级的值，取值范围为 1～255，取值越小，优先级越高。

10）配置接口接收/发送 RIP 路由时的附加度量值(cost)

```
[H3C-interfaceX]rip metricin value
  /* 配置接口接收 RIP 路由时的附加度量值(接口视图)
```

参数说明：

value：接收附加度量值，取值范围为 0～16。

当接口收到一条合法的 RIP 路由，在将其加入路由表前，附加度量值会被加到该路由上。因此，增加接口的接收附加度量值，该接口收到的 RIP 路由的度量值也会相应增加，当附加度量值与原路由度量值之和大于 16 时，该条路由的度量值取 16。

```
[H3C-interfaceX]rip metricout value
  /* 配置接口发送 RIP 路由时的附加度量值(接口视图)
```

当发布一条 RIP 路由时，附加度量值会在发布该路由之前附加在这条路由上。因此，增加一个接口的发送附加度量值，该接口发送的 RIP 路由的度量值也会相应增加。

RIP 路由协议的报文定点传送、路由聚合、报文认证、路由引入等配置命令如表 15.3 所示。

表 15.3 RIP 协议其他配置命令

操　　作	命令(命令执行的视图)
配置 RIP 报文定点传送 取消 RIP 报文的定点传送	[H3C-rip-*X*]peer *ip-address* (RIP 视图) [H3C-rip-*X*]undo peer *ip-address* (RIP 视图)
启动 RIP V2 的路由聚合功能 关闭 RIP V2 的路由聚合功能	[H3C-rip-*X*]summary(RIP 视图) [H3C-rip-*X*]undo summary(RIP 视图)
配置 RIP V2 报文认证 取消对 RIP V2 的认证	[H3C-interface*X*]rip authentication-mode { md5 { rfc2082 { cipher *cipher-string* | plain *plain-string* } *key-id* | rfc2453 { cipher *cipher-string* | plain *plain-string* } } | simple { cipher *cipher-string* | plain *plain-string* } }(接口视图) [H3C-interface*X*]undo rip authentication-mode(接口视图)
路由引入 取消路由引入	[H3C-rip-*X*]import-route *protocol* [*process-id*](RIP 视图) [H3C-rip-*X*]undo import-route *protocol* [*process-id*](RIP 视图)
接口下发布默认路由 RIP 进程下发布默认路由	[H3C-interface*X*] rip default-route {only | originate | no-originate} [cost *cost*](接口视图) [H3C-rip-*X*]default-route { only | originate } [cost *cost*](RIP 视图)
配置 RIP 路由优先级	[H3C-rip-*X*]preference *preference*(RIP 视图)
配置接口接收 RIP 路由时的附加度量值 配置接口发送 RIP 路由时的附加度量值	[H3C-interface*X*]rip metricin *value*(接口视图) [H3C-interface*X*]rip metricout *value*(接口视图)

15.3.2 RIP 路由协议信息查看与调试

1. 查看 RIP 协议配置信息

```
<H3C> display rip                          /* 任意视图
```

display rip 命令用来显示 RIP 的当前运行状态及配置信息，包括 RIP 协议的版本、路由优先级、路由聚合情况、RIP 协议的工作网段和 RIP 报文定点传送配置情况等，如图 15.1 所示。

```
<H3C>display rip
  Public VPN-instance name:
    RIP process: 1
       RIP version: 2
       Preference: 100
       Checkzero: Enabled
       Default cost: 0
       Summary: Enabled
       Host routes: Enabled
       Maximum number of load balanced routes: 32
       Update time : 30 secs  Timeout time : 180 secs
       Suppress time : 120 secs  Garbage-collect time : 120 secs
       Update output delay: 20(ms)  Output count: 3
       TRIP retransmit time: 5(s)    Retransmit count: 36
       Graceful-restart interval: 60 secs
       Triggered Interval : 5 50 200
       BFD: Disabled
       Silent interfaces: None
       Default routes: Disabled
       Verify-source: Enabled
       Networks: None
       Configured peers: None
       Triggered updates sent: 0
       Number of routes changes: 0
       Number of replies to queries: 0
```

图 15.1　查看 RIP 协议配置信息

2. 查看 RIP 路由表信息

```
<H3C> display rip routing                  /* V3 版本命令(任意视图)
<H3C> display rip process-id route         /* V5、V7 版本命令(任意视图)
```

参数说明：

process-id：RIP 协议进程号。

通过这条命令可以查看路由器获得的 RIP 路由(见图 15.2)；在路由调试中可以结合 tracert 命令来追踪报文转发路径。

3. RIP 协议的调试

1) 打开终端显示调试信息功能

```
<H3C> terminal monitor                     /* 打开终端显示(用户视图)
<H3C> terminal debugging                   /* 打开终端调试(用户视图)
```

这两条命令可以用于所有调试中，如 OSPF、BGP 等协议的调试中。

```
<RouterA>display rip 1 route
 Route Flags: R - RIP, T - TRIP
              P - Permanent, A - Aging, S - Suppressed, G - Garbage-collect
 ----------------------------------------------------------------------------
 Peer 210.1.1.2    on Serial1/0
      Destination/Mask        Nexthop     Cost    Tag    Flags    Sec
      192.168.1.0/24          210.1.1.2   1       0      RA       23
      192.168.2.0/24          210.1.1.2   1       0      RA       23
```

图 15.2　RIP 路由表信息

2）关闭终端显示调试信息功能

```
<H3C>undo terminal monitor             /* 关闭终端显示(用户视图)
<H3C>undo terminal debugging           /* 关闭终端调试(用户视图)
```

3）打开 RIP 协议调试开关

```
<H3C>debugging rip packet              /* V3 版本命令(用户视图)
<H3C>debugging rip process-id  packet  /* V5、V7 版本命令(用户视图)
```

通过调试，可以查看 RIP 协议在运行过程中的报文发送情况，学习 RIP 协议的工作过程；并在路由排错中帮助查看 RIP 协议运行状况，找出配置错误的地方。

RIP 协议的信息查看与调试命令如表 15.4 所示。

表 15.4　RIP 协议的信息查看与调试命令

操　　作	命令(命令执行的视图)
查看 RIP 协议配置信息	<H3C>display rip(任意视图)
查看 RIP 路由表信息	<H3C>display rip routing(V3 版本命令) <H3C>display rip *process-id* route(V5、V7 版本命令)(任意视图)
打开终端显示调试信息功能	<H3C>terminal monitor(打开终端显示) <H3C>terminal debugging(打开终端调试)(用户视图)
关闭终端显示调试信息功能	<H3C>undo terminal monitor(关闭终端显示) <H3C>undo terminal debugging(关闭终端调试)(用户视图)
打开 RIP 协议调试开关	<H3C>debugging rip packet(V3 版本命令) <H3C>debugging rip *process-id* packet(V5、V7 版本命令)(用户视图)
关闭 RIP 协议调试开关	<H3C>undo debugging rip packet(V3 版本命令) <H3C>undo debugging rip *process-id* packet(V5、V7 版本命令)(用户视图)

15.4　使用 RIP 协议搭建小型局域网实训

15.4.1　实训内容与实训目的

1. 实训内容

配置 RIP 路由协议，实现局域网不同网段间的三层互通。

2. 实训目的

(1) 重点掌握 RIP 协议的基本配置命令，学会使用 RIP 协议搭建小型局域网。

(2) 掌握 RIP 路由协议优先级配置。

(3) 掌握 RIP 路由协议的信息查看命令,了解信息含义。

15.4.2 实训设备

实训设备如表 15.5 所示。

表 15.5 RIP 路由协议配置实训设备

实训设备及线缆	数量	备　注
MSR36-20 路由器	2 台	支持 Comware V7 命令的路由器即可
计算机	2 台	OS: Windows 10
V.35 DTE、DCE 串口线对	1 对	1 对 V.35 线
以太网线	2 根	—

15.4.3 实训拓扑图与实训要求、IP 地址规划

如图 15.3 所示,小型局域网中有两台路由器 RT1 和 RT2 通过串口以 192.168.3.0/30 网段相连,各自通过一条以太网线连接一个业务网段。网络设备的 IP 地址如表 15.6 所示。

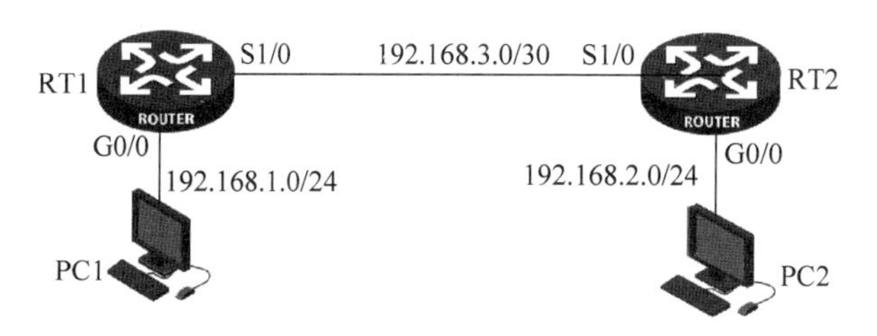

图 15.3 RIP 路由协议配置实训拓扑图

表 15.6 RIP 路由协议配置实训设备 IP 地址分配

设备名称	接　口	IP 地址	网　关
RT1	Serial1/0	192.168.3.1/30	—
	G0/0	192.168.1.1/24	—
RT2	Serial1/0	192.168.3.2/30	—
	G0/0	192.168.2.1/24	—
PC1	网卡	192.168.1.2/24	192.168.1.1/24
PC2	网卡	192.168.2.2/24	192.168.2.1/24

实训要求:

配置 RIP 路由协议实现局域网业务网段间路由可达,PC1 与 PC2 互通。

15.4.4 实训过程

按拓扑图使用线缆连接所有设备的相应端口。

通过配置线连接路由器,并检查设备配置信息,确保各设备的配置被重置为出厂状态。

步骤 1：配置设备 IP 地址、测试网络连通性。

1）RT1 的 IP 地址配置

```
[RT1]interface G0/0
[RT1-GigabitEthernet0/0]ip address 192.168.1.1 24
[RT1-GigabitEthernet0/0]interface serial1/0
[RT1-Serial1/0]ip address 192.168.3.1 30            /* 注意子网掩码长度
```

2）RT2 的 IP 地址配置

```
[RT2]interface G0/0
[RT2-GigabitEthernet0/0]ip address 192.168.2.1 24
[RT2-GigabitEthernet0/0]interface serial1/0
[RT2-Serial1/0]ip address 192.168.3.2 30            /* 注意子网掩码长度
```

3）开启路由器 RT1 和 RT2 上的 ICMP 目的不可达报文与超时报文的发送功能

```
[RT1]ip ttl-expires enable   /* 开启 RT1 的 ICMP 超时报文发送功能
[RT1]ip unreachables enable  /* 开启 RT1 的 ICMP 目的不可达报文发送功能
[RT2]ip ttl-expires enable   /* 开启 RT2 的 ICMP 超时报文发送功能
[RT2]ip unreachables enable  /* 开启 RT2 的 ICMP 目的不可达报文发送功能
```

4）计算机的 IP 地址及网关配置

按 IP 地址分配表给 PC1 和 PC2 配置相应的 IP 地址、掩码与网关。

5）检查计算机与其网关的连通性

配置完成后，分别在 PC1 和 PC2 的命令行窗口下用 ping 命令验证与各自网关间的连通性。PC1 上的执行结果表明它与网关之间是连通的，如图 15.4 所示。同样地，PC2 与其网关也保持连通。

```
C:\Users\ldz>ping 192.168.1.1

正在 Ping 192.168.1.1 具有 32 字节的数据:
来自 192.168.1.1 的回复: 字节=32 时间<1ms TTL=255
来自 192.168.1.1 的回复: 字节=32 时间<1ms TTL=255
来自 192.168.1.1 的回复: 字节=32 时间<1ms TTL=255
来自 192.168.1.1 的回复: 字节=32 时间<1ms TTL=255

192.168.1.1 的 Ping 统计信息:
    数据包: 已发送 = 4，已接收 = 4，丢失 = 0 (0% 丢失)，
往返行程的估计时间(以毫秒为单位):
    最短 = 0ms，最长 = 0ms，平均 = 0ms
```

图 15.4　PC1 与其网关连通性验证

6）检查 PC1 与 PC2 之间的连通性

接下来测试 PC1 与 PC2 之间的连通性。用 PC1 去 ping 计算机 PC2，结果如图 15.5 所示，PC1 的网关返回了目的网络不可达的信息，**这说明路由器没有到达目的主机的路由**。

RT1 的路由表如图 15.6 所示，路由表中无到达 PC2 所在网段 192.168.2.0/24 的路由。因此，PC1 的 ping 包到达 RT1 后，RT1 会将其直接丢弃并回送路由不可达消息给 PC1。

```
C:\Users\ldz>ping 192.168.2.2

正在 Ping 192.168.2.2 具有 32 字节的数据:
来自 192.168.1.1 的回复: 无法访问目标网。
来自 192.168.1.1 的回复: 无法访问目标网。
来自 192.168.1.1 的回复: 无法访问目标网。
来自 192.168.1.1 的回复: 无法访问目标网。

192.168.2.2 的 Ping 统计信息:
    数据包: 已发送 = 4，已接收 = 4，丢失 = 0 (0% 丢失)，
```

图 15.5　PC1 与 PC2 之间无路由可达

```
[RT1]display ip routing-table

Destinations : 17       Routes : 17

Destination/Mask    Proto   Pre Cost        NextHop         Interface
0.0.0.0/32          Direct  0   0           127.0.0.1       InLoop0
127.0.0.0/8         Direct  0   0           127.0.0.1       InLoop0
127.0.0.0/32        Direct  0   0           127.0.0.1       InLoop0
127.0.0.1/32        Direct  0   0           127.0.0.1       InLoop0
127.255.255.255/32  Direct  0   0           127.0.0.1       InLoop0
192.168.1.0/24      Direct  0   0           192.168.1.1     GE0/0
192.168.1.0/32      Direct  0   0           192.168.1.1     GE0/0
192.168.1.1/32      Direct  0   0           127.0.0.1       InLoop0
192.168.1.255/32    Direct  0   0           192.168.1.1     GE0/0
192.168.3.0/30      Direct  0   0           192.168.3.1     Ser1/0
192.168.3.0/32      Direct  0   0           192.168.3.1     Ser1/0
192.168.3.1/32      Direct  0   0           127.0.0.1       InLoop0
192.168.3.2/32      Direct  0   0           192.168.3.2     Ser1/0
192.168.3.3/32      Direct  0   0           192.168.3.1     Ser1/0
224.0.0.0/4         Direct  0   0           0.0.0.0         NULL0
224.0.0.0/24        Direct  0   0           0.0.0.0         NULL0
255.255.255.255/32  Direct  0   0           127.0.0.1       InLoop0
```

图 15.6　RT1 路由表中无到达 PC2 网段的路由

接下来利用动态路由协议 RIP 来配置 RT1 和 RT2，使它们相互学习到对方的路由信息。

步骤 2：启动 RIP 路由协议，声明协议工作网段。

1）RT1 配置 RIP 协议

```
[RT1]rip 1                                   /* 启动 RIP 协议进程 1
[RT1-rip-1]version 2                         /* 运行 RIP 协议版本 2
[RT1-rip-1]network 192.168.1.0               /* 声明 RIP 协议工作网段.使用标准掩码时可以略去
                                             /* 反通配符,C 类地址的标准掩码为 24 位
[RT1-rip-1]network 192.168.3.0  0.0.0.3      /* 注意声明网段掩码的反码
```

2）RT2 配置 RIP 协议

```
[RT2]rip 1                                   /* 启动 RIP 协议进程 1
[RT2-rip-1]version 2                         /* 运行 RIP 协议版本 2
[RT2-rip-1]network 192.168.2.0               /* 声明 RIP 协议工作网段
[RT2-rip-1]network 192.168.3.0  0.0.0.3      /* 注意声明网段掩码的反码
```

注意：(1) 路由器上声明路由协议的工作网段只能是该路由器接口 IP 地址所在的网段。

(2) RIP 协议的版本 2 向下兼容版本 1，但路由器上的 RIP 协议版本最好要一致。在经

验不足的情况下，配置版本不一致的 RIP 协议可能会导致低版本路由器无法学到高版本路由器的路由。

配置完 RIP 路由协议后，再查看 RT1 的路由表(见图 15.7)，会发现路由表中多了一条到达 192.168.2.0/24 网段的 RIP 路由，这条路由是 RT1 通过 RIP 协议从 RT2 学来的；同样地，RT2 路由表中也多了一条到达 192.168.1.0/24 网段的 RIP 路由。此时，PC1 和 PC2 重新互 ping 一次，会发现它们可以互通了。

```
[RT1]display ip routing-table

Destinations : 18        Routes : 18

Destination/Mask    Proto   Pre Cost        NextHop         Interface
0.0.0.0/32          Direct  0   0           127.0.0.1       InLoop0
127.0.0.0/8         Direct  0   0           127.0.0.1       InLoop0
127.0.0.0/32        Direct  0   0           127.0.0.1       InLoop0
127.0.0.1/32        Direct  0   0           127.0.0.1       InLoop0
127.255.255.255/32  Direct  0   0           127.0.0.1       InLoop0
192.168.1.0/24      Direct  0   0           192.168.1.1     GE0/0
192.168.1.0/32      Direct  0   0           192.168.1.1     GE0/0
192.168.1.1/32      Direct  0   0           127.0.0.1       InLoop0
192.168.1.255/32    Direct  0   0           192.168.1.1     GE0/0
192.168.2.0/24      RIP     100 1           192.168.3.2     Ser1/0
192.168.3.0/30      Direct  0   0           192.168.3.1     Ser1/0
192.168.3.0/32      Direct  0   0           192.168.3.1     Ser1/0
192.168.3.1/32      Direct  0   0           127.0.0.1       InLoop0
192.168.3.2/32      Direct  0   0           192.168.3.2     Ser1/0
192.168.3.3/32      Direct  0   0           192.168.3.1     Ser1/0
224.0.0.0/4         Direct  0   0           0.0.0.0         NULL0
224.0.0.0/24        Direct  0   0           0.0.0.0         NULL0
255.255.255.255/32  Direct  0   0           127.0.0.1       InLoop0
```

图 15.7　RT1 路由表中出现到达 PC2 网段的 RIP 路由

步骤 3：查看 RIP 的配置信息、路由表，配置 RIP 路由优先级。

1）查看 RIP 协议的配置信息

图 15.8 显示了 RT1 的 RIP 协议配置信息。从输出信息可知，RIP 协议的默认 Cost 值为 0，自动聚合功能开启，路由优先级为 100，协议工作网段是 192.168.1.0 和 192.168.3.0。另外，这里还列出了 3 个定时器 Period update timer、Timeout timer 和 Garbage-collection timer 的周期，3 个定时器的作用请参看 15.3 节内容。

2）配置 RIP 路由优先级

```
[RT1]rip 1
[RT1-rip-1]preference 80    /* 将 RIP 进程 1 的路由优先级调整为 80
```

查看 RT1 的路由表，结果如图 15.9 所示。此时，192.168.2.0/24 网段的 RIP 路由的优先级变成了 80。

查看 RT2 的路由表，会发现 RT2 的路由表中 RIP 路由的优先级没有变化，大家思考一下这是为什么？(提示：192.168.2.0/24 网段的路由是 RT1 从 RT2 学来的。如果一台路由器改变自己的 RIP 路由的优先级，也只是改变了它从别人那里学到的 RIP 路由的优先级，并不影响自己产生的 RIP 路由的优先级。)

3）查看 RIP 协议路由表

使用 display rip 1 route 命令查看 RT2 上的 RIP1 进程路由表，RIP1 进程路由表中显示的是 RIP1 进程学习来的路由。

```
[RT1]display rip
  Public VPN-instance name:
    RIP process: 1
       RIP version: 1
       Preference: 100
       Checkzero: Enabled
       Default cost: 0
       Summary: Enabled
       Host routes: Enabled
       Maximum number of load balanced routes: 32
       Update time: 30 secs  Timeout time: 180 secs
       Suppress time : 120 secs  Garbage-collect time : 120 secs
       Update output delay: 20(ms)  Output count: 3
       TRIP retransmit time: 5(s) Retransmit count: 36
       Graceful-restart interval: 60 secs
       Triggered Interval : 5 50 200
       BFD: Disabled
       Silent interfaces: None
       Default routes: Disabled
       Verify-source: Enabled
       Networks:
           192.168.1.0           192.168.3.0
       Configured peers: None
       Triggered updates sent: 2
       Number of routes changes: 3
       Number of replies to queries: 1
```

图 15.8　查看 RIP 协议的配置信息

```
[RT1]rip
[RT1-rip-1]preference 80
[RT1-rip-1]display ip routing-table

Destinations : 18       Routes : 18

Destination/Mask    Proto  Pre Cost      NextHop         Interface
0.0.0.0/32          Direct 0   0         127.0.0.1       InLoop0
127.0.0.0/8         Direct 0   0         127.0.0.1       InLoop0
127.0.0.0/32        Direct 0   0         127.0.0.1       InLoop0
127.0.0.1/32        Direct 0   0         127.0.0.1       InLoop0
127.255.255.255/32  Direct 0   0         127.0.0.1       InLoop0
192.168.1.0/24      Direct 0   0         192.168.1.1     GE0/0
192.168.1.0/32      Direct 0   0         192.168.1.1     GE0/0
192.168.1.1/32      Direct 0   0         127.0.0.1       InLoop0
192.168.1.255/32    Direct 0   0         192.168.1.1     GE0/0
192.168.2.0/24      RIP    80  1         192.168.3.2     Ser1/0
192.168.3.0/30      Direct 0   0         192.168.3.1     Ser1/0
192.168.3.0/32      Direct 0   0         192.168.3.1     Ser1/0
192.168.3.1/32      Direct 0   0         127.0.0.1       InLoop0
192.168.3.2/32      Direct 0   0         192.168.3.2     Ser1/0
192.168.3.3/32      Direct 0   0         192.168.3.1     Ser1/0
224.0.0.0/4         Direct 0   0         0.0.0.0         NULL0
224.0.0.0/24        Direct 0   0         0.0.0.0         NULL0
255.255.255.255/32  Direct 0   0         127.0.0.1       InLoop0
```

图 15.9　RT1 路由表中出现到达 PC2 网段的 RIP 路由(优先级 80)

如图 15.10 所示，RT2 上 RIP1 进程路由表中有 3 条记录：第一条记录的目的地址/掩码为 192.168.1.0/24，Cost 值为 1，下一跳为 192.168.3.1，该路由生成时间为 27s，该路由是从邻居 192.168.3.1 学习来的；另两条路由是从本地的直连路由学来的，Cost 值为 0。

```
[RT2]display rip 1 route
 Route Flags: R - RIP, T - TRIP
              P - Permanent, A - Aging, S - Suppressed, G - Garbage-collect
              D - Direct, O - Optimal, F - Flush to RIB
 ----------------------------------------------------------------------------
 Peer 192.168.3.1 on Serial1/0
      Destination/Mask        Nexthop             Cost     Tag      Flags    Sec
      192.168.1.0/24          192.168.3.1         1        0        RAOF     27
 Local route
      Destination/Mask        Nexthop             Cost     Tag      Flags    Sec
      192.168.2.0/24          0.0.0.0             0        0        RDOF     -
      192.168.3.0/30          0.0.0.0             0        0        RDOF     -
```

图 15.10　查看 RIP 协议路由表

15.5　任务小结

1. RIP 协议的特点：RIP Version1 的报文通过广播方式发送，RIP Version2 的报文可以通过广播或组播方式发送；RIP Version1 是一种有类路由协议，不支持变长子网掩码，而 RIP Version2 是一种无类路由协议，支持变长子网掩码和无类域间路由；RIP 路由协议以到目的网络的最小跳数作为路径选择度量标准；RIP 路由协议是为小型网络设计的。

2. 运行 RIP 协议的路由器会周期性地向邻居路由器发送自己的、完整的路由表。

3. RIP 协议定义了 5 个定时器：Update timer、Timeout timer、Garbage timer、Holddown timer 和 Triggered update timer。

4. RIP 协议的基本配置与信息查看命令。

15.6　习题与思考

1. 在 RIP 路由协议配置实训步骤 2 中，将 RT1 的 RIP 协议配置中的[**RT1-rip-1**] **network 192.168.1.0** 这条声明工作网段的命令去掉，加上[**RT1-rip-1**]**import-route direct**（注意：命令在 RIP 视图下执行）这条命令引入直连路由，看看 PC1 和 PC2 之间是否可以互通。

2. 在 RIP 路由协议配置实训步骤 2 中，如果 RT1 上的 RIP 协议不声明 192.168.1.0 工作网段，大家看一下两个路由器的路由表又有哪些变化？在 PC1 上用 tracert 命令跟踪去往 PC2 的报文，观察会有什么结果出现；在 PC2 上用 tracert 命令跟踪去往 PC1 的报文，观察结果又有什么不同。

3. 什么叫路由聚合，路由聚合有什么作用？运行 RIP Version2 路由器的路由表记录与运行 RIP Version1 路由器的路由表记录有何不同？

任务 16 利用 OSPF 与 RIP 协议混合搭建企业网

学习目标

- 熟悉 OSPF 路由协议的特点及其应用场景。
- 掌握 OSPF 路由协议的基本工作原理。
- 重点掌握 OSPF 协议的基本配置，学会利用 OSPF 协议搭建小型局域网。
- 掌握 OSPF 路由协议基本排错命令及排错方法。
- 重点学习利用 OSPF 与 RIP 路由协议混合搭建企业网。

16.1 认识 OSPF 路由协议

OSPF(Open Shortest Path First，开放最短路径优先)协议是一种内部网关协议(IGP)，属于链路状态路由协议，用于同一个自治系统内部。运行 OSPF 协议的路由器彼此交换并保存整个网络的链路状态信息，从而掌握全网的拓扑结构，独立计算路由。OSPF 协议用 IP 报文直接封装协议报文，协议号为 89。

跟距离矢量路由协议(RIP)相比较，OSPF 协议具有支持大型网络、路由收敛速度快、占用网络资源少、无自环、支持 VLSM 和等值路由、支持验证和组播发送协议报文等优点。

16.2 OSPF 协议基本原理

16.2.1 OSPF 协议基本概念和术语

1. Router ID

运行 OSPF 协议的路由器需要 Router ID，它是一个 32 位(bit)的无符号整数，用来在自治系统内唯一标识运行了 OSPF 协议的路由器。

注： 还有其他路由协议也需要 Router ID，如 BGP 路由协议。

Router ID 在没有手动配置的情况下，按照以下规则进行选择。

(1) 如果存在配置 IP 地址的 LoopBack 接口，则选择 LoopBack 接口地址中最大的 IP 地址作为 Router ID(因为 LoopBack 接口总处于开启状态)。

(2) 如果 LoopBack 接口没有配置 IP 地址，则从其他接口的 IP 地址中选择最大的 IP 地址(有的厂商选最小的)作为 Router ID(不考虑接口的 UP/DOWN 状态)。

(3) 如果所有接口都没有配置 IP 地址，则 Router ID 为 0.0.0.0。

注意：自治系统内路由器的 Router ID 不可以相同。

2. 区域

当 OSPF 网络扩展到几百个路由器，甚至上千个路由器时，路由器的链路状态数据库将记录成千上万条链路状态信息，路由器负担重，工作效率下降。为了提高可扩展性，OSPF 协议引入"分层路由"的概念，将网络划分为多个相互独立的"区域"(Area)，其中有一个区域为"骨干区域(0 区域)"，由它连接其他的标准区域。每个区域就如同一个独立的网络，每个区域的 OSPF 路由器只保存所在区域的链路状态信息。这样链路状态通告(Link State Advertisement，LSA)报文数量及链路状态信息库记录都会极大减少，最短路径优先算法(Short Path First，SPF)计算速度因此得到提高。多区域的 OSPF 必须存在一个骨干区域，骨干区域负责收集非骨干区域发出的汇总路由信息，并将这些信息传递给其他各个区域。"骨干区域"在部分文献中也被称为"主干区域"。

注意：链路状态信息只在各个 OSPF 区域内部路由器间的交换；而在各区域之间交换的是路由信息，而不是链路状态信息。因此，各区域的 OSPF 路由器只保存该区域的链路状态信息。

OSPF 区域不能随意划分，应该合理地选择区域边界，使不同区域之间的通信量最小。但在实际应用中区域的划分往往并不是根据通信模式而是根据地理或政治因素来完成的。

3. OSPF 协议网络类型

根据路由器所连接的物理网络不同，OSPF 协议将网络划分为 4 种类型：广播多路访问型(Broadcast Multi-Access)、非广播多路访问型(None Broadcast Multi-Access，NBMA)、点到点型(Point-to-Point)、点到多点型(Point-to-Multi-Point)。

广播多路访问型网络，如 Ethernet、Token Ring、FDDI。

NBMA 型网络，如 Frame Relay、X. 25、SMDS。

Point-to-Point 型网络，如 PPP、HDLC。

4. 邻居关系与邻接关系

在 OSPF 协议中邻居关系与邻接关系的概念并不相同。

运行 OSPF 协议的双方收到对方的 Hello 报文，报文参数(hello time、dead interval、area id、authentication、mask 等)一致，并且邻居状态为 2-way，此时双方就建立了邻居关系。

协议双方在建立邻居关系之后继续发送 DD 报文(Database Description Packet)、LSR 报文(Link State Request Packet)，LSU 报文(Link State Update Packet)等链路状态报文，最终双方的链路状态数据库(Link State DataBase，LSDB)达到同步之后，邻居状态为 FULL，此时双方才建立了邻接关系。

5. 指派路由器和备份指派路由器

在多路访问网络里路由器之间建立完全邻接关系开销较大，故 OSPF 要求在区域中选举一个指派路由器(Designated Router，DR)。每个路由器都只与 DR 建立完全邻接关系，以减少开销；如果有备份指派路由器(Backup Designated Router，BDR)，也会与 BDR 建立完全邻接关系。DR 负责收集所有的链路状态信息，并发布给其他路由器。选举 DR 的同时也选举出一个 BDR，在 DR 失效时，BDR 担负起 DR 的职责。

只有在多路访问网络(广播网络和 NBMA 网络)里才需要 DR 和 BDR，其中 NBMA 网络全连接时才需要选举 DR，而广播网络里必须有 DR 才能够正常工作，但 BDR 不是必要的。

DR/BDR 选举使用 Hello 报文。在广播型网络里，Hello 报文使用组播地址 224.0.0.5 周期性广播，并通过这个过程自动发现路由器邻居；在 NBMA 网络中，使用单播发送 Hello 报文。

注意：每个路由器都只与 DR 建立完全邻接关系。如果有 BDR，也会与 BDR 建立完全邻接关系。

16.2.2 OSPF 协议工作过程

OSPF 协议的工作过程可以分为以下 5 部分。

1. 建立邻居关系

路由器首先向相邻路由器发送 Hello 报文，报文包含了自身的 Router ID 及相关的协商参数。相邻路由器收到 Hello 报文后，会根据报文中的协商参数信息来判断能否成为邻居。如果参数协商成功（验证、区域等参数一致），则建立邻居关系。

相邻路由器建立邻居关系之后，会根据它们之间链路所属网络类型执行如下相应的操作。

(1) 点到点或点到多点网络中，路由器将直接与相邻的路由器交换链路状态信息，建立起邻接关系，进行路由计算。

(2) 若为多路访问(Multi-Access)网络，路由器将进入 DR/BDR 选举步骤。多路访问网络的 OSPF 协议工作过程如图 16.1 所示。

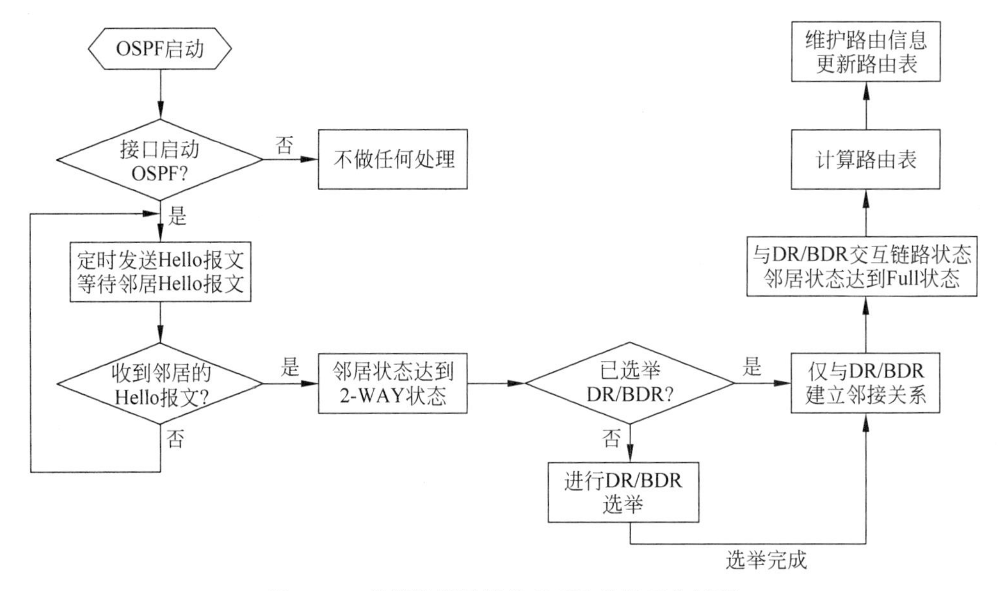

图 16.1 多路访问网络的 OSPF 协议工作过程

2. 选举 DR/BDR

只有多路访问网络(广播或 NBMA)才需要选举 DR/BDR。选举需要利用 Hello 报文内的优先级和 Router ID 字段值来确定 DR/BDR。优先级字段值大小从 0 到 255，值小者优先级高(优先级值为 0 的路由器不参加 DR/BDR 选举)，优先级值最高的路由器成为 DR，优先级值次高的路由器选举为 BDR。如果优先级相同，则 Router ID 值最高的路由器被选举为 DR。优先级值可以通过命令设置。选举完成后需交换链路状态信息，建立邻接关系。

3. 交换链路状态信息、建立邻接关系

在这个步骤中，路由器之间首先利用 Hello 报文的 Router ID 信息确认主从关系，然后主从路由器相互交换数据库描述(Database Description，DD)报文。每个路由器对接收的摘要信息进行分析比较，如果信息有新的内容，路由器将发送链路状态请求(Link State Request，LSR)报文要求对方发送完整的链路状态信息。完成链路状态信息交换后，路由器之间建立完全邻接(Full Adjacency)关系。每台路由器都拥有独立的、完整的链路状态数据库。

注意：建立了邻居关系未必就一定能建立邻接关系，这两种关系并不相同。

在多路访问网络内，DR 与 BDR 互换信息，并同时与本子网内其他路由器交换链路状态信息。点到点或点到多点网络中，相邻路由器之间交换链路状态信息。

4. 计算路由表

每个路由器拥有完整独立的链路状态数据库后，将依据链路状态数据库的内容独立地用 SPF 算法计算出到每个目的网络的路径，并将路径存入路由表中。

OSPF 利用链路开销作为度量值来计算目的路径，开销值最小者即为最短路径。OSPF 链路开销值主要根据链路带宽来计算，带宽越大开销越小。开销越小，则该链路被选为路由的可能性越大。

注意：一条链路有两端，而 OSPF 路径开销是根据路由的入接口开销来计算的。

5. 维护路由信息

当链路状态发生变化时，OSPF 通过泛洪(Flooding)通知网络上的其他路由器。OSPF 路由器根据收到的链路状态更新报文(Link State UpdatePacket，LSU)来刷新自己的链路状态数据库，再用 SPF 算法重新计算路由表。在重新计算过程中，路由器继续使用旧路由表，直到 SPF 完成新的路由表计算。即使链路状态没有发生改变，OSPF 路由信息也会周期性自动更新。OSPF 路由器之间使用链路状态通告(Link State Advertisement，LSA)来交换各自的链路状态信息，并把获得的信息存储在链路状态数据库中。

16.2.3 OSPF 中的 4 种路由器

在 OSPF 多区域网络中，路由器可以按不同的需要成为以下 4 种路由器中的一种或几种。

(1) 内部路由器：所有端口在同一区域的路由器，维护一个链路状态数据库。

(2) 主干路由器：具有连接骨干区域(0 区域)端口的路由器，它可能是内部路由器、ABR、ASBR 的一种。

(3) 区域边界路由器(Area Border Router，ABR)：同时连接多个区域的路由器，其中一个必须是骨干区域(0 区域)。ABR 负责将自己连接的非 0 区域路由摘要信息发送到 0 区域，同时负责将自己在 0 区域收集的路由摘要信息发送到连接的非 0 区域。

注意：路由摘要信息是路由信息，而不是链路状态信息。

(4) 自治系统边界路由器(Autonomous System Border Router，ASBR)：至少拥有一个连接外部自治系统网络(如非 OSPF 的网络)端口的路由器，负责将非 OSPF 网络信息引入 OSPF 网络。

16.2.4 OSPF 链路状态公告类型

OSPF 路由器之间交换链路状态公告(LSA)信息。OSPF 的 LSA 中包含连接的接口、使用的 Metric 及其他变量信息。OSPF 路由器收集链接状态信息并使用 SPF 算法来计算到各节点的最短路径。LSA 有以下 7 种类型。

LSA TYPE 1(Router LSA):每台运行 OSPF 的路由器都会生成 LSA TYPE 1,描述本路由器运行 OSPF 接口的状态和开销。一个边界路由器可能产生多个 LSA TYPE 1。

LSA TYPE 2(Network LSA):由 DR 产生,包含连接某个区域路由器的所有链路状态和开销信息。只有 DR 可以监测该信息。

LSA TYPE 3(Network Summary LSA):由 ABR 产生,含有 ABR 与本地内部路由器连接信息,用于在区域间传递路由信息。它通常汇总默认路由而不是传送汇总的 OSPF 信息给其他网络。

LSA TYPE 4(ASBR Summary LSA):由 ABR 产生,主要用来向其他区域通告到达本区域 ASBR 的路由。

LSA TYPE 5(AS External LSA):由 ASBR 产生,描述到达自治系统外的链路信息。LSA TYPE 5 在整个网络中发送(除了 Stub 区域)。

LSA TYPE 6(Network LSA):组播 OSPF(MOSF),MOSF 可以让路由器利用链路状态数据库的信息构造用于组播报文的组播分发树。

LSA TYPE 7(NSSA External LSA):由 NSSA 区域中的 ASBR 产生,描述到达自治系统外的链路信息。它和 LSA TYPE 5 的不同之处在于它只在始发 LSA TYPE 7 的 NSSA 区域内部进行传递。LSA TYPE 7 可以转换为 LSA TYPE 5。

注意:只有 LSA TYPE 1 和 LSA TYPE 2 是链路状态信息,而其他 LSA 中包含的都是路由信息。

16.2.5 OSPF 区域类型

OSPF 协议中有 5 种类型的区域,这 5 种区域的主要区别在于它们和外部路由器间的关系。

(1) 标准区域:一个标准区域可以接收链路更新信息和路由总结。

(2) 骨干区域(Area 0):OSPF 协议配置中必须存在的区域,区域间的路由信息必须通过骨干区域进行交换(自治系统只有一个区域时除外,因为它自己就是骨干区域)。因此,在 OSPF 多区域网络中,每个非骨干区域必须与骨干区域(Area 0)直接相连。但在实际应用中,因为各种原因很难避免有些区域无法直接与骨干区域(Area 0)相连,为了解决这个问题,OSPF 协议中定义了虚链路的概念,通过虚链路穿过非骨干区域来连接骨干区域。

(3) Stub 区域:Stub 区域的 ABR 不传播自治系统以外的路由信息。因此,Stub 区域中路由器的路由表规模较小,路由信息交换数量也会大大减少。为了保证自治系统以外路由可达,该区域的 ABR 可以生成一条默认路由传送给区域内的其他路由器。也就是说,Stub 区域内的其他路由器只会根据这条默认路由把发往自治系统外的报文传给 ABR,再由 ABR 进行转发。虚链路不能在 Stub 区域进行配置,也不能穿过 Stub 区域。

(4) 完全 Stub 区域：完全 Stub 区域不接受外部自治系统的路由以及自治系统内其他区域的路由总结(通告默认路由的那一条 LSA TYPE 3 除外)。它和 Stub 区域一样，由 ABR 生成一条默认路由传送给区域内的其他路由器，发送到区域外的报文同 Stub 区域一样使用这条默认路由。它和 Stub 区域不同的是，Stub 区域不传播自治系统外的路由信息，而完全 Stub 区域也不传播自治系统内其他区域的路由总结，这导致完全 Stub 区域的内部路由器发往区域外和自治系统外的报文都只能利用 ABR 发布的默认路由。

(5) NSSA(Not-So-Stubby Area)区域：它类似于 Stub 区域，但是允许接收 LSA Type 7 携带的外部路由信息，并把 LSA Type 7 转换成 LSA Type 5 在区域内部传递。

区分不同 OSPF 区域类型的关键在于它们对外部路由的处理方式。外部路由从 ASBR 传入自治系统内，ASBR 可以通过 RIP 或者其他路由协议学习到这些路由。

注意：

(1) 区域间的路由信息必须通过骨干区域进行交换。自治系统只有一个区域时除外，因为它自己就是骨干区域。

(2) Stub 区域和完全 Stub 区域内是不能有 ASBR 的，这是由它们的特性决定的。

(3) 区分不同 OSPF 区域类型的关键在于它们对外部路由的处理方式。

16.3 OSPF 协议的配置与调试

OSPF 协议基本配置与 RIP 协议有很多相似的地方，都需要启动协议，声明工作网段；但 OSPF 需要划分区域，所以它多了一个区域声明过程；由于 OSPF 支持 VLSM，因此 OSPF 声明网段时的命令必须要带上子网掩码的反码(子网掩码与 32 个 1 进行异或后的结果)。本节读者需要细致的体会 VLSM 这个概念。

16.3.1 OSPF 协议的配置

1. OSPF 协议的基本配置

1) 配置路由器全局 Router ID

如 16.2.1 节所述，如果没有手动配置全局 Router ID，则路由器会自己选一个。

手动配置全局 Router ID 命令如下：

```
[H3C]router id x.x.x.x                          /* 系统视图
```

x.x.x.x 为点分十进制表示的 32 位二进制。

2) 启动 OSPF 进程指定 Router ID

```
[H3C]ospf [ process-id | router-id router-id]          /* 系统视图
```

参数说明：

(1) *process-id*：可选参数 *process-id* 是 OSPF 进程号，OSPF 支持多进程。一台路由器如果启动多个 OSPF 进程，则需要为每个 OSPF 进程指定不同的进程号，以示区别。这种情况下，建议使用本命令中的 *router-id* 参数为不同进程指定不同的 Router ID。如果启动 OSPF 时不指定进程号，则使用默认值 1；关闭 OSPF 进程不指定进程号，默认关闭进程 1。**进程号只在路由器本地有效**。并且，同一台路由器不同的 OSPF 进程所获得的路由信息不能自动交换,需要共享时要使用路由引入(路由重分布)命令。

(2) **router-id** *router-id*: OSPF 进程使用的 Router ID,点分十进制形式。

3) 重启 OSPF 进程

```
<H3C>reset ospf [ process-id ] process          /* 用户视图
```

使用 reset ospf 命令重启 OSPF 进程,可以获得如下结果:可以立即清除无效的 LSA,而不必等到 LSA 超时;如果改变了 Router ID,则该命令的执行会让新的 Router ID 生效;方便重新选举 DR、BDR。

重启 OSPF 进程后,之前的 OSPF 配置不会丢失。

4) 配置 OSPF 区域

```
[H3C-ospf-X]area area-id                        /* OSPF 视图
```

参数 *area-id* 为区域编号,每个区域有唯一的编号,骨干区域编号为 0。区域编号是 32 位的二进制数,可以用点分十进制表示法来写。例如,area 256 也可以表示为 area 0.0.1.0。

注意:OSPF 中至少有一个区域。当且仅有一个区域时,这个区域为骨干区域,其区域 ID 可以不为 0。

5) 在指定的接口上启动 OSPF

```
[H3C-ospf-X-area-Y]network ip-address wildcard-mask    /* OSPF 的区域视图
```

参数说明:

(1) *ip-address*:接口所在的网段地址。

(2) *wildcard-mask*:IP 地址掩码的反码,相当于将 IP 地址的掩码取反(0 变 1,1 变 0)。其中,1 表示忽略 IP 地址中对应的位,0 表示必须保留此位。例如,子网掩码为 255.0.0.0,则该掩码的反码为 0.255.255.255。

network 命令用来配置 OSPF 区域包含的网段,并在指定网段的接口上使能 OSPF(声明 OSPF 工作网段)。

此命令示例如下:

```
[H3C-ospf-1-area-0]network 210.38.42.196   0.0.0.63   /* 声明 210.38.42.192/26 网段
```

相当于子网掩码为 255.255.255.192,和 IP 地址为 210.38.42.196 相"与"之后的网段为 210.38.42.192。

取消指定接口上正在运行的 OSPF 的命令如下:

```
[H3C-ospf-X-area-Y]undo network ip-address wildcard-mask /* OSPF 的区域视图
```

2. OSPF 协议的其他配置

1) 配置接口的 DR 优先级

```
[H3C-interfaceX]ospf dr-priority priority        /* 接口视图
```

恢复默认 DR 优先级为默认值命令如下:

```
[H3C-interfaceX]undo ospf dr-priority            /* 接口视图
```

参数说明：

priority：接口的 DR 优先级，取值范围为 0～255。接口的 DR 优先级默认值为 1。

DR 优先级是针对接口设置的，而不针对整个路由器。如果一台路由器的多个接口连接不同区域，则有可能其中一个接口被选为某一区域的 DR，而另一个接口被选为另外一个区域的 BDR，而其他接口可能是 DRother。也就是说，一台路由器在不同区域的角色可能不同。

注意：在 DR/BDR 选举完成之后，出现了 DR 优先级更高的路由器不会改变现存 DR/BDR 的地位，除非重启 OSPF 协议。

2）配置接口 OSPF 开销

```
[H3C-interfaceX]ospf cost value                    /* 接口视图
```

参数说明：

value：运行 OSPF 协议接口的开销值，LoopBack 接口的取值范围为 0～65 535，其他接口的取值范围为 1～65 535。

恢复接口默认 OSPF 开销值的命令如下：

```
[H3C-interfaceX]undo ospf cost                     /* 接口视图
```

接口默认 OSPF 开销值按照接口当前的带宽自动计算，LoopBack 接口默认 OSPF 开销值为 0。

注意：一条链路有两端，这条链路的 OSPF 路径开销是根据路由信息进入路由器的接口开销来计算的。

3）OSPF 协议中路由引入（路由重分布）配置命令

```
[H3C-ospf-X]import-route protocol [process-id]             /* OSPF 视图
```

取消路由引入命令如下：

```
[H3C-ospf-X]undo import-route protocol [process-id]        /* OSPF 视图
```

protocol 参数是路由来源，包括 direct、static、RIP、IS-IS、BGP，也可以引入其他进程的 OSPF 路由。

命令示例如下：

```
[H3C-ospf-1]import-route rip 1  /* 将 RIP 进程 1 生成的路由引入 OSPF 进程 1 的路由表
```

4）OSPF 路由聚合配置

（1）配置 ASBR 路由聚合。

```
[H3C-ospf-X]asbr-summary ip-address { mask-length | mask } [ cost cost | not-advertise |
nssa-only | tag tag ]   /* OSPF 视图
```

取消 ASBR 路由聚合命令如下：

```
[H3C-ospf-X]undo asbr-summary ip-address { mask-length | mask }   /* OSPF 视图
```

参数说明：

① *ip-address*：聚合路由的目的 IP 地址。

② *mask-length*：聚合路由的网络掩码长度，取值范围为 0～32。

③ *mask*：聚合路由的网络掩码，点分十进制格式。

④ **cost** *cost*：聚合路由的开销，取值范围为 1～16 777 214。如果未指定本参数，对于 Type-1 外部路由，*cost* 取所有被聚合的路由中最大的开销值作为聚合路由的开销；对于 Type-2 外部路由，*cost* 取所有被聚合的路由中最大的开销值加 1 作为聚合路由的开销。

⑤ **not-advertise**：不通告聚合路由。如果未指定本参数，将通告聚合路由。

⑥ **nssa-only**：Type-7 LSA 的 P 比特位不置位时，Type-7 LSA 在对端路由器上不能转为 Type-5 LSA。默认情况下，Type-7 LSA 的 P 比特位被置位，即在对端路由器上可以转为 Type-5 LSA。如果本地路由器是 ABR，则会检查骨干区域是否存在 FULL 状态的邻居，当 FULL 状态的邻居存在时，产生的 Type-7 LSA 中 P 比特位不置位。

⑦ **tag** *tag*：聚合路由的标识，可以通过路由策略控制聚合路由的发布，取值范围为 0～4 294 967 295，默认值为 1。

注意：引入路由聚合是在 ASBR 路由器上进行配置的。默认情况下，不对引入路由进行聚合。

(2) 配置 ABR 路由聚合。

```
[H3C-ospf-X-area-Y]abr-summary ip-address { mask-length | mask } [ advertise | not-advertise]
[cost cost]   /* OSPF 区域视图
```

取消 ABR 路由聚合的命令如下：

```
[H3C-ospf-X-area-Y]undo abr-summary ip-address {mask-length | mask}/* OSPF 区域视图
```

参数说明：

① *ip-address*：聚合路由的目的 IP 地址。

② *mask-length*：聚合路由的网络掩码长度，取值范围为 0～32。

③ *mask*：聚合路由的网络掩码，点分十进制形式。

④ **advertise** | **not-advertise**：是否发布这条聚合路由。默认情况下，发布聚合路由。

⑤ **cost** *cost*：聚合路由的开销，取值范围为 1～16 777 215，默认值为所有被聚合的路由中最大的开销值。

区域路由聚合是在 ABR(区域边界路由器)上进行配置的。默认情况下，ABR 不进行路由聚合；如果进行了聚合，则只会向其他区域发布聚合路由，而不发布明细路由。

5) 将默认路由引入 OSPF 路由区域

```
[H3C-ospf-X]default-route-advertise [always] [cost cost]   /* OSPF 视图
```

参数说明：

(1) **always**：如果当前路由器的路由表中没有默认路由，使用此参数可产生一个描述默认路由的 Type-5 LSA 发布出去。如果没有指定该关键字，仅当本地路由器的路由表中存在默认路由时，才可以产生一个描述默认路由的 Type-5 LSA 发布出去。

(2) **cost** *cost*：该默认路由的度量值，取值范围为 0～16 777 214，如果没有指定，默认路

由的度量值将取 **default cost** 命令配置的值。

```
[H3C-ospf-X]undo default-route-advertise                /* 取消默认路由的引入
```

6）虚链路配置

```
[H3C-ospf-x-area-y]vlink-peer router-id [ dead seconds | hello seconds | { { hmac-md5 | md5 }
key-id { cipher cipher-string | plain plain-string } | simple { cipher cipher-string | plain
plain-string } } | retransmit seconds | trans-delay seconds ]   /* OSPF 区域视图
```

取消虚链路配置命令如下：

```
[H3C-ospf-x-area-y]undo vlink-peer router-id [ dead | hello | { hmac-md5 | md5 } key-id |
retransmit | simple | trans-delay ]   /* OSPF 区域视图
```

参数说明：

（1）*router-id*：虚连接邻居的路由器 Router ID。

（2）**dead** *seconds*：失效时间间隔，取值范围为 1～32 768，单位为秒(s)，默认值为 40s。建立虚连接的两个路由器的 **dead** *seconds* 值必须相等，并至少为 **hello** *seconds* 值的 4 倍。

（3）**hello** *seconds*：接口发送 Hello 报文的时间间隔，取值范围为 1～8192，单位为秒(s)，默认值为 10s。建立虚连接的两个路由器的 **hello** *seconds* 值必须相等。

（4）**hmac-md5**：HMAC-MD5 验证模式。

（5）**md5**：MD5 验证模式。

（6）**simple**：简单验证模式。

（7）*key-id*：MD5/HMAC-MD5 验证字标识符，取值范围为 1～255。

（8）**cipher**：表示输入的密码为密文。

（9）*cipher-string*：表示设置的密文密码。对于简单验证模式，为 33～41 个字符的字符串；对于 MD5/HMAC-MD5 验证模式，为 33～53 个字符的字符串。

（10）**plain**：表示输入的密码为明文。

（11）*plain-string*：表示设置的明文密码。对于简单验证模式，为 1～8 个字符的字符串；对于 MD5/HMAC-MD5 验证模式，为 1～16 个字符的字符串。

（12）**retransmit** *seconds*：接口重传 LSA 报文的时间间隔，取值范围为 1～3600，单位为秒(s)，默认值为 5s。

（13）**trans-delay** *seconds*：接口延迟发送 LSA 报文的时间间隔，取值范围为 1～3600，单位为秒(s)，默认值为 1s。

（14）**vlink-peer** 命令用来创建并配置一条虚连接，**undo vlink-peer** 命令用来删除一条已有的虚连接。根据 RFC 2328 的规定，OSPF 的区域必须是和骨干区域保持连通的，可以使用 **vlink-peer** 命令建立逻辑上的连通性。在某种程度上，可以将虚连接看作一个普通的使能了 OSPF 的接口，因为在其上配置的 hello、retrasmit 和 trans-delay 等参数的原理是类似的。需要注意的是，当配置虚连接验证时，由骨干区域的 **authentication-mode** 命令来确定使用的验证类型。

OSPF 协议的启动配置、路由引入及路由聚合命令如表 16.1 所示。

表 16.1 OSPF 协议的启动配置、路由引入及路由聚合命令

操　　作	命令(命令执行的视图)
配置/取消路由器 Router ID	[H3C]router id *router-id*(系统视图) [H3C]undo router id *router-id*(系统视图)
启动 OSPF 协议 关闭 OSPF 协议 重启 OSPF 进程命令	[H3C]ospf [*process-id* | router-id *router-id*](系统视图) [H3C]undo ospf [*process-id*](系统视图) <H3C>reset ospf [*process-id*] process(用户视图)
配置/取消 OSPF 区域	[H3C-ospf-*X*]area *area-id* (OSPF 视图) [H3C-ospf-*X*]undo area *area-id* (OSPF 视图)
指定/取消区域的工作网段	[H3C-ospf-*X*-area-*Y*]network *ip-address wildcard-mask* (OSPF 区域视图) [H3C-ospf-*X*-area-*Y*]undo network *ip-address wildcard-mask* (OSPF 区域视图)
配置 DR 优先级 恢复 DR 默认优先级	[H3C-interface*X*]ospf dr-priority *priority*(接口视图) [H3C-interface*X*]undo ospf dr-priority(接口视图)
配置 OSPF 开销 恢复 OSPF 默认开销	[H3C-interface*X*]ospf cost *value*(接口视图) [H3C-interface*X*]undo ospf cost(接口视图)
路由引入 取消路由引入	[H3C-ospf-*X*]import-route *protocol* [*process-id*](系统视图) [H3C-ospf-*X*]undo import-route *protocol* [*process-id*](系统视图)
配置 ASBR 路由聚合 取消 ASBR 路由聚合	[H3C-ospf-*X*]asbr-summary *ip-address* {*mask-length* | *mask*} [cost *cost* | not-advertise | nssa-only | tag *tag*](OSPF 视图) [H3C-ospf-*X*]undo asbr-summary *ip-address* {*mask-length* | *mask*} (OSPF 视图)
配置 ABR 路由聚合 取消 ABR 路由聚合	[H3C-ospf-*X*-area-*Y*]abr-summary *ip-address* {*mask-length* | *mask* } [advertise | not-advertise] [cost *cost*](OSPF 区域视图) [H3C-ospf-*X*-area-*Y*] undo abr-summary *ip-address* {*mask-length* | *mask*}(OSPF 区域视图)
将默认路由引入到 OSPF 区域 取消默认路由的引入	[H3C-ospf-*X*]default-route-advertise [always] [cost *cost*](OSPF 视图) [H3C-ospf-*X*]undo default-route-advertise(OSPF 视图)
配置虚链路 取消虚链路	[H3C-ospf-*X*-area-*Y*] vlink-peer *router-id* [dead *seconds* | hello *seconds* | {{hmac-md5 | md5} *key-id* {cipher *cipher-string* | plain *plain-string*} | simple {cipher *cipher-string* | plain *plain-string*}} | retransmit *seconds* | trans-delay *seconds*](OSPF 区域视图) [H3C-ospf-*X*-area-*Y*]undo vlink-peer *router-id* [dead | hello | {hmac-md5 | md5 } *key-id* | retransmit | simple | trans-delay](OSPF 区域视图)

16.3.2 OSPF 协议信息查看与调试

1. 查看 OSPF 进程信息

```
[H3C]display ospf [process -id] verbose    /* 任意视图
```

2. 查看 OSPF 协议接口信息

```
[H3C]display ospf [process -id] interface [interface -type interface -number | verbose ]
  /* 任意视图
```

3. 查看OSPF路由表信息

```
[H3C]display ospf [process-id] routing    /* 任意视图
```

这条命令查看 OSPF 协议获得的路由；在路由调试中可以结合 tracer 和 ping 命令来追踪数据包转发路径。

4. 查看OSPF邻居信息

```
[H3C]display ospf [ process-id ] peer [ verbose ]    /* 任意视图
```

以上 4 条命令都可以用来在协议配置过程中进行排错，要在实践中学会综合、灵活运用这些命令。

5. OSPF协议的调试

1）打开终端显示调试信息功能

```
<H3C>terminal monitor       /* 用户视图
<H3C>terminal debugging     /* 用户视图
```

这两条命令可以用于所有调试过程。例如，RIP、BGP 等其他协议的调试。

2）打开 OSPF 事件调试开关

```
<H3C>debugging ospf [ process-id ] event [ error | interface | neighbor ]    /* 用户视图
```

参数说明：

（1）*process-id*：OSPF 进程号，取值范围为 1～65 535。

（2）**error**：表示 OSPF 错误事件调试信息开关。

（3）**graceful**-restart：表示平滑重启调试信息开关。

（4）**interface**：表示接口事件调试信息开关。

（5）**neighbor**：表示 OSPF 邻居事件调试信息开关。

3）打开 OSPF LSA 调试信息开关

```
<H3C>debugging ospf [ process-id ] lsa [ { generate | install } [ filter { ase | opaque-as | [ area
area-id ] { asbr | network | nssa | opaque-area | opaque-link | router | summary } [ link-
state-id ] } ] ]    /* 用户视图
```

参数说明：

（1）*process-id*：OSPF 进程号，取值范围为 1～65 535。

（2）**generate**：表示 LSA 生成调试信息开关。

（3）**install**：表示 LSA 安装到 LSDB 库中的调试信息开关。

（4）**filter**：表示打开过滤 LSA 的调试信息开关。

（5）**area** *area-id*：表示数据库中指定区域的调试信息开关。*area-id* 表示区域的标识，可以是十进制整数（取值范围为 0～4 294 967 295，系统会将其转换成 IP 地址格式）或者是 IP 地址格式。如果未指定本参数，则将打开所有区域的调试信息开关。

（6）**asbr**：表示 ASBR Summary LSA 的调试信息开关。

（7）**ase**：表示 AS External LSA 的调试信息开关。

（8）**network**：表示 Network LSA 的调试信息开关。

(9) **nssa**：表示 NSSA External LSA 的调试信息开关。

(10) **opaque-area**：表示 Opaque-area LSA 的调试信息开关。

(11) **opaque-as**：表示 Opaque-AS LSA 的调试信息开关。

(12) **opaque-link**：表示 Opaque-link LSA 的调试信息开关。

(13) **router**：表示 Router LSA 的调试信息开关。

(14) **summary**：表示 Network Summary LSA 的调试信息开关。

(15) *link-state-id*：链路状态 ID,IP 地址格式。

4) 打开 OSPF 报文调试信息开关

```
<H3C> debugging ospf [ process -id ] packet [ ack | dd | filter { interface interface -type interface -number | { source | destination } { acl acl -num | prefix-list prefix -list -name } } | hello | request | update ]   /* 用户视图
```

参数说明：

(1) *process-id*：OSPF 进程号,取值范围为 1～65 535。

(2) **ack**：表示 ACK 报文调试信息开关。

(3) **dd**：表示 DD 报文调试信息开关。

(4) **filter**：表示打开过滤报文的开关。

(5) **interface** *interface-type interface-number*：接口类型和编号。

(6) **source**：指定报文的源 IP 地址。

(7) **destination**：指定报文的目的 IP 地址。

(8) **acl** *acl-number*：指定用于过滤的 ACL 号,*acl-number* 的取值范围为 2000～3999。

(9) **prefix-list** *prefix-list-name*：指定用于过滤的地址前缀列表名称,*prefix-list-name* 为 1～63 个字符的字符串,区分大小写。

(10) **hello**：表示 Hello 报文调试信息开关。

(11) **request**：表示 LSR 报文调试信息开关。

(12) **update**：表示 LSU 报文调试信息开关。

以上调试命令在这里不一一讲解,读者可以参考路由器的操作手册来学习其具体的应用。表 16.2 总结了 OSPF 协议的信息查看与调试命令。

表 16.2　OSPF 协议的信息查看与调试命令

操　　作	命令(命令执行的视图)
查看 OSPF 进程信息	[H3C]display ospf [*process-id*] verbose(任意视图)
查看 OSPF 协议接口信息	[H3C]display ospf [*process-id*] interface [*interface-type interface-number*](任意视图)
查看 OSPF 路由信息	[H3C]display ospf [*process-id*] routing(任意视图)
打开终端显示调试信息功能	<H3C>terminal monitor(用户视图) <H3C>terminal debugging(用户视图)
关闭终端显示调试信息功能	<H3C>undo terminal monitor(关闭终端显示)(用户视图) <H3C>undo terminal debugging(关闭终端调试)(用户视图)

续表

<table>
<tr><th>操　　作</th><th>命令(命令执行的视图)</th></tr>
<tr><td>打开 OSPF 事件调试开关</td><td><H3C>debugging ospf [process-id] event [error | interface | neighbor](用户视图)</td></tr>
<tr><td>打开 OSPF LSA 调试信息开关</td><td><H3C>debugging ospf [process-id] lsa [{ generate | install } [filter {ase | opaque-as | [area area-id] {asbr | network | nssa | opaque-area | opaque-link | router | summary } [link-state-id] }]](用户视图)</td></tr>
<tr><td>打开 OSPF 报文调试信息开关</td><td><H3C>debugging ospf [process-id] packet [ack | dd | filter { interface interface-type interface-number | { source | destination } { acl acl-num | prefix-list prefix-list-name } } | hello | request | update](用户视图)</td></tr>
</table>

16.4　OSPF 协议搭建企业网实训

下面要完成两个实训任务。“搭建 OSPF 单区域企业网实训”利用一台路由器和两台三层交换机搭建一个简单的 OSPF 单区域企业网，保证局域网中不同的业务 VLAN 之间可以互通。“搭建 OSPF 多区域企业网实训”利用三台路由器搭建一个 OSPF 多区域企业网，保证企业网中不同的业务 VLAN 之间可以互通。从工程角度考虑，第 1 个实训的情形接近于一个独立的企业网组网场景，而第 2 个实训的情形接近于企业有多个异地的分部，需跨公网异地组建局域网的情形。

16.4.1　搭建 OSPF 单区域企业网实训

1. 实训内容与实训目的

1）实训内容

利用一台路由器和两台三层交换机搭建一个简单的 OSPF 单区域企业网，保证网络中不同的业务 VLAN 之间可以互通。

2）实训目的

掌握单区域 OSPF 协议的基本配置与调试。

2. 实训设备

实训设备如表 16.3 所示。

表 16.3　搭建 OSPF 单区域企业网实训设备

实训设备及线缆	数量	备　　注
MSR36-20 路由器	1 台	支持 Comware V7 命令的路由器即可
S5820 交换机	2 台	支持 Comware V7 命令的三层交换机即可
计算机	2 台	OS：Windows 10
以太网线	4 根	—
Console 线	1 根	—

3. 实训拓扑与实训要求、IP 地址/VLAN 规划

如图 16.2 所示，RTA 为某企业边界路由器，上行链路连接到公网；SW1、SW2 为企业的三层交换机，连接业务 VLAN10 和 VLAN20，它们的上行端口分别通过 VLAN30 和 VLAN40 连接到路由器 RTA。PC1 属于业务 VLAN10，PC2 属于业务 VLAN20。注意：为简化实训过程，略去了部分交换网络内容，因此实训拓扑图与实际情况并不相符。企业网典型的拓扑结构请参看本书任务 23。

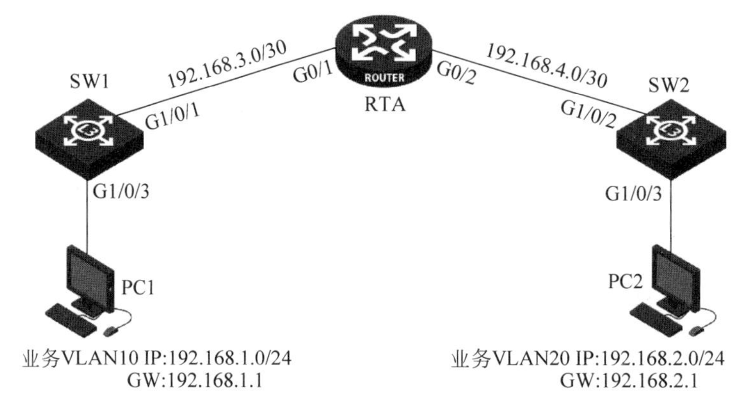

图 16.2 搭建 OSPF 单区域局域网实训拓扑图

实训要求：通过配置单区域 OSPF 协议，使企业网内的各业务网段间路由可达，计算机之间可以互通。

设备 IP 地址及 VLAN 规划如表 16.4 所示。

表 16.4 设备 IP 地址及 VLAN 规划

设备名称	接口	IP 地址/掩码	所属 VLAN
PC1	网卡	192.168.1.2/24	VLAN10
PC2	网卡	192.168.2.2/24	VLAN20
RTA	G0/1	192.168.3.2/30	VLAN30
	G0/2	192.168.4.2/30	VLAN40
SW1	G1/0/1	—	VLAN30
	G1/0/3	—	VLAN10
	interface vlan10	192.168.1.1/24	—
	interface vlan30	192.168.3.1/30	—
SW1	G1/0/2	—	VLAN40
	G1/0/3	—	VLAN20
	interface vlan20	192.168.2.1/24	—
	interface vlan40	192.168.4.1/30	—

注意：*在开始配置网络设备前要清空设备中原有配置。*

4. 实训过程

按拓扑图使用线缆连接所有设备的相应端口。

给 PC1 和 PC2 配置相应的 IP 地址、掩码与网关。

通过 Console 口连接网络设备，并检查设备配置信息，确保各设备配置被清除，处于出厂的初始状态。

1）配置 VLAN

步骤 1：交换机上创建 VLAN，划分端口。

（1）SW1 配置。

```
[SW1]vlan 10                          /* 创建 VLAN10
[SW1-vlan10]port g1/0/3               /* 将 G1/0/3 端口划分到 VLAN10 中
[SW1-vlan10]vlan 30                   /* 创建 VLAN30
[SW1-vlan30]port g1/0/1               /* 将 G1/0/1 端口划分到 VLAN30 中
```

（2）SW2 配置。

```
[SW2]vlan 20                          /* 创建 VLAN20
[SW2-vlan20]port g1/0/3               /* 将 G1/0/3 端口划分到 VLAN20 中
[SW2-vlan20]vlan 40                   /* 创建 VLAN40
[SW2-vlan40]port g1/0/2               /* 将 G1/0/2 端口划分到 VLAN40 中
```

步骤 2：配置 VLAN 接口 IP 地址。

（1）SW1 配置。

```
[SW1-vlan30]interface vlan 10                          /* 进入 VLAN10 接口视图
[SW1-Vlan-interface10]ip address 192.168.1.1 24        /* 给 VLAN10 接口配置 IP 地址
[SW1-Vlan-interface10]interface vlan 30                /* 进入 VLAN30 接口视图
[SW1-Vlan-interface30]ip address 192.168.3.1 30        /* 给 VLAN30 接口配置 IP 地址
```

（2）SW2 配置。

```
[SW2-vlan40]interface vlan 20                          /* 进入 VLAN20 接口视图
[SW2-Vlan-interface20]ip address 192.168.2.1 24        /* 给 VLAN20 接口配置 IP 地址
[SW2-Vlan-interface20]interface vlan 40
[SW2-Vlan-interface40]ip address 192.168.4.1 30
```

注意：当交换机的某个 VLAN 中有活动的终端时，该 VLAN 接口才会处于 UP 状态。

2）配置路由器 RTA 接口 IP 地址

```
[RTA]interface g0/1                                     /* 进入 G0/1 接口视图
[RTA-GigabitEthernet0/1]ip address 192.168.3.2 30       /* 配置 G0/1 端口的 IP 地址
[RTA-GigabitEthernet0/1]interface g0/2
[RTA-GigabitEthernet0/2]ip address 192.168.4.2 30
```

3）测试 PC1、PC2 的连通性

用 PC1 去 ping PC2，会发现报文超时，因为在未配置 OSPF 协议前，各设备只有自身的直连网段路由，可查看它们的路由表来证明这一点。

4）配置 OSPF 协议

步骤 1：RTA 配置 OSPF 协议。

```
[RTA]ospf 1                                             /* 启动 OSPF 进程 1
[RTA-ospf-1]area 0                                      /* 创建区域 0(骨干区域)
```

注意：单区域 OSPF 的区域编号可以不为 0，只要区域内所有运行 OSPF 协议设备的区域编号一致即可。

```
[RTA-ospf-1-area-0.0.0.0]network 192.168.3.0 0.0.0.3
  /* 在 192.168.3.0/30 网段(G0/1 端口)启动 OSPF
[RTA-ospf-1-area-0.0.0.0]network 192.168.4.0 0.0.0.3
  /* 在 192.168.4.0/30 网段(G0/2 端口)启动 OSPF
```

步骤 2：SW1 配置 OSPF 协议。

```
[SW1]ospf 1                    /* 启动 OSPF 进程 1
[SW1-ospf-1]area 0             /* 创建区域 0.注意：所有设备单区域编号要一致
[SW1-ospf-1-area-0.0.0.0]network 192.168.1.0 0.0.0.255
  /* 在 192.168.1.0/30 网段(VLAN10 接口)启动 OSPF
[SW1-ospf-1-area-0.0.0.0]network 192.168.3.0 0.0.0.3
  /* 在 192.168.3.0/30 网段(VLAN30 接口)启动 OSPF
```

步骤 3：SW2 配置 OSPF 协议。

```
[SW2]ospf 1
[SW2-ospf-1]area 0
[SW2-ospf-1-area-0.0.0.0]network 192.168.2.0 0.0.0.255
[SW2-ospf-1-area-0.0.0.0]network 192.168.4.0 0.0.0.3
```

5）查看设备的路由表、检查网络连通性

配置完 OSPF 路由协议后，再查看三层交换机 SW1 的路由表，结果如图 16.3 所示，发现此时路由表中多了一条到达 PC2 网段(192.168.2.0/24)的路由和一条到达 192.168.4.0/30 网段的路由。这两条路由都是 OSPF 区域内的路由（O_INTRA），路由优先级为 10；192.168.2.0/24 网段的路由开销值为 3(该路由经过了 3 个接口到达 SW1，每个接口的开销值均为 1)，192.168.4.0/30 网段的路由开销值为 2(该路由经过了两个接口到达 SW1，每个接口的开销值均为 1)；这两条路由是 SW1 通过 OSPF 路由协议从 RTA(192.168.3.2)学来的。

```
[SW1]display ip routing-table

Destinations : 18        Routes : 18

Destination/Mask    Proto   Pre Cost        NextHop         Interface
0.0.0.0/32          Direct  0   0           127.0.0.1       InLoop0
127.0.0.0/8         Direct  0   0           127.0.0.1       InLoop0
127.0.0.0/32        Direct  0   0           127.0.0.1       InLoop0
127.0.0.1/32        Direct  0   0           127.0.0.1       InLoop0
127.255.255.255/32  Direct  0   0           127.0.0.1       InLoop0
192.168.1.0/24      Direct  0   0           192.168.1.1     Vlan10
192.168.1.0/32      Direct  0   0           192.168.1.1     Vlan10
192.168.1.1/32      Direct  0   0           127.0.0.1       InLoop0
192.168.1.255/32    Direct  0   0           192.168.1.1     Vlan10
192.168.2.0/24      O_INTRA 10  3           192.168.3.2     Vlan30
192.168.3.0/30      Direct  0   0           192.168.3.1     Vlan30
192.168.3.0/32      Direct  0   0           192.168.3.1     Vlan30
192.168.3.1/32      Direct  0   0           127.0.0.1       InLoop0
192.168.3.3/32      Direct  0   0           192.168.3.1     Vlan30
192.168.4.0/30      O_INTRA 10  2           192.168.3.2     Vlan30
224.0.0.0/4         Direct  0   0           0.0.0.0         NULL0
224.0.0.0/24        Direct  0   0           0.0.0.0         NULL0
255.255.255.255/32  Direct  0   0           127.0.0.1       InLoop0
```

图 16.3　查看三层交换机 SW1 的路由表

同样地，SW2 中也多了两条 OSPF 区域内的路由（O_INTRA），其中一条是到达 PC1 的路由，如图 16.4 所示。此时，PC1 和 PC2 重新互 ping 一次，会发现它们之间已经可以互通了。

```
[SW2]display ip routing-table

Destinations : 18        Routes : 18

Destination/Mask    Proto   Pre Cost        NextHop         Interface
0.0.0.0/32          Direct  0   0           127.0.0.1       InLoop0
127.0.0.0/8         Direct  0   0           127.0.0.1       InLoop0
127.0.0.0/32        Direct  0   0           127.0.0.1       InLoop0
127.0.0.1/32        Direct  0   0           127.0.0.1       InLoop0
127.255.255.255/32  Direct  0   0           127.0.0.1       InLoop0
192.168.1.0/24      O_INTRA 10  3           192.168.4.2     Vlan40
192.168.2.0/24      Direct  0   0           192.168.2.1     Vlan20
192.168.2.0/32      Direct  0   0           192.168.2.1     Vlan20
192.168.2.1/32      Direct  0   0           127.0.0.1       InLoop0
192.168.2.255/32    Direct  0   0           192.168.2.1     Vlan20
192.168.3.0/30      O_INTRA 10  2           192.168.4.2     Vlan40
192.168.4.0/30      Direct  0   0           192.168.4.1     Vlan40
192.168.4.0/32      Direct  0   0           192.168.4.1     Vlan40
192.168.4.1/32      Direct  0   0           127.0.0.1       InLoop0
192.168.4.3/32      Direct  0   0           192.168.4.1     Vlan40
224.0.0.0/4         Direct  0   0           0.0.0.0         NULL0
224.0.0.0/24        Direct  0   0           0.0.0.0         NULL0
255.255.255.255/32  Direct  0   0           127.0.0.1       InLoop0
```

图 16.4　查看三层交换机 SW2 的路由表

RTA 中多了两条 OSPF 路由，分别到达 192.168.1.0/24 和 192.168.2.0/24 网段，如图 16.5 所示。

```
[RTA]display ip routing-table

Destinations : 18        Routes : 18

Destination/Mask    Proto   Pre Cost        NextHop         Interface
0.0.0.0/32          Direct  0   0           127.0.0.1       InLoop0
127.0.0.0/8         Direct  0   0           127.0.0.1       InLoop0
127.0.0.0/32        Direct  0   0           127.0.0.1       InLoop0
127.0.0.1/32        Direct  0   0           127.0.0.1       InLoop0
127.255.255.255/32  Direct  0   0           127.0.0.1       InLoop0
192.168.1.0/24      O_INTRA 10  2           192.168.3.1     GE0/1
192.168.2.0/24      O_INTRA 10  2           192.168.4.1     GE0/2
192.168.3.0/30      Direct  0   0           192.168.3.2     GE0/1
192.168.3.0/32      Direct  0   0           192.168.3.2     GE0/1
192.168.3.2/32      Direct  0   0           127.0.0.1       InLoop0
192.168.3.3/32      Direct  0   0           192.168.3.2     GE0/1
192.168.4.0/30      Direct  0   0           192.168.4.2     GE0/2
192.168.4.0/32      Direct  0   0           192.168.4.2     GE0/2
192.168.4.2/32      Direct  0   0           127.0.0.1       InLoop0
192.168.4.3/32      Direct  0   0           192.168.4.2     GE0/2
224.0.0.0/4         Direct  0   0           0.0.0.0         NULL0
224.0.0.0/24        Direct  0   0           0.0.0.0         NULL0
255.255.255.255/32  Direct  0   0           127.0.0.1       InLoop0
```

图 16.5　查看 RTA 的路由表

6) 查看 OSPF 协议路由表及邻居信息

(1) 查看 OSPF 协议路由表。

使用 display ospf 1 routing 命令查看 OSPF 进程 1 的路由表。

如图 16.6 所示，前两条是使用 network 命令声明的本地接口所在网段的路由，Cost 值为 1；后两条是 OSPF 协议从 OSPF 邻居学习的路由，Cost 值为 2。图 16.6 显示 RTA 的 Router ID 为 192.168.4.2。

注意：当同一网段的路由有多个来源时，优先级高的被写入路由表。

OSPF 路由表中有 4 条路由，但最终只有后两条路由进入路由器的路由表。这是因 192.168.3.0/30 和 192.168.4.0/30 这两个网段在 RTA 路由器上同时存在两种路由来源，一种来自 OSPF 协议，另一种来自直连路由，而后者优先级要高于前者，所以路由器最终会选择直连路由放入路由器路由表。

这里涉及与路由表相关的两个概念：一个是各种路由协议的路由表(如 RIP 路由表、

```
<RTA>display ospf 1 routing

        OSPF Process 1 with Router ID 192.168.4.2
                Routing Table

             Topology base (MTID 0)

 Routing for network
 Destination        Cost      Type    NextHop         AdvRouter       Area
 192.168.3.0/30     1         Transit 0.0.0.0         192.168.4.2     0.0.0.0
 192.168.4.0/30     1         Transit 0.0.0.0         192.168.4.1     0.0.0.0
 192.168.1.0/24     2         Stub     192.168.3.1    192.168.3.1     0.0.0.0
 192.168.2.0/24     2         Stub     192.168.4.1    192.168.4.1     0.0.0.0

 Total nets: 4
 Intra area: 4  Inter area: 0  ASE: 0  NSSA: 0
```

图 16.6　查看 RTA 的 OSPF 路由表

OSPF 路由表)、静态路由、直连路由；另外一个是路由器的路由器表，路由器会从路由协议路由表、静态路由、直连路由表项中选择优先级最高的路由记录放入路由器的路由表。例如，在本实训中 RTA 同时获得 192.168.3.0/30 和 192.168.4.0/30 网段的 OSPF 路由和直连路由，RTA 最终选择了优先级高的直连路由放入路由器的路由表。

注意：路由器在进行数据转发时是按照路由器的路由表项进行的。

(2) 查看 OSPF 邻居。

使用 display ospf peer 命令查看 OSPF 邻居。

如图 16.7 所示，RTA 在区域 0 内有两个邻居，它们的 Router ID 分别为 192.168.3.1(SW1)和 192.168.4.1(SW2)，DR 优先级值为 1，状态为完全邻接；SW1 为 192.168.3.0/30 网段的 BDR(DR 为 RTA)，SW2 为 192.168.4.0/30 网段的 DR(BDR 为 RTA)。

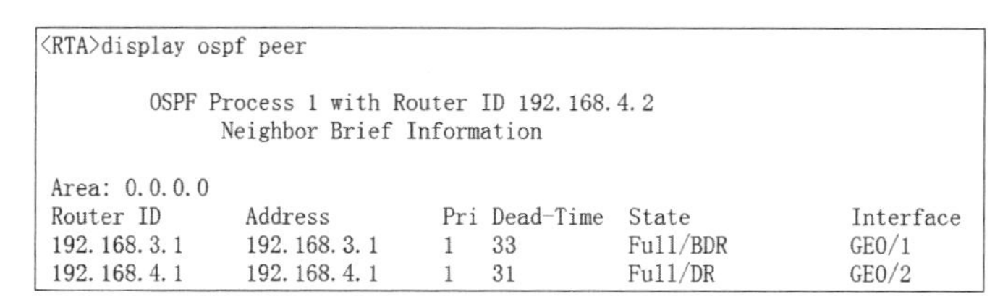

```
<RTA>display ospf peer

        OSPF Process 1 with Router ID 192.168.4.2
              Neighbor Brief Information

 Area: 0.0.0.0
 Router ID          Address            Pri Dead-Time  State             Interface
 192.168.3.1        192.168.3.1        1   33         Full/BDR          GE0/1
 192.168.4.1        192.168.4.1        1   31         Full/DR           GE0/2
```

图 16.7　查看 RTA 的 OSPF 邻居

display ospf peer 命令可查看邻居信息，确定邻居关系的建立情况，被用来对 OSPF 协议进行调试与排错。

16.4.2　搭建 OSPF 多区域企业网实训

1. 实训内容与实训目的

1) 实训内容

利用三台路由器搭建一个 OSPF 多区域企业网，保证各业务网段之间可以互通。

2) 实训目的

(1) 掌握骨干区域与标准区域之间的关系。

(2) 掌握 OSPF 路由协议多区域的基本配置方法与配置命令。

(3) 掌握开启终端调试及终端显示命令，掌握 OSPF 路由协议的调试，学会阅读调试信息，学会 OSPF 路由协议的维护。

2. 实训设备

实训设备如表 16.5 所示。

表 16.5　搭建 OSPF 多区域企业网实训设备

实训设备及线缆	数量	备　注
MSR36-20 路由器	3 台	支持 Comware V7 命令的路由器即可
计算机	2 台	OS：Windows 10
V. 35 DTE、DCE 串口线对	2 对	—
以太网线	2 根	—
Console 线	1 根	—

3. 实训拓扑与实训要求、IP 地址规划

如图 16.8 所示，某企业的两个厂区位于不同地区，两个厂区的局域网(RT1 和 RT2 所连接的私网)被公网(RT3 在此处模拟公网)隔离。RT1 的 G0/0 端口连接企业一个厂区的私网(192.168.1.0/25)；RT2 的 G0/0 端口连接企业另一厂区的私网(192.168.2.0/25)。

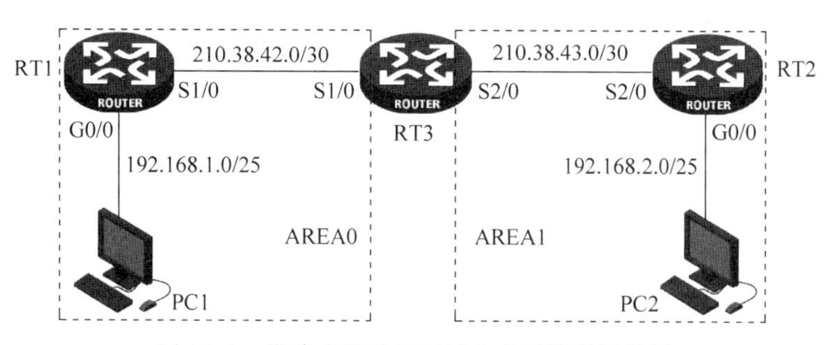

图 16.8　搭建 OSPF 多区域企业网实训拓扑图

注意：为简化实训过程，此实训仅以一个私网网段来代表整个私网，同时略去了私网的交换网部分；并且以路由器 RT3 模拟公网。在真实的网络中，两个私网通常通过 VPN 跨公网来进行连接，形成一个跨公网的局域网，此处略去的 VPN 部分将在后面的任务中进行讲解。

实训要求：通过配置多区域 OSPF 协议，使两个私网各业务网段路由可达，计算机之间可以互通。

网络设备的 IP 地址分配如表 16.6 所示。

表 16.6　网络设备的 IP 地址分配

设备名称	接　口	IP 地址/掩码	RouterID 或网关
RT1	Serial1/0	210.38.42.1/30	RouterID：1.1.1.1
	G0/0	192.168.1.1/25	
RT2	Serial2/0	210.38.43.1/30	RouterID：2.2.2.2
	G0/0	192.168.2.1/25	
RT3	Serial1/0	210.38.42.2/30	RouterID：3.3.3.3
	Serial2/0	210.38.43.2/30	
PC1	网卡	192.168.1.2/25	GW：192.168.1.1
PC2	网卡	192.168.2.2/25	GW：192.168.2.1

4. 实训过程

1）配置设备的 IP 地址

（1）配置计算机 IP 地址及网关。

依据表 16.6 给计算机配置 IP 地址、子网掩码以及网关。

（2）配置 RT1 接口 IP 地址。

```
[RT1]interface g0/0
[RT1-GigabitEthernet0/0]ip address 192.168.1.1 25   /*注意子网掩码的长度
[RT1-GigabitEthernet0/0]interface serial1/0
[RT1-Serial1/0]ip address 210.38.42.1 30
```

（3）RT2 配置接口 IP 地址。

```
[RT2]interface g0/0
[RT2-GigabitEthernet0/0]ip address 192.168.2.1 25
[RT2-GigabitEthernet0/0]interface serial2/0
[RT2-Serial2/0]ip address 210.38.43.1 30
```

（4）RT3 配置接口 IP 地址。

```
[RT3]interface serial1/0
[RT3-Serial1/0]ip address 210.38.42.2 30
[RT3-Serial1/0]interface serial2/0
[RT3-Serial2/0]ip address 210.38.43.2 30
```

2）测试 PC1、PC2 的连通性

配置完成后，PC1、PC2 可以与各自的网关互通，但 PC1 和 PC2 之间由于没有路由而无法互通。

查看 RT1 的路由表会发现路由表中没有 PC2 所在网段的路由信息；RT2 的路由表中没有 PC1 所在网段的路由信息。

3）配置 OSPF 协议

接下来给这 3 台路由器配置 OSPF 路由协议，使它们都能学习到另两台路由器上的路由信息。

步骤 1：配置 RT1 的 Router ID，启动 OSPF 进程，定义区域，声明工作网段。

```
[RT1]router id 1.1.1.1        /*配置的 Router ID
[RT1]ospf 1                   /*启动 OSPF 进程 1
[RT1-ospf-1]area 0            /*创建 area 0 并进入 area 0 视图
[RT1-ospf-1-area-0.0.0.0]network 192.168.1.0 0.0.0.127
  /*声明 OSPF 路由协议在 192.168.1.0/25 网段工作
[RT1-ospf-1-area-0.0.0.0]network 210.38.42.0 0.0.0.3
  /*声明 OSPF 路由协议在 210.38.42.0/30 网段工作
```

步骤 2：配置 RT2 的 Router ID，启动 OSPF 进程，定义区域，声明工作网段。

```
[RT2]router id 2.2.2.2
[RT2]ospf 1
[RT2-ospf-1]area 1   /*创建 area 1 并进入 area 1 视图
[RT2-ospf-1-area-0.0.0.1]network 192.168.2.0 0.0.0.127
[RT2-ospf-1-area-0.0.0.1]network 210.38.43.0 0.0.0.3
```

步骤 3：配置 RT3 的 Router ID，启动 OSPF 进程，定义区域，声明工作网段。

```
[RT3]router id 3.3.3.3
[RT3]ospf 1
[RT3-ospf-1]area 0
[RT3-ospf-1-area-0.0.0.0]network 210.38.42.0 0.0.0.3
[RT3-ospf-1-area-0.0.0.0]area 1
[RT3-ospf-1-area-0.0.0.1]network 210.38.43.0 0.0.0.3
```

注意：RT3 路由器有两个区域，并且每个区域都声明了自己的工作网段；RT1 和 RT2 上都只有一个区域。

4）查看路由表、检查网络连通性

配置完 OSPF 路由协议后，查看 RT1 的路由表，结果如图 16.9 所示，路由表中新增加了 192.168.2.0/25 和 210.38.43.0/30 网段的 OSPF 区域间(O_INTER)路由。它们的路由优先级为 10；192.168.2.0/25 路由的开销值为 3125，210.38.43.0/30 路由的开销值为 3124；这两条路由是 RT1 通过 OSPF 路由协议从 RT3(210.38.42.2)的区域 1 学来的域间路由。

```
[RT1]display ip routing-table

Destinations : 19        Routes : 19

Destination/Mask    Proto   Pre Cost        NextHop         Interface
0.0.0.0/32          Direct  0   0           127.0.0.1       InLoop0
127.0.0.0/8         Direct  0   0           127.0.0.1       InLoop0
127.0.0.0/32        Direct  0   0           127.0.0.1       InLoop0
127.0.0.1/32        Direct  0   0           127.0.0.1       InLoop0
127.255.255.255/32  Direct  0   0           127.0.0.1       InLoop0
192.168.1.0/25      Direct  0   0           192.168.1.1     GE0/0
192.168.1.0/32      Direct  0   0           192.168.1.1     GE0/0
192.168.1.1/32      Direct  0   0           127.0.0.1       InLoop0
192.168.1.127/32    Direct  0   0           192.168.1.1     GE0/0
192.168.2.0/25      O_INTER 10  3125        210.38.42.2     Ser1/0
210.38.42.0/30      Direct  0   0           210.38.42.1     Ser1/0
210.38.42.0/32      Direct  0   0           210.38.42.1     Ser1/0
210.38.42.1/32      Direct  0   0           127.0.0.1       InLoop0
210.38.42.2/32      Direct  0   0           210.38.42.2     Ser1/0
210.38.42.3/32      Direct  0   0           210.38.42.1     Ser1/0
210.38.43.0/30      O_INTER 10  3124        210.38.42.2     Ser1/0
224.0.0.0/4         Direct  0   0           0.0.0.0         NULL0
224.0.0.0/24        Direct  0   0           0.0.0.0         NULL0
255.255.255.255/32  Direct  0   0           127.0.0.1       InLoop0
```

图 16.9　查看路由器 RT1 的路由表

同样地，RT2 的路由表中也多了两条域间 OSPF 路由，分别是去往 192.168.1.0/25 网段(PC1 所在网段)和 210.38.42.0/30 网段，如图 16.10 所示。此时，PC1 和 PC2 重新互 ping 一次，会发现它们之间已经可以互通了。

RT3 的两个端口分别属于区域 0 和区域 1，因而它的路由表中去往 PC1 和 PC2 网段的路由都是域内路由(O_INTRA)，如图 16.11 所示。

5）查看 OSPF 协议路由表及邻居信息

(1) 查看 OSPF 协议路由表。

使用 display ospf 1 routing 命令来查看 OSPF 协议路由表。

RT2 的 OSPF 路由表中域间、域内路由各有两条，如图 16.12 所示。

RT3 的 OSPF 路由表中有 4 条域内路由，如图 16.13 所示。

```
<RT2>display ip routing-table

Destinations : 19       Routes : 19

Destination/Mask    Proto    Pre Cost        NextHop         Interface
0.0.0.0/32          Direct   0   0           127.0.0.1       InLoop0
127.0.0.0/8         Direct   0   0           127.0.0.1       InLoop0
127.0.0.0/32        Direct   0   0           127.0.0.1       InLoop0
127.0.0.1/32        Direct   0   0           127.0.0.1       InLoop0
127.255.255.255/32  Direct   0   0           127.0.0.1       InLoop0
192.168.1.0/25      O_INTER  10  3125        210.38.43.2     Ser2/0
192.168.2.0/25      Direct   0   0           192.168.2.1     GE0/0
192.168.2.0/32      Direct   0   0           192.168.2.1     GE0/0
192.168.2.1/32      Direct   0   0           127.0.0.1       InLoop0
192.168.2.127/32    Direct   0   0           192.168.2.1     GE0/0
210.38.42.0/30      O_INTER  10  3124        210.38.43.2     Ser2/0
210.38.43.0/30      Direct   0   0           210.38.43.1     Ser2/0
210.38.43.0/32      Direct   0   0           210.38.43.1     Ser2/0
210.38.43.1/32      Direct   0   0           127.0.0.1       InLoop0
210.38.43.2/32      Direct   0   0           210.38.43.2     Ser2/0
210.38.43.3/32      Direct   0   0           210.38.43.1     Ser2/0
224.0.0.0/4         Direct   0   0           0.0.0.0         NULL0
224.0.0.0/24        Direct   0   0           0.0.0.0         NULL0
255.255.255.255/32  Direct   0   0           127.0.0.1       InLoop0
```

图 16.10　查看路由器 RT2 的路由表

```
<RT3>display ip routing-table

Destinations : 20       Routes : 20

Destination/Mask    Proto    Pre Cost        NextHop         Interface
0.0.0.0/32          Direct   0   0           127.0.0.1       InLoop0
127.0.0.0/8         Direct   0   0           127.0.0.1       InLoop0
127.0.0.0/32        Direct   0   0           127.0.0.1       InLoop0
127.0.0.1/32        Direct   0   0           127.0.0.1       InLoop0
127.255.255.255/32  Direct   0   0           127.0.0.1       InLoop0
192.168.1.0/25      O_INTRA  10  1563        210.38.42.1     Ser1/0
192.168.2.0/25      O_INTRA  10  1563        210.38.43.1     Ser2/0
210.38.42.0/30      Direct   0   0           210.38.42.2     Ser1/0
210.38.42.0/32      Direct   0   0           210.38.42.2     Ser1/0
210.38.42.1/32      Direct   0   0           210.38.42.1     Ser1/0
210.38.42.2/32      Direct   0   0           127.0.0.1       InLoop0
210.38.42.3/32      Direct   0   0           210.38.42.2     Ser1/0
210.38.43.0/30      Direct   0   0           210.38.43.2     Ser2/0
210.38.43.0/32      Direct   0   0           210.38.43.2     Ser2/0
210.38.43.1/32      Direct   0   0           210.38.43.1     Ser2/0
210.38.43.2/32      Direct   0   0           127.0.0.1       InLoop0
210.38.43.3/32      Direct   0   0           210.38.43.2     Ser2/0
224.0.0.0/4         Direct   0   0           0.0.0.0         NULL0
224.0.0.0/24        Direct   0   0           0.0.0.0         NULL0
255.255.255.255/32  Direct   0   0           127.0.0.1       InLoop0
```

图 16.11　查看路由器 RT3 的路由表

```
<RT2>
<RT2>display ospf routing

         OSPF Process 1 with Router ID 2.2.2.2
                  Routing Table

                Topology base (MTID 0)

 Routing for network
 Destination        Cost     Type     NextHop          AdvRouter        Area
 210.38.42.0/30     3124     Inter    210.38.43.2      3.3.3.3          0.0.0.1
 210.38.43.0/30     1562     Stub     0.0.0.0          2.2.2.2          0.0.0.1
 192.168.1.0/25     3125     Inter    210.38.43.2      3.3.3.3          0.0.0.1
 192.168.2.0/25     1        Stub     0.0.0.0          2.2.2.2          0.0.0.1

 Total nets: 4
 Intra area: 2  Inter area: 2  ASE: 0  NSSA: 0
```

图 16.12　查看 RT2 的 OSPF 路由表

```
<RT3>display ospf routing

         OSPF Process 1 with Router ID 3.3.3.3
                 Routing Table

               Topology base (MTID 0)

Routing for network
Destination       Cost     Type    NextHop        AdvRouter      Area
210.38.42.0/30    1562     Stub    0.0.0.0        3.3.3.3        0.0.0.0
210.38.43.0/30    1562     Stub    0.0.0.0        3.3.3.3        0.0.0.1
192.168.1.0/25    1563     Stub    210.38.42.1    1.1.1.1        0.0.0.0
192.168.2.0/25    1563     Stub    210.38.43.1    2.2.2.2        0.0.0.1

Total nets: 4
Intra area: 4  Inter area: 0  ASE: 0  NSSA: 0
```

图 16.13　查看 RT3 的 OSPF 路由表

(2) 查看 OSPF 邻居。

使用 display ospf peer 命令查看 OSPF 邻居。

如图 16.14 所示，在 Area 0.0.0.1(区域 1)中，RT2 通过 Serial2/0 端口与 IP 地址为 210.38.42.2 的路由器(Router ID 为 3.3.3.3)建立了邻接关系。此时，邻居状态达到 Full，说明 RT2 和 RT3 之间的链路状态数据库已经同步，它们都学习到了对方的 OSPF 链路信息。由于 RT2 与 RT3 使用点到点的链路进行连接，因而无须选举 DR/BDR，请与 16.4.1 节实训中的邻居信息进行对照比较。

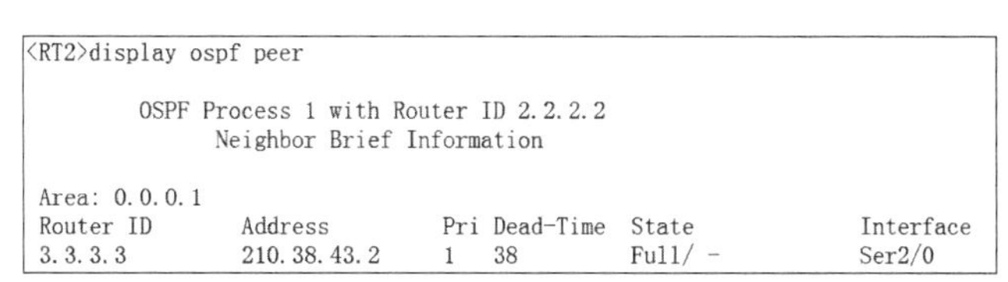

```
<RT2>display ospf peer

         OSPF Process 1 with Router ID 2.2.2.2
              Neighbor Brief Information

Area: 0.0.0.1
Router ID        Address          Pri Dead-Time  State           Interface
3.3.3.3          210.38.43.2      1    38        Full/ -         Ser2/0
```

图 16.14　查看 RT2 的 OSPF 邻居

如图 16.15 所示，RT3 有两个邻居，分别是位于区域 0 的 RT1(Router ID 1.1.1.1)和位于区域 1 的 RT2(Router ID 2.2.2.2)。

```
<RT3>display ospf peer

         OSPF Process 1 with Router ID 3.3.3.3
              Neighbor Brief Information

Area: 0.0.0.0
Router ID        Address          Pri Dead-Time  State           Interface
1.1.1.1          210.38.42.1      1    33        Full/ -         Ser1/0

Area: 0.0.0.1
Router ID        Address          Pri Dead-Time  State           Interface
2.2.2.2          210.38.43.1      1    36        Full/ -         Ser2/0
```

图 16.15　查看 RT3 的 OSPF 邻居

通常使用 display ospf peer 命令查看邻居信息以确定邻居关系的建立情况，用来对 OSPF 协议进行调试与排错。

16.5　OSPF 与 RIP 协议混合搭建企业网实训

1. 实训内容与实训目的

1) 实训内容

利用 OSPF 和 RIP 协议进行混合组网。

2）实训目的

（1）掌握路由引入（路由重分布）的原理与命令。

（2）学会利用多种路由协议进行混合组网。

2. 实训设备

实训设备如表16.7所示。

表16.7 OSPF与RIP协议混合搭建企业网实训设备

实验设备	数量	备注
MSR36-20路由器	3台	支持Comware V7命令的路由器即可
计算机	2台	O/S：Windows 10
V.35 DTE、DCE串口线对	2对	2对V.35线
以太网线	2根	—

3. 实训拓扑与要求

某企业两部门网络分别利用OSPF和RIP协议进行搭建，如图16.16所示。利用路由引入（路由重分布）的方法互联两个部门的网络，保证所有业务网段（192.168.1.0/24和192.168.2.0/24网段）可以互通。

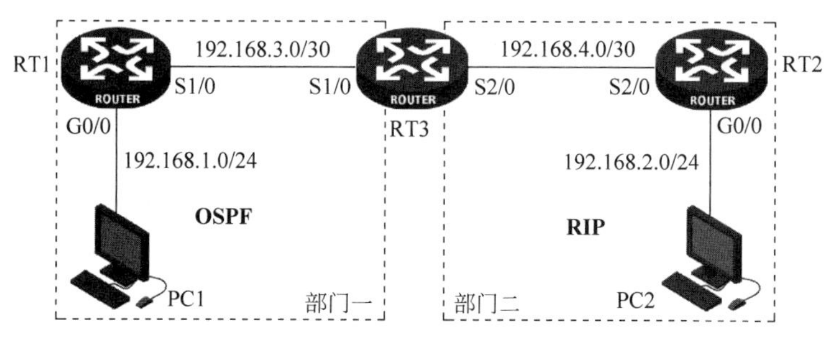

图16.16 OSPF与RIP协议混合搭建企业网实训拓扑图

各设备IP地址分配如表16.8所示。

表16.8 各设备IP地址分配

设备名称	接口	IP地址	RouterID或网关
RT1	Serial1/0	192.168.3.1/30	1.1.1.1
	G0/0	192.168.1.1/24	
RT2	G0/0	192.168.2.1/24	—
	Serial2/0	192.168.4.1/30	
RT3	Serial1/0	192.168.3.2/30	3.3.3.3
	Serial2/0	192.168.4.2/30	
PC1	网卡	192.168.1.2/24	192.168.1.1/24
PC2	网卡	192.168.2.2/24	192.168.2.1/24

4. 实验过程

1）配置设备IP地址及OSPF路由器的RouterID

（1）RT1配置。

```
[RT1]router id 1.1.1.1
```

```
[RT1]interface G0/0
[RT1-GigabitEthernet0/0]ip address 192.168.1.1 24
[RT1-GigabitEthernet0/0]interface serial1/0
[RT1-Serial1/0]ip address 192.168.3.1 30        /*注意子网掩码的长度
```

(2) RT2配置。

```
[RT2]interface G0/0
[RT2-GigabitEthernet0/0]ip address 192.168.2.1 24
[RT2-GigabitEthernet0/0]interface Serial2/0
[RT2-Serial2/0]ip address 192.168.4.1 30        /*注意子网掩码的长度
```

(3) RT3配置。

```
[RT3]router id 3.3.3.3
[RT3]interface serial1/0
[RT3-Serial1/0]ip address 192.168.3.2 30    /*注意子网掩码的长度
[RT3-Serial1/0]interface Serial2/0
[RT3-Serial2/0]ip address 192.168.4.2 30    /*注意子网掩码的长度
```

按表16.8所示配置计算机的IP地址和网关。配置完成后,可以验证PC1、PC2可以与各自的网关互通;但PC1和PC2之间由于没有路由,所以无法互通。

2) 配置OSPF及RIP路由协议,声明协议工作网段

(1) RT1配置。

```
[RT1]ospf 1                                  /*启动OSPF路由协议
[RT1-ospf-1]area 0                           /*创建区域0
[RT1-ospf-1-area-0.0.0.0]network 192.168.3.0 0.0.0.3 /*声明OSPF路由协议工作网段
[RT1-ospf-1-area-0.0.0.0]network 192.168.1.0 0.0.0.255
```

(2) RT3配置。

```
[RT3]ospf 1
[RT3-ospf-1]area 0
[RT3-ospf-1-area-0.0.0.0]network 192.168.3.0 0.0.0.3
[RT3-ospf-1-area-0.0.0.0]rip 1               /*启动RIP协议进程1
[RT3-rip-1]version 2                         /*运行RIP协议版本2
[RT3-rip-1]undo summary                      /*取消RIP协议的路由聚合功能
[RT3-rip-1]network 192.168.4.0 0.0.0.3       /*声明RIP协议工作网段
```

(3) RT2配置。

```
[RT2]rip 1                          /*启动RIP协议进程1
[RT2-rip-1]version 2                /*运行RIP协议版本2
[RT2-rip-1]undo summary             /*取消RIP协议的路由聚合功能
[RT2-rip-1]network 192.168.2.0      /*声明RIP协议工作网段。使用标准掩码时可以略去反通
                                    /*配符,C类地址的标准掩码为24位
[RT2-rip-1]network 192.168.4.0 0.0.0.3
```

3) 查看路由表、检查网络连通性

用ping命令进行连通性检查,发现PC1与PC2不可互通。查看三台路由器的路由表,如图16.17~图16.19所示,发现只有RT3路由表中有全网的路由,另两台路由器的路由

表中只有直连路由。这是由于不同的路由协议之间无法自动交换各自的路由信息，因此需要通过路由引入(路由重分布)才能获得其他路由协议的路由信息。

```
[RT1]display ip routing-table

Destinations : 17        Routes : 17

Destination/Mask    Proto   Pre Cost        NextHop         Interface
0.0.0.0/32          Direct  0   0           127.0.0.1       InLoop0
127.0.0.0/8         Direct  0   0           127.0.0.1       InLoop0
127.0.0.0/32        Direct  0   0           127.0.0.1       InLoop0
127.0.0.1/32        Direct  0   0           127.0.0.1       InLoop0
127.255.255.255/32  Direct  0   0           127.0.0.1       InLoop0
192.168.1.0/24      Direct  0   0           192.168.1.1     GE0/0
192.168.1.0/32      Direct  0   0           192.168.1.1     GE0/0
192.168.1.1/32      Direct  0   0           127.0.0.1       InLoop0
192.168.1.255/32    Direct  0   0           192.168.1.1     GE0/0
192.168.3.0/30      Direct  0   0           192.168.3.1     Ser1/0
192.168.3.0/32      Direct  0   0           192.168.3.1     Ser1/0
192.168.3.1/32      Direct  0   0           127.0.0.1       InLoop0
192.168.3.2/32      Direct  0   0           192.168.3.2     Ser1/0
192.168.3.3/32      Direct  0   0           192.168.3.1     Ser1/0
224.0.0.0/4         Direct  0   0           0.0.0.0         NULL0
224.0.0.0/24        Direct  0   0           0.0.0.0         NULL0
255.255.255.255/32  Direct  0   0           127.0.0.1       InLoop0
```

图 16.17　路由引入前 RT1 路由器的路由表

```
[RT2]display ip routing-table

Destinations : 17        Routes : 17

Destination/Mask    Proto   Pre Cost        NextHop         Interface
0.0.0.0/32          Direct  0   0           127.0.0.1       InLoop0
127.0.0.0/8         Direct  0   0           127.0.0.1       InLoop0
127.0.0.0/32        Direct  0   0           127.0.0.1       InLoop0
127.0.0.1/32        Direct  0   0           127.0.0.1       InLoop0
127.255.255.255/32  Direct  0   0           127.0.0.1       InLoop0
192.168.2.0/24      Direct  0   0           192.168.2.1     GE0/0
192.168.2.0/32      Direct  0   0           192.168.2.1     GE0/0
192.168.2.1/32      Direct  0   0           127.0.0.1       InLoop0
192.168.2.255/32    Direct  0   0           192.168.2.1     GE0/0
192.168.4.0/30      Direct  0   0           192.168.4.1     Ser2/0
192.168.4.0/32      Direct  0   0           192.168.4.1     Ser2/0
192.168.4.1/32      Direct  0   0           127.0.0.1       InLoop0
192.168.4.2/32      Direct  0   0           192.168.4.2     Ser2/0
192.168.4.3/32      Direct  0   0           192.168.4.1     Ser2/0
224.0.0.0/4         Direct  0   0           0.0.0.0         NULL0
224.0.0.0/24        Direct  0   0           0.0.0.0         NULL0
255.255.255.255/32  Direct  0   0           127.0.0.1       InLoop0
```

图 16.18　路由引入前 RT2 路由器的路由表

```
[RT3]display ip routing-table

Destinations : 20        Routes : 20

Destination/Mask    Proto   Pre Cost        NextHop         Interface
0.0.0.0/32          Direct  0   0           127.0.0.1       InLoop0
127.0.0.0/8         Direct  0   0           127.0.0.1       InLoop0
127.0.0.0/32        Direct  0   0           127.0.0.1       InLoop0
127.0.0.1/32        Direct  0   0           127.0.0.1       InLoop0
127.255.255.255/32  Direct  0   0           127.0.0.1       InLoop0
192.168.1.0/24      O_INTRA 10  1563        192.168.3.1     Ser1/0
192.168.2.0/24      RIP     100 1           192.168.4.1     Ser2/0
192.168.3.0/30      Direct  0   0           192.168.3.2     Ser1/0
192.168.3.0/32      Direct  0   0           192.168.3.2     Ser1/0
192.168.3.1/32      Direct  0   0           192.168.3.1     Ser1/0
192.168.3.2/32      Direct  0   0           127.0.0.1       InLoop0
192.168.3.3/32      Direct  0   0           192.168.3.2     Ser1/0
192.168.4.0/30      Direct  0   0           192.168.4.2     Ser2/0
192.168.4.0/32      Direct  0   0           192.168.4.2     Ser2/0
192.168.4.1/32      Direct  0   0           192.168.4.1     Ser2/0
192.168.4.2/32      Direct  0   0           127.0.0.1       InLoop0
192.168.4.3/32      Direct  0   0           192.168.4.2     Ser2/0
224.0.0.0/4         Direct  0   0           0.0.0.0         NULL0
224.0.0.0/24        Direct  0   0           0.0.0.0         NULL0
255.255.255.255/32  Direct  0   0           127.0.0.1       InLoop0
```

图 16.19　路由引入前 RT3 路由器的路由表

4）配置路由引入，进行连通性测试

需要在 RT3 上将 RIP 和 OSPF 路由相互引入。

（1）RIP 协议中引入 OSPF 路由。

```
[RT3]rip 1                              /* 进入 RIP 协议进程 1 视图
[RT3-rip-1]import-route ospf 1          /* 将 OSPF 协议进程 1 的路由表引入 RIP
```

（2）OSPF 协议中引入 RIP 路由。

```
[RT3-rip]ospf 1                         /* 进入 OSPF 协议进程 1 视图
[RT3-ospf-1]import-route rip            /* 将 RIP 协议进程 1 的路由表引入 OSPF
```

（3）连通性测试。

PC 之间已可以互通。

查看 RT1 和 RT2 的路由表。

如图 16.20 所示，RT1 中出现了一条新的 O_ASE2 路由（OSPF 自治系统外部路由）192.168.2.0/24。这条路由来自 RT3 引入的 RIP 路由。

```
<RT1>display ip routing-table

Destinations : 18        Routes : 18

Destination/Mask    Proto   Pre Cost          NextHop         Interface
0.0.0.0/32          Direct  0   0             127.0.0.1       InLoop0
127.0.0.0/8         Direct  0   0             127.0.0.1       InLoop0
127.0.0.0/32        Direct  0   0             127.0.0.1       InLoop0
127.0.0.1/32        Direct  0   0             127.0.0.1       InLoop0
127.255.255.255/32  Direct  0   0             127.0.0.1       InLoop0
192.168.1.0/24      Direct  0   0             192.168.1.1     GE0/0
192.168.1.0/32      Direct  0   0             192.168.1.1     GE0/0
192.168.1.1/32      Direct  0   0             127.0.0.1       InLoop0
192.168.1.255/32    Direct  0   0             192.168.1.1     GE0/0
192.168.2.0/24      O_ASE2  150 1             192.168.3.2     Ser1/0
192.168.3.0/30      Direct  0   0             192.168.3.1     Ser1/0
192.168.3.0/32      Direct  0   0             192.168.3.1     Ser1/0
192.168.3.1/32      Direct  0   0             127.0.0.1       InLoop0
192.168.3.2/32      Direct  0   0             192.168.3.2     Ser1/0
192.168.3.3/32      Direct  0   0             192.168.3.1     Ser1/0
224.0.0.0/4         Direct  0   0             0.0.0.0         NULL0
224.0.0.0/24        Direct  0   0             0.0.0.0         NULL0
255.255.255.255/32  Direct  0   0             127.0.0.1       InLoop0
```

图 16.20　路由引入后 RT1 路由器的路由表

如图 16.21 所示，RT2 中出现了一条新的 RIP 路由 192.168.1.0/24。这条路由来自 RT3 引入的 OSPF 路由。

```
<RT2>display ip routing-table

Destinations : 18        Routes : 18

Destination/Mask    Proto   Pre Cost          NextHop         Interface
0.0.0.0/32          Direct  0   0             127.0.0.1       InLoop0
127.0.0.0/8         Direct  0   0             127.0.0.1       InLoop0
127.0.0.0/32        Direct  0   0             127.0.0.1       InLoop0
127.0.0.1/32        Direct  0   0             127.0.0.1       InLoop0
127.255.255.255/32  Direct  0   0             127.0.0.1       InLoop0
192.168.1.0/24      RIP     100 1             192.168.4.2     Ser2/0
192.168.2.0/24      Direct  0   0             192.168.2.1     GE0/0
192.168.2.0/32      Direct  0   0             192.168.2.1     GE0/0
192.168.2.1/32      Direct  0   0             127.0.0.1       InLoop0
192.168.2.255/32    Direct  0   0             192.168.2.1     GE0/0
192.168.4.0/30      Direct  0   0             192.168.4.1     Ser2/0
192.168.4.0/32      Direct  0   0             192.168.4.1     Ser2/0
192.168.4.1/32      Direct  0   0             127.0.0.1       InLoop0
192.168.4.2/32      Direct  0   0             192.168.4.2     Ser2/0
192.168.4.3/32      Direct  0   0             192.168.4.1     Ser2/0
224.0.0.0/4         Direct  0   0             0.0.0.0         NULL0
224.0.0.0/24        Direct  0   0             0.0.0.0         NULL0
255.255.255.255/32  Direct  0   0             127.0.0.1       InLoop0
```

图 16.21　路由引入后 RT2 路由器的路由表

注意：查看 RT1 和 RT2 的路由表，发现 RT1 上无 192.168.4.0/30 网段的路由；RT2 上无 192.168.3.0/30 网段的路由。产生这个结果的原因是：在 RT3 上，192.168.3.0/30 网段被 OSPF 协议声明，192.168.4.0/30 网段被 RIP 协议声明，但这两条路由在 RT3 上同时还以直连路由的形式存在。而直连路由优先级最高，所以在作路由引入时，这两个网段的低优先级的 RIP 和 OSPF 路由未能真正被引入并传递给 RT1 和 RT2。

如果 RT3 要发布这两个网段的路由，可以有如下两种方法。

(1) 在 RT3 的 OSPF 中声明 192.168.4.0/30 网段，RIP 中声明 192.168.3.0/30 网段。

(2) 在 RT3 的 RIP 和 OSPF 中再引入直连路由，命令如下：

```
[RT3-rip-1]import-route direct          /* 将直连路由引入 RIP
[RT3-ospf-1]import-route direct         /* 将直连路由引入 OSPF
```

大家可以在配置完这两条命令后再查看 RT1 和 RT2 的路由表，会发现它们已有全网各网段的路由信息了。

16.6 任务小结

1. OSPF 协议具有支持大型网络，路由收敛速度快，占用网络资源少，无自环，支持 VLSM 和等值路由，支持验证和组播发送协议报文等优点。

2. OSPF 协议的骨干区域(0 区域)连接着其他的标准区域。多区域的 OSPF 必须存在一个骨干区域，骨干区域负责收集非骨干区域发出的汇总路由信息，并将这些信息传递给其他各个区域。

3. Router ID 用来在自治系统内唯一标识运行了 OSPF 协议的路由器。

4. LSA 有 7 种类型，只有 LSA TYPE 1 和 LSA TYPE 2 是链路状态信息，而其他 LSA 中包含的都是路由信息。

5. OSPF 协议将网络划分为 4 种类型：广播多路访问型、非广播多路访问型、点到点型、点到多点型。

6. 邻居关系与邻接关系。

7. OSPF 协议的单区域、多区域配置与信息查看。

8. 路由引入(路由重分布)的配置。

16.7 习题与思考

1. 为什么 OSPF 协议的扩展性比 RIP 协议好？

2. OSPF 协议中的哪几个 LSA 中包含的是链路状态信息，哪几个 LSA 中包含的是路由信息？为什么有多个区域时需要 0 区域(Area 0)，0 区域的作用是什么？

3. 只有一个 OSPF 区域时，区域编号可以不为 0 吗？

提示：可以直接利用 16.4.1 节的拓扑图进行配置，将图中的 3 个网段都在同一个区域中声明，并将该区域名称定为 Area 1(只要不是 Area 0 就可以)，再观察 OSPF 协议能否正常工作。

利用这个拓扑图大家体会一下：自治系统内只有一个 OSPF 区域时，不把它配置成 0 区域，协议也能正常工作。注意：在只有一个区域时，不论其区域编号值是多少，它都是骨干区域。

4. 在运行 OSPF 协议之后再修改路由器 Router ID，再查看修改的 Router ID 是否生效；修改 Router ID 后重启 OSPF 进程看结果有何不同？

5. 在 16.5 节中，RT3 路由器的 OSPF 协议中引入了其他路由，RT3 是不是 ASBR（自治系统边界路由器）？

6. 通过 16.5 节的实训，请大家思考一下什么时候需要引入直连路由？

7. 是不是只有同时运行多种路由协议或多个路由协议进程的路由器才能进行路由引入？

8. 如果 OSPF 标准区域未与骨干区域相连，那么它必须通过虚链路方式与骨干区域进行逻辑上的连接；否则，该区域无法正常工作。大家可以对如图 16.22 所示的拓扑图进行配置并验证：当没有配置虚链路时，RT1 可不可以与 RT3 互通；配置完虚链路再测试它们之间可否互通。

拓扑图及配置要求、配置命令如下：

在图 16.22 中，Area 2 没有与 Area 0 直接相连。Area 1 被用作运输区域（Transit Area）来连接 Area 2 和 Area 0。在 RT2 和 RT3 之间配置一条虚链路。

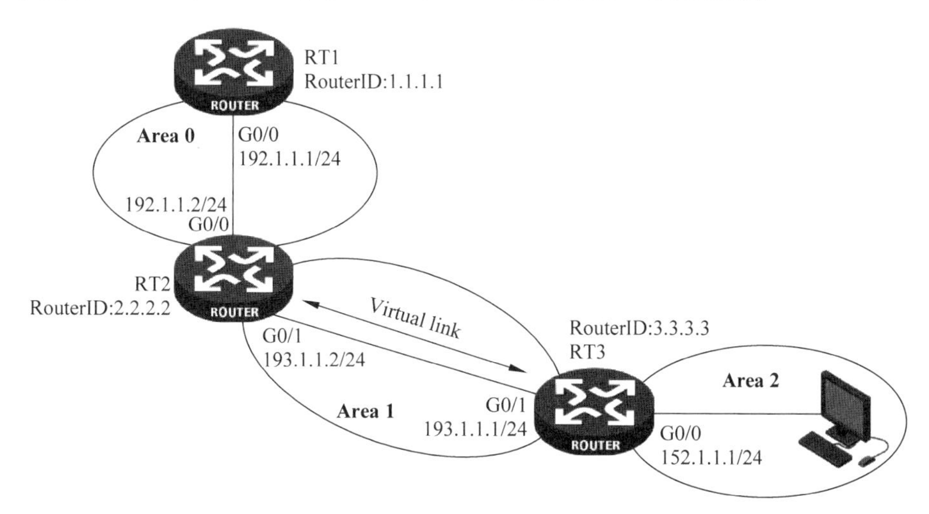

图 16.22　OSPF 路由协议虚拟链路配置拓扑图

1）RT1 的配置

```
[RT1]interface g0/0
[RT1-GigabitEthernet0/0]ip address 192.1.1.1 24
[RT1-GigabitEthernet0/0]quit
[RT1]router id 1.1.1.1
[RT1]ospf
[RT1-ospf-1]area 0
[RT1-ospf-1-area-0.0.0.0]network 192.1.1.0 0.0.0.255
```

2）RT2 的配置

```
[RT2]interface g0/0
```

```
[RT2-GigabitEthernet0/0]ip address 192.1.1.2 255.255.255.0
[RT2-GigabitEthernet0/0]interface g0/1
[RT2-GigabitEthernet0/1]ip address 193.1.1.2 255.255.255.0
[RT2-GigabitEthernet0/1]quit
[RT2]router id 2.2.2.2
[RT2]ospf
[RT2-ospf-1]area 0
[RT2-ospf-1-area-0.0.0.0]network 192.1.1.0 0.0.0.255
[RT2-ospf-1-area-0.0.0.0]quit
[RT2-ospf-1]area 1
[RT2-ospf-1-area-0.0.0.1]network 193.1.1.0 0.0.0.255
[RT2-ospf-1-area-0.0.0.1]vlink-peer 3.3.3.3  /* 与 Router ID 3.3.3.3 的路由器建立虚连接
```

3）RT3 的配置

```
[RT3]interface G0/0
[RT3-GigabitEthernet0/0]ip address 152.1.1.1 255.255.255.0
[RT3-GigabitEthernet0/0]interface g0/1
[RT3-GigabitEthernet0/1]ip address 193.1.1.1 255.255.255.0
[RT3-GigabitEthernet0/1]quit
[RT3]router id 3.3.3.3
[RT3]ospf
[RT3-ospf-1]area 1
[RT3-ospf-1-area-0.0.0.1]network 193.1.1.0 0.0.0.255
[RT3-ospf-1-area-0.0.0.1]vlink-peer 2.2.2.2  /* 与 Router ID 2.2.2.2 的路由器建立虚连接
[RT3-ospf-1-area-0.0.0.1]quit
[RT3-ospf-1]area 2
[RT3-ospf-1-area-0.0.0.2]network 152.1.1.0 0.0.0.255
```

任务 17 利用 VRRP 协议实现网关备份

学习目标

- 熟悉 VRRP 协议的应用场景。
- 理解 VRRP 协议的工作原理。
- 重点掌握 VRRP 协议的配置,学会利用 VRRP 技术对网关设备进行备份。
- 掌握 VRRP 协议的基本调试及排错方法。

17.1 VRRP 技术产生的背景及作用

通常,同一网段内的所有主机都设置一条以某一路由器(或三层交换机)为下一跳的默认路由,即以该路由器(或三层交换机)作为默认网关。主机发往其他网段的报文将通过默认路由发往默认网关,再由默认网关进行转发,从而实现主机与外部网络的通信。当默认网关发生故障时,所有主机都无法与外部网络通信。

注:路由器和三层交换机均具备路由功能,均可作为网关来使用。但目前普遍采用三层交换机作为网关,而不再使用路由器作为网关。这是因为路由器在 VLAN 间转发速度慢,端口少,且价格高。

如图 17.1 所示,局域网的网关设置在三层交换机 SL3(核心交换机)上,VLAN 间的流量和去往互联网的流量都必须经 SL3 进行转发。如果 SL3 失效,局域网内部 VLAN 间的通信及局域网与公网的通信也随之中断。

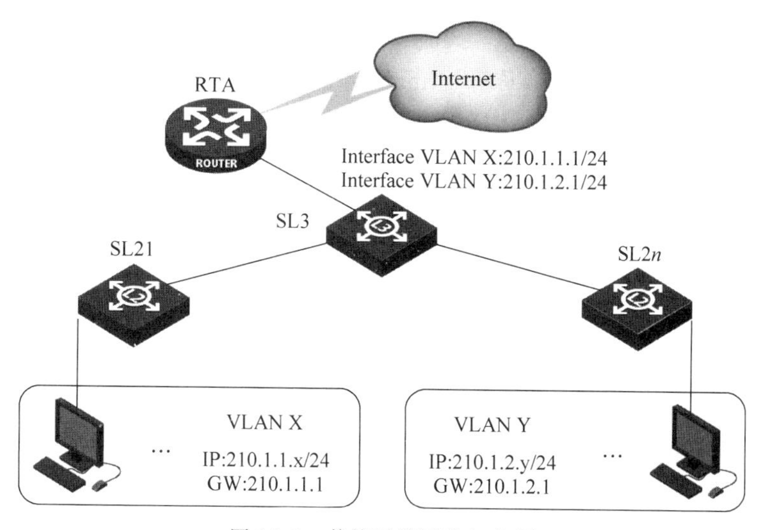

图 17.1 传统网络网关拓扑图

如果使用如图 17.2 所示的双核心交换机网络结构，就可以实现网关的备份。核心层有两台三层交换机同时连接内网和互联网，当其中一台三层交换机失效时，另一台作为备份网关可以保证正常通信。若设置多个三层交换机来承担网关的角色，那内网主机的唯一一个网关要设置在哪台三层交换机上呢？如何实现故障情况下多个三层交换机的自动切换？VRRP（Virtual Router Redundancy Protocol，虚拟路由器冗余协议）可以解决这个问题，并且它还可以实现多个网关设备间的负载分担。VRRP 协议只需要在承担网关角色的三层交换机上进行配置，而不用改变内网主机的任何配置。

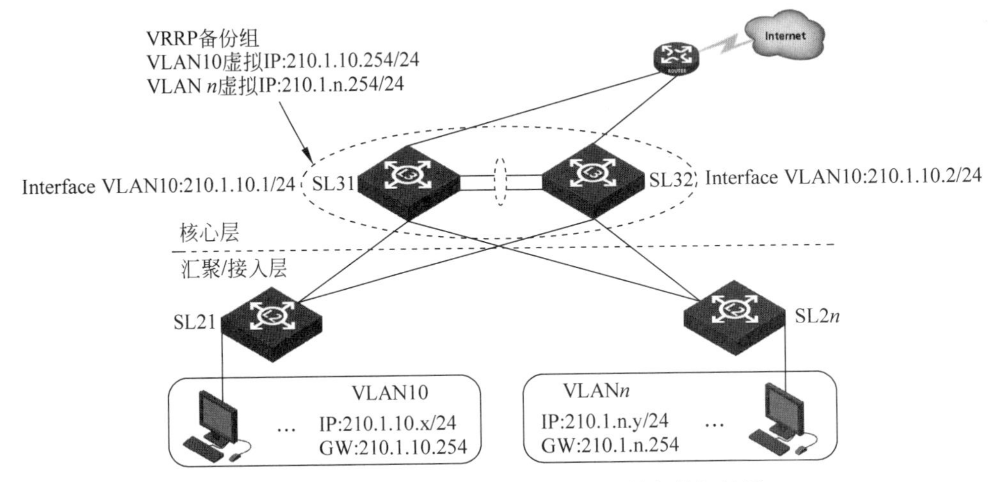

图 17.2　基于 VRRP 的三层交换机网关备份拓扑图

VRRP 协议有两个重要作用。

(1) VRRP 协议使得多台路由设备（三层交换机或路由器）组成一个备份组，并共同使用同一个虚拟 IP 地址，组成一个虚拟网关，为主机提供报文转发服务。但是，任何时刻一个网段都只有一台路由设备（Master）负责执行虚拟网关的任务，真正承担这一网段的报文转发任务；而其他设备只是作为备份设备（Backup）而存在。

(2) 组成备份组的多台路由设备（三层交换机或路由器）可以同时为多个网段提供网关服务，并且共同分担不同网段的流量转发任务，实现负载分担。

如图 17.2 所示，在三层交换机 SL31 和 SL32 都正常工作的情况下，SL31 承担 VLAN10 的流量转发任务，而 SL32 承担 VLANn 的流量转发任务，以实现负载分担；当两台三层交换机中的一台出现故障时，另一台三层交换机会自动承担起所有 VLAN 的流量转发任务，实现网关的备份功能。

17.2　VRRP 基本原理

VRRP 是一种局域网接入设备容错协议，其将局域网的一组路由设备组织成一个虚拟路由器，称为一个备份组。备份组由一个 Master 路由设备（主路由器）和若干 Backup 路由设备（备份路由器）组成。

VRRP 协议使用 VRRP 报文传递备份组参数，进行 Master 的选举。VRRP 报文是一种 IP 组播报文，组播地址为 224.0.0.18。

VRRP 协议定义了同一备份组的路由设备的 3 种状态：初始状态(Initialize)、活动状态(Master)和备份状态(Backup)。

VRRP 协议选择优先级最高的路由设备作为 Master。①VRRP 优先级值最大的设备优先级最高，成为 Master；②若 VRRP 优先级值相同，则比较接口的 IP 地址，IP 地址最大的设备优先级最高。备份组中的 Master 路由设备提供实际的路由服务，而 Backup 路由设备随时监测 Master 路由设备的状态，时刻准备在它失效后取而代之。

当 Master 路由设备正常工作时，它会周期性地发送 VRRP 组播报文，向组内的 Backup 路由设备宣告 Master 处于正常工作状态。

如果组内的 Backup 路由设备在规定时间内没有接收到来自 Master 的报文，会判定 Master 离线，则在 Backup 中重新选举出新的 Master，继续向网络内的主机提供路由服务，从而保证不间断通信。

VRRP 协议通过多台路由设备实现冗余，但同一网段内任何时候都只有一台路由设备为 Master，其他的为 Backup。路由设备间的 Master/Backup 切换对用户是完全透明的，用户不必关心具体过程，只要把网关 IP 地址设置为虚拟路由器的 IP 地址即可。

如图 17.2 所示，VRRP 将局域网中的两个三层交换机 SL31 和 SL32 组织成为 VLAN10 的虚拟路由器。VLAN10 的虚拟路由器拥有自己的 IP 地址 210.1.10.254，称为虚拟路由器的虚拟 IP 地址。同时，三层交换机上的 VLAN10 接口也有自己的 IP 地址(SL31、SL32 上 VLAN10 接口 IP 地址分别为 210.1.10.1 和 210.1.10.2)。在配置时，将局域网主机的默认网关设置为虚拟 IP 地址 210.1.1.254，主机可以与其他网络进行通信，实际的报文转发由备份组内 Master 路由设备执行。主机无须知道备份组内三层交换机的 VLAN 接口 IP 地址。

VRRP 协议选举优先级高的路由设备作为备份组的 Master，备份组内的其余路由设备为 Backup。Master 的选举有如下两种方式。

(1) 非抢占方式：如果备份组工作在非抢占方式下，一开始备份组会选举优先级最高的路由设备作为 Master。选举完成后，只要 Master 设备没有出现故障，即便有更高优先级的设备加入备份组或者 Backup 设备随后被赋予了更高的优先级，高优先级设备也不会被选举为新的 Master。

(2) 抢占方式：如果备份组工作在抢占方式下，一旦出现优先级比当前 Master 设备更高的 Backup 设备时，高优先级的 Backup 设备就会主动抢占成为新的 Master。

默认情况下备份组以抢占方式工作。

路由设备角色(Master/Backup)切换过程如下。

(1) Master 路由设备选举。首先比较各路由设备 VRRP 优先级值的大小(优先级值大的优先级高)，优先级值最大的设备成为 Master 设备，状态变为 Master；若 VRRP 优先级值相同，则比较接口 IP 地址，IP 地址最大的设备成为 Master，由它提供实际的路由服务。

(2) 选出 Master 路由设备后，其他路由设备作为备份，并通过 Master 路由设备发出的 VRRP 报文监测 Master 的状态。

在非抢占方式下，当 Master 路由设备正常工作时，它会周期性地发送 VRRP 组播报文告知 Backup 路由设备：Master 处于正常工作状态。如果组内的 Backup 路由设备在规定时间内未收到来自 Master 的报文，则会在 Backup 设备中重新选出 Master。

在抢占方式下，优先级最高的路由设备会切换成Master路由器。

VRRP备份组有如下特点。

(1) VRRP备份组中的所有路由设备共同组成一个虚拟路由器，拥有同一个虚拟IP地址。局域网主机将虚拟IP地址设置为自己的网关，通过虚拟路由器与其他网段设备进行通信。

(2) VRRP备份组内的路由设备根据优先级选举出唯一一台设备作为Master，承担网关的转发任务。

(3) 当VRRP备份组内的Master路由设备发生故障或离线时，会在备份设备中重新选出一个Master来承担网关的转发任务。

17.3 VRRP配置与调试

17.3.1 VRRP基本配置命令

1. 创建VRRP备份组，配置备份组的虚拟IP地址

```
[H3C-interfaceX]vrrp vrid virtual-router-id virtual-ip virtual-address   /* 接口视图
```

注意：三层交换机需在VLAN接口视图下配置VRRP备份组；如果使用路由器的以太网接口作为网关，那么可以在路由器的以太网接口视图下配置VRRP备份组。

删除备份组或虚拟IP地址命令如下：

```
[H3C-interfaceX]undo vrrp vrid virtual-router-id [virtual-ip virtual-address]     /* 接口视图
```

参数说明：

(1) *virtual-router-id*：VRRP备份组号，备份组号取值范围为1～255。

(2) *virtual-address*：虚拟路由器的IP地址。一个备份组最多可以添加16个虚拟路由器的IP地址。

注意：VRRP工作在负载均衡模式时，要求备份组的虚拟IP地址和接口的IP地址不能相同；否则，VRRP负载均衡功能将无法正常工作。负载均衡模式可在系统视图通过**vrrp mode load-balance**命令来设置。

2. 设置设备在备份组中的优先级

```
[H3C-interfaceX]vrrp vrid virtual-router-id priority priority-value    /* 接口视图
[H3C-interfaceX]undo vrrp vrid virtual-router-id priority              /* 接口视图
```

参数说明：

(1) *virtual-router-id*：VRRP备份组号，备份组号范围为1～255。

(2) *priority-value*：要设置的设备的优先级，范围为1～254。默认情况下，设备的VRRP优先级值为100。优先级值越大，优先级也就越高。

3. 设置备份组主路由设备的选举方式

设置备份组中的路由设备工作在抢占方式及抢占延迟时间，命令如下：

```
[H3C-interfaceX]vrrp vrid virtual-router-id preempt-mode [timer delay delay-value]
  /* 接口视图
```

设置备份组中的路由设备工作在非抢占方式，其命令如下：

```
[H3C-interfaceX]undo vrrp vrid virtual-router-id preempt-mode   /* 接口视图
```

默认情况下，备份组中的路由设备工作在抢占方式下，抢占延迟时间为0s。

参数说明：

(1) *virtual-router-id*：VRRP备份组号，取值范围为1～255。

(2) *delay-value*：抢占延迟时间。*delay-value*取值范围为0～255s，单位为秒(s)，默认值为0s。

设置抢占延迟时间是为了避免主备状态频繁转换而造成的网络振荡。在性能不够稳定的网络中，备份设备可能因为网络堵塞而无法正常收到主设备(Master)的报文，导致备份组内的成员频繁地进行主备切换。设置延迟时间后，备份设备没有按时收到来自主设备的报文，会等待一段时间(抢占延迟时间)，如果超时，备份设备才会切换为主设备，从而避免主备状态频繁转换。

如果备份组工作在非抢占方式下，选举完成后只要Master设备没有出现故障，即便有更高优先级的设备加入备份组或者Backup设备随后被赋予了更高的优先级，高优先级设备也不会被选举为新的Master。如果备份组工作在抢占方式下，一旦出现优先级比当前Master设备更高的Backup设备时，高优先级的Backup设备就会主动抢占成为新的Master。

17.3.2 VRRP链路监视配置与信息查看命令

1. 备份组的上行链路监视配置

假设图17.2中SL31为VLAN10的Master路由设备，其上行链路(连接路由器去往互联网的链路)断开，无法连接互联网，SL31已显然不再适合网关的角色。但设备本身未发生故障，连接内网的以太网接口也正常工作，内网设备仍然能够访问SL31，因此不会主动进行主备切换，导致VRRP协议备份功能失效。为解决上行链路失效无法进行主备切换的问题，备份组需要监视Master路由设备的上行链路。当上行链路断开时，Master路由设备应当主动降低自己的VRRP优先级，转为备份设备，以保证网关的正常工作。

注意：备份组工作在抢占方式下，上行链路监视才能真正起到主备切换的作用。而且，只需要对主设备(Master)的上行链路进行监视。

上行链路监视配置分为如下两个步骤。

步骤1：创建监视Track项。

```
[H3C]track track-entry-number interface interface-type interface-number   /* 系统视图
```

参数说明：

(1) *track-entry-number*：被监视Track项的序号，取值范围为1～1024，本参数的支持情况与设备的型号有关，请以设备的实际情况为准。

(2) *interface-number*：被监视接口编号。

步骤 2：为备份组关联监视 Track 项。

```
[H3C-interfaceX]vrrp vrid virtual-router-id track track-entry-number priority reduced [priority-reduced]    /* 接口视图
```

参数说明：

(1) *virtual-router-id*：VRRP 备份组号，取值范围为 1～255。

(2) *track-entry-number*：被监视的 Track 项序号，*track-entry-number* 取值范围为 1～1024。

(3) **priority reduced** [*priority-reduced*]：当监视的 Track 项状态变为 Negative 时，降低本地路由设备在备份组中的优先级。优先级降低的数值为 *priority-reduced*。*priority-reduced* 的取值范围为 1～255，默认值为 10。

IP 地址拥有者：当 VRRP 的虚拟 IP 地址和路由设备的接口 IP 地址一致时，称该路由器为 IP 地址拥有者。配置 VRRP 的路由器的接口 IP 地址必须跟虚拟 IP 地址在同一网段，但一般情况下它们并不相同。

注意：当路由设备为 IP 地址拥有者时，不允许对其进行监视接口的配置。也就是说，只有配置了虚拟 IP 的接口可以进行监视接口的配置。VRRP 不仅可以监视物理接口，还可以监视虚拟接口（如 VLAN 接口）。

2. VRRP 的状态信息查看命令

```
<H3C>display vrrp [ interface interface-type interface-number [ vrid virtual-router-id ] ] [ verbose ]    /* 任意视图
```

参数说明：

(1) **interface** *interface-type interface-number*：显示指定接口的 VRRP 备份组状态信息。其中，*interface-type interface-number* 为接口类型和接口编号。

(2) **vrid** *virtual-router-id*：显示指定 VRRP 备份组的状态信息。其中，*virtual-router-id* 为 IPv4 VRRP 备份组号，取值范围为 1～255。

(3) **verbose**：显示 VRRP 备份组状态的详细信息。如果不指定本参数，则显示 VRRP 备份组状态的摘要信息。

VRRP 基本配置命令汇总如表 17.1 所示。

表 17.1　VRRP 基本配置命令

操　　作	命令(命令执行的视图)
创建 VRRP 备份组，配置备份组的虚拟 IP 地址 删除备份组或虚拟 IP 地址	[H3C-interface*X*] vrrp vrid *virtual-router-id* virtual-ip *virtual-address*(接口视图) [H3C-interface*X*] undo vrrp vrid *virtual-router-id* [virtual-ip *virtual-address*](接口视图)
设置设备在备份组中的优先级 还原备份组默认优先级	[H3C-interface*X*]vrrp vrid *virtual-router-id* priority *priority-value*(接口视图) [H3C-interface*X*]undo vrrp vrid *virtual-router-id* priority(接口视图)

续表

操　　作	命令(命令执行的视图)
设置备份组以抢占方式工作和延迟时间 设置备份组以非抢占方式工作	H3C-interface*X*]vrrp vrid *virtual-router-id* preempt-mode [timer delay *delay-value*](接口视图) [H3C-interface*X*]undo vrrp vrid *virtual-router-id* preempt-mode(接口视图)
创建监视 Track 项 为备份组关联监视 Track 项	[H3C] track *track-entry-number* interface *interface-type interface-number*(系统视图) [H3C-interface*X*] vrrp vrid *virtual-router-id* track *track-entry-number* priority reduced [*priority-reduced*](接口视图)
查看 VRRP 的状态信息	<H3C>display vrrp [interface *interface-type interface-number* [vrid *virtual-router-id*]] [verbose](任意视图)

17.4　VRRP 配置实训

本节需要完成两个实训任务。在"单一备份组的 VRRP 配置实训"中,内网只有一个业务 VLAN,使用 VRRP 协议配置一个备份组作为这个 VLAN 的网关。在"多备份组负载分担 VRRP 配置实训"中,内网有两个业务 VLAN,使用 VRRP 协议配置两个备份组分别作为这两个 VLAN 的网关,备份组中的两个三层交换机各自承担一个 VLAN 的 Master 角色,实现两个 VLAN 流量的负载分担。

17.4.1　单一备份组的 VRRP 配置实训

1. 实训内容与实训目的

1) 实训内容

使用 VRRP 协议配置一个备份组作为一个 VLAN 的网关,实现网关设备的冗余备份。

2) 实训目的

掌握单一备份组的 VRRP 配置;掌握备份组的上行链路监视配置;掌握动态路由协议的配置。

2. 实训设备

实训设备如表 17.2 所示。

表 17.2　单一备份组的 VRRP 配置实训设备

实训设备与线缆	数　量	备　注
MSR36-20 路由器	1 台	支持 Comware V7 命令的路由器即可
S5820 交换机	3 台	支持 Comware V7 命令的三层交换机即可
计算机	2 台	OS: Windows 10
Console 线	1 根	—
以太网线	6 根	—

3. 实训拓扑与实训要求、IP 地址/VLAN 规划

如图 17.3 所示,三层交换机 SL31 和 SL32 组成备份组,连接着内网的业务 VLAN10,备份组的上行链路连接边界路由器 RT1。IP 地址分配及 VLAN 划分如表 17.3 所示。

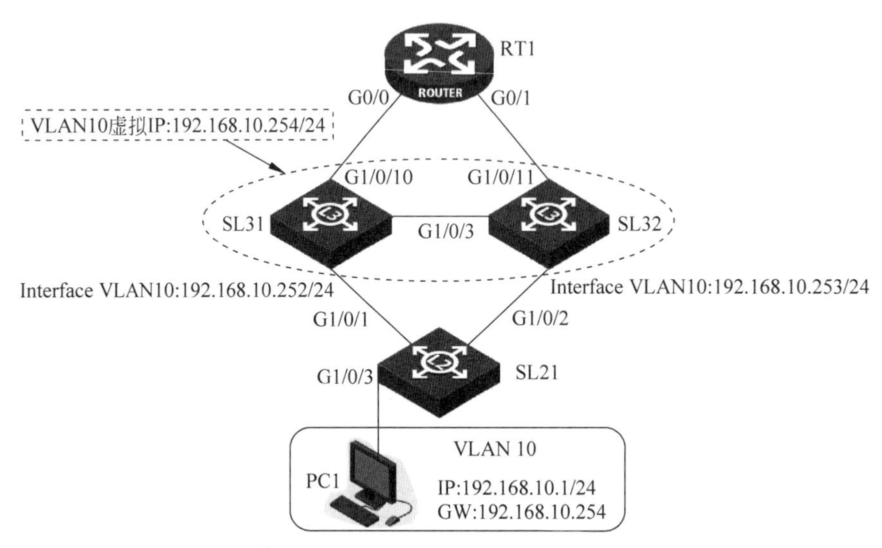

图 17.3　单一备份组的 VRRP 配置实训拓扑图

表 17.3　设备 IP 地址/VLAN 规划

设备名称	接口	IP 地址	网关 / VLAN
RT1	G0/0	100.1.1.2/30	—
	G0/1	200.1.1.2/30	—
	LoopBack0	192.168.1.1/32	—
SL31	interface vlan 10	192.168.10.252/24	—
	interface vlan 100	100.1.1.1/30	—
	VRRP Vrid 10	192.168.10.254	—
	G1/0/1、G1/0/3	—	VLAN10
	G1/0/10	—	VLAN100
SL32	interface vlan 10	192.168.10.253/24	—
	interface vlan 200	200.1.1.1/30	—
	VRRP Vrid 10	192.168.10.254	—
	G1/0/2、G1/0/3	—	VLAN10
	G1/0/11	—	VLAN200
SL21	G1/0/1、G1/0/2、G1/0/3	—	VLAN10
PC1	网卡	192.168.10.1/24	192.168.10.254

实训要求：

(1) 配置 SL31 作为 VRRP 备份组 10 的 Master 设备，SL32 作为 VRRP 备份组 10 的 Backup 设备。正常情况下，VLAN10 的用户通过 SL31 进行数据转发。

(2) 当 SL31 宕机或者 SL31 的上行链路断开后，SL32 能够迅速承担 VLAN10 的流量转发任务；SL31 故障恢复后，继续承担 VRRP 备份组 10 的网关功能。

(3) 配置路由协议，实现主机到边界路由器 LoopBack0 接口(模拟公网接口)的路由可达。

4. 实训过程

1) 配置 STP 与 VLAN

为避免二层环路，在交换机上需启动 STP 协议。

(1) SL21 配置 STP 与 VLAN。

```
[SL21]stp global enable                              /* 全局启动 STP 协议
[SL21]interface g1/0/3
[SL21-GigabitEthernet1/0/3]undo stp enable           /* G1/0/3 连接终端,无须运行 STP
[SL21-GigabitEthernet1/0/3]vlan 10                   /* 创建 VLAN10 并进入 VLAN10 视图
[SL21-vlan10]port g1/0/1 to g1/0/3                   /* 将 G1/0/1、G1/0/2 和 G1/0/3 划分到 VLAN10
```

(2) SL31 配置 STP 与 VLAN。

```
[SL31]stp global enable                              /* 全局启动 STP 协议
[SL31]interface g1/0/10
[SL31-GigabitEthernet1/0/10]undo stp enable          /* G1/0/10 连接路由器,无须运行 STP
[SL31-GigabitEthernet1/0/10]vlan 10                  /* 创建 VLAN10 并进入 VLAN10 视图
[SL31-vlan10]port g1/0/1 g1/0/3                      /* 将 G1/0/1 和 G1/0/3 划分到 VLAN10
[SL31-vlan10]vlan 100                                /* 创建 VLAN100,用来连接 RT1 的 G0/0 端口
[SL31-vlan100]port g1/0/10                           /* 将 G1/0/10 划分到 VLAN100
```

(3) SL32 配置 STP 与 VLAN。

```
[SL32]stp global enable                              /* 全局启动 STP 协议
[SL32]interface g1/0/11
[SL31-GigabitEthernet1/0/11]undo stp enable          /* G1/0/11 连接路由器,无须运行 STP
[SL32-GigabitEthernet1/0/11]vlan 10
[SL32-vlan10]port g1/0/2 g1/0/3
[SL32-vlan10]vlan 200                                /* 创建 VLAN200,用来连接 RT1 的 G0/1 端口
[SL32-vlan200]port g1/0/11                           /* 将 G1/0/11 划分到 VLAN200
```

2) 配置设备 IP 地址

(1) 配置 SL31 的 VLAN 接口 IP 地址。

```
[SL31]interface vlan 10                                   /* 进入 VLAN10 接口视图
[SL31-Vlan-interface10]ip address 192.168.10.252 24       /* 配置 VLAN10 接口 IP 地址
```

注意:VLAN10 接口的 IP 地址应与其备份组的虚拟 IP 地址在同一网段。

```
[SL31-Vlan-interface10]interface vlan 100                 /* 进入 VLAN100 接口视图
[SL31-Vlan-interface100]ip address 100.1.1.1 30           /* 配置 VLAN100 接口 IP 地址
```

(2) 配置 SL32 的 VLAN 接口 IP 地址。

```
[SL32]interface vlan 10
[SL32-Vlan-interface10]ip address 192.168.10.253 24
  /* 配置 VLAN10 接口 IP 地址,与 SL31 上的 VLAN10 接口 IP 地址不同
[SL32-Vlan-interface10]interface vlan 200
[SL32-Vlan-interface200]ip address 200.1.1.1 30
```

(3) 配置 RT1 的接口 IP 地址。

```
[RT1]interface g0/0
[RT1-GigabitEthernet0/0]ip address 100.1.1.2 30           /* 配置 G0/0 端口 IP 地址
[RT1-GigabitEthernet0/0]interface g0/1
[RT1-GigabitEthernet0/1]ip address 200.1.1.2 30           /* 配置 G0/1 端口 IP 地址
[RT1-GigabitEthernet0/1]interface loopback 0
```

```
[RT1-LoopBack0]ip address 192.168.1.1 32                    /* 配置环回 LoopBack0 接口 IP 地址
```

(4) 配置 PC1 的 IP 地址/掩码与网关。

配置 PC1 的 IP 地址/掩码为 192.168.10.1/24,网关为 192.168.10.254(备份组的虚拟 IP 地址)。

3) 配置路由协议

在内网配置 RIP 协议,保证内网各网段间路由可达。

(1) SL31 配置 RIP 协议。

```
[SL31]rip 1                                                 /* 启动 RIP 进程 1
[SL31-rip-1]version 2                                       /* 运行 RIP 版本 2
[SL31-rip-1]undo summary                                    /* 关闭路由聚合功能
[SL31-rip-1]network 100.1.1.0  0.0.0.3                      /* 声明 100.1.1.0/30 网段
[SL31-rip-1]network 192.168.10.0                            /* 声明 192.168.10.0/24 网段
```

(2) SL32 配置 RIP 协议。

```
[SL32]rip 1
[SL32-rip-1]version 2
[SL32-rip-1]undo summary
[SL32-rip-1]network 200.1.1.0  0.0.0.3
[SL32-rip-1]network 192.168.10.0
```

(3) RT1 配置 RIP 协议。

```
[RT1]rip 1
[RT1-rip-1]version 2
[RT1-rip-1]undo summary
[RT1-rip-1]network 100.1.1.0 0.0.0.3
[RT1-rip-1]network 200.1.1.0 0.0.0.3
[RT1-rip-1]network 192.168.1.1 0.0.0.0                      /* 声明 192.168.1.1/32 网段
```

4) 查看路由表

使用 display ip routing-table 命令查看 SL31、SL32、RT1 的路由表。

如图 17.4～图 17.6 所示,三台设备已经通过 RIP 协议学到了内网的所有网段(192.168.10.0/24、100.1.1.0/30、200.1.1.0/30、192.168.1.1/32)的明细路由。

RT1 中有两条去往 192.168.10.0/24 的 RIP 等值路由,这两条路由的下一跳分别为 100.1.1.1(经过 SL31)、200.1.1.1(经过 SL32)。

SL31 和 SL32 上也出现了等值路由。

5) VRRP 备份组配置

步骤 1: 创建 VRRP 备份组,配置备份组的虚拟 IP 地址。

(1) SL31 配置 VRRP 备份组及虚拟 IP 地址。

```
[SL31]interface vlan 10                                     /* 进入 VLAN10 接口视图
[SL31-Vlan-interface10]vrrp vrid 10 virtual-ip 192.168.10.254
  /* 创建备份组 10 作为 VLAN10 的网关,配置备份组虚拟 IP 地址为 192.168.10.254
```

注意: 备份组的虚拟 IP 地址要与 VLAN 接口的 IP 地址在同一网段。

```
<RT1>display ip routing-table

Destinations : 18        Routes : 19

Destination/Mask    Proto   Pre Cost        NextHop         Interface
0.0.0.0/32          Direct  0   0           127.0.0.1       InLoop0
100.1.1.0/30        Direct  0   0           100.1.1.2       GE0/0
100.1.1.0/32        Direct  0   0           100.1.1.2       GE0/0
100.1.1.2/32        Direct  0   0           127.0.0.1       InLoop0
100.1.1.3/32        Direct  0   0           100.1.1.2       GE0/0
127.0.0.0/8         Direct  0   0           127.0.0.1       InLoop0
127.0.0.0/32        Direct  0   0           127.0.0.1       InLoop0
127.0.0.1/32        Direct  0   0           127.0.0.1       InLoop0
127.255.255.255/32  Direct  0   0           127.0.0.1       InLoop0
192.168.1.1/32      Direct  0   0           127.0.0.1       InLoop0
192.168.10.0/24     RIP     100 1           100.1.1.1       GE0/0
                                            200.1.1.1       GE0/1
200.1.1.0/30        Direct  0   0           200.1.1.2       GE0/1
200.1.1.0/32        Direct  0   0           200.1.1.2       GE0/1
200.1.1.2/32        Direct  0   0           127.0.0.1       InLoop0
200.1.1.3/32        Direct  0   0           200.1.1.2       GE0/1
224.0.0.0/4         Direct  0   0           0.0.0.0         NULL0
224.0.0.0/24        Direct  0   0           0.0.0.0         NULL0
255.255.255.255/32  Direct  0   0           127.0.0.1       InLoop0
```

图 17.4　查看 RT1 路由表

```
[SL31]display ip routing-table

Destinations : 18        Routes : 19

Destination/Mask    Proto   Pre Cost        NextHop         Interface
0.0.0.0/32          Direct  0   0           127.0.0.1       InLoop0
100.1.1.0/30        Direct  0   0           100.1.1.1       Vlan100
100.1.1.0/32        Direct  0   0           100.1.1.1       Vlan100
100.1.1.1/32        Direct  0   0           127.0.0.1       InLoop0
100.1.1.3/32        Direct  0   0           100.1.1.1       Vlan100
127.0.0.0/8         Direct  0   0           127.0.0.1       InLoop0
127.0.0.0/32        Direct  0   0           127.0.0.1       InLoop0
127.0.0.1/32        Direct  0   0           127.0.0.1       InLoop0
127.255.255.255/32  Direct  0   0           127.0.0.1       InLoop0
192.168.1.1/32      RIP     100 1           100.1.1.2       Vlan100
192.168.10.0/24     Direct  0   0           192.168.10.252  Vlan10
192.168.10.0/32     Direct  0   0           192.168.10.252  Vlan10
192.168.10.252/32   Direct  0   0           127.0.0.1       InLoop0
192.168.10.255/32   Direct  0   0           192.168.10.252  Vlan10
200.1.1.0/30        RIP     100 1           100.1.1.2       Vlan100
                                            192.168.10.253  Vlan10
224.0.0.0/4         Direct  0   0           0.0.0.0         NULL0
224.0.0.0/24        Direct  0   0           0.0.0.0         NULL0
255.255.255.255/32  Direct  0   0           127.0.0.1       InLoop0
```

图 17.5　查看 SL31 路由表

```
[SL32]display ip routing-table

Destinations : 18        Routes : 19

Destination/Mask    Proto   Pre Cost        NextHop         Interface
0.0.0.0/32          Direct  0   0           127.0.0.1       InLoop0
100.1.1.0/30        RIP     100 1           192.168.10.252  Vlan10
                                            200.1.1.2       Vlan200
127.0.0.0/8         Direct  0   0           127.0.0.1       InLoop0
127.0.0.0/32        Direct  0   0           127.0.0.1       InLoop0
127.0.0.1/32        Direct  0   0           127.0.0.1       InLoop0
127.255.255.255/32  Direct  0   0           127.0.0.1       InLoop0
192.168.1.1/32      RIP     100 1           200.1.1.2       Vlan200
192.168.10.0/24     Direct  0   0           192.168.10.253  Vlan10
192.168.10.0/32     Direct  0   0           192.168.10.253  Vlan10
192.168.10.253/32   Direct  0   0           127.0.0.1       InLoop0
192.168.10.255/32   Direct  0   0           192.168.10.253  Vlan10
200.1.1.0/30        Direct  0   0           200.1.1.1       Vlan200
200.1.1.0/32        Direct  0   0           200.1.1.1       Vlan200
200.1.1.1/32        Direct  0   0           127.0.0.1       InLoop0
200.1.1.3/32        Direct  0   0           200.1.1.1       Vlan200
224.0.0.0/4         Direct  0   0           0.0.0.0         NULL0
224.0.0.0/24        Direct  0   0           0.0.0.0         NULL0
255.255.255.255/32  Direct  0   0           127.0.0.1       InLoop0
```

图 17.6　查看 SL32 路由表

(2) SL32 配置 VRRP 备份组及虚拟 IP 地址。

```
[SL32]interface vlan 10                                  /* 进入 VLAN10 接口视图
[SL32-Vlan-interface10]vrrp vrid 10 virtual-ip 192.168.10.254
  /* 创建备份组 10 作为 VLAN10 的网关,配置备份组虚拟 IP 地址为 192.168.10.254
```

注意：同一备份组中所有设备都需要配置相同的虚拟 IP 地址。

步骤 2：配置 Master 设备的 VRRP 优先级。

VRRP 协议默认以抢占方式工作,VRRP 优先级高的设备会自动抢占成为 Master 设备。

```
[SL31-Vlan-interface10]vrrp vrid 10 priority 110         /* VLAN 接口视图
```

将 SL31 的 VRRP 优先级值配置为 110(高于 SL32 的优先级默认值 100),使 SL31 成为 Master。

步骤 3：配置 Master 设备的上行链路监视。

(1) 创建监视 Track 项。

```
[SL31]track 1 interface g1/0/10  /* 监视 SL31 上行链路端口 G1/0/10      /* 系统视图
```

(2) 为 VLAN10 的备份组 10 关联监视 Track 项。

```
[SL31]interface vlan 10
[SL31-Vlan-interface10]vrrp vrid 10 track 1 priority reduced 20        /* VLAN 接口视图
```

注意：只需要监视 Master 设备的上行链路,无须监视 Backup 设备的上行链路。当 Master 设备的上行链路被发现断开后,它会主动降低自己的 VRRP 优先级,成为 Backup 设备,不再承担网关的转发任务。

6) VRRP 协议信息查看

使用 display vrrp verbose 命令查看 VRRP 备份组详细信息。SL31 交换机上的备份组详细信息如图 17.7 所示,信息的具体解释如表 17.4 所示。

```
[SL31]display vrrp verbose
IPv4 virtual router information:
 Running mode : Standard
 Total number of virtual routers : 1
   Interface Vlan-interface10
     VRID            : 10                    Adver timer  : 100 centiseconds
     Admin status    : Up                    State        : Master
     Config pri      : 110                   Running pri  : 110
     Preempt mode    : Yes                   Delay time   : 0 centiseconds
     Auth type       : None
     Virtual IP      : 192.168.10.254
     Virtual MAC     : 0000-5e00-010a
     Master IP       : 192.168.10.252
   VRRP track information:
     Track object    : 1                   State : Positive    Pri reduced : 20
```

图 17.7　查看 SL31 上的备份组详细信息

表 17.4　VRRP 信息解释

信息内容	信息解释
Interface Vlan-interface10	以下列出 VLAN10 的备份组信息
VRID：10	备份组 ID 为 10
Adver timer：100 centiseconds	VRRP 报文发送周期为 100 厘秒(cs)
State：Master	设备为 Master 状态

信息内容	信息解释
Config pri：110	设备 VRRP 优先级被配置为 110
Running pri：110	设备运行中使用的 VRRP 优先级为 110
Preempt mode：Yes	备份组工作在抢占方式
Delay time：0 centiseconds	备份组抢占时延为 0
Auth type：None	备份组无认证
Virtual IP：192.168.10.254	备份组的虚拟 IP 地址为 192.168.10.254
Master IP：192.168.10.252	备份组 VLAN 接口的 IP 地址为 192.168.10.252
VRRP track information	以下列出 VRRP 监视信息
Track object：1	有一个监视目标
State：Positive	监视目标当前为正常工作状态
Pri reduced：20	当监视目标处于非正常工作状态时，将本设备的 VRRP 优先级调低 20

由备份组信息可知：SL31 为 Master 设备，备份组虚拟 IP 地址为 192.168.10.254，VLAN10 接口 IP 地址为 192.168.10.252，设备以抢占方式工作。

7）VRRP 备份组功能检验

以下对 VRRP 的功能进行检验，检验方法如下。

（1）关闭 SL31 检验 VRRP。

在 PC1 上用 tracert 命令跟踪 RT1 环回接口 LoopBack0(tracert 192.168.1.1)，发现报文经过 192.168.10.252(SL31 的 VLAN10 接口)后到达 192.168.1.1，如图 17.8(a)所示。将 SL31 断电，重新使用 tracert 命令跟踪 RT1 环回接口 LoopBack0，发现报文经过 192.168.10.253(SL32 的 VLAN10 接口)后到达 192.168.1.1，报文的传递路径已经改变了，如图 17.8(b)所示。

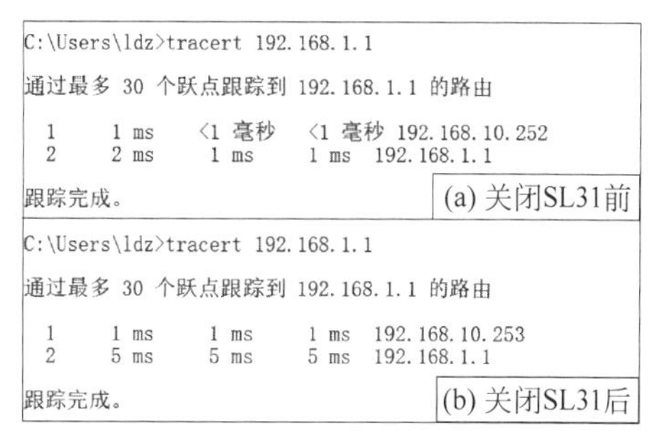
```
C:\Users\ldz>tracert 192.168.1.1

通过最多 30 个跃点跟踪到 192.168.1.1 的路由

  1     1 ms    <1 毫秒   <1 毫秒  192.168.10.252
  2     2 ms     1 ms      1 ms   192.168.1.1

跟踪完成。
```
(a) 关闭SL31前
```
C:\Users\ldz>tracert 192.168.1.1

通过最多 30 个跃点跟踪到 192.168.1.1 的路由

  1     1 ms     1 ms      1 ms   192.168.10.253
  2     5 ms     5 ms      5 ms   192.168.1.1

跟踪完成。
```
(b) 关闭SL31后

图 17.8　关闭 SL31 前后的 tracert 路径

注意：使用 tracert 命令前需要在三层设备(RT1、SL31、SL32)上运行 **ip unreachables enable** 命令和 **ip ttl-expires enable** 命令(系统视图)，打开 ICMP 目的不可达和超时报文发送功能。

检验结果说明内网报文在 SL31 正常工作时经 SL31 到达 RT1，而不会经过 SL32 到达 RT1，这是因为 SL31 是主设备，而 SL32 是备份设备；而当 SL31 宕机后，报文经过 SL32 到达 RT1，这是因为原来的主设备失效，备份设备自动切换成为新的主设备进行工作。

这里还有一点大家需要注意：使用 tracert 命令时，路径上并没有出现 IP 地址 192.168.10.254，因为它是虚拟 IP 地址。

（2）关闭 SL31 上行链路端口检验 VRRP。

```
[SL31-GigabitEthernet1/0/10]shutdown
```

使用 shutdown 命令将 SL31 的上行链路端口 G1/0/10 关闭，再使用 tracert 命令跟踪 RT1 环回接口 LoopBack0，发现报文经 192.168.10.253(SL32 的 VLAN10 接口)后到达

192.168.1.1。此时查看 SL31 的 VRRP 信息,会发现其 VRRP 运行优先级已经降了 20,变为 90(Running pri),说明上行链路监视发挥了作用;并且设备状态(State)已切换至 Backup,如图 17.9 所示。

```
[SL31]display vrrp verbose
IPv4 virtual router information:
 Running mode : Standard
 Total number of virtual routers : 1
   Interface Vlan-interface10
     VRID             : 10                    Adver timer  : 100 centiseconds
     Admin status     : Up                    State        : Backup
     Config pri       : 110                   Running pri  : 90
     Preempt mode     : Yes                   Delay time   : 0 centiseconds
     Become master    : 3130 millisecond left
     Auth type        : None
     Virtual IP       : 192.168.10.254
     Master IP        : 192.168.10.253
   VRRP track information:
     Track object   : 1                 State : Negative   Pri reduced : 20
```

图 17.9 关闭 SL31 上行链路后 VRRP 信息

如果未监视 SL31 的上行链路,SL31 在上行链路端口 G1/0/10 断开后仍然会充当网关主设备,VRRP 备份组将无法真正起到作用。此时从业务网段去往 RT1 环回接口的报文会照常送至 SL31,之后再转送至 SL32 进入 RT1 的 G0/0 端口,最终到达 RT1 的环回接口。

注意:*如果 SL31、SL32 之间没有链路连接,那么 SL31 就会因无法到达 RT1 的环回接口而将报文丢弃。*

8) 配置注意事项

(1) 备份组的虚拟 IP 地址需为合法的主机 IP 地址。

(2) 备份组的虚拟 IP 地址和备份组 VLAN 接口的 IP 地址需在同一网段,否则可能导致局域网内的主机无法访问外部网络。

(3) 删除 IP 地址拥有者上的 VRRP 备份组,将导致地址冲突。建议先修改配置备份组的接口的 IP 地址,再删除该接口上的 VRRP 备份组,以避免地址冲突。

(4) 对于同一个 VRRP 备份组的成员设备,必须保证虚拟路由器的 IP 地址及个数、定时器间隔时间(抢占时延)配置完全一样。

(5) 在 Master 的上行链路监视配置中,需要注意 Master 的 VRRP 优先级降低幅度,确保降低后的 Master 优先级低于备份组内其他设备的优先级,保证备份组内有其他设备被选举为 Master。

17.4.2 多备份组负载分担 VRRP 配置实训

1. 实训内容与实训目的

1) 实训内容

使用 VRRP 协议配置多个备份组作为不同业务 VLAN 的网关,通过 VRRP 备份组实现多个网关的备份与负载分担。

2) 实训目的

掌握配置 VRRP 多备份组实现多网关的备份与负载分担;掌握备份组的上行链路监视配置;掌握动态路由协议的配置。

2. 实训设备

实训设备如表 17.5 所示。

表 17.5　多备份组的 VRRP 配置实训设备

实训设备与线缆	数　　量	备　　注
MSR36-20 路由器	1 台	支持 Comware V7 命令的路由器即可
S5820 交换机	4 台	支持 Comware V7 命令的三层交换机即可
计算机	2 台	OS：Windows 10
Console 线	1 根	—
以太网线	9 根	—

3. 实训拓扑与实训要求、IP 地址与 VLAN 规划

如图 17.10 所示，某公司为了实现网关设备的冗余备份，以及内网业务流量的负载分担，在内部网络的核心层部署了两台三层核心交换机 SL31 和 SL32，组成 VLAN10 和 VLAN20 的网关备份组，共同分担 VLAN10 和 VLAN20 的业务流量。设备的 IP 地址与 VLAN 规划如表 17.6 所示。

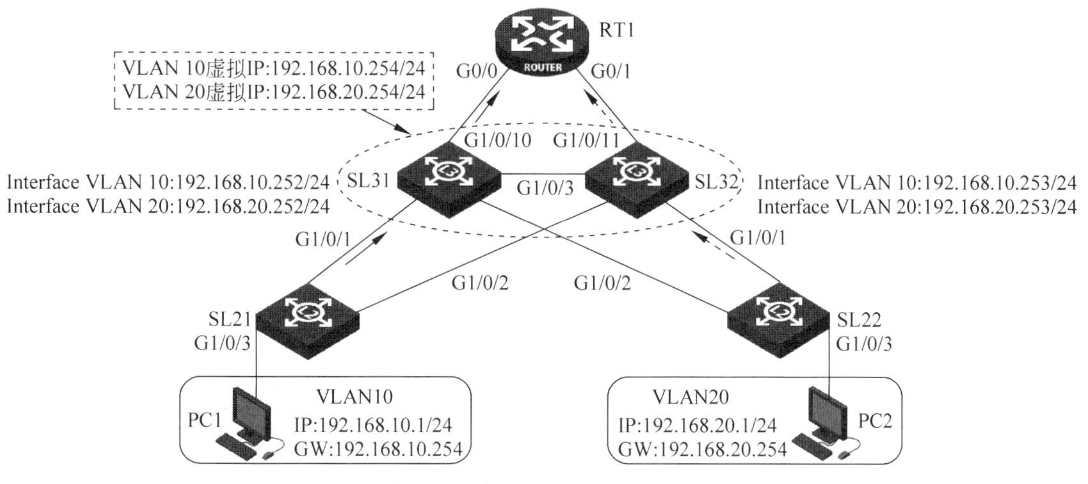

图 17.10　多备份组负载分担 VRRP 配置实训拓扑图

表 17.6　设备 IP 地址与 VLAN 规划

设 备 名 称	接　　口	IP 地址	网关/VLAN
RT1	G0/0	100.1.1.2/30	—
	G0/1	200.1.1.2/30	—
	LoopBack0	192.168.1.1/32	—
SL31	interface vlan 10	192.168.10.252/24	—
	interface vlan 20	192.168.20.252/24	—
	interface vlan 100	100.1.1.1/30	—
	VRRP Vrid 10	192.168.10.254	—
	VRRP Vrid 20	192.168.20.254	—
	G1/0/1	—	VLAN10
	G1/0/2	—	VLAN20
	G1/0/3	—	VLAN10、VLAN20(Trunk)
	G1/0/10	—	VLAN100

续表

设备名称	接口	IP 地址	网关/VLAN
SL32	interface vlan 10	192.168.10.253/24	—
	interface vlan 20	192.168.20.253/24	—
	interface vlan 200	200.1.1.1/30	—
	VRRP Vrid 10	192.168.10.254	—
	VRRP Vrid 20	192.168.20.254	—
	G1/0/1	—	VLAN20
	G1/0/2	—	VLAN10
	G1/0/3	—	VLAN10、VLAN20(Trunk)
	G1/0/11	—	VLAN200
SL21	G1/0/1、G1/0/2、G1/0/3	—	VLAN10
SL22	G1/0/1、G1/0/2、G1/0/3	—	VLAN20
PC1	网卡	192.168.10.1/24	192.168.10.254/VLAN10
PC2	网卡	192.168.20.1/24	192.168.20.254/VLAN20

实训要求：

(1) 配置 SL31 作为 VRRP 备份组 10 的 Master 设备，同时作为 VRRP 备份组 20 的 Backup 设备；SL32 作为 VRRP 备份组 20 的 Master 设备，同时作为 VRRP 备份组 10 的 Backup 设备。在正常情况下，VLAN10 的用户以 SL31 为网关进行数据转发，VLAN20 的用户以 SL32 为网关进行数据转发。

(2) 当 SL31 或者 SL31 的上行接口发生故障后，SL32 能够迅速承担 VLAN10 的业务流量转发任务；SL31 故障恢复后，继续承担 VRRP 备份组 10 的网关功能。

(3) 当 SL32 或者 SL32 的上行接口故障发生故障后，SL31 能够迅速承担 VLAN20 的业务流量转发任务；SL32 故障恢复后，继续承担 VRRP 备份组 20 的网关功能。

(4) 配置路由协议，实现主机到边界路由器 LoopBack 接口(模拟公网)的路由可达。

4. 实训过程

1) 配置 VLAN 与 MSTP

为避免二层环路，在交换机上需启动 STP 协议。

(1) SL21 配置 MSTP 与 VLAN。

① SL21 配置 VLAN。

```
[SL21]vlan 10                           /* 创建 VLAN10 并进入 VLAN10 视图
[SL21-vlan10]port g1/0/1 to g1/0/3      /* 将 G1/0/1、G1/0/2、G1/0/3 划分到 VLAN10
```

② SL21 配置 MSTP。

```
[SL21-vlan10]stp global enable          /* 启动 STP 协议
[SL21]interface g1/0/3
[SL21-GigabitEthernet1/0/3]undo stp enable   /* G1/0/3 连接终端,无须运行 STP
```

以下为 MSTP 协议的域配置。

```
[SL21-GigabitEthernet1/0/3]stp region-configuration   /* 配置 MSTP 域
[SL21-mst-region]region-name mstp                     /* MSTP 域名为 mstp
[SL21-mst-region]instance 1 vlan 10                   /* 将 VLAN10 映射到实例 1
[SL21-mst-region]active region-configuration          /* 激活域配置
```

(2) SL22 配置 MSTP 与 VLAN。

① SL22 配置 VLAN。

```
[SL22]vlan 20                          /* 创建 VLAN20 并进入 VLAN20 视图
[SL22-vlan20]port g1/0/1 to g1/0/3     /* 将 G1/0/1、G1/0/2、G1/0/3 划分到 VLAN20
```

② SL22 配置 MSTP。

```
[SL22-vlan20]stp global enable         /* 启动 STP 协议
[SL22]interface g1/0/3
[SL22-GigabitEthernet1/0/3]undo stp enable   /* G1/0/3 连接终端,无须运行 STP
```

以下为 MSTP 协议的域配置。

```
[SL22-GigabitEthernet1/0/3]stp region-configuration   /* 配置 MSTP 域
[SL22-mst-region]region-name mstp                     /* MSTP 域名为 mstp
[SL22-mst-region]instance 2 vlan 20                   /* 将 VLAN20 映射到实例 2
[SL22-mst-region]active region-configuration          /* 激活域配置
```

(3) SL31 配置 VLAN 与 MSTP。

① SL31 配置 VLAN。

```
[SL31]vlan 10
[SL31-vlan10]port g1/0/1
[SL31-vlan10]vlan 20
[SL31-vlan20]port g 1/0/2
[SL31-vlan20]interface g1/0/3
[SL31-GigabitEthernet1/0/3]port link-type trunk
[SL31-GigabitEthernet1/0/3]port trunk permit vlan 10 20
[SL31-GigabitEthernet1/0/3]undo port trunk permit vlan 1
[SL31-GigabitEthernet1/0/3]vlan 100          /* VLAN100 用来连接 RT1 的 G0/0 端口
[SL31-vlan100]port g1/0/10
```

② SL31 配置 MSTP。

```
[SL31-vlan100]stp global enable              /* 启动 STP 协议
[SL31]interface g1/0/10
[SL31-GigabitEthernet1/0/10]undo stp enable  /* G1/0/10 连接路由,无须运行 STP
```

以下为 MSTP 协议的域配置。

```
[SL31-GigabitEthernet1/0/10]stp region-configuration   /* 配置 MSTP 域
[SL31-mst-region]region-name mstp                      /* MSTP 域名为 mstp
[SL31-mst-region]instance 1 vlan 10                    /* 将 VLAN20 映射到实例 1
[SL31-mst-region]instance 2 vlan 20                    /* 将 VLAN20 映射到实例 2
[SL31-mst-region]active region-configuration           /* 激活域配置
[SL31-mst-region]quit                                  /* 退回系统视图
```

以下配置实例树的主根、备根。

```
[SL31]stp instance 1 root primary      /* 配置 SL31 为实例 1 的主根
[SL31]stp instance 2 root secondary    /* 配置 SL31 为实例 2 的备根
```

(4) SL32 配置 VLAN 与 MSTP。

① SL32 配置 VLAN。

```
[SL32]vlan 10
[SL32-vlan10]port g1/0/2
[SL32-vlan10]vlan 20
[SL32-vlan20]port g1/0/1
[SL32-vlan20]interface g1/0/3
[SL32-GigabitEthernet1/0/3]port link-type trunk
[SL32-GigabitEthernet1/0/3]port trunk permit vlan 10 20
[SL32-GigabitEthernet1/0/3]undo port trunk permit vlan 1
[SL32-GigabitEthernet1/0/3]vlan 200                /* VLAN200 用来连接 RT1 的 G0/0 端口
[SL32-vlan200]port g1/0/11
```

② SL32 配置 MSTP。

```
[SL32-vlan200]stp global enable                    /* 启动 STP 协议
[SL32]interface g1/0/11
[SL32-GigabitEthernet1/0/11]undo stp enable        /* G1/0/11 连接路由,无须运行 STP
```

以下为 MSTP 协议的域配置。

```
[SL32-GigabitEthernet1/0/11]stp region-configuration      /* 配置 MSTP 域
[SL32-mst-region]region-name mstp                         /* MSTP 域名为 mstp
[SL32-mst-region]instance 1 vlan 10                       /* 将 VLAN20 映射到实例 1
[SL32-mst-region]instance 2 vlan 20                       /* 将 VLAN20 映射到实例 2
[SL32-mst-region]active region-configuration              /* 激活域配置
[SL31-mst-region]quit                                     /* 退回系统视图
```

以下配置实例树的主、备根。

```
[SL32]stp instance 2 root primary       /* 配置 SL32 为实例 2 的主根
[SL32]stp instance 1 root secondary     /* 配置 SL32 为实例 1 的备根
```

2) 配置设备 IP 地址

(1) SL31 配置 VLAN 接口 IP 地址。

```
[SL31]interface vlan 10                                  /* 进入 VLAN10 接口视图
[SL31-Vlan-interface10]ip address 192.168.10.252 24      /* 配置 VLAN10 接口 IP 地址
```

注意:VLAN10 接口的 IP 地址应与其备份组的虚拟 IP 地址在同一网段。

```
[SL31-Vlan-interface10]interface vlan 20                 /* 进入 VLAN20 接口视图
[SL31-Vlan-interface20]ip address 192.168.20.252 24      /* 配置 VLAN20 接口 IP 地址
[SL31-Vlan-interface20]interface vlan 100                /* 进入 VLAN100 接口视图
[SL31-Vlan-interface100]ip address 100.1.1.1 30          /* 配置 VLAN100 接口 IP 地址
```

(2) SL32 配置 VLAN 接口 IP 地址。

```
[SL32]interface vlan 10
[SL32-Vlan-interface10]ip address 192.168.10.253 24
[SL32-Vlan-interface10]interface vlan 20
[SL32-Vlan-interface20]ip address 192.168.20.253 24
[SL32-Vlan-interface20]interface vlan 200
[SL32-Vlan-interface200]ip address 200.1.1.1 30
```

(3) RT1 配置 IP 地址。

```
[RT1]interface g0/0
[RT1-GigabitEthernet0/0]ip address 100.1.1.2 30      /* 配置 G0/0 端口 IP 地址
[RT1-GigabitEthernet0/0]interface g0/1
[RT1-GigabitEthernet0/1]ip address 200.1.1.2 30      /* 配置 G0/1 端口 IP 地址
[RT1-GigabitEthernet0/1]interface loopback 0
[RT1-LoopBack0]ip address 192.168.1.1 32             /* 配置环回 LoopBack0 接口 IP 地址
```

(4) 配置 PC1、PC2 的 IP 地址/掩码与网关。

配置 PC1 的 IP 地址/掩码为 192.168.10.1/24,网关为 192.168.10.254。

配置 PC2 的 IP 地址/掩码为 192.168.20.1/24,网关为 192.168.20.254。

3) 配置路由协议

在内网配置 RIP 协议,保证内网各网段间路由可达。

(1) SL31 配置 RIP 协议。

```
[SL31]rip 1                                          /* 启动 RIP 进程 1
[SL31-rip-1]version 2                                /* 运行 RIPv2
[SL31-rip-1]undo summary                             /* 关闭路由聚合功能
[SL31-rip-1]network 100.1.1.0 0.0.0.3                /* 声明 100.1.1.0/30 网段
[SL31-rip-1]network 192.168.10.0 0.0.0.255           /* 声明 192.168.10.0/24 网段
[SL31-rip-1]network 192.168.20.0 0.0.0.255           /* 声明 192.168.20.0/24 网段
```

(2) SL32 配置 RIP 协议。

```
[SL32]rip 1
[SL32-rip-1]version 2
[SL32-rip-1]undo summary
[SL32-rip-1]network 200.1.1.0 0.0.0.3
[SL32-rip-1]network 192.168.10.0 0.0.0.255
[SL32-rip-1]network 192.168.20.0 0.0.0.255
```

(3) RT1 配置 RIP 协议。

```
[RT1]rip 1
[RT1-rip-1]version 2
[RT1-rip-1]undo summary
[RT1-rip-1]network 100.1.1.0 0.0.0.3
[RT1-rip-1]network 200.1.1.0 0.0.0.3
[RT1-rip-1]network 192.168.1.1 0.0.0.0               /* 声明 192.168.1.1/32 网段
```

4) 查看路由表

使用 display ip routing-table 命令查看 RT1、SL31、SL32 的路由表。

如图 17.11~图 17.13 所示,三台设备已经通过 RIP 路由协议学到了内网的所有网段(192.168.10.0/24、192.168.20.0/24、100.1.1.0/30、200.1.1.0/30、192.168.1.1/32)的明细路由。

RT1 中有两条去往 192.168.10.0/24 的 RIP 等值路由,这两条路由的下一跳分别为 100.1.1.1(经过 SL31)、200.1.1.1(经过 SL32)RT1 中还有两条去往 192.168.20.0/24 的 RIP 等值路由。

SL31 和 SL32 上同样出现了等值路由。

```
[RT1]display ip routing-table

Destinations : 19        Routes : 21

Destination/Mask    Proto   Pre  Cost        NextHop         Interface
0.0.0.0/32          Direct  0    0           127.0.0.1       InLoop0
100.1.1.0/30        Direct  0    0           100.1.1.2       GE0/0
100.1.1.0/32        Direct  0    0           100.1.1.2       GE0/0
100.1.1.2/32        Direct  0    0           127.0.0.1       InLoop0
100.1.1.3/32        Direct  0    0           100.1.1.2       GE0/0
127.0.0.0/8         Direct  0    0           127.0.0.1       InLoop0
127.0.0.0/32        Direct  0    0           127.0.0.1       InLoop0
127.0.0.1/32        Direct  0    0           127.0.0.1       InLoop0
127.255.255.255/32  Direct  0    0           127.0.0.1       InLoop0
192.168.1.1/32      Direct  0    0           127.0.0.1       InLoop0
192.168.10.0/24     RIP     100  1           100.1.1.1       GE0/0
                                             200.1.1.1       GE0/1
192.168.20.0/24     RIP     100  1           100.1.1.1       GE0/0
                                             200.1.1.1       GE0/1
200.1.1.0/30        Direct  0    0           200.1.1.2       GE0/1
200.1.1.0/32        Direct  0    0           200.1.1.2       GE0/1
200.1.1.2/32        Direct  0    0           127.0.0.1       InLoop0
200.1.1.3/32        Direct  0    0           200.1.1.2       GE0/1
224.0.0.0/4         Direct  0    0           0.0.0.0         NULL0
224.0.0.0/24        Direct  0    0           0.0.0.0         NULL0
255.255.255.255/32  Direct  0    0           127.0.0.1       InLoop0
```

图 17.11　查看 RT1 路由表

```
<SL31>display ip routing-table

Destinations : 22        Routes : 24

Destination/Mask    Proto   Pre  Cost        NextHop         Interface
0.0.0.0/32          Direct  0    0           127.0.0.1       InLoop0
100.1.1.0/30        Direct  0    0           100.1.1.1       Vlan100
100.1.1.0/32        Direct  0    0           100.1.1.1       Vlan100
100.1.1.1/32        Direct  0    0           127.0.0.1       InLoop0
100.1.1.3/32        Direct  0    0           100.1.1.1       Vlan100
127.0.0.0/8         Direct  0    0           127.0.0.1       InLoop0
127.0.0.0/32        Direct  0    0           127.0.0.1       InLoop0
127.0.0.1/32        Direct  0    0           127.0.0.1       InLoop0
127.255.255.255/32  Direct  0    0           127.0.0.1       InLoop0
192.168.1.1/32      RIP     100  1           100.1.1.2       Vlan100
192.168.10.0/24     Direct  0    0           192.168.10.252  Vlan10
192.168.10.0/32     Direct  0    0           192.168.10.252  Vlan10
192.168.10.252/32   Direct  0    0           127.0.0.1       InLoop0
192.168.10.255/32   Direct  0    0           192.168.10.252  Vlan10
192.168.20.0/24     Direct  0    0           192.168.20.252  Vlan20
192.168.20.0/32     Direct  0    0           192.168.20.252  Vlan20
192.168.20.252/32   Direct  0    0           127.0.0.1       InLoop0
192.168.20.255/32   Direct  0    0           192.168.20.252  Vlan20
200.1.1.0/30        RIP     100  1           100.1.1.2       Vlan100
                                             192.168.10.253  Vlan10
                                             192.168.20.253  Vlan20
224.0.0.0/4         Direct  0    0           0.0.0.0         NULL0
224.0.0.0/24        Direct  0    0           0.0.0.0         NULL0
255.255.255.255/32  Direct  0    0           127.0.0.1       InLoop0
```

图 17.12　查看 SL31 路由表

```
<SL32>display ip routing-table

Destinations : 22        Routes : 24

Destination/Mask    Proto   Pre  Cost        NextHop         Interface
0.0.0.0/32          Direct  0    0           127.0.0.1       InLoop0
100.1.1.0/30        RIP     100  1           192.168.10.252  Vlan10
                                             192.168.20.252  Vlan20
                                             200.1.1.2       Vlan200
127.0.0.0/8         Direct  0    0           127.0.0.1       InLoop0
127.0.0.0/32        Direct  0    0           127.0.0.1       InLoop0
127.0.0.1/32        Direct  0    0           127.0.0.1       InLoop0
127.255.255.255/32  Direct  0    0           127.0.0.1       InLoop0
192.168.1.1/32      RIP     100  1           200.1.1.2       Vlan200
192.168.10.0/24     Direct  0    0           192.168.10.253  Vlan10
192.168.10.0/32     Direct  0    0           192.168.10.253  Vlan10
192.168.10.253/32   Direct  0    0           127.0.0.1       InLoop0
192.168.10.255/32   Direct  0    0           192.168.10.253  Vlan10
192.168.20.0/24     Direct  0    0           192.168.20.253  Vlan20
192.168.20.0/32     Direct  0    0           192.168.20.253  Vlan20
192.168.20.253/32   Direct  0    0           127.0.0.1       InLoop0
192.168.20.255/32   Direct  0    0           192.168.20.253  Vlan20
200.1.1.0/30        Direct  0    0           200.1.1.1       Vlan200
200.1.1.0/32        Direct  0    0           200.1.1.1       Vlan200
200.1.1.1/32        Direct  0    0           127.0.0.1       InLoop0
200.1.1.3/32        Direct  0    0           200.1.1.1       Vlan200
224.0.0.0/4         Direct  0    0           0.0.0.0         NULL0
224.0.0.0/24        Direct  0    0           0.0.0.0         NULL0
255.255.255.255/32  Direct  0    0           127.0.0.1       InLoop0
```

图 17.13　查看 SL32 路由表

5）VRRP 协议配置

步骤 1：创建 VRRP 备份组，配置备份组的虚拟 IP 地址。

（1）SL31 配置 VRRP 备份组及虚拟 IP 地址、抢占时延。

```
[SL31]interface vlan 10                          /* 进入 VLAN10 接口视图
[SL31-Vlan-interface10]vrrp vrid 10 virtual-ip 192.168.10.254
  /* VLAN10 接口视图下创建备份组 10 作为 VLAN10 的网关,配置备份组虚拟 IP 地址为 192.168.10.254
[SL31-Vlan-interface10]vrrp vrid 10 preempt-mode delay 400
  /* VLAN10 接口视图下配置备份组 10 的抢占时延为 400cs
[SL31-Vlan-interface10]interface vlan 20         /* 进入 VLAN20 接口视图
[SL31-Vlan-interface20]vrrp vrid 20 virtual-ip 192.168.20.254
  /* VLAN20 接口视图下创建备份组 20 作为 VLAN20 的网关,配置备份组虚拟 IP 地址为 192.168.20.254
[SL31-Vlan-interface20]vrrp vrid 20 preempt-mode delay 400
  /* VLAN20 接口视图下配置备份组 20 的抢占时延为 400cs
```

注意：备份组的虚拟 IP 地址要与 VLAN 接口的 IP 地址在同一网段，同一个备份组的抢占时延要一致。

（2）SL32 配置 VRRP 备份组及虚拟 IP 地址、抢占时延。

```
[SL32]interface vlan 10                          /* 进入 VLAN10 接口视图
[SL32-Vlan-interface10]vrrp vrid 10 virtual-ip 192.168.10.254
[SL32-Vlan-interface10]vrrp vrid 10 preempt-mode delay 400
[SL32-Vlan-interface10]interface vlan 20         /* 进入 VLAN20 接口视图
[SL32-Vlan-interface20]vrrp vrid 20 virtual-ip 192.168.20.254
[SL32-Vlan-interface20]vrrp vrid 20 preempt-mode delay 400
```

注：同一备份组中所有设备都需要配置相同的虚拟 IP 地址。

步骤 2：配置 Master 设备的 VRRP 优先级。

VRRP 协议默认以抢占方式工作，VRRP 优先级高的设备会自动抢占成为 Master 设备。

```
[SL31-Vlan-interface10]vrrp vrid 10 priority 110     /* VLAN10 接口视图
  /* 将 SL31 备份组 10 的 VRRP 优先级配置为 110(高于 SL32 上备份组 10 的优先级默认值 100),使
  /* 其成为备份组 10 的 Master
[SL32-Vlan-interface20]vrrp vrid 20 priority 110     /* VLAN20 接口视图
  /* 将 SL32 备份组 20 的 VRRP 优先级配置为 110(高于 SL31 上备份组 20 的优先级默认值 100),使
  /* 其成为备份组 20 的 Master
```

注意：只需调高 Master 设备的 VRRP 优先级值即可，Backup 设备使用默认的优先级。

步骤 3：配置 Master 设备的上行链路监视。

（1）创建监视 Track 项。

```
[SL31]track 1 interface g1/0/10 /* track 1 监视 SL31 上行链路端口 G1/0/10(系统视图)
[SL32]track 2 interface g1/0/11 /* track 2 监视 SL32 上行链路端口 G1/0/11(系统视图)
```

（2）关联监视 Track 项。

```
[SL31]interface vlan 10              /* 进入 VLAN10 接口视图
[SL31-Vlan-interface10]vrrp vrid 10 track 1 priority reduced 20 /* VLAN10 接口视图
  /* 在备份组 10 的 Master 设备 SL31 上关联监视项 Track 1
```

```
[SL32]interface vlan 20           /* 进入 VLAN20 接口视图
[SL32-Vlan-interface20]vrrp vrid 20 track 2 priority reduced 20 /* VLAN20 接口视图
  /* 在备份组 20 的 Master 设备 SL32 上关联监视项 Track 2
```


注意：只需要对 Master 设备的上行链路监视即可，无须监视 Backup 设备。当 Master 设备的上行链路被发现断开后，它会主动降低自己的 VRRP 优先级，成为 Backup 设备，不再承担网关的转发任务。

6）VRRP 协议信息查看与调试

（1）查看 VRRP 备份组的信息。

使用 display vrrp 命令查看 VRRP 备份组信息。

查看 SL31 上的备份组信息，如图 17.14 所示，备份组 10 当前为 Master 状态，而备份组 20 当前为 Backup 状态。

```
<SL31>display vrrp
IPv4 virtual router information:
 Running mode : Standard
 Total number of virtual routers : 2
 Interface          VRID  State        Running Adver     Auth     Virtual
                                       pri     timer(cs) type     IP
 ---------------------------------------------------------------------
 Vlan10             10    Master       110     100       None     192.168.10.254
 Vlan20             20    Backup       100     100       None     192.168.20.254
```

图 17.14　查看 SL31 上的备份组信息

查看 SL32 上的备份组信息，如图 17.15 所示，备份组 20 当前为 Master 状态，而备份组 10 当前为 Backup 状态。

```
[SL32]display vrrp
IPv4 virtual router information:
 Running mode : Standard
 Total number of virtual routers : 2
 Interface          VRID  State        Running Adver     Auth     Virtual
                                       pri     timer(cs) type     IP
 ---------------------------------------------------------------------
 Vlan10             10    Backup       100     100       None     192.169.10.254
 Vlan20             20    Master       110     100       None     192.168.20.254
```

图 17.15　查看 SL32 上的备份组信息

由此可见，SL31、SL32 各自承担一个 VLAN 的流量转发工作，同时又是另一个 VLAN 的备份网关，达到了网关互为备份及流量负载分担的目的。

可使用 display vrrp verbose 命令查看 VRRP 的详细信息。详细使用方法见 17.4.1 节“VRRP 协议信息查看”部分。

（2）VRRP 备份组功能测试。

下面对 VRRP 的功能进行测试，测试方法如下。

① 关闭 SL31 测试 VRRP。

在 PC1 上使用 tracert 命令跟踪 RT1 环回接口 LoopBack0（tracert 192.168.1.1），发现报文经过 192.168.10.252（SL31 的 VLAN10 接口）后到 192.168.1.1，如图 17.16(a)所示。

将 SL31 断电，重新使用 tracert 命令跟踪 RT1 环回接口 LoopBack0，这时候报文经过 192.168.10.253（SL32 的 VLAN10 接口）后到达 192.168.1.1，如图 17.16(b)所示。

注意：使用 tracert 命令前需要在三层设备（RT1、SL31、SL32）上运行 **ip unreachables enable** 命令和 **ip ttl-expires enable** 命令（系统视图），打开 ICMP 目的不可达和超时报文发送功能。

说明 VLAN10 的报文在 SL31 正常工作时经 SL31 到达 RT1,而不会经过 SL32 到达 RT1,这是因为 SL31 是 VLAN10 备份组的主设备,而 SL32 是 VLAN10 备份组的备份设备。当 SL31 宕机后,VLAN10 的报文会选择 SL32 这条路径到达 RT1,这是因为 VLAN10 备份组的主设备失效,备份设备 SL32 会自动切换成为主设备进行工作。

也可以关闭 SL32 来测试 VLAN20 的备份网关工作情况。

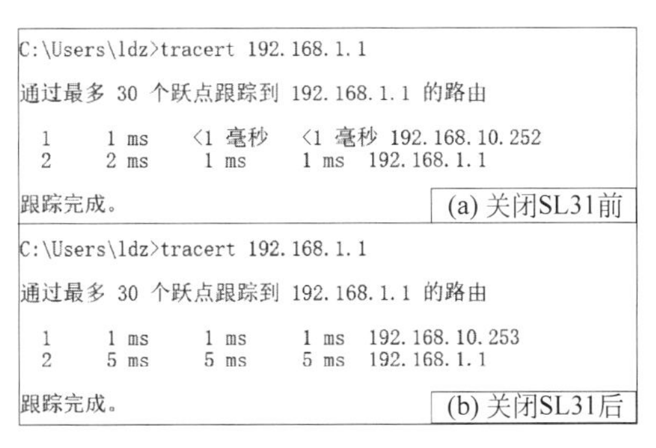

```
C:\Users\ldz>tracert 192.168.1.1

通过最多 30 个跃点跟踪到 192.168.1.1 的路由

  1     1 ms    <1 毫秒   <1 毫秒  192.168.10.252
  2     2 ms     1 ms      1 ms   192.168.1.1

跟踪完成。                                  (a) 关闭SL31前
```

```
C:\Users\ldz>tracert 192.168.1.1

通过最多 30 个跃点跟踪到 192.168.1.1 的路由

  1     1 ms     1 ms      1 ms   192.168.10.253
  2     5 ms     5 ms      5 ms   192.168.1.1

跟踪完成。                                  (b) 关闭SL31后
```

图 17.16　关闭 SL31 前后的 tracert 路径

注意:使用 tracert 命令时,路径上并没有出现 IP 地址 192.168.10.254,因为它是虚拟 IP 地址。

② 关闭 SL31 上行链路端口测试 VRRP。

```
[SL31-GigabitEthernet1/0/10]shutdown
```

使用 shutdown 命令将 SL31 的上行链路端口 G1/0/10 关闭,在 PC1 上重新使用 tracert 命令跟踪 RT1 环回接口 LoopBack0,发现报文经 192.168.10.253(SL32 的 VLAN10 接口)后到达 192.168.1.1。此时查看 SL31 的 VRRP 信息,会发现其 VLAN10 备份组的 VRRP 运行优先级已经降了 20,变为 90(Running pri),这说明上行链路监视发挥了作用;并且设备状态已切换至 Backup(State),如图 17.17 所示。此时,SL32 的两个备份组均为 Master 状态。

```
[SL31-GigabitEthernet1/0/10]display vrrp
IPv4 virtual router information:
 Running mode : Standard
 Total number of virtual routers : 2
 Interface          VRID  State         Running Adver      Auth     Virtual
                                        pri     timer(cs)  type     IP
 ---------------------------------------------------------------------------
 Vlan10             10    Backup        90      100        None     192.168.10.254
 Vlan20             20    Backup        100     100        None     192.168.20.254
```

图 17.17　关闭 SL31 上行链路后 VRRP 信息

注意:如果 SL31、SL32 之间无链路连接,并且未监视 SL31 上行链路,那么 SL31 在上行链路端口 G1/0/10 断开后仍然会充当网关主设备。此时从业务 VLAN10 网段送往 RT1 环回接口的报文会照常转发给 SL31,SL31 会因为无法到达 RT1 的环回接口而将报文丢弃。VRRP 协议的网关备份功能将不能真正起到作用。

7) 配置注意事项

(1) 备份组的虚拟 IP 地址需为合法的主机 IP 地址。

(2) 备份组的虚拟 IP 地址和备份组 VLAN 接口的 IP 地址需配置为同一网段,否则可能导致局域网内的主机无法访问外部网络。

(3) 删除 IP 地址拥有者上的 VRRP 备份组，将导致地址冲突。建议先修改配置备份组接口的 IP 地址，再删除该接口上的 VRRP 备份组，以避免地址冲突。

(4) 对于同一个 VRRP 备份组的成员设备，必须保证虚拟路由器的 IP 地址及个数、定时器间隔时间(抢占时延)配置完全一样。

(5) 在 Master 的上行链路监视配置中，需要注意 Master 的 VRRP 优先级降低幅度，确保降低后的 Master 优先级低于备份组内其他设备的优先级，保证备份组内有其他设备被选为 Master。

17.5 任务小结

1. VRRP 协议提供网关冗余备份与负载分担的功能。

2. VRRP 优先级值最大的设备优先级最高，成为 Master；优先级值相同时，IP 地址最大的设备成为 Master。

3. 配置监测项可使 Master 设备在上行链路断开时自动切换为 Backup 状态，并在上行链路恢复后重回 Master 状态。

4. Master 的选举有两种方式：抢占方式和非抢占方式。

5. 同一个 VRRP 网关备份组的虚拟 IP 地址要相同。

6. VRRP 协议的配置与调试。

17.6 习题与思考

1. VRRP 优先级值大优先级就高吗？如果优先级值一样应该如何选择主设备？

2. 一台设备上是否可以同时配置多个 VRRP 备份组？

3. 抢占方式和非抢占方式有何不同？

4. 在实训中，如果将 Master 的选举方式设置为非抢占方式，那么在备份组设备状态稳定后将 Backup 设备的优先级调高，Backup 设备会不会自动切换成为 Master？

5. 故障诊断与排除一：同一个备份组内出现多个 Master 交换机是什么原因，如何解决？

6. 故障诊断与排除二：VRRP 的状态频繁转换，这是什么原因，要如何解决？

第4篇

网络安全基础

任务18 利用访问控制列表进行包过滤

学习目标

- 掌握 ACL 包过滤的基本工作原理。
- 了解二层 ACL 与用户自定义 ACL。
- 重点学会配置并使用基本 ACL 与高级 ACL 进行包过滤。
- 理解 ASPF 的功能与基本原理。

18.1 认识 ACL

ACL(Access Control List,访问控制列表)技术被用来对数据进行识别,是一种基于包过滤(Packet Filter)的流控制技术。访问控制列表对数据包的源地址、目的地址、端口号及协议类型等进行检查,并根据数据包是否匹配访问控制列表规定的条件来决定是否允许数据包通过。

访问控制列表主要应用如下。

1. 包过滤功能

使用 ACL 对经过网络设备的包进行检查,根据是否匹配 ACL 规则来实现对数据包的过滤功能。例如,可以通过匹配 80 端口来控制用户能否浏览网页,可通过匹配具体的 IP 地址来控制用户能否访问某个网站。配置基于访问控制列表的包过滤,可以保证合法用户报文的通过,同时拒绝非法用户的访问。

2. 网络地址转换

通过设置访问控制列表可以来规定哪些数据包需要进行网络地址转换(Network Address Translation,NAT),以解决公有地址短缺的问题,同时保护内网安全。例如,内网的所有计算机都使用私有地址,那么就可通过设置 ACL 规则来拒绝某个网段的用户通过 NAT 转换后访问互联网。

3. QoS 的数据分类

QoS(Quality of Service,服务质量)是指网络转发数据报文的服务品质保障。QoS 利用 ACL 可以实现对数据的分类,进而对不同类别的数据提供有差别的服务。例如,通过设置 ACL 来识别语音数据包并对其设置较高优先级,以保证语音数据包优先被网络设备所转发,保障 IP 语音通话质量。

4. 路由策略和过滤

路由器可以通过 ACL 对发布与接收的路由信息进行过滤。例如,路由器可以通过引用 ACL 来对匹配路由信息的目的网段地址实施路由过滤,过滤掉不需要的路由信息。

5. 按需拨号

配置路由器建立PSTN/ISDN等按需拨号连接时，可以通过ACL匹配触发拨号行为的数据，即只有需要发送某类数据时路由器才会发起拨号连接。

18.2 基于ACL的包过滤

18.2.1 基于ACL的包过滤基本工作原理

路由器利用ACL来实现包过滤功能。

如图18.1所示，包过滤可以配置在路由器的出接口或入接口上，它具有方向性。每个接口的出站方向(Outbound)和入站方向(Inbound)均可配置独立的包过滤。

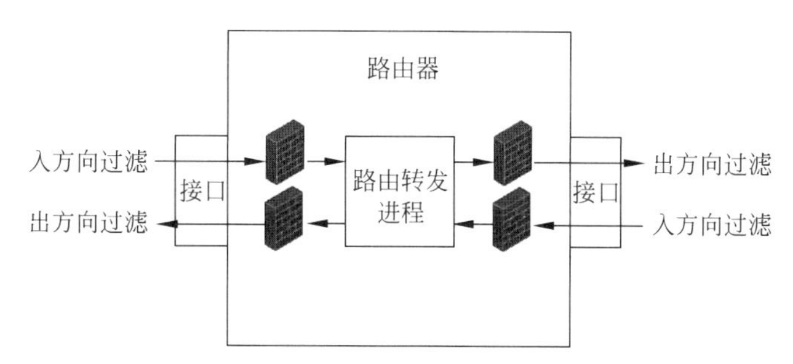

图18.1 基于ACL的包过滤基本工作原理

当数据包被路由器(或三层交换机)接收时，可以在入接口的入站方向上利用ACL对数据包进行过滤；当数据包离开路由器(或三层交换机)时，可以在出接口的出站方向利用ACL对数据包进行过滤。

包过滤可检查数据包的IP地址、协议类型、端口号等信息，将这些信息与包过滤所引用的ACL规则进行比对，根据ACL的规则来决定是丢弃还是转发数据包。

18.2.2 基于ACL的包过滤工作流程

包过滤引用ACL定义的规则来决定报文是否被允许通过。一个ACL可以包含多条规则，每条规则都定义了一个匹配条件及其相应动作。

ACL规则的匹配条件主要包括数据包的源IP地址、目的IP地址、协议号、源端口号、目的端口号等；另外还可以是IP优先级、分片报文位、MAC地址、VLAN信息等。不同类别的ACL所能包含的匹配条件也不同。ACL规则的动作有两个：允许(permit)或拒绝(deny)。

ACL包过滤处理一个进入路由设备的数据包的流程如图18.2所示，具体描述如下。

(1) 如果设备入接口上没有启动包过滤，则数据包直接被提交给路由转发进程处理，转至(3)。

(2) 如果入接口上启动了ACL包过滤，则将数据包提交给入站包过滤进程进行处理。①丢弃匹配ACL拒绝通过规则的数据包。②提交匹配ACL允许通过规则的数据包给路由转发进程，转至(3)。③对于所有规则都不匹配的数据包按默认处理规则进行处理：默认拒绝通过，丢弃该数据包；默认允许通过，将该数据包提交给路由转发进程处理，转至(3)。

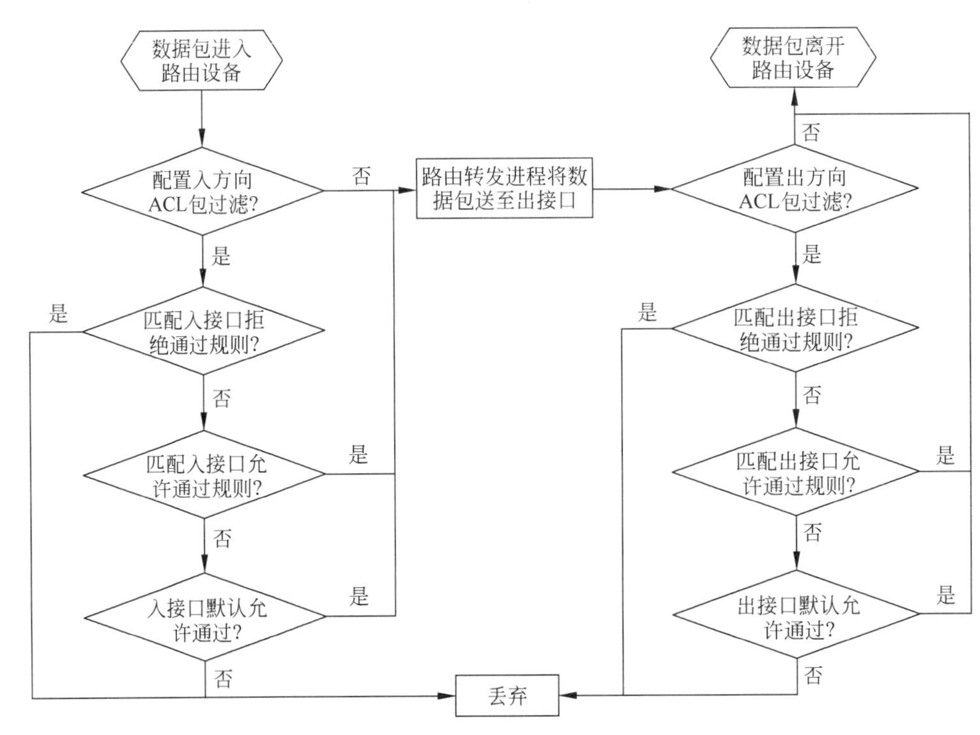

图 18.2　ACL 包过滤处理流程

(3) 路由转发进程根据数据包地址送至路由设备的出接口。如果设备出接口上没有启动 ACL 包过滤,转至(5)(数据包从出接口送出)。

(4) 如果出接口上启动了 ACL 包过滤,则将数据包提交给出站包过滤进程进行处理。①丢弃匹配 ACL 拒绝通过规则的数据包。② 转发匹配 ACL 允许通过规则的数据包,转至(5)。③对于所有 ACL 规则都不匹配的数据包按默认处理规则进行处理:默认拒绝通过,丢弃该数据包;默认允许通过,转发该数据包,转至(5)。

(5) 数据包离开路由设备。

18.2.3　通配符掩码

通配符掩码也称为反掩码。ACL 规则使用 IP 地址和通配符掩码来设定匹配条件。

和子网掩码一样,通配符掩码也是由 32 位二进制组成,以点分十进制形式表示。通配符掩码的作用与子网掩码的作用相似:通过与 IP 地址执行比较操作来标识网络。不同的是,二进制通配符掩码中的 1 表示“在比较中可以忽略相应的地址位,不用检查”,二进制通配符掩码中的 0 表示“相应的地址位必须被检查”。

例如,通配符掩码 0.0.0.255 表示只比较相应 IP 地址的前 24 位,通配符掩码 0.0.3.255 表示只比较相应地址的前 22 位。

在进行 ACL 包过滤时,具体的比较算法如下。

(1) 用 ACL 规则中配置的 IP 地址与通配符掩码做异或运算,得到一个地址 X。

(2) 用数据包的 IP 地址与通配符掩码做异或运算,得到一个地址 Y。

(3) 如果 X=Y,则该数据包命中此条规则;反之则未命中此条规则。

表 18.1 列出了部分通配符掩码的应用示例。

表 18.1 ACL 通配符掩码示例

IP 地址	通配符掩码	表示的地址范围
192.168.0.1	0.0.0.255	192.168.0.0/24
192.168.0.1	0.0.3.255	192.168.0.0/22
192.168.0.1	0.255.255.255	192.0.0.0/8
192.168.0.1	0.0.0.0	192.168.0.1
192.168.0.1	255.255.255.255	0.0.0.0/0
192.168.0.1	0.0.2.255	192.168.0.0/24 和 192.168.2.0/24

例如,要制定一条规则匹配子网 192.168.0.0/24 中的地址,其条件中的 IP 地址应为 192.168.0.0,通配符掩码应为 0.0.0.255,表明只比较 IP 地址的前 24 位。

再如,要制定一条规则匹配子网 192.168.0.0/22 中的地址,其条件中的 IP 地址应为 192.168.0.0,通配符掩码应为 0.0.3.255,表明只比较 IP 地址的前 22 位。

注意:通配符掩码中的 0 和 1 可以不连续。从这种意义上说,"反掩码"的称呼并不精确。例如,通配符掩码 0.0.2.255 的二进制表现形式是 00000000 00000000 00000010 11111111,表示 IP 地址的前 22 位和第 24 位必须比较,而第 23 位和末 8 位不比较。如果某规则的条件是 IP 地址 192.168.0.1,通配符掩码 0.0.2.255,表示其可以被子网 192.168.0.0/24 和 192.168.2.0/24 中的地址命中。

18.2.4 ACL 规则匹配顺序

ACL 规则匹配顺序有两种:auto("深度优先"原则)和 config(按照规则编号顺序进行规则匹配原则)。默认情况下,规则的匹配顺序为 config。用户自定义 ACL 不支持 auto 参数,其规则匹配顺序只能为 config。

1. auto("深度优先"原则)

auto:匹配规则时按"深度优先"的顺序,精确度相同时按用户的规则编号顺序进行匹配。

1) 基本 ACL 和高级 ACL"深度优先"顺序的判断原则

(1) 先比较 ACL 规则的协议范围。IP 协议的范围为 1~255,承载在 IP 上的其他协议范围就是自己的协议号;协议范围小的优先。

(2) 如果协议范围相同,再比较源 IP 地址范围。源 IP 地址范围小(通配符掩码中 0 位的数量多)的优先。

(3) 如果源 IP 地址范围相同,则比较目的 IP 地址范围。目的 IP 地址范围小(通配符掩码中 0 位的数量多)的优先。

(4) 如果目的地址范围相同,则最后比较端口号(TCP/UDP 端口号)范围,端口号范围小的优先。

(5) 如果上述范围都相同,按规则编号顺序进行匹配,规则编号小者顺序靠前。

2) 二层 ACL 的"深度优先"顺序的判断原则

(1) 先比较源 MAC 地址范围。源 MAC 地址范围小(掩码中 1 位数量多)的优先。

(2) 如果源 MAC 地址范围相同,则比较目的 MAC 地址范围。目的 MAC 地址范围小

(掩码中“1”位的数量多)的优先。

(3) 如果上述范围都相同,则按规则编号顺序进行匹配,规则编号小的顺序靠前。

2. config(按照规则编号顺序进行规则匹配原则)

config 表示按照规则编号顺序进行匹配,规则编号小的顺序靠前。也就是从编号小的规则开始比对,一旦匹配成功,后面编号大的规则将被漠视,不再进行比对。

18.3 访问控制列表分类

H3C 设备上访问控制列表按数字标识可分为 4 种,如表 18.2 所示。

表 18.2 访问控制列表(ACL)类型与数字标识范围

访问控制列表(ACL)类型	ACL 对应的数字标识范围
基本访问控制列表(ACL)	2000～2999
高级访问控制列表(ACL)	3000～3999
基于二层的访问控制列表(ACL)	4000～4999
用户自定义访问控制列表(ACL)	5000～5999

(1) 基本 ACL(2000～2999):只根据数据包的源 IP 地址信息制定规则。

(2) 高级 ACL(3000～3999):根据数据包的源和目的 IP 地址及端口、IP 承载的协议类型、协议特性等三四层信息制定规则。

(3) 二层 ACL(4000～4999):根据源和目的 MAC 地址,VLAN 优先级,二层协议类型等二层信息制定规则。

(4) 用户自定义 ACL(5000～5999):以数据包的头部为基准,指定从第几字节开始进行“与”操作,将从报文提取出来的字符串和用户定义的字符串进行比较,找到匹配的报文。

18.4 ACL 包过滤配置与调试

ACL 的配置主要包含如下 3 个步骤。

(1) 启动包过滤功能。

(2) 创建 ACL(为 ACL 指定一个编号,确定 ACL 类型),并为创建的 ACL 定义规则(即定义根据什么规则来过滤哪种数据包)。

(3) 指定 ACL 应用场所(指明在哪些端口的哪个方向上应用 ACL)。

以下分别对配置 ACL 包过滤的 3 个步骤进行详细阐述。

注意: 读者在学习 ACL 配置命令时会觉得参数较多,但常用的 ACL 主要是基本的和高级的 ACL,掌握基本的几个重要参数即可,更详细的参数可以在 ACL 配置时用命令查看,不必记住每个参数。

18.4.1 包过滤功能默认动作

不匹配 ACL 规则的数据包的处理方式取决于包过滤的默认动作。如果默认动作是 permit(允许数据包通过),那么未匹配任何 ACL 规则的数据包将被转发;如果默认动作是

deny(拒绝数据包通过),那么未匹配任何 ACL 规则的数据包将被丢弃。

出厂状态时,设备的包过滤功能已启动,默认动作是 permit。如要将默认动作修改为 deny,使用以下配置命令:

```
[H3C]packet-filter default deny    /* 系统视图
```

18.4.2 ACL 配置

1. 配置基本 ACL

步骤 1:创建基本 ACL。

```
[H3C]acl basic {acl-number | name acl-name} [match-order {auto | config}]   /* 系统视图
```

参数说明:

(1) **basic**:指定创建基本 ACL。

(2) *acl-number*:指定基本 ACL 的编号,2000~2999。

(3) *acl-name*:指定 ACL 的名称。*acl-name* 表示 ACL 的名称,为 1~63 个字符的字符串,不区分大小写,必须以英文字母 a~z 或 A~Z 开头。为避免混淆,ACL 的名称不允许使用英文单词 all。

(4) **auto** | **config**:指定规则的匹配顺序,auto 表示按照"深度优先"原则进行规则匹配,config 表示按照规则编号顺序进行规则匹配。默认情况下,按规则编号顺序进行匹配。

步骤 2:定义基本 ACL 的规则。

```
[H3C-acl-ipv4-basic-2000]rule [rule-id] {deny | permit} [fragment | logging | source
{source-address source-wildcard | any} | time-range time-range-name]   /* IPv4 基本 ACL 视图
```

参数说明:

(1) *rule-id*:指定 IPv4 基本 ACL 规则的编号,取值范围为 0~65 534。若未指定本参数,则系统将按照步长从 0 开始,自动分配一个大于现有最大编号的最小编号。例如,现有规则的最大编号为 28,步长为 5,那么自动分配的新编号将是 30。

(2) **deny**:表示拒绝符合条件的报文。

(3) **permit**:表示允许符合条件的报文。

(4) **fragment**:表示仅对非首片分片报文有效,而对非分片报文和首片分片报文无效。若未指定本参数,则表示该规则对非分片报文和分片报文均有效。

(5) **logging**:表示对符合条件的报文可记录日志信息。该功能需要使用该 ACL 的模块支持日志记录功能,如报文过滤。

(6) *source-address source-wildcard* | **any**:指定规则的源 IP 地址信息。*source-address* 表示报文的源 IP 地址,*source-wildcard* 表示源 IP 地址的通配符掩码(为 0 表示主机地址),**any** 表示任意源 IP 地址。

(7) **time-range** *time-range-name*:指定本规则生效的时间段。*time-range-name* 表示时间段的名称,为 1~32 个字符的字符串,不区分大小写,必须以英文字母 a~z 或 A~Z 开头。若该时间段尚未配置,该规则仍会成功创建,但系统将给出提示信息,并在该时间段的配置完成后此规则才会生效。

2. 配置高级 ACL

步骤 1：创建高级 ACL。

```
[H3C]acl advanced {acl-number | name acl-name}[match-order{auto | config}]
  /* 系统视图
```

参数说明：

（1）**advanced**：指定创建高级 ACL。

（2）*acl-number*：指定高级 ACL 的编号，3000～3999。

（3）*acl-name*：指定 ACL 的名称。*acl-name* 表示 ACL 的名称，为 1～63 个字符的字符串，不区分大小写，必须以英文字母 a～z 或 A～Z 开头。为避免混淆，ACL 的名称不允许使用英文单词 all。

（4）**auto** | **config**：指定规则的匹配顺序，**auto** 表示按照“深度优先”原则进行规则匹配，**config** 表示按照规则编号顺序进行规则匹配。默认情况下，规则的匹配按规则编号顺序。

步骤 2：定义高级 ACL 的规则。

```
[H3C-acl-ipv4-advanced-3000]rule [rule-id] {deny | permit} protocol [established |
destination {dest-address dest-wildcard | any} | destination-port operator port1 [ port2 ] |
fragment | logging | source {source-address source-wildcard | any} | source-port operator
port1 [port2] | time-range time-range-name]   /* IPv4 高级 ACL 视图
```

参数说明：

（1）*rule-id*：指定 IPv4 高级 ACL 规则的编号，取值范围为 0～65 534。若未指定本参数，则系统将按照步长从 0 开始，自动分配一个大于现有最大编号的最小编号。

（2）**deny**：表示拒绝符合条件的报文。

（3）**permit**：表示允许符合条件的报文。

（4）*protocol*：用协议名称或数字（协议号）表示的 IPv4 承载的协议类型。数字范围为 1～255；用名称（括号内为对应的数字）表示时，可以选取 **gre**（47）、**icmp**（1）、**igmp**（2）、**ip**、**ipinip**（4）、**ospf**（89）、**tcp**（6）或 **udp**（17）等。

（5）**established**：TCP 协议特有的参数。对于路由器，表示匹配携带 ACK 或 RST 标志位的 TCP 连接报文。

（6）*dest-address dest-wildcard* | **any**：*dest-address* 表示目的 IP 地址；*dest-wildcard* 表示目的 IP 地址的通配符掩码（为 0 表示主机地址）；**any** 表示任意目的 IP 地址。

（7）**destination-port**：指定 UDP 或者 TCP 报文的目的端口信息，**仅在规则指定的协议号是 TCP 或者 UDP 时有效**。如果不指定，表示 TCP/UDP 报文的任何目的端口信息都匹配。

（8）*operator*：可选参数。比较源端口号或目的端口号的操作符，名字及意义如下：**lt**（小于）、**gt**（大于）、**eq**（等于）、**neq**（不等于）、**range**（在范围内）。只有使用 range 参数时需要两个端口号做操作数，其他的只需要一个端口号做操作数。

（9）*port1*、*port2*：可选参数。TCP 或 UDP 的端口号，用名字或数字表示，数字的取值范围为 0～65 535。

（10）**fragment**：表示仅对非首片分片报文有效，而对非分片报文和首片分片报文无效。若未指定本参数，则表示该规则对非分片报文和分片报文都有效。

（11）**logging**：表示对符合条件的报文可记录日志信息。该功能需要使用该 ACL 的模块支持日志记录功能，如报文过滤。

（12）*source-address source-wildcard*｜**any**：指定规则的源 IP 地址信息。*source-address* 表示报文的源 IP 地址，*source-wildcard* 表示源 IP 地址的通配符掩码（为 0 表示主机地址），**any** 表示任意源 IP 地址。

（13）**time-range** *time-range-name*：指定本规则生效的时间段。*time-range-name* 表示时间段的名称，为 1～32 个字符的字符串，不区分大小写，必须以英文字母 a～z 或 A～Z 开头。若该时间段尚未配置，该规则仍会成功创建，但系统将给出提示信息，并在该时间段的配置完成后此规则才会生效。

（14）**source-port**：指定 UDP 或者 TCP 报文的源端口信息，仅在规则指定的协议号是 TCP 或者 UDP 时有效。如果不指定，表示 TCP/UDP 报文的任何源端口信息都匹配。

3. 配置二层 ACL

步骤 1：创建二层 ACL。

```
[H3C]acl mac { acl-number | name acl-name } [ match-order { auto | config }]  /系统视图
```

参数说明：

（1）**mac**：指定创建二层 ACL。

（2）*acl-number*：指定 ACL 的编号，4000～4999。

（3）*acl-name*：指定 ACL 的名称。*acl-name* 表示 ACL 的名称，为 1～63 个字符的字符串，不区分大小写，必须以英文字母 a～z 或 A～Z 开头。为避免混淆，ACL 的名称不允许使用英文单词 all。

（4）**auto**｜**config**：指定规则的匹配顺序，**auto** 表示按照“深度优先”原则进行规则匹配，**config** 表示按照规则编号顺序进行规则匹配。默认情况下，规则的匹配按规则编号顺序。

步骤 2：定义二层 ACL 的规则。

```
[H3C-acl-mac-4000]rule [ rule-id ] { deny | permit } [ cos vlan-pri | dest-mac dest-
address dest-mask | lsap lsap-type lsap-type-mask | source-mac source-address source-mask |
time-range time-range-name ]  /二层 ACL 视图
```

参数说明：

（1）*rule-id*：指定 IPv4 高级 ACL 规则的编号，取值范围为 0～65 534。若未指定本参数，则系统将按照步长从 0 开始，自动分配一个大于现有最大编号的最小编号。

（2）**deny**：表示拒绝符合条件的报文。

（3）**permit**：表示允许符合条件的报文。

（4）**cos** *vlan-pri*：指定 802.1p 优先级。*vlan-pri* 表示 802.1p 优先级，可输入数字（取值范围为 0～7）或名称：**best-effort**、**background**、**spare**、**excellent-effort**、**controlled-load**、**video**、**voice** 和 **network-management**，依次对应于数字 0～7。

（5）**dest-mac** *dest-address dest-mask*：指定目的 MAC 地址范围。*dest-address* 表示

目的 MAC 地址，格式为 H-H-H；*dest-mask* 表示目的 MAC 地址的掩码，格式为 H-H-H。

（6）**lsap** *lsap-type lsap-type-mask*：指定 LLC 封装中的 DSAP 字段和 SSAP 字段。*lsap-type* 表示数据帧的封装格式，为 16 比特（bit）的十六进制数；*lsap-type-mask* 表示 LSAP 的类型掩码，为 16 比特（bit）的十六进制数，用于指定屏蔽位。

（7）**source-mac** *source-address source-mask*：指定源 MAC 地址范围。*source-address* 表示源 MAC 地址，格式为 H-H-H；*source-mask* 表示源 MAC 地址的掩码，格式为 H-H-H。

（8）**time-range** *time-range-name*：指定本规则生效的时间段。*time-range-name* 表示时间段的名称，为 1～32 个字符的字符串，不区分大小写，必须以英文字母 a～z 或 A～Z 开头。若该时间段尚未配置，该规则仍会成功创建，但系统将给出提示信息，并在该时间段的配置完成后此规则才会生效。

18.4.3 指定 ACL 应用场所

只有将 ACL 应用在接口上才能实现包过滤功能。路由设备接口的数据传输方向有两个：inbound 方向（数据包进入路由设备的方向）和 outbound 方向（数据包离开路由设备的方向）。

1. 基本 ACL 和高级 ACL 应用在接口的命令

```
[H3C-interfaceX]packet-filter {acl-number | name acl-name} {inbound | outbound}
  /* 接口视图
```

参数说明：

（1）*acl-number*：基本/高级 ACL 的编号，2000～3999。

（2）*acl-name*：基本/高级 ACL 的名称。

（3）**inbound**：过滤接口收到的报文。

（4）**outbound**：过滤接口发出的报文。

2. 二层 ACL 应用在接口的命令

```
[H3C-interfaceX]packet-filter mac {acl-number | name acl-name} {inbound | outbound}
  /* 接口视图
```

参数说明：

（1）*acl-number*：二层 ACL 的编号，4000～4999。

（2）*acl-name*：二层 ACL 的名称。

（3）**inbound**：过滤接口收到的报文。

（4）**outbound**：过滤接口发出的报文。

表 18.3 总结了 ACL 包过滤的配置命令。

表 18.3　ACL 包过滤的配置命令

操　　作	命令（命令执行的视图）
设置包过滤默认动作为 deny	[H3C]packet-filter default deny（系统视图）
创建基本 ACL	[H3C]acl basic {*acl-number* | name *acl-name*} [match-order {auto | config}]（系统视图）

续表

操　　作	命令(命令执行的视图)
定义基本 ACL 的规则	[H3C-acl-ipv4-basic-2000]rule [*rule-id*] {deny | permit} [fragment | logging | source {*source-address source-wildcard* | any} | time-range *time-range-name*](IPv4 基本 ACL 视图)
创建高级 ACL	[H3C]acl advanced {*acl-number* | name *acl-name* } [match-order { auto | config }](系统视图)
定义高级 ACL 的规则	[H3C-acl-ipv4-advanced-3000] rule [*rule-id*] { deny | permit } *protocol* [established | destination {*dest-address dest-wildcard* | any} | destination-port *operator port*1 [*port*2] | fragment | logging | source {*source-address source-wildcard* | any} | source-port *operator port*1 [*port*2] | time-range *time-range-name*](IPv4 高级 ACL 视图)
基本 ACL 和高级 ACL 应用在接口	[H3C-interface*X*] packet-filter { *acl-number* | name *acl-name* } { inbound | outbound}(接口视图)
创建二层 ACL	[H3C]acl mac {*acl-number* | name *acl-name* } [match-order { auto | config }](系统视图)
定义二层 ACL 的规则	[H3C-acl-mac-4000]rule [*rule-id*] { deny | permit } [cos *vlan-pri* | dest-mac *dest-address dest-mask* | lsap *lsap-type lsap-type-mask* | source-mac *source-address source-mask* | time-range *time-range-name*](二层 ACL 视图)
二层 ACL 应用在接口	[H3C-interface*X*]packet-filter mac { *acl-number* | name *acl-name* } { inbound | outbound }(接口视图)

18.4.4 ACL 包过滤信息查看与调试

ACL 包过滤功能配置完成后，可通过命令查看包过滤的统计信息、默认过滤规则、接口上应用的 ACL 情况以及数据包被允许或拒绝的情况。

1. 显示 ACL 的配置和运行情况

```
[H3C]display acl [mac | user-defined] {acl-number | all | name acl-name} /* 任意视图
```

参数说明：

(1) **mac**：指定 ACL 类型为二层 ACL。

(2) **user-defined**：指定 ACL 类型为用户自定义 ACL。

(3) *acl-number*：指定 ACL 的编号，2000～5999。

(4) *acl-name*：指定 ACL 的名称。

(5) all：所有的 ACL。用这个参数将显示所有 ACL 的配置。

本命令将按照实际匹配顺序来排列 ACL 内的规则，即：当 ACL 的规则匹配顺序为 config 时，各规则将按照编号由小到大排列；当 ACL 的规则匹配顺序为 auto 时，各规则将按照“深度优先”原则由深到浅排列。

2. 清除 ACL 统计信息

```
<H3C>reset acl [mac | counter] {acl-number | all | name acl-name}   /* 用户视图
```

3. 显示 ACL 包过滤的应用情况

```
<H3C>display packet-filter verbose {interface [interface-type interface-number] {inbound | outbound} [[mac | user-defined] {acl-number | name acl-name}]} /* 任意视图
```

参数说明：

（1）**interface** *interface-type interface-number*：显示指定接口上 ACL 在报文过滤中的详细应用情况。*interface-type interface-number* 表示接口类型和接口编号。

（2）**inbound**：显示入方向上 ACL 在报文过滤中的详细应用情况。

（3）**outbound**：显示出方向上 ACL 在报文过滤中的详细应用情况。

（4）**mac**：指定 ACL 类型为二层 ACL。

（5）**user-defined**：指定 ACL 类型为用户自定义 ACL。

（6）*acl-number*：指定 ACL 的编号，2000～5999。

（7）*acl-name*：指定 ACL 的名称。

4. 查看 ACL 包过滤的统计信息

```
<H3C>display packet-filter statistics {interface [interface-type interface-number] {inbound | outbound} [default | [mac | user-defined] {acl-number | name acl-name}]}
  /* 任意视图
```

参数说明：

（1）**interface** *interface-type interface-number*：显示指定接口上 ACL 在报文过滤中的详细应用情况。*interface-type interface-number* 表示接口类型和接口编号。

（2）**inbound**：显示接口入方向上 ACL 在报文过滤中的详细应用情况。

（3）**outbound**：显示接口出方向上 ACL 在报文过滤中的详细应用情况。

（4）**default**：清除默认动作在报文过滤中应用的统计信息。

（5）**mac**：指定 ACL 类型为二层 ACL。

（6）**user-defined**：指定 ACL 类型为用户自定义 ACL。

（7）*acl-number*：指定 ACL 的编号，2000～5999。

（8）*acl-name*：指定 ACL 的名称。

表 18.4 总结了常用 ACL 包过滤信息显示与调试命令。

表 18.4　常用 ACL 包过滤信息显示与调试命令

操　作	命令（命令执行的视图）
显示 ACL 的配置和运行情况	[H3C]display acl [mac | user-defined] {*acl-number* | all | name *acl-name*}（任意视图）
清除 ACL 统计信息	reset acl [mac | counter] {*acl-number* | all | name *acl-name*}（用户视图）
显示 ACL 包过滤的应用情况	<H3C> display packet-filter verbose {interface [*interface-type interface-number*] {inbound | outbound} [[mac | user-defined] {*acl-number* | name *acl-name*}]}（任意视图）
查看 ACL 包过滤的统计信息	<H3C> display packet-filter statistics {interface [*interface-type interface-number*] {inbound | outbound} [default | [mac | user-defined] {*acl-number* | name *acl-name*}]}（任意视图）
清除 ACL 包过滤的统计信息	<H3C> reset packet-filter statistics {interface [*interface-type interface-number*] {inbound | outbound} [default | [mac | user-defined] {*acl-number* | name *acl-name*}]}（任意视图）

5. 清除 ACL 包过滤的统计信息

```
<H3C>reset packet-filter statistics {interface [ interface-type interface-number ] {inbound | outbound} [default | [mac | user-defined] {acl-number | name acl-name}]}    /*任意视图
```

18.5 包过滤与 ASPF 技术介绍

18.5.1 包过滤技术的优缺点

防火墙的实现技术可分为两类：包过滤技术和应用层报文过滤技术（Application Specific Packet Filter，ASPF）。

包过滤技术的核心是定义 ACL 规则过滤 IP 数据包。对于需要转发的数据包，包过滤防火墙首先获取其包头信息（包括 IP 层承载的上层协议的协议号、数据包的源地址、目的地址、源端口和目的端口等），然后与设定的 ACL 规则进行比较，根据比较的结果对数据包进行处理（允许通过或者丢弃）。

包过滤技术的优点在于它只进行网络层和传输层的过滤，处理速度较快，尤其是在流量中等配置的 ACL 规模适中的情况下对设备的性能几乎没有影响。而且，包过滤技术的实现对于上层应用以及用户来讲都是透明的，无须在用户主机上安装特定的软件。

包过滤技术同时具有明显的弊端，主要表现在以下 4 方面。

1）基于 IP 报文头部的静态数据过滤无法理解特定服务的上下文会话

基于 IP 报文头部的静态匹配，虽然可以允许或拒绝特定的应用层服务，但是无法理解特定服务的上下文会话。例如，对于多通道的应用层协议，由于传统的包过滤防火墙只能理解控制通道的连接信息，而无法预知后续动态协商的数据通道信息，因此就无法对其制定完善的安全过滤策略。

2）无法检测来自应用层的攻击行为

由于包过滤防火墙仅对网络层和传输层进行检查和过滤，不对报文的应用层内容进行解析和检测，因此无法对一些来自应用层的威胁进行防范。例如，无法防范来自不可信网站的 Java Applet 或 ActiveX 插件对内部主机的破坏。

3）维护困难

网络管理人员为了满足企业网络安全的需要，以及各种 Internet 应用服务的需求，必须配置复杂烦琐的 ACL 以实现对数据包的过滤，一旦 ACL 的配置出现错误，将会导致安全漏洞的产生。而且，由于缺少有效的工具对配置规则的正确性进行验证，也会增加维护的难度。

4）缺乏有效的日志功能

包过滤防火墙仅对静态的报文特征信息进行过滤并输出日志记录，不能对整个应用连接输出日志记录，因此无法跟踪应用连接。

由于包过滤在应用层报文过滤方面具有以上先天的不足，因此提出了应用层报文过滤。

18.5.2 ASPF 的优点

ASPF（Application Specific Packet Filter）是针对应用层的报文过滤，即基于状态的报文过滤。它具有以下优点。

(1) 支持传输层协议检测(通用 TCP/UDP 检测)和 ICMP、RAWIP 协议检测。

(2) 支持对应用层协议的解析和连接状态的检测。每个应用连接的状态信息都可被 ASPF 维护,并用于动态地决定数据包是否被允许通过防火墙或丢弃。

(3) 支持 PAM(Port to Application Map,应用协议端口映射),允许用户自定义应用层协议使用非通用端口。

(4) 支持 Java 阻断和 ActiveX 阻断功能,分别用于实现对来自不信任站点的 Java Applet 和 ActiveX 的过滤。

(5) 支持 ICMP 差错报文检测,可以根据 ICMP 差错报文中携带的连接信息,决定是否丢弃该 ICMP 报文。

(6) 支持 TCP 连接首包检测,通过检测 TCP 连接的首报文是否为 SYN 报文,决定是否丢弃该报文。

(7) 提供了增强的会话日志和调试跟踪功能,可以对所有的连接进行记录,可以针对不同的应用协议实现对连接状态的跟踪与调试。

可见,ASPF 技术不仅弥补了包过滤防火墙应用中的缺陷,提供针对应用层的报文过滤,而且还具有多种增强的安全特性,它是一种更智能的高级过滤技术。

18.5.3 ASPF 运行机制

ASPF 不仅能够对 IP 层的数据包根据 ACL 规则进行过滤,还能对传输层、应用层的报文进行检测。ASPF 在 TCP/IP 协议栈中所处的位置如图 18.3 所示。

应用层	ASPF
传输层(TCP/UDP)	
网络层	

图 18.3 ASPF 在协议栈中的位置

1. 协议检测

ASPF 支持的协议检测包括传输层协议检测和 ICMP、RAWIP 协议检测。ASPF 的传输层协议检测通常指通用 TCP/UDP 检测。通用 TCP/UDP 检测是对报文的传输层信息(如报文的源地址、目的地址、端口号、传输层状态等)进行的检测。下面将对 ASPF 的传输层协议检测原理做详细介绍。

1) TCP 检测

TCP 检测是指,ASPF 检测 TCP 连接发起和结束的状态转换过程,包括发起连接的 3 次握手状态和关闭连接的 4 次握手状态,然后根据这些状态创建、更新和删除设备上的连接状态表。TCP 检测是其他基于 TCP 的应用协议检测的基础。

TCP 检测的具体过程:当 ASPF 检测到 TCP 连接发起方的第 1 个 SYN 报文时,开始建立该连接的一个连接状态表,用于记录并维护此连接的状态,以允许后续该连接的相关报文能够通过防火墙,而其他的非相关报文则被阻断和丢弃。

如图 18.4 所示,ASPF 对 Host A 向 Host B 发起的 TCP 连接进行状态检测,允许建立 TCP 连接的 3 次握手报文正常通过,并建立 TCP 连接。在该过程中,来自其他主机的 TCP 报文或者来自 Host B 的不符合正确状态的报文,都会被防火墙丢弃。

2) UDP 检测

UDP 协议没有状态的概念,ASPF 的 UDP 检测是指,针对 UDP 连接的地址和端口进行的检测。UDP 检测是其他基于 UDP 的应用协议检测的基础。

UDP 检测的具体过程:当 ASPF 检测到 UDP 连接发起方的第一个数据报时,ASPF 开

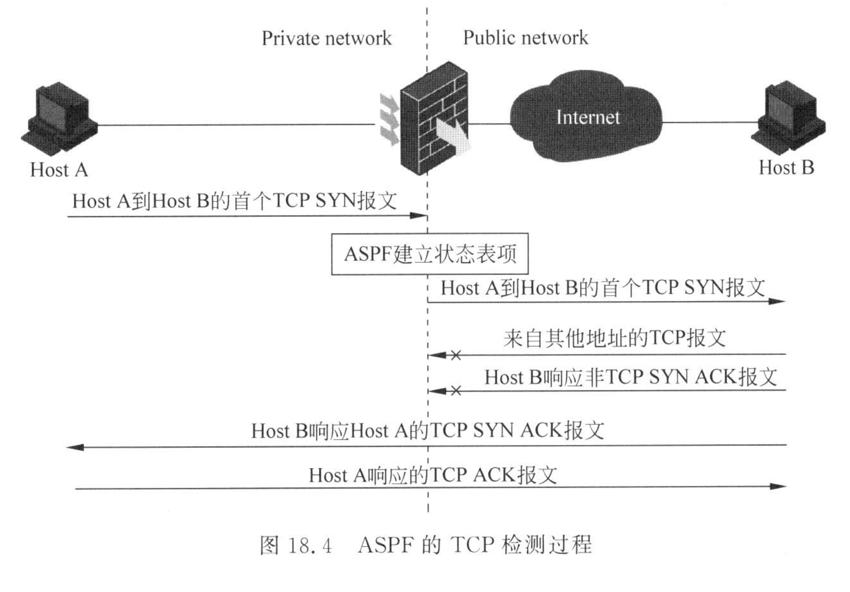

图 18.4　ASPF 的 TCP 检测过程

始维护此连接的信息。当 ASPF 收到接收方回送的 UDP 数据报时，此连接才能建立，其他与此连接无关的报文则被阻断和丢弃。

如图 18.5 所示，ASPF 对 UDP 报文的地址和端口进行检测，在 UDP 连接建立过程中，来自其他地址或端口的 UDP 报文将被防火墙丢弃。

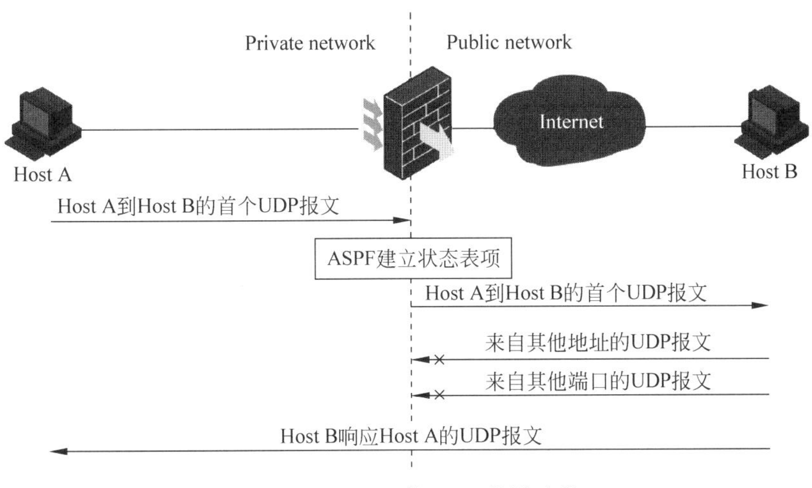

图 18.5　ASPF 的 UDP 检测过程

2. 应用层状态检测和多通道检测

基于应用的状态检测技术是一种基于应用连接的报文状态检测机制。ASPF 通过创建连接状态表来维护一个连接某一时刻所处的状态信息，并依据该连接的当前状态匹配后续的报文。目前，ASPF 支持进行状态检测的应用层协议包括 FTP、H.323、ILS、NBT、PPTP、RTSP、SIP 和 SQLNET。

除了可以对应用层协议的状态进行检测外，ASPF 还支持对应用连接协商的数据通道进行解析和记录，用于匹配后续数据通道的报文。例如，部分多媒体应用协议（如 H.323）和

FTP 协议会先使用约定的端口来初始化一个控制连接，然后再动态地选择用于数据传输的端口。包过滤防火墙无法检测到动态端口上进行的连接，而 ASPF 则能够解析并记录每个应用的每个连接所使用的端口，并建立动态防火墙过滤规则让应用连接的数据通过，在数据连接结束时则删除该动态过滤规则，从而对使用动态端口的应用连接实现有效的访问控制。

下面以 FTP 协议为例，说明 ASFP 如何进行应用层的状态检测以及多通道的报文解析和检测。

如图 18.6 所示，ASPF 在 Host 登录 FTP Server 的过程中记录并维护该应用的连接信息。当 Host 向 FTP Server 发送 PORT 报文协商数据通道后，ASPF 记录 PORT 报文中数据通道的信息，建立动态过滤规则，允许双方进行数据通道的建立和数据传输，同时拒绝其他不属于该数据通道的报文通过，并在数据通道传输结束后，删除该动态过滤规则。

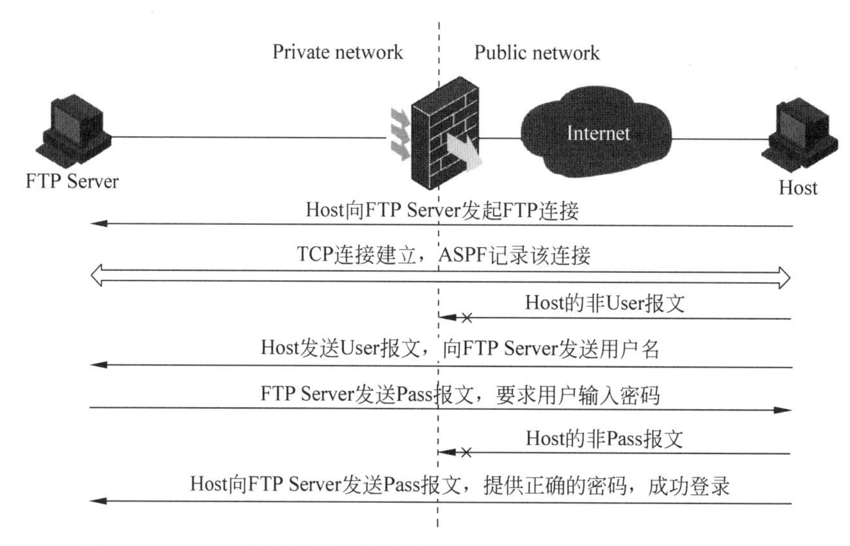

图 18.6　ASPF 的应用层的状态检测及多通道的报文解析和检测过程

3. ASPF 的安全特性

除了上述通用 TCP/UDP 检测和基于应用的状态检测功能外，ASPF 还支持一些增强性的安全特性。

1）端口到应用的映射

通常情况下，应用层协议使用通用的端口号进行通信，而端口到应用的映射（Port to Application Mapping，PAM）允许用户为不同的应用层协议定义一组新的端口号。用户可以通过配置端口到应用的映射，建立应用层协议和应用到该协议上的自定义端口之间的映射关系。PAM 独立于 ASPF，ASPF 支持 PAM 表示，可以对这些自定义端口对应的应用连接进行检测。

PAM 提供了对应用层协议的非标准端口应用的支持，包括两类映射机制：通用端口映射和基于基本访问控制列表的主机端口映射。

（1）通用端口映射。

通用端口映射是将用户自定义端口号和应用层协议建立映射关系。例如，将 8080 端口映射为 HTTP 应用时，所有目的端口是 8080 的 TCP 报文都被认为是 HTTP 报文，这样就可以通过端口号来识别应用层协议。通用端口映射不仅可以支持一个端口与一个应用的映射，也可以支持多个端口到一个应用的映射。

（2）主机端口映射。

主机端口映射是将某一主机范围内的某一端口和一个应用层协议建立映射关系。主机范围可以通过标准 ACL 来指定。例如，将目的地址为 10.110.0.0/24 网段的、使用 8080 端口的 TCP 报文映射为 HTTP 报文。

主机端口映射支持如下两种映射方式：同一个主机范围内，一个或多个端口到一个应用的主机映射方式；不同主机范围内，一个端口到多个应用的映射。

2）Java 阻断和 ActiveX 阻断

在用户访问网页的过程中，若携带恶意代码的 Java Applet 或者 ActiveX 插件被客户端下载到本地执行，则可能会对用户的计算机系统资源造成破坏，因而需要限制未经用户允许的 Java Applet 和 ActiveX 插件下载到用户的网络中。Java 阻断和 ActiveX 阻断功能分别用于实现对来自不信任站点的 Java Applet 和 ActiveX 的过滤。

Java 阻断功能是通过配置 ACL 来标识可信与不可信的主机或网段。当防火墙配置了支持 Java 阻断功能的 HTTP 协议检测时，受保护网络内的用户如果试图通过 Web 页面访问不可信站点，则 Web 页面中为获取包含 Java Applet 程序而发送的请求指令将会被 ASPF 阻断。

ActiveX 阻断功能启动后，所有对 Web 页面中 ActiveX 插件的请求将被过滤掉。如果用户仍然希望能够获取部分 Web 页面的 ActiveX 插件，必须配置 ACL 规则来允许用户获取该 Web 页面的 ActiveX 插件。

3）ICMP 差错报文丢弃

包过滤防火墙无法识别来自网络的伪造的 ICMP 差错报文，因而无法避免 ICMP 的恶意攻击。由于正常 ICMP 差错报文中均携带有本报文对应连接的相关信息，ASPF 可根据这些信息匹配到相应的连接。如果匹配失败，则可以根据当前配置决定是否丢弃该 ICMP 报文。

4）TCP 首包非 SYN 报文丢弃

包过滤防火墙对于 TCP 连接均要求其首报文为 SYN 报文，非 SYN 报文的 TCP 首包将被丢弃。在这种处理方式下，当防火墙设备首次加入网络时，网络中原有 TCP 连接的非首包在经过新加入的防火墙设备时均被丢弃，这会中断已有的连接。ASPF 可实现根据当前配置决定 TCP 首包非 SYN 报文是否丢弃。

5）会话日志与调试跟踪

与包过滤防火墙相比，ASPF 提供了增强的会话日志功能，可以对所有的连接进行记录，包括连接的时间、源地址、目的地址、使用的端口和传输的字节数。此外，通过调试和日志信息，ASPF 可以针对不同的应用协议实现对连接状态的跟踪与调试，为系统故障诊断提供了丰富的信息。

18.5.4 H3C 实现 ASPF 技术

传统防火墙的策略配置通常都是围绕报文入接口、出接口进行的。随着防火墙的不断发展，它不仅能连接内外网，还可以连接 DMZ 区域。一台高端防火墙通常能够提供多个物理接口同时连接多个逻辑网段。在这种组网环境中，传统基于接口的策略配置方式需要为每个接口配置安全策略，给网络管理员带来了繁重的负担，安全策略的维护工作量成倍增加，同时也增加了因为配置引入安全风险的概率。

和传统防火墙基于接口的策略配置方式不同，H3C 防火墙的 ASPF 支持通过安全域来配置安全策略，即支持域间的访问控制策略。安全域是一个虚拟的概念，通常将拥有相同安全策略的接口划分在同一个安全域中，然后对各域进行安全策略的配置和管理。

如图 18.7 所示，内部网络受保护的主机属于可信任的 Trust 域，对外提供 FTP 等服务的服务器属于 DMZ 域，外部公网属于不可信的 Untrust 域。

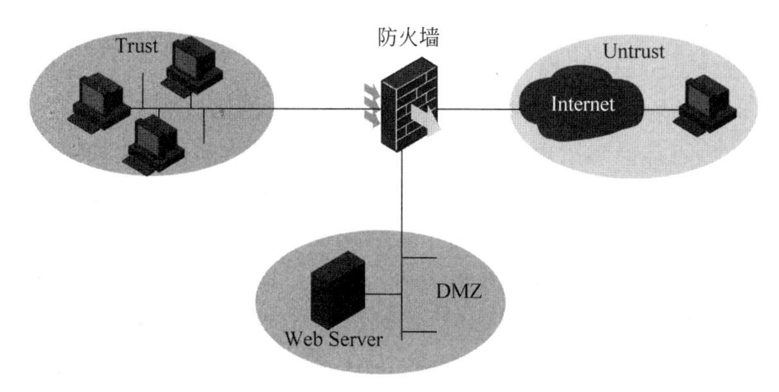

图 18.7　H3C 防火墙的 ASPF 安全域管理

(1) 通过在 Trust 域和 Untrust 域之间配置 ASPF 策略，对 Trust 域到 Untrust 域的所有连接进行传输层协议以及应用层协议状态的检测，从而实现域间的访问控制和应用状态监控。

(2) 通过在 DMZ 域和 Untrust 域之间配置 ASPF 策略，对 DMZ 域和 Untrust 域之间的连接进行状态检测，保护内部服务器不受外部网络的攻击。

域间 ASPF 的策略能够通过 Web 页面进行配置，可进行图形化的安全配置管理，简单易用。

18.6　ACL 包过滤配置实训

本节需要完成两个实训任务。通过"基本 ACL 包过滤实训"学会配置并利用基本 ACL 过滤数据包；通过"高级 ACL 包过滤实训"学会配置并利用高级 ACL 过滤数据包，控制数据包的通过性。

18.6.1　基本 ACL 包过滤实训

1. 实训内容与实训目的

1) 实训内容

利用基本 ACL 筛选数据包的源 IP 地址，实现包过滤功能。

2) 实训目的

掌握基本 ACL 配置与调试命令，学会使用基本 ACL 匹配数据包的源地址，控制数据包的通过性。

2. 实训设备

实训设备如表 18.5 所示。

表 18.5 基本 ACL 包过滤配置实训设备

实 训 设 备	数 量	备 注
MSR36-20 路由器	2 台	支持 Comware V7 命令的路由器即可
S5820 交换机	1 台	支持 Comware V7 命令的路由器即可
计算机	3 台	OS：Windows 10
V.35 DTE、DCE 串口线对	1 对	1 对 V.35 线
以太网线	4 根	—

3. 实训拓扑、IP 地址规划与实训要求

如图 18.8 所示，路由器 RT1 和 RT2 分别连接一个业务网段 192.168.1.0/24 和 192.168.2.0/24，RT1、RT2 之间的网段为 192.168.3.0/30，两者使用串口线相连接。设备的 IP 地址分配如表 18.6 所示。

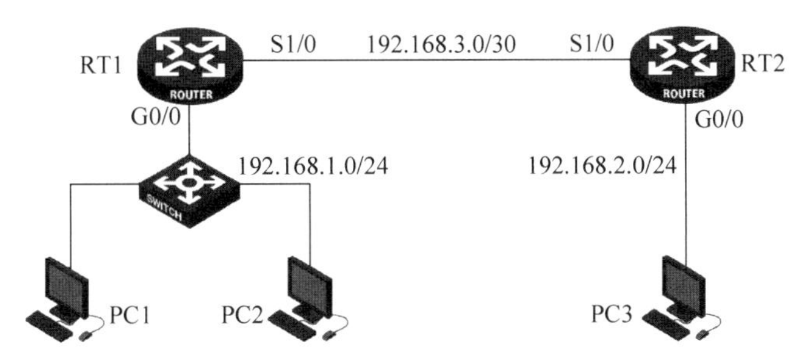

图 18.8 基本 ACL 包过滤配置实训图

表 18.6 设备的 IP 地址分配

设 备 名 称	接 口	IP 地址	网 关
RT1	Serial1/0	192.168.3.1/30	—
	G0/0	192.168.1.254/24	—
RT2	Serial1/0	192.168.3.2/30	—
	G0/0	192.168.2.254/24	—
PC1	网卡	192.168.1.1/24	192.168.1.254
PC2	网卡	192.168.1.2/24	192.168.1.254
PC3	网卡	192.168.2.3/24	192.168.2.254

注意：交换机无须进行任何配置，此处仅作二层透传。

实训要求：

禁止 PC1 访问其他网段，但可以访问自己所在的网段。其他设备间均可以互访。

4. 实训过程

按拓扑结构图连接设备，并检查设备配置信息，确保各设备配置被清除，处于出厂的初始状态。

1）配置设备的 IP 地址

按照表 18.6 给计算机配置 IP 地址/子网掩码和网关；给路由器配置 IP 地址/子网掩码。路由器 IP 地址配置过程如下。

（1）RT1 配置 IP 地址。

```
[RT1]interface g0/0
[RT1-GigabitEthernet0/0]ip address 192.168.1.254 24
[RT1-GigabitEthernet0/0]interface serial1/0
[RT1-Serial1/0]ip address 192.168.3.1 30          /* 注意子网掩码长度
```

（2）RT2 配置 IP 地址。

```
[RT2]interface g0/0
[RT2-GigabitEthernet0/0]ip address 192.168.2.254 24
[RT2-GigabitEthernet0/0]interface serial1/0
[RT2-Serial1/0]ip address 192.168.3.2 30          /* 注意子网掩码长度
```

2）配置路由协议使全网互通

网段较多时，配置动态路由协议更为简便。此处配置单区域 OSPF 协议来导通路由。

（1）RT1 配置 OSPF 协议。

```
[RT1]ospf 1
[RT1-ospf-1]area 0
[RT1-ospf-1-area-0.0.0.0]network 192.168.3.0 0.0.0.3
[RT1-ospf-1-area-0.0.0.0]network 192.168.1.0 0.0.0.255
```

（2）RT2 配置 OSPF 协议。

```
[RT2]ospf 1
[RT2-ospf-1]area 0
[RT2-ospf-1-area-0.0.0.0]network 192.168.3.0 0.0.0.3
[RT2-ospf-1-area-0.0.0.0]network 192.168.2.0 0.0.0.255
```

（3）测试网络连通性。

配置 OSPF 协议后，192.168.2.0/24 网段（PC3）与 192.168.1.0 /24（PC1、PC2）网段间路由可达，且全网互通。PC1 与 PC3 互 ping 结果如图 18.9 所示。

```
C:\Users\ldz>ping 192.168.2.3

正在 Ping 192.168.2.3 具有 32 字节的数据:
来自 192.168.2.3 的回复: 字节=32 时间=2ms TTL=253
来自 192.168.2.3 的回复: 字节=32 时间=4ms TTL=253
来自 192.168.2.3 的回复: 字节=32 时间=3ms TTL=253
来自 192.168.2.3 的回复: 字节=32 时间=6ms TTL=253

192.168.2.3 的 Ping 统计信息:
    数据包: 已发送 = 4，已接收 = 4，丢失 = 0 (0% 丢失)，
往返行程的估计时间(以毫秒为单位):
    最短 = 2ms，最长 = 6ms，平均 = 3ms
```

图 18.9　未配置 ACL 包过滤之前 PC1、PC3 间互通

查看 RT1 和 RT2 的路由表可知：RT1 有 192.168.1.0/24、192.168.3.0/30 网段的直连路由和 192.168.2.0/24 网段的 OSPF 路由；RT2 有到达 192.168.2.0/24、192.168.3.0/30 网

段的直连路由和 192.168.1.0/24 网段的 OSPF 路由。RT1 的路由表如图 18.10 所示。

```
interface GigabitEthernet0/2
<RT1>display ip routing-table

Destinations : 18       Routes : 18

Destination/Mask    Proto    Pre Cost     NextHop         Interface
0.0.0.0/32          Direct   0   0        127.0.0.1       InLoop0
127.0.0.0/8         Direct   0   0        127.0.0.1       InLoop0
127.0.0.0/32        Direct   0   0        127.0.0.1       InLoop0
127.0.0.1/32        Direct   0   0        127.0.0.1       InLoop0
127.255.255.255/32  Direct   0   0        127.0.0.1       InLoop0
192.168.1.0/24      Direct   0   0        192.168.1.254   GE0/0
192.168.1.0/32      Direct   0   0        192.168.1.254   GE0/0
192.168.1.254/32    Direct   0   0        127.0.0.1       InLoop0
192.168.1.255/32    Direct   0   0        192.168.1.254   GE0/0
192.168.2.0/24      O_INTRA  10  1563     192.168.3.2     Ser1/0
192.168.3.0/30      Direct   0   0        192.168.3.1     Ser1/0
192.168.3.0/32      Direct   0   0        192.168.3.1     Ser1/0
192.168.3.1/32      Direct   0   0        127.0.0.1       InLoop0
192.168.3.2/32      Direct   0   0        192.168.3.2     Ser1/0
192.168.3.3/32      Direct   0   0        192.168.3.1     Ser1/0
224.0.0.0/4         Direct   0   0        0.0.0.0         NULL0
224.0.0.0/24        Direct   0   0        0.0.0.0         NULL0
255.255.255.255/32  Direct   0   0        127.0.0.1       InLoop0
```

图 18.10　未配置 ACL 之前 RT1 的路由表

3）ACL 规划

本任务中只禁止 PC1 访问其他网段，但可以访问它自己所在网段（注意，并未禁止其他网段访问 PC1），且要保证其他设备的互访。这里需要思考如下应用 ACL 包过滤的相关问题。

（1）需要使用基本 ACL 还是高级 ACL？

由于只需要拒绝 PC1 访问其他网段，因此只需要控制源地址，故可以使用基本访问控制列表。

（2）包过滤默认处理方式选择 permit 还是 deny？

由于只需要拒绝一台主机 PC1 访问其他网段，默认处理方式采用 permit 会让设备的报文处理工作更加简单高效。

（3）ACL 规则中使用 permit 还是 deny，需要使用多少个 rule？

由于只需要拒绝 PC1 访问其他网段，因此配置 ACL 规则 deny 源为 PC1 的数据包，而 permit 其他所有的数据包通过。因此，只需要定义一个 rule 用来 deny（前提是包过滤默认处理方式为 permit）。

（4）rule 的 match-order 采用 config、auto 方式中的哪一种？

由于只需要定义一条规则（rule），因此两者均可以采用。如果按规则顺序匹配就应该使用 config；如果按深度优先规则匹配就使用 auto。需要注意：config 按照 rule 的编号顺序匹配，并不是按照 rule 的编写顺序匹配。假如先定义 rule 2，后定义 rule 1，那么还是先匹配 rule 1。

（5）ACL 规则中的 ACL 通配符是多少？

拒绝 PC1 访问其他网段，所以只需匹配 PC1 源地址，那么 ACL 通配符应该为 0.0.0.0。

（6）ACL 包过滤应该应用在哪台路由器的哪个接口的哪个方向上？

因为要拒绝 PC1 访问其他网段，那么在离 PC1 最近的路由器上的最近的端口的入方向上应用 ACL 比较好，因为这样可以尽早丢弃 PC1 访问其他网段的数据包，避免浪费网络带宽和路由设备的运算能力。

总结如下：只需禁止 PC1 访问其他网段，那么只需要在 PC1 接入网络的第一个三层接口的 inbound 方向上过滤 PC1 的源地址即可，采用基本的 ACL，包过滤默认处理方式为允许数据包通过(permit)。

4）配置 ACL 包过滤

步骤 1：启动路由器 RT1 包过滤功能。

RT1 包过滤功能默认情况下已启动，默认处理方式为 permit，此步可免。

步骤 2：配置基本 ACL。

```
[RT1]acl basic 2000                              /* 创建编号为 2000 的基本 ACL
[RT1-acl-basic-2000]rule 1 deny source 192.168.1.1 0.0.0.0
  /* 只禁止 PC1 的数据包通过，使用 ACL 通配符 0.0.0.0(如果换算成类似子网掩码的形式，即为
  /* 255.255.255.255，它只匹配唯一的 IP 地址 192.168.1.1
```

步骤 3：将 ACL 应用到指定端口。

```
[RT1-acl-ipv4-basic-2000]interface g0/0          /* 进入 G0/0 接口视图
[RT1-GigabitEthernet0/0]packet-filter 2000 inbound
  /* 将 ACL 2000 应用到 RT1 的 G0/0 端口的入方向
```

5）验证 ACL 包过滤的作用

在 PC1 和 PC2 上用 ping 命令来测试送往 PC3 的报文的通过性。

经测试发现：PC2 与 PC3、PC1 与 PC2 可互通。查看路由表发现全网路由仍然可达。但 PC1 与 PC3 互通，如图 18.11 所示。这是由于受 ACL 控制，路由器 RT1 禁止 PC1 的数据包进入 G0/0 端口，从而导致 PC1、PC3 之间无法互通。PC1 与 PC2 在同一网段，它们之间的报文无须通过 RT1 转发，因而不受 ACL 控制。结果表明：ACL 包过滤功能运行正常。

```
C:\Users\ldz>ping 192.168.2.3

正在 Ping 192.168.2.3 具有 32 字节的数据:
请求超时。
请求超时。
请求超时。
请求超时。

192.168.2.3 的 Ping 统计信息:
    数据包: 已发送 = 4，已接收 = 0，丢失 = 4 (100% 丢失)，
```

图 18.11　配置 ACL 包过滤后 PC1 至 PC3 已不可达

6）查看防火墙及 ACL 的状态和统计

在 RT1 上通过命令查看 ACL 2000 的状态和统计。查看结果如图 18.12 所示，共计 2004 次报文匹配 ACL 2000 定义的 rule 0，被拒绝通过。

```
[RT1]display acl 2000
    Basic IPv4 ACL 2000, 1 rule,
    ACL's step is 5
     rule 0 deny source 192.168.1.1 0 (2004 times matched)
```

图 18.12　查看基本 ACL 规则匹配统计

18.6.2 高级 ACL 包过滤实训

1. 实训内容与实训目的

1）实训内容

利用高级 ACL 筛选数据包的源 IP 地址、目的 IP 地址和端口，实现包过滤功能。

2）实训目的

掌握高级 ACL 配置与调试命令，学会使用高级 ACL 实现对数据包的通过性控制。

2. 实训设备

实训设备如表 18.7 所示。

表 18.7 高级 ACL 包过滤配置实训设备

实训设备	数量	备注
MSR36-20 路由器	3 台	支持 Comware V7 命令的路由器即可
S5820 交换机	1 台	支持 Comware V7 命令的路由器即可
计算机	2 台	OS：Windows 10
V.35 DTE、DCE 串口线对	1 对	1 对 V.35 线
以太网线	4 根	—

3. 实训拓扑、IP 地址规划与实训要求

如图 18.13 所示，路由器 RT1 和 RT2 分别连接一个业务网段 192.168.1.0/24 和 192.168.2.0/24，RT1、RT2 之间的网段为 192.168.3.0/30，两者使用串口线相连接。设备的 IP 地址分配如表 18.8 所示。

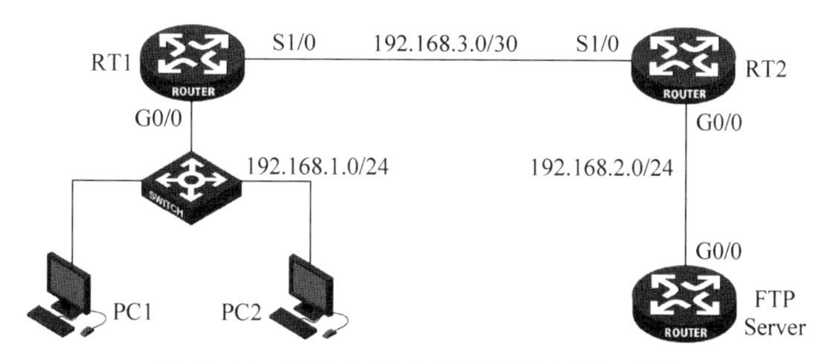

图 18.13 高级 ACL 包过滤配置实训拓扑图

表 18.8 设备 IP 地址分配

设备名称	接口	IP 地址	网关
RT1	Serial1/0	192.168.3.1/30	—
	G0/0	192.168.1.254/24	—
RT2	Serial1/0	192.168.3.2/30	—
	G0/0	192.168.2.254/24	—
FTP Server	G0/0	192.168.2.1/24	192.168.2.254
PC1	网卡	192.168.1.1/24	192.168.1.254
PC2	网卡	192.168.1.2/24	192.168.1.254

注：为了便于使用 HCL 模拟器完成该任务，将 FTP Server 搭建在路由器上。

注意：交换机无须进行任何配置，此处仅作二层透传。

实训要求：

禁止 192.168.1.0/24 网段中除 PC2 以外的计算机访问 FTP Server 上的 FTP 服务。

4. 实训过程

按拓扑连接设备，并检查设备配置信息，确保各设备配置被清除，处于出厂的初始状态。

1）配置设备的 IP 地址

按照表 18.8 给计算机配置 IP 地址/子网掩码和网关；给路由器配置 IP 地址/子网掩码。路由器 IP 地址配置过程如下。

（1）RT1 配置 IP 地址。

```
[RT1]interface g0/0
[RT1-GigabitEthernet0/0]ip address 192.168.1.254 24
[RT1-GigabitEthernet0/0]interface serial1/0
[RT1-Serial1/0]ip address 192.168.3.1 30            /* 注意子网掩码的长度
```

（2）RT2 配置 IP 地址。

```
[RT2]interface g0/0
[RT2-GigabitEthernet0/0]ip address 192.168.2.254 24
[RT2-GigabitEthernet0/0]interface serial1/0
[RT2-Serial1/0]ip address 192.168.3.2 30            /* 注意子网掩码的长度
```

（3）FTP Server 配置 IP 地址。

```
[FTPServer]interface g0/0
[FTPServer-GigabitEthernet0/0]ip address 192.168.2.1 24
```

2）配置路由协议使全网互通

网段较多时，配置动态路由协议更为简便。此处配置单区域 OSPF 协议来导通路由。

（1）RT1 配置 OSPF 协议。

```
[RT1]ospf
[RT1-ospf-1]area 0
[RT1-ospf-1-area-0.0.0.0]network 192.168.3.0 0.0.0.3
[RT1-ospf-1-area-0.0.0.0]network 192.168.1.0 0.0.0.255
```

（2）RT2 配置 OSPF 协议。

```
[RT2]ospf
[RT2-ospf-1]area 0
[RT2-ospf-1-area-0.0.0.0]network 192.168.3.0 0.0.0.3
[RT2-ospf-1-area-0.0.0.0]network 192.168.2.0 0.0.0.255
```

（3）FTP Server 配置静态默认路由。

```
[FTPServer]ip route-static 0.0.0.0 0 192.168.2.254
```

FTP Server 配置静态默认路由的下一跳指向 RT2 的 IP 地址 192.168.2.254，它相当于是 FTP Server 的网关。

3）配置 ACL 包过滤

步骤 1：启动路由器 RT1 包过滤功能。

RT1 包过滤功能默认情况下已启动，默认处理方式为 permit，此步可免。

步骤 2：配置高级 ACL。

```
[RT1]acl advance 3000                              /* 创建高级 ACL
[RT1-acl-ipv4-adv-3000]rule 1 permit tcp source 192.168.1.2 0 destination 192.168.2.1 0
destination-port eq ftp
  /* 允许 192.168.1.2 访问 192.168.2.1(FTP Server)的 21 端口(FTP 控制端口)
[RT1-acl-ipv4-adv-3000]rule 2 deny tcp source 192.168.1.0 0.0.0.255 destination 192.168.2.3 0
destination-port eq ftp
  /* 禁止 192.168.1.0/24 网段的设备访问 192.168.2.1(FTP Server)的 21 端口
```

步骤 3：将 ACL 应用到指定端口。

```
[RT1-acl-ipv4-adv-3000]interface g0/0
[RT1-GigabitEthernet0/0]packet-filter 3000 inbound
  /* 将 ACL 3000 应用到 RT1 的 G0/0 端口入方向
```

4）FTP Server 上配置 FTP 服务器

```
[FTPServer]ftp server enable                           /* 启动 FTP 服务
[FTPServer]local-user ftp                              /* 创建本地用户 ftp
[FTPServer-luser-manage-ftp]password simple ftppwd     /* 设置用户密码为 ftp
[FTPServer-luser-manage-ftp]service-type ftp           /* 设置用户为 FTP 用户
[FTPServer-luser-manage-ftp]authorization-attribute user-role network-admin
  /* 授予 FTP 用户网络管理员权限
```

5）验证 ACL 包过滤的作用

在 PC1 和 PC2 的命令行界面使用 ftp 192.168.2.1 命令连接 FTP 服务器，使用用户名 ftp 及密码 ftppwd 登录 FTP 服务器。

验证表明：从 PC1 上可以访问 FTP Server 上的 FTP 服务的；但 PC2 却不能访问。接下来把 PC1 的 IP 地址修改成 192.168.1.0/24 网段的其他 IP 地址，PC1 也变得不能访问 FTP 服务器了，但此时 PC1 和 PC2 却都可以 ping 通 FTP Server，说明 ACL 包过滤发挥了应有的作用。

高级 ACL 除了可以控制源 IP 和目的 IP 以外，还可以控制源端口和目的端口。上面例子通过配置高级 ACL 过滤 FTP 控制报文来拒绝指定网段设备访问 FTP 服务器。大家可以尝试通过配置高级 ACL 过滤 ICMP 报文的方法来让路由器拒绝转发 ping 包。还有其他一些协议也可以被高级 ACL 控制，具体内容请参看前面 18.4.2 节内容。

18.7 ACL 包过滤配置总结

在配置 ACL 时可以参考以下的一些原则，以提高 ACL 配置的正确性及运行效率。

（1）ACL 应用在接口的流入方向（inbound）：将到来的报文路由到出接口之前对其进行处理。如果根据过滤条件报文被丢弃，则无须查找路由表；如果报文被允许通过，则对其做路由选择处理。

(2) ACL 应用在接口流出方向(outbound)：到来的报文首先被路由到出接口，并在被转发出去之前根据接口流出方向的访问控制列表对其进行处理。

(3) 当 ACL 默认过滤方式为 deny 时，应至少包含一条 permit 语句，否则所有报文都被禁止通过；当 ACL 默认过滤方式为 permit 时，应至少包含一条 deny 语句，否则所有报文都被允许通过。

(4) 同一个 ACL 可被用于多个接口。

(5) 在定义 ACL 规则时应将具体的条件放在一般性条件的前面，将常发生的条件放在不常发生的条件前面。

(6) 先创建 ACL，然后将 ACL 应用于接口。如果应用于接口的 ACL 未定义或不存在，则该接口将允许所有报文通过。

(7) ACL 只能过滤经过当前路由器的报文，而不能过滤当前路由器发送的报文。

(8) 如果可以，应将 ACL 放在离禁止通过的报文源头尽可能近的地方。

18.8 任务小结

1. ACL 包过滤对数据包的源地址、目的地址、端口号及协议类型等进行检查，并根据数据包是否匹配 ACL 规定的条件来决定是否允许数据包通过。

2. ASPF 不仅能够对 IP 层的数据包根据 ACL 规则进行过滤，还能对传输层、应用层的报文进行检测。

3. ACL 可以分为四类：基本 ACL(2000～2999)、高级 ACL(3000～3999)、二层 ACL(4000～4999)、用户自定义 ACL(5000～5999)。

4. 基本 ACL 与高级 ACL 的配置。

18.9 习题与思考

1. 请大家思考一下 ACL 的 rule 中，什么情况使用 permit 会使规则的定义变得简单；什么情况应该使用 deny？包过滤默认处理方式什么情况应该选择 permit，什么情况应该选择 deny？

2. rule 的 match-order 什么情况下使用 config，什么情况下使用 auto？它们的区别在哪里？

3. ACL 可以控制 OSPF 报文吗？

4. ACL 的几个序号范围含义有什么不同？

5. 基本 ACL 与高级 ACL 的功能有何不同，它们分别在什么场景下使用？高级 ACL 完全具备基本 ACL 的功能吗？

6. 在“基本 ACL 包过滤配置实训”中，包过滤默认处理方式是 permit，并且 ACL 只定义了一个规则。如果包过滤默认处理方式是 deny，还只定义 rule 1，大家试着测试 PC2 的数据包能否到达 PC3？如果一个规则不能达到效果，那么又应该如何配置？

提示：可在 rule 1 后再添加一条规则(rule 2 permit source any)。大家思考一下这是为什么？

7. ACL 应用在什么位置会减少网络中的数据流量？

任务19 利用NAT技术实现内外网互联

学习目标

- 掌握 NAT 的基本原理。
- 了解各种类型 NAT 的应用场景。
- 了解 NAT ALG。
- 掌握静态 NAT 和动态 NAT 的配置。
- 重点掌握 NAPT 和 Easy IP 的配置。
- 重点掌握 NAT Server 的配置。

19.1 认识 NAT

20 世纪 90 年代,互联网进入迅猛发展阶段,互联网中的计算机数量呈爆炸式增长,使得 IPv4 地址资源日益紧张。在实际应用中,普通用户几乎申请不到整段的 C 类和 B 类 IP 地址。即便是企业用户只能申请到几个或几十个 IP 地址。IPv4 的地址空间再也无法满足互联网发展对地址的巨大需求。一方面人们研究新的 IP 地址技术 IPv6;而另一方面为了延长 IPv4 地址的使用时间,开发了网络地址转换(Network Address Translation,NAT)技术,并把它定义成 IETF 标准。它允许一个机构的所有计算机以一个或几个地址出现在 Internet 上。NAT 技术可以将每个局域网节点的私有地址转换成一个或几个公网 IP 地址接入并访问互联网。

从本质上来说,NAT 的出现是为了缓解 IPv4 地址空间不足的问题;而在实际应用中,NAT 还具备一些衍生功能,如隐藏内部网络结构提高网络安全性、方便内部网络地址规划,等等。

NAT 技术的诸多优点使得如今的 IPv6 在地址空间足够大的情况下仍然使用 NAT 技术。

19.1.1 NAT 术语

1. 公网和公有地址

公网是指使用 INIC(Internet Network Information Center,因特网信息中心)分配的公有 IP 地址空间的网络。在讨论 NAT 时,公网也常被称为全局网络(Global Network)或外网(External Network)。公网节点使用的 IP 地址称为公有地址(Public Address)或全局地址(Global Address),是全球统一的合法 IP 地址。

2. 私网和私有地址

私网指使用独立于外部网络的私有 IP 地址空间的内部网络。在讨论 NAT 时,私网通常也被称为本地网络(Local Network)或内网(Intranet)。私网节点使用的地址称为私有地址(Private Address)或本地地址(Local Address)。RFC 1918 定义的私有地址空间如表 19.1 所示。

表 19.1　RFC 1918 定义的私有地址空间

IP 地址范围	网络地址类别
10.0.0.0～10.255.255.255	A
172.16.0.0～172.31.255.255	B
192.168.0.0～192.168.255.255	C

3. 地址池

地址池(Address Pool)一般是公有地址的集合。配置动态地址转换或 NAPT 时,NAT 设备从地址池中为私网用户动态分配公有地址。

19.1.2　NAT 技术基本原理

NAT 技术不但缓解了 IPv4 地址紧缺的问题,而且它隐藏了内部网络结构,提高了网络安全性。NAT 的基本工作原理是：当私网主机和公网主机通信的 IP 包经过 NAT 设备时,NAT 设备将 IP 包中的源 IP 或目的 IP 在私有 IP 和 NAT 设备的公有 IP 之间进行转换。其具体的做法是利用 NAT 设备把从私网发出的 IP 报文内的私网源 IP 地址用合法的公有 IP 地址替换,然后发送到公网,并将其对应关系记录下来；根据这个记录,NAT 设备再将从公网返回的 IP 报文的目的 IP 地址重新替换为对应的私有 IP 地址,再将这个替换后的 IP 报文转发到内网给相应的计算机。NAT 功能通常被集成到路由器、防火墙、ISDN 路由器或者单独的 NAT 设备中。NAT 设备维护一个状态表,用来把私有 IP 地址映射到合法公有 IP 地址上去。每个包在 NAT 设备中都被翻译成正确的 IP 地址,发往下一级,这也意味着给处理器带来了一定的负担。但对于一般的网络来说,这种负担是微不足道的。

NAT 有 3 种类型：静态 NAT(Static NAT)、动态 NAT(Pooled NAT)、网络地址端口转换(Network Address Port Translation,NAPT)。

1. 静态 NAT

静态 NAT 配置最为简单,也是最容易实现的一种。静态 NAT 将内部网络中的每个主机永久映射到外部网络中的某个合法的地址,每个主机私有地址与公有地址的映射固定不变。

如图 19.1 所示,Host A 访问 Server 过程如下。

① Host A 发出报文的源地址为 192.168.1.1。

② 经过路由器 RTA,RTA 根据配置的静态地址映射表对报文的私有源地址进行转换。

③ 经 RTA 转换后,报文的源地址变为公有地址 200.1.1.1,目的地址保持不变,送往 Server。

Server 回复 Host A 过程如下。

④ Server 发出报文的目的地址为 200.1.1.1。

⑤ 经过路由器 RTA,RTA 根据配置的静态地址映射表对报文的公有目地址进行转换。

⑥ 经 RTA 转换后，报文的目的地址变为私有地址 192.168.1.1，源地址保持不变，送往 Host A。

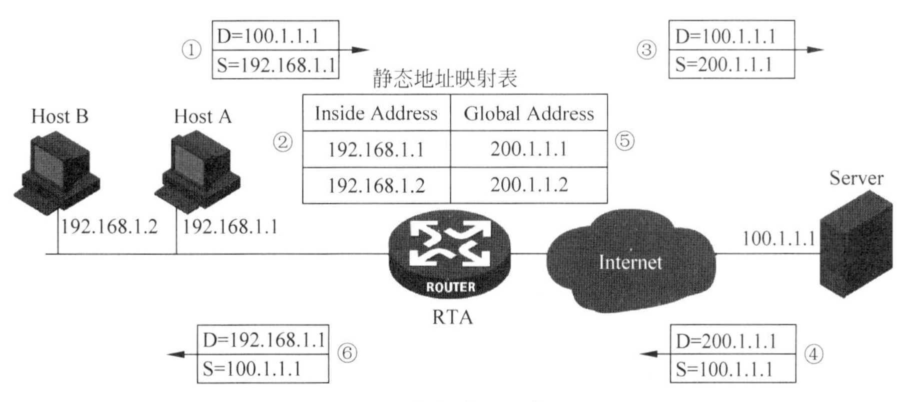

图 19.1　静态路由工作原理

2. 动态地址 NAT

动态地址 NAT 则是在外部网络中定义了一系列的公有地址(地址池)，采用动态分配的方法映射到内部网络，同一台主机不同时间访问外网所映射的公有地址可能并不一样，这与静态 NAT 不同。

如图 19.2 所示，Host A 访问 Server 的报文经过 RTA 时，其私有地址 192.168.1.1 被替换成了地址池中的公有地址 200.1.1.1，RTA 将映射关系记录在动态 NAT 映射表中。当随后 Server 回复 Host A 的报文经过 RTA 时，RTA 将根据映射表将报文中的公有目的地址 200.1.1.1 重新替换成私有地址 192.168.1.1，再将报文送给 Host A。

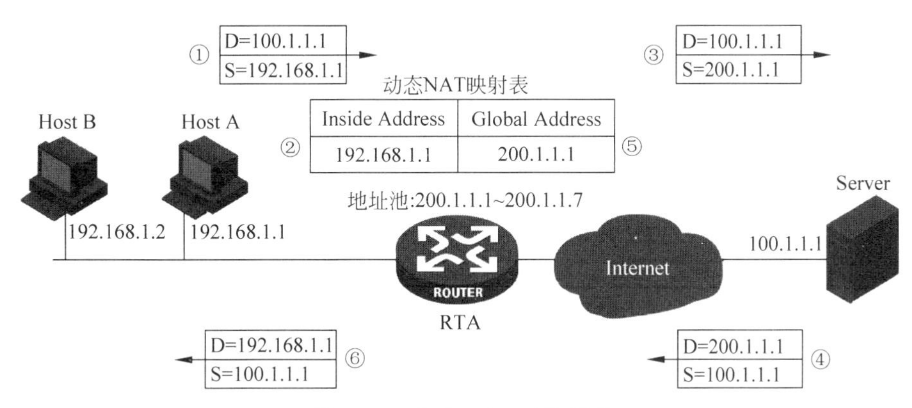

图 19.2　动态 NAT 工作原理

注意：动态 NAT 映射表中的映射记录有固定的老化时间，在老化时间段内，Host A 与 Server 之间未进行通信，无报文通过 RTA，RTA 会在老化时间结束时清除该记录。下一次，Host A 与 Server 进行通信时，RTA 会重新从地址池里选一个未被使用的地址进行地址转换。因此，两次通信所使用的地址可能不同。

动态 NAT 只是转换 IP 地址，它为每个内部的 IP 地址分配一个临时的公有 IP 地址。动态 NAT 主要应用于拨号，对于频繁的远程连接也可以采用动态 NAT。当远程用户连接上之后，动态 NAT 就会分配给他一个 IP 地址，用户断开时，这个 IP 地址就会被回收而留待以后使用。

3. NAPT

NAPT 则是把多个内部地址映射到外部网络的一个或多个 IP 地址的多个端口上。NAPT 不仅转换 IP 报文中的 IP 地址,同时还对 IP 报文中的 TCP 和 UDP 的端口(PORT)进行转换。动态 NAT 与 NAPT 的不同之处在于前者不进行端口转换。由此可见,NAPT 其实是一种特殊的动态 NAT 技术。网络地址端口转换 NAPT 是最常用的一种转换方式。NAPT 普遍应用于接入设备中,它可以将中小型的网络隐藏在一个或多个合法的 IP 地址后面。

如图 19.3 所示,Host A 访问 Server 的过程如下。

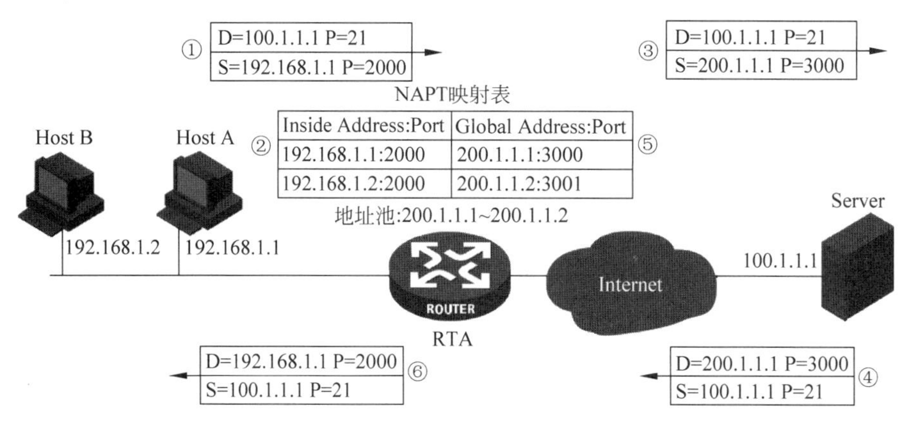

图 19.3　NAPT 工作原理

① Host A 发出报文的源地址和端口为 192.168.1.1:2000。

② 经过路由器 RTA,RTA 根据配置的静态地址映射表对报文的私网源地址和源端口进行转换。

③ 经 RTA 转换后报文的源地址和端口号改变为 200.1.1.1:3000,目的地址保持不变,送往 Server。

Server 回复 Host A 的过程如下。

④ Server 发出报文的目的地址和端口号为 200.1.1.1:3000。

⑤ 经过路由器 RTA,RTA 根据 NAPT 映射表对报文的公网目的地址和目的端口号进行转换。

⑥ 经 RTA 转换后报文的目的地址和目的端口号还原为 192.168.1.1:2000,源地址不变,送往 Host A。

注意:NAPT 映射表中两条记录的公有地址如果相同,端口号就一定不相同,并以此区分来自不同内网主机的报文。

NAPT 还有两种特殊的映射方式:Easy IP 和 NAT Server。

1) Easy IP

Easy IP 将内部地址映射到外部网络接口的唯一一个 IP 地址的多个端口上。

Easy IP 在地址转换过程中,直接使用接口的 IP 地址作为转换后的 IP 地址,它也称为基于物理端口的地址转换,不需要定义地址池。Easy IP 适用于互联网拨号接入方式,在拨号接入方式中IP地址是临时分配的，所以事先无法获得确切的端口IP地址。通过与物理端口相关联不需要事先获知IP地址，它根据拨号后端口实际获得的IP地址来进行地址转换。在Internet中使用Easy IP时，所有不同的TCP和UDP信息流看起来好像来源于同一个IP地址。

2）NAT Server

NAT隐藏了内部网络的拓扑结构，从外网无法看到内部主机。但是在实际应用中，外部网络需要访问内部网络的某些服务器，如公司门户网站的Web服务器或FTP服务器等。这时候可以使用NAT对内部的服务器地址和端口进行映射，以便于外部网络通过映射后的地址和端口来访问服务器。NAT Server技术将内网服务器的私有地址、端口映射到外网固定的公有地址和端口上。

如图19.4所示，内网Web服务器的IP地址192.168.1.1和端口8080被映射到公有IP地址200.1.1.1和知名端口80上。公网主机Host A通过映射后的200.1.1.1：80来访问Web服务器，报文到达RTA后，RTA根据NAT Server映射表将目的地址和端口号200.1.1.1：80转化为Web服务器的私有地址和端口号192.168.1.1：8080，然后将转换后的报文送至Web服务器。Web服务器回复报文中的源地址和端口在经过RTA时，按映射表记录被转换为公有地址和端口200.1.1.1：80。

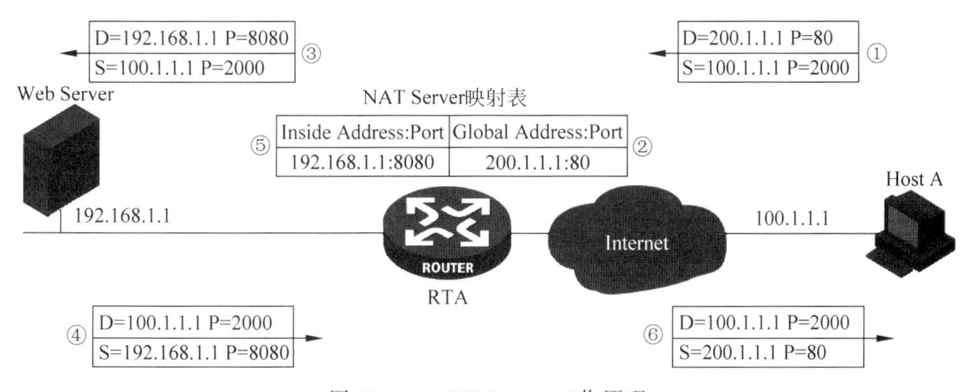

图19.4　NAT Server工作原理

19.2　NAT的配置与调试

在实际应用中，因应用需求的不同衍生出了许多NAT种类。以下内容主要介绍5种常用NAT的配置命令。

19.2.1　地址池配置

在NAT转换中用到了地址池这个概念。地址池是一些IP地址的集合。当内部数据包通过NAT设备要进行地址转换时，就从地址池中选择一个作为转换后的数据包源IP地址。

注意：地址池中的IP地址需要与地址池关联接口的IP地址在同一网段。静态NAT、Easy IP和NAT Server都不需要地址池，只有动态NAT和多对多的NAPT转换需要使用地址池。

步骤 1：创建 NAT 地址组/进入地址组视图。

```
[H3C]nat address-group group-number    /* 系统视图
```

参数说明：

group-number：地址组（地址池）编号，取值范围为 0～*max_number*。其中，*max_number* 的取值与设备的型号有关，请以设备的实际情况为准。

步骤 2：添加地址组(地址池)成员。

```
[H3C-address-group-X]address start-address end-address    /* NAT 地址组(地址池)视图
```

参数说明：

start-address end-address：地址组(地址池)成员的起始 IP 地址和结束 IP 地址。参数 *end-address* 必须大于或等于 *start-address*，如果 *start-address* 和 *end-address* 相同，则表示只有一个地址。

注：一个地址组(地址池)可以添加多个地址组成员。

19.2.2 动态 NAT 和 NAPT 配置

本节介绍的 NAPT 是多对多的地址转换，和动态 NAT 一样都需要先定义地址池。如果需要控制转换对象，还需要先配置 ACL。动态 NAT 和 NAPT 都可以实现从多个私有 IP 地址到多个公有 IP 地址的转换，不同的是动态 NAT 不对端口进行转换。

步骤 1：配置 ACL。

ACL 的配置过程参考任务 18。要控制转换对象时才需要配置 ACL，否则可省略此步骤。

步骤 2：配置地址池。

此步骤配置过程见 19.2.1 节。

步骤 3：配置动态 NAT/NAPT。

1）配置动态 NAT

```
[H3C-interfaceX]nat outbound [acl-number] address-group group-number no-pat
  /* 接口视图
```

2）配置 NAPT

```
[H3C-interfaceX]nat outbound [ acl-number ] address-group group-number    /* 接口视图
```

参数说明：

(1) *acl-number*：访问控制列表的序号，范围为 2000～3999。

(2) **address-group** *group-number*：指定地址转换使用的地址组。*group-number* 为地址组编号。

(3) **no-pat**：选用这个参数表示只转换 IP 地址而不转换端口；反之，不选用该参数就会同时转换 IP 地址和端口。默认值是启用 no-pat 参数，也就是动态 NAT。

注意：配置动态 NAT/NAPT 的命令只有参数 **no-pat** 不同。

19.2.3 Easy IP 配置

Easy IP 的配置命令如下：

```
[H3C-interfaceX]nat outbound [acl-number]    /* 接口视图
```

参数说明：

（1）**outbound**：地址转换应用在端口的数据流出方向上。

（2）*acl-number*：ACL 编号。不带此参数时，所有报文都会被进行地址转换。

在配置 Easy IP 时，ACL 是可选项，要控制转换对象时才需要定义 ACL，并将 ACL 与 NAT 命令一起应用到端口上。

注意：Easy IP 中的 ACL 用法与包过滤中的 ACL 用法略有不同。在配置 Easy IP 时，只有 ACL 规则明确允许通过的报文才会进行 NAT 转换；在 ACL 包过滤中，如果包过滤默认动作是 permit，那么只要未被 ACL 规则拒绝的报文都可以通过。

19.2.4 静态 NAT 配置

静态地址转换不需要定义地址池，它的操作包含两个步骤：首先创建静态地址映射，然后将这个映射应用到接口。

步骤 1：创建静态地址映射。

1）配置一个地址映射命令

```
[H3C]nat static outbound local-ip global-ip [acl acl-number]    /* 系统视图
```

参数说明：

（1）*local-ip*：内网 IP 地址；*global-ip*：外网 IP 地址。

（2）*acl-number*：ACL 编号，取值范围为 3000～3999。此参数为可选，选用 *acl-number* 参数时只有 ACL 规则允许的报文才可以进行地址映射。

2）配置多个地址映射命令

```
[H3C]nat static outbound net-to-net local-start-address local-end-address global global-
network { mask-length | mask } [acl acl-number]    /* 系统视图
```

参数说明：

（1）*local-start-address local-end-address*：内网地址范围，所包含的地址数目不能超过 255。*local-start-address* 表示起始地址，*local-end-address* 表示结束地址。*local-end-address* 必须大于或等于 *local-start-address*，如果二者相同，则表示只有一个地址。

（2）*global-network*：外网网络地址。

（3）*mask-length*：外网网络地址的掩码长度，取值范围为 8～31。

（4）*mask*：外网网络地址掩码。

（5）*acl-number*：ACL 编号，取值范围为 3000～3999。此参数为可选，选用 *acl-number* 参数时只有 ACL 规则允许的报文才可以进行地址映射。

步骤 2：开启接口上的静态地址转换功能。

```
[H3C-interfaceX]nat static enable    /* 接口视图
```

注意：开启接口上的静态地址转换功能后，所有已配置的静态地址转换映射都会在该接口上生效。

19.2.5 内部服务器 NAT

内部服务器 NAT(NAT Server)隐藏了内部网络的拓扑结构，从外部网络无法看到内部主机。但是在实际应用中，外部网络需要访问内部网络的某些服务器，如公司门户网站的 Web 服务器或 FTP 服务器等。此时，可以使用 NAT Server 技术对内部的服务器地址和端口进行映射，以便外部网络通过映射后的地址和端口来访问内部服务器。

内部服务器 NAT 配置命令如下：

[H3C-interface*X*]**nat server protocol** *pro-type* **global** { *global-address* | **current-interface** | **interface** *interface-type interface-number* }[*global-port*]**inside** *local-address* [*local-port*]　　/* 接口视图

参数说明：

(1) *pro-type*：表示 IP 协议承载的协议类型，可以使用协议号，也可用关键字代替，如 ICMP(协议号 1)、TCP(协议号 6)、UDP(协议号 17)。*pro-type* 的取值范围为 1～255。如果服务器提供的服务使用 TCP 连接就选 TCP 参数，如若使用 UDP 连接则选用 UDP 参数。

(2) *global-address*：内部服务器向外提供服务时对外公布的外网 IP 地址。

(3) **current-interface**：使用当前接口地址作为内部服务器的公网地址，即实现 Easy IP 方式的内部服务器。

(4) **interface** *interface-type interface-number*：表示使用指定接口的地址作为内部服务器的外网地址，即实现 Easy IP 方式的内部服务器。*interface-type interface-number* 表示接口类型和接口编号。目前只支持 LoopBack 接口。该参数的支持情况与设备的型号有关，请以设备的实际情况为准。

(5) *global-port*：服务器的外部服务端口号。在配置 TCP 或 UDP 类型的服务器后，外部设备可用通过该服务端口号访问服务器提供的相应服务。

(6) *local-address*：服务器的内网 IP 地址。

(7) *local-port*：服务器的内部服务端口号，范围为 1～65 535。常用的端口号可以用关键字代替。例如，80 可以使用 www 代替；21 可以使用 ftp 代替。

nat server 命令将 IP 地址 local-address 映射到 global-address 上，将端口 local-port 映射到 global-port 上。配置完成后，用户可以通过 global-address 和 global-port 来访问内部地址和端口分别为 local-address 和 local-port 的内部服务器。

表 19.2 总结了 NAT 的配置命令。

表 19.2　NAT 配置命令

操　　作	命令(命令执行的视图)
创建 NAT 地址组添加地址组成员	[H3C]nat address-group *group-number*(系统视图) [H3C-address-group-*X*]address *start-address end-address*(系统视图)
配置动态 NAT	[H3C-interface*X*] nat outbound [*acl-number*] address-group *group-number* no-pat(接口视图)

续表

操　　作	命令(命令执行的视图)
配置 NAPT	[H3C-interface*X*]nat outbound [*acl-number*] address-group *group-number*(接口视图)
配置 Easy IP	[H3C-interface*X*]nat outbound *acl-number*(接口视图)
配置一个地址映射命令 配置多个地址映射命令	[H3C]nat static outbound *local-ip global-ip* [acl *acl-number*](系统视图) [H3C] nat static outbound net-to-net *local-start-address local-end-address* global *global-network* { *mask-length* | *mask* } [acl *acl-number*](系统视图)
开启接口上的 NAT 静态地址转换功能	[H3C-interface*X*]nat static enable(接口视图)
配置内部服务器 NAT(NAT Server)	[H3C-interface*X*]nat server protocol *pro-type* global { *global-address* | current-interface | interface *interface-type interface-number* } [*global-port*] inside *local-address* [*local-port*](接口视图)

19.2.6　NAT 信息查看与调试命令

1. 配置查看命令

1) 显示地址池的配置信息

```
<H3C>display nat address-group [group-number]    /* 任意视图
```

参数说明:

group-number: 地址组(地址池)编号,取值范围为 0～*max_number*。其中,*max_number* 的取值与设备的型号有关,请以设备的实际情况为准。如果不设置该值,则显示所有地址组。

2) 显示所有的 NAT 配置信息

```
<H3C>display nat all                              /* 任意视图
```

3) 显示出方向动态地址转换的配置信息

```
<H3C>display nat outbound                         /* 任意视图
```

4) 显示 NAT 内部服务器信息

```
<H3C>display nat server                           /* 任意视图
```

5) 显示静态地址转换信息

```
<H3C>display nat static                           /* 任意视图
```

6) 显示 NAT 会话信息

```
<H3C>display nat session                          /* 任意视图
```

7) 清空 NAT 会话连接

```
<H3C>reset nat session                            /* 任意视图
```

2. 调试监控命令

1）打开终端显示调试信息功能

```
<H3C> terminal monitor                        /* 用户视图
<H3C> terminal debugging                      /* 用户视图
```

2）打开各种 NAT 调试开关

```
<H3C> debugging nat {alg | event | packet [ acl acl-number ]}   /* 用户视图
```

参数说明：

（1）**alg**：NAT ALG 调试信息开关（内容见 19.3 节）。

（2）**event**：表示事件调试信息开关。

（3）**packet**：表示报文调试信息开关。

（4）**acl** *acl-number*：指定仅对与 ACL 匹配的报文输出报文调试信息。*acl-number* 表示 ACL 编号，取值范围为 2000～3999。

表 19.3 总结了 NAT 的信息查看与调试命令。

表 19.3 NAT 信息查看与调试命令

操　　作	命令（命令执行的视图）
显示地址池的配置信息	<H3C>display nat address-group [*group-number*]（任意视图）
显示所有的 NAT 配置信息	<H3C>display nat all（任意视图）
显示所有出方向 NAT 配置信息	<H3C>display nat outbound（任意视图）
显示 NAT 内部服务器信息	<H3C>display nat server（任意视图）
显示静态 NAT 信息	<H3C>display nat static（任意视图）
显示 NAT 会话信息	<H3C>display nat session（任意视图）
清空 NAT 会话连接	<H3C>reset nat session（用户视图）
打开终端显示调试信息功能 打开各种 NAT 调试开关	<H3C>terminal monitor（用户视图） <H3C>terminal debugging（用户视图） <H3C>debugging nat { alg | event | packet}（用户视图）

19.3 NAT ALG

普通 NAT 实现了对 UDP 或 TCP 报头中的 IP 地址及端口转换功能，但对应用层数据载荷中的字段无能为力，在许多应用层协议中，如多媒体协议（H.323、SIP 等）、FTP、SQLNET 等，TCP/UDP 载荷中带有地址或者端口信息，这些内容不能被 NAT 进行有效的转换，会导致通信问题。而 NAT ALG（Application Level Gateway，应用层网关）技术能对多通道协议进行应用层报文信息的解析和地址转换，将载荷中需要进行地址转换的 IP 地址和端口或者需要特殊处理的字段进行相应的转换和处理，从而保证应用层通信的正确性。

例如，FTP 应用就由数据连接和控制连接共同完成，而且数据连接的建立由控制连接中的载荷字段信息决定，这就需要 ALG 来完成载荷字段信息的转换，以保证后续数据连接的正确建立。

19.3.1 NAT ALG 的优点

NAT ALG 为内部网络和外部网络之间的通信提供了基于应用的访问控制，具有以下优点。

(1) ALG 统一对各应用层协议报文进行解析处理，避免其他模块对同一类报文应用层协议的重复解析，可以有效提高报文转发效率。

(2) 可支持多种应用层协议：FTP、H.323(包括 RAS、H.225、H.245)、SIP、DNS、ILS、MSN/QQ、NBT、RTSP、SQLNET、TFTP 等。

19.3.2 NAT ALG 技术实现

ALG 涉及如下两个概念。

(1) 会话：记录了传输层报文之间的交互信息，包括源 IP 地址、源端口、目的 IP 地址、目的端口、协议类型和源/目的 IP 地址所属的 VPN 实例。交互信息相同的报文属于一条流，通常情况下，每个会话对应出方向和入方向的两条流。

(2) 动态通道：当应用层协议报文中携带地址信息时，这些地址信息会被用于建立动态通道，后续符合该地址信息的连接将使用已经建立的动态通道来传输数据。

下面以多通道应用协议 FTP 和 ICMP 在 NAT 组网环境中的 ALG 应用具体说明报文载荷的转换过程。

1. FTP 主动模式(PORT)的连接过程

FTP 有两种不同工作模式：PORT(主动模式)与 PASV(被动模式)。

FTP 需要用到两个连接：控制连接与数据连接，控制连接专门用于 FTP 控制命令及命令执行信息传送；数据连接专门用于传输数据(上传/下载)。

如图 19.5 所示，位于内部网络的客户端以 PORT 方式访问外部网络的 FTP 服务器，经过中间的 NAT 设备进行 NAT 转换，该设备上使能了 ALG 特性。

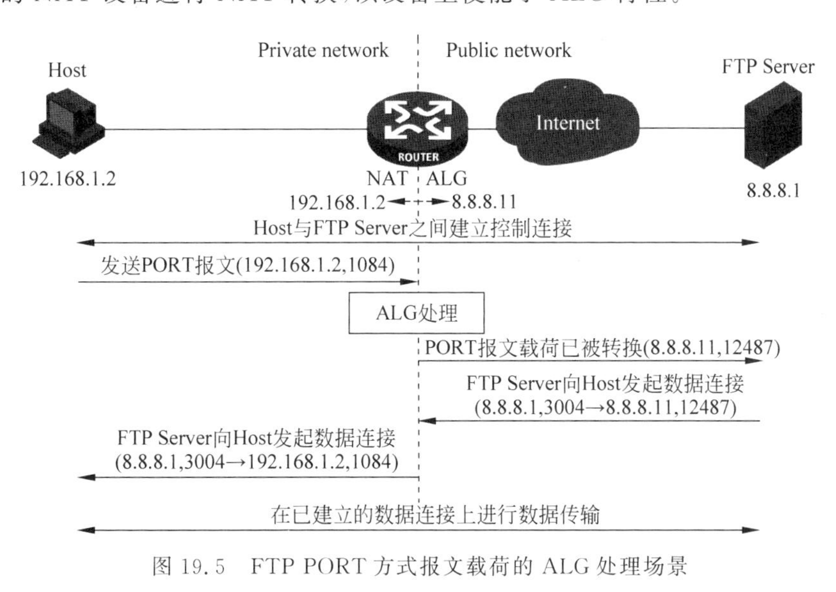

图 19.5 FTP PORT 方式报文载荷的 ALG 处理场景

图 19.5 中，私网主机要访问公网的 FTP 服务器。NAT 设备上配置了私有地址 192.168.1.2 到公有地址 8.8.8.11 的映射，实现地址的 NAT 转换，以支持配置私有地址的私网主机对公网的访问。组网中，若没有 ALG 对报文载荷的处理，私网主机发送的 PORT 报文到达服务器端后，服务器无法根据私有地址进行寻址，也就无法建立正确的数据连接。整个通信过程包括如下 4 个阶段。

(1) 私网主机和公网 FTP 服务器之间通过 TCP 三次握手协议成功建立控制连接。

(2) 控制连接建立后，私网主机向 FTP 服务器发送 PORT 报文，报文中携带私网主机指定的数据连接的目的地址和端口，用于通知服务器使用该地址和端口与自己进行数据连接。

(3) PORT 报文在经过支持 ALG 特性的 NAT 设备时，报文载荷中的私有地址和端口会被转换成对应的公有地址和端口。即设备将收到的 PORT 报文载荷中的私有地址 192.168.1.2 转换成公有地址 8.8.8.11，端口 1084 转换成 12487。

(4) 公网的 FTP 服务器收到 PORT 报文后，解析其内容，并向私网主机发起数据连接，该数据连接的目的地址为 8.8.8.11，目的端口为 12487。由于该目的地址是一个公有地址，因此后续的数据连接就能够成功建立，从而实现私网主机对公网服务器的访问。

2. NAT ALG 支持 ICMP

如图 19.6 所示，公网侧的主机要访问私网中的 FTP 服务器，该内部服务器对外的公有地址为 8.8.8.11。若内部 FTP 服务器的 21 端口未打开，那么它会向公网侧的主机发送一个 ICMP 差错报文。

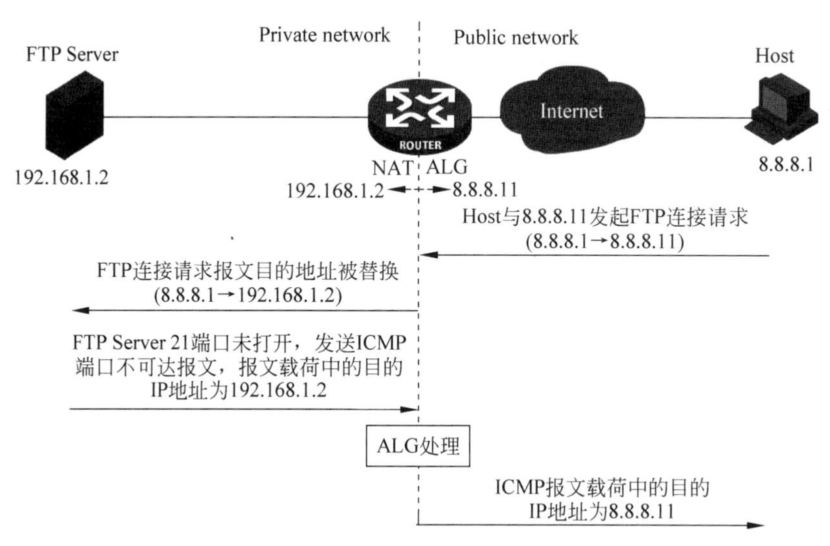

图 19.6　ICMP 的 ALG 处理场景

由于该差错报文的数据载荷中的 IP 地址信息为私网 IP 地址，在这种情况下，如果 ICMP 差错报文未经 ALG 处理就从私网发送到公网，那么公网主机就无法识别该差错报文属于哪个应用程序，同时也会将 FTP 服务器的私有地址泄露到公网中。

因此，当该 ICMP 差错报文到达 NAT 设备时，ALG 会根据原始 FTP 会话的地址进行转换，将其数据载荷中的私有地址 192.168.1.2 还原成公有地址 8.8.8.11，再将该 ICMP

差错报文发送到公网。这样，公网主机就可以正确识别出错的应用程序，同时也避免了私网信息的泄露。

3. ALG 处理流程

ALG 处理流程为如下 3 个步骤。

（1）ALG 根据会话标识的协议类型对报文进行解码，若解码发现报文不需要做 ALG 或解码发现为错误字段时退出，解码发现需要进行字段转换时进一步处理。

（2）ALG 查找接口上的 NAT 配置，根据 NAT 配置转换报文中的 IP 地址、端口、call-id 等信息并建立关联表，关联表记录了载荷地址的转换关系。

（3）ALG 调整报文载荷中的长度字段。

19.3.3 NAT ALG 配置

1. NAT ALG 配置命令

```
[H3C]nat alg { all | dns | ftp | h323 | icmp-error | ils | mgcp | nbt | pptp | rsh | rtsp | sccp |
sip | sqlnet | tftp | xdmcp }    /* 系统视图
```

默认所有协议类型的 NAT ALG 功能均处于开启状态。

参数说明：

（1）**all**：所有可指定的协议的 ALG 功能。

（2）**dns**：表示 DNS 协议的 ALG 功能。

（3）**ftp**：表示 FTP 协议的 ALG 功能。

（4）**h323**：表示 H323 协议的 ALG 功能。

（5）**icmp-error**：表示 ICMP 差错控制报文的 ALG 功能。

（6）**ils**：表示 ILS(Internet Locator Service，互联网定位服务)协议的 ALG 功能。

（7）**mgcp**：表示 MGCP(Media Gateway Control Protocol，媒体网关控制协议)的 ALG 功能。

（8）**nbt**：表示 NBT(NetBIOS over TCP/IP，基于 TCP/IP 的网络基本输入输出系统)协议的 ALG 功能。

（9）**pptp**：表示 PPTP(Point-to-Point Tunneling Protocol，点到点隧道协议)的 ALG 功能。

（10）**rsh**：表示 RSH(Remote Shell，远程外壳)协议的 ALG 功能。

（11）**rtsp**：表示 RTSP(Real Time Streaming Protocol，实时流协议)的 ALG 功能。

（12）**sccp**：表示 SCCP(Skinny Client Control Protocol，瘦小客户端控制协议)的 ALG 功能。

（13）**sip**：表示 SIP(Session Initiation Protocol，会话初始协议)的 ALG 功能。

（14）**sqlnet**：表示 SQLNET 协议的 ALG 功能。

（15）**tftp**：表示 TFTP 协议的 ALG 功能。

（16）**xdmcp**：表示 XDMCP(X Display Manager Control Protocol，X 显示监控协议)的 ALG 功能。

2. 打开 ALG FTP 协议举例

```
<Sysname> system-view
[Sysname]nat alg ftp
```

19.4　NAT 配置实训

1. 实训内容与实训目的

1）实训内容

（1）配置静态 NAT，实现内网主机使用私有地址访问公网。

（2）配置 Easy IP，实现部分内网主机使用私有地址访问公网。

（3）配置动态 NAT 和 NAPT，实现部分内网主机使用私有地址访问公网。

（4）配置 NAT Server，实现外网主机对内网服务器的访问。

2）实训目的

（1）掌握静态 NAT 的配置。

（2）掌握 ACL 在 NAT 中的应用。

（3）重点掌握 Easy IP、NAPT 和 NAT Server 的配置。

（4）掌握地址池、动态 NAT 的配置。

（5）掌握 NAT 设备两侧内、外网路由发布的不同之处。

2. 实训设备

实训设备如表 19.4 所示。

表 19.4　网络地址转换(NAT)配置实训设备

实训设备及线缆	数量	备　　注
MSR36-20 路由器	2 台	支持 Comware V7 命令的交换机即可
S5820 交换机	1 台	支持 Comware V7 命令的路由器即可
计算机	3 台	OS：Windows 10
V.35 DTE、DCE 串口线对	1 对	1 对 V.35 线
以太网线	4 根	—

3. 实训拓扑与 IP 地址规划

如图 19.7 所示，某企业局域网通过路由器 RT1 的 Serial1/0 端口接入 Internet。由于该企业公有 IP 地址有限，因此内网全部使用私有 IP 地址。为了使内网可以与公网互通，同时为了提高内网安全性，在公网入口 RT1 路由器上配置 NAT。实训中使用 RT2 模拟公网，RT1 与 RT2 通过 Serial1/0 端口互连。各设备 IP 地址及路由器 RT1 地址池的 IP 地址分配如表 19.5 所示。

注：如果使用 HCL 模拟器完成此实训，建议将 Web Server 改为 FTP Server，因为模拟器中的路由器可以搭建 FTP Server，实现 FTP 服务器的 NAT 映射。

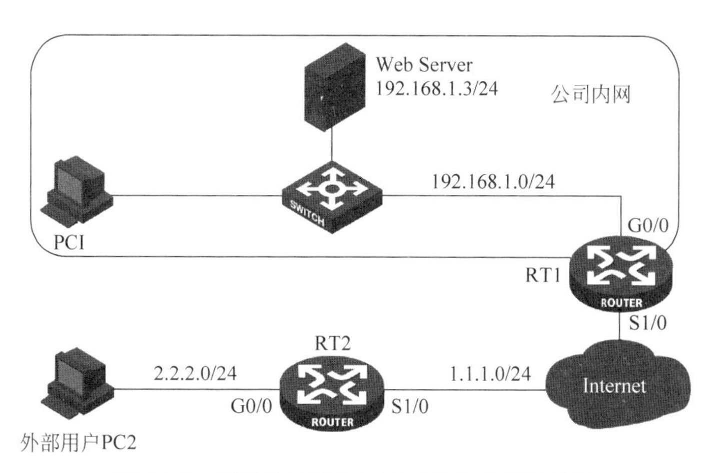

图 19.7 网络地址转换(NAT)配置实训拓扑图

表 19.5 设备 IP 地址分配

设 备 名 称	接 口	IP 地址	网 关
RT1	Serial1/0	1.1.1.1/24	—
	G0/0	192.168.1.254/24	—
RT2	Serial1/0	1.1.1.6/24	—
	G0/0	2.2.2.254/24	—
RT1 地址池	Serial1/0	1.1.1.2~1.1.1.5	—
PC1	网卡	192.168.1.1/24	192.168.1.254/24
Web Server	网卡	192.168.1.3/24	192.168.1.254/24
PC2	网卡	2.2.2.2/24	2.2.2.254/24

19.4.1 静态 NAT 配置实训

1. 实训要求

在路由器 RT1 上配置静态 NAT,只允许 PC1 访问外网,其他设备均不能访问外网,同时阻止外网主动访问内网。

2. 实训过程

按照图 19.7 连接所有设备,并检查路由交换设备的配置信息,确保各设备配置被清除,处于出厂的初始状态。

1) 配置 IP 地址及路由

按照表 19.5 给计算机和路由器配置 IP 地址及子网掩码,下面是 RT1 和 RT2 的配置。

(1) RT1 配置 IP 地址及去往外网的路由。

```
[RT1]interface g0/0
[RT1-GigabitEthernet0/0]ip address 192.168.1.254 24
[RT1-GigabitEthernet0/0]interface serial1/0
[RT1-Serial1/0]ip address 1.1.1.1 24
```

在实际工程中，一般会在内网和外网的边界路由器(见图 19.7 中的 RT1)上配置静态默认路由指向公网，并将静态默认路由发布到内网作为内网设备访问外网的路由。以下为 RT1 配置访问外网的静态默认路由。

```
[RT1-Serial1/0]ip route-static 0.0.0.0  0  1.1.1.6
  /* 静态默认路由下一跳指向外网 IP 地址 1.1.1.6(RT2)
```

(2) RT2 配置 IP 地址。

```
[RT2]interface g0/0
[RT2-GigabitEthernet0/0]ip address 2.2.2.254 24
[RT2-GigabitEthernet0/0]interface serial1/0
[RT2-Serial1/0]ip address 1.1.1.6 24
```

配置完 IP 地址和路由协议以后，PC1 仍然不能访问外网。大家可用 PC1 去 ping 路由器 RT2 上的 IP 地址进行验证。

2) 配置静态 NAT

步骤 1：将 PC1 地址静态映射至 1.1.1.2。

```
[RT1]nat static outbound 192.168.1.1 1.1.1.2
```

步骤 2：开启 Serial1/0 端口上的 NAT 静态地址转换功能。

```
[RT1]interface serial1/0
[RT1-Serial1/0]nat static enable
```

注意：做映射的公有 IP 地址并不是 RT1 的 Serial1/0 端口的 IP 地址。

3) 验证静态 NAT

配置完静态地址映射以后，再用 PC1 去 ping 外网的 IP 地址来验证连通性，结果如图 19.8 所示，表示 PC1 可以访问外户用户 PC2。

```
C:\Documents and Settings\ldz>ping 2.2.2.2

Ping 2.2.2.2 (2.2.2.2): 56 data bytes, press CTRL_C to break
56 bytes from 2.2.2.2: icmp_seq=0 ttl=253 time=3.000 ms
56 bytes from 2.2.2.2: icmp_seq=1 ttl=253 time=3.000 ms
56 bytes from 2.2.2.2: icmp_seq=2 ttl=253 time=2.000 ms
56 bytes from 2.2.2.2: icmp_seq=3 ttl=253 time=3.000 ms
56 bytes from 2.2.2.2: icmp_seq=4 ttl=253 time=2.000 ms

--- Ping statistics for 2.2.2.2 ---
5 packet(s) transmitted, 5 packet(s) received, 0.0% packet loss
round-trip min/avg/max/std-dev = 2.000/2.600/3.000/0.490 ms
```

图 19.8　PC1 去 ping 外网设备 PC2 验证静态 NAT

与 PC1 同网段的 Web Server 的 IP 地址未在 RT1 上进行地址映射，因而 Web Server 无法访问外网，大家可自行验证。

而且，外网设备是无法主动访问内网任何设备，大家可用外网的 PC2 去 ping 内网 PC1 或 Web Server 的 IP 地址进行验证。原因如下：外网设备 RT2 上根本没有内网的路由信息(因为内网路由信息并未向外网发布)，RT2 的路由信息如图 19.9 所示。但处在内网和外网边界上的路由器 RT1 同时拥有内网和外网的路由信息。

```
<RT2>display ip routing-table

Destinations : 17       Routes : 17

Destination/Mask    Proto   Pre Cost        NextHop         Interface
0.0.0.0/32          Direct  0   0           127.0.0.1       InLoop0
1.1.1.0/24          Direct  0   0           1.1.1.6         Ser1/0
1.1.1.0/32          Direct  0   0           1.1.1.6         Ser1/0
1.1.1.1/32          Direct  0   0           1.1.1.1         Ser1/0
1.1.1.6/32          Direct  0   0           127.0.0.1       InLoop0
1.1.1.255/32        Direct  0   0           1.1.1.6         Ser1/0
2.2.2.0/24          Direct  0   0           2.2.2.254       GE0/0
2.2.2.0/32          Direct  0   0           2.2.2.254       GE0/0
2.2.2.254/32        Direct  0   0           127.0.0.1       InLoop0
2.2.2.255/32        Direct  0   0           2.2.2.254       GE0/0
127.0.0.0/8         Direct  0   0           127.0.0.1       InLoop0
127.0.0.0/32        Direct  0   0           127.0.0.1       InLoop0
127.0.0.1/32        Direct  0   0           127.0.0.1       InLoop0
127.255.255.255/32  Direct  0   0           127.0.0.1       InLoop0
224.0.0.0/4         Direct  0   0           0.0.0.0         NULL0
224.0.0.0/24        Direct  0   0           0.0.0.0         NULL0
255.255.255.255/32  Direct  0   0           127.0.0.1       InLoop0
```

图 19.9　RT2 路由表中无内网路由信息

19.4.2 Easy IP 配置实训

1. 实训要求

在路由器 RT1 上配置 Easy IP 网络地址转换，实现内网对外网的访问，同时阻止外网主动访问内网。

2. 实训过程

按照图 19.7 进行连接，并检查设备配置信息，确保各设备配置被清除，处于出厂的初始状态。

1）配置 IP 地址及路由

按照表 19.5 给计算机和路由器配置 IP 地址及子网掩码，下面是 RT1 和 RT2 的配置。

（1）RT1 配置 IP 地址及去往外网的路由。

```
[RT1]interface g0/0
[RT1-GigabitEthernet0/0]ip address 192.168.1.254 24
[RT1-GigabitEthernet0/0]interface serial1/0
[RT1-Serial1/0]ip address 1.1.1.1 24
```

在实际工程中，一般会在内网和外网的边界路由器（见图 19.7 中的 RT1）上配置静态默认路由指向公网，并将静态默认路由发布到内网作为内网设备访问外网的路由。以下为 RT1 配置访问外网的静态默认路由。

```
[RT1-Serial1/0]ip route-static 0.0.0.0  0  1.1.1.6
  /* 静态默认路由下一跳指向外网 IP 地址 1.1.1.6(RT2)
```

（2）RT2 配置 IP 地址。

```
[RT2]interface g0/0
[RT2-GigabitEthernet0/0]ip address 2.2.2.254 24
[RT2-GigabitEthernet0/0]interface serial1/0
[RT2-Serial1/0]ip address 1.1.1.6 24
```

配置完 IP 地址和路由协议以后，PC1 仍然不能访问外网。大家可用 PC1 去 ping 路由器 RT2 上的 IP 地址进行验证。

2）配置 Easy IP

步骤 1：定义 Easy IP 使用的 ACL。

```
[RT1]acl basic 2000                                    /* 定义基本 ACL2000
[RT1-acl-ipv4-basic-2000]rule 1 permit source any      /* 允许所有源地址通过
```

步骤 2：RT1 的公网接口 Serial1/0 上配置 Easy IP。

```
[RT1-acl-ipv4-basic-2000]interface serial1/0
[RT1-Serial1/0]nat outbound 2000     /* 经 ACL2000 筛选通过的报文进行地址转换
```

注意： ACL 与 NAT 一起联合使用时主要用来决定哪些数据需要进行 NAT 转换。此处 ACL 允许所有的数据包进行 NAT 转换。如果允许所有数据包进行 NAT 转换，其实可以不配置 ACL，而直接使用[**RT1-Serial1/0**]**nat outbound** 命令即可。

3）验证 Easy IP

用 PC1 去 ping 外网设备 PC2，测试内网能否访问外网，结果如图 19.10 所示，表示 PC1 可以主动访问外网。

```
C:\Documents and Settings\ldz>ping 2.2.2.2

Ping 2.2.2.2 (2.2.2.2): 56 data bytes, press CTRL_C to break
56 bytes from 2.2.2.2: icmp_seq=0 ttl=253 time=3.000 ms
56 bytes from 2.2.2.2: icmp_seq=1 ttl=253 time=4.000 ms
56 bytes from 2.2.2.2: icmp_seq=2 ttl=253 time=3.000 ms
56 bytes from 2.2.2.2: icmp_seq=3 ttl=253 time=2.000 ms
56 bytes from 2.2.2.2: icmp_seq=4 ttl=253 time=2.000 ms

--- Ping statistics for 2.2.2.2 ---
5 packet(s) transmitted, 5 packet(s) received, 0.0% packet loss
round-trip min/avg/max/std-dev = 2.000/2.800/4.000/0.748 ms
```

图 19.10　PC1 去 ping 外网设备 PC2 验证 Easy IP

另外，大家可以自行验证：外网设备无法主动访问内网。

4）查看 NAT 转换会话

用 PC1 去 ping 主机 PC2 后，立即在 RT1 上用 display nat session brief 命令查 NAT 会话信息，结果如图 19.11 所示，表示存在一条 NAT 会话记录，报文使用 ICMP 协议，报文源地址/端口(Source IP/port)为 192.168.1.1/512，目的地址/端口(Destination IP/port)为 2.2.2.2/2048，NAT 转换后的源地址/端口(Global IP/port)为 1.1.1.1/12288。

```
[RT1-Serial1/0]display nat session brief
Slot 0:
Protocol    Source IP/port       Destination IP/port    Global IP/port
ICMP        192.168.1.1/512      2.2.2.2/2048           1.1.1.1/12288
Total sessions found: 1
```

图 19.11　查看 Easy IP 会话信息

注意： 过一段时间再用 display nat session brief 命令将查看不到任何会话记录。这是由于会话记录超过了老化时间被清除了。

19.4.3 动态 NAT 和 NAPT 配置实训

1. 实训要求

在路由器 RT1 上配置地址池，配置动态 NAT 和 NAPT，只允许内网的 192.168.1.0/25 网段访问外网（注意：这意味着 192.168.1.128/25 网段以及其他网段不能访问外网），但外网不可主动访问内网。

2. 实训过程

按照图 19.7 进行连接，并检查设备配置信息，确保各设备配置被清除，处于出厂的初始状态。

1）配置 IP 地址及路由

按照表 19.5 给计算机和路由器配置 IP 地址及子网掩码，下面是 RT1 和 RT2 的配置。

（1）RT1 配置 IP 地址及去往外网的路由。

```
[RT1]interface g0/0
[RT1-GigabitEthernet0/0]ip address 192.168.1.254 24
[RT1-GigabitEthernet0/0]interface serial1/0
[RT1-Serial1/0]ip address 1.1.1.1 24
```

在实际工程中，一般会在内网和外网的边界路由器（见图 19.7 中的 RT1）上配置静态默认路由指向公网，并将静态默认路由发布到内网作为内网设备访问外网的路由。以下为 RT1 配置访问外网的静态默认路由。

```
[RT1-Serial1/0]ip route-static 0.0.0.0  0  1.1.1.6
  /* 静态默认路由下一跳指向外网 IP 地址 1.1.1.6(RT2)
```

（2）RT2 配置 IP 地址。

```
[RT2]interface g0/0
[RT2-GigabitEthernet0/0]ip address 2.2.2.254 24
[RT2-GigabitEthernet0/0]interface serial1/0
[RT2-Serial1/0]ip address 1.1.1.6 24
```

配置完 IP 地址和路由协议以后，PC1 仍然不能访问外网。大家可用 PC1 去 ping 路由器 RT2 上的 IP 地址进行验证。

2）配置动态 NAT 和 NAPT

步骤 1：定义 NAT 和 NAPT 使用的 ACL。

```
[RT1]acl basic 2000
[RT1-acl-ipv4-basic-2000]rule 1 permit source 192.168.1.0 0.0.0.127
  /* 允许 192.168.1.0/25 网段源地址报文通过
[RT1-acl-ipv4-basic-2000]rule 2 deny source any
  /* 拒绝所有源地址通过
```

注意：ACL 默认按顺序匹配规则，匹配第一条规则的报文按第一条规则处理，不再检查第二条规则。

步骤 2：定义地址池。

```
[RT1-acl-ipv4-basic-2000]nat address-group 1        /* 创建地址组(池)1
[RT1-address-group-1]address 1.1.1.2 1.1.1.5        /* 地址池中共 4 个地址,从 1.1.1.2 至 1.1.1.5
```

步骤 3：RT1 的公网接口 Serial1/0 出方向上配置关联地址池、ACL，应用 NAT。

```
[RT1-acl-ipv4-basic-2000]interface serial1/0
[RT1-Serial1/0]nat outbound 2000 address-group 1 no-pat    /* 配置动态 NAT
```

或

```
[RT1-Serial1/0]nat outbound 2000 address-group 1    /* 配置 NAPT
```

注意：

(1) 地址池中的 IP 地址需要与地址池关联接口的 IP 地址在同一网段。此处地址池 IP 需与 RT1 的 Serial1/0 端口的 IP 地址在同一网段。

(2) 带参数 no-pat 的命令不转换报文中的端口，即动态 NAT；不带参数 no-pat 的命令执行 NAPT。

3) 验证动态 NAT 和 NAPT

用 PC1 去 ping 外网设备 PC2，测试内网设备能否主动访问外网，结果如图 19.12 所示，PC1 可以主动访问外网。

```
C:\Documents and Settings\ldz>ping 2.2.2.2

Ping 2.2.2.2 (2.2.2.2): 56 data bytes, press CTRL_C to break
56 bytes from 2.2.2.2: icmp_seq=0 ttl=253 time=3.000 ms
56 bytes from 2.2.2.2: icmp_seq=1 ttl=253 time=4.000 ms
56 bytes from 2.2.2.2: icmp_seq=2 ttl=253 time=3.000 ms
56 bytes from 2.2.2.2: icmp_seq=3 ttl=253 time=2.000 ms
56 bytes from 2.2.2.2: icmp_seq=4 ttl=253 time=2.000 ms

--- Ping statistics for 2.2.2.2 ---
5 packet(s) transmitted, 5 packet(s) received, 0.0% packet loss
round-trip min/avg/max/std-dev = 2.000/2.800/4.000/0.748 ms
```

图 19.12　PC1 去 ping 外网设备 PC2 验证动态 NAT 和 NAPT

另外，大家可以自行验证：外网设备无法主动访问内网。

4) 查看 NAT 会话信息，验证 ACL 控制效果

(1) 查看动态 NAT 会话信息。

注意：动态 NAT 在上面步骤 3 中执行的是[RT1-Serial0/0]nat outbound 2000 address-group 1 no-pat 命令。

NAT 应用在接口时带 no-pat 参数时，端口不参与转换。

用 PC1、Web Server 去 ping 外网主机 PC2 后，在 RT1 上使用 display nat session brief 命令查 NAT 会话信息，结果如图 19.13 所示。图 19.13 中出现了两条记录，内网 PC1 和 Web Server 的 IP 地址(Source IP)被转换成两个不同的 IP 地址(Global IP)，分别为 1.1.1.3 和 1.1.1.4，但是其端口 512 并未改变。

```
[RT1]display nat session brief
Slot 0:
Protocol    Source IP/port      Destination IP/port    Global IP/port
ICMP        192.168.1.1/512     2.2.2.2/2048           1.1.1.3/512
ICMP        192.168.1.3/512     2.2.2.2/2048           1.1.1.4/512
Total sessions found: 2
```

图 19.13　查看动态 NAT(不进行端口转换)会话信息

(2) 查看 NAPT 会话信息。

注意：动态 NAPT 在上面步骤 3 中执行的是[RT1-Serial0/0]nat outbound 2000 address-group 1 命令。

NAT 转换应用在接口时不带 no-pat 参数时，为 NAPT 转换。

用 PC1、Web Server 去 ping 外网主机 PC2 后，在 RT1 上使用 display nat session brief 命令查 NAT 会话信息，结果如图 19.14 所示。图 19.14 中出现了两条记录，分别对应 PC1 和 Web Server，它们的内网 IP 地址/端口(Source IP/port)均被转换，转换之后的 IP 地址/端口(Global IP/port)分别为 1.1.1.3/12288 和 1.1.1.4/12288。

```
[RT1]display nat session brief
Slot 0:
Protocol   Source IP/port        Destination IP/port    Global IP/port
ICMP       192.168.1.1/512       2.2.2.2/2048           1.1.1.3/12288
ICMP       192.168.1.3/512       2.2.2.2/2048           1.1.1.4/12288
Total sessions found: 2
```

图 19.14 查看 NAPT 会话信息

(3) 验证 ACL 控制效果。

ACL 2000 定义的两条规则只允许 IP 地址在 192.168.1.0/25 网段(192.168.1.0～192.168.1.127)的报文进行 NAT 转换，其他的均被拒绝。为了验证 ACL 控制效果，这里把 PC1 的 IP 地址改成 192.168.1.129，再用 PC1 去 ping 外网主机 PC2，结果如图 19.15 所示，ICMP 请求报文超时。这说明 ACL 发挥了应有的作用。

```
C:\Documents and Settings\ldz>ping 2.2.2.2
Pinging 2.2.2.2 with 32 bytes of data:


Request timed out.
Request timed out.
Request timed out.
Request timed out.


Ping statistics for 2.2.2.2:
    Packets: Sent = 4, Received = 0, Lost = 4 (100% loss),
```

图 19.15 验证 ACL 控制效果

19.4.4 NAT Server 配置实训

1. 实训要求

(1) Web 服务器外网 IP 地址为 1.1.1.1(RT1 的 Serial1/0 端口 IP)，外网端口号为 80；内网 IP 地址为 192.168.1.3，内网端口号为 8080。

(2) 内网 192.168.1.0/25 网段的用户可以访问 Internet，其他网段的用户则不能访问 Internet。

(3) 外网只可以访问内网的 Web 服务器(对外网而言，服务器具有唯一的公网 IP 地址以供访问)，但不能访问其他设备。

2. 实训过程

按照图 19.7 进行连接，并检查设备配置信息，确保各设备配置被清除，处于出厂的初始状态。

1）配置 IP 地址及路由

按照表 19.5 给计算机和路由器配置 IP 地址及子网掩码，下面是 RT1 和 RT2 的配置。

（1）RT1 配置 IP 地址及去往外网的路由。

```
[RT1]interface g0/0
[RT1-GigabitEthernet0/0]ip address 192.168.1.254 24
[RT1-GigabitEthernet0/0]interface serial1/0
[RT1-Serial1/0]ip address 1.1.1.1 24
```

在实际工程中，一般会在内网和外网的边界路由器（见图 19.7 中的 RT1）上配置静态默认路由指向公网，并将静态默认路由发布到内网作为内网设备访问外网的路由。以下为 RT1 配置访问外网的静态默认路由。

```
[RT1-Serial1/0]ip route-static 0.0.0.0  0  1.1.1.6
  /* 静态默认路由下一跳指向外网 IP 地址 1.1.1.6(RT2)
```

（2）RT2 配置 IP 地址。

```
[RT2]interface g0/0
[RT2-GigabitEthernet0/0]ip address 2.2.2.254 24
[RT2-GigabitEthernet0/0]interface serial1/0
[RT2-Serial1/0]ip address 1.1.1.6 24
```

配置完 IP 地址和路由协议以后，PC1 仍然不能访问外网。大家可用 PC1 去 ping 路由器 RT2 上的 IP 地址进行验证。

2）配置 Easy IP 控制内网主机访问外网

步骤 1：定义 Easy IP 使用的 ACL。

```
[RT1]acl basic 2000
[RT1-acl-ipv4-basic-2000]rule 1 permit source 192.168.1.0 0.0.0.127
  /* 允许 192.168.1.0/25 网段源地址报文通过
[RT1-acl-ipv4-basic-2000]rule 2 deny source any   /* 拒绝所有源地址通过
```

此处，ACL 用来筛选需要进行地址转换的报文。

步骤 2：RT1 的公网接口 Serial1/0 上配置 Easy IP。

```
[RT1-acl-ipv4-basic-2000]interface serial1/0
[RT1-Serial1/0]nat outbound 2000
```

3）配置 NAT Server

在 Web Server 主机上搭建并启动 Web 服务器。

在 RT1 上为 Web 服务器配置 NAT Server 映射。

```
[RT1-Serial1/0]nat server protocol tcp global current-interface 80 inside 192.168.1.3 8080
```

4）验证 NAT Server

在外网 PC2 上成功访问 1.1.1.1 地址上的 Web 服务，说明 NAT Server 配置成功。

19.4.5 NAT 配置总结

下面对 NAT 配置进行一个总结，NAT 配置主要分为 4 部分。

（1）配置各接口 IP 地址。

(2) 定义地址池。注意：只有多对多动态 NAT 和 NAPT 需要定义地址池，Easy IP、静态 NAT、NAT Server 方式不需要执行此步。

(3) 定义 ACL，选择允许进行 NAT 的数据包。注意：只有 Easy IP、多对多动态 NAT 或 NAPT 时才需要执行此步；静态 NAT 或 NAT Server 则不需要执行此步。

(4) 在接口使用 nat outbound(Easy IP、静态、多对多动态 NAT 或 NAPT 用此命令)或 nat server(内网服务器地址和端口映射用此命令)命令完成 NAT 的配置。

需要注意的内容如下。

(1) inbound 与 outbound 的区别。在本实训中，NAT 只使用 outbound 参数；而在 ACL 包过滤中可以根据数据包传递的方向来选用 inbound 或 outbound。

(2) 地址池与其关联接口的 IP 地址要在同一网段。

(3) 配置了 NAT，在路由发布时，勿将 NAT 后面的私网路由信息发布到外网，否则会带来安全隐患。

(4) 配置完后，可以先用 ping 命令(Windows 系统主机可带参数-t，HCL 模拟器 PC 可带参数-c)从内网 ping 外网，再用 display nat session brief 命令来查看是否有 NAT 会话。

19.5 任务小结

1. NAT 技术缓解了 IPv4 地址紧缺的问题，它隐藏了内部网络结构，提高了网络安全性。

2. NAT 的基本工作原理是：当私网主机和公网主机通信的 IP 包经过 NAT 设备时，NAT 设备将 IP 包中的源 IP 或目的 IP 在私有 IP 和 NAT 设备的公有 IP 之间进行转换。

3. 静态 NAT 将内部网络中的每个主机永久映射到外部网络中的某个合法的地址，每个主机的私有地址与公有地址的映射固定不变。

4. NAPT 是把多个内部地址映射到外部网络的一个或多个 IP 地址的多个端口上。NAPT 不仅转换 IP 报文中的 IP 地址，同时还对 IP 报文中的 TCP 和 UDP 的端口(PORT)进行转换。

5. NAT Server 技术将内网服务器的私有地址、端口映射到外网固定的公有地址和端口上。

6. 静态 NAT、动态 NAT、NAPT、Easy IP 与 NAT Server 的配置。

19.6 习题与思考

1. 地址池是否可以包含其应用接口的 IP 地址？
2. 多对多动态 NAT 带 no-pat 参数与不带该参数有什么区别？
3. NAT 转换表的基本字段有哪些？NAT 是如何工作的？
4. 为什么 NAT 有时需要与 ACL 一起使用，此时 ACL 有什么作用？
5. 如何确定 NAT 配置成功了，怎样检验？
6. 使用 NAT 有何好处，同时会带来什么坏处？
7. 使用 NAT 时，内网的路由需要向外网发布吗？
8. 如何区别 inbound 与 outbound 的使用场景及应用端口的选择？

任务 20　利用 VPN 技术组建异地局域网

学习目标

- 理解 VPN 的基本概念和工作原理。
- 重点掌握 GRE VPN 的基本配置。
- 学会利用 GRE VPN 技术搭建异地局域网。
- 初步了解 L2TP 和 IPSec 技术。

20.1　认识 VPN

VPN(Virtual Private Network,虚拟专用网络或虚拟私有网络)技术是利用 Internet 或其他公共互联网络的基础设施为用户创建隧道,并提供与专用、私有网络相同功能和安全保障的一种技术。

VPN 允许远程通信方、异地销售人员、企业分支机构或合作机构使用 Internet 等公共互联网络的路由基础设施,以安全的方式与位于企业局域网端的内网设备建立连接,成为局域网用户,访问局域网内部资源。虚拟专用网络对用户端透明,用户好像使用一条专用线路在客户计算机和企业局域网之间建立点对点连接,进行数据传输。

20.1.1　基本概念

VPN 通信一般建立在公共互联网络的基础上,但是用户在使用 VPN 时感觉如同在使用专用网络一样,所以得名虚拟专用网络。它的核心技术是各式各样的隧道技术。

1. 隧道技术

隧道(Tunnel)技术是指通过一种协议(承载协议)来传送另一种协议(载荷协议)的技术。使用承载协议建立隧道,隧道里传递载荷协议的数据包。隧道传递的数据(或负载)可以是不同协议的数据帧或数据包,隧道协议将载荷协议的数据帧或数据包重新封装在新的包头中发送。新的包头提供路由信息,从而使封装的负载数据能够通过互联网络传递。

封装后的数据包在公共互联网络上传递时所经过的逻辑路径称为隧道。数据在隧道起点处被封装,封装后的数据包在隧道的两个端点之间通过公共互联网络进行路由,一旦到达隧道终点,数据将被解封装并转发到最终目的地。隧道技术包括数据封装、传输和数据拆解。

2. 封装

封装(Encapsulation)是指在某个协议的数据包外面加上特定的包头、包尾等标记某种信息。其他协议可以根据这些标记信息对封装后的数据包进行处理,而不需要了解封装包里面的协议和数据。

3. 验证和授权

VPN 技术一般使用公共网络建立隧道进行私有数据的传输，而公共网络是任何人都可接入的，为了使具备访问权限的人才可以通过隧道进行私有数据传输，就需要对访问者的身份进行验证，并在验证后进行授权。通过验证和授权对 VPN 的连接权限提供保护。

4. 加解密

由于隧道建立在公共网络里，明文形式的私密数据在隧道中传输容易被窃听和篡改。为了保证数据的安全性，数据进入隧道前需要加密，而在离开隧道后需要进行解密。加密是对数据进行保护。

20.1.2 主要的 VPN 技术

根据不同的标准可以对 VPN 技术进行分类。如果按照网络层次划分，可以分为：第一层 VPN(layer 1 VPN)，第二层 VPN(layer 2 VPN)，第三层 VPN(layer 3 VPN)，传输层 VPN，应用层 VPN。

目前常用的主要的 VPN 技术如下。

(1) 二层 VPN 技术：L2TP，PPTP，MPLS L2 VPN。

(2) 三层 VPN 技术：GRE，IPSec VPN，BGP/MPLS VPN。

20.2 GRE VPN 基本原理

GRE(Generic Routing Encapsulation，通用路由封装)技术是在 IP 数据包的外面再加上一个 IP 头。通俗地说，就是把私有数据进行伪装，加上一个“外套”，传送到其他地方。

企业的私有网络内部一般都使用私有 IP 地址，而私有 IP 地址无法在互联网进行正确的路由。但在企业网络的出口，通常会有一个公有 IP 地址。GRE 技术就是在企业网络出口处(隧道入口)对“目的 IP 地址和源 IP 地址均为企业内部地址的数据报文”进行封装，给它添加一个 GRE 协议头部，之后再加上一个“目的地址为远端机构互联网出口的公有 IP 地址，源地址为本地互联网出口的公有 IP 地址”的 IP 头部(注意：IP 头部不仅包含源和目的 IP 地址)，从而使用公有 IP 地址通过互联网进行路由。到达远端机构互联网出口后(隧道尽头)，再将添加的 GRE 协议头部和 IP 头部去掉，进入对方的私网进行传输。

如图 20.1 所示，有两个 IP 私网 A 和 B，它们之间隔着一个 IP 公网。私网 A 和私网 B 内主机分别使用私网 IP 地址段 10.1.1.0/24 和 10.1.3.0/24。路由器 RTA 的以太网口 G0/0 连接到私网 A，其 IP 地址为 10.1.1.1/24；另外一个串口 Serial1/0 连接到互联网，其 IP 地址为 210.1.1.1/24。路由器 RTB 的以太网口 G0/0 连接到私网 B，其 IP 地址为 10.1.3.1/24；另外一个串口 Serial1/0 连接到互联网，其 IP 地址为 211.1.1.1/24。

GRE 分别在 RTA 和 RTB 上建立了一个隧道接口(注意：隧道接口只是一个虚拟接口)，分别绑定在 RTA 和 RTB 的 Serial1/0 端口上。隧道穿过 IP 公网，隧道接口(虚拟接口)的私网 IP 地址分别为 10.1.2.1/24 和 10.1.2.2/24；而隧道接口绑定的公网接口 Serial1/0 的 IP 地址分别为 210.1.1.1 和 211.1.1.1。

注意：①如果使用动态路由协议连接隧道两端的局域网，两个隧道接口的 IP 地址必须在同一网段(只限于隧道接口的 IP 地址)。因为从逻辑上讲，两个隧道接口之间是直连的

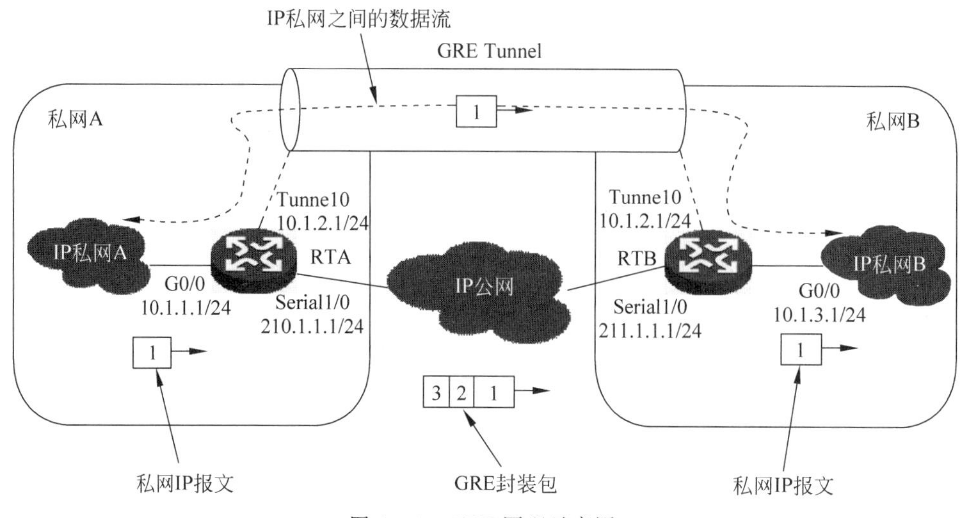

图 20.1　GRE 原理示意图

(把隧道看成一条网线)。隧道穿越了公网,所以两个隧道接口绑定的公网接口 IP 一般都在不同网段。②GRE 隧道两端局域网的 IP 地址不可以在同一网段,否则这些网段无法跟隧道另一侧的私网通信。因为隧道已经将两端的局域网连接形成了一个完整的局域网,而同一个局域网中不能出现两个相同的网段,否则会引发路由歧义和 IP 地址冲突。

假如从私网 A 的主机发送一个 IP 报文(私网 A 中的方块 1)到私网 B,源地址(10.1.1.0/24 网段)和目的地址(10.1.3.0/24 网段)都是私有地址。报文(方块 1)到达 RTA 后,先给它加上 GRE 头部(方块 2),然后再加上公有 IP 头部(方块 3)。此时数据包相当于已经进入隧道。最后,这个数据包在公网里传输时的源地址是 210.1.1.1,目的地址是 211.1.1.1。到达 RTB 后(离开隧道),RTB 脱掉外面的公有 IP 头部(方块 3)和 GRE 包头(方块 2),只剩下私网 IP 报文(方块 1)在私网里进行传输。对于私网 A 和私网 B 来说,它们看不到 GRE 和公有 IP 报文头部,好像是在公网里建立了一条隧道把这个私网 IP 报文传送到目的地。

20.3　GRE VPN 配置与调试

20.3.1　GRE VPN 基本配置命令

GRE 的基本配置过程可以分为以下 5 个步骤。

步骤 1：创建虚拟 Tunnel 接口。

```
[H3C]interface tunnel number mode gre    /* 系统视图
```

参数说明：

(1) *number*：Tunnel 接口号,范围为 0～1023,但实际可建的 Tunnel 数目将受到接口总数及内存状况的限制。

(2) **mode gre**：指明隧道为 GRE 类型。

如果尚未创建隧道,上面命令则先创建 Tunnel 接口并进入 Tunnel 接口视图；如果已经创建隧道,执行该命令则进入指定隧道的接口视图。

Tunnel 接口号只具有本地意义，隧道两端可以使用相同或不同的接口号。默认情况下，设备上无 Tunnel 接口。

步骤 2：设置隧道的源端地址或源端接口。

```
[H3C-TunnelX]source {ip-address | interface-type interface-number}    /* Tunnel 接口视图
```

参数说明：

(1) *ip-address*：使用点分十进制的地址形式来指定发出 GRE 报文的实际接口的 IP 地址(一般为公网 IP 地址)。

(2) *interface-type interface-number*：隧道的源端接口的类型及编号。接口包括 Ethernet、Serial、ATM、Tunnel 和 LoopBack 等。

注意：Tunnel 接口的源端地址是发出 GRE 报文的接口的地址，该地址一般设置为对端 Tunnel 接口的目的端地址。

步骤 3：设置隧道的目的端地址。

```
[H3C-TunnelX]destination ip-address    /* Tunnel 接口视图
```

参数说明：

ip-address：Tunnel 对端接收 GRE 报文的接口的 IP 地址(一般为公网 IP 地址)。

注意：指定的隧道目的端地址是接收 GRE 报文的接口的 IP 地址，该地址必须与对端 Tunnel 接口的源端地址相同，并且要保证到对端接口的路由可达。不能对两个或两个以上使用同种封装协议的 Tunnel 接口配置完全相同的源端地址和目的端地址。

步骤 4：设置 Tunnel 接口的网络地址。

```
[H3C-TunnelX]ip address ip-address mask    /* Tunnel 接口视图
```

两端的 Tunnel 接口都需要配置 IP 地址。如果使用动态路由协议连接隧道两端的局域网，则隧道两端 Tunnel 接口的 IP 地址必须在同一网段。

注意：隧道接口的 IP 地址与隧道源端、目的端地址不是同一个概念。

步骤 5：配置通过 Tunnel 的路由。

配置“通过 Tunnel 的路由”的目的是指定需要从隧道传递的数据包，也就是说到对端网络的哪个 IP 网段的数据包需要从隧道转发。

“通过 Tunnel 的路由”可以通过静态路由来配置也可以通过动态路由来配置。以下是通过静态路由配置的一个例子。

如图 20.1 所示，对于路由器 RTA 到私网网段 10.1.3.0/24 的数据包需要通过 GRE 隧道；对于路由器 RTB 到私网网段 10.1.1.0/24 的数据包需要通过 GRE 隧道(两个私网的 IP 不可以在同一网段)，隧道的静态路由配置如下。

路由器 RTA：

```
[RTA]ip route-static 10.1.3.0 255.255.255.0 tunnel0
```

路由器 RTB：

```
[RTB]ip route-static 10.1.1.0 255.255.255.0 tunnel0
```

注意：使用静态路由连接隧道两端局域网时，隧道两端 Tunnel 接口的 IP 地址可以不在同一网段。

20.3.2 GRE VPN 信息查看

display interface tunnel 命令用来显示 Tunnel 接口的相关信息，包括源端地址、目的端地址、隧道模式等。

```
<H3C> display interface [ tunnel [ number ] ] [ brief [ description | down ] ]   /* 任意视图
```

参数说明：

(1) *number*：显示指定 Tunnel 接口的信息。*number* 表示 Tunnel 接口编号，取值为已创建的 Tunnel 接口的编号。

(2) **brief**：显示接口的概要信息。如果不指定该参数，则显示接口的详细信息。

(3) **description**：用来显示用户配置的接口的全部描述信息。如果某接口的描述信息超过 27 个字符，不指定该参数时，只显示描述信息中的前 27 个字符，超出部分不显示；指定该参数时，可以显示全部描述信息。

(4) **down**：显示当前物理状态为 down 的接口的信息以及原因。如果不指定该参数，则不会根据接口物理状态来过滤显示信息。

表 20.1 总结了 GRE VPN 的配置与查看命令。

表 20.1 GRE VPN 配置与查看命令

操　　作	命令(命令执行的视图)
创建虚拟 Tunnel 接口	[H3C]interface tunnel *number* mode gre(系统视图)
设置隧道的源端地址或源端接口	[H3C-Tunnel*X*] source {*ip-address* | *interface-type interface-number*}(Tunnel 接口视图)
设置隧道的目的端地址	[H3C-Tunnel*X*]destination *ip-address* (Tunnel 接口视图)
设置 Tunnel 接口地址	[H3C-Tunnel*X*]ip address *ip-address mask* (Tunnel 接口视图)
显示 Tunnel 接口相关信息	<H3C> display interface [tunnel [*number*]] [brief[description | down]](任意视图)

20.4 搭建 GRE VPN 实训

20.4.1 实训内容与实训目的

1. 实训内容

在两个局域网的边界路由器上配置 GRE VPN，组建跨公网的异地局域网。

2. 实训目的

掌握 GRE VPN 配置，实现异地局域网通信。

20.4.2 实训设备

实训设备如表 20.2 所示。

表 20.2　搭建 GRE VPN 实训设备

实验设备	数　量	备　注
MSR36-20 路由器	3 台	支持 Comware V7 命令的路由器即可
计算机	2 台	OS：Windows 10
V.35 DTE、DCE 串口线对	1 对	—
以太网线	5 根	—

20.4.3　实训拓扑与实训要求、IP 地址规划

如图 20.2 所示，RT1 连接一个私网 192.168.1.0/24，RT3 连接另一个私网 192.168.2.0/24。RT1 和 RT3 通过公网路由器 RT2 互联（此处用 RT2 模拟公网）。各设备 IP 地址及路由器 RT1 地址池的 IP 地址分配如表 20.3 所示。

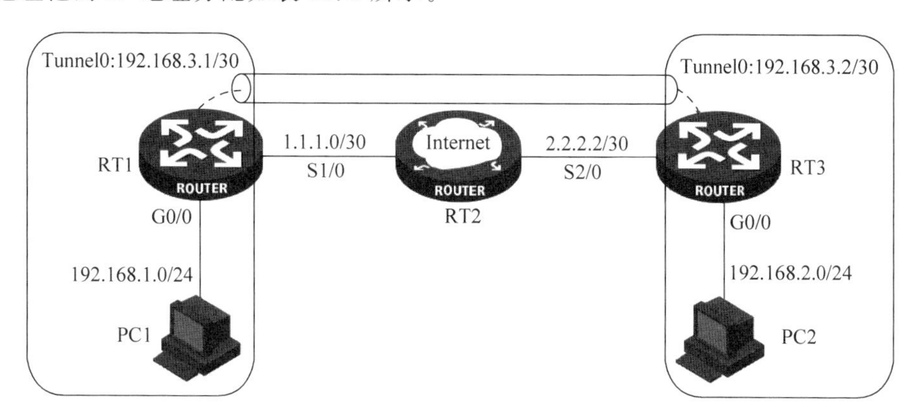

图 20.2　GRE VPN 配置实训拓扑图

表 20.3　设备 IP 地址分配

设备名称	接　口	IP 地址	网　关
RT1	Serial1/0	1.1.1.1/30	—
	G0/0	192.168.1.254/24	—
	Tunnel 0	192.168.3.1/30	—
RT2	Serial1/0	1.1.1.2/30	—
	Serial2/0	2.2.2.2/24	—
RT3	Serial2/0	2.2.2.1/30	—
	G0/0	192.168.2.254/24	—
	Tunnel 0	192.168.3.2/30	—
PC1	网卡	192.168.1.1/24	192.168.1.254/24
PC2	网卡	192.168.2.2/24	192.168.2.254/24

实训要求：

（1）私网路由不可以在公网发布，即 RT2 上不可以出现私网网段（192.168.1.0/24 和 192.168.2.0/24）的路由信息，但私网到公网各接口路由可达。

（2）两个私网通过 GRE VPN 隧道互联，并且保证私网之间路由可达。

20.4.4 实训过程

按照图 20.2 连接设备，并检查设备的配置信息，确保各设备配置被清除，处于出厂的初始状态。

给所有设备配置 IP 地址，首先导通 RT1 至 RT3 的外网路由，接着配置 RT1 路由器 G0/0 端口侧私网至 RT3 路由器 G0/0 端口侧的私网路由，但私网路由不可以在公网发布。

1. 配置路由器和计算机的 IP 地址

按照表 20.3 给各计算机配置 IP 地址及子网掩码。下面是 RT1、RT2 和 RT3 路由器的 IP 地址配置。

1）RT1 配置 IP 地址

```
[RT1]interface G0/0
[RT1-GigabitEthernet0/0]ip address 192.168.1.254 24
[RT1-GigabitEthernet0/0]interface serial1/0
[RT1-Serial1/0]ip address 1.1.1.1 30          /* 注意子网掩码的长度
```

2）RT2 配置 IP 地址

```
[RT2]interface serial1/0
[RT2-Serial1/0]ip address 1.1.1.2 30          /* 注意子网掩码的长度
[RT2-Serial1/0]interface serial2/0
[RT2-Serial2/0]ip address 2.2.2.2 30          /* 注意子网掩码的长度
```

3）RT3 配置 IP 地址

```
[RT3]interface g0/0
[RT3-GigabitEthernet0/0]ip address 192.168.2.254 24
[RT3-GigabitEthernet0/0]interface serial2/0
[RT3-Serial2/0]ip address 2.2.2.1 30          /* 注意子网掩码的长度
```

2. 导通公网路由

1）RT1 配置指向公网的静态默认路由

```
[RT1-Serial1/0]ip route-static 0.0.0.0 0 1.1.1.2  /* 默认路由下一跳指向 1.1.1.2(RT2)
```

2）RT3 配置指向公网的静态默认路由

```
[RT3-Serial2/0] ip route-static 0.0.0.0 0 2.2.2.2  /* 默认路由下一跳指向 2.2.2.2(RT2)
```

3. 配置 GRE VPN 隧道

1）RT1 配置 GRE 隧道

```
[RT1]interface tunnel 0 mode gre              /* 设置隧道类型为 GRE
[RT1-Tunnel0]ip address 192.168.3.1 30        /* 配置隧道接口 IP 地址
[RT1-Tunnel0]source 1.1.1.1                   /* 配置隧道源端 IP 地址
[RT1-Tunnel0]destination 2.2.2.1              /* 配置隧道目的端 IP 地址
```

2）RT3 配置 GRE 隧道

```
[RT3]interface tunnel 0 mode gre
[RT3-Tunnel0]ip address 192.168.3.2 30
```

```
[RT3-Tunnel0]source 2.2.2.1
[RT3-Tunnel0]destination 1.1.1.1
```

此时，GRE VPN 隧道已经配置完成，但 RT1 和 RT3 两侧的内网仍然不能互通（可用计算机 PC1 去 ping 计算机 PC2 进行测试），因为 RT1 和 RT3 路由器上都没有到达对方私网网段的路由。

4. 导通 RT1 和 RT3 两侧的私网路由

注意：不要将私网路由发布到公网，以保证内外网路由的隔离。

1）RT1 配置私网使用的路由协议

```
[RT1]rip 2
[RT1-rip-2]version 2
[RT1-rip-2]undo summary
[RT1-rip-2]network 192.168.1.0 0.0.0.255      /* 注意：声明的是内网的网段
[RT1-rip-2]network 192.168.3.0 0.0.0.3        /* 注意：不要忘记声明隧道接口所在的网段
```

2）RT3 配置私网使用的路由协议

```
[RT3-rip-1]rip 2
[RT3-rip-2]version 2
[RT3-rip-2]undo summary
[RT3-rip-2]network 192.168.2.0 0.0.0.255      /* 注意：声明的是内网的网段
[RT3-rip-2]network 192.168.3.0 0.0.0.3        /* 注意：不要忘记声明隧道接口所在的网段
```

5. 验证 GRE VPN、查看隧道信息

1）验证 GRE VPN

配置完成后用 PC1 去 ping 计算机 PC2，结果显示它们之间可以互通，如图 20.3 所示。查看 RT1 路由表如图 20.4 所示，说明 RT1 通过 RIP 进程 2 学习到隧道对端 192.168.2.0/24 网段的私网路由。

```
C:\Users\ldz>ping 192.168.1.254

正在 Ping 192.168.1.254 具有 32 字节的数据:
来自 192.168.1.254 的回复: 字节=32 时间<1ms TTL=255
来自 192.168.1.254 的回复: 字节=32 时间<1ms TTL=255
来自 192.168.1.254 的回复: 字节=32 时间<1ms TTL=255
来自 192.168.1.254 的回复: 字节=32 时间<1ms TTL=255

192.168.1.254 的 Ping 统计信息:
    数据包: 已发送 = 4，已接收 = 4，丢失 = 0 (0% 丢失),
往返行程的估计时间(以毫秒为单位):
    最短 = 0ms，最长 = 0ms，平均 = 0ms
```

图 20.3　ping 验证两个私网路由可达

注意：公网路由器 RT2 上并没有两个内网网段的路由。通过查看 RT2 的路由表可证明这点，如图 20.5 所示。

2）查看隧道信息

使用 display interface tunnel 命令查看 GRE VPN 隧道的状态和数据包发送情况，结果如图 20.6 所示（注意斜体部分）。

```
[RT1]display ip routing-table

Destinations : 19        Routes : 19

Destination/Mask    Proto   Pre Cost        NextHop         Interface
0.0.0.0/0           Static  60  0           1.1.1.2         Ser1/0
0.0.0.0/32          Direct  0   0           127.0.0.1       InLoop0
1.1.1.0/30          Direct  0   0           1.1.1.1         Ser1/0
1.1.1.0/32          Direct  0   0           1.1.1.1         Ser1/0
1.1.1.1/32          Direct  0   0           127.0.0.1       InLoop0
1.1.1.2/32          Direct  0   0           1.1.1.2         Ser1/0
1.1.1.3/32          Direct  0   0           1.1.1.1         Ser1/0
127.0.0.0/8         Direct  0   0           127.0.0.1       InLoop0
127.0.0.0/32        Direct  0   0           127.0.0.1       InLoop0
127.0.0.1/32        Direct  0   0           127.0.0.1       InLoop0
127.255.255.255/32  Direct  0   0           127.0.0.1       InLoop0
192.168.2.0/24      RIP     100 1           192.168.3.2     Tun0
192.168.3.0/30      Direct  0   0           192.168.3.1     Tun0
192.168.3.0/32      Direct  0   0           192.168.3.1     Tun0
192.168.3.1/32      Direct  0   0           127.0.0.1       InLoop0
192.168.3.3/32      Direct  0   0           192.168.3.1     Tun0
224.0.0.0/4         Direct  0   0           0.0.0.0         NULL0
224.0.0.0/24        Direct  0   0           0.0.0.0         NULL0
255.255.255.255/32  Direct  0   0           127.0.0.1       InLoop0
```

图 20.4　RT1 学习到隧道对端私网路由

```
<RT2>display ip routing-table

Destinations : 18        Routes : 18

Destination/Mask    Proto   Pre Cost        NextHop         Interface
0.0.0.0/32          Direct  0   0           127.0.0.1       InLoop0
1.1.1.0/30          Direct  0   0           1.1.1.2         Ser1/0
1.1.1.0/32          Direct  0   0           1.1.1.2         Ser1/0
1.1.1.1/32          Direct  0   0           1.1.1.1         Ser1/0
1.1.1.2/32          Direct  0   0           127.0.0.1       InLoop0
1.1.1.3/32          Direct  0   0           1.1.1.2         Ser1/0
2.2.2.0/30          Direct  0   0           2.2.2.2         Ser2/0
2.2.2.0/32          Direct  0   0           2.2.2.2         Ser2/0
2.2.2.1/32          Direct  0   0           2.2.2.1         Ser2/0
2.2.2.2/32          Direct  0   0           127.0.0.1       InLoop0
2.2.2.3/32          Direct  0   0           2.2.2.2         Ser2/0
127.0.0.0/8         Direct  0   0           127.0.0.1       InLoop0
127.0.0.0/32        Direct  0   0           127.0.0.1       InLoop0
127.0.0.1/32        Direct  0   0           127.0.0.1       InLoop0
127.255.255.255/32  Direct  0   0           127.0.0.1       InLoop0
224.0.0.0/4         Direct  0   0           0.0.0.0         NULL0
224.0.0.0/24        Direct  0   0           0.0.0.0         NULL0
255.255.255.255/32  Direct  0   0           127.0.0.1       InLoop0
```

图 20.5　RT2 路由表中无私网路由

```
[RT1]display interface tunnel 0
Tunnel0
Current state: UP
Line protocol state: UP
Description: Tunnel0 Interface
Bandwidth: 64 kb/s
Maximum transmission unit: 1476
Internet address: 192.168.3.1/30 (primary)
Tunnel source 1.1.1.1, destination 2.2.2.1
Tunnel keepalive disabled
Tunnel TTL 255
Tunnel protocol/transport GRE/IP
    GRE key disabled
    Checksumming of GRE packets disabled
Output queue - Urgent queuing: Size/Length/Discards 0/100/0
Output queue - Protocol queuing: Size/Length/Discards 0/500/0
Output queue - FIFO queuing: Size/Length/Discards 0/75/0
Last clearing of counters: Never
Last 300 seconds input rate: 0 bytes/sec, 0 bits/sec, 0 packets/sec
Last 300 seconds output rate: 0 bytes/sec, 0 bits/sec, 0 packets/sec
Input: 15 packets, 1260 bytes, 0 drops
Output: 5 packets, 420 bytes, 0 drops
```

图 20.6　查看 RT1 上的隧道信息

（1）隧道当前状态为 UP，协议状态 UP。

（2）隧道源端地址为 1.1.1.1，目的端地址为 2.2.2.1。

（3）隧道共有 15 个报文进入，共 1260 字节；共 5 个报文输出，共 420 字节。

20.5 认识 L2TP 和 IPSec

L2TP（Layer 2 Tunneling Protocol，二层隧道传输协议）是一种在数据链路层实现的 VPN 技术。具体是把二层协议 PPP 的报文封装在 IP 报文中进行传输。这种技术主要应用于企业员工出差在外时通过拨号网络直接访问企业内部网络的场景。Windows 操作系统也提供了这项功能。但是，用户要使用这种技术，必须 ISP（Internet Service Provide，因特网服务提供商）提供支持。

IPSec（Internet Protocol Security，互联网络安全协议）提供了互联网的验证、加密等功能，实现了数据的安全传输。同时，可以使用这种协议构建 VPN 网络。原理也是对 IP 报文进行封装（可以提供多种方式），并且进行加密，然后在互联网中进行传输。与 GRE 和 L2TP 相比，IPSec 技术提供了更好的安全性，因为它可以对隧道中的数据进行加密及完整性验证。但是，IPSec 协议的复杂性导致处理 IPSec 报文需要占用网络设备（如路由器）较多的资源，效率稍低。IPSec 可以与 L2TP 结合起来使用（L2TP over IPSec），也可以与 GRE 结合起来使用（GRE over IPSec 或 IPSec over GRE）。

L2TP 和 IPSec 这两种技术应用较广泛，但具体原理和配置过程较为复杂，在这里仅作简单介绍。具体内容可以查看其他参考书或本书提供的课程网站。

20.6 任务小结

1. VPN 技术利用 Internet 或其他公共互联网络的基础设施为用户创建隧道，提供与专用、私有网络相同的功能和安全保障。

2. GRE 在本地私网出口（隧道入口）处给私网报文添加一个 GRE 协议头部，之后再添加公网 IP 头部，经互联网路由至目的地（隧道出口）后，再将添加的 GRE 协议头部和 IP 头部去掉，进入对方的私网进行传输。

3. GRE VPN 的配置与调试。

20.7 习题与思考

1. 什么是承载协议，什么是载荷协议？

2. 同一个 VPN 的两端隧道接口的 IP 地址如果不在同一网段，隧道能搭建成功吗？为什么？

3. 没有使用加密技术的 GRE VPN 能保证安全吗？

4. 同一个 GRE 隧道两侧的隧道编号可以不一样吗？

提示：隧道编号可以不一样，只要隧道的 source 和 destination 分别指向本端隧道公网接口 IP 和对端隧道公网接口 IP 即可。例如，在本实训中，RT1 上可以创建 Tunnel 0 接口，而 RT3 上创建的可以是 Tunnel 1 接口，只要 source 和 destination 的 IP 地址不改变就可以了。大家可以用实验来验证上面的结论。

第5篇

广域网技术

任务21 认识广域网协议

学习目标

- 理解广域网的基本概念和广域网的组成。
- 掌握广域网的连接类型。
- 掌握 PPP 协议的基本原理及配置。
- 熟悉 HDLC 协议的基本原理及配置。
- 理解帧中继的地址映射、子接口等基本概念。
- 掌握帧中继的基本配置。

21.1 广域网概述

21.1.1 广域网的基本概念

计算机网络按覆盖的地理范围可分为局域网、城域网和广域网。局域网只能在近距离的局部区域内实现，当主机之间的距离较远时，如相隔几百甚至几千公里，局域网显然就无法完成主机之间的通信任务。这时就需要另一种结构的网络，即广域网。广域网(Wide Area Networks，WAN)的地理覆盖范围可以从数公里到数千公里，可以连接若干城市、地区，可以跨越国界覆盖全球，如图21.1所示。

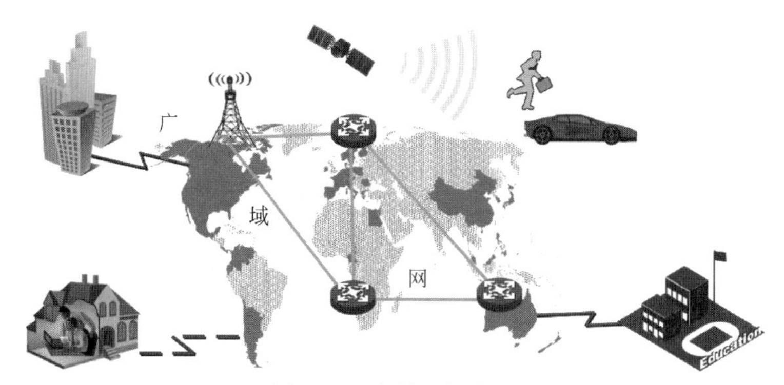

图21.1 广域网概念图

广域网的特点如下。

(1) 地理覆盖范围大，至少在上百公里以上。

(2) 主要用于互联广泛地理范围内的局域网，传输速率一般低于局域网。

(3) 为了实现远距离通信，通常采用载波形式的频带传输或光传输。

(4) 通常由公共通信部门来建设和管理。公共通信部门利用各自的广域网资源向用户提供收费的广域网数据传输服务,所以其又被称为网络服务提供商。

(5) 在网络拓扑结构上,通常采用网状拓扑,以提高广域网链路的容错性。

(6) 网络中两个节点在进行通信时,一般要经过较长的通信线路和较多的中间节点。中间节点设备的处理速度、线路的质量以及传输环境的噪声都会影响广域网的可靠性。

(7) 广域网主要使用分组交换技术。

广域网技术主要是指将计算机网络数据进行大范围长距离传输的技术。分布在异地的计算机网络使用网络互联设备(广域网交换机、通信卫星等)通过点到点的广域网技术连接起来,实现数据通信和信息共享。

21.1.2 广域网的组成

广域网由通信子网和资源子网组成。通信子网由通信线路和一些交换设备组成,而资源子网则由主机和终端组成。

广域网可以分为公共传输网络、专用传输网络和无线传输网络。

1. 公共传输网络

公共传输网络一般由政府电信部门组建、管理和控制,网络内的传输和交换设备可以提供(或租用)给任何部门和单位使用。

公共传输网络大体可以分为电路交换网和分组交换网两类。

(1) 电路交换网。电路交换网通过介质链路上的载波为每个通信会话临时建立一条专有物理电路,并维持电路直到通信结束,之后终止这条专有物理电路。电路交换网主要包括公共交换电话网(PSTN)和综合业务数字网(ISDN)。

(2) 分组交换网。分组交换是一种存储转发的交换方式,它将用户的报文划分成一定长度的分组,以分组为单位进行存储转发。因此,它比电路交换的利用率高,具有实时通信的能力。分组交换利用统计时分复用原理,将一条数据链路复用成多个逻辑信道,最终构成一条主叫、被叫用户之间的信息传送通路,称为虚电路(Virtual Circuit),利用虚电路实现数据的分组传送。分组交换网主要包括 X.25 分组交换网、帧中继(Frame Relay)和交换式多兆位数据服务(SMDS)。

2. 专用传输网络

专用传输网络是由一个组织或团体自己建立、使用、控制和维护的私有通信网络。一个专用网络起码要拥有自己的通信和交换设备,它可以建立自己的线路服务,也可以向公用网络或其他专用网络进行租用。

专用传输网络点到点的链路使用 PPP、HDLC 等协议。

3. 无线传输网络

无线传输网络主要是移动无线网,典型的有 GSM 和 GPRS 技术等。

21.1.3 广域网采用的协议

广域网的通信子网工作在 OSI/RM 的下三层,OSI/RM 高层的功能由资源子网完成。广域网采用的协议如下。

(1) 物理层。物理层定义了通信线路的电气和机械特性,协议有 SDH、EIA/TIA-231、

EIA/TIA-449、V.24、V.35、HSSI、G.703、EIA-530。

(2) 数据链路层。数据链路层定义了数据的通信协议，其协议有 LAPB、Frame Relay、HDLC、PPP、SDLC。

(3) 网络层。由于分布在广域网中的任意两台主机之间都可能存在多条通信线路，因此，网络层提供能在多条通信线路中选择用于数据传输的线路的功能，相关协议有 IP、ICMP、IGMP、IPX、SPX。

21.2 PPP 协议

21.2.1 PPP 协议概述

PPP(Point to Point Protocol)协议是在点到点链路上承载网络层数据包的一种链路层协议，由于它能够提供用户验证、易于扩充，并且支持同/异步通信，因而获得广泛应用。PPP 协议具有以下特点。

(1) 能够控制数据链路的建立。

(2) 能够对 IP 地址进行分配和使用。

(3) 允许同时采用多种网络层协议。

(4) 能够配置和测试数据链路。

(5) 能够进行错误检测。

(6) 有协商选项，能够对网络层的地址和数据压缩参数等进行协商。

(7) 支持身份验证，更好地保证了网络的安全性。

(8) 物理层可以是同步电路或者异步电路。

(9) 容易扩充。

PPP 协议定义了一整套的协议，包括链路控制协议(LCP)、网络控制协议(NCP)和验证协议(PAP 和 CHAP)，协议结构如图 21.2 所示。

图 21.2 PPP 协议结构

(1) 链路控制协议(Link Control Protocol，LCP)：主要用来建立、拆除和监控数据链路。

(2) 网络控制协议(Network Control Protocol，NCP)：主要用来协商在该数据链路上所传输的数据包的格式与类型。

(3) 用于网络安全的身份验证协议 PAP 和 CHAP。

21.2.2 PPP 协议工作过程

PPP 连接一般要经历链路建立、链路质量协商、网络层协议选择和链路拆除 4 个阶段。PPP 运行过程如下，如图 21.3 所示。

(1) 在开始建立 PPP 链路时，先进入 Establish 阶段。

(2) 在 Establish 阶段 PPP 链路进行 LCP 协商，协商内容包括工作方式(是 SP 还是 MP)、验证方式和最大传输单元等。LCP 协商成功后进入 Opened 状态，表示底层链路已经建立。

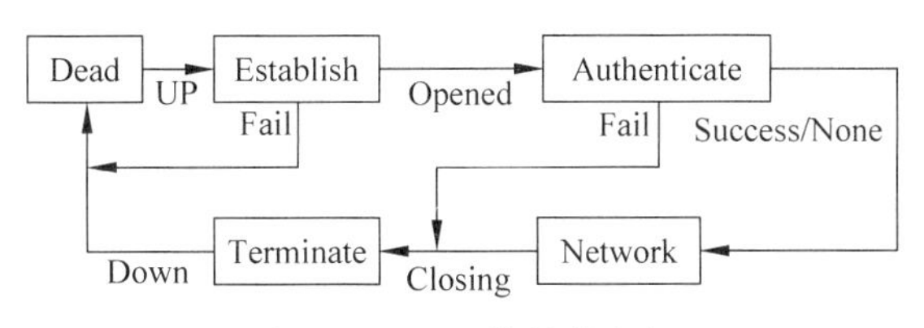

图 21.3 PPP 协议状态机

(3) 如果配置了身份验证则进入 Authenticate 阶段,开始 CHAP 或 PAP 验证。

(4) 如果验证失败则进入 Terminate 阶段,拆除链路,LCP 状态转为 Down;如果验证成功则进入 Network 协商阶段(NCP),此时 LCP 状态仍为 Opened,而 IPCP(Internet Protocol Control Protocol)状态从 Initial 转到 Request。

(5) NCP 支持 IPCP 协商,IPCP 主要协商双方的 IP 地址。通过 NCP 协商来选择和配置一个网络层协议。只有相应的网络层协议协商成功后,该网络层协议才可以通过这条 PPP 链路发送报文。

(6) PPP 链路将一直保持通信,直至有明确的 LCP 或 NCP 帧关闭这条链路,或发生了某些外部事件(如用户的干预)。

(7) PPP 可能在任何阶段终止,从而进入 Terminate 阶段,物理线缆故障、验证失败、连接质量失败或者管理员关闭动作都可以构成进入该阶段的原因。

(8) 链路进入 Terminate 阶段后继而进入 Dead 阶段。

21.2.3 PPP 协议验证

PPP 协议包含了通信双方身份认证的安全性协议,即在网络层协商 IP 地址之前,首先必须通过身份认证。

PPP 的身份认证有两种方式:PAP 和 CHAP。这两种验证方式都可以进行单向验证或双向验证。单向验证是指一端作为验证方,另一端作为被验证方;双向验证是单向验证的简单叠加,即两端既作为验证方又作为被验证方。

1. PAP 验证方式

PAP(Password Authentication Protocol)验证为两次握手验证,密码为明文,如图 21.4 所示,验证过程如下。

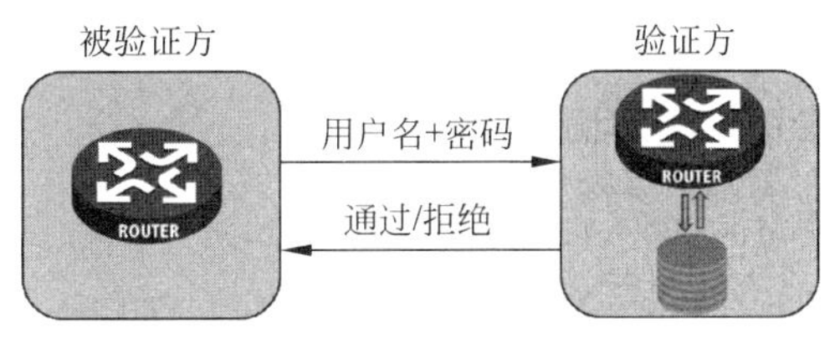

图 21.4 PAP 验证

(1) 被验证方发送用户名和密码到验证方。

(2) 验证方根据本端用户表查看是否有此用户以及密码是否正确,然后返回不同的响应(Acknowledge 或 Not Acknowledge)。PAP 不是一种安全的验证协议,验证口令以明文方式在链路上发送。由于在完成 PPP 链路建立前,被验证方会不停地在链路上反复发送用户名和口令,直到身份验证过程结束,因此不能防止攻击。

2. CHAP 验证方式

CHAP(Challenge-Handshake Authentication Protocol)验证为三次握手验证,密码为密文(密钥),CHAP 验证更为安全可靠,如图 21.5 所示。

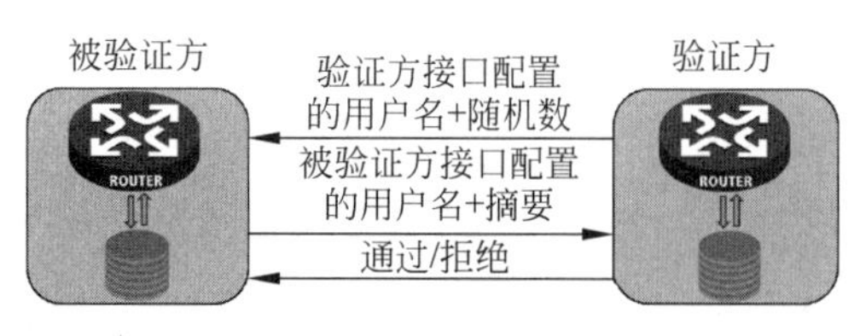

图 21.5 CHAP 验证

CHAP 验证过程如下。

(1) 验证方主动发起验证请求,向被验证方发送随机产生的报文(Challenge),并同时将本端的用户名附带上一起发送给被验证方。

(2) 被验证方接到验证方的验证请求后,检查本端接口上是否配置了默认的 CHAP 密码。如果配置了默认的 CHAP 密码,被验证方就利用报文 ID、默认的 CHAP 密码和 MD5 算法对接收到的随机报文进行加密,将生成的密文和自己的用户名发回给验证方(Response)。

如果被验证方检查发现本端接口上没有配置默认的 CHAP 密码,被验证方则根据此报文中验证方的用户名在本端的用户表查找该用户对应的密码,找到后便利用报文 ID、此用户的密钥(密码)和 MD5 算法对接收到的随机报文进行加密,将生成的密文和被验证方自己的用户名发回验证方(Response)。如果在本端的用户表中未找到该用户对应的密码,CHAP 验证失败。

(3) 验证方用自己保存的被验证方密码和 MD5 算法对原随机报文加密,将自己生成的密文与被验证方送回的密文进行比较,如果两个密文相同则返回 ACK(Acknowledge),验证通过;否则返回 NACK(Not Acknowledge)。

21.2.4 PPP 协议配置与调试

只有支持点到点协议的接口才可配置 PPP,以太网接口不支持 PPP 协议。

1. PPP 协议配置

以下是 PPP 协议的配置步骤。

步骤 1:配置接口封装的链路层协议为 PPP。

```
[H3C-SerialX]link-protocol ppp   /* 接口视图
```

默认情况下,H3C 和华为设备支持点到点协议的接口链路的封装协议为 PPP,此命令可省。如果链路封装协议已被配置成其他协议,如 HDLC,此时该命令可以将封装协议修改为 PPP 协议。如果不需要验证,下面的步骤 2～步骤 4 均不再需要。

注意:思科设备默认情况下链路的封装协议为 HDLC。

步骤 2:配置 PPP 本地认证对端的方式。

```
[H3C-SerialX]ppp authentication-mode { chap | ms-chap | ms-chap-v2 | pap } [domain isp-name ]
/* 接口视图
```

参数说明：

（1）**chap**：采用 CHAP 认证方式。

（2）**ms-chap**：采用 MS-CHAP 认证方式。MS-CHAP 为微软 CHAP 认证，三次握手，口令为密文。

（3）**ms-chap-v2**：采用 MS-CHAP-V2 认证方式。MS-CHAP-V2 为微软 CHAP V2 认证，三次握手，口令为密文。

注：chap、ms-chap、ms-chap-v2 只是算法不同，验证过程无差异，均为三次握手。后面的配置命令也均相同。

（4）**pap**：采用 PAP 认证方式。

（5）**domain** *isp-name*：表示用户认证采用 ISP 域名，为 1～24 个字符的字符串，不区分大小写。一般可不配置 domain。①如果配置时指定了 domain，则使用指定 ISP 域对对端设备进行认证；如果要进行 IP 地址分配，则必须在该 ISP 域下关联 PPP 地址池（通过 display domain 命令可以查看该 ISP 域的配置）。②如果配置时没有指定 domain，则判断用户名中是否带有 domain 信息。如果用户名中带有 domain 信息，则以用户名中的 domain 为准（若本地不存在该 domain，则 chap 认证失败）；如果用户名中不带 domain，则使用系统默认的 ISP 域。默认 ISP 域可以通过 domain default 命令配置。若不配置默认域，则默认 ISP 域为 system。

步骤 3：主验证方创建验证所需的本地用户名、设置密码以及服务类型。

PAP、CHAP、ms-chap 和 ms-chap-v2 方式都需要配置验证所需的本地用户信息。

1）创建本地 network 类型用户，并进入本地用户视图

```
[H3C]local-user user-name class network    /* 系统视图
```

参数说明：

（1）*user-name*：表示本地用户名，为 1～55 个字符的字符串，区分大小写。用户名不能携带域名，不能包括符号\、|、/、:、*、?、<、>、@，且不能为 a、al、all。

（2）**class network**：网络接入类型用户，用于通过设备接入网络，访问网络资源。此类用户可以提供 advpn、lan-access、portal、ppp 和 sslvpn 服务。

2）设置本地用户密码和服务类型

```
[H3C-luser-network-username]password [{cipher | simple} password]
  /* 设置本地用户密码(本地用户视图)
```

参数说明：

（1）**cipher**：表示以密文方式设置用户密码。

（2）**simple**：表示以明文方式设置用户密码。

（3）*password*：设置的明文密码或密文密码，区分大小写。

```
[H3C-luser-network-username]service-type ppp
  /* 指定本地用户为 PPP 用户(本地用户视图)
```

步骤 4：被验证方配置认证时发送的用户名和密码。

注意：被验证方进行认证时使用主验证方创建的用户名和密码。这就如同进别人家里

得用别人家的钥匙开门，而不能用自家的钥匙开别人家的门一样。

1）被验证方配置认证时发送的 PAP 用户名和密码(PAP 认证时使用)

这里的用户名和密码是在步骤 3 中由主验证方所创建，双方须保持一致。被验证方在验证时发送用户名和密码给主验证方进行比对查验。

```
[H3C-SerialX]ppp pap local-user username password {cipher | simple} password
  /* 接口视图
```

2）被验证方配置加密随机报文的用户名和密码(CHAP 认证时使用)

CHAP 认证的被验证方用户名和密码要用两条命令分开配置。

这里的用户名和密码是在步骤 3 中由主验方所创建，被双方用来加密随机报文，双方须保持一致。

```
[H3C-SerialX]ppp chap user username           /* 设置验证使用的用户名(接口视图)
[H3C-SerialX]ppp chap password { cipher | simple } password
  /* 设置验证使用的用户名所对应的密码(接口视图)
```

2. PPP 协议信息查看与调试

以下列出了 PPP 协议常用的信息查看与调试命令。使用最频繁的命令为 display interface，用来显示接口的 PPP 配置和运行状态。

1）显示接口的 PPP 配置和运行状态

```
<H3C>display interface interface-type interface-number      /* 任意视图
```

2）显示本地 PPP 用户信息

```
<H3C>display local-user service-type ppp       /* 任意视图
```

3）清除 PPP 统计信息

```
<H3C>reset ppp packet statistics               /* 用户视图
```

4）打开所有 PPP 的调试信息开关

```
<H3C>debugging ppp all                         /* 用户视图
```

PPP 协议的配置、查看与调试命令如表 21.1 所示。

表 21.1 PPP 协议的配置、查看与调试命令

操　　作	命令(命令执行的视图)
配置接口封装协议为 PPP	[H3C-Serial*X*]link-protocol ppp(接口视图)
配置 PPP 本地认证对端的方式	[H3C-Serial*X*]ppp authentication-mode { chap | ms-chap | ms-chap-v2 | pap } [domain *isp-name*](接口视图)
创建本地用户，并进入本地用户视图	[H3C]local-user *user-name* class network(系统视图)
设置本地用户密码和服务类型	[H3C-luser-network-username]password [{ cipher | simple } *password*] (本地用户视图)

续表

操　　作	命令（命令执行的视图）
被验证方配置认证时发送的PAP用户名和密码 被验证方配置CHAP用户名 被验证方配置加密随机报文的CHAP密码	[H3C-Serial*X*] ppp pap local-user *username* password {cipher | simple} *password*（接口视图） [H3C-Serial*X*]ppp chap user *username*（接口视图） [H3C-Serial*X*]ppp chap password {cipher | simple} *password*（接口视图）
显示接口的PPP配置和运行状态	<H3C> display interface *interface-type interface-number*（任意视图）
显示本地PPP用户信息	<H3C>display local-user service-type ppp(任意视图)
清除PPP统计信息	<H3C>reset ppp packet statistics(用户视图)
打开所有PPP的调试信息开关	<H3C>debugging ppp all(用户视图)

21.2.5　PPP 协议配置实训

1. 实训内容与实训目的

1）实训内容

配置 PPP 协议，进行 PAP 和 CHAP 验证。

2）实训目的

（1）掌握 PPP 协议的 PAP 和 CHAP 验证配置。

（2）熟悉常用 PPP 信息查看命令。

2. 实训设备

实训设备如表 21.2 所示。

表 21.2　PPP 协议配置实训设备

实训设备及线缆	数量	备　　注
MSR36-20 路由器	2 台	支持 Comware V7 命令的路由器即可
Console 线	1 根	—
V.35 DTE、DCE 串口线对	1 对	—

3. 实训拓扑与实训要求

实训拓扑如图 21.6 所示，路由器 RA 和 RB 之间用串口互联。

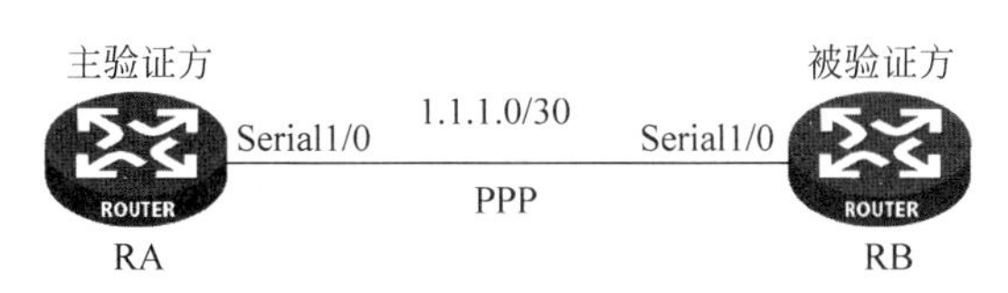

图 21.6　PPP 及验证配置拓扑图

实训要求：

（1）配置 PPP 协议连接路由器 RA 和 RB，RA 需要对 RB 进行 PAP 验证。

（2）配置 PPP 协议连接路由器 RA 和 RB，RA 需要对 RB 进行 CHAP 验证。

4. PAP 认证配置实训

按照图 21.6 连接设备,并检查设备配置信息,确保各设备配置被清除,处于出厂的初始状态。

1) RA 主验证方919 配置

步骤 1:配置 PPP 验证本地用户。

```
[RA]local-user ra class network                  /* 创建本地用户 ra
[RA-luser-network-ra]password simple 123         /* 设置用户 ra 的密码为 123
[RA-luser-network-ra]service-type ppp            /* 设置用户 ra 服务类型为 PPP
```

步骤 2:配置接口封装 PPP 协议。

```
[RA-luser-network-ra]interface serial1/0         /* 进入 Serial1/0 接口视图
[RA-Serial1/0]link-protocol ppp                  /* 接口封装 PPP 协议
```

步骤 3:配置 PAP 验证方式。

```
[RA-Serial1/0]ppp authentication-mode pap        /* 接口配置为 PAP 验证方式
```

步骤 4:重启端口使用配置生效。

```
[RA-Serial1/0]shutdown                           /* 关闭端口
[RA-Serial1/0]undo shutdown                      /* 启动端口
```

注意: 要重启配置 PPP 的端口使配置生效,重新开始协商、连接。PPP 协议默认配置无验证,在物理链路连接完成后,PPP 协议会以无验证的方式建立连接,并进行通信。此时再配置验证,在不重启端口的情况下,验证无法生效。

2) 配置 RA、RB 的 Serial1/0 端口 IP 地址

```
[RA-Serial1/0]ip address 1.1.1.1 30
[RB-Serial1/0]ip address 1.1.1.2 30
```

3) 测试连通性

用 RA 去 ping 路由器 RB 的 Serial1/0 端口,结果显示超时,这是由于 RB 未配置验证,导致两台设备的 PPP 协议协商不通过,因此无法通信。

4) RB 被验证方配置

步骤 1:配置接口封装 PPP 协议。

```
[RB-Serial1/0]link-protocol ppp
```

步骤 2:被验证方配置认证时发送的用户名和密码。

```
[RB-Serial1/0]ppp pap local-user ra password simple 123
```

步骤 3:重启端口使配置生效。

```
[RB-Serial1/0]shutdown
[RB-Serial1/0]undo shutdown
```

5) 验证配置结果、查看状态信息

(1) 用 RA 去 ping 路由器 RB 的 Serial1/0 端口,结果显示可以互通。

(2) 使用 display interface Serial1/0 命令查看路由器 Serial1/0 端口 PPP 相关信息，结果如图 21.7 所示，部分内容解释如下。

```
[RA-Serial1/0]display interface serial1/0
Serial1/0
Current state: UP
Line protocol state: UP
Description: Serial1/0 Interface
Bandwidth: 64 kb/s
Maximum transmission unit: 1500
Hold timer: 10 seconds, retry times: 5
Internet address: 1.1.1.1/30 (primary)
Link layer protocol: PPP
LCP: opened, IPCP: opened
Output queue - Urgent queuing: Size/Length/Discards 0/100/0
Output queue - Protocol queuing: Size/Length/Discards 0/500/0
Output queue - FIFO queuing: Size/Length/Discards 0/75/0
Last link flapping: 0 hours 0 minutes 27 seconds
Last clearing of counters: Never
Current system time:2020-11-11 21:57:39
Last time when physical state changed to up:2020-11-11 21:57:12
Last time when physical state changed to down:2020-11-11 21:57:10
```

图 21.7　查看接口 PPP 协议相关信息

① Current state：UP 说明当前接口状态为 UP，工作正常。

② Line protocol state：UP 说明接口当前链路层协议状态为 UP。

③ Link layer protocol：PPP 接口链路层协议为 PPP。

④ LCP：opened，IPCP：opened LCP 协商通过(验证通过)；IP 地址协商通过。

5. CHAP 认证配置实训

按照图 21.6 连接设备，并检查设备配置信息，确保各设备配置被清除，处于出厂的初始状态。

1) RA 主验证方配置

步骤 1：配置 PPP 验证本地用户。

```
[RA]local-user ra class network
[RA-luser-network-ra]password simple 123
[RA-luser-network-ra]service-type ppp
```

步骤 2：配置接口封装 PPP 协议。

```
[RA-luser-network-ra]interface Serial1/0
[RA-Serial1/0]link-protocol ppp
```

步骤 3：配置 CHAP 验证方式。

```
[RA-Serial1/0]ppp authentication-mode chap
```

步骤 4：重启端口使用配置生效。

```
[RA-Serial1/0]shutdown
[RA-Serial1/0]undo shutdown
```

2）配置 RA、RB 的 Serial1/0 端口 IP 地址

```
[RA-Serial1/0]ip address 1.1.1.1 30
[RB-Serial1/0]ip address 1.1.1.2 30
```

3）测试连通性

用 RA 去 ping 路由器 RB 的 Serial1/0 端口，结果显示超时，这是由于 RB 未配置验证，导致两台设备的 PPP 协议协商不通过，无法通信。

4）RB 被验证方配置

步骤 1：配置接口封装 PPP 协议。

```
[RB-Serial1/0]link-protocol ppp
```

步骤 2：被验证方配置认证时发送的用户名和密码。

```
[RB-Serial1/0]ppp chap user ra
[RB-Serial1/0]ppp chap password simple ra
```

步骤 3：重启端口使配置生效。

```
[RB-Serial1/0]shutdown
[RB-Serial1/0]undo shutdown
```

5）验证配置结果

（1）用 RA 去 ping 路由器 RB 的 Serial1/0 端口，结果显示可以互通。

（2）使用 display interface Serial1/0 命令查看路由器 Serial1/0 端口 PPP 相关信息，结果如图 21.8 所示，部分内容解释如下。

```
[RB]display interface Serial1/0
Serial1/0
Current state: UP
Line protocol state: UP
Description: Serial1/0 Interface
Bandwidth: 64 kb/s
Maximum transmission unit: 1500
Hold timer: 10 seconds, retry times: 5
Internet address: 1.1.1.2/30 (primary)
Link layer protocol: PPP
LCP: opened, IPCP: opened
Output queue - Urgent queuing: Size/Length/Discards 0/100/0
Output queue - Protocol queuing: Size/Length/Discards 0/500/0
Output queue - FIFO queuing: Size/Length/Discards 0/75/0
Last link flapping: 0 hours 0 minutes 29 seconds
Last clearing of counters: Never
Current system time:2020-11-11 22:57:46
Last time when physical state changed to up:2020-11-11 22:57:17
Last time when physical state changed to down:2020-11-11 22:57:15
```

图 21.8　查看接口 PPP 协议相关信息

① Current state：UP 说明当前接口状态为 UP，工作正常。

② Line protocol state：UP 说明接口当前链路层协议状态为 UP。

③ Link layer protocol：PPP 接口链路层协议为 PPP。

④ LCP：opened，IPCP：openedLCP 协商通过(验证通过)；IP 地址协商通过。

21.2.6 PPP MP

1. PPP MP 简介

为了增加带宽，可以将多个 PPP 链路捆绑使用，称为 MP(Multilink PPP，多链路 PPP)。

如图 21.9 所示，PPP 允许将多条链路绑定在一起，形成一个捆绑(Bundle)，当作一条逻辑链路(MP 链路)使用，这种技术称为 MP。其主要作用如下。

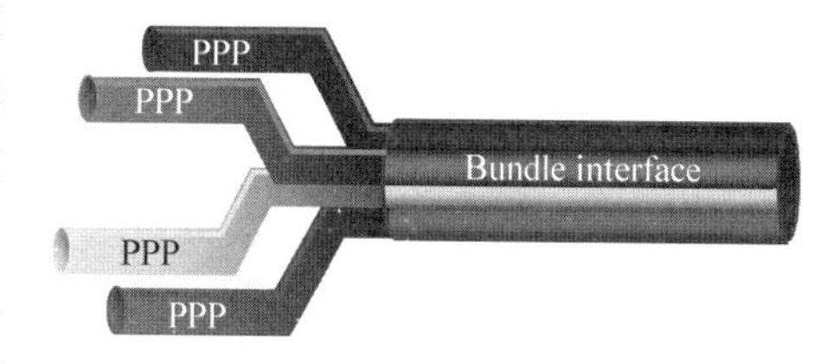

图 21.9　PPP MP 示意图

(1) 提供更高的带宽：当一条链路带宽无法满足需要时，可以用多个 PPP 链路捆绑提供更高的带宽。

(2) 结合 DCC(Dial Control Center，拨号控制中心)实现动态增加或减小带宽：可以在当前使用的链接带宽不足时再自动接通一条链路，而带宽足够时挂断另一条链路。实现多条链路的负载分担：PPP 可以向捆绑在一起的多条链路上平均分配载荷数据。

(3) 多条链路互为备份：同一 MP 捆绑中的某条链路中断时，整个 MP 捆绑链路仍然可以正常工作。

(4) 利用分片可以降低报文传输延迟：MP 可以将报文分片并分配在多个链路上，这样在发送较大的分组时可以降低其传输延迟。

MP 会将报文分片，并从 MP 链路下的多个 PPP 通道发送到对端设备，对端再将这些分片组装起来传递给网络层。

MP 能在任何支持 PPP 封装的接口下工作，包括串口、ISDN 的 BRI/PRI 接口等，也包括 PPPoE、PPPoA、PPPoFR 等虚拟接口。

2. PPP MP 实现方式

MP 的实现主要有两种方式：一种是通过配置虚拟模板(Virtual-Template，VT)接口实现；另一种是利用 MP-Group 接口实现。这两种配置方式的区别如下。

(1) 虚拟模板接口方式可以与验证相结合，根据对端的用户名找到指定的虚拟模板接口，从而利用模板上的配置，创建相应的捆绑，以对应一条 MP 链路。而 MP-Group 则只能在物理接口下配置验证。

(2) 一个虚拟模板接口还可以派生出若干捆绑，每个捆绑对应一条 MP 链路。从网络层看，这若干条 MP 链路会形成一个点对多点的网络拓扑。从这点来讲，虚拟模板接口比 MP-Group 接口更加灵活。

(3) 为区分虚拟模板接口派生出的多个捆绑，需要指定捆绑方式。系统在虚拟模板接口视图下提供了 ppp mp binding-mode 命令来指定绑定方式，绑定方式有 authentication、both、descriptor 三种，默认使用 both 方式。Authentication 方式根据验证用户名进行捆绑；descriptor 方式根据终端描述符进行捆绑(终端标识符是用来唯一标识一台设备的标志，LCP 协商时，会协商出这个选项值)；both 方式要同时参考这两个值进行捆绑。

(4) MP-Group 接口是 MP 的专用接口，一个 MP-Group 只能对应一个绑定。MP-Group 不能利用对端的用户名来指定捆绑，也不能派生多个捆绑。因此它的配置简单，易于理解。

通常情况下推荐以 MP-Group 方式配置 MP。

注意：配置 MP 时应尽量对类型和参数相同的接口进行捆绑使用。

3. PPP MP 的配置与调试

1）用虚拟模板方式配置 PPP MP

采用虚拟模板接口配置 MP 时，又可以细分为以下两种情况。

（1）将物理接口与虚拟模板接口直接关联。

通过 ppp mp virtual-template 命令直接将链路绑定到指定的虚拟模板接口上，此时验证配置可选。如果不配置验证，系统将通过对端的终端描述符捆绑 MP 链路；如果配置了验证，系统将通过用户名和对端的终端描述符捆绑 MP 链路。

步骤 1：创建 virtual-template 接口。

```
[H3C]interface virtual-template number                /* 系统视图
```

参数说明：

number：虚拟模板接口的编号。

步骤 2：将接口加入 virtual-template，工作在 MP 方式。

```
[H3C-interfaceX]ppp mp virtual-template number    /* 接口视图
```

参数说明：

number：虚拟模板接口的编号。

（2）将用户名与虚拟模板接口关联。

根据验证通过后的用户名查找相关联的虚拟模板接口，然后根据用户名和对端终端描述符捆绑 MP 链路。

注意：将用户名与虚拟模板接口关联的方式需要在绑定的接口下配置 PPP MP 及双向验证（CHAP 或 PAP），否则链路协商不通。实际使用中可以配置单向验证，即一端直接将物理接口绑定到虚拟模板接口；另一端则通过用户名查找虚拟模板接口。

步骤 1：创建 Virtual-template 接口。

```
[H3C]interface virtual-template number                /* 系统视图
```

步骤 2：将用户名与虚拟模板接口关联。

```
[H3C]ppp mp user username bind virtual-template number   /* 系统视图
```

参数说明：

① *username*：用户名，区分大小写。

② **bind virtual-template** *number*：绑定的虚拟模板接口。*number* 用来指定虚拟模板接口编号，取值范围为 0～1023。

步骤 3：配置封装 PPP 的接口以 MP 方式工作。

```
[H3C-interfaceX]ppp mp                                /* 接口视图
```

步骤 4：配置 MP 捆绑方式。

```
[H3C-Virtual-TemplateX]ppp mp binding {authentication | both | descriptor}
  /* 虚拟模板接口视图
```

参数说明：

① **authentication**：根据 PPP 的认证用户名进行 MP 捆绑。

② **both**：同时根据 PPP 的认证用户名和终端标识符进行 MP 捆绑。

③ **descriptor**：根据 PPP 的终端标识符进行 MP 捆绑。

步骤 4 可省略。MP 捆绑方式的默认配置为 both 方式。

在虚拟模板接口下指定捆绑方式时，可以使用用户名、终端标识符或两者同时使用。用户名是指 PPP 链路进行 PAP 或 CHAP 验证时所接收到的对端用户名；终端标识符是指进行 LCP 协商时所接收到的对端终端标识符。系统可以根据接口接收到的用户名或终端标识符来进行 MP 捆绑，以此来区分虚拟模板接口下的多个 MP 捆绑(对应多条 MP 链路)。

注意：ppp mp 和 ppp mp virtual-template 命令互斥，同一个接口只能配置其中一种方式。

对于需要捆绑在一起的接口，必须采用同样的配置方式。

2）用 MP-Group 方式配置 PPP MP

（1）创建 MP-group 接口。

```
[H3C]interface mp-group mp-number                /* 系统视图
```

参数说明：

mp-number：MP-group 接口的编号，取值范围为 0～1023。

（2）将物理接口加入指定的 MP-Group，使接口工作在 MP 方式。

```
[H3C-interfaceX]ppp mp mp-group mp-number        /* 接口视图
```

参数说明：

mp-number：MP-Group 接口的编号，取值范围为 0～1023。

以上两项配置没有严格的顺序要求。

注意：加入 MP-Group 的接口必须是物理接口，Tunnel 接口等虚拟接口不支持该命令。如果需要为 MP 配置验证，需在实际物理接口下配置。

3）PPP MP 信息查看命令

（1）显示 MP-Group 接口的相关信息。

```
<H3C>display interface [ mp-group [ interface-number ] ] [ brief [ description | down ] ]
  /* 任意视图
```

参数说明：

① *interface-number*：*interface-number* 表示 MP-Group 接口的编号，取值范围为已创建的 MP-Group 接口的编号。

② **brief**：显示接口的摘要信息。不指定该参数时，将显示接口的详细信息。

③ **description**：用来显示用户配置的接口的全部描述信息。如果某接口的描述信息超过 27 个字符，不指定该参数时，只显示描述信息中的前 27 个字符，超出部分不显示；指定该参数时，可以显示全部描述信息。

④ **down**：显示当前物理状态为 DOWN 的接口的信息以及 DOWN 的原因。不指定该参数时，将不会根据接口物理状态来过滤显示信息。

（2）查看 MP 相关信息。

```
<H3C>display ppp mp [ interface interface-type interface-number ]      /* 任意视图
```

参数说明：

interface *interface-type interface-number*：显示指定接口的 MP 信息。不指定本参数时，将显示所有接口的 MP 信息。

表 21.3 总结了 PPP MP 配置与查看命令。

表 21.3　PPP MP 配置与查看命令

操　　作	命令（命令执行的视图）
创建 virtual-template 接口	[H3C]interface virtual-template *number*（接口视图）
将接口加入 virtual-template，工作在 MP 方式	[H3C-interfaceX]ppp mp virtual-template *number*（接口视图）
将用户名与虚拟模板接口关联	[H3C]ppp mp user *username* bind virtual-template *number*（系统视图）
配置封装 PPP 的接口以 MP 方式工作	[H3C-interfaceX]ppp mp（接口视图）
配置 MP 捆绑方式	[H3C-Virtual-TemplateX]ppp mp binding {authentication | both | descriptor}（虚拟模板接口视图）
创建 MP-Group 接口	[H3C]interface mp-group *mp-number*（系统视图）
将物理接口加入指定的 MP-Group	[H3C-interfaceX]ppp mp mp-group *mp-number*（接口视图）
显示 MP-Group 接口的相关信息	<H3C> display interface [mp-group [*interface-number*]] [brief [description | down]]（任意视图）
查看 MP 相关信息	<H3C>display ppp mp [interface *interface-type interface-number*]（任意视图）

21.2.7　PPP MP 配置示例

如图 21.10 所示，两台路由器通过 V35 串口线相连接。

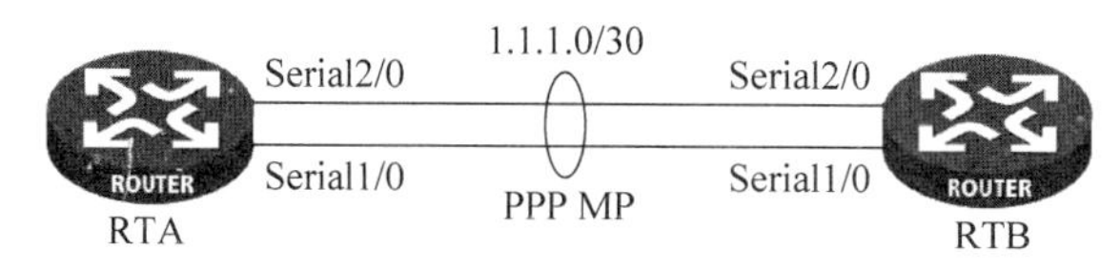

图 21.10　PPP MP 配置拓扑图

1. 将物理接口与虚拟模板接口关联的配置示例

1）RTA 配置

（1）创建虚拟模板接口，配置 IP 地址。

```
[RTA]interface Virtual-Template 1                  /* 配置虚拟模板接口 1
[RTA-Virtual-Template1]ip address 1.1.1.1 30       /* 给虚拟模板接口 1 配置 IP 地址
```

（2）将物理接口绑定到虚拟模板接口。

```
[RTA-Virtual-Template1]interface serial1/0
[RTA-Serial1/0]ppp mp Virtual-Template 1
```

```
  /* 将 Serial1/0 端口与虚拟模板接口 1 进行绑定
[RTA-Serial1/0]interface serial2/0
[RTA-Serial2/0]ppp mp Virtual-Template 1
  /* 将 Serial12/0 端口与虚拟模板接口 1 进行绑定
```

2）RTB 配置

（1）创建虚拟模板接口，配置 IP 地址。

```
[RTB]interface Virtual-Template 1
[RTB-Virtual-Template1]ip address 1.1.1.2 30
```

（2）将物理接口绑定到虚拟模板接口。

```
[RTB-Virtual-Template1]interface serial1/0
[RTB-Serial1/0]ppp mp Virtual-Template 1
[RTB-Serial1/0]interface serial2/0
[RTB-Serial2/0]ppp mp Virtual-Template 1
```

2. 将用户名与虚拟模板接口关联的配置示例

1）RTA 配置

（1）创建本地 PPP 用户 rta。

```
[RTA]local-user rta class network
[RTA-luser-network-rta]password simple 123
[RTA-luser-network-rta]service-type ppp
```

（2）将本地用户绑定到虚拟模板接口。

```
[RTA]ppp mp user rta bind Virtual-Template 1      /* 将用户 rta 绑定到虚拟模板接口 1
```

（3）创建虚拟模板接口，配置 IP 地址。

```
[RTA]interface Virtual-Template 1                 /* 配置虚拟模板接口 1
[RTA-Virtual-Template1]ip address 1.1.1.1 30      /* 给虚拟模板接口 1 配置 IP 地址
```

（4）配置 MP 捆绑的方式。

```
[RTA-Virtual-Template1]ppp mp binding-mode authentication
  /* 根据 PPP 的认证用户名进行 MP 捆绑
```

（5）配置接口的 PPP 验证与 MP 工作方式。

以下配置接口 Serial1/0：

```
[RTA-Serial1/0]ppp authentication-mode pap
  /* 以 PAP 方式验证对端设备，此处 RTA 为主验证方
[RTA-Serial1/0]ppp pap local-user rtb password simple 456
  /* 配置被 RTB 验证时提供的用户名和密码(被 RTB 验证时使用 RTB 的用户名和密码)，此处 RTA 为
  /* 被验证方
```

注意：在用户名与虚拟模板关联方式中，需要配置双向验证。RTA 既需要验证 RTB，同时又被 RTB 验证。

```
[RTA-Serial1/0]ppp mp                             /* 端口 Serial1/0 工作在 MP 方式
```

以下配置端口 Serial2/0(与 Serial1/0 配置一致):

```
[RTA-Serial1/0]interface serial2/0
[RTA-Serial2/0]ppp authentication-mode pap
[RTA-Serial2/0]ppp pap local-user rtb password simple 456
[RTA-Serial2/0]ppp mp
```

2) RTB 配置

(1) 创建本地 PPP 用户 rtb。

```
[RTB]local-user rtb class network
[RTB-luser-network-rtb]password simple 456
[RTB-luser-network-rtb]service-type ppp
```

(2) 将本地用户绑定到虚拟模板接口。

```
[RTB]ppp mp user rtb bind Virtual-Template 1          /* 将用户 rtb 绑定到虚拟模板接口 1
```

(3) 创建虚拟模板接口,配置 IP 地址。

```
[RTB]interface Virtual-Template 1                      /* 配置虚拟模板接口 1
[RTB-Virtual-Template1]ip address 1.1.1.2 30           /* 给虚拟模板接口 1 配置 IP 地址
```

(4) 配置 MP 捆绑的方式。

```
[RTB-Virtual-Template1]ppp mp binding-mode authentication
  /* 根据 PPP 的认证用户名进行 MP 捆绑
```

(5) 配置接口的 PPP 验证与 MP 工作方式。

以下配置端口 Serial1/0:

```
[RTB-Serial1/0]ppp authentication-mode pap
  /* 以 PAP 方式验证对端设备,此处 RTB 为主验证方
[RTB-Serial1/0]ppp pap local-user rta password simple 123
  /* 配置被 RTA 验证时提供的用户名和密码(被 RTA 验证时使用 RTA 的用户名和密码),此处 RTB 为
  /* 被验证方
```

注意:在用户名与虚拟模板关联方式中,需要配置双向验证。RTB 既需要验证 RTA,同时又被 RTA 验证。

```
[RTB-Serial1/0]ppp mp                                  /* 端口 Serial1/0 工作在 MP 方式
```

以下配置端口 Serial2/0(与 Serial1/0 配置一致):

```
[RTB-Serial1/0]interface serial2/0
[RTB-Serial2/0]ppp authentication-mode pap
[RTB-Serial2/0]ppp pap local-user rta password simple 123
[RTB-Serial2/0]ppp mp
```

3. MP-Group 方式配置示例

1) RTA 配置

(1) 创建 MP-Group 接口 1,配置 IP 地址。

```
[RTA]interface MP-group 1                              /* 创建 MP-Group 接口 1
```

```
[RTA-MP-group1]ip address 1.1.1.1 30                /* 给 MP-Group 接口 1 配置 IP
```

(2) 将物理接口与 MP-Group 接口绑定。

```
[RTA-MP-group1]interface serial1/0
[RTA-Serial1/0]ppp mp mp-group 1          /* 将 Serial1/0 端口与 MP-Group 1 绑定
[RTA-Serial1/0]interface serial2/0
[RTA-Serial2/0]ppp mp mp-group 1          /* 将 Serial2/0 端口与 MP-Group 1 绑定
```

2) RTB 配置

(1) 创建 MP-Group 接口 1,配置 IP 地址。

```
[RTB]interface mp-group 1
[RTB-MP-group1]ip address 1.1.1.2 30
```

(2) 将物理接口与 MP-Group 接口绑定。

```
[RTB-MP-group1]interface serial1/0
[RTB-Serial1/0]ppp mp mp-group 1
[RTB-Serial1/0]
[RTB-Serial1/0]ppp mp mp-group 1
```

21.3 HDLC 协议

HDLC(High-level Data Link Control,高级数据链路控制)协议是一种面向比特的高效链路层协议。在这类面向比特的数据链路协议中,帧头和帧尾都是特定的二进制序列,通过控制字段来实现对链路的监控,可以采用多种编码方式实现高效的、可靠的透明传输。HDLC 对数据使用的字符集没有限制,因而对任何一种比特流,均可以实现透明的传输。

21.3.1 HDLC 协议基本原理

1. HDLC 协议帧结构

在 HDLC 协议中,数据和控制报文均以帧的标准格式传送。HDLC 协议有 3 种不同类型的帧:信息帧(I 帧)、监控帧(S 帧)和无编号帧(U 帧)。这 3 种类型不同的 HDLC 帧在协议中发挥着不同的作用。

(1) 信息帧用于传送用户数据,通常简称为帧。

(2) 监控帧用于差错控制和流量控制,通常称为 S 帧。

(3) 无编号帧用于链路的建立、拆除以及多种控制功能,简称 U 帧。

HDLC 帧由标志、地址、控制、信息和帧校验序列 6 个字段组成。帧的两端都是以标志字段(F)结束,传输的数据包含在信息字段(INFO)中。帧结构如图 21.11 所示,各字段含义如下。

帧标志F	地址A	控制C	信息INFO	帧校验序列FCS	帧标志F

图 21.11　HDLC 帧结构

(1) 帧标志F。HDLC采用固定的标志字段01111110作为帧的边界。当接收端检测到一个F标志时就开始接收帧,在接收的过程中如果发现F标志就认为该帧结束了。在传输的数据中可能会含有和标志字段相同的字段,导致接收端误以为数据传输结束,为了防止这种情况的发生,引入了位填充技术。发送站在发送的数据比特序列中一旦发现0后有5个1,就在第7位插入一个0。接收端要进行相反的操作,如果在接收端发现0后面有5个1,则检查第7位。如果是0,则将0删除;如果是1并且第8位是0,则认为是标志字段F。这样就保证了数据比特位中不会有和标志字段相同的字段。

(2) 地址字段A。地址字段用在多点链路中,用来存放从站地址。一般的地址字段是8位长,也可以扩展采用更长的地址,但是都是8的整数倍。每个8位组的最低位表示该8位是否是地址字段的末尾:1表示是最后的8位组;0表示后面还有地址组,其余的7位表示整个扩展字段。

(3) 控制字段C。HDLC定义了3种不同的帧,可以根据控制字段区分。控制字段使用前1位或前2位用来区别不同格式的帧,基本控制字段长度是8位。扩展控制字段是16位。

(4) 信息字段INFO。I帧和一部分的U帧含有控制字段。这个字段可以包含用户数据的所有比特序列,长度没有限制,但在使用时通常限定了长度。

(5) 校验字段FCS。校验字段用于对帧进行循环冗余校验,其校验范围从地址字段的第1比特到信息字段的最后1比特的序列,并且规定为了透明传输而插入的0不在校验范围内。

2. HDLC协议工作过程

HDLC协议工作过程简单描述如下:在链路处于DOWN状态时,如果设备检测到载波或网管配置指示物理层可用,HDLC就发送一个UP事件,进入Establish阶段。启动链路检测定时器、初始化超时计数器,通过Keepalive报文交互建立连接,当收到对端链路检测帧时,将链路协议UP并进入Maintain阶段,链路始终处于UP状态、可承载网络层报文。

HDLC协议具体工作过程可分为如下3部分。

(1) 协商建立过程:HDLC周期性发送链路探测的协商报文,报文的收发顺序是由序号决定的,序号失序则造成链路中断。这种用来探测点到点链路是否处于激活状态的报文称为keepalive报文。

(2) 传输报文过程:将IP报文封装在HDLC层上,数据传输过程中,仍然进行keep-alive的报文协商以探测链路的合法有效。

(3) 超时断连阶段:当封装HDLC的接口连续3次(当接收包速率超过1000packets/s时为6次)无法收到对方对自己的递增序号的确认时,HDLC链路协议(Line Protocol)由UP向DOWN转变。此时链路处于瘫痪状态,数据无法通信。

21.3.2 HDLC协议的特点及使用限制

作为面向比特的同步数据控制协议的典型,HDLC协议具有以下7个特点。

(1) 协议不依赖于任何一种字符编码集,对于任何一种比特流都可透明传输。

(2) 全双工通信,有较高的数据链路传输效率。

(3) 所有的帧(包括响应帧)都有FCS(循环冗余校验),对信息帧进行顺序编号,可防止漏收、重收，传输可靠性高。

(4) 采用统一的帧格式来实现数据、命令、响应的传输，容易实现。

(5) 不支持验证，缺乏足够的安全性。

(6) 协议不支持 IP 地址协商。

(7) 用于点到点的同步链路，例如，同步模式下的串行接口和 POS 接口等。

在标准 HDLC 协议格式中没有包含标识所承载的上层协议信息的字段，所以在采用标准 HDLC 协议的单一链路上只能承载单一的网络层协议。

为了提高 HDLC 协议的适应能力，部分厂商在实现中对其进行了改进，因此在多厂商设备混杂使用情况下不推荐使用 HDLC 协议。

21.3.3 HDLC 协议配置

只有支持点到点协议的同步接口才可以配置 HDLC，以太网接口不支持 HDLC。

1. 配置接口封装 HDLC 协议

```
[H3C-SerialX]link-protocol hdlc          /* 接口视图
```

配置时应注意的是，链路两端的接口链路层协议都需要配置为 HDLC 协议，否则无法通信。

2. 设置 HDLC 协议 keepalive 时间间隔

```
[H3C-SerialX]timer-hold seconds          /* 接口视图
```

参数说明：

seconds：接口发送 keepalive 报文的周期，取值范围为 0～32 767，单位为秒(s)。

默认情况下，接口的 HDLC 协议 keepalive 时间间隔为 10s，取值范围为 0～32 767s。

注意：H3C、华为的路由器串口的默认链路层协议为 PPP；思科设备默认链路层协议为 HDLC。

HDLC 协议配置简单，只需将链路两端接口的封装协议都修改为 HDLC，并配置相同的 keepalive 即可。

21.4 帧中继协议

21.4.1 帧中继的相关概念

帧中继(Frame Relay，FR)协议是一种简化的 X.25 广域网协议。它是一种统计复用的协议，在单一物理传输线路上能够提供多条虚电路。每条虚电路用 DLCI(Data Link Connection Identifier，数据链路连接标识)进行标识，DLCI 只在本地接口和与之直连的对端接口有效，不具有全局有效性。在帧中继网络中，不同物理接口上相同的 DLCI 并不一定表示是同一个虚电路。帧中继网络既可以是公用网络或企业的私有网络，也可以是数据设备之间直接连接构成的网络。

帧中继网络的相关概念如图 21.12 所示。

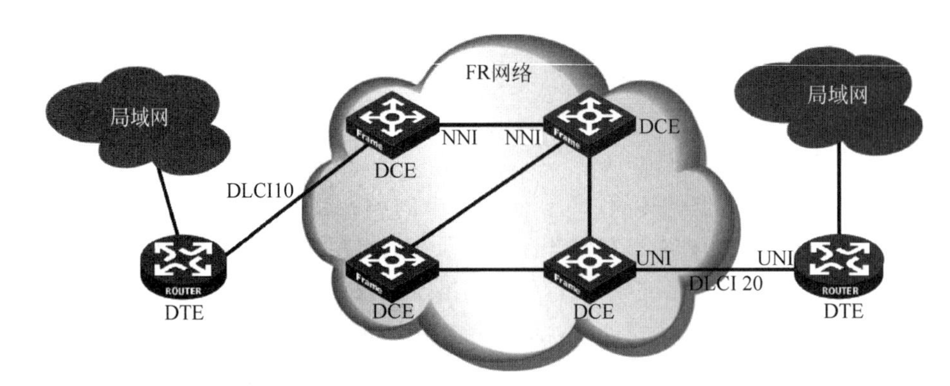

图 21.12 帧中继网络的相关概念

1. DTE、DCE、UNI、NNI

(1) DTE。用于发送和接收数据的终端设备称为 DTE(Data Terminal Equipment,数据终端设备)。它是用户端的设备,可以是路由器接口、计算机、打印机等。

(2) DCE。用来连接 DTE 与数据通信网络的设备称为 DCE(Data Circuit-terminating Equipment,数据电路终接设备)。DCE 为用户设备提供入网的连接点。它在 DTE 和传输线路之间提供信号变换和编码功能,并负责建立、保持和释放链路的连接,如 Modem、交换机等。

(3) UNI。DTE 和 DCE 之间的接口被称为 UNI(User Network Interface,用户网络接口)。

(4) NNI。DCE 与 DCE 的接口被称为 NNI(Network-to-Network Interface,网络节点接口)。

2. 虚电路、LMI、DLCI

(1) 虚电路。根据虚电路建立方式的不同,虚电路分为两种类型:永久虚电路(Permanent Virtual Circuit,PVC)和交换虚电路(Switched Virtual Circuit,SVC)。手工设置产生的虚电路称为永久虚电路;通过协议协商产生的虚电路称为交换虚电路,这种虚电路由帧中继协议自动创建和删除。目前,在帧中继中使用最多的方式是永久虚电路方式。

(2) LMI。在永久虚电路方式下,需要检测虚电路是否可用。LMI(Local Management Interface,本地管理接口)协议被用来检测虚电路是否可用。LMI 协议用于维护帧中继协议的 PVC 表,包括通知 PVC 的增加、探测 PVC 的删除、监控 PVC 状态的变更、验证链路的完整性。

LMI 协议的基本工作方式是:DTE 设备周期性发送状态查询报文(Status Enquiry 报文)去查询虚电路的状态,DCE 设备收到状态查询报文后,立即用状态报文(Status 报文)通知 DTE 当前接口上所有虚电路的状态。对于 DTE 侧设备,永久虚电路的状态完全由 DCE 侧设备决定;对于 DCE 侧设备,永久虚电路的状态由网络来决定。在两台网络设备直接相连的情况下,DCE 侧设备的虚电路状态是由设备管理员设置的。

(3) DLCI。数据链路连接标识符(Data Link Connection Identifier,DLCI)就像 MAC 地址表示以太网协议的第二层地址一样,它标识了一条虚电路的一端,代表了一个特定的目的地。DLCI 只具有本地意义,不具有全局有效性。在帧中继网络中,不同的物理接口上相同的 DLCI 并不一定表示同一个虚连接。帧中继网络用户接口上最多可支持 1024 条虚电路，其中各个数字的适用情况如表 21.4 所示。

表 21.4 DCLI 值

值	用　途
0	用于 LMI 类型
1～15	保留
16～1007	用于分配给用户的帧中继 PVC
1008～1018	保留
1019～1022	用于组播
1023	用于 LMI 类型

21.4.2 帧中继地址映射

帧中继地址映射是把对端设备的协议地址(在 IP 网络中的协议地址就是 IP 地址)与对端设备的帧中继地址(本地的 DLCI)关联起来，使高层协议能通过对端设备的协议地址寻找到对端设备，如图 21.13 所示。帧中继主要用来承载 IP 协议，在发送 IP 报文时，根据路由表只能知道报文的下一跳地址，发送前必须由该地址确定它对应的 DLCI。这个过程可以通过查找帧中继地址映射表来完成，地址映射表中存放的是下一跳 IP 地址和下一跳对应的 DLCI 的映射关系。地址映射表可以由手工配置，也可以由 InARP(Inverse ARP，逆向地址解析协议)动态维护。

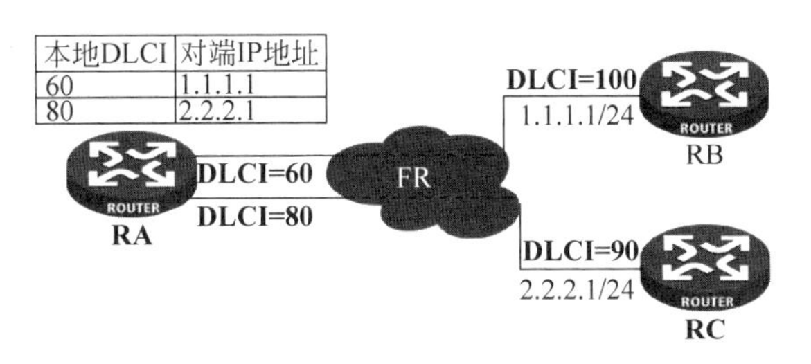

图 21.13 帧中继地址映射

21.4.3 帧中继子接口

帧中继有两种类型的接口：主接口和子接口。其中，子接口是一个逻辑结构，可以配置协议地址和虚电路 PVC 等，一个物理接口可以有多个子接口。虽然子接口是逻辑结构，并不实际存在，但对于网络层而言，子接口和主接口并没有区别，都可以配置 PVC 与远端设备相连。

帧中继的子接口又可以分为两种类型：点到点(Point-to-Point)子接口和点到多点(Multipoint)子接口。点到点子接口用于连接单个远端目标，点到多点子接口用于连接多个远端目标。点到多点子接口在一个子接口上配置多条 PVC，每条 PVC 都和它相连的远端协议地址建立一个 MAP(地址映射)。这样，不同的 PVC 就可以到达不同的远端而不会混淆。MAP(地址映射)可以用手工配置，也可以利用 InARP 协议来动态自动建立。与点到多点子接口不同的是，点到点子接口用来解决简单的情况，即一个子接口只连接一个对端设备，在子接口上只要配置一条 PVC，不用配置 MAP 就可以唯一地确定对端设备。

21.4.4 帧中继配置与信息查看

1. 帧中继配置

帧中继配置包括以下基本内容。

1）配置接口封装为帧中继

```
[H3C-SerialX]link-protocol fr   /* 接口视图
```

2）配置帧中继接口类型

```
[H3C-SerialX]fr interface-type {dce | dte | nni}   /* 接口视图
```

参数说明：

（1）**dce**：配置帧中继接口类型为 DCE。

（2）**dte**：配置帧中继接口类型为 DTE。默认情况下，帧中继接口类型为 DTE。

（3）**nni**：配置帧中继接口类型为 NNI。

在帧中继网络中，通信的双方被区分为用户侧和网络侧。用户侧称为 DTE，而网络侧称为 DCE。帧中继交换机之间的接口为 NNI 接口。

3）配置帧中继 LMI 协议类型

```
[H3C-SerialX]fr lmi type {ansi|nonstandard|q933a}   /* 接口视图
```

参数说明：

（1）**ansi**：ANSI T1.617 附录 D 标准的 LMI 协议类型。

（2）**nonstandard**：非标准兼容的 LMI 协议类型。

（3）**q933a**：ITU-TQ.933 附录 A 标准的 LMI 协议类型。接口默认的 LMI 协议类型为 q933a。

4）配置帧中继地址映射

（1）配置帧中继静态地址映射。

```
[H3C-SerialX]fr map ip { ip-address | default } dlci-number   /* 接口视图
```

参数说明：

① *ip-address*：对端的 IP 地址。

② **default**：表示创建一条默认地址映射。

③ *dlci-number*：虚电路 DLCI 编号，取值范围为 16～1007。DLCI 号 0～15、1008～1023 为帧中继协议保留，供特殊应用。

默认情况下，系统没有静态地址映射，而是进行逆向地址解析。

地址映射可以通过手工（静态）配置建立，也可以通过 InARP 协议（动态）来自动完成。当对端主机较少或有默认路由的情况下采用手工配置静态地址映射；当对端路由器也支持 InARP 协议而且网络较复杂的情况下，采用 InARP 协议建立动态地址映射。

需要注意的是：配置静态地址映射中的地址要求是有效的单播地址；配置帧中继静态地址映射时，如果指定的虚电路不存在，则会创建此虚电路；同一个接口最多只能配置一条默认地址映射；同一个接口到同一个 IP 地址只能配置一条地址映射。

(2) 启动帧中继 InARP(动态地址映射)功能。

```
[H3C-SerialX]fr inarp ip [ dlci-number ]    /* 接口视图
```

参数说明：

① **ip**：表示对 IP 地址进行逆向地址解析。

② *dlci-number*：虚电路 DLCI 编号，表示只对该虚电路号进行逆向地址解析，取值范围为 16～1007。

默认情况下，接口上(包括子接口)InARP 已启动。

使用该命令时不带任何参数表示允许接口上所有 PVC 的逆向地址解析功能；使用该命令的否定形式(undo fr inarp ip，不带任何参数)表示禁止接口上所有 PVC 的逆向地址解析功能。如果要在指定的 PVC 上允许或禁止逆向地址解析功能，则使用该命令时带 dlci 参数。接口(包括子接口)默认设置为开启地址解析功能，此时接口下所有 PVC 也开启了此功能，但可以用 undo fr inarp ip dlci 命令单独关闭某条 PVC 上的地址解析功能。如果用 undo fr inarp 命令关闭了接口的地址解析功能，此时接口下所有 PVC 也关闭此功能，仍然可以使用 fr inarp 命令在某条 PVC 上使能地址解析功能。在主接口下使能动态地址映射对该主接口下的子接口同样生效。

5) 配置帧中继本地虚电路

```
[H3C-SerialX]fr dlci dlci-number   /* 接口视图
```

参数说明：

dlci-number：虚电路 DLCI 编号，取值范围为 16～1007。DLCI 号 0～15、1008～1023 为帧中继协议保留，供特殊使用。

默认情况下，系统没有本地可用的虚电路。fr dlci 命令可以为主接口和子接口指定虚电路编号。虚电路编号在一个主接口及其所有子接口上是唯一的。

当帧中继接口类型是 DCE 或 NNI 时，需要为接口(不论是主接口还是子接口)手动配置虚电路；当帧中继接口类型是 DTE 时，如果接口是主接口，则系统会根据对端设备自动确定虚电路，而如果是子接口，则必须手动为接口配置虚电路。

注意：DLCI 编号只在本设备的链路上有效，不同设备上的相同 DLCI 编号不一定代表相同的帧中继链路。

表 21.5 总结了 FR 配置命令如下。

表 21.5 FR 配置命令

操　　作	命令(命令执行的视图)
配置接口封装为帧中继	[H3C-Serial*X*]link-protocol fr(接口视图)
配置帧中继接口类型	[H3C-Serial*X*]fr interface-type {dce | dte | nni}(接口视图)
配置帧中继 LMI 协议类型	[H3C-Serial*X*]fr lmi type {*ansi* | *nonstandard* | *q933a*}接口视图)
配置帧中继静态地址映射	[H3C-Serial*X*]fr map ip {*ip-address* | default} *dlci-number*(接口视图)
启动帧中继动态地址映射功能	[H3C-Serial*X*]fr inarp ip [*dlci-number*](接口视图)
配置帧中继本地虚电路	[H3C-Serial*X*]fr dlci *dlci-number*(接口视图)

2. 帧中继信息查看

在任意视图下执行 display 命令可以显示帧中继配置后的运行情况，查看配置效果。基本查看命令如表 21.6 所示。

表 21.6　FR 信息查看命令

操　　作	命令(命令执行的视图)
显示协议地址与帧中继地址映射表	<H3C>display fr map (任意视图)
显式帧中继 LMI 信息	<H3C>display fr lmi (任意视图)
显示帧中继永久虚电路信息	<H3C>display fr pvc (任意视图)
显示帧中继逆向地址解析协议报文统计信息	<H3C>display fr inarp (任意视图)

3. 帧中继配置示例

如图 21.14 所示，通过公用帧中继网络互联局域网。在这种方式下，路由器只能作为用户设备工作在帧中继的 DTE 方式。

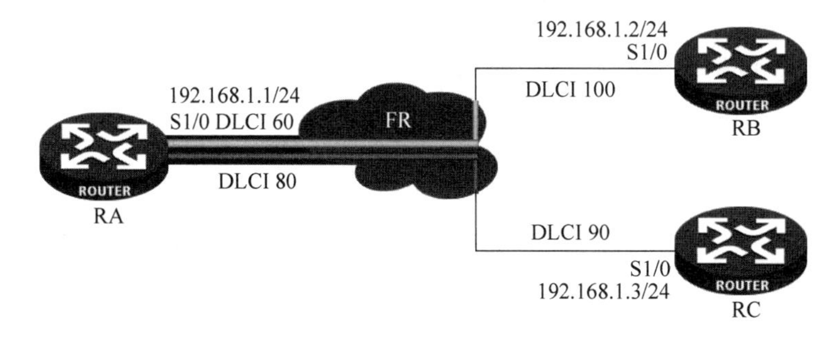

图 21.14　通过帧中继网络互联局域网

1) RA 的配置

(1) 配置接口 IP 地址。

```
[RA]interface serial 1/0
[RA-Serial1/0]ip address 192.168.1.1 255.255.255.0
```

(2) 配置接口封装为帧中继。

```
[RA-Serial1/0]link-protocol fr          /* 使用 FR 封装接口
[RA-Serial1/0]fr interface-type dte     /* 配置接口为 DTE
```

(3) 配置静态地址映射。

```
[RA-Serial1/0]fr map ip 192.168.1.2 60    /* 将本地 DLCI 60 映射到远端地址 192.168.1.2
[RA-Serial1/0]fr map ip 192.168.1.3 80    /* 将本地 DLCI 80 映射到远端地址 192.168.1.3
```

2) RB 的配置

(1) 配置接口 IP 地址。

```
[RB]interface serial 1/0
[RB-Serial1/0]ip address 192.168.1.2 255.255.255.0
```

(2) 配置接口封装为帧中继。

```
[RB-Serial1/0]link-protocol fr
[RB-Serial1/0]fr interface-type dte
```

(3) 配置静态地址映射。

```
[RB-Serial1/0]fr map ip 192.168.1.1 100  /* 将本地 DLCI 100 映射到远端地址 192.168.1.1
```

3) RC 的配置

(1) 配置接口 IP 地址。

```
[RC]interface serial 1/0
[RC-Serial1/0]ip address 192.168.1.3 255.255.255.0
```

(2) 配置接口封装为帧中继。

```
[RC-Serial1/0]link-protocol fr
[RC-Serial1/0]fr interface-type dte
```

(3) 配置静态地址映射。

```
[RC-Serial1/0]fr map ip 192.168.1.1 90  /* 将本地 DLCI 90 映射到远端地址 192.168.1.1
```

4) 连通性测试与信息查看

(1) RA、RB 与 RC 之间互 ping,进行连通性测试,如果结果显示可互通,则表明配置成功。

(2) 在任意视图下执行 display 命令可以显示帧中继配置后的运行情况,通过查看到的信息内容来验证配置效果。

21.5 任务小结

1. 广域网的地理覆盖范围可以从数公里到数千公里,可以连接若干城市、地区,可以跨越国界而覆盖全球。广域网由通信子网和资源子网组成。广域网的通信子网工作在 OSI/RM 的下三层,主要使用分组交换技术。

2. 广域网数据链路层定义的协议有 LAPB、Frame Relay、HDLC、PPP、SDLC。

3. PPP 与 PPP MP 的配置。

21.6 习题与思考

1. 广域网的连接类型有哪 3 种,区别是什么,各有什么优缺点?

2. 简述 PPP 协议的运行过程。

3. PAP 和 CHAP 对密码的管理有什么不同,适用的场景是什么,各有什么特点?

4. 帧中继地址映射的基本原理是什么,什么是子接口?

5. DTE 和 DCE 的区别是什么? 协议的两端可不可以都是 DTE 或者 DCE?

任务22　了解广域网接入技术

学习目标

- 了解 PON 接入技术。
- 了解 PSDN、xDSL 接入技术。
- 了解 DDN、ISDN、帧中继、Cable Modem 接入技术。

22.1　PON 接入技术

PON 是当今应用广泛的广域网接入技术。

22.1.1　PON 的基本结构

PON(Passive Optical Network,无源光网络)是一种采用点到多点(P2MP)结构的单纤双向光接入网络。如图 22.1 所示,PON 系统由局端的光线路终端(Optical Line Terminal,OLT)、光分配网络(Optical Distribution Network,ODN)和用户侧的光网络单元(Optical Network Unit,ONU)或光网络终端(Optical Network Terminal,ONT)组成,为单纤双向系统。除了终端设备,PON 系统中无须电子器件,因此是无源的。

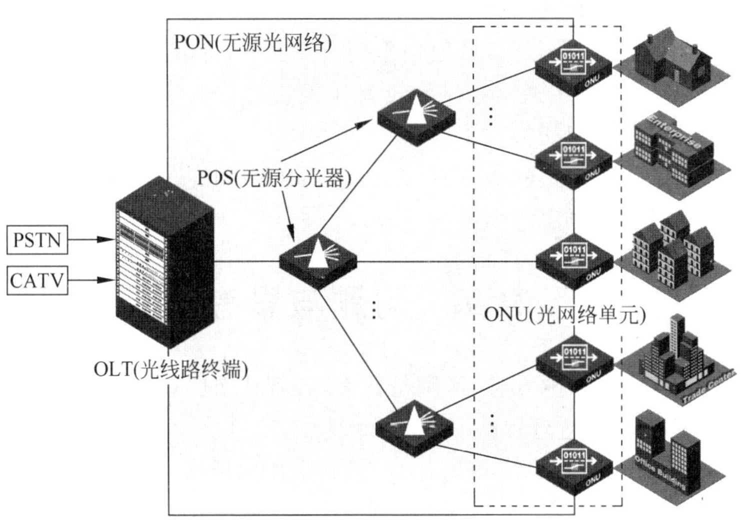

图 22.1　PON 网络结构图

1. 光线路终端

光线路终端(OLT)位于网络侧,放在中心局端,它可以是一个二层交换机或三层路由器,提供网络集中和接入功能,能完成光/电转换、带宽分配,并控制各信道的连接,同时具备实时监控、管理及维护功能。

OLT 内部由核心层、业务层和公共层组成。业务层主要提供业务接口,支持多种业务;核心层提供交叉连接、复用、传输功能;公共层提供供电、维护管理功能。

OLT 核心层功能包括汇聚分发功能、DN(Distribution Network,分配网)适配功能。

OLT 业务接口功能包括业务接口功能、业务接口适配功能、接口信令处理、业务接口保护。

OLT 公共功能主要包括 OAM(Operation Administration and Maintenance,操作维护管理)功能和供电功能。

从 OLT 发出的光功率主要消耗在如下几处:①分路器,分路的数量越多损耗越大;②光纤,距离越长,损耗越大;③光网络单元(ONU),ONU 数量越多,需要的 OLT 发射功率越大。为了保证每个到达 ONU 的功率都高于接收灵敏度且有一定的余量,在设计时要根据实际的数量和地理分布进行预算。

2. 光分配网

光分配网络(ODN)为 OLT 与 ONU 提供光传输手段,OLT 与 ONU 之间通过无源光分路器(Passive Optical Splitter,POS)连接。ODN 主要功能是完成 OLT 与 ONU 之间的信息传输和分发作用,建立 ONU 与 OLT 之间的端到端的信息传送通道。

ODN 通常配置为点到多点方式,即多个 ONU 通过一个 ODN 与一个 OLT 相连。这样,多个 ONU 可以共享 OLT 到 ODN 之间的光传输媒质和 OLT 的光电设备。

1) ODN 的组成

组成 ODN 的主要无源器件有单模光纤和光缆、连接器、无源光分路器(POS)、无源光衰减器、光纤接头。

2) ODN 的拓扑结构

ODN 网络的拓扑结构通常是点到多点的结构,可分为星形、树形、总线型和环形等。

3) 主备保护的设置

ODN 网络对传输的光信号设置主备两个光传输波道,进行主备保护。当主信道发生故障时则可自动转换到备用信道来传输光信号。ODN 主备保护包括光纤、OLT、ONU 和传输光纤的主备保护设置。主备传输光纤可以处于同一光缆中,也可以处于不同的光缆中;还可以将主备光缆安装设置在不同的管道中,这样其保护性能更好。

4) ODN 的性能参数

决定整个系统光通道损耗性能的参数主要有以下 3 项。

(1) ODN 光通道损耗:即最小发送功率和最高接收灵敏度的差。

(2) 最大允许通道损耗:即最大发送功率和最高接收灵敏度的差。

(3) 最小允许通道损耗:即最小发送功率和最低接收灵敏度(过载点)的差。

3. 光网络单元和光网络终端

光网络单元(ONU)和光网络终端(ONT)位于 ODN 和用户设备之间,提供用户与 ODN 之间的光接口和与用户侧的电接口,实现各种电信号的处理与维护管理。光 modem

就是最常见的ONT。

22.1.2 PON技术种类

常见的PON技术有APON、EPON和GPON。其中,GPON是当前乃至今后一段时间内最主要广域网接入技术。

1. APON(基于ATM的无源光网络)

APON(ATM Passive Optical Network)以ATM作为承载协议,下行传输的是连续的ATM流,比特率为155.52Mb/s或622.08Mb/s,在数据流中插有专门的物理层运行管理维护(PLOAM)信元。APON提供非常丰富完备的OAM功能,包括误码率监测、告警、自动发现与自动搜索,作为一种安全机制可对下行数据进行扰码加密等。

从数据处理方面来看,在APON中,用户数据必须要在协议转化(TDM用AAL1/2,数据分组传输用AAL5)下传送,这种转换对于高带宽难以适应。

APON由于其复杂性和低数据传输效率,已经在竞争中逐步退出市场。

2. EPON(以太网无源光网络)

EPON(Ethernet Passive Optical Network,以太网无源光网络)是目前应用广泛的一种广域网接入方式。

EPON是基于以太网技术的宽带接入系统,它利用PON的拓扑结构实现以太网的接入。数据链路层的关键技术主要包括上行信道的多址控制协议(MPCP)、ONU的即插即用、OLT的测距和时延补偿协议及协议兼容性。

1) EPON的标准

EPON的标准为IEEE 802.3ah,上下行速率1Gb/s(采用8B/10B编码后,线路速率为1.25Gb/s)。

为了降低ONU的成本,EPON物理层的关键技术集中于OLT,包括突发信号的快速同步、网同步、光收发模块的功率控制和自适应接收等。

2) EPON的优点

EPON融合了PON和以太数据产品的优点,形成了许多独有的优势。

(1) EPON系统能够提供高达1Gb/s的上下行带宽,可以满足未来相当长时期内的用户需要。EPON采用复用技术,支持更多的用户,每个用户都可以分享高带宽。

(2) EPON系统不采用昂贵的ATM设备和SONET设备,能与现有的以太网相兼容,简化了系统结构,成本低,易于升级。由于无源光器件寿命长,户外线路的维护费用大为减少。与此同时,标准的以太网接口可以利用现有的价格低廉的以太网设备,也节约了成本。

(3) PON结构本身决定了网络的可升级性强,只要更换终端设备,就可以使网络升级到10Gb/s或者更高速率。

(4) EPON不仅能综合现有的有线电视、数据和语音业务,还能兼容数字电视、VoIP、电视会议和VOD等,实现综合业务接入。

(5) EPON承载与其他接入技术的综合运用,进一步丰富了宽带接入技术解决方案。使用EPON能使DSL突破传统距离限制,扩大覆盖范围。通过集成ONU的CMTS(Cable Modem Termination System),EPON可以给现有的Cable连接提供带宽,而且可以让有线电视运营商实现真正意义上的交互式服务,同时降低建设和运营成本。

(6) EPON 技术还可以用来解决无线接入技术中基站上行数据汇集到核心网的问题。

3. GPON(吉比特无源光网络)

GPON(Gigabit-Capable PON,吉比特无源光网络)是当前也是今后一段时间内主要的广域网接入技术,它优于 EPON。

GPON 技术是基于 ITU-TG.984.x 标准的最新一代宽带无源光综合接入标准。

GPON 有三大优势:第一,传输距离更远,采用光纤传输,接入层的覆盖半径可以达到 20km;第二,能够提供更高的带宽,下行 2.5GHz/上行 1.25GHz(物理层);第三,分光特性强,可以从局端单根光纤经分光后引出多路到户光纤,节省光纤资源。

同时,GPON 支持 Triple-play 业务(三重播放业务:话音、数据和视频业务),提供的全业务竞争方案可以有效解决双绞线接入的带宽瓶颈,满足用户对高带宽业务的需求,如高清电视、实况转播等。GPON 目前是三网合一的最佳方案。GPON 标准完善,综合业务支持好,技术要求高,是各大电信运营商的首选。

与 EPON 相比,GPON 带宽更大,业务承载更高效,分光能力更强,可以提供大带宽业务,实现更多用户接入,更注重多业务和 QoS 保证。GPON 的缺点是:实现更复杂,成本相对 EPON 也较高。但随着 GPON 技术的大规模部署,GPON 和 EPON 成本差异已在逐步缩小。

22.2 DDN 接入

DDN(Digital Data Network,数字数据网)是利用数字信道来传输数据信号的数据传输网,它既可用于计算机之间的通信,也可用于传送数字化传真、数字语音和数字图像等信号。其主要功能是向用户提供半永久性连接的数字数据传输信道。

DDN 所采用的传输介质有光缆、数字微波、卫星信道以及用户端可用的普通电缆和双绞线。

DDN 的特点如下。

(1) 传输速率较高,网络时延小。

DDN 采用了时分多路复用技术,根据事先约定的协议,用户数据信息在固定的时间片内以预先设定的通道带宽和速率进行顺序传输,只需按时间片识别通道就可以准确地将数据信息送到目的终端。信息顺序到达目的终端,目的终端不必对信息进行重组,减少了时延。目前,DDN 可达到的最高传输速率为 155Mb/s,平均时延小于 450μs。

(2) 传输质量较高。

DDN 的主干采用光纤传输,用户之间是专用的固定连接,高速安全。

(3) 协议简单

DDN 采用交叉连接技术和时分复用技术,由智能化程度较高的用户端设备来完成协议的转换,本身不受任何规程的约束。

(4) 连接方式灵活。

DDN 可以支持数据、语音、图像传输等多种业务,它不仅可以和用户终端设备进行连接,还可以和用户网络连接,为用户提供灵活的组网环境。

(5) 网络运行管理简便,电路可靠性高。

DDN 的网管中心能以图形化的方式对网络设备进行集中监控,电路的连接、测试、路由迂回均由计算机自动完成,使网络管理趋于智能化,并使电路安全可靠。

22.3 其他接入方式

22.3.1 ISDN 与 B-ISDN 接入

1. ISDN(综合业务数字网)

ISDN(Integrated Services Digital Network,综合业务数字网)是一种信息通信网,是国际电信联盟(ITU)为了在数字线路上传输数据而开发的。与 PSTN 一样,ISDN 通过电话载波线路进行拨号连接,但又和 PSDN 不同,独特的数字链路可以同时支持语音、数据、图形、视频等多种业务的通信。

所有的 ISDN 连接都基于两种信道:B 信道和 D 信道。B 信道采用电路交换技术,通过 ISDN 来传输用户数据和话音,如视频、音频和其他类型的数据。单个 B 信道的最大传输速率是 64kb/s。每个 ISDN 连接的 B 信道数目可以不同。D 信道采用分组交换技术,通过 ISDN 来传输控制信号和网络管理等命令信号。单个 D 信道的最大传输速率是 16kb/s,每个 ISDN 只能使用一个 D 信道。

ISDN 技术已基本退出市场。

2. B-ISDN(宽带综合业务数字网)

为了克服综合业务数字网络(ISDN)速率的局限性,人们开发了 B-ISDN(Broadband ISDN)。B-ISDN 用户线路上的信息传输速率高达 155.520Mb/s(或 622Mb/s)。

B-ISDN 以光纤作为传输介质,采用的是 ATM 技术,可按需分配网络资源,具有极大的灵活性。B-ISDN 支持各种类型的业务,如话音、视频点播、电视广播、动态多媒体电子邮件等。

22.3.2 分组交换数据网接入

分组交换数据网(Packed Switched Data Network,PSDN)是一种以分组作为基本数据单元进行数据交换的通信网络。PSDN 采用分组交换的数据传输技术,以 CCITT(国际电报电话咨询委员会)X.25 协议为基础,通常又称为 X.25 网。

PSDN 物理层协议是 X.21,用于定义主机与物理网络之间物理、电气、功能以及过程特性。数据链路层协议包括帧格式定义和差错控制等,一般采用的是高级数据链路控制协议(High-level Data Link Control,HDLC)。网络层一般都采用分组级协议(Packet Level Protocol,PLP)。

目前,PSDN 已基本退出市场。

22.3.3 帧中继接入

帧中继(Frame Relay,FR)又称为快速交换技术,是在 OSI 的数据链路层上用简化的方法传送和交换数据单元的一种技术。帧中继仅包含物理层和数据链路层协议,省去了 X.25 网络层的协议,将 X.25 分组网中通过了节点间分组重发和流量控制等措施来纠正差错和防止拥塞的处理过程交给智能终端去实现,从而大大缩短了节点的时延、提高了数据传输速率、有效地利用了高速数据信道。同时,帧中继还采用分组交换网中的虚电路技术,充分利用了网络资源。

帧中继可提供2～45Mb/s的高速宽带数据业务，并且总体性能高于分组交换网。

目前，帧中继已基本退出市场。

22.3.4 数字用户线路xDSL接入

数字用户线路xDSL是DSL(Digital Subscriber Line)的统称。其中，x是不同种类的数字用户线路技术的统称。x表示A/H/S/C/I/V/RA等不同的数据调制方式，利用不同的调制方式使数据或多媒体信息可以更高速地在电话线上传送，避免由于数据流量过大而对中心机房交换机和公共电话网(PSTN)造成拥塞。

各种数字用户线路技术的不同之处主要体现在速率、传输距离，以及上、下行是否对称3方面。按上行(用户到网络)和下行(网络到用户)速率是否相同可将DSL分为对称DSL技术和非对称DSL技术。一般情况下，用户下载的数据量比较大，所以在速率非对称型DSL技术中，下行信道的速率要大于上行信道的速率。

1. 对称DSL技术

在对称DSL技术中，常用的是HDSL和SDSL。HDSL和SDSL支持对称的T1/E1(1.544Mb/s和2.048Mb/s)传输。其中，HDSL的有效传输距离为3～4km，并且需要2～4对双绞电话线；SDSL最大有效传输距离为3km，只需一对双绞电话线。

2. 非对称DSL技术

ADSL、VDSL和RADSL都属于非对称式传输。

目前，xDSL仍然有部分用户在使用，但由于其带宽有限，已慢慢淡出市场。

22.3.5 电缆调制解调器接入

电缆调制解调器(Cable Modem)是一种利用有线电视网(CATV)来提供数据传输的广域网接入技术。上行数据信号采用QPSK或16QAM调制，速率可达31.2kb/s～10Mb/s；下行数据信号采用64QAM或256QAM解调，速率可达3～38Mb/s。

Cable Modem传输距离远。ADSL的传输距离一般在3～5km，而Cable Modem从理论上讲，没有距离限制，它可以覆盖的地域很广。它具有较强的抗干扰能力。

Cable Modem用户共享网络带宽，用户增加，速率也会相应降低，并且噪声也会增加，可靠性降低，这是Cable Modem的最大缺点。

目前，Cable Modem仍然有部分用户在使用，但由于其带宽有限，已慢慢淡出市场。

22.4 任务小结

1. PON系统由局端的OLT、ODN和用户侧的光网络单元(ONU或ONT)组成，为单纤双向系统。

2. EPON是基于以太网技术的宽带接入系统，它利用PON的拓扑结构实现以太网的接入。

3. 与EPON相比，GPON带宽更大，业务承载更高效，分光能力更强，可以提供大带宽业务，实现更多用户接入，更注重多业务和QoS保证。

4. DDN的主干采用光纤传输,用户之间是专用的固定连接,高速安全、协议简单,采用交叉连接技术和时分复用技术,连接方式灵活,支持数据、语音、图像传输等多种业务。

5. DSL按上行速率和下行速率是否相同可分为对称DSL技术和非对称DSL技术。

22.5 习题与思考

1. PON网络包括哪几部分,功能是什么?
2. GPON与EPON的异同点、优缺点是什么?

第6篇

网络规划与设计综合篇

任务23 网络规划与设计综合实训

学习目标

- 掌握网络总体规划。
- 掌握 VLAN 划分与配置。
- 掌握 MSTP 与链路聚合配置。
- 掌握 VRRP 配置。
- 掌握 OSPF 配置、动态与静态默认路由配置。
- 掌握 VPN 配置。
- 掌握 ACL 包过滤配置。
- 掌握 Easy IP 与 NAT Server 配置。

本任务以典型的中型企业网作为案例，分析企业组织机构与业务需求，综合运用本课程所学知识，设计合理的网络架构，规划 VLAN 与 IP 地址，绘制网络拓扑图，并根据设计与规划内容对网络设备进行配置。

注：网络安全与无线接入设计同属于企业网规划设计内容，但不属于本书内容，因此此处并未涉及。

23.1 企业组织机构与业务描述

某企业总部在广州市科学城，负责产品研发、销售以及财务管理；企业在中山市还设有一间分厂，主要从事原材料采购与产品生产。企业总部下设研发部、财务部、销售业务部、经理办公室，各部门计算机、打印机等网络设备共计 250 台套；分厂下设生产部与采购部，计算机、打印机等网络设备共计 40 台套。总部与分部之间需要分享"进销存"等相关信息；财务部的账目信息、资金往来等信息需要保密，该部门网络设备不得连接公网与分厂；企业在外出差人员经常通过互联网将大量文件传送回公司，需要搭建 FTP 服务器供出差人员使用；企业因经营与宣传需要，需搭建门户网站。

23.2 网络详细规划与设计

图 23.1 为企业网络的详细设计图，RT1 为总部边界路由器，RT2 为分厂边界路由器，RT3 模拟公网。

1. 业务 VLAN 划分与 IP 规划

根据部门的不同，共划分了 6 个业务 VLAN，其中总部划分有 4 个业务 VLAN，分厂划分有两个业务 VLAN，如图 23.1 所示。

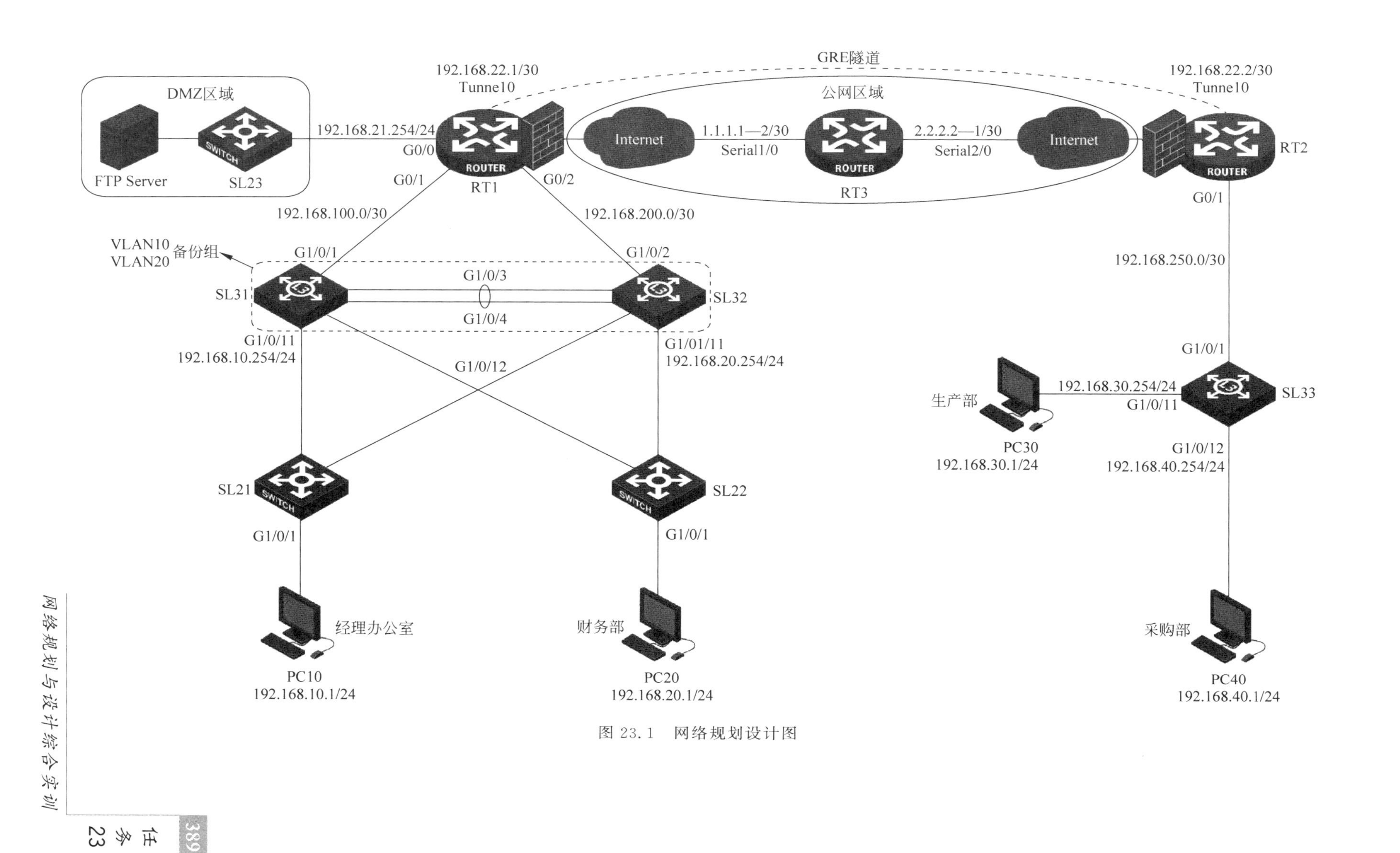

图 23.1 网络规划设计图

总部的研发部、经理办公室、销售业务部、财务部分别属于 VLAN5、VLAN10、VLAN15、VLAN20。图 23.1 仅绘制了总部的 VLAN10 和 VLAN20 作为示例，总部其他业务 VLAN 设备及配置情况雷同，在此不再赘述。

分厂的生产部与采购部各划分一个 VLAN，分别为 VLAN30、VLAN40。

企业网内部使用 C 类私有 IP 地址，不同 VLAN 使用不同网段的私有 IP 地址，具体的 VLAN 划分及 IP 地址分配如表 23.1 所示。内网三层设备接口的 IP 地址分配如表 23.2 所示。

表 23.1　业务 VLAN 划分及 IP 地址分配

业务 VLAN 编号	IP 网段	默认网关	业务部门	汇聚层交换机
5	192.168.5.0/24	192.168.5.254	研发部	未列出
10	192.168.10.0/24	192.168.10.254	经理办公室	SL21
15	192.168.15.0/24	192.168.15.254	销售业务部	未列出
20	192.168.20.0/24	192.168.20.254	财务部	SL22
30	192.168.30.0/24	192.168.30.254	生产部(分厂)	SL33
40	192.168.40.0/24	192.168.40.254	采购部(分厂)	SL33

表 23.2　内网接口 IP 地址分配

设　　备	接　　口	IP 地址
RT1	G0/0(连接 DMZ 区域)	192.168.21.254/24
	G0/1(下行链路端口)	192.168.100.1/30
	G0/2(下行链路端口)	192.168.200.1/30
	Tunnel0(隧道接口)	192.168.22.1/30
RT2	G0/1(下行链路端口)	192.168.250.1/30
	Tunnel0(隧道接口)	192.168.22.2/30
SL31	G1/0/1(上行链路端口)	192.168.100.2/30
	Interface VLAN5	192.168.5.252/24
	Interface VLAN10	192.168.10.252/24
	Interface VLAN15	192.168.15.252/24
	Interface VLAN20	192.168.20.252/24
SL32	G1/0/2(上行链路端口)	192.168.200.2/30
	Interface VLAN5	192.168.5.253/24
	Interface VLAN10	192.168.10.253/24
	Interface VLAN15	192.168.15.253/24
	Interface VLAN20	192.168.20.253/24
SL33	G1/0/1(上行链路端口)	192.168.250.2/30
	Interface VLAN30	192.168.30.254/24
	Interface VLAN40	192.168.40.254/24

2. 核心层设备备份与链路备份设计

总部承担企业的财务、营销及管理业务，对网络的稳定性、健壮性要求高，核心层配备两台核心层交换机 SL31 和 SL32 共同组成 VRRP 备份组，承担总部的所有业务 VLAN 的网关功能，并共同分担所有业务 VLAN 流量(配置 VRRP 协议与 MSTP 协议)，同时为各备份组 Master 设备进行上行链路监视；两台核心层交换机之间配置链路聚合，增加带宽，并提供链路备份。总部各业务 VLAN 网关备份组(VRRP)的虚拟 IP 地址如表 23.3 所示。

表 23.3 总部业务 VLAN 的 VRRP 备份组虚拟 IP 地址分配

业务 VLAN	VRRP 备份组虚拟 IP 地址	网关的 VRRP 备份组设备
VLAN5	192.168.5.254	SL31、SL32
VLAN10	192.168.10.254	
VLAN15	192.168.15.254	
VLAN20	192.168.20.254	

分厂网络核心层配备一台核心层交换机 SL33。

3. 跨公网的局域网互联与私网路由协议设计

企业总部与分厂之间通过 GRE VPN 方式进行互联,共同构建一个完整的局域网。

注: 在实际的工程应用中,会配置 IPSec 对 GRE VPN 中的数据进行加密。因 IPSec 技术超出本书内容,此处不进行讲解。

局域网内部三层设备运行 OSPF 协议进行连接,GRE 隧道作为区域 0 连接企业总部和分厂,总部划分到 OSFP 的区域 1,分厂划分到 OSFP 的区域 2。OSPF 区域的具体划分如表 23.4 所示。

表 23.4 OSPF 区域的具体划分

OSPF 区域	网　段
Area 0	192.168.22.0/30
Area 1	192.168.5.0/24、192.168.10.0/24、192.168.15.0/24、192.168.20.0/24
	192.168.21.0/24
	192.168.100.0/30、192.168.200.0/30
Area 2	192.168.30.0/24、192.168.40.0/24
	192.168.50.0/30

4. DMZ 区域与服务器地址映射(NAT Server)设计

所有对公网提供服务的服务器(如 Web 服务器、FTP 服务器)均独立放置于 DMZ 区域,通过交换机 SL23 直接与 RT1 进行连接。为提高服务器安全性,服务器均使用 192.168.21.0/24 网段的私有地址以及非知名端口,通过 NAT Server 方式映射至 RT1 公网接口 IP 1.1.1.1 与相应知名端口。本实训只配置了 FTP 服务器,而略去了 Web 服务器。

5. NAT 与 ACL 包过滤设计

总部和分厂的边界路由器 RT1、RT2 公网侧从运营商处申请两个公有 IP 地址。公网接口的 IP 地址分配如表 23.5 所示。

表 23.5 公网接口的 IP 地址分配

设　备	接　口	IP 地址
RT1	Serial1/0	1.1.1.1/30
RT2	Serial2/0	2.2.2.1/30
RT3	Serial1/0	1.1.1.2/30
	Serial2/0	2.2.2.2/30

在 RT1 和 RT2 公网侧接口配置 Easy IP，解决私网访问公网的 IP 地址问题。其中，RT1 配置 ACL 拒绝财务部网段 192.168.20.0/24 进行地址转换并访问公网，其他网段的设备均可以在地址转换后访问公网。

在 RT1 隧道接口出方向配置 ACL 包过滤，拒绝财务网段 192.168.20.0/24 的报文经隧道转发至分厂。其他所有网段的设备均可以在私网内部自由通信。

6. 私网访问公网路由设计

总部和分厂的边界路由器 RT1 和 RT2 分别配置一条静态默认路由指向公网设备 RT3，同时将默认路由通过 OSPF 协议发布至私网的网关设备 SL31、SL32 和 SL33，作为它们访问公网的路由。

23.3 网络配置与测试

23.3.1 核心交换机链路聚合组配置

1. SL31 链路聚合组(端口)配置

```
[SL31]interface bridge-aggregation 1                        /* 创建链路聚合组 1
[SL31-Bridge-Aggregation1]interface g1/0/3                  /* 进入 G1/0/3 接口视图
[SL31-GigabitEthernet1/0/3]port link-aggregation group 1    /* 将 G1/0/3 端口加入链路聚合组 1
[SL31-GigabitEthernet1/0/3]interface g1/0/4                 /* 进入 G1/0/4 接口视图
[SL31-GigabitEthernet1/0/4]port link-aggregation group 1    /* 将 G1/0/3 端口加入链路聚合组 1
```

2. SL32 链路聚合组(端口)配置

```
[SL32]interface bridge-aggregation 1
[SL32-Bridge-Aggregation1]interface g1/0/3
[SL32-GigabitEthernet1/0/3]port link-aggregation group 1
[SL32-GigabitEthernet1/0/3]interface g1/0/4
[SL32-GigabitEthernet1/0/4]port link-aggregation group 1
```

使用 display link-aggregation verbose 命令查看 SL31 与 SL32 设备的链路聚合组状态。其中，SL31 的查看结果如图 23.2 所示，G1/0/3 端口和 G1/0/4 端口聚合成功(Status:S)。

```
<SL31>display link-aggregation verbose
Loadsharing Type: Shar -- Loadsharing, NonS -- Non-Loadsharing
Port: A -- Auto
Port Status: S -- Selected, U -- Unselected, I -- Individual
Flags:   A -- LACP_Activity, B -- LACP_Timeout, C -- Aggregation,
         D -- Synchronization, E -- Collecting, F -- Distributing,
         G -- Defaulted, H -- Expired

Aggregate Interface: Bridge-Aggregation1
Aggregation Mode: Static
Loadsharing Type: Shar
  Port            Status   Priority Oper-Key
--------------------------------------------------------------------------------
  GE1/0/3         S        32768    1
  GE1/0/4         S        32768    1
```

图 23.2 查看 SL31 链路聚合状态

23.3.2 VLAN 划分

1. 二层交换机 SL21 划分 VLAN10

```
[SL21]vlan 10                                  /* 创建 VLAN10 并进入 VLAN10 视图
[SL21-vlan10]port g1/0/1 g1/0/11 g1/0/12       /* 将 G1/0/1、G1/0/11、G1/0/12 端口加入 VLAN10
```

2. 二层交换机 SL22 划分 VLAN20

```
[SL22]vlan 20
[SL22-vlan20]port g1/0/1 g1/0/11 g1/0/12
```

3. 三层交换机 SL31 上划分 VLAN10 和 VLAN20

```
[SL31]vlan 10
[SL31-vlan10]port g1/0/11
[SL31-vlan10]vlan 20
[SL31-vlan20]port g1/0/12
[SL31-vlan20]interface bridge-aggregation 1         /* 进入聚合组(端口)1 的接口视图
[SL31-Bridge-Aggregation1]port link-type trunk      /* 将聚合组(端口)1 配置为 Trunk 类型
[SL31-Bridge-Aggregation1]port trunk permit vlan 10 20
  /* 配置聚合组(端口)1 允许 VLAN10、VLAN20 通过
```

4. 三层交换机 SL32 上划分 VLAN10 和 VLAN20

```
[SL32]vlan 10
[SL32-vlan10]port g1/0/12
[SL32-vlan10]vlan 20
[SL32-vlan20]port g1/0/11
[SL32-vlan20]interface bridge-aggregation 1
[SL32-Bridge-Aggregation1]port link-type trunk
[SL32-Bridge-Aggregation1]port trunk permit vlan 10 20
```

5. 三层交换机 SL33 上划分 VLAN30 和 VLAN40

```
[SL33]vlan 30
[SL33-vlan30]port g1/0/11
[SL33-vlan30]vlan 40
[SL33-vlan40]port g1/0/12
```

23.3.3 MSTP 配置

1. SL31 上配置 MSTP

```
[SL31]stp global enable                        /* 启动 STP 协议
[SL31]stp mode mstp                            /* 设置 STP 以 MSTP 方式运行
[SL31]stp region-configuration                 /* 配置 STP 域参数
[SL31-mst-region]region-name coremst           /* 配置 STP 域名为 coremst
[SL31-mst-region]instance 1 vlan 10            /* 将 VLAN10 映射到实例 1
[SL31-mst-region]instance 2 vlan 20            /* 将 VLAN20 映射到实例 2
```

```
[SL31-mst-region]active region-configuration     /* 激活域配置
[SL31-mst-region]quit
[SL31]stp instance 1 root primary                /* 配置 SL31 为实例 1(MST1)的主根
[SL31]stp instance 2 root secondary              /* 配置 SL31 为实例 2(MST2)的从根
```

2. SL32 上配置 MSTP

```
[SL32]stp global enable
[SL32]stp mode mstp
[SL32]stp region-configuration
[SL32-mst-region]region-name coremst
[SL32-mst-region]instance 1 vlan 10
[SL32-mst-region]instance 2 vlan 20
[SL32-mst-region]active region-configuration
[SL32-mst-region]quit
[SL32]stp instance 1 root secondary              /* 配置 SL32 为实例 1(MST1)的从根
[SL32]stp instance 2 root primary                /* 配置 SL32 为实例 2(MST2)的主根
```

3. SL21 上配置 MSTP

```
[SL21]stp global enable
[SL21]stp mode mstp
[SL21]stp region-configuration
[SL21-mst-region]region-name coremst
[SL21-mst-region]instance 1 vlan 10              /* SL21 上仅有 VLAN10,只需配置一个映射
[SL21-mst-region]active region-configuration
[SL21-mst-region]quit
[SL21]stp bpdu-protection                        /* 配置 BPDU 保护
[SL21]interface g1/0/1
[SL21-GigabitEthernet1/0/1]stp edged-port        /* 配置 G1/0/1 为边缘端口
```

4. SL22 上配置 MSTP

```
[SL22]stp global enable
[SL22]stp mode mstp
[SL22]stp region-configuration
[SL22-mst-region]region-name coremst
[SL22-mst-region]instance 2 vlan 20              /* SL22 上仅有 VLAN20,只需配置一个映射
[SL22-mst-region]active region-configuration
[SL22-mst-region]quit
[SL22]stp bpdu-protection
[SL22]interface g1/0/1
[SL22-GigabitEthernet1/0/1]stp edged-port
```

5. 查看 MSTP 状态

使用 display stp brief 命令查看 SL31 和 SL32 设备的 MSTP 状态,如图 23.3 所示。SL31 上实例 0 和实例 1 的所有端口均为指定端口,因此 SL31 为 MST0 和 MST1 的根桥;SL32 上实例 2 的所有端口均为指定端口,因此 SL32 为 MST2 的根桥。

```
<SL31>display stp brief
 MST ID   Port                              Role  STP State   Protection
 0        Bridge-Aggregation1               DESI  FORWARDING  NONE
 0        GigabitEthernet1/0/11             DESI  FORWARDING  NONE
 0        GigabitEthernet1/0/12             DESI  FORWARDING  NONE
 1        Bridge-Aggregation1               DESI  FORWARDING  NONE
 1        GigabitEthernet1/0/11             DESI  FORWARDING  NONE
 2        Bridge-Aggregation1               ROOT  FORWARDING  NONE
 2        GigabitEthernet1/0/12             DESI  FORWARDING  NONE
```

```
<SL32>display stp brief
 MST ID   Port                              Role  STP State   Protection
 0        Bridge-Aggregation1               ROOT  FORWARDING  NONE
 0        GigabitEthernet1/0/11             DESI  FORWARDING  NONE
 0        GigabitEthernet1/0/12             DESI  FORWARDING  NONE
 1        Bridge-Aggregation1               ROOT  FORWARDING  NONE
 1        GigabitEthernet1/0/12             DESI  FORWARDING  NONE
 2        Bridge-Aggregation1               DESI  FORWARDING  NONE
 2        GigabitEthernet1/0/11             DESI  FORWARDING  NONE
```

图 23.3　查看 MSTP 状态

23.3.4　配置设备 IP 地址

1. 配置 SL31 的接口 IP

```
[SL31]interface vlan 10                                  /* 进入 VLAN10 接口视图
[SL31-Vlan-interface10]ip address 192.168.10.252 24      /* 配置 VLAN10 接口 IP 地址
[SL31-Vlan-interface10]interface vlan 20
[SL31-Vlan-interface20]ip address 192.168.20.252 24      /* 配置 VLAN20 接口 IP 地址
[SL31-Vlan-interface20]int g1/0/1
[SL31-GigabitEthernet1/0/1]port link-mode route          /* 配置 G1/0/1 端口为路由模式
```

注：工作在路由模式的接口是三层接口，可以配置 IP 地址，而默认情况下交换机的所有物理接口均为二层交换口，不可直接配置 IP 地址。

```
[SL31-GigabitEthernet1/0/1]ip address 192.168.100.2 30   /* 配置 G1/0/1 端口 IP 地址
```

2. 配置 SL32 的接口 IP

```
[SL32]interface vlan 10                                  /* 进入 VLAN10 接口视图
[SL32-Vlan-interface10]ip address 192.168.10.253 24      /* 配置 VLAN10 接口 IP 地址
[SL32-Vlan-interface10]interface vlan 20
[SL32-Vlan-interface20]ip address 192.168.20.253 24      /* 配置 VLAN20 接口 IP 地址
[SL32-Vlan-interface20]int g1/0/2
[SL32-GigabitEthernet1/0/2]port link-mode route          /* 配置 G1/0/2 端口为路由模式
[SL32-GigabitEthernet1/0/2]ip address 192.168.200.2 30   /* 配置 G1/0/2 端口的 IP
```

3. 配置 SL33 的接口 IP

```
[SL33]interface vlan 30                                  /* 进入 VLAN30 接口视图
[SL33-Vlan-interface30]ip address 192.168.30.254 24      /* 配置 VLAN30 接口 IP 地址
[SL33-Vlan-interface30]interface vlan 40
[SL33-Vlan-interface40]ip address 192.168.40.254 24      /* 配置 VLAN40 接口 IP 地址
[SL33-Vlan-interface40]interface g1/0/1
[SL33-GigabitEthernet1/0/1]port link-mode route          /* 配置 G1/0/1 端口为路由模式
[SL33-GigabitEthernet1/0/1]ip address 192.168.250.2 30   /* 配置 G1/0/1 端口 IP 地址
```

4. 配置 RT1 的接口 IP

```
[RT1]interface serial1/0
[RT1-Serial1/0]ip address 1.1.1.1 30
[RT1-Serial1/0]int g 0/0
[RT1-GigabitEthernet0/0]ip address 192.168.21.254 24
[RT1-GigabitEthernet0/0]int g 0/1
[RT1-GigabitEthernet0/1]ip address 192.168.100.1 30
[RT1-GigabitEthernet0/1]int g0/2
[RT1-GigabitEthernet0/2]ip address 192.168.200.1 30
```

5. 配置 RT2 的接口 IP

```
[RT2]interface serial2/0
[RT2-Serial2/0]ip address 2.2.2.1 30
[RT2-Serial2/0]interface g0/1
[RT2-GigabitEthernet0/1]ip address 192.168.250.1 30
```

6. 配置 RT3 的接口 IP

```
[RT3]interface serial1/0
[RT3-Serial1/0]ip address 1.1.1.2 30
[RT3-Serial1/0]interface serial2/0
[RT3-Serial2/0]ip address 2.2.2.2 30
```

23.3.5 VRRP 配置

此处分别为 VLAN10、VLAN20 配置一个 VRRP 备份组，SL31 作为 VLAN10 的主网关，同时作为 VLAN20 的备份网关；SL32 作为 VLAN20 的主网关，同时作为 VLAN10 的备份网关。

1. SL31 配置 VRRP 备份组及上行链路监视

1）创建监视 Track 项

```
[SL31]track 1 interface g1/0/1   /* 监视 SL31 上行链路端口 G1/0/1
```

2）为 VLAN10 创建虚拟备份组 10，配置虚拟 IP、优先级、关联 Track 项

```
[SL31]interface vlan 10
[SL31-Vlan-interface10]vrrp vrid 10 virtual-ip 192.168.10.254
  /* 为 VLAN10 配置虚拟备份组 10，并给备份组配置虚拟 IP 地址
[SL31-Vlan-interface10]vrrp vrid 10 priority 110
  /* 配置虚拟备份组 10 优先级为 110(Master)，高于优先级默认值 100(Backup)
[SL31-Vlan-interface10]vrrp vrid 10 track 1 priority reduced 20
  /* 为备份组 10 关联监视项 Track 1，主设备 SL31 的上行链路失效后优先级自动减 20，切换为备份
  /* 组 10 的备份设备
```

3）为 VLAN20 创建虚拟备份组 20，配置虚拟 IP

```
[SL31-Vlan-interface10]interface vlan 20
[SL31-Vlan-interface20]vrrp vrid 20 virtual-ip 192.168.20.254
  /* 为 VLAN20 配置虚拟备份组 10，并给备份组配置虚拟 IP 地址
```

2. SL32 配置 VRRP

1）创建监视 Track 项

```
[SL32]track 2 interface g1/0/2
```

2）为 VLAN20 创建虚拟备份组 20，配置虚拟 IP、优先级、关联 Track 项

```
[SL32]interface vlan 20
[SL32-Vlan-interface20]vrrp vrid 20 virtual-ip 192.168.20.254
[SL32-Vlan-interface20]vrrp vrid 20 priority 110
  /* 配置虚拟备份组 10 优先级为 110(Master),高于优先级默认值 100(Backup)
[SL32-Vlan-interface20]vrrp vrid 20 track 2 priority reduced 20
  /* 为备份组 20 关联监视项 track 2,主设备 SL32 的上行链路失效后优先级自动减 20,切换为备份
  /* 组 20 的备份设备
```

3）为 VLAN10 创建虚拟备份组 10，配置虚拟 IP

```
[SL32]interface vlan 10
[SL32-Vlan-interface10]vrrp vrid 10 virtual-ip 192.168.10.254
  /* 为 VLAN10 配置虚拟备份组 10,并给备份组配置虚拟 IP 地址
```

3. 查看 VRRP 状态

使用 display vrrp verbose 命令查看 SL31 和 SL32 的 VRRP 协议状态。其中，SL32 的 VRRP 协议状态如图 23.4 所示。SL32 成为 VLAN20 的主网关(State：Master)，同时作为 VLAN10 的备份网关(State：Backup)；SL31 成为 VLAN10 的主网关，同时作为 VLAN20 的备份网关。

```
<SL32>display vrrp verbose
IPv4 virtual router information:
 Running mode : Standard
 Total number of virtual routers : 2
   Interface Vlan-interface10
     VRID             : 10                   Adver timer  : 100 centiseconds
     Admin status     : Up                   State        : Backup
     Config pri       : 100                  Running pri  : 100
     Preempt mode     : Yes                  Delay time   : 0 centiseconds
     Become master    : 3220 millisecond left
     Auth type        : None
     Virtual IP       : 192.168.10.254
     Master IP        : 192.168.10.252

   Interface Vlan-interface20
     VRID             : 20                   Adver timer  : 100 centiseconds
     Admin status     : Up                   State        : Master
     Config pri       : 110                  Running pri  : 110
     Preempt mode     : Yes                  Delay time   : 0 centiseconds
     Auth type        : None
     Virtual IP       : 192.168.20.254
     Virtual MAC      : 0000-5e00-0114
     Master IP        : 192.168.20.253
   VRRP track information:
     Track object   : 2                 State : NotReady   Pri reduced : 20
```

图 23.4 查看 VRRP 状态信息

23.3.6 公网路由配置

RT3 与 RT1、RT2 直连，不需要配置路由协议。

对于两个私网，只需要在边界路由器 RT1 和 RT2 上配置指向公网的静态默认路由，再将这条默认路由发布到私网内部即可完成私网到公网的路由配置。

```
[RT1]ip route-static 0.0.0.0 0 1.1.1.2        /* RT1 上配置默认路由指向公网设备 RT3
[RT2]ip route-static 0.0.0.0 0 2.2.2.2        /* RT2 上配置默认路由指向公网设备 RT3
```

23.3.7 GRE VPN 配置与测试

在边界路由器 RT1、RT2 上配置 GRE 隧道连接两个私网，提供私网间的数据传输通道。

1. RT1 上的 GRE 配置

```
[RT1]interface Tunnel 0 mode gre              /* 创建 GRE 隧道接口 Tunnel 0
[RT1-Tunnel0]ip address 192.168.22.1 30       /* 配置 GRE 隧道接口 IP 地址
[RT1-Tunnel0]source 1.1.1.1                   /* 指定 GRE 隧道源端地址
[RT1-Tunnel0]destination 2.2.2.1              /* 指定 GRE 隧道目的端地址
```

2. RT2 上的 GRE 配置

```
[RT2]interface tunnel 0 mode gre              /* 创建 GRE 隧道接口 Tunnel 0
[RT2-Tunnel0]ip address 192.168.22.2 30       /* 配置 GRE 隧道接口 IP 地址
[RT2-Tunnel0]source 2.2.2.1                   /* 指定 GRE 隧道源端地址
[RT2-Tunnel0]destination 1.1.1.1              /* 指定 GRE 隧道目的端地址
```

3. GRE 隧道测试

从 RT1 侧隧道接口 192.168.22.1 去 ping 隧道另一侧的 192.168.22.2 接口，图 23.5 所示结果表明隧道两侧可以互通。

```
<RT1>ping -a 192.168.22.1 192.168.22.2
Ping 192.168.22.2 (192.168.22.2) from 192.168.22.1: 56 data bytes, press CTRL_C to break
56 bytes from 192.168.22.2: icmp_seq=0 ttl=255 time=3.000 ms
56 bytes from 192.168.22.2: icmp_seq=1 ttl=255 time=2.000 ms
56 bytes from 192.168.22.2: icmp_seq=2 ttl=255 time=3.000 ms
56 bytes from 192.168.22.2: icmp_seq=3 ttl=255 time=3.000 ms
56 bytes from 192.168.22.2: icmp_seq=4 ttl=255 time=3.000 ms

--- Ping statistics for 192.168.22.2 ---
5 packet(s) transmitted, 5 packet(s) received, 0.0% packet loss
round-trip min/avg/max/std-dev = 2.000/2.800/3.000/0.400 ms
```

图 23.5 GRE 隧道连通性测试

如图 23.6 所示，公网路由器 RT3 的路由表上并未出现私网路由。这说明隧道接口间的私网报文并非直接通过 RT3 进行路由转发，而是在进行 GRE 封装后经隧道传输。

```
<RT3>display ip routing-table

Destinations : 18        Routes : 18

Destination/Mask    Proto   Pre Cost        NextHop         Interface
0.0.0.0/32          Direct  0   0           127.0.0.1       InLoop0
1.1.1.0/30          Direct  0   0           1.1.1.2         Ser1/0
1.1.1.0/32          Direct  0   0           1.1.1.2         Ser1/0
1.1.1.1/32          Direct  0   0           1.1.1.1         Ser1/0
1.1.1.2/32          Direct  0   0           127.0.0.1       InLoop0
1.1.1.3/32          Direct  0   0           1.1.1.2         Ser1/0
2.2.2.0/30          Direct  0   0           2.2.2.2         Ser2/0
2.2.2.0/32          Direct  0   0           2.2.2.2         Ser2/0
2.2.2.1/32          Direct  0   0           2.2.2.1         Ser2/0
2.2.2.2/32          Direct  0   0           127.0.0.1       InLoop0
2.2.2.3/32          Direct  0   0           2.2.2.2         Ser2/0
127.0.0.0/8         Direct  0   0           127.0.0.1       InLoop0
127.0.0.0/32        Direct  0   0           127.0.0.1       InLoop0
127.0.0.1/32        Direct  0   0           127.0.0.1       InLoop0
127.255.255.255/32  Direct  0   0           127.0.0.1       InLoop0
224.0.0.0/4         Direct  0   0           0.0.0.0         NULL0
224.0.0.0/24        Direct  0   0           0.0.0.0         NULL0
255.255.255.255/32  Direct  0   0           127.0.0.1       InLoop0
```

图 23.6 查看 RT3 的路由表

23.3.8 内网路由协议配置

内网(包括 GRE 隧道)运行 OSPF 路由协议进行连接。其中,RT1 侧私网属于 OSPF 区域 1; RT2 侧私网属于 OSPF 区域 2; GRE 隧道属于 OSPF 区域 0,两个私网区域的路由信息通过隧道(0 区域)进行交换。

RT1、RT2 通过 OSPF 协议分别将去往公网的静态默认路由发布到两个私网。

1. SL31 上配置 OSPF

```
[SL31]ospf 1                                    /* 运行 OSPF 进程 1
[SL31-ospf-1]area 1                             /* 创建区域 1
[SL31-ospf-1-area-0.0.0.1]network 192.168.100.0 0.0.0.3
  /* 在区域 1 中声明工作网段 192.168.100.0/30
[SL31-ospf-1-area-0.0.0.1]network 192.168.10.0 0.0.0.255
  /* 在区域 1 中声明工作网段 192.168.10.0/24
[SL31-ospf-1-area-0.0.0.1]network 192.168.20.0 0.0.0.255
  /* 在区域 1 中声明工作网段 192.168.20.0/24
```

2. SL32 上配置 OSPF

```
[SL32]ospf 1
[SL32-ospf-1]area 1
[SL32-ospf-1-area-0.0.0.1]network 192.168.200.0 0.0.0.3
[SL32-ospf-1-area-0.0.0.1]network 192.168.10.0 0.0.0.255
[SL32-ospf-1-area-0.0.0.1]network 192.168.20.0 0.0.0.255
```

3. SL33 上配置 OSPF

```
[SL33]ospf 1
[SL33-ospf-1]area 2
[SL33-ospf-1-area-0.0.0.2]network 192.168.250.0 0.0.0.3
[SL33-ospf-1-area-0.0.0.2]network 192.168.30.0 0.0.0.255
[SL33-ospf-1-area-0.0.0.2]network 192.168.40.0 0.0.0.255
```

4. RT1 上配置 OSPF

```
[RT1]ospf 1
[RT1-ospf-1]area 0
[RT1-ospf-1-area-0.0.0.0]network 192.168.22.0 0.0.0.3
  /* 在区域 0 中声明工作网段 192.168.22.0/30(GRE 隧道网段)
[RT1-ospf-1-area-0.0.0.0]area 1
[RT1-ospf-1-area-0.0.0.1]network 192.168.100.0 0.0.0.3
[RT1-ospf-1-area-0.0.0.1]network 192.168.200.0 0.0.0.3
[RT1-ospf-1-area-0.0.0.1]network 192.168.21.0 0.0.0.255
[RT1-ospf-1-area-0.0.0.1]quit
[RT1-ospf-1]default-route-advertise always   /* 通过 OSPF 向 RT1 侧私网发布默认路由
```

5. RT2 上配置 OSPF

```
[RT2]ospf 1
[RT2-ospf-1]area 0
[RT2-ospf-1-area-0.0.0.0]network 192.168.22.2 0.0.0.3
```

```
/＊在区域 0 中声明工作网段 192.168.22.0/30(GRE 隧道网段)
[RT2-ospf-1-area-0.0.0.0]area 2
[RT2-ospf-1-area-0.0.0.2]network 192.168.250.0 0.0.0.3
[RT2-ospf-1-area-0.0.0.0]quit
[RT2-ospf-1]default-route-advertise          /＊通过 OSPF 向 RT2 侧私网发布默认路由
```


23.3.9 内网连通性测试

RT1 和 RT2 侧的私网已通过 GRE 隧道进行了互联，形成了一个完整的跨公网的局域网。查看 RT1、RT2、SL31、SL32、SL33 的路由表可以看出内网各网段路由信息完整。其中，RT1 与 SL31 的路由表信息如图 23.7 和图 23.8 所示。

```
<RT1>display ip routing-table

Destinations : 31        Routes : 33

Destination/Mask    Proto   Pre  Cost       NextHop          Interface
0.0.0.0/0           Static  60   0          1.1.1.2          Ser1/0
0.0.0.0/32          Direct  0    0          127.0.0.1        InLoop0
1.1.1.0/30          Direct  0    0          1.1.1.1          Ser1/0
1.1.1.0/32          Direct  0    0          1.1.1.1          Ser1/0
1.1.1.1/32          Direct  0    0          127.0.0.1        InLoop0
1.1.1.2/32          Direct  0    0          1.1.1.2          Ser1/0
1.1.1.3/32          Direct  0    0          1.1.1.1          Ser1/0
127.0.0.0/8         Direct  0    0          127.0.0.1        InLoop0
127.0.0.0/32        Direct  0    0          127.0.0.1        InLoop0
127.0.0.1/32        Direct  0    0          127.0.0.1        InLoop0
127.255.255.255/32  Direct  0    0          127.0.0.1        InLoop0
192.168.10.0/24     O_INTRA 10   2          192.168.100.2    GE0/1
                                            192.168.200.2    GE0/2
192.168.20.0/24     O_INTRA 10   2          192.168.100.2    GE0/1
                                            192.168.200.2    GE0/2
192.168.22.0/30     Direct  0    0          192.168.22.1     Tun0
192.168.22.0/32     Direct  0    0          192.168.22.1     Tun0
192.168.22.1/32     Direct  0    0          127.0.0.1        InLoop0
192.168.22.3/32     Direct  0    0          192.168.22.1     Tun0
192.168.30.0/24     O_INTER 10   1564       192.168.22.2     Tun0
192.168.40.0/24     O_INTER 10   1564       192.168.22.2     Tun0
192.168.100.0/30    Direct  0    0          192.168.100.1    GE0/1
192.168.100.0/32    Direct  0    0          192.168.100.1    GE0/1
192.168.100.1/32    Direct  0    0          127.0.0.1        InLoop0
192.168.100.3/32    Direct  0    0          192.168.100.1    GE0/1
192.168.200.0/30    Direct  0    0          192.168.200.1    GE0/2
192.168.200.0/32    Direct  0    0          192.168.200.1    GE0/2
192.168.200.1/32    Direct  0    0          127.0.0.1        InLoop0
192.168.200.3/32    Direct  0    0          192.168.200.1    GE0/2
192.168.250.0/30    O_INTER 10   1563       192.168.22.2     Tun0
224.0.0.0/4         Direct  0    0          0.0.0.0          NULL0
224.0.0.0/24        Direct  0    0          0.0.0.0          NULL0
255.255.255.255/32  Direct  0    0          127.0.0.1        InLoop0
```

图 23.7 查看 RT1 路由表

内网连通性测试从以下 3 方面进行。

1. RT1 侧私网连通性测试

(1) 使用 ping 命令测试业务网段 VLAN10 和 VLAN20 间的连通性。

(2) 使用 ping 命令测试业务网段 VLAN10、VLAN20 与 RT1 的 192.168.100.0/30 和 192.168.200.0/30 网段之间的连通性。

2. RT2 侧私网连通性测试

(1) 使用 ping 命令测试业务网段 VLAN30 和 VLAN40 间的连通性。

(2) 使用 ping 命令测试业务网段 VLAN30、VLAN40 与 RT2 的 192.168.250.0/30 网段之间的连通性。

```
<SL31>display ip routing-table

Destinations : 27       Routes : 29

Destination/Mask    Proto   Pre Cost        NextHop         Interface
0.0.0.0/0           O_ASE2  150 1           192.168.100.1   GE1/0/1
0.0.0.0/32          Direct  0   0           127.0.0.1       InLoop0
127.0.0.0/8         Direct  0   0           127.0.0.1       InLoop0
127.0.0.0/32        Direct  0   0           127.0.0.1       InLoop0
127.0.0.1/32        Direct  0   0           127.0.0.1       InLoop0
127.255.255.255/32  Direct  0   0           127.0.0.1       InLoop0
192.168.10.0/24     Direct  0   0           192.168.10.252  Vlan10
192.168.10.0/32     Direct  0   0           192.168.10.252  Vlan10
192.168.10.252/32   Direct  0   0           127.0.0.1       InLoop0
192.168.10.254/32   Direct  1   0           127.0.0.1       InLoop0
192.168.10.255/32   Direct  0   0           192.168.10.252  Vlan10
192.168.20.0/24     Direct  0   0           192.168.20.252  Vlan20
192.168.20.0/32     Direct  0   0           192.168.20.252  Vlan20
192.168.20.252/32   Direct  0   0           127.0.0.1       InLoop0
192.168.20.255/32   Direct  0   0           192.168.20.252  Vlan20
192.168.22.0/30     O_INTER 10  1563        192.168.100.1   GE1/0/1
192.168.30.0/24     O_INTER 10  1565        192.168.100.1   GE1/0/1
192.168.40.0/24     O_INTER 10  1565        192.168.100.1   GE1/0/1
192.168.100.0/30    Direct  0   0           192.168.100.2   GE1/0/1
192.168.100.0/32    Direct  0   0           192.168.100.2   GE1/0/1
192.168.100.2/32    Direct  0   0           127.0.0.1       InLoop0
192.168.100.3/32    Direct  0   0           192.168.100.2   GE1/0/1
192.168.200.0/30    O_INTRA 10  2           192.168.10.253  Vlan10
                                            192.168.20.253  Vlan20
                                            192.168.100.1   GE1/0/1
192.168.250.0/30    O_INTER 10  1564        192.168.100.1   GE1/0/1
224.0.0.0/4         Direct  0   0           0.0.0.0         NULL0
224.0.0.0/24        Direct  0   0           0.0.0.0         NULL0
255.255.255.255/32  Direct  0   0           127.0.0.1       InLoop0
```

图 23.8　查看 SL31 路由表

3. RT1 和 RT2 两侧私网间的连通性测试

使用 ping 命令测试业务网段 VLAN10、VLAN20 与 VLAN30、VLAN40 间的连通性。

注意：RT1 和 RT2 两侧私网间的通信完全是通过 GRE 隧道进行的，包括 OSPF 协议的报文都是通过隧道转发的。公网 RT3 的路由表中并不存在私网路由信息足以证明这点。此时，由于未做 NAT，私网仍然不能访问公网。

23.3.10　MSTP、链路聚合与 VRRP 功能测试

1. 测试 MSTP

(1) 关闭 SL31 的 G1/0/11 端口，MST1(VLAN10)会启用备份链路，重新计算生成树。测试之后重新打开 SL31 的 G1/0/11 端口。

(2) 关闭 SL32 的 G1/0/11 端口，MST2(VLAN20)会启用备份链路，重新计算生成树。测试之后重新打开 SL32 的 G1/0/11 端口。

(3) 轮流关闭 SL31、SL32，分别测试 VLAN10(MST1)、VLAN20(MST2)的主、从根切换情况。

具体测试过程参看本书 9.7.2 节的“生成树工作效果测试”内容。

2. 测试链路聚合效果

轮流关闭 SL31 的 G1/0/3、G1/0/4 端口，测试链路聚合效果。

具体测试过程参看本书 10.4.1 节的“链路聚合效果测试”内容。

3. 测试 VRRP

(1) 轮流关闭 SL31、SL32 的上行链路 G1/0/1、G1/0/2，分别测试 VLAN10、VLAN20 的 VRRP 备份组的 Master 切换情况。

(2) 轮流关闭 SL31、SL32 设备，分别测试 VLAN10、VLAN20 的 VRRP 备份组的 Master 切换情况。

具体测试过程参看本书 17.4.2 节的“VRRP 备份组功能测试”内容。

23.3.11 定义包过滤与 NAT 使用的 ACL

定义 ACL 拒绝 192.168.20.0/24 网段(财务部)源地址报文通过。

```
[RT1]acl basic 2000
[RT1-acl-ipv4-basic-2000]rule 5 deny source 192.168.20.0 0.0.0.255
```

23.3.12 ACL 包过滤配置与测试

1. ACL 包过滤配置之前的连通性测试

用 VLAN20 中的计算机 PC20(IP：192.168.20.1)去 ping 计算机 PC30(IP：192.168.30.1)，发现它们可以互通。

2. ACL 包过滤配置

```
[RT1]interface tunnel 0 mode gre                /* 进入 Tunnel 0 接口
[RT1-Tunnel0]packet-filter 2000 outbound
  /* 将 ACL2000 应用到 RT1 的 GRE 隧道接口出方向,拒绝 192.168.20.0/24 网段源地址报文从 RT1
  /* 的隧道接口输出
```

3. ACL 包过滤测试

用 VLAN20 中的计算机 PC20(IP：192.168.20.1)去 ping 计算机 PC30(IP：192.168.30.1)，发现它们已不可以互通，说明 ACL 包过滤发挥了作用。

23.3.13 Easy IP 与 NAT Server 配置与测试

1. 未配置 NAT 时私网与公网之间的连通性测试

分别用私网的 PC10(192.168.10.1)和 PC30(192.168.30.1)去 ping 公网 RT3(1.1.1.2 或 2.2.2.2)，发现它们之间不可互通。

2. 配置 Easy IP

1) RT1 侧公网接口 Easy IP 配置

```
[RT1]interface serial1/0
[RT1-Serial1/0]nat outbound 2000
  /* 在 RT1 的公网接口 Serial1/0 的出方向上配置 Easy IP,通过 ACL2000 拒绝以 192.168.20.0/24
  /* 网段 IP 地址为源地址的报文进行地址转换
```

此时只有 192.168.20.0/24 网段的设备不能访问公网。

2) RT2 侧公网接口 Easy IP 配置

```
[RT2]interface serial2/0
[RT2-Serial2/0]nat outbound
  /* 在 RT2 的公网接口 Serial2/0 上配置 Easy IP,允许所有出方向的报文进行地址转换
```

3. RT1 侧 FTP 服务器(FTP Server)NAT 映射

首先在 FTP Server 上配置好 FTP 服务器。

然后在 RT1 的 Serial1/0 端口上做 FTP 服务器的 21 号端口映射,命令如下:

```
[RT1]interface serial1/0                        /* 进入 Serial1/0 接口视图
[RT1-Serial1/0]nat server protocol tcp global 1.1.1.1 2121 inside 192.168.21.1 21
  /* 将内网 FTP 服务器的私有 IP(Port): 192.168.21.1(2121)映射到 Serial1/0 端口的公有 IP
  /* (Port):1.1.1.1(21)
```

4. 测试 Easy IP

分别用私网的 PC10(192.168.10.1)和 PC30(192.168.30.1)去 ping 公网 RT3(1.1.1.2 或 2.2.2.2),会发现它们之间已经可以互通,说明 Easy IP 发挥了作用。

5. 测试 NAT Server

RT3 上使用 ftp 1.1.1.1 命令去访问内网的 FTP 服务器,并输入相应的用户名和密码,结果会显示已经可以正常访问 FTP 服务器,说明 NAT Server 发挥了作用。

参 考 文 献

[1] 新华三大学.路由交换技术详解与实践[M].北京：清华大学出版社,2017.
[2] 谢希仁.计算机网络 [M].7版.北京：电子工业出版社,2017.
[3] 殷玉明.交换机与路由器配置项目式教程[M].北京：电子工业出版社,2018.

图书资源支持

感谢您一直以来对清华版图书的支持和爱护。为了配合本书的使用，本书提供配套的资源，有需求的读者请扫描下方的“书圈”微信公众号二维码，在图书专区下载，也可以拨打电话或发送电子邮件咨询。

如果您在使用本书的过程中遇到了什么问题，或者有相关图书出版计划，也请您发邮件告诉我们，以便我们更好地为您服务。

我们的联系方式：

地　　址：北京市海淀区双清路学研大厦 A 座 714

邮　　编：100084

电　　话：010-83470236　010-83470237

客服邮箱：2301891038@qq.com

QQ：2301891038（请写明您的单位和姓名）

资源下载：关注公众号“书圈”下载配套资源。

资源下载、样书申请

书圈

获取最新书目

观看课程直播